AutoCAD 2016 从入门到精通
微视频全解析

李波　著

電子工業出版社
Publishing House of Electronics Industry
北京・BEIJING

内 容 提 要

本书重点介绍了 AutoCAD 2016 中文版在辅助设计方面实战应用的方法与技巧。全书分为 16 章，分别介绍了 AutoCAD 2016 基础入门，绘制基本二维图形，基本辅助绘图的设置，二维图形的编辑命令，复杂图形的绘制与编辑，图形的显示控制与打印输出，文本与表格编辑，图形的尺寸标注，图块、外部参照与图像，三维绘图基础，绘制、编辑三维图形，工程图生成及打印，机械工程图的绘制案例，建筑工程图的绘制案例，电气工程图的绘制案例，园林工程图的绘制案例。全书内容由浅入深，从易到难进行讲解。

本书内容丰富，结构清晰，语言简练，实例丰富，叙述深入浅出，具有很强的实用性，可作为各类院校学生和相关行业工程技术人员的教材，也可作为广大初级、中级 AutoCAD 用户的自学参考书。光盘中包含全书讲解实例和练习实例的源文件素材，并制作了全程实例动画同步讲解 AVI 文件；另外开通 QQ 高级群，以开放更多的共享资料，以便读者们能够互动交流和学习。

图书在版编目（CIP）数据

AutoCAD 2016 从入门到精通微视频全解析 / 李波著 . — 北京：电子工业出版社，2018.1

ISBN 978-7-121-32979-1

Ⅰ . ① A… Ⅱ . ①李 … Ⅲ . ① AutoCAD 软件－教材Ⅳ . ① TP391.72

中国版本图书馆 CIP 数据核字（2017）第 264034 号

策划编辑：郑志宁
责任编辑：郑志宁
特约编辑：马寒梅
印　　刷：三河市华成印务有限公司
装　　订：三河市华成印务有限公司
出版发行：电子工业出版社
　　　　　北京市海淀区万寿路 173 信箱　　　邮编 100036
开　　本：787×1092　1/16　　印张：30　　　字数：748 千字
版　　次：2018 年 1 月第 1 版
印　　次：2018 年 3 月第 2 次印刷
定　　价：89.00 元（含 DVD 光盘 1 张）

凡所购买电子工业出版社图书有缺损问题，请向购买书店调换。若书店售缺，请与本社发行部联系，联系及邮购电话：（010）88254888，88258888。

质量投诉请发邮件至 zlts@phei.com.cn，盗版侵权举报请发邮件至 dbqq@phei.com.cn。

本书咨询联系方式：（010）88254210，influence@phei.com.cn，微信号：yingxianglibook。

PREFACE
前言

AutoCAD（Auto Computer Aided Design）是 Autodesk（欧特克）公司首次于 1982 年开发的自动计算机辅助设计软件，用于二维绘图、详细绘制、设计文档和基本三维设计。AutoCAD 具有良好的用户界面，通过交互菜单、面板按钮或命令行方式便可以进行各种操作。AutoCAD 具有广泛的适应性，它可以在各种操作系统支持的微型计算机和工作站上运行，包括在航空航天、造船、建筑、机械、电子、化工、美工、轻纺等领域得到了广泛应用，并取得了丰硕的成果和巨大的经济效益。

2015 年 4 月，其计算机辅助设计软件 AutoCAD 2016 是迄今为止最先进的版本，能使用户以更快的速度、更高的准确性制作出具有丰富视觉精准度的设计详图和文档。

《AutoCAD 2016 从入门到精通微视频全解析》一书，共分为五部分，16 章，是一本全面学习 AutoCAD 2016 辅助设计的工具图书。

第 1 章 AutoCAD 基础入门	首先讲解了 AutoCAD 的应用领域、新增功能、启动与退出方法及工作界面；其次讲解了 AutoCAD 图形文件的操作方法；再次讲解了绘图环境的设计；然后讲解了 AutoCAD 命令的使用方法及系统变量的设置与控制；最后讲解了坐标的认识、表示方法与数据的输入方法等
第 2~5 章 AutoCAD 二维图形的绘制与编辑	首先讲解了基本二维图形的绘制，包括点、直线、矩形和多边形、圆和圆弧、椭圆等；其次讲解了基本辅助绘图的设置，包括图层的设置、精确定位工具、对象捕捉与对象追踪、对象的约束等；再次讲解了二维图形的各种编辑命令，包括对象的选择、复制类命令、删除、改变位置类命令、改变特性类命令等；最后讲解了复杂图形的绘制和编辑，包括多段线的绘制与编辑、样条曲线的绘制与编辑、多线的设置与绘制、对象特性的编辑、面域与图案填充等
第 6~9 章 AutoCAD 辅助功能	首先讲解了图形的显示控制方法，包括对象的缩放与平移、视图与空间的创建与布局等；其次讲解了文字与表格的编辑，包括文字样式的设置、单行与多行文本的标注和编辑、表格的创建与数据输入等；再次讲解了图形的尺寸标注，包括 AutoCAD 尺寸标注的类型与组成、尺寸样式的创建与设置、图形的各种尺寸标注命令、尺寸标注对象的编辑、多重引线的创建与编辑等；最后讲解了图形、外部参照与图像的操作，包括图形的特点、分类、创建、保存与插入等，属性图形的创建、插入与编辑，外部参照与图像的插入与编辑等

第 10~12 章 AutoCAD 三维图形的绘制与图形输出	首先讲解了三维图形的绘制基础，包括三维建模空间的介绍、不同视觉样式的比较、三维视图的分类与切换、三维空间中简单对象的绘制；其次讲解了三维图形的绘制与编辑，包括基本三维网络面的绘制、三维实体对象的绘制、通过二维图形生成三维实体、布尔运算、三维实体的编辑；最后讲解了 AutoCAD 中工程图的生成及打印输出，包括布局的创建、二维图剖面图和局部放大图的创建、打印页面的设置、图形的打印输出、打印样式列表的编辑等
第 13~16 章 AutoCAD 综合实例	首先实战演练成套的机械工程图，包括机械样板文件的创建，绘制机械图框，绘制壳体的主视图、俯视图、左视图、辅助视图，并对图形进行调整，以及进行尺寸和公差的标注；其次实战演练成套的建筑工程图，包括绘图环境的设置，绘制建筑平面图、门窗、楼梯与卫生间等，并进行文字符尺寸的标注等；再次实战演练 C616 车床电气图，包括绘图环境的设置，各种电气元件的绘制，绘制主连接线路及各回路，以及进行尺寸和文字标注等；最后演练了成套园林工程图，包括园林样板文件的创建，景观亭平面图、立面图、剖面图、详图的绘制，并进行尺寸和文字的标注等

本书由李波著，黄妍、徐作华、郝德全、荆月鹏、王利、汪琴、刘冰、牛姜、王洪令、李友、冯燕、李松林、雷芳等也参与了本书的整理与编写工作。

本书内容全面，结构明确，专家讲解，案例丰富。适合初、中级读者学习，可作为相关大中专或高职高专院校的师生使用，以及培训机构及在职工作人员学习使用。配套多媒体 DVD 光盘中，包含相关素材案例、视频讲解等；另外开通 QQ 高级群（15310023），以开放更多的共享资料，以便读者们能够互动交流和学习。

由于编者水平有限，书中难免有疏漏与不足之处，敬请专家与读者批评指正。

2017 年 9 月

CONTENTS 目录

第 1 章 AutoCAD 2016 基础入门

第4章 二维图形的编辑命令

第6章 图形的显示控制与打印输出

第7章 文字与表格编辑

第 8 章　图形的尺寸标注

第9章 图块、外部参照与图像

第10章　三维绘图基础

第11章　绘制、编辑三维图形

第 14 章　建筑工程图的绘制案例

第 15 章　电气工程图的绘制案例

第16章 园林工程图的绘制案例

01

AutoCAD 2016 基础入门

本章导读

随着计算机辅助绘图技术的不断普及和发展，用计算机绘图全面代替手工绘图已成为必然趋势，只有熟练地掌握计算机图形的生成技术，才能够灵活自如地在计算机上表现自己的设计才能和天赋。

通过对本章的学习，读者可了解 AutoCAD 2016 的新增功能及操作界面，并能管理图形文件、设置绘图环境、使用命令与系统变量等操作。

本章内容

- 初步认识 AutoCAD 2016
- 图形文件的管理
- 设置绘图环境
- 使用命令与系统变量
- 坐标输入方式

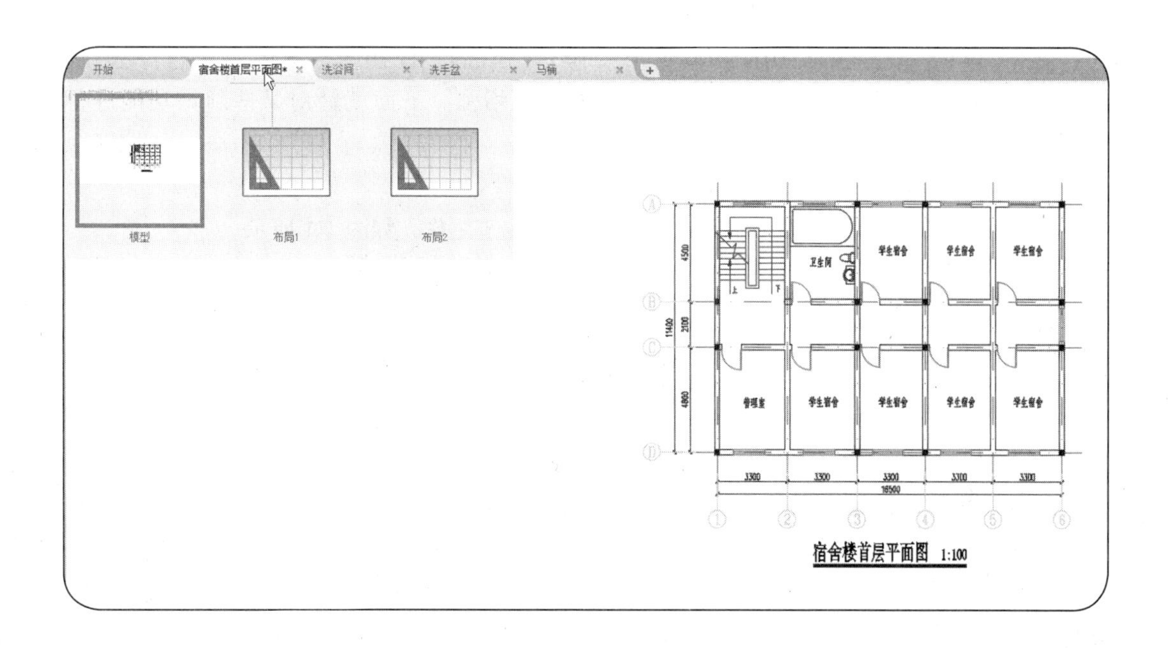

1.1 初步认识 AutoCAD 2016

AutoCAD 是由美国 Autodesk 公司于 20 世纪 80 年代初为微机上应用 CAD 技术而开发的绘图程序软件包，经过不断地完善，现已经成为国际上广为流行的绘图工具。它已经在航空航天、造船、建筑、机械、电子、化工、美工、轻纺等领域得到了广泛应用，并取得了丰硕的成果和巨大的经济效益。

1.1.1 AutoCAD 的应用领域

由于 AutoCAD 的强大二维绘图功能，因此它的应用领域也较为宽广。

（1）工程制图：建筑工程、装饰设计、环境艺术设计、水电工程、土木施工等。

（2）工业制图：精密零件、模具、设备等。

（3）服装加工：服装制版。

（4）电子工业：印制电路板设计。

技巧：Autodesk 的版本和插件

在不同的行业中，Autodesk 开发了行业专用的版本和插件：

（1）在机械设计与制造行业中发行了 AutoCAD Mechanical 版本。

（2）在电子电路设计行业中发行了 AutoCAD Electrical 版本。

（3）在勘测、土方工程与道路设计中发行了 Autodesk Civil 3D 版本。

（4）教学、培训中通常所用的是 AutoCAD Simplified 版本。

一般没有特殊要求的服装、机械、电子、建筑行业的公司都是使用 AutoCAD Simplified 版本，所以 AutoCAD Simplified 算是通用版本。

1.1.2 AutoCAD 2016 的新增功能

知识要点 AutoCAD 2016 版本与上一版本（AutoCAD 2015）相比，在修订云线、标注、PDF 输出、使用点云和渲染等功能上进行了增强。下面就针对某些新增功能进行介绍：

1. 全新的暗黑色调界面

AutoCAD 2016 新增暗黑色调界面，使界面协调利于工作，如图 1-1 所示。

2. 修订云线

新版本在功能区新增了“矩形”和“多边形”云线功能，可以直接绘制矩形和多边形云线，如图 1-2 所示。

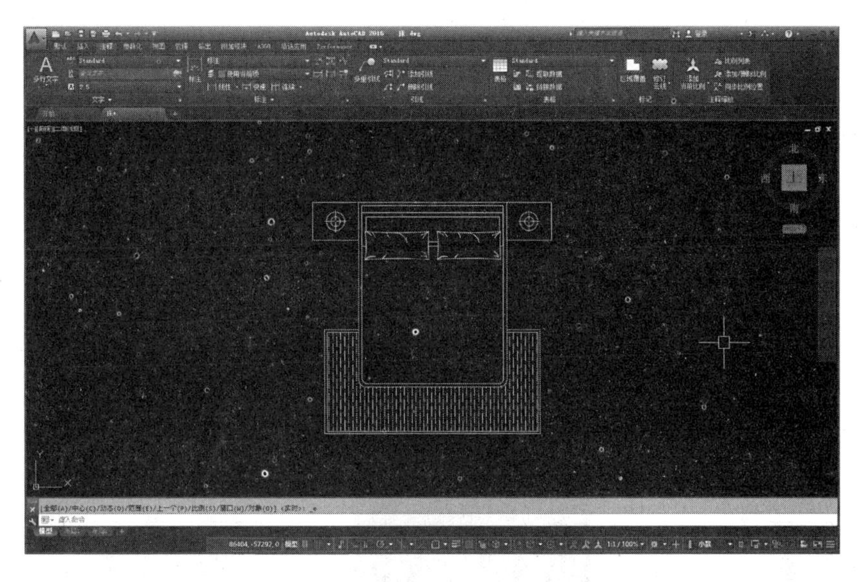

图1–1　AutoCAD 2016的暗黑色调界面

图1–2　矩形、多边形修订云线

选择修订云线，将显示其相应的夹点，以方便编辑，如图 1-3 所示。

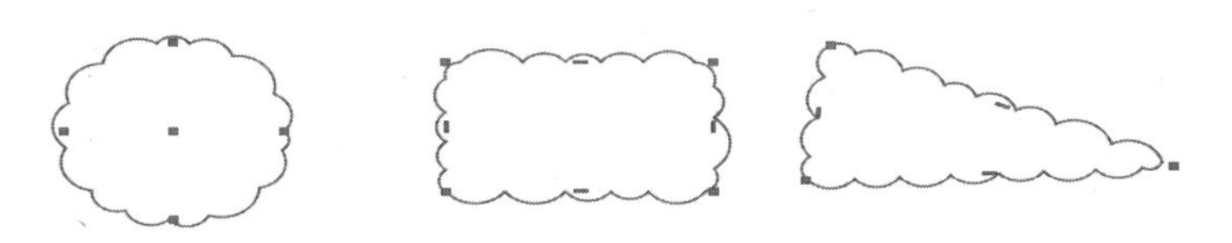

图1–3　云线显示夹点

选择云线的“修改”选项，允许添加云线，如图 1-4 所示。在添加完成后，还可以删除现有修订云线，如图 1-5 所示。

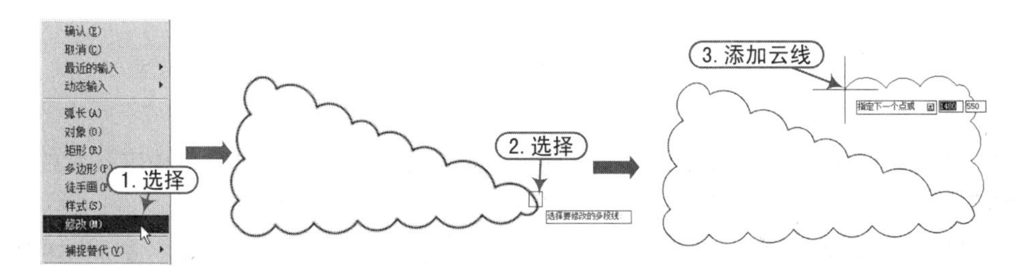

图1–4　添加云线操作

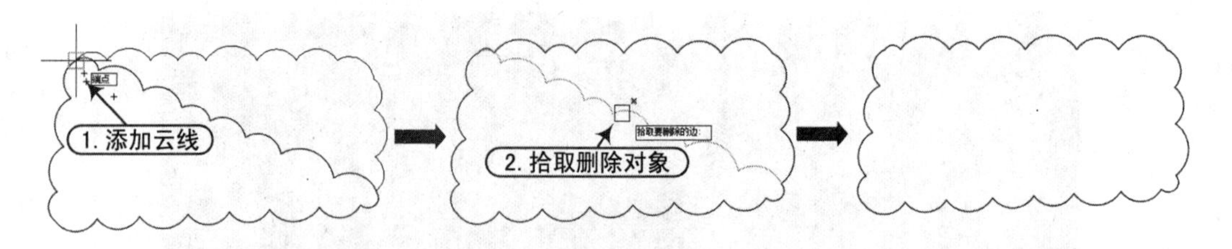

图1–5　添加完成后删除云线操作

3. 多行文字

多行文字对象具有新的文字加框特性，可在“特性”选项板中启用或关闭，如图 1-6 所示。

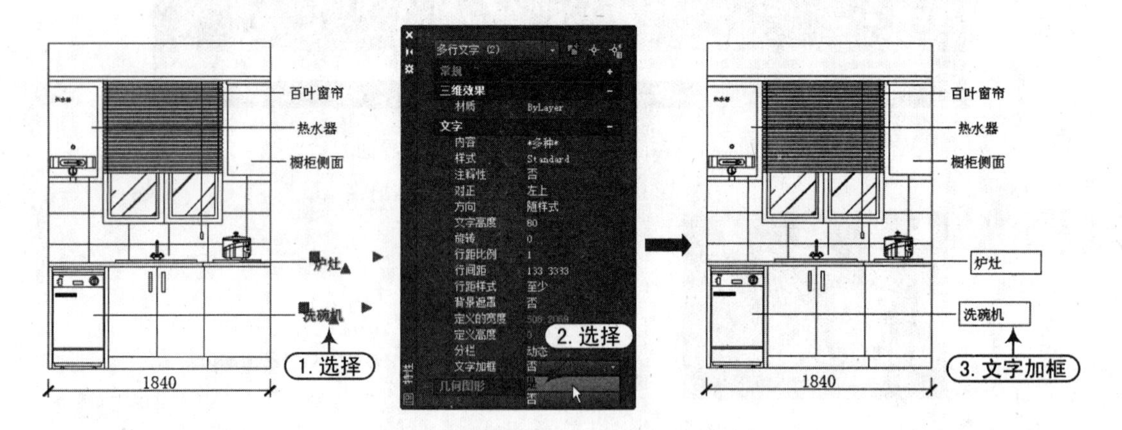

图1–6　多行文字自动加框功能

4. 对象捕捉

新增“几何中心”捕捉，可以捕捉到封闭多边形的几何中心，方便绘图，如图 1-7 所示。

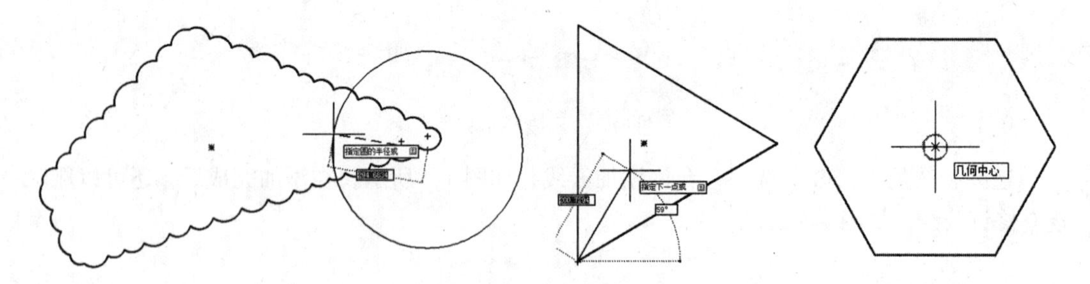

图1–7　几何中心捕捉功能

5. 标注

全新革命性的 dim 标注命令，可以理解为智能标注，几乎一个命令搞定日常的标注。非常的实用。

使用智能标注命令，将鼠标悬停在某个对象上，会显示标注的预览，如图 1-8 所示。选择标注后，可移动鼠标放置标注，如图 1-9 所示。

图1-8　标注的预览

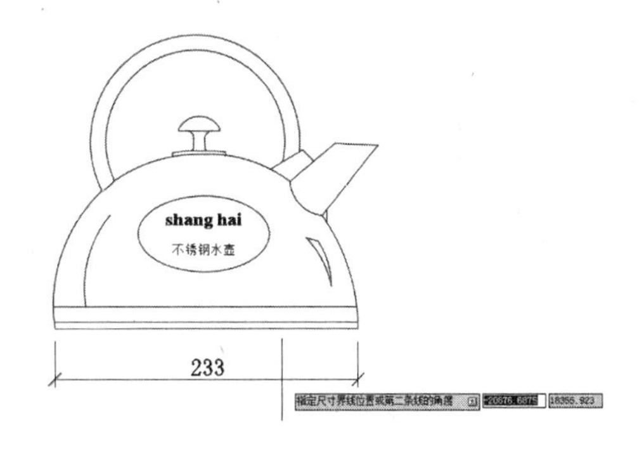

图1-9　智能标注

使用了智能标注命令，可根据选择的对象创建不同的标注。例如，选择直线会标注出长度；选择圆或圆弧会标注出直径、半径、圆弧长度、角度等；连续选择两条相交的直线，可标注出角度等，如图 1-10 所示。

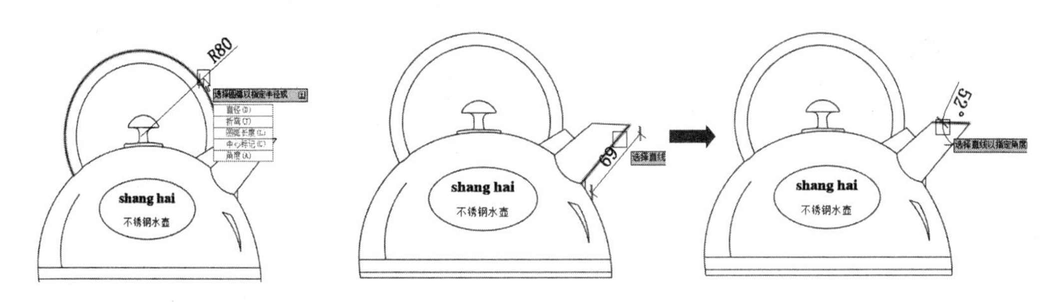

图1-10　选择对象标注

在未退出命令之前，dim 标注命令可以继续创建其他的标注。

6. 系统变量监视器

增加了系统变量监视器（SYSVARMONITOR 命令），比如修改了 filedia 和 pickadd 变量，系统变量监视器可以监测这些变量的变化，并可以恢复默认状态。勾选“启用气泡式通知”复选框还可以在系统变量改变时显示通知，如图 1-11 所示。

图1-11　系统变量监视器

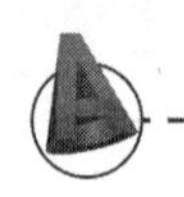

1.1.3 AutoCAD 2016 的启动与退出

1. AutoCAD 2016 的启动

知识要点 当用户的计算机上已经成功安装好 AutoCAD 2016 软件后，用户即可开始启动并运行该软件。

执行方法 与大多数应用软件一样，要启动 AutoCAD 2016 软件，用户可通过以下任意方法来启动：

- 双击桌面上的“AutoCAD 2016”快捷图标。
- 选择桌面上的“开始｜程序｜ Autodesk ｜ AutoCAD 2016-Simplified Chinese”命令。
- 右击桌面上的“AutoCAD 2016”快捷图标，在弹出的快捷菜单中选择“打开”命令。

操作实例 启动软件后，将进入 AutoCAD 2016 的“开始”选项卡，在界面中单击“开始绘制”按钮，即可进入 AutoCAD 2016 的工作界面，如图 1-12 所示。

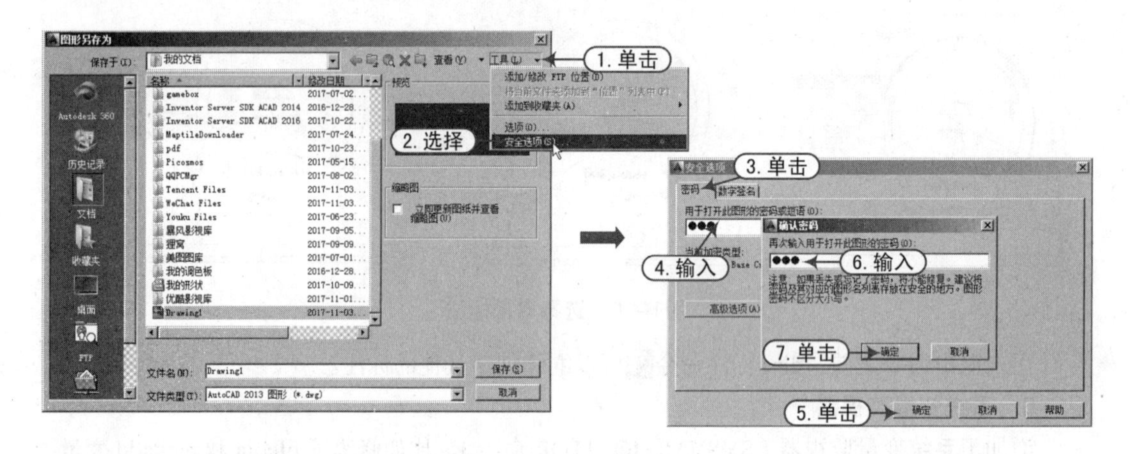

图1–12 启动AutoCAD 软件

技巧：“开始”选项卡的作用

“开始”选项卡由“了解”和“创建”两部分组成，在“了解”页面中，可以看到新特性、快速入门、功能等视频，还可以联机学习资源，帮助用户快速学习 AutoCAD 2016 新增功能及其他知识；在“创建”页面中，用户既可以新建图形、打开最近使用的文档，还可以得到产品更新通知及连接社区等操作。

用户可以关闭软件启动时的“开始”选项卡，以提高启动速度。在 AutoCAD 2016 的命令行中输入系统变量“NewtabMode”，并设置值为 0 即可关闭。关闭后，软件启动为空页面。当然不影响图形文件选项卡的使用，只是去掉启动页面。

NewtabMode =0 禁用“开始”选项卡

NewtabMode =1 启用“开始”选项卡（默认值 =1）

NewtabMode =2 启用“开始”选项卡，添加为快速样板

2. AutoCAD 2016 的退出

执行方法 当用户需要退出 AutoCAD 2016 软件时，可采用以下四种方法：

- 菜单栏：选择“文件 | 关闭”命令。
- 菜单浏览器：双击标题栏上的“菜单浏览器”按钮。
- 窗口控制区：单击工作界面右上角的“关闭”按钮。
- 命令行：输入“QUIT”（或“EXIT”）命令。

1.1.4 AutoCAD 2016 的工作界面

知识要点 “工作界面”是 AutoCAD 显示、绘制和编辑图形的区域。要使用 AutoCAD 2016 进行绘图，首先需要熟悉 AutoCAD 2016 的工作界面。默认状态下，系统启动的是“草图与注释”工作空间绘图界面，如图 1-13 所示。

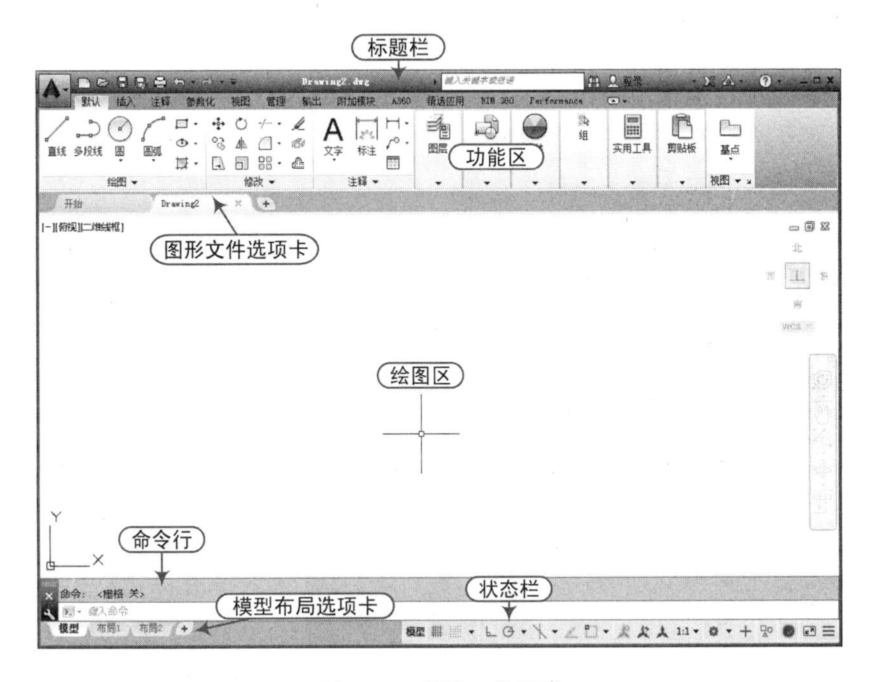

图1-13 默认工作界面

1. 标题栏

标题栏在窗口的最上侧位置，其从左至右依次为：菜单浏览器、快速访问工具栏、工作空间切换、软件名、标题名、搜索栏、登录按钮以及窗口控制区，如图 1-14 所示。

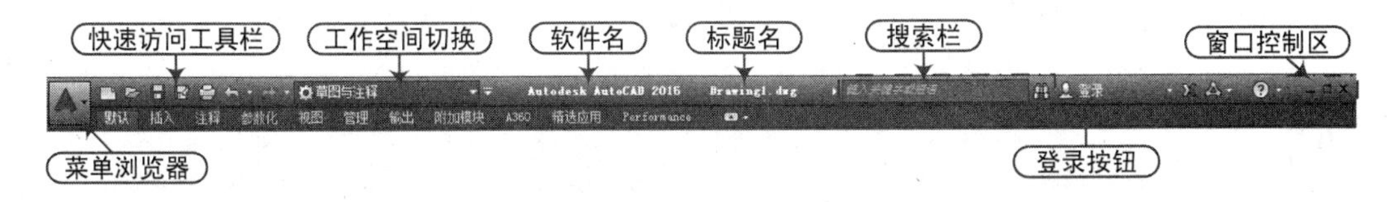

图1-14 标题栏

- “菜单浏览器”：在窗口的左上角的标志按钮为菜单浏览器，单击该按钮将会打开一个下拉列表，其中包含文件操作命令，如“新建”、“打开”、“保存”、“打印”、“输出”、“发布”、“另存为”、“图形实用工具”等常用命令，还包含“命令搜索栏”和“最近使用过的文档区域”，如图 1-15 所示。
- “快速访问工具栏”：主要作用是为了方便用户更快地找到并使用这些工具，在 AutoCAD 2016 中，通过直接单击“快速访问工具栏”中的相应命令按钮就可以执行相应的命令操作。
- “工作空间切换”：用户可通过单击右侧的下拉按钮，在弹出的组合列表框中，选择不同的工作空间来进行切换，如图 1-16 所示。
- “文件名”：当窗口最大化显示时，将显示 AutoCAD 2016 标题名称和图形文件的名称。
- “搜索栏”：用户可以根据需要在搜索框内输入相关命令的关键词，并单击按钮，对相关命令进行搜索。
- “窗口控制区”：用户可以通过窗口控制区的三个按钮，对当前窗口进行最小化、最大化和关闭的操作，如图 1-17 所示。

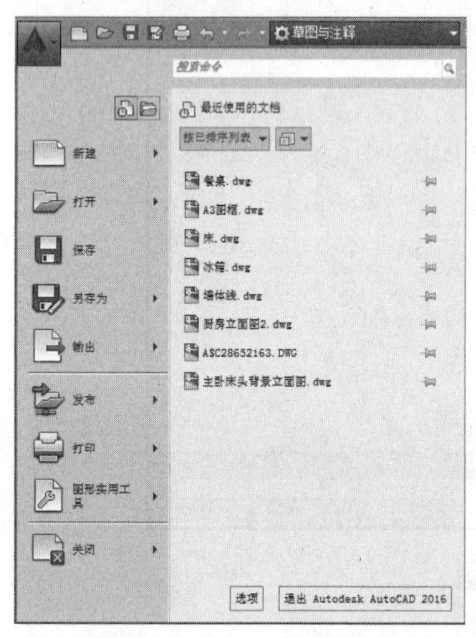

图1-15 菜单浏览器

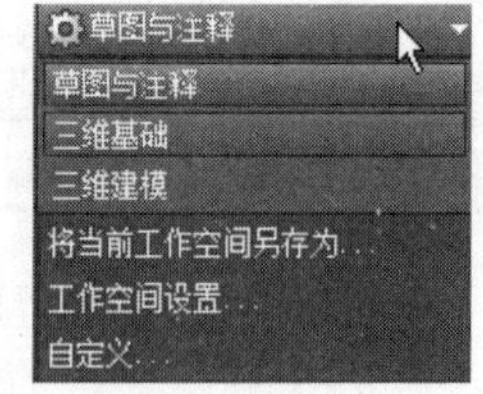

图1-16 切换工作空间

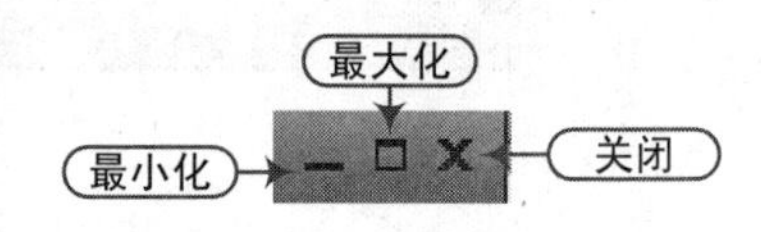

图1-17 窗口控制区

技巧：调出常规菜单栏

在“快速访问工具栏”中，单击按钮，在其下拉菜单中可控制对应工具的显示与隐藏。例如选择“特性匹配”选项，则会在“快速访问工具栏”中出现“特性匹配”的快捷按钮。若选择“显示菜单栏”选项，就会在标题栏下方显示出“菜单栏”，如图 1-18 所示。

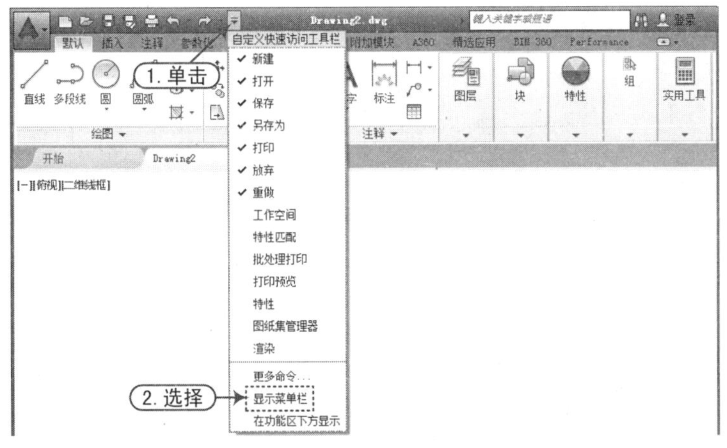

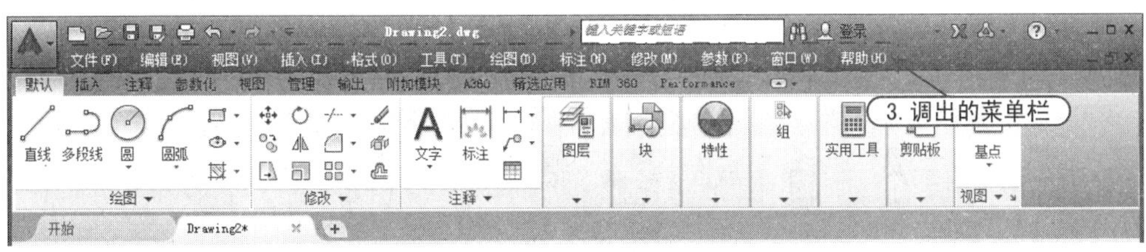

图1-18　调出菜单栏

2. 功能区

AutoCAD 的“功能区”以面板的形式将各工具按钮分门别类地集合在选项卡中，而每个选项卡下都包含多个工具面板，每个面板又包含多个“工具”按钮，如图 1-19 所示。

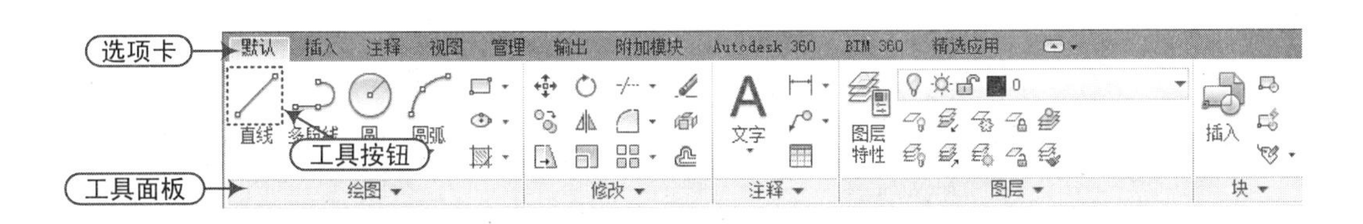

图1-19　功能区

在一些面板上有一个倒三角按钮▾，单击此按钮会展开该面板相关的操作命令。例如，单击“修改”面板上的倒三角按钮▾，会展开其相关的命令，如图 1-20 所示。

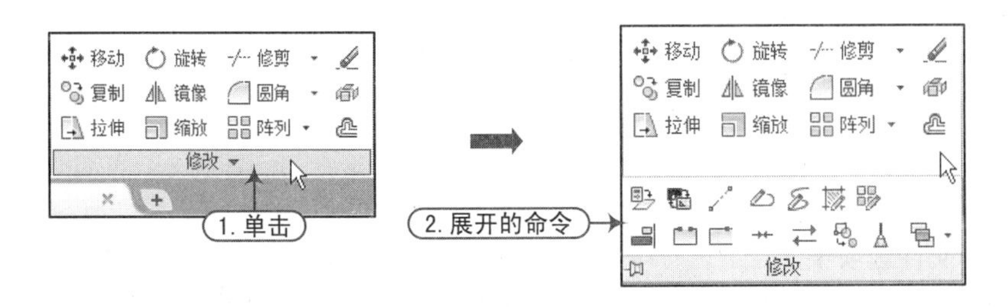

图1-20　面板隐含命令

技巧：最大化显示绘图区

在选项卡右侧显示了一个倒三角按钮，用户单击此按钮，将弹出快捷菜单，可以对功能区进行不同方案的最小化显示，以扩大绘图区范围，如图 1-21 所示。

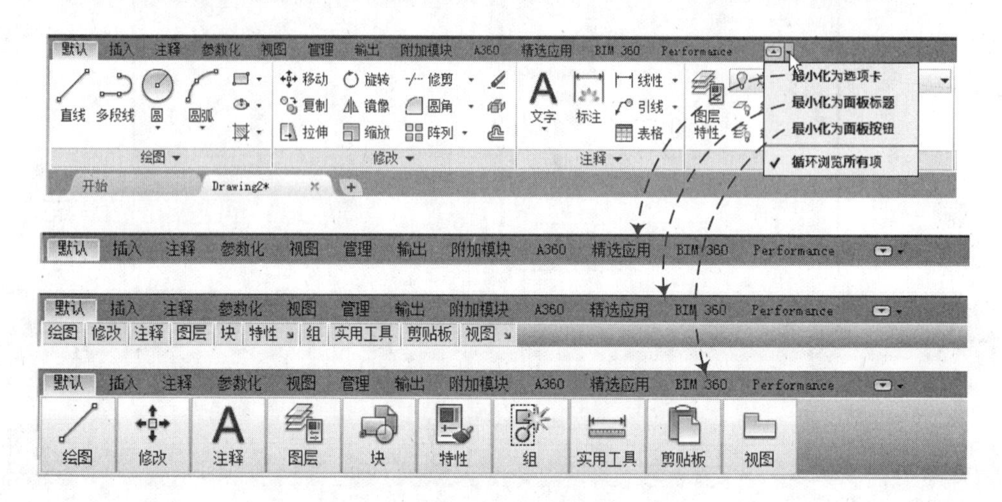

图1-21 功能区的最小化方案

技巧：自定义功能选项卡和面板

在面板上右击，在弹出的快捷菜单中选择“显示选项卡”和“显示面板”选项，然后在弹出的下级菜单中勾选所需要的子菜单，即可显示或隐藏相应的选项卡或面板，如图 1-22 所示。

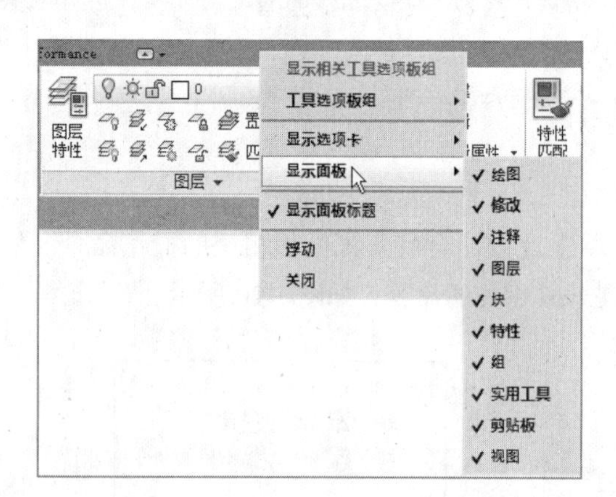

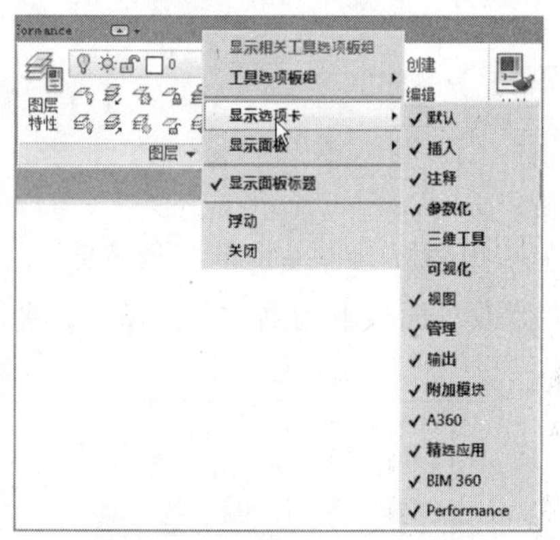

图1-22 功能区选项卡与面板的调用

3. 图形文件选项卡

当鼠标悬停在某个图形文件选项卡上，将会显示出该图形的模型与图纸空间的预览图像，如图 1-23 所示。

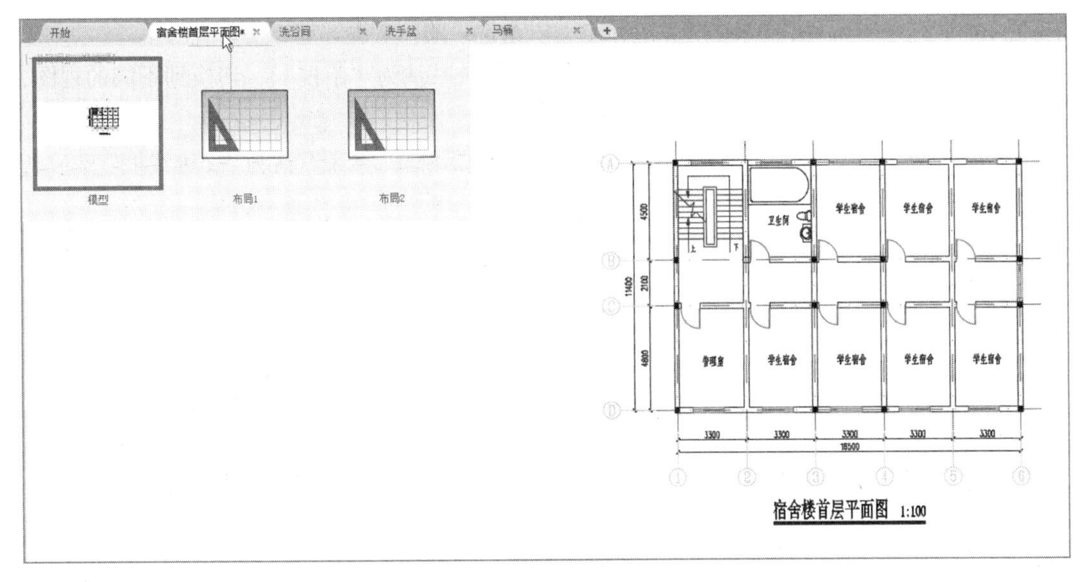

图1-23 在图形文件选项卡上的预览图像

在任意文件选项卡上右击，可通过其快捷菜单进行图形文件管理，如新建、打开、保存、关闭等操作，并新增“复制完整的文件路径”与“打开文件的位置”选项，如图 1-24 所示。单击文件选项卡上的 + 按钮，可直接新建一个空白图形。

图1-24 图形文件管理

4. 绘图区

绘图区域是创建和修改对象，以展示设计的地方，所有的绘图结果都反映在这个窗口中。在绘图窗口中不仅显示当前的绘图结果，而且还显示了坐标系图标、ViewCube、导航栏及视口、视图、视觉样式控件，如图 1-25 所示。

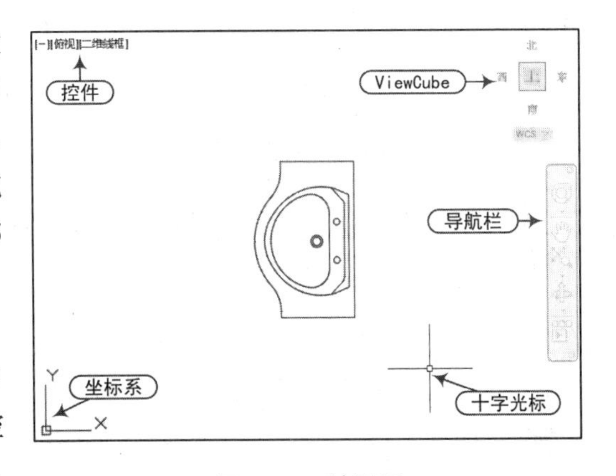

图1-25 绘图区

在绘图区域中，其主要包含的内容如下：

- 视口控件：单击绘图区左上角的“视口控件”按钮[-]，通过其下拉菜单可控制视图的显示。例如，控制 ViewCube、

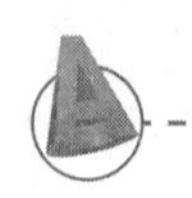

导航栏及 SteeringWheels 的显示与否，以及视口的配置等，如图 1-26 所示。

- 视图控件：通过“视图控件”按钮[俯视]（系统默认为“俯视”），切换到不同的视图，来观看不同方位的模型效果，如图 1-27 所示。
- 视觉样式控件：通过“视觉样式控件”按钮[二维线框]（系统默认为“二维线框”显示），来控制模型的显示模式，如图 1-28 所示。
- “十字光标”：由两条相交的十字线和小方框组成，用来显示鼠标指针相对于图形中其他对象的位置和拾取图形对象。

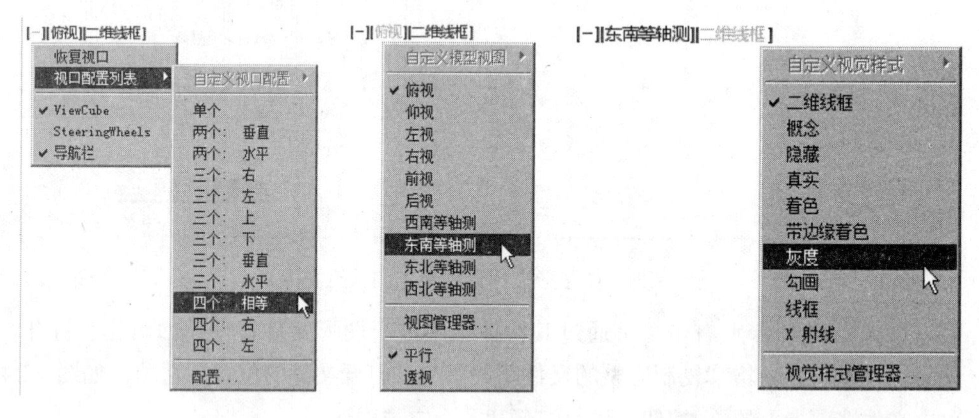

图1-26　视口控件　　图1-27　视图控件　　图1-28　视觉样式控件

- “ViewCube”：是一个可以在模型的标准视图和等轴测视图之间进行切换的工具。
- “导航栏”：在“导航栏”中，可以在不同的导航工具之间切换，并可以更改模型的视图。

5. **命令窗口**

使用命令行启动命令，并提供当前命令的输入。例如，在命令行输入“L”命令时，会自动完成提供当前输入命令的建议列表，如图 1-29 所示。

还可以从命令行中访问其他的内容，如图层、块、图案填充等，如图 1-30 所示。

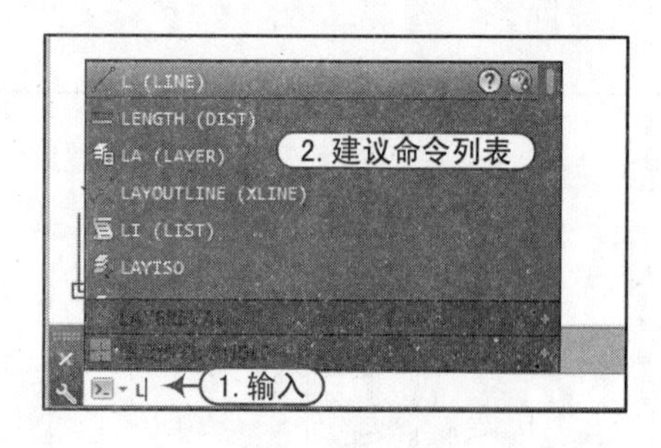

图1-29　命令的输入

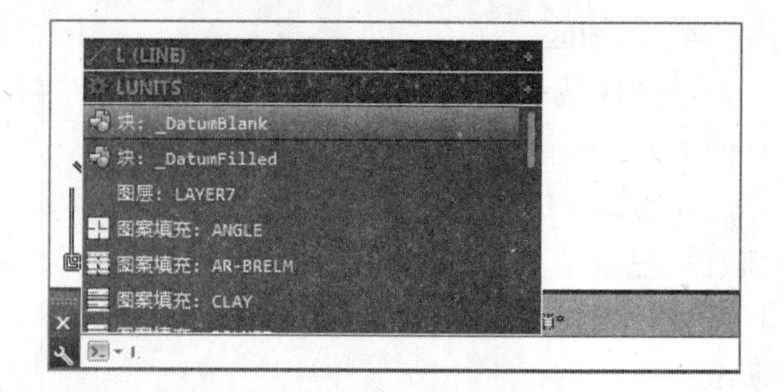

图1-30　命令行中访问内容

输入命令后，按“Enter”键，即启动了该命令，并显示系统反馈的相应命令信息，如图 1-31 所示。

图1–31 命令窗口

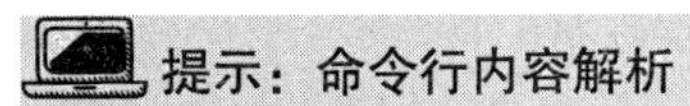

提示：命令行内容解析

在 AutoCAD 中，命令行中的 [ ] 内容表示各种可选项，各选项之间用 / 隔开，< > 符号中的值为程序默认值，图 1–31 中，用户可以选择选项或输入相应的字符来进行下一步操作。输入的字符不区分大小写。

6. 模型布局选项卡

通过模型布局选项卡上的相应控件，可在图纸和模型空间中切换，如图 1-32 所示。

模型 布局1 布局2 +

图1–32 模型布局选项卡

模型空间是进行绘图工作的地方，而图纸空间包含一系列的布局选项卡，可以控制要发布的图形区域以及要使用的比例。可通过单击 + 按钮，添加更多布局。图 1-33 所示为模型和图纸空间下的对比。

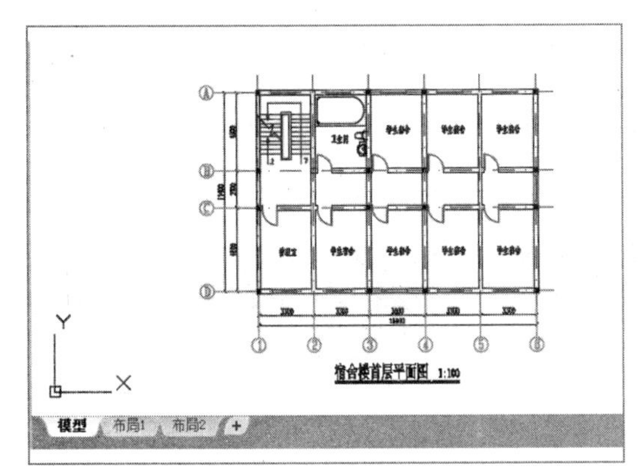

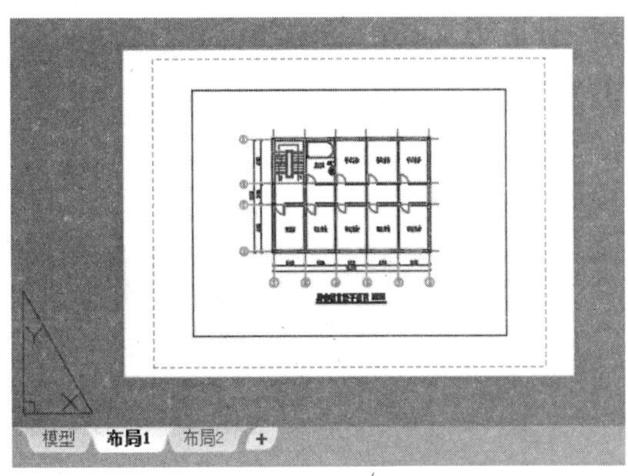

图1–33 模型与图纸空间对比

7. 状态栏

状态栏位于 AutoCAD 2016 窗口的最下方，用于显示 AutoCAD 当前的状态，如当前的光标状态、工作空间、命令和功能按钮等，如图 1-34 所示。

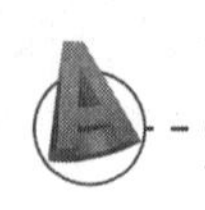

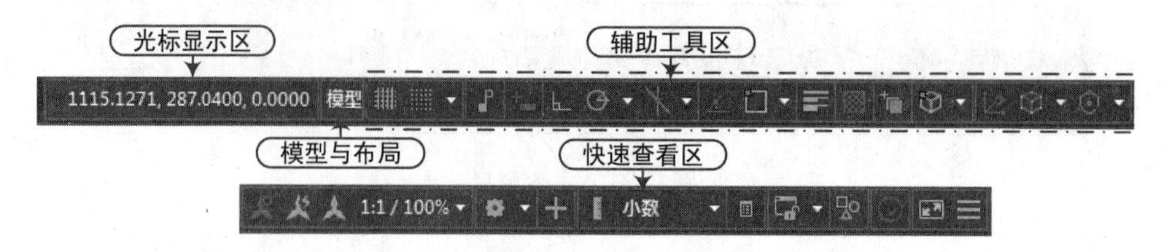

图1–34　状态栏

在 AutoCAD 2016 中，状态栏根据显示内容不同被划分为以下几个区域：

- 光标显示区：在绘图窗口中移动鼠标光标时，状态栏的将动态地显示当前光标的坐标值。
- 模型与布局：单击此按钮，可在模型和图纸空间中进行切换。
- 辅助工具区：主要用于设置一些辅助绘图功能，比如设置点的捕捉方式、设置正交绘图模式、控制栅格显示等，如图 1-35 所示。

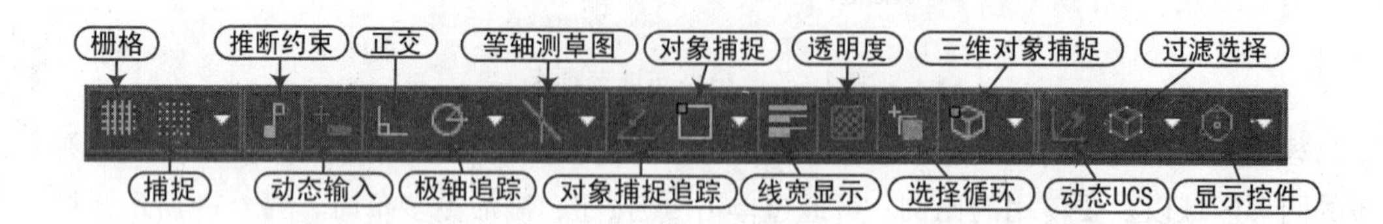

图1–35　辅助工具区

- 快速查看区：其包含显示注释对象、注释比例、工作空间切换、当前图形单位、全屏显示等按钮，如图 1-36 所示。

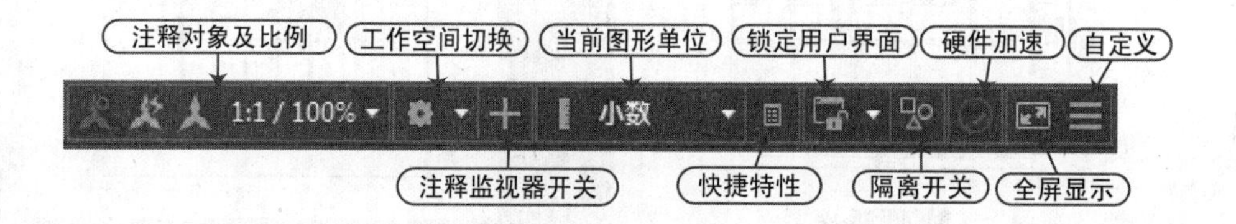

图1–36　快速查看区

1.2　图形文件的管理

图形文件的管理操作是针对 AutoCAD 2016 图形文件的管理操作，包括新建图形文件、打开图形文件、保存图形文件及关闭图形文件等操作。

1.2.1　新建图形文件

知识要点 使用“新建”命令（N）可以新建一个程序默认的样板文件，样板是一个包括一些图形设置和常用对象的特殊文件，样板文件的扩展名为“.dwt”。当以样板为基础绘制图形时，这个新图形就会自动套用样板中所包含的设置和对象。这样一来，就可以通过使用样板省去每次绘制新图形时都要进行烦琐设置和基本对象的绘制工作。

执行方法用户可以通过以下几种方式来重新创建新的图形文件：

- 菜单栏：选择“文件 | 新建”菜单命令。
- 工具栏：在“快速访问工具栏”中，单击“新建”按钮。
- 快捷键：按“Ctrl+N”组合键。
- 命令行：输入“NEW”命令并按“Enter”键。

操作实例用以上任意一种方法操作后，都将打开“选择样板”对话框，用户可以根据需要选择相应的模板文件，然后单击“打开”按钮，即可创建一个新的图形文件，如图 1-37 所示。

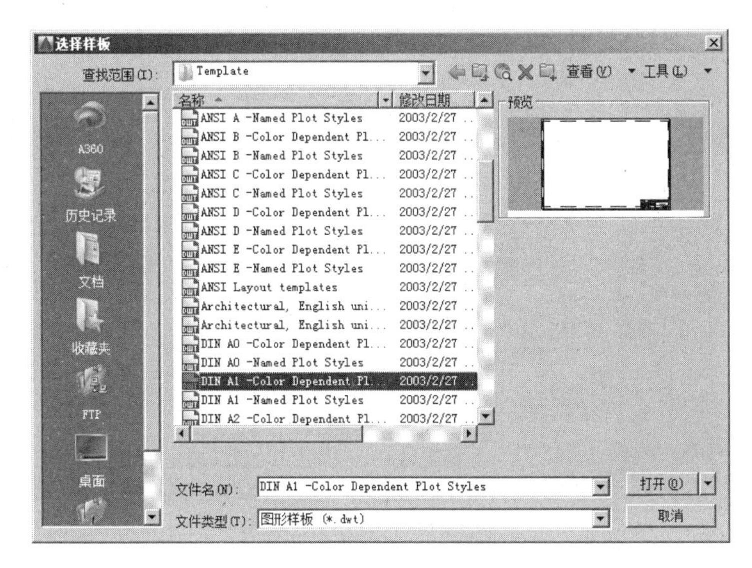

图1–37 选择样板文件

技巧：样板文件的选择

样板文件主要定义图形的输出布局、图纸边框和标题栏，以及单位、图层、尺寸标注样式和线型设置等。利用样板来创建新图形，可以避免每次绘制新图时需要进行的有关绘图设置的重复操作，不仅提高了绘图效率，而且保证了图形的一致性。

在 AutoCAD 2016 中，系统提供了多种样板文件。对于英制图形，单位是英寸，使用 acad.dwt 或 acadlt.dwt 样板；对于公制图形，单位是毫米，使用 acadiso.dwt 或 acadltiso.dwt 样板。

1.2.2 打开图形文件

知识要点通常为了完成某个图形的绘制或对图形文件进行修改，这时就需要打开已有的图形文件。使用“打开”命令（OPEN）可以打开当前计算机已存在的图形文件。

执行方法 要将已存在的图形文件打开，可使用以下方法：

- 菜单栏：选择“文件 | 打开”菜单命令。
- 工具栏：在“快速访问工具栏”中，单击“打开”按钮。
- 快捷键：按“Ctrl+O”组合键。
- 命令行：输入“OPEN”命令并按“Enter”键。

操作实例 通过执行以上操作，系统将弹出“选择文件”对话框，如图 1-38 所示。用户可以在“文件类型”选项下拉列表中，选择文件的格式，如 dwg、dws、dxf、dwt 等。在“查找范围”下拉列表中用户可选择文件路径和要打开的文件名称，最后单击“打开”按钮，即可打开选中的图形文件。

图1–38　打开图形文件

技巧：直接打开文件

AutoCAD 2016 与其他软件打开文件的方法类似，我们可以通过双击任意一个包含“DWG”格式的文件，以此来启动软件并进行打开操作。

1.2.3　保存图形文件

知识要点 对文件进行操作的时候，用户要养成随时保存文件的好习惯，以便在出现电源故障或者发生其他意外情况时，防止图形文件及其数据丢失。

执行方法 在 AutoCAD 2016 中，用户可以通过以下几种方式来保存图形文件：

- 菜单栏：选择“文件 | 保存”菜单命令。
- 工具栏：在“快速访问工具栏”中，单击“保存”按钮。
- 快捷键：按“Ctrl+S”组合键。
- 命令行：在命令行中输入“SAVE”命令并按“Enter”键。

操作实例 执行上述命令后，若文件已命名，则系统自动保存；若文件未命名，（为默认名 drawing1.dwg），则弹出“图形另存为”对话框，在其中选择保存的路径及名称，然后单击“保存”按钮即可，如图 1-39 所示。

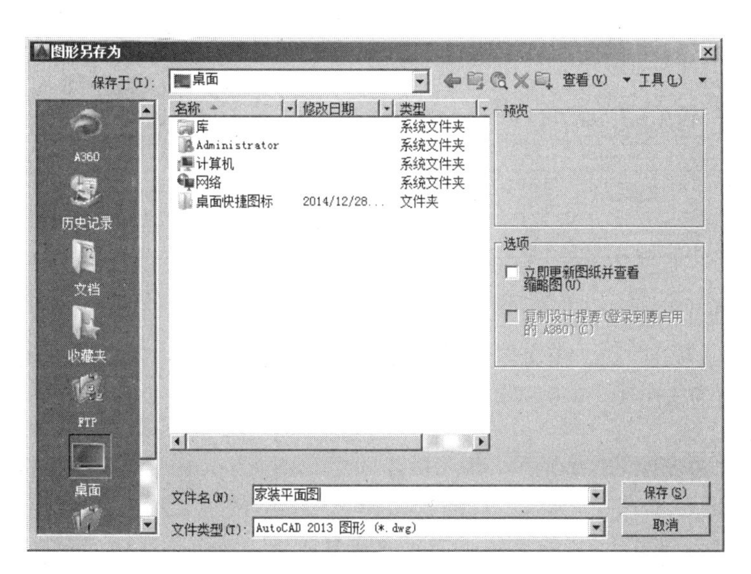

图1-39 “图形另存为”对话框

技巧：样板文件的保存

如果用户需要将当前图形文件保存为“样板”文件，那么在“图形另存为”对话框的“文件类型”列表中，选择“AutoCAD 图形样板 (*.dwt)”即可。

1.2.4 关闭图形文件

1. 单个图形文件的关闭

执行方法 在 AutoCAD 2016 中绘制完图形文件后，如果只有单个文件，其关闭方法和 AutoCAD 2016 的退出方法一样，可通过以下四种方法来关闭：

- 执行“文件 | 关闭（Close）”菜单命令。
- 单击菜单栏右侧的“关闭”按钮 x 。
- 按“Ctrl+Q”组合键。
- 在命令行输入“Quit”命令或“Exit”命令并按“Enter”键。

通过以上任意一种方法，将可对当前图形文件进行关闭操作。

2. 多个图形文件的选择性关闭

执行方法 在 AutoCAD 2016 中绘制完图形文件后，如果是多个图形文件的选择性关闭，可通过以下两种方法：

- 当图形文件“平铺”或“层叠”时，在所选择的文件图形标题栏上单击“关闭”按钮 x ，如图 1-40 所示。

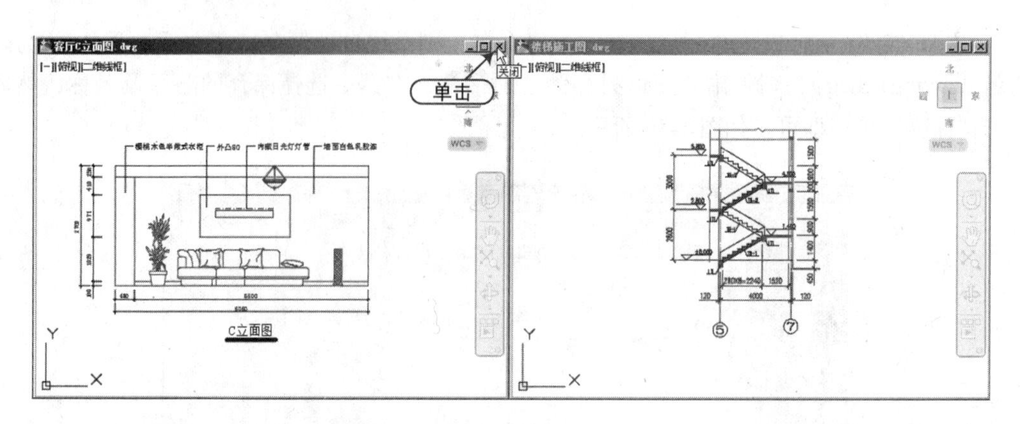

图1-40 选择性关闭文件1

- 在“文件选项卡”上，单击需要关闭的图形文件“标题名”右侧的“关闭”按钮 × 即可，如图 1-41 所示。

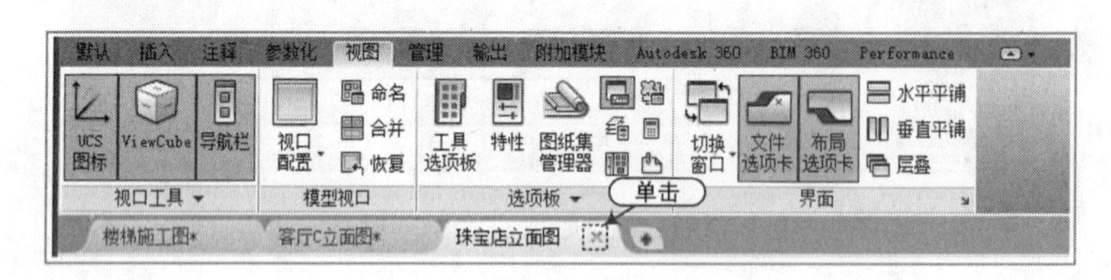

图1-41 选择性关闭文件2

3. 关闭提示

知识要点 在对图形文件进行关闭时，如果关闭的当前图形文件没有被修改，图形文件会直接关闭；如果当前图形有所修改而没有存盘，系统将打开“AutoCAD”警告对话框，询问是否保存图形文件，如图 1-42 所示。

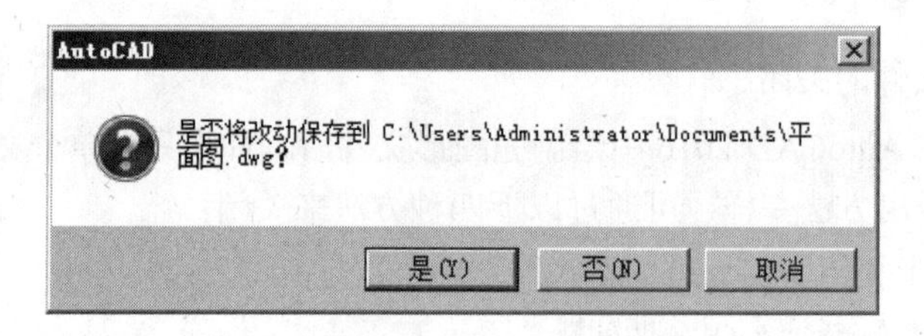

图1-42 关闭提示

单击“是（Y）”按钮或直接按“Enter”键，可以保存当前图形文件并将其关闭；单击“否（N）”按钮，可以关闭当前图形文件但不存盘；单击“取消”按钮，取消关闭当前图形文件操作，既不保存也不关闭。如果当前所编辑的图形文件没命名，那么单击“是”（Y）按钮后，AutoCAD 会打开“图形另存为”的对话框，要求用户确定图形文件存放的位置和名称。

1.2.5 加密图形文件

知识要点 用户可以将 AutoCAD 绘制的图形文件进行加密保存，使不知道密码的用户不能打开该图形文件。用户可以根据以下操作步骤进行文件的加密。

操作步骤

Step 01 单击“快速工具栏”中的“另存为”按钮，弹出“图形另存为”对话框。

Step 02 单击“图形另存为”对话框右上角的“工具”按钮，然后选择“安全选项”命令，弹出“安全选项”对话框。

Step 03 在“安全选项”对话框的“密码”选项卡中输入用户密码，然后单击“确定”按钮。

Step 04 在“确认密码”对话框中再次输入上次的密码，然后单击“确定”按钮，即可完成文件密码的设置，如图1-43所示。

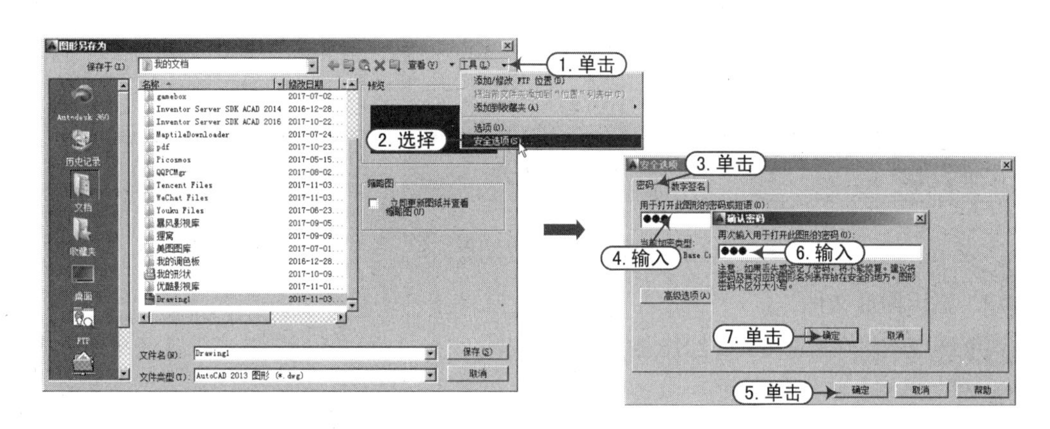

图1–43　加密图形文件

技巧：取消图形文件的加密

如果想将AutoCAD加密文件取消加密，可以先打开该文件，然后按照图形加密的操作步骤，清空密码框里的密码，然后单击“确定”按钮，这样以后再打开该文件时就不需要再输入密码了。

1.2.6　输入与输出图形文件

知识要点 在AutoCAD中绘制的图形对象，除了可以保存为“.dwg”格式的文件外，还可以将其输出为其他格式的文档，以便其他软件调用；同时，用户也可以在AutoCAD中调用其他软件绘制的文件。

1. 输入图形文件

执行方法 在AutoCAD 2016中，可以将其他格式的文件输入其中，输入图形的方法主要有以下几种：

- 菜单栏：选择“文件|输入”菜单命令。
- 功能区：在“插入”选项卡的“输入”面板中，单击“输入”按钮。
- 命令行：输入“IMPORT”命令，其快捷键为“IMP”，并按“Enter”键。

操作实例 执行“输入”命令后，弹出“输入文件”对话框，在“文件类型”下拉列表中选择一种文件格式，然后选择需要输入的该格式文件，单击“打开”按钮，即可将该文件输入 AutoCAD 2016 软件中，如图 1-44 所示。

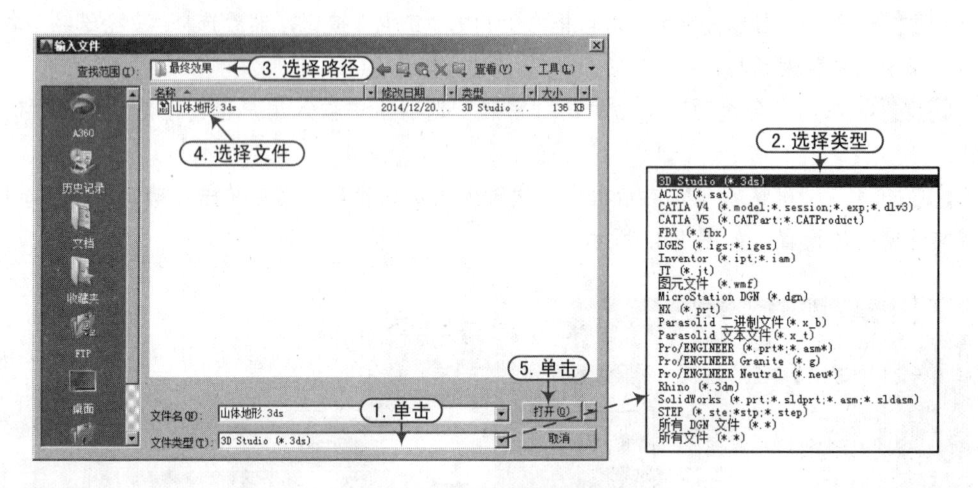

图1-44　输入图形文件

2. 输出图形文件

执行方法 在 AutoCAD 2016 中，用户可以将图形文件“.dwg”格式以其他文件格式输出并保存。其执行方法如下：

- 菜单栏：选择菜单栏中的“文件 | 输出”菜单命令。
- 功能区：在“输出”选项卡的“输出为 DWF/PDF”面板中，单击“输出”按钮 。
- 命令行：输入“EXPORT”命令，其快捷键为“EXP”，并按“Enter”键。

操作实例 执行“输出”命令（EXP）后，弹出“输出数据”对话框，在“文件类型”下拉列表中，系统提供了多种文件格式，选择其中的一种文件格式，然后单击“保存”按钮，即可将该文件输出为其他格式的文件，如图 1-45 所示。

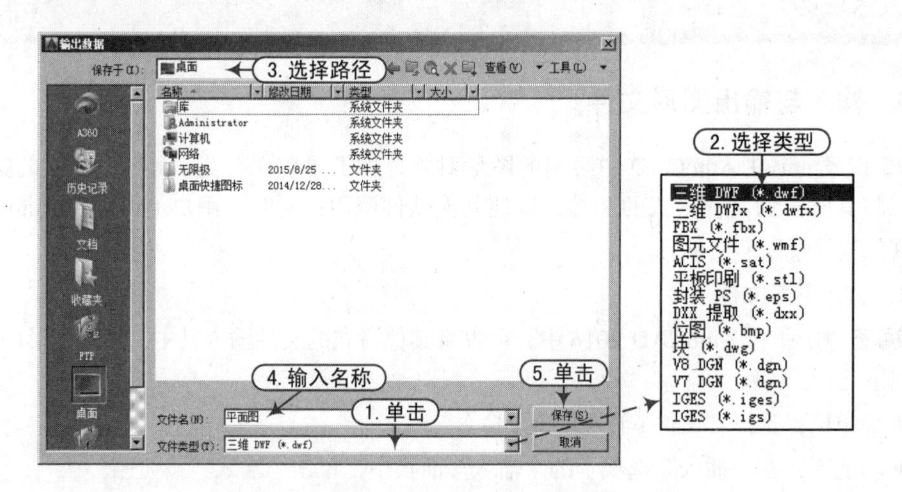

图1-45　输出图形文件

1.3 设置绘图环境

用户在绘制图形之前，首先要对绘图环境进行设置，它是绘图的第一步，任何正式的工程绘图都必须从绘图环境设置开始。

1.3.1 设置图形单位

知识要点 在绘图窗口中创建的所有对象都是根据图形单位进行测量绘制的。由于AutoCAD可以完成不同类型的工作，因此这就要求我们绘图时使用不同的度量单位绘制图形以确保图形的精确度，如毫米（mm）、厘米（cm）、分米（dm）、米（m）、千米（km）等，在工程制图中最常用的是毫米（mm）。

执行方法 用户可以通过以下两种方法来设置图形单位：

- 菜单栏：选择“格式 | 单位”菜单命令。
- 命令行：在命令行中输入“UNITS”命令，其快捷键为“UN”。

操作实例 当执行“单位”命令后，弹出“图形单位”对话框，用户可以根据自己的需要对长度、精度、角度、单位及方向进行设置，如图1-46所示。

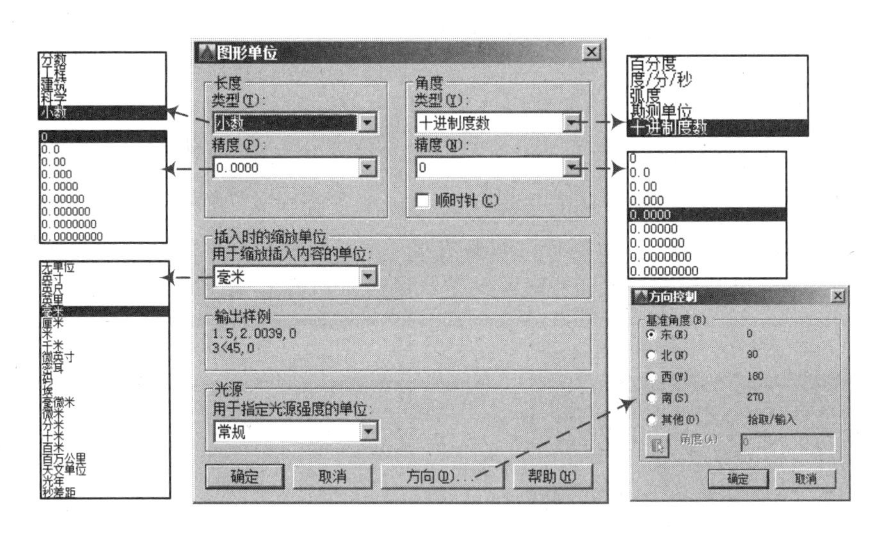

图1-46 图形单位设置

选项含义 在“图形单位”对话框，各选项的含义如下：

- “长度”选项卡：展开“类型”和“精度”下拉列表框，可以分别设置长度的类型和单位的精度值。默认情况下，长度的类型为小数，精度单位为0.0000。
- “角度”选项卡：展开“类型”和“精度”下拉列表框，可以分别设置角度的类型和角度的精度值。默认情况下，角度的类型为十进制度数，精度单位为0。还可以通过勾选“顺时针”复选框设置角度的方向。
- “插入时的缩放单位”选项组：用于确定缩放内容的单位，一般情况设置为“毫米”。
- “输出样例”选项组：显示当前输出的样例值。

- “光源”选项组：用于指定光源强度的单位。
- “方向”按钮：单击该按钮，在打开的“方向控制”对话框中可通过相应设置控制方向。

1.3.2 设置图形界限

知识要点 所谓“图形界限”，是指绘图区域，它相当于手工绘图时事先准备的图纸。设置“图形界限”最实用的一个目的，就是为了满足不同范围的图形在有限绘图区窗口中能够恰当显示，以方便视窗的调整及用户的观察编辑等。

执行方法 用户可以通过以下两种方法来设置图形界限：

- 菜单栏：选择“格式 | 图形界限”菜单命令。
- 命令行：在命令行中输入“LIMITS”命令，其快捷键为“LIM”。

操作实例 以设置 A3 纸张大小的图形界限为例，执行上述命令后，指定图形界限的左下角点（默认为坐标原点）和右上角点的坐标即可，其命令行提示过程如下：

命令 : LIMITS \\ 执行命令
重新设置模型空间界限 :
指定左下角点或 [开 (ON)/ 关 (OFF)] <0.00,0.00>: \\ 空格键默认坐标原点
指定右上角点 <420.00,297.00>:420,297 \\ 输入图形边界右上角的坐标值

技巧：图形界限的显示

为了使所设置的 A3 图纸幅面显示出来，可执行“草图设置”命令（SE），在弹出的“草图设置”对话框中，勾选“启用栅格”和取消勾选“显示超出界限的栅格”复选框，确定后就可以看到绘图区中以栅格显示出设置的图纸幅面，如图 1–47 所示。

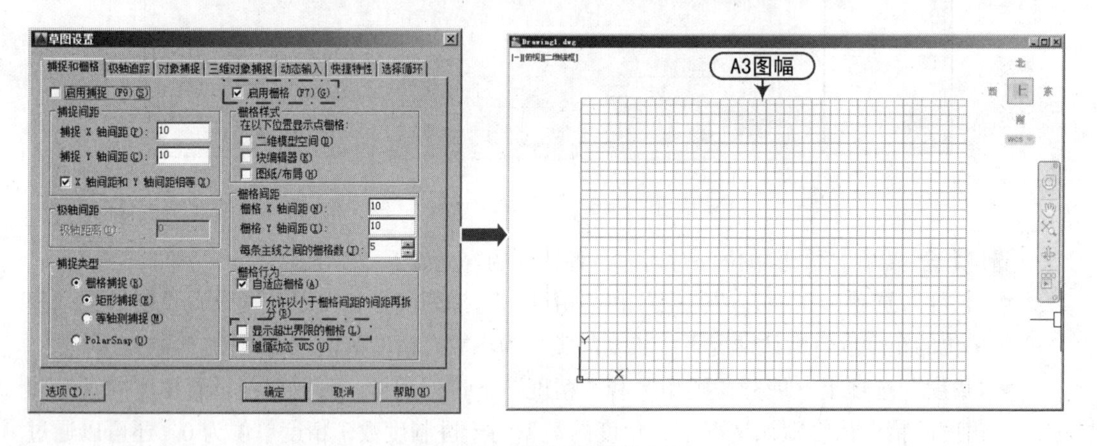

图1–47　设置的图形界限

1.4 使用命令与系统变量

AutoCAD 2016 交互绘图必须输入必要的指令和参数，即通过执行一项命令进行绘图等操作。菜单命令、工具按钮、命令行和系统变量是相互对应的，用户可通过其中一项来执行相应的命令。

1.4.1 使用菜单栏执行命令

在主菜单中单击下拉菜单，然后移动到相应的菜单栏上选择对应的命令。如果有下一级子菜单，则移动到菜单栏后略微停顿，系统自动弹出下一级子菜单，这时移动光标到子菜单对应的命令上单击即可执行相应操作，如图 1-48 所示。

1.4.2 使用面板按钮执行命令

面板由表示各个命令的图标按钮组成。单击相应按钮可以调用相应的命令，或单击带有下拉符号▾的命令按钮，选择执行该按钮选项下的相应命令，如图 1-49 所示。

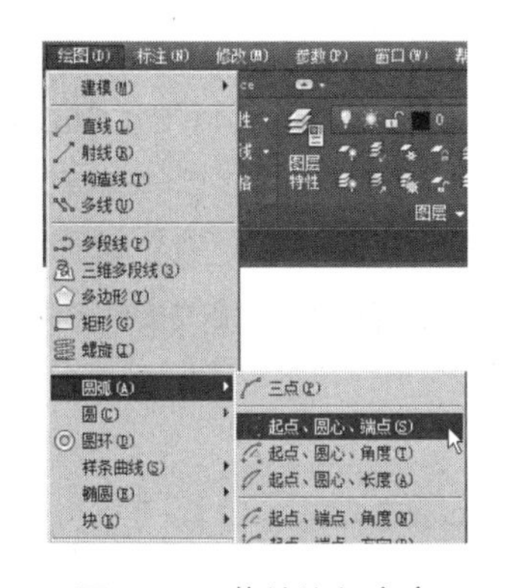

图1-48 菜单执行命令

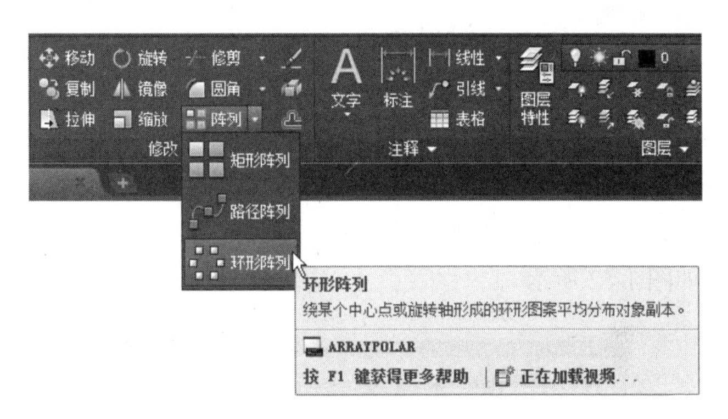

图1-49 单击按钮执行命令

1.4.3 使用鼠标操作执行命令

鼠标在绘图区域以十字光标的形式显示，在选项板、功能区、对话框等区域中，则以箭头“↖”显示。我们可以通过单击或者拖动鼠标来执行相应命令的操作。利用鼠标左键、右键、中键（滚轮）可以进行如下操作。

- 鼠标左键：用于指定屏幕上的点，也可以用来选择 Windows 对象、AutoCAD 对象、工具栏按钮和菜单命令等。
- 鼠标右键：鼠标右键相当于“Enter”键，用于结束当前使用的命令。在除菜单栏以外的任意区域右击，此时系统会根据当前绘图状态而弹出不同的快捷菜单，选择菜单里的命令，可以执行相应的命令，比如确认、取消、放弃、重复上一步操作等，如图 1-50 所示。当使用“Shift”键和鼠标右键组合时，系统将弹出一个快捷菜单，用于设置捕捉点的方法，如图 1-51 所示。
- 鼠标中键（滚轮）：向上滚动滚轮可以放大视图；向下滚动滚轮可以缩小视图；按住鼠标滚轮，拖动鼠标可以平移视图。

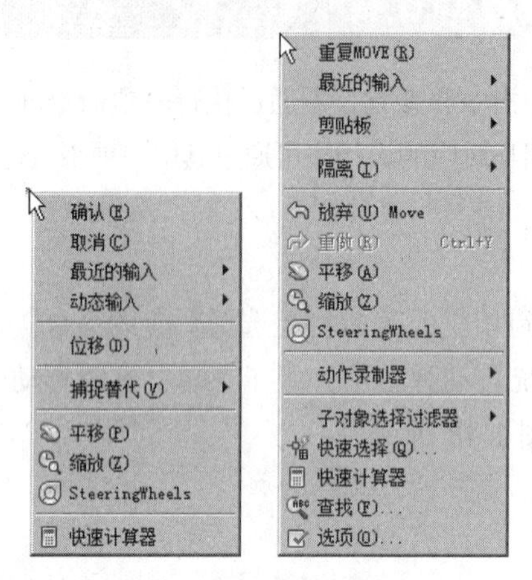

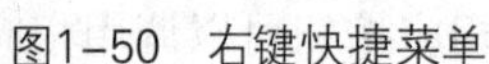
图1-50　右键快捷菜单

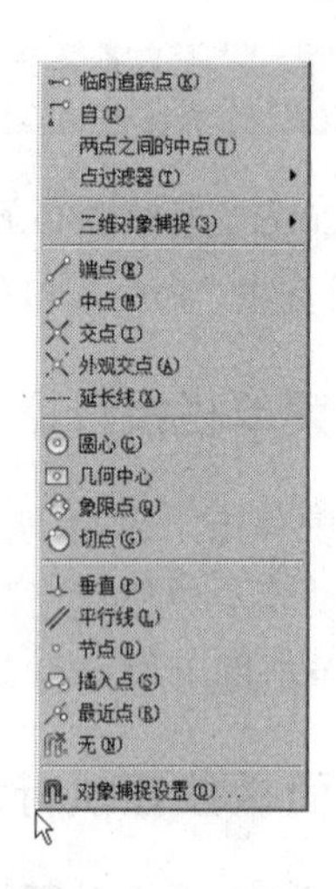

图1-51　弹出快捷菜单

1.4.4　使用快捷键执行命令

快捷键大致可以分为两类：一类是各种命令的缩写形式，例如 L（Line）、C（Circle）、A（Arc）、Z（Zoom）、R（Redraw）、M（Move）、CO（Copy）、PL（Pline）、E（Erase）等；另一类是一些功能键（F1 ～ F12）和组合键，在 AutoCAD 2016 中，用户按“F1”键打开帮助窗口，在搜索框中输入“快捷键参考”，然后进行搜索，即可在右侧看到相关的快捷键列表，如图 1-52 所示。

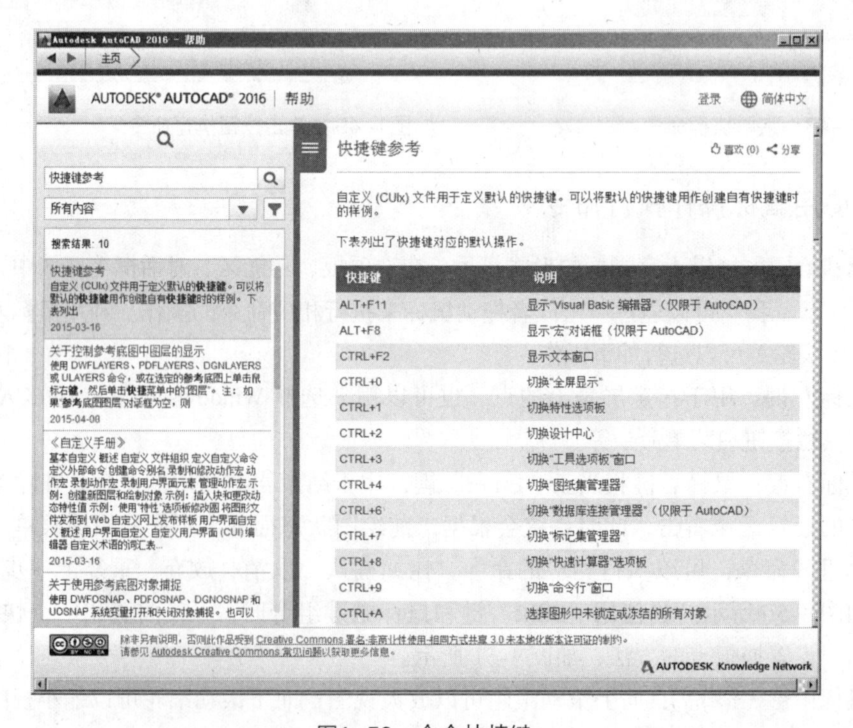

图1-52　命令快捷键

1.4.5 使用命令行执行命令

在 AutoCAD 2016 中，用户可以使用键盘快速地在命令行中输入命令、系统变量、文本对象、数值参数、点坐标等。输入命令的字符不区分大小写。

例如，在命令窗口中输入直线命令“LINE”或快捷键“L”，则命令行中将提示当前输入命令的建议列表，按“空格键”或“Enter”键执行命令，如图 1-53 所示。

在“命令行”窗口中右击，AutoCAD 将显示一个快捷菜单，如图 1-54 所示。通过快捷菜单可以选中命令历史，并进行复制、剪切、粘贴及粘贴到命令行操作。还可以使用“BackSpace”键或“Delete”键删除命令行中输入的字符。

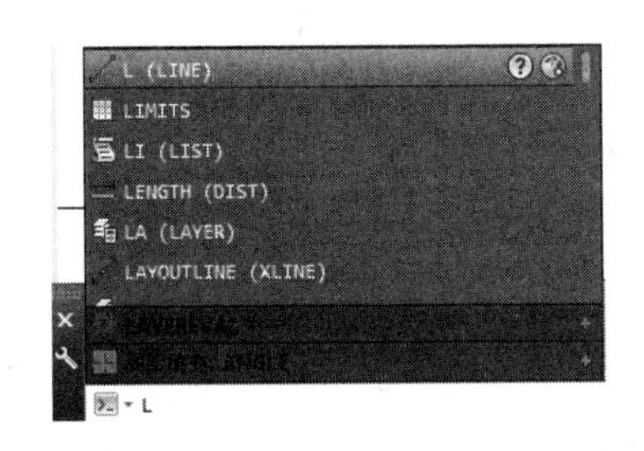

图1-53　输入命令

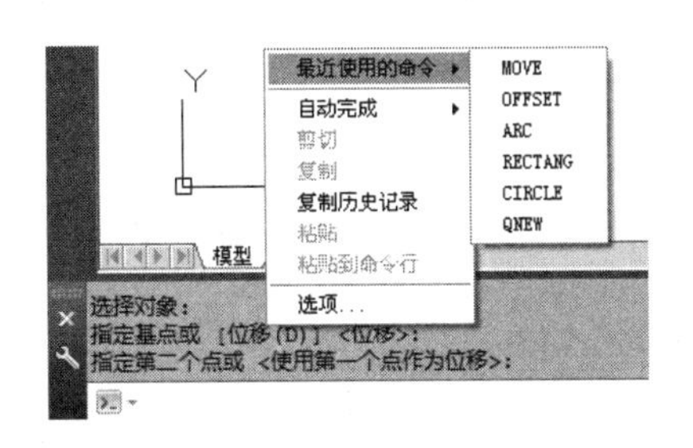

图1-54　命令行快捷菜单

技巧：命令行的显示控制

如果用户在绘图过程中，觉得命令行窗口不能显示更多的内容，可以将鼠标置于命令行上侧，等鼠标呈 ≑ 形状时上下拖动，即可改变命令行窗口的高度，显示更多的内容。另外还可以通过按“F2”功能键打开“AutoCAD 文本窗口”来查找历史记录，同时也可以通过“AutoCAD 文本窗口”来执行命令操作，如图 1-55 所示。

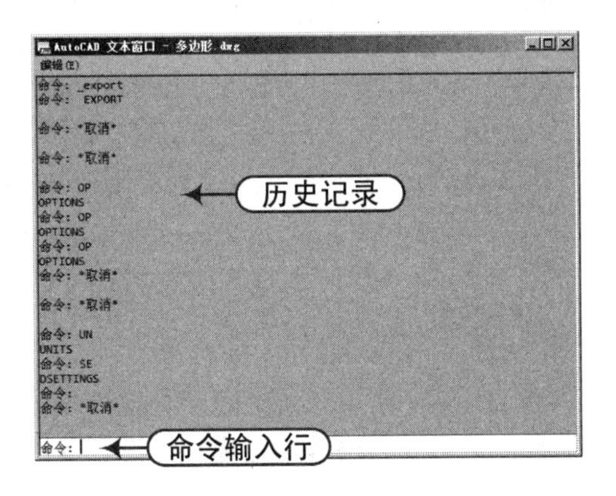

图1-55　AutoCAD文本窗口

1.4.6 使用动态输入功能

除了在命令行中直接输入命令并执行外，还可以使用“动态输入”功能执行命令。“动态输入”是指用户在绘图时，系统会在绘图区域中的光标附近提供命令界面。当在状态栏中激活了动态输入后，直接输入命令或数据，将动态显示在光标右下角位置，这和命令行中的提示是相对应的。可根据提示一步步操作，这样可使用户专注于绘图区域，如图 1-56 所示。

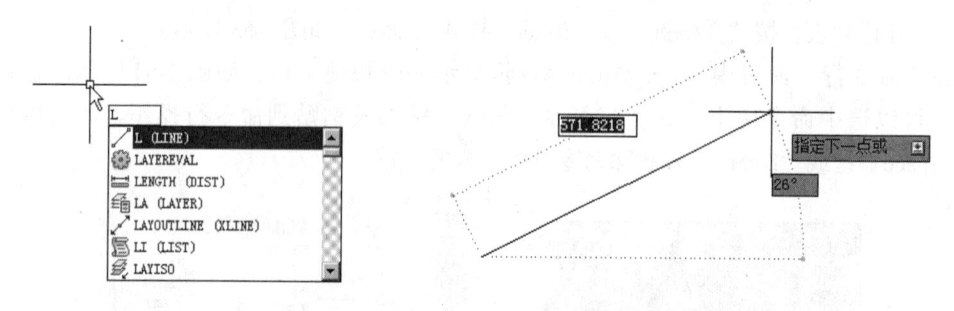

图1–56　使用动态输入功能执行命令

1.4.7　使用透明命令

知识要点 在 AutoCAD 2016 中，透明命令是指在执行其他命令的过程中可以执行的命令。通常使用的透明命令多为修改图形设置的命令、绘图辅助工具命令，例如 Snap（捕捉间距）、Grid（栅格间距）、Zoom（窗口缩放）等命令。

操作实例 要以透明方式使用命令，应在输入命令之前输入单引号（'）。命令行中，透明命令行的提示有一个双折符号（>>），当完成透明命令后，将继续执行原命令。例如，在“圆弧”命令（L）过程中执行“平移”透明命令，命令行提示与操作如下：

```
圆弧 : ARC                                         \\ 执行“圆弧”命令
指定圆弧的起点或 [ 圆心 (C)]:                       \\ 指定圆弧起点
指定圆弧的第二个点或 [ 圆心 (C)/ 端点 (E)]: '_pan    \\ 输入（'pan）执行透明命令
>> 按 Esc 或 Enter 键退出，或单击右键显示快捷菜单。  \\ 按住鼠标左键平移视图
                                                     然后按“Enter”键
正在恢复执行 ARC 命令。
指定圆弧的第二个点或 [ 圆心 (C)/ 端点 (E)]:          \\ 返回圆弧命令，指定点
指定圆弧的端点 :                                    \\ 指定圆弧端点，圆弧绘制完成
```

1.4.8　使用系统变量

知识要点 在 AutoCAD 2016 中，系统变量用于控制某些功能和设计环境、命令的工作方式，它可以打开或关闭捕捉、正交或栅格等绘图模式，设置默认的填充图案，或存储当前图形和 AutoCAD 配置相关的信息。

系统变量通常是 6 ～ 10 个字符长度的缩写名称。许多系统变量有简单的开关设置。例如，GRIDMODE 系统变量用来显示或者关闭栅格，当在命令行提示“输入 GRIDMODE 新的信息 <1>”时输入 0，可以关闭栅格显示；输入 1 时，可以打开栅格显示。有些系统变量则

用来存储数值或文字，如DATE系统变量用来存储当前日期。

操作实例 用户可以在对话框中修改系统变量，也可以直接在命令行中修改系统变量。例如，要使用ISOLINES系统变量修改曲面的线框密度，可在命令行提示下输入该系统变量名称并按“Enter”键，然后输入新的系统变量值并按“Enter”键即可，命令行提示如下：

```
命令: ISOLINES                    \\输入“曲面线框密度”系统变量名称
输入 ISOLINES 的新值 <4>: 32       \\输入系统变量的新值 32
```

1.4.9 命令的控制

为了使绘图更加方便快捷，AutoCAD 2016提供了“重复”“终止”“撤销”“重做”命令，这样用户可以对命令进行控制。例如，在绘图过程中如出现失误就可以使用重做和撤销来返回某一操作步骤中，继续进行重新绘制图形。

1. 命令的终止

在执行命令过程中，如果用户不想执行正在进行的命令，可以随时按“Esc”键终止执行的任何命令；或者右击，在弹出的快捷菜单中选择“取消”命令来终止执行命令，如图1-57所示。

2. 命令的撤销

执行方法 在绘图过程中，如果执行了错误的操作，此时就需要撤销刚才的操作。撤销操作在AutoCAD中称为放弃操作，由“放弃”命令（UNDO）实现，执行“放弃”命令（UNDO）有以下几种方法：

- 工具栏：在“快速工具栏”中单击“撤销”按钮。
- 菜单栏：选择“编辑 | 放弃”菜单命令。
- 命令行：输入“UNDO”命令，快捷键为“U”。
- 组合键：按“Ctrl+Z”组合键。

知识要点 执行一次“撤销”命令只能撤销一个操作步骤，若想一次撤销多个步骤，用户可以通过单击“快速工具栏”中“撤销”按钮右侧的下拉按钮，选择需要撤销的命令，执行多步撤销操作，如图1-58所示。

图1-57 终止命令

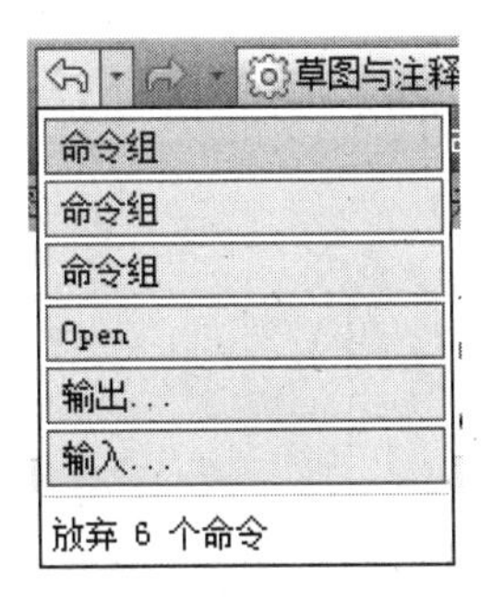

图1-58 放弃命令

3. 命令的重做

执行方法 如果错误地撤销了正确的操作，可以通过“重做”命令进行还原。可以再使用“放弃”操作后立即使用“重做”命令（REDO），取消单个放弃操作的效果，执行“重做”命令（REDO）有以下几种方法：

- 工具栏：在“快速工具栏”中单击“重做”按钮。
- 菜单栏：选择“编辑 | 重做”菜单命令。
- 命令行：输入“REDO”命令。
- 组合键：按“Ctrl+Y”组合键。

知识要点 如果想要一次性重做多个步骤，用户可单击“快速工具栏”中“重做”命令按钮右侧的下拉按钮，选择步骤进行多步骤重做，如图 1-59 所示。

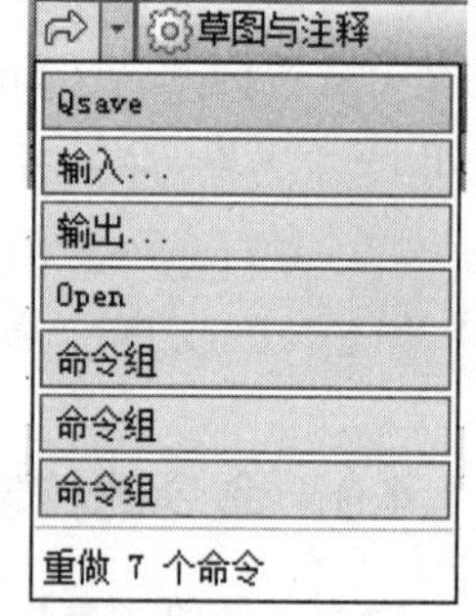

图1-59　重做命令

4. 重复命令

重复命令是指执行完一个命令之后，在没有进行任何其他命令操作的前提下再次执行该命令。此时，用户不需要重新输入该命令，直接按“空格键”或“Enter”键即可重复命令。

1.5　坐标输入方式

用户在绘图过程中，使用坐标系作为参照，可以精确定位某个对象，以便精确地拾取点的位置。AutoCAD 2016 的坐标系提供了精确绘制图形的方法，利用坐标值（X,Y,Z）可以精确地表示具体的点。用户可以通过输入不同的坐标值，来进行图形的精确绘制。

1.5.1　认识坐标系统

在 AutoCAD 2016，坐标系统分为世界坐标系（WCS）和用户坐标系（UCS）两种。

- 世界坐标系（WCS）是系统默认的坐标系，由三个相互垂直并相交的坐标轴 X，Y，Z 组成（二维图形中，由轴 X，Y 组成），如图 1-60 所示。Z 轴正方向垂直于屏幕，指向用户。世界坐标轴的交汇处显示方形标记。
- 用户坐标系：AutoCAD 2016 提供了可改变坐标原点和坐标方向的坐标系，即用户坐标系（UCS）。在用户坐标系中，原点可以是任意数值，可以是任意角度，由绘图者根据需要确定。如图 1-61 所示，用户坐标轴的交汇处没有方形标记，用户可执行“工具 | 新建 UCS”菜单命令创建用户坐标系，如图 1-62 所示。

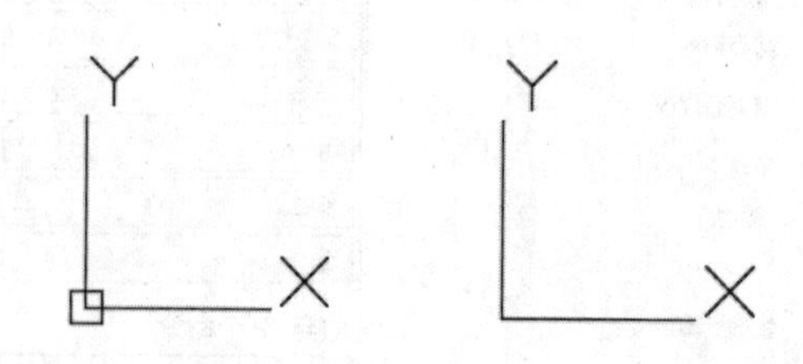

图1-60　世界坐标系　　图1-61　用户坐标系

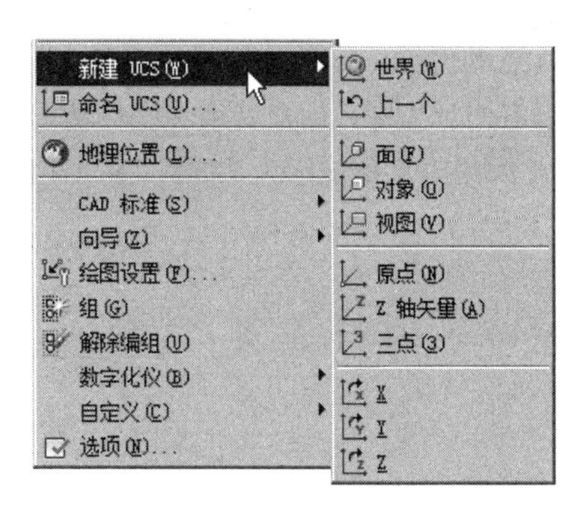

图1-62 “新建UCS”

1.5.2 坐标的表示方法

在 AutoCAD 中，点坐标可以用直角坐标、极坐标、球面坐标和柱形坐标来进行表示，其中直角坐标和极坐标为 AutoCAD 中最为常见的坐标表示方法。

- 直角坐标法：是利用 X、Y、Z 值表示坐标的方法。其表示方法为（X,Y,Z），在二维图形中，Z 坐标默认为 0，用户只需输入（X,Y）坐标即可。例如，在命令行中输入点的坐标（5,3），则表示该点沿 X 轴正方向的长度为 5，沿 Y 轴正方向的长度为 3，如图 1-63 所示。
- 极坐标法：是用长度和角度表示坐标的方法，其只用于表示二维点的坐标。极坐标表示方法为（L<α），其中“L”表示点与原点的距离（L>0），“α”表示连线与极轴的夹角（极轴的方向为水平向右，逆时针方向为正），“<”表示角度符号。例如，某点的极坐标为（5<30），表示该点距离极点的长度为 5，与水平方向的角度为 30°，如图 1-64 所示。

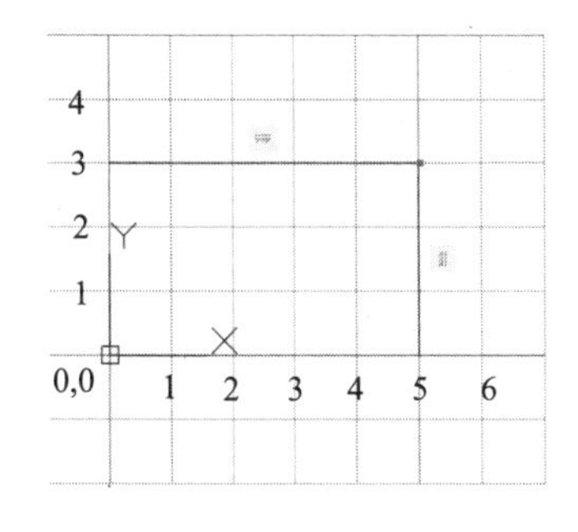

图1-63 直角坐标系

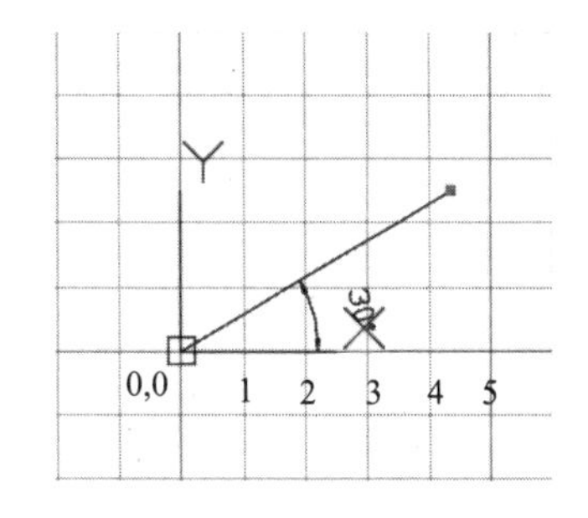

图1-64 极坐标系

1.5.3 绝对坐标与相对坐标

坐标输入方式有两种：绝对坐标和相对坐标。

- 绝对坐标：是相对于当前坐标系坐标原点（0,0）的坐标。绝对坐标又分为绝对直角坐标（如 5,3）和绝对极坐标（5<30）。

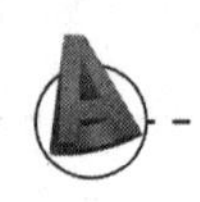

● 相对坐标：是基于上一点的坐标。如果已知某一点与上一点的位置关系，即可使用相对坐标绘制图形。要指定相对坐标，用户必须在坐标值前添加一个 @ 符号。如图 1-65 所示，点 B 相对于点 A 的相对直角坐标为“@3，3”、相对极坐标为“@3<45”。

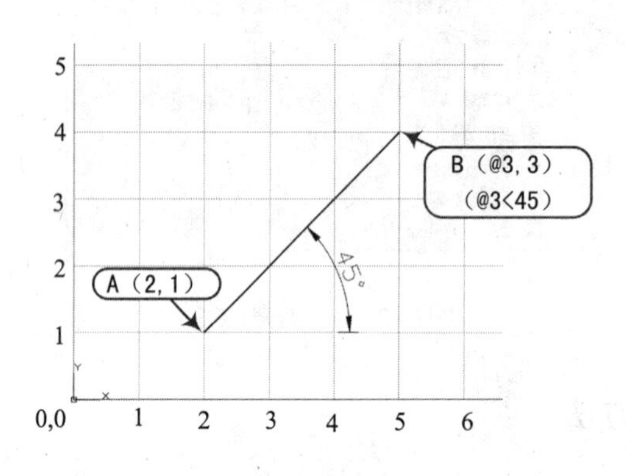

图1-65　相对坐标

1.5.4　数据输入方法

知识要点 在 AutoCAD 2016 中，坐标值需要通过数据的方式进行输入，其输入方法主要有两种：静态输入和动态输入。

● 静态输入：是指在命令行直接输入坐标值的方法。“静态输入”可直接输入绝对直角坐标（X,Y）、绝对极坐标（X<α），如输入相对坐标，则需在坐标值前加 @ 前缀。

● 动态输入：单击“状态栏”中的“动态输入”按钮，即可打开或关闭动态输入功能。“动态输入”可直接输入相对直角坐标值和相对极坐标值，无须输入 @ 前缀。如果输入绝对坐标，则需在坐标前加 # 前缀。例如，在动态输入法下绘制直线，其操作步骤如下：

操作步骤

Step 01 输入“直线”命令的快捷键“L”，将弹出与直线命令有关的相应命令，如图 1-66 所示。

Step 02 按空格键激活“直线”命令，根据提示直接输入绝对坐标值“#1,1”，动态框将动态显示输入的数据，如图 1-67 所示。按“Enter”键后，确定直线的第一点。

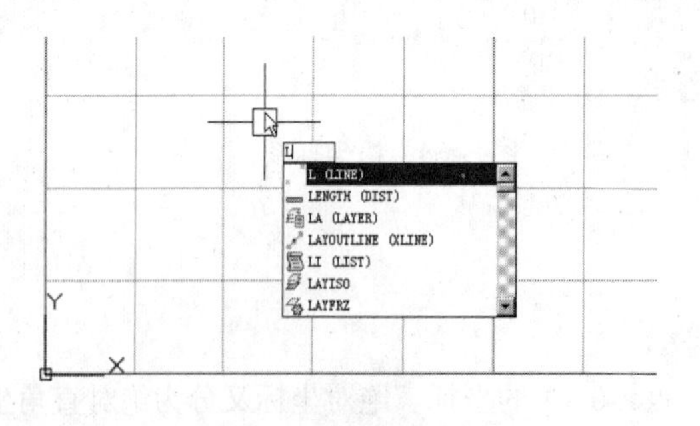

图1-66　输入命令

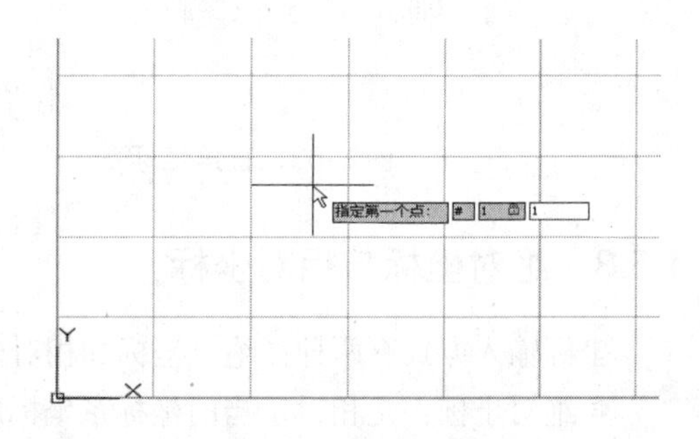

图1-67　输入绝对坐标值

技巧：动态输入框

在指定第一点时，输入的“#”号，会自动出现在动态数据框的前方，输入第一个数据并按“Tab”键后，该数据框将显示一个锁定图标，并且光标会受用户输入值的约束，“Tab”键可以在两个数据框中进行切换，以便修改。

Step 03 在“指定下一点”的提示下，输入相对坐标值“4,2”，如图 1-68 所示。

Step 04 按“Enter”键后确定直线的第二点，然后再次按“Enter”键即可完成一条直线绘制，如图 1-69 所示。

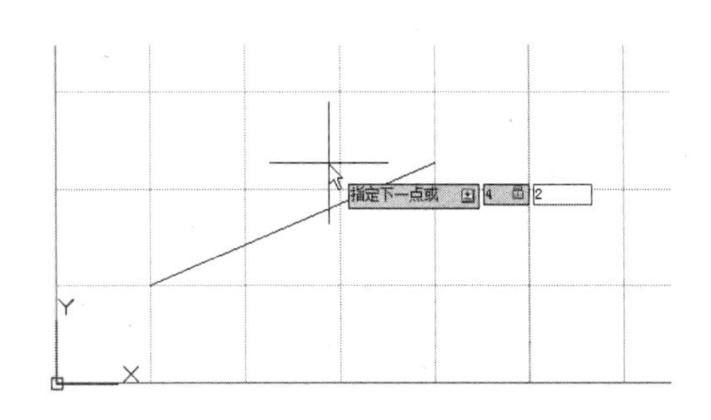

图1-68　直接输入相对坐标

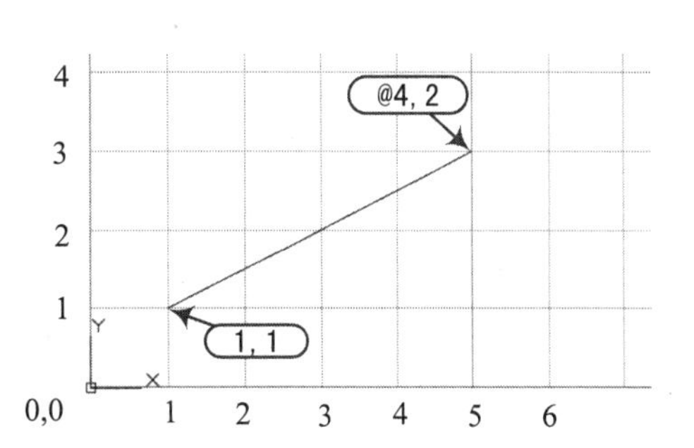

图1-69　绘制的直线

技巧：命令行的显示控制

默认情况下，动态输入的指针输入被设置为“相对极坐标”形式，即输入第一个数据为长度，按“Tab”键或“<”符号，会跳转到极轴角度输入，如图 1-70 所示。

若要使输入的坐标类型为直角坐标，请在输入第一个数据后，按“,”键转换成直角坐标输入，输入的值均为长度（见图 1-70）。

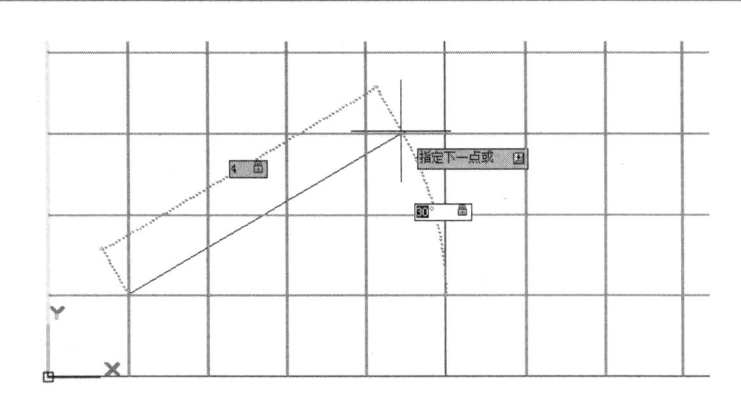

图1-70　相对极坐标输入

02

绘制基本二维图形

本章导读

在 AutoCAD 2016 中，绘制一些图形对象都是通过点、线的组合来完成二维图形的绘制的。通过不断的使用这些频繁的点、线对象，才能更加熟练、灵活自如地设计所需要的图形对象。

本章内容

- 点对象的绘制
- 直线对象的绘制
- 矩形和正多边形的绘制
- 圆和圆弧的绘制
- 椭圆和椭圆弧的绘制
- 基本二维图形的综合练习

本章视频集

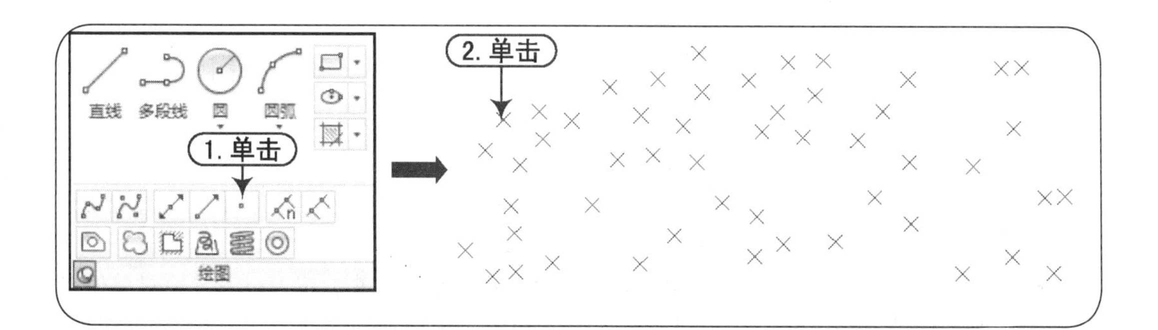

2.1 绘制点

在几何的定义中，一条直线、圆弧或者样条曲线都可以理解为是由无数个点构成，所以点是最基本的图形单位。点作为最简单的几何概念，通常作为几何、物理、矢量图形和其他领域中最基本的组成部分。

2.1.1 点的样式设置

执行方法 在使用“点”命令绘制点前，要对点的样式和大小进行设置，设置点样式的方法有以下几种：

- 菜单栏：执行“格式｜点样式”菜单命令，如图 2-1 所示。
- 命令行：在命令行输入“DDPTYPE”命令并按“Enter”键。
- 面板：单击“默认”选项卡“实用工具”面板中的“点样式”按钮[点样式...]，如图 2-2 所示。

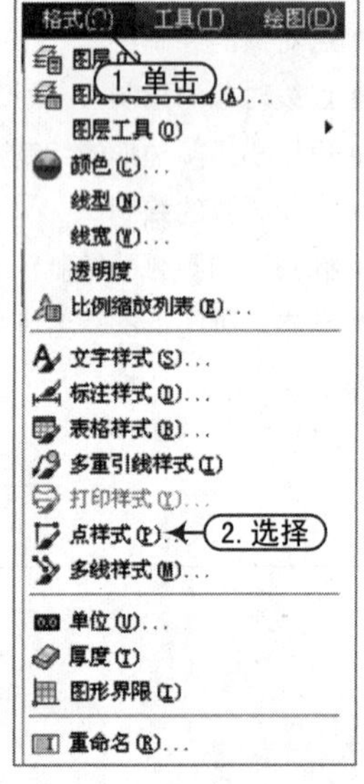

图2-1 菜单命令

图2-2 工具按钮

执行上面的操作，将会弹出“点样式”对话框，如图 2-3 所示。该对话框中有 20 个点样式供用户选择，点的大小可在“点大小”文本框中设置。

选项含义 “点样式”对话框中各选项卡的功能如下。

- 点样式：在上侧的多个点样式中，列出来 AutoCAD 中提供的所有点样式，且每个点对应一个系统变量（PDMODE）值，如图 2-4 所示。
- 点大小：设置点的显示大小，可以相对于屏幕设置点的大小，也可以设置绝对单位点的大小，用户要在命令行中输入系统变量（PDSIZE）来重新设置。
- 相对于屏幕设置大小（R）：按屏幕尺寸的百分比设置点的显示大小，当进行缩放时，点的显示大小并不改变。

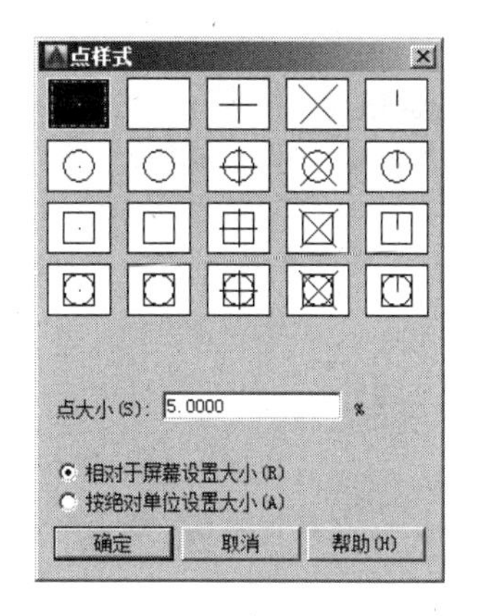

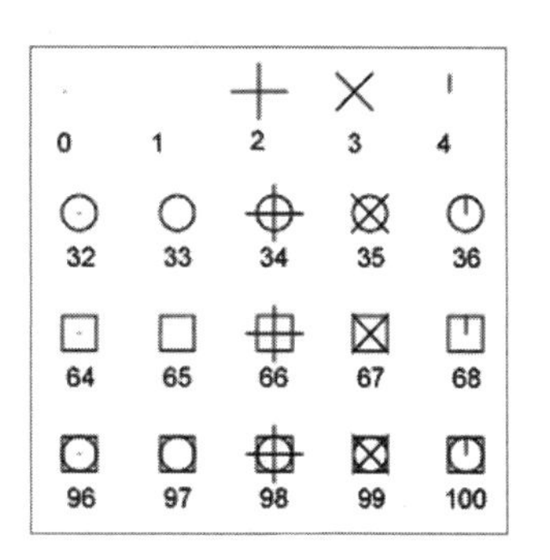

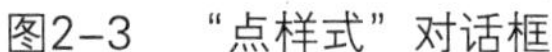

图2-3 “点样式”对话框　　图2-4 PDMODE值

- 按绝对单位设置大小（A）：按照“点大小”文本框中值的实际单位来设置点显示大小。当进行缩放时，AutoCAD 显示点的大小会随之改变。

2.1.2 绘制单点

知识要点 在 AutoCAD 中，用户可以在工程图中的指定位置，来绘制一个点或者多个点对象，来满足绘制图形时捕捉相关点的需要。

执行方法 在 AutoCAD 中，用户可以通过以下几种方式来绘制单点对象：

- 菜单栏：选择“绘图 | 点 | 单点”菜单命令。
- 命令行：在命令行中输入“Point”命令（PO）。

执行“点”命令（PO）后，命令行提示“指定点：”时，在屏幕上单击确定点的位置，绘制完毕后自动退出“点”命令。

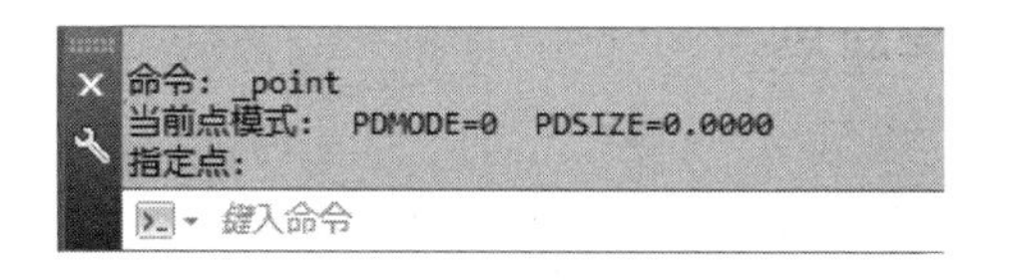

注意：点命令的取消

在绘制“单点”的过程中，应提前设置点的样式，以便绘制的点在“绘图区”中能够清晰地显示出来。

2.1.3 绘制多点

执行方法 在 AutoCAD 中，“多点”是多个单点的组合。多点的绘制方法有以下两种：

- 菜单栏：选择“绘图 | 点 | 多点”菜单命令。
- 面板：单击“默认”选项卡“绘图”面板中的“多点”按钮。

执行“多点”（PO）命令后，命令行提示“指定点：”时，在目标位置单击绘制一个点后，还可以继续在其他地方继续绘制点，直到用户请求退出“多点”命令。

```
命令: _point
当前点模式:  PDMODE=0  PDSIZE=0.0000
指定点:
键入命令
```

操作实例 现在要在绘图界面上单击形成一些点，让它们组合成一条波浪线，其操作命令行如下，所绘制的图形效果如图 2-5 所示。

```
命令 : _point                                  \\ 执行点命令
当前点模式 : PDMODE=0  PDSIZE=0.0000           \\ 系统提示当前点模式
指定点 : * 取消 *                              \\ 绘图完成，退出命令
```

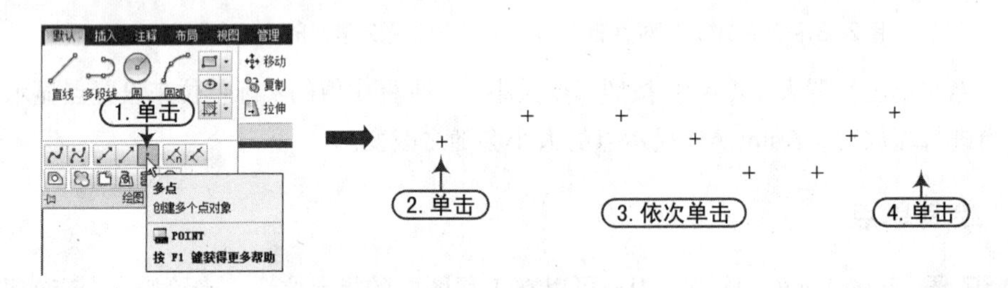

图2–5　绘制点的操作

注意：多点命令的取消

用户在绘制多点时，不能使用“Enter”键来结束多点命令，只能使用“Esc”键来结束该命令。

实例——绘制繁星点点

	案例	繁星点点 .dwg
	视频	绘制繁星点点 .avi

本实例通过利用点样式里相关样式的图样，再通过执行点命令，使其显示满天繁星的样子，让读者能够掌握点样式的设置方法，并进一步巩固点的使用方法。

实战要点 ①点样式的设置；②点命令的执行方法。

操作步骤

Step 01 正常启动 AutoCAD 2016 软件，选择“文件 | 保存”菜单命令，将其保存为“案例 \02\ 繁星点点 .dwg” 文件。

Step 02 执行“格式 | 点样式” 菜单命令，弹出“点样式”对话框，选择图 2-6 中的点样式，设置好点的显示大小，然后单击“确定”按钮，完成点样式的设置，如图 2-6 所示。

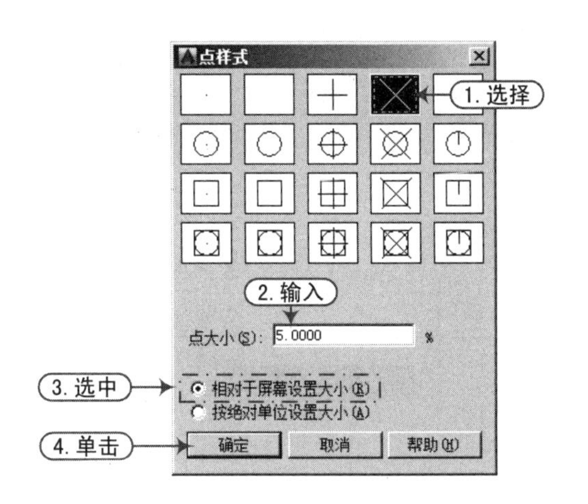

图2-6 设置点样式

Step 03 单击“绘图”选项中的“多点”工具按钮，命令行提示“指定点：”时，在绘图区域随意单击以创建一个点，继续单击绘制多个点，所绘制的满天繁星的效果如图2-7所示。

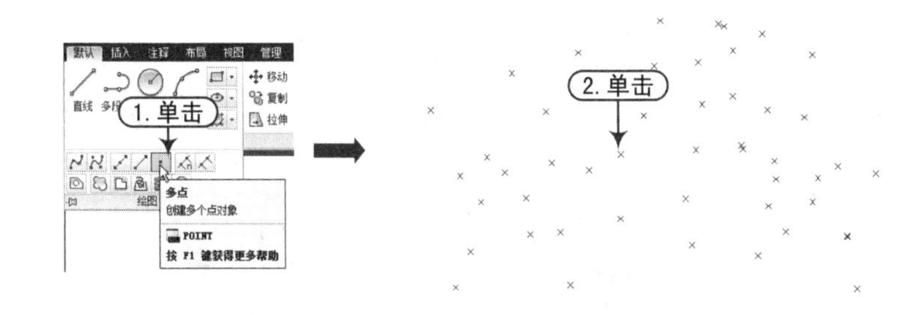

图2-7 绘制点图形

Step 04 单击“保存”按钮，将文件进行保存，该繁星点点图形绘制完成。

2.1.4 绘制定数等分点

知识要点 所谓定数等分点，就是把目标（直线段、圆弧、样条曲线等）平均分成N段，是以数来定尺寸。使目标的等分点分别放置了点标识（或者内部块），而目标并没有被分为多个对象。

执行方法 在AutoCAD中，用户可以通过以下几种方式来执行定数等分点操作：

- 菜单栏：选择“绘图 | 点 | 定数等分”菜单命令。
- 面板：在“默认”选项卡的“绘图”面板中单击按钮。
- 命令行：在命令行中输入“Divide”（DIV）命令。

操作实例 打开“定数等分.dwg”文件，执行“定数等分”命令，按照如下命令行提示，选择要等分的对象，再输入等分的数目，则在当前对象的等分位置插入点对象，如图2-8所示。

```
命令 : DIVIDE                                \\ 执行定数等分点命令
选择要定数等分的对象 :                        \\ 选择等分的对象
输入线段数目或 [ 块 (B)]: 5                  \\ 输入等分的数目
```

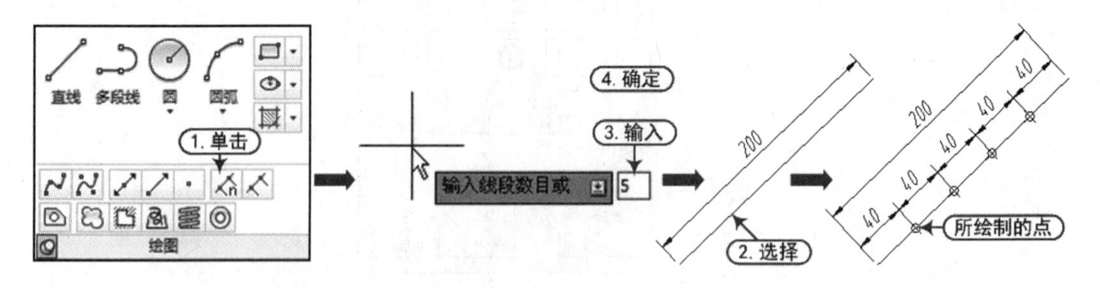

图2-8　定数等分点操作

技巧：等分数量和等分点为块（B）

（1）在输入等分对象的数量时，其输入值为 2 ~ 32767。

（2）在执行“定数等分点”命令时，选择等分对象后，若选择“块（B）”选项，这时要求用户输入块的名称，再输入等分的数目，则在选定对象的等分位置处插入块对象，如图 2-9 所示。

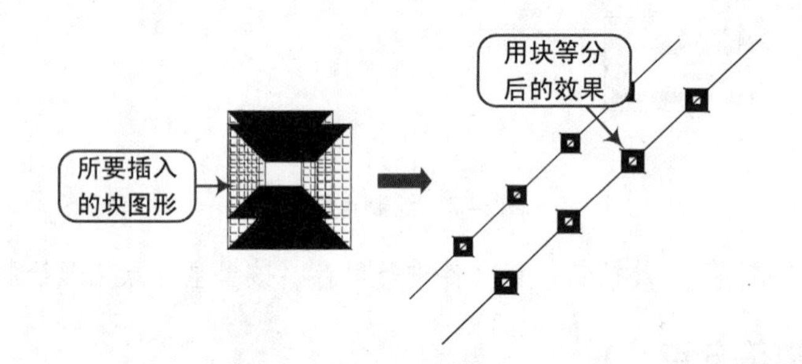

图2-9　等分点为块

实例——绘制台灯

	案例	台灯 .dwg
	视频	台灯的绘制 .avi

本实例通过使用直线、矩形、复制、填充、定数等分等命令绘制台灯，让读者能够掌握 AutoCAD 2016 中多种命令的混合使用。

实战要点 定数等分的运用实例。

操作步骤

Step 01 启动 AutoCAD 2016 软件，选择“文件丨保存”菜单命令，将其保存为“案例\02\台灯.dwg”文件。

Step 02 执行“矩形”命令（REC），绘制 150mm × 6mm 和 130mm × 4mm 的直角矩形；再执行“移动”命令（M），将上一步所绘制的矩形移动到如图 2-10 所示的位置。

Step 03 执行“复制”命令（CO），将矩形复制到如图 2-11 所示的位置。

Step 04 单击“绘图”菜单栏中的“起点、端点、半径”，以矩形的顶点为端点绘制半径为 268 的圆弧，并执行“修剪”命令（TR），删除多余的线条，如图 2-12 所示。

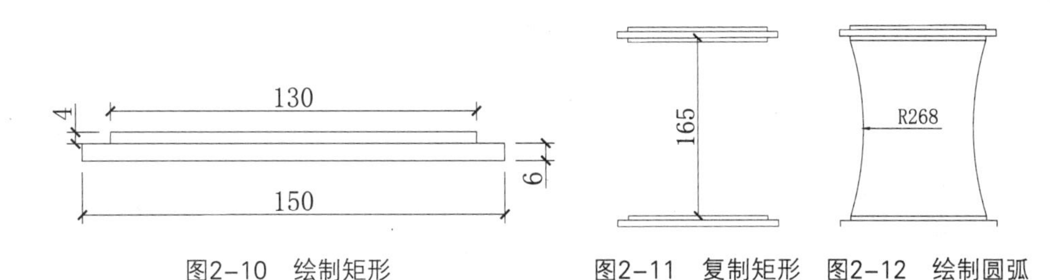

图2–10 绘制矩形　　图2–11 复制矩形　图2–12 绘制圆弧

Step 05 执行“填充”命令（H），将台灯底座填充如图 2-13 所示的图案。

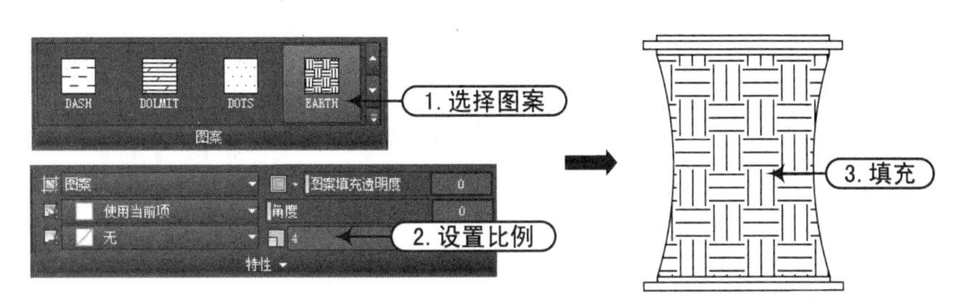

图2–13 填充台灯底座

Step 06 执行“矩形”命令（REC），绘制 284mm × 110mm 和 74mm × 110mm 的直角矩形，并执行“移动”命令（M），将两个矩形移动到如图 2-14 所示的位置。

Step 07 执行“直线”命令（L），在上一步图形内绘制两条斜线；再执行“修剪”命令，将多余的线条修剪掉，如图 2-15 所示。

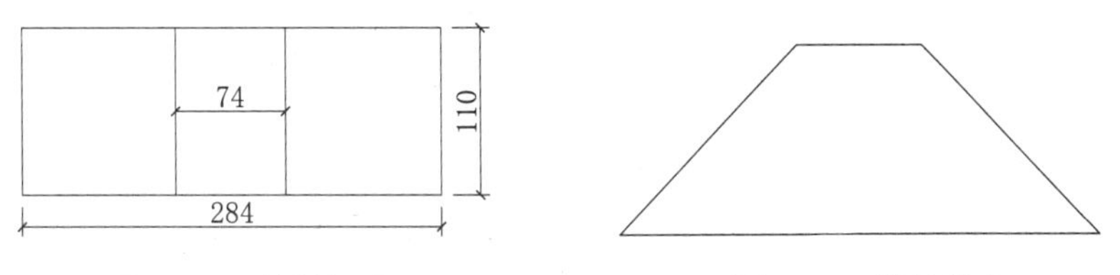

图2–14 绘制矩形　　图2–15 修剪线条

Step 08 执行“偏移”命令（O），将下面的线条向上依次偏移 6mm、90mm；再执行“修剪”命令（TR），减去多余的线条，如图 2-16 所示。

Step 09 执行“圆”命令（C），绘制半径为 18mm 的圆，并执行“移动”（M）、“修剪”（TR）和“复制”命令（CO），绘制出如图 2-17 所示的图形。

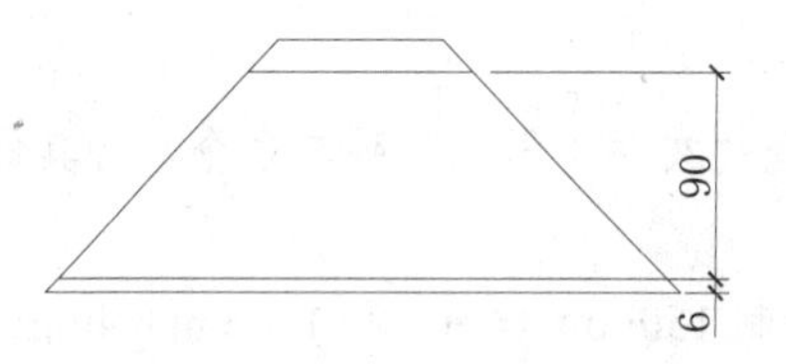

图2-16　偏移并修剪线条

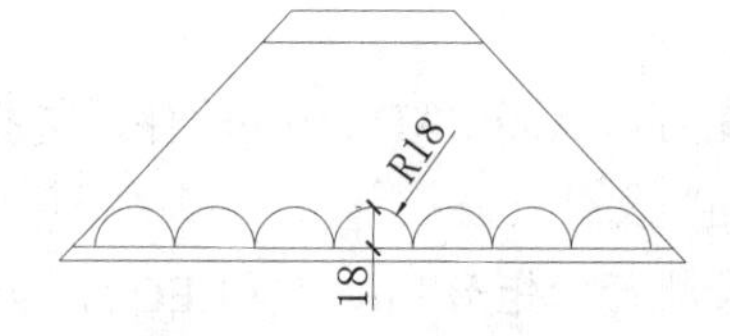

图2-17　绘制半圆图案

Step 10 执行“等分”命令（DIV），根据提示将上面两条线分别进行十等分的操作，再执行“删除”命令（E），将两条线删除，如图2-18所示。

Step 11 执行“直线”命令（L），将对应的等分点连接起来，如图2-19所示。

Step 12 执行“移动”命令（M），将灯罩和底座移动到相距30mm的距离；再执行“直线”命令（L），绘制两条直线（直线距离为6mm），将它们组合在一起，如图2-20所示。

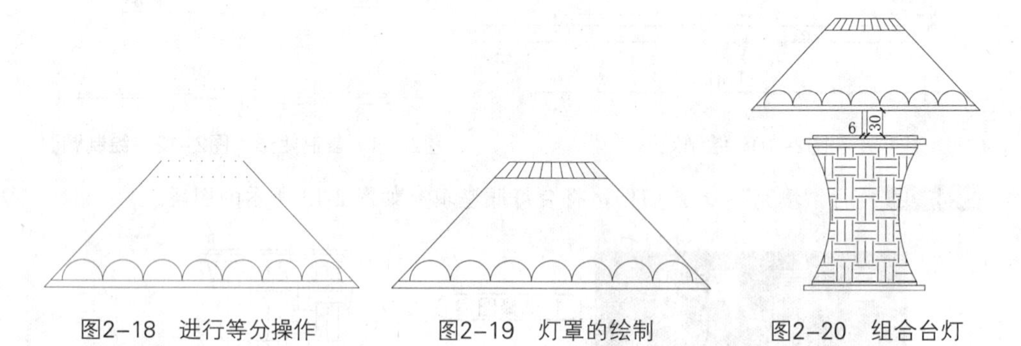

图2-18　进行等分操作　　图2-19　灯罩的绘制　　图2-20　组合台灯

Step 13 执行“基点”命令（BASE），指定下侧水平线段的中点作为基点，然后按“Ctrl+S”组合键对文件进行保存。

2.1.5　绘制定距等分点

知识要点 定距等分就是把目标（直线段、圆弧、样条曲线等）分成N段，是以点距离来定尺寸。使目标的等分点分别放置了点标识（或者内部块），而目标并没有被分为多个对象，当目标长度大于等分段长度总和时，剩余段距离长度另成一段。

执行方法 在AutoCAD 2016中，用户可以通过以下几种方式来执行定距等分点操作：

- 菜单栏：选择“绘图 | 点 | 定距等分”菜单命令。
- 面板：在“默认”选项卡的“绘图”面板中单击按钮。
- 命令行：在命令行中输入“Measure”命令（ME）。

操作实例 打开“定距等分.dwg”文件，执行“定距等分”命令，按照如下命令行提示，选择要等分的对象，再输入等分的长度，则会在指定距离位置上来创建点对象，如图2-21所示。

```
命令：MEASURE                          \\执行“定距等分点”命令
选择要定距等分的对象：                   \\选择等分的对象
指定线段长度或[块(B)]: 70              \\输入等分距离
```

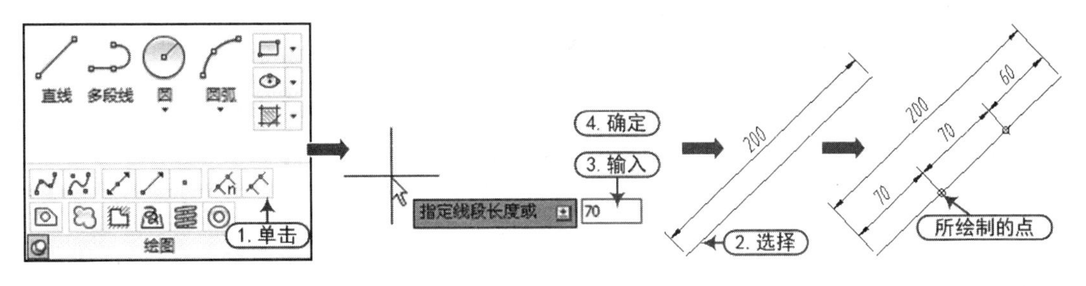

图2-21　定距等分点的操作

注意：选择对象的位置

执行“定距等分”命令，系统会默认从用户所选择的那一端开始进行定距等分，如上例选择的直线的左下端，因此，系统将从选择端开始计算。

2.2　绘制直线

本节所讲的直线型对象，包括线段和构造线，虽然这些对象都属于线型，但在 AutoCAD 2016 中的绘制方法却各不相同。

2.2.1　绘制直线段

知识要点 直线是各种图形中最常见的一类图形对象，可以在两点之间进行线段的绘制，用户可以通过鼠标或者键盘来指定线段的起点和终点。

执行方法 在 AutoCAD 2016 中，用户可以通过以下几种方式来执行直线段的操作：

- 菜单栏：选择“绘图｜直线”命令。
- 面板：在“默认”选项卡的“绘图”面板中单击按钮。
- 命令行：在命令行中输入“Line”命令（L）。

操作实例 绘制一个等腰直角三角形，其命令行如下，图形效果如图 2-22 所示。

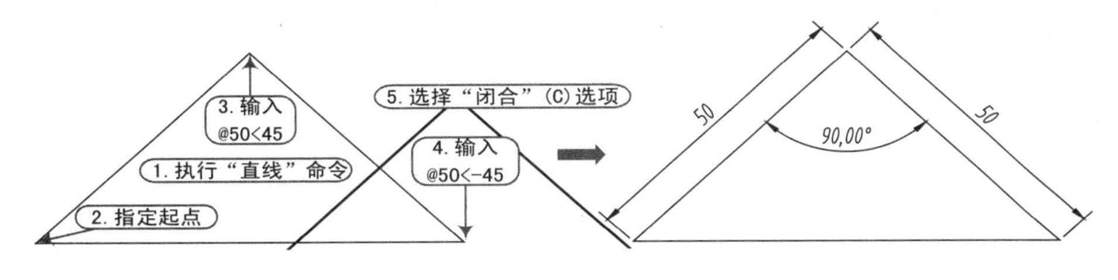

图2-22　绘制等腰直角三角形

```
命令 : LINE                          \\ 执行“直线”命令
指定第一个点 :                       \\ 指定直线起点
```

```
指定下一点或 [ 放弃 (U)]: @50<45              \\ 输入长度为 50，角度为 45°
指定下一点或 [ 放弃 (U)]: @50<-45             \\ 输入长度为 50，角度为 -45°
指定下一点或 [ 闭合 (C)/ 放弃 (U)]: C          \\ 选择闭合选项，形成三角形
```

选项含义在绘制直线的过程中，各选项的含义如下。

- 指定第一个点：要求用户指定线段的起点。
- 指定下一点：要求用户指定线段的下一个端点。
- 闭合 (C)：在绘制多条线段后，如果输入“C”并按下空格键进行确定，则最后一个端点将与第一条线段的起点重合，从而组成一个封闭图形。
- 放弃 (U)：输入“U”并按下空格键进行确定，则最后绘制的线段将被取消。

提示：精确控制直线段的起点和端点

利用 AutoCAD 2016 绘制工程图时，线段长度的精确度是非常重要的。当使用“LINE”命令绘制图形时，可通过输入相对坐标或极坐标与捕捉控制点相结合的方式确定直线端点，以快速绘制精确长度直线。

2.2.2 绘制射线

知识要点射线是一条一边有端点，另一边无限长的线，即确定一点后，可以向四周绘制无数条线的方法。

执行方法在 AutoCAD 2016 中，用户可以通过以下几种方式来执行射线的操作：

- 菜单栏：选择“绘图 | 射线”命令。
- 面板：在“默认”选项卡的“绘图”面板中单击按钮。
- 命令行：在命令行中输入“Ray”命令。

操作实例绘制一组光源图形，其命令行操作如下，图形效果如图 2-23 所示。

```
命令 : RAY                    \\ 执行射线命令
指定起点 :                    \\ 指定射线的起点
指定通过点 :                  \\ 指定射线要通过的点
指定通过点 :                  \\ 指定另一条射线要通过的点
指定通过点 : * 取消 *          \\ 退出命令
```

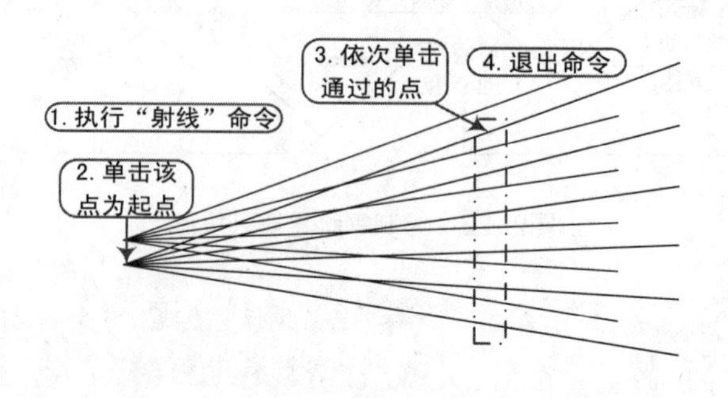

图2-23　绘制光源图形

技巧：绘制指定角度的射线

用户在绘制通过指定点的射线时，如果要使其保持一定的角度，最后采用输入点极坐标的方式来进行绘制，长度可以是不为零的任意数。

2.2.3 绘制构造线

知识要点 使用“XLine”命令可以绘制无限延伸的任何角度的结构线。

执行方法 在 AutoCAD 中，用户可以通过以下几种方式来执行构造线的操作：

- 菜单栏：选择“绘图 | 构造线”菜单命令。
- 面板：在“默认”选项卡的“绘图”面板中单击按钮。
- 命令行：在命令行中输入“XLine”命令（XL）。

操作实例 打开“构造线 -A.dwg”文件，按照如下命令行提示来绘制两条构造线，如图 2-24 所示。

```
命令 : _xline                                                    \\ 执行“构造线”命令
指定点或 [ 水平 (H)/ 垂直 (V)/ 角度 (A)/ 二等分 (B)/ 偏移 (O)]:       \\ 选择起点
指定通过点 :                                                      \\ 通过中点
>> 输入 ORTHOMODE 的新值 <0>:                                    \\ 将绘制好两点确定的构造线 1
正在恢复执行 XLINE 命令。
命令 : XLINE                                                     \\ 执行“构造线”命令
指定点或 [ 水平 (H)/ 垂直 (V)/ 角度 (A)/ 二等分 (B)/ 偏移 (O)]: B     \\ 选择“二等分 (B)”选项
指定角的顶点 :                                                    \\ 捕捉角度的顶点
指定角的起点 :                                                    \\ 捕捉起点
指定角的端点 :                                                    \\ 捕捉端点
```

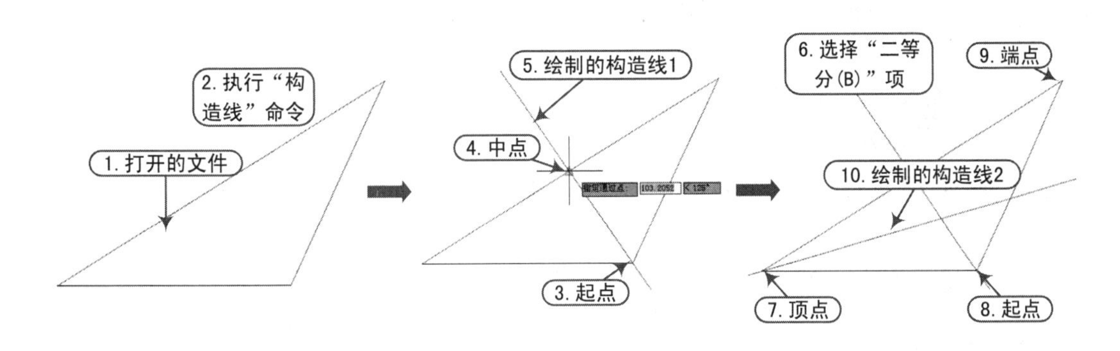

图2–24　绘制的构造线

选项含义 在绘制构造线的过程中，各选项的含义如下。

- 指定点：用于指定构造线通过的一点，通过两点来确定一条构造线。
- 水平 (H)：用于绘制一条通过选定点的水平参照线。
- 垂直 (V)：用于绘制一条通过选定点的垂直参照线。

- 角度 (A)：用于以指定的角度创建一条参照线，选择该选项后，系统将提示“输入参照线角度 (0) 或 [参照 (R)]：”，这时可以指定一个角度或输入“R”，选择“参照”选项，其命令行提示如下：

```
指定点或 [ 水平 (H)/ 垂直 (V)/ 角度 (A)/ 二等分 (B)/ 偏移 (O)]:A      \\ 选择“角度 (A)”选项
输入构造线的角度 (0) 或 [ 参照 (R)]:                              \\ 指定输入的角度
```

- 二等分 (B)：用于绘制角度的平分线。选择该选项后，系统将提示“指定角的顶点、角的起点、角的端点”，根据需要指定角的点，从而绘制出该角的角平分线，其命令行提示如下：

```
指定点或 [ 水平 (H)/ 垂直 (V)/ 角度 (A)/ 二等分 (B)/ 偏移 (O)]:B      \\ 选择“二等分 (B)”选项
指定角的顶点:                                                     \\ 指定平分线的顶点
指定角的起点:                                                     \\ 指定角的起点位置
指定角的端点:                                                     \\ 指定角的终点位置
```

- 偏移 (O)：用于创建平行于另一个对象的参照线，其命令行提示如下：

```
指定点或 [ 水平 (H)/ 垂直 (V)/ 角度 (A)/ 二等分 (B)/ 偏移 (O)]:O      \\ 选择“偏移 (O)”选项
指定偏移距离或 [ 通过 (T)] 〈通过〉:                               \\ 指定偏移的距离
选择直线对象:                                                     \\ 选择要偏移的直线对象
指定哪侧偏移:                                                     \\ 指定偏移的方向
```

实例——通过构造线指定三角形的中心点

案例	锐角三角形 .dwg
视频	指定三角形的中心点 .avi

本实例通过使用构造线命令绘制角分线，并绘制三角形的内接圆对象，让读者能够熟练掌握构造线的使用方法。

实战要点①“二等分 (B)”选项的使用；②绘制三角形内接圆的方法。

操作步骤

Step 01 正常启动 AutoCAD 2016 软件，选择“文件 | 打开”菜单命令，将“案例 \02\ 锐角三角形 .dwg”文件打开，如图 2-25 所示。

Step 02 执行“构造线”命令（XL），根据命令行提示选择“二等分 (B)”选项，这时根据如下命令行提示指定角的顶点，再指定起点和端点，从而绘制角分线 1，如图 2-26 所示。

```
指定点或 [ 水平 (H)/ 垂直 (V)/ 角度 (A)/ 二等分 (B)/ 偏移 (O)]:B      \\ 选择“二等分 (B)”选项
指定角的顶点:                                                     \\ 指定平分线的顶点
指定角的起点:                                                     \\ 指定角的起点位置
指定角的端点:                                                     \\ 指定角的终点位置
```

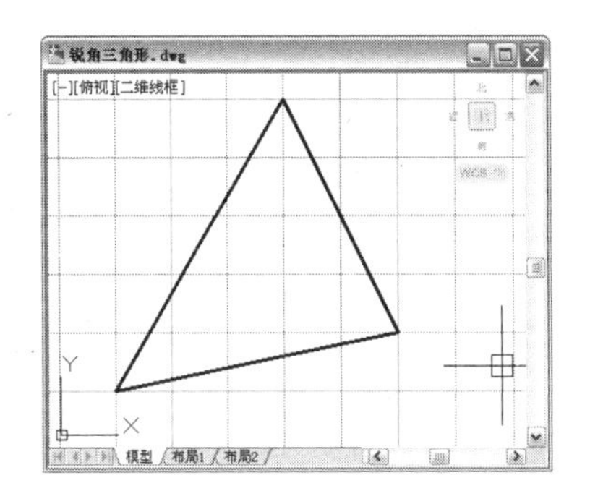

图2-25　打开的文件

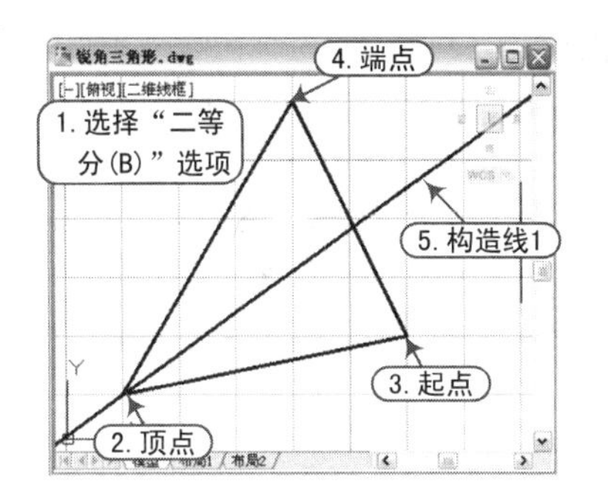

图2-26　绘制的角分线1

Step 03 按照上一步的方法，分别绘制其他两个角的角分线 2、3，则三条角分线的交点即为三角形的中心点，如图 2-27 所示。

Step 04 执行“圆”命令（C），使用鼠标捕捉交点作为圆心点，再捕捉其中一条边与角分线的交点作为圆的半径端点，从而绘制三角形的内接圆，如图 2-28 所示。

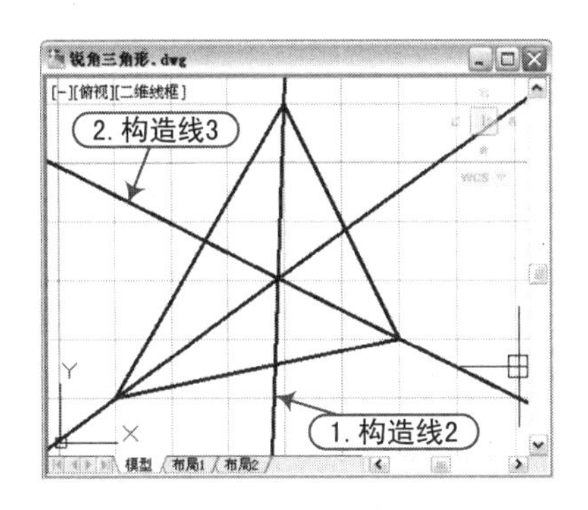

图2-27　绘制的其他角分线2、3

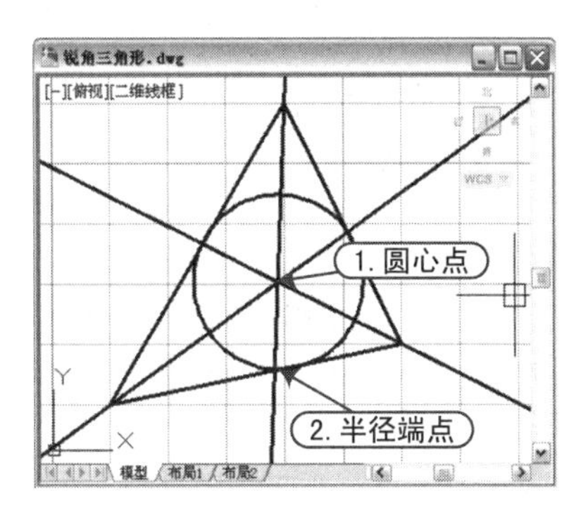

图2-28　绘制的内接圆

Step 05 单击“保存”按钮，将文件进行保存，该锐角三角形图形绘制完成。

2.3 绘制矩形和多边形

本节主要介绍矩形命令和多边形命令，并且通过实例操作，让读者能够加深对矩形和多边形命令的理解。

2.3.1 绘制矩形

知识要点 矩形是一种平面图形，矩形的四个角都是直角，同时它的对边相等且平行。

执行方法 在 AutoCAD 中，用户可以通过以下几种方式来执行矩形的操作：

- 菜单栏：选择“绘图 | 矩形”命令。
- 面板：在“默认”选项卡的“绘图”面板中单击按钮。
- 命令行：在命令行中输入“Rectang”命令（REC）。

操作实例 要绘制 100mm × 50mm 的矩形，其命令行如下，效果如图 2-29 所示。

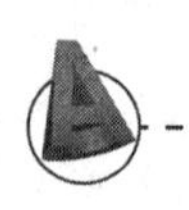

```
命令：REC                                                   \\执行“矩形”命令
指定第一个角点或［倒角(C)/标高(E)/圆角(F)/厚度(T)/宽度(W)]:\\指定矩形的第一个角点
指定另一个角点或［面积(A)/尺寸(D)/旋转(R)]: d              \\选择尺寸选项
指定矩形的长度<10.0000>: 100                                \\输入矩形X轴方向尺寸
指定矩形的宽度<10.0000>: 50                                 \\输入矩形Y轴方向尺寸
指定另一个角点或［面积(A)/尺寸(D)/旋转(R)]:                 \\单击指定矩形另一个角点位置
```

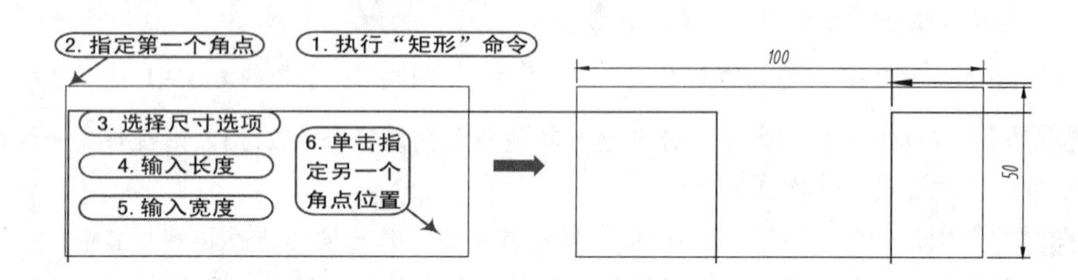

图2-29　绘制矩形

选项含义 在绘制矩形的过程中，各选项的含义如下。

- 第一个角点：该选项为默认选项，它指定所绘制的矩形的第一个角点。
- 倒角(C)：通过该选项来设置矩形的倒角距离，即用该选项来确定所绘制的矩形的四个角为倒斜角状态。
- 标高(E)：通过该选项来指定矩形的标高。通常情况下，所绘制的图形都在XY平面上，即Z轴值为0，通过标高可以设置Z轴值，如设置为“5”，则所绘制的矩形距离XY平面的距离为5。
- 圆角(F)：通过该选项来指定矩形的圆角半径，即用该选项来确定所绘制的矩形的四个角为倒圆角状态。
- 厚度(T)：通过该选项来指定矩形的厚度，该选项有点类似于“标高”选项，不同的是，该方法绘制的矩形在高度上是面（在“概念”模式下，通过菜单“视图/三维视图/西南等轴测”等命令可以形象地观察到）。
- 宽度(W)：通过该选项来为要绘制的矩形指定多段线的宽度，即所绘制的矩形是一个线条带有宽度的图形。

以上各个选项的含义如图2-30所示。

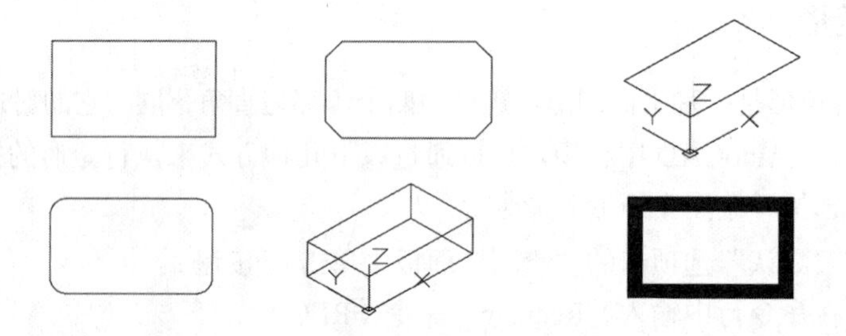

图2-30　各个选项所绘制的矩形效果

提示：绘制矩形的要点

（1）在绘制矩形时选择对角点没有方向性，既可以从左到右，也可以从右到左。

（2）所绘制的矩形是一条封闭的多段线，如果要单独编辑某一条矩形边，则必须使用“分解”命令（X），将矩形分解后才能进行编辑。

实例——通过矩形命令绘制销轴图形

案例	销轴 .dwg
视频	绘制销轴 .avi

本实例讲解了矩形的绘制方法，下面通过销轴的绘制来进行训练，让读者能够熟练掌握矩形命令的各种绘制方法和技巧。

实战要点 ①“矩形”命令的使用；②“直线”命令的使用。

操作步骤

Step 01 正常启动 AutoCAD 2016 软件，选择“文件 | 保存”菜单命令，将其保存为“案例 \02\ 销轴 .dwg”文件。

Step 02 执行“矩形”命令（REC），绘制以下几个矩形，尺寸分别为 40mm × 24mm、12mm × 32mm、68mm × 24mm、7mm × 20mm、10mm × 16mm、7mm × 20mm，如图 2-31 所示。

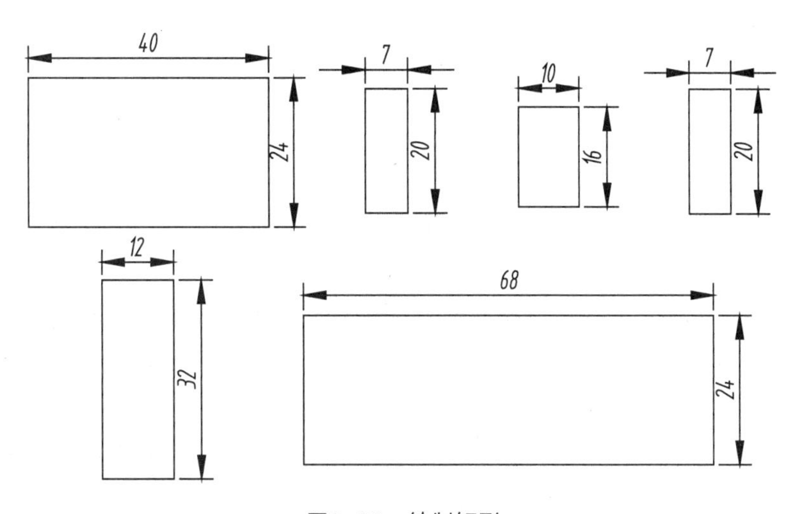

图2-31　绘制矩形

Step 03 执行“移动”命令（M），将这些矩形进行移动操作，按照如图 2-32 所示的方式将这些矩形相关的边的中点进行重合。

Step 04 执行“倒斜角”命令（CHA），对销轴两端的端面处位置进行倒斜角，倒角尺寸为 C1，如图 2-33 所示。

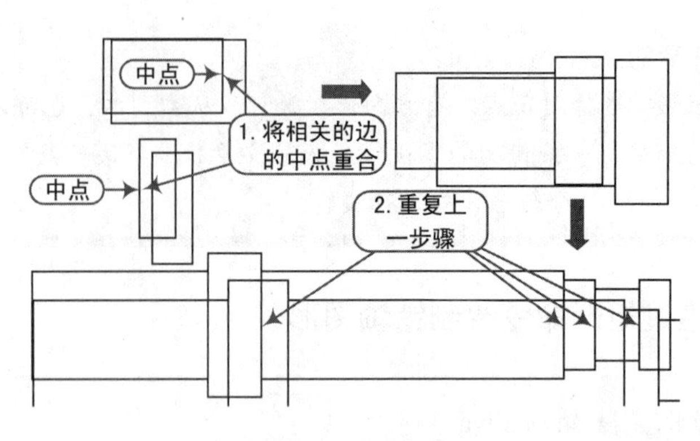

图2-32　移动操作

Step 05 执行“直线”命令（L），对刚才倒斜角的地方绘制两条竖直的直线段，用以连接倒角处转角位置的轮廓线，如图 2-34 所示。

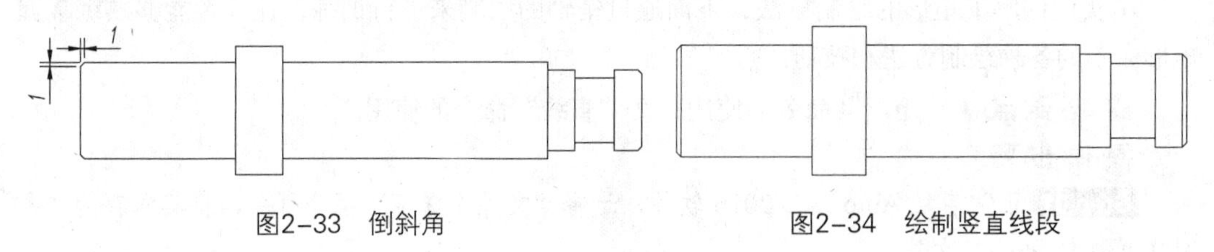

图2-33　倒斜角　　　　图2-34　绘制竖直线段

Step 06 单击“保存”按钮，将文件进行保存，该销轴图形绘制完成。

2.3.2　绘制多边形

知识要点 由在同一平面且不在同一直线上的三条或三条以上的线段，首尾顺次连接且不相交所组成的封闭图形叫作多边形。

执行方法 在 AutoCAD 中，用户可以通过以下几种方式来执行多边形的操作：

- 菜单栏：选择“绘图 | 多边形”命令。
- 面板：在“默认”选项卡的“绘图”面板中单击按钮。
- 命令行：在命令行中输入“Polygon”命令（POL）。

操作实例 绘制一个边数为 6 的多边形，使其内接于一个直径为 100mm 的圆，其操作命令行如下，所绘制的图形效果如图 2-35 所示。

```
命令 : POL                                      \\ 执行“多边形”命令
输入侧面数 <4>: 6                               \\ 输入侧面数
指定正多边形的中心点或 [ 边 (E)]:                \\ 指定多边形中点
输入选项 [ 内接于圆 (I)/ 外切于圆 (C)] <I>: I    \\ 选择“内接于圆 (I)”选项
指定圆的半径 : QUA                              \\ 捕捉象限点
```

选项含义 在绘制多边形的过程中，各选项的含义如下。

- 侧面数：即指定所要绘制的多边形的边数。根据相关定义，AutoCAD 设定所绘制的多边形边数为 3 ～ 1024 个。

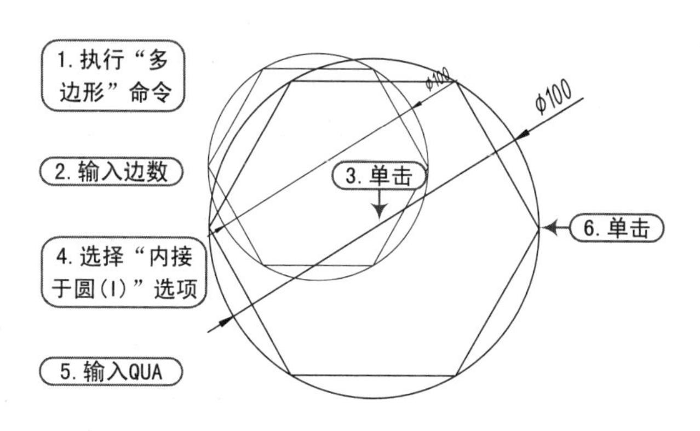

图2-35 绘制多边形

- 多边形的中心点：指定多边形的中心点的位置，以及新对象是内接还是外切。当用户指定多边形的中心点后，命令行会继续提示两个选项供用户选择。
- 边 (E)：通过指定多边形一条边的起点和端点来定义正多边形。

提示：绘制多边形的要点

（1）用定点设备指定半径，决定正多边形的旋转角度和尺寸。指定半径值将以当前捕捉旋转角度绘制正多边形的底边。

（2）所绘制的多边形是一条封闭的多段线，如果要单独编辑某一条边，则必须使用“分解”命令（X），将矩形分解后才能编辑。

实例——绘制八角凳

案例	八角凳 .dwg
视频	绘制八角凳 .avi

本实例通过使用正多边形命令绘制平面八角凳，让读者能够熟练地掌握和运用正多边形命令。

实战要点①正多边形命令执行方式；②正多边形命令使用方法。

操作步骤

Step 01 正常启动 AutoCAD 2016 软件，选择“文件 | 保存”菜单命令，将其保存为“案例 \02\ 八角凳 .dwg”文件。

Step 02 执行“多边形”命令（POL），然后在十字光标后面的参数框中输入所要绘制的多边形的边数“8”，如图 2-36 所示。

Step 03 在绘图界面任意处单击指定一点为所绘制的多边形中点；然后根据命令行提示，选择“外切于圆 (C)”选项，如图 2-37 所示。

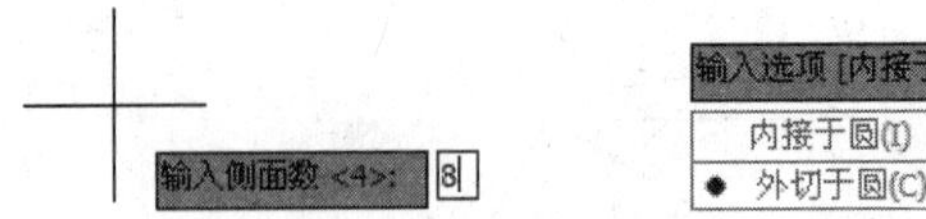

图2-36　输入边数　　　　图2-37　选择“外切于圆（C）”选项

Step 04 打开“正交”模式，水平向右拖动鼠标；然后输入圆的半径值“150”，并按空格键确定，如图 2-38 所示。所绘制的多边形如图 2-39 所示。

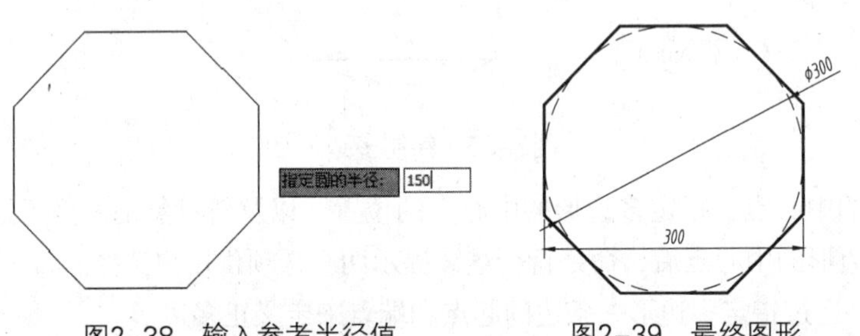

图2-38　输入参考半径值　　　　图2-39　最终图形

Step 05 再次执行“多边形”命令（POL），输入边数为“8”；然后按【F3】键打开“对象捕捉”模式，按【F10】键打开“对象追踪”模式，捕捉到八边形的中心点为中心点，如图 2-40 所示。

Step 06 参照上一步的操作方法，绘制一个正八边形，外切于一个半径为 130 的辅助圆上，如图 2-41 所示。

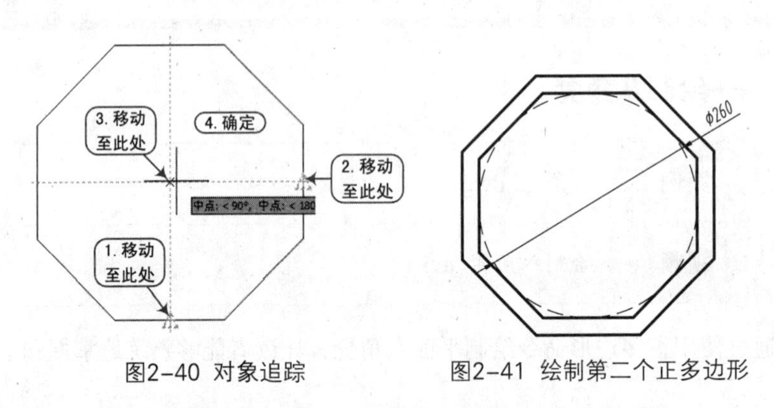

图2-40 对象追踪　　　　图2-41 绘制第二个正多边形

Step 07 单击“保存” 按钮，将文件进行保存，该八角凳图形绘制完成。

2.4　绘制圆和圆弧

AutoCAD 2016 提供了五种圆弧对象，包括圆、圆弧、圆环、椭圆和椭圆弧。本节主要介绍圆、圆弧的画法。

2.4.1　绘制圆

知识要点 圆是一种几何图形。平面上到定点的距离等于定长的所有点组成的图形叫作圆。当一条线段绕着它的一个端点在平面内旋转一周时，它的另一个端点的轨迹叫作圆。

执行方法 在 AutoCAD 中，用户可以通过以下几种方式来执行“圆（C）”命令的操作：

- 菜单栏：选择“绘图 | 圆”命令。
- 面板：在“默认”选项卡的“绘图”面板中单击按钮。
- 命令行：在命令行中输入“Circle”命令（C）。

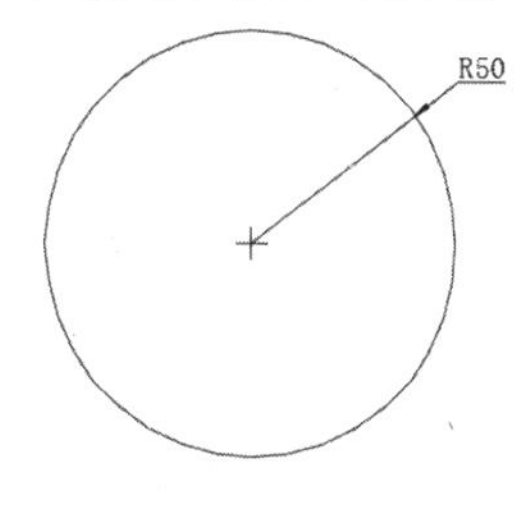

图2-42 绘制圆

操作实例 绘制一个直径为 100 的圆图形，其操作命令行如下，所绘制的图形效果如图 2-42 所示。

```
命令：C                                                    \\ 执行“圆”命令
指定圆的圆心或 [ 三点 (3P)/ 两点 (2P)/ 切点、切点、半径 (T)]:    \\ 指定圆心位置
指定圆的半径或 [ 直径 (D)] <130.0000>: 50                    \\ 输入半径值
```

选项含义 在绘制圆的过程中，各选项的含义如下。

- 圆心、半径 (R) ：这是绘制圆的最基本方法，即先确定该圆的圆心位置，再确定该圆半径的方法来绘制一个圆图形。图 2-42 为“圆心、半径”模式。
- 圆心、直径 (D) ：该方法和“圆心、半径”的方法类似，主要目的是减去绘图者在“直径”和“半径”数值上换算的烦琐。其操作命令行如下，所绘制的图形效果如图 2-43 所示。

```
命令：C                                                    \\ 执行“圆”命令
指定圆的圆心或 [ 三点 (3P)/ 两点 (2P)/ 切点、切点、半径 (T)]:    \\ 指定圆心位置
指定圆的半径或 [ 直径 (D)]: d 指定圆的直径 : 100      \\ 选择“直径 (D)”选项，并输入直径值
```

- 两点 (2P) ：该方法是指用两个点来确定一个圆轨迹，但是这两点为该圆上最大距离（直径）。绘制时，先确定圆上一点作为绘制起点，再确定直径延伸方向，最后输入直径。也可通过直接单击已知的两点来确定圆。其操作命令行如下，所绘制的图形效果如图 2-44 所示。

```
命令：C                                    \\ 执行“圆”命令
指定圆的圆心或 [ 三点 (3P)/ 两点 (2P)/ 切点、切点、半径 (T)]: 2P 指定圆直径的第一个端点 :
                                           \\ 选择“两点（2P）”选项，并指定第一个端点
指定圆直径的第二个端点 :                    \\ 再指定第二个端点
```

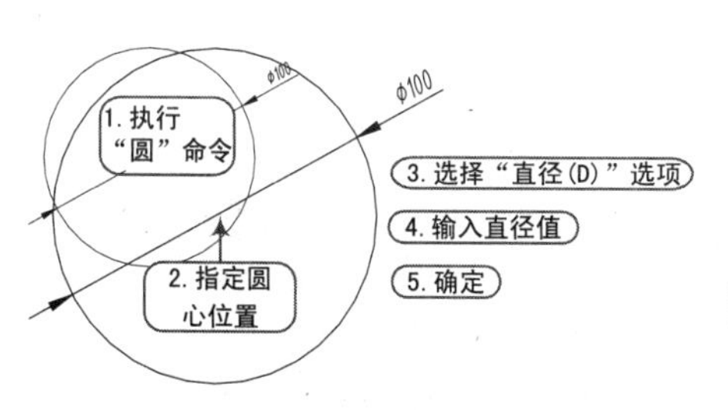

图2-43 直径绘制圆

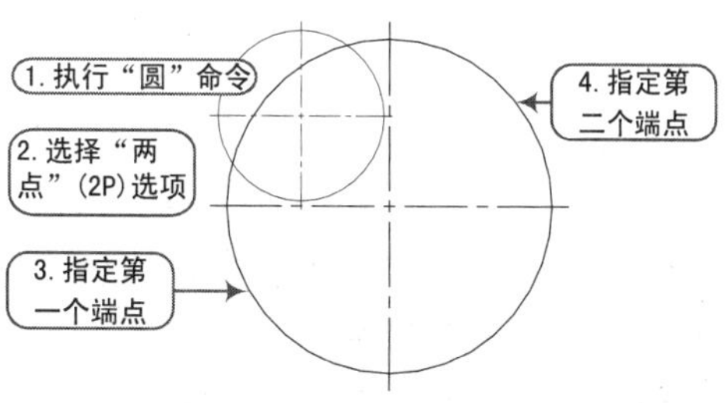

图2-44 两点绘制圆

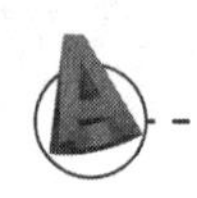

● 三点 (3P) ：该方法为通过三点来确定一个圆图形。其操作命令行如下，所绘制的图形效果如图 2-45 所示。

```
命令 : C                                                          \\ 执行“圆”命令
指定圆的圆心或 [ 三点 (3P)/ 两点 (2P)/ 切点、切点、半径 (T)]: 3P    指定圆上的第一个点 :
                                                        \\ 选择三点模式，并指定第一个点
指定圆上的第二个点 :                                               \\ 指定第二个点
指定圆上的第三个点 :                                               \\ 指定第三个点
```

● 切点、切点、半径 (T) ：该方法在绘制时，首先确定圆与已知某线条相切，然后确定与另一条已知线条相切，最后输入该圆的半径值。该方法所绘制的圆的圆心自然形成。所谓切点，即一个对象与另一个对象接触而不相交的点。其操作命令行如下，所绘制的图形效果如图 2-46 所示。

```
命令 : C                                                          \\ 执行“圆”命令
指定圆的圆心或 [ 三点 (3P)/ 两点 (2P)/ 切点、切点、半径 (T)]: t     \\ 选择“切点、切点、半径
(T)”选项
指定对象与圆的第一个切点 :                                         \\ 指定对象上的第一个切点
指定对象与圆的第二个切点 :                                         \\ 指定另一个对象上的切点
指定圆的半径 <38.0429>: 50                                         \\ 输入半径值
```

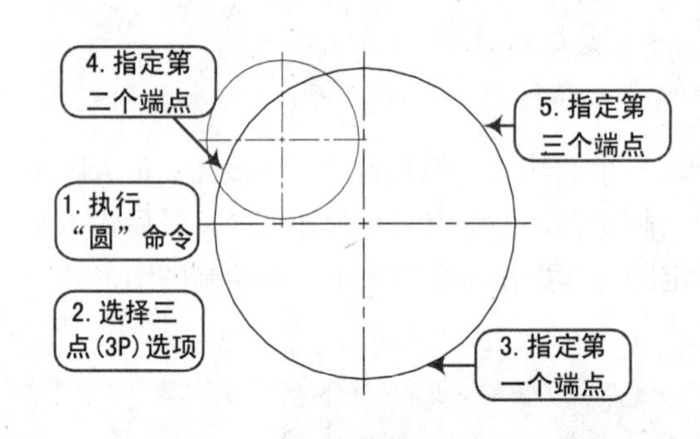

图2-45　三点绘制圆

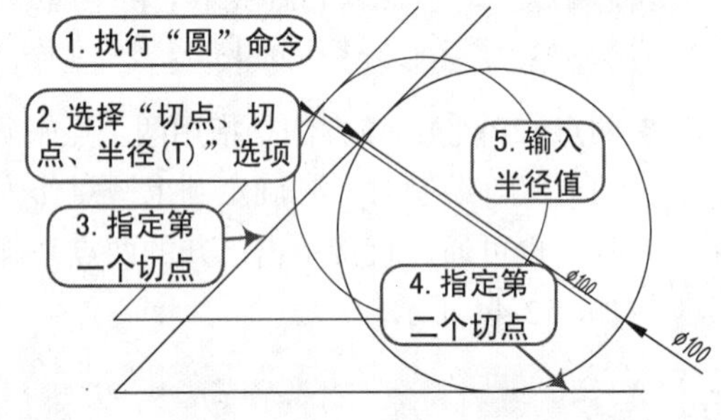

图2-46　切点、切点、半径绘制圆

● 相切、相切、相切 (A) ：该方法是通过与已知的三条线条相切，从而自然形成一个圆图形，该圆的圆心和半径自然形成。其操作命令行如下，所绘制的图形效果如图 2-47 所示。

```
命令 : _circle                                         \\ 启动“相切、相切、相切”命令
指定圆的圆心或 [ 三点 (3P)/ 两点 (2P)/ 切点、切点、半径 (T)]: _3P 指定圆上的第一个点 : _tan 到
                                                       \\ 指定第一个对象的切点
指定圆上的第二个点 : _tan 到                            \\ 指定第二个对象的切点
指定圆上的第三个点 : _tan 到                            \\ 指定第三个对象的切点
```

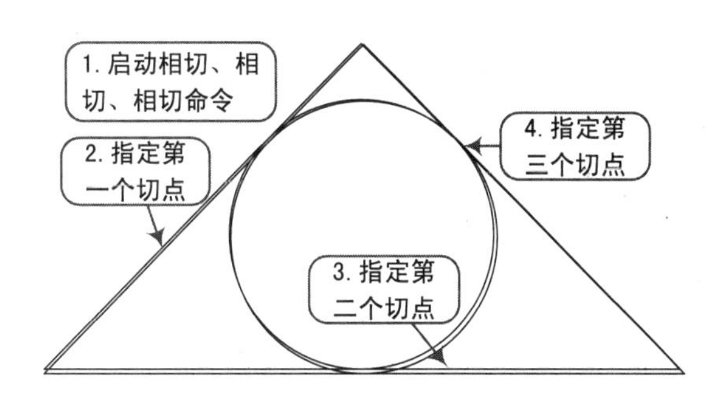

图2-47 相切、相切、相切绘制圆

2.4.2 绘制圆弧

知识要点 圆上任意两点间的部分叫作圆弧，简称弧。

执行方法 在 AutoCAD 中，用户可以通过以下几种方式来执行“圆弧（A）”命令的操作：

- 菜单栏：选择“绘图 | 圆弧”命令。
- 面板：在“默认”选项卡的“绘图”面板中单击按钮。
- 命令行：在命令行中输入“Arc”命令（A）。

操作实例 绘制一段圆弧图形，其操作命令行如下，所绘制的图形效果如图 2-48 所示。

```
命令 : ARC                                    \\ 执行圆弧命令
指定圆弧的起点或 [ 圆心 (C)]:                   \\ 指定圆弧起点
指定圆弧的第二个点或 [ 圆心 (C)/ 端点 (E)]:      \\ 指定圆弧上第二点
指定圆弧的端点 :                                \\ 指定圆弧端点
```

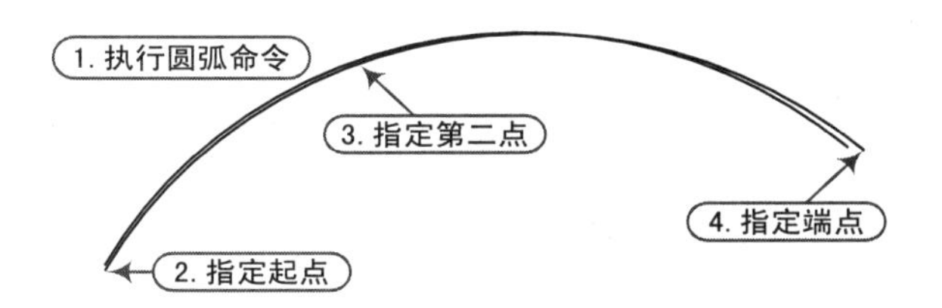

图2-48 绘制圆弧

在“绘图 | 圆弧”子菜单中，系统提供了 11 种绘制圆弧的方法，它们的示意图如图 2-49 所示。

提示：绘制圆弧的要点：

默认情况下，以逆时针方向绘制圆弧。如果按住“Ctrl”键的同时拖动，则以顺时针方向绘制圆弧。

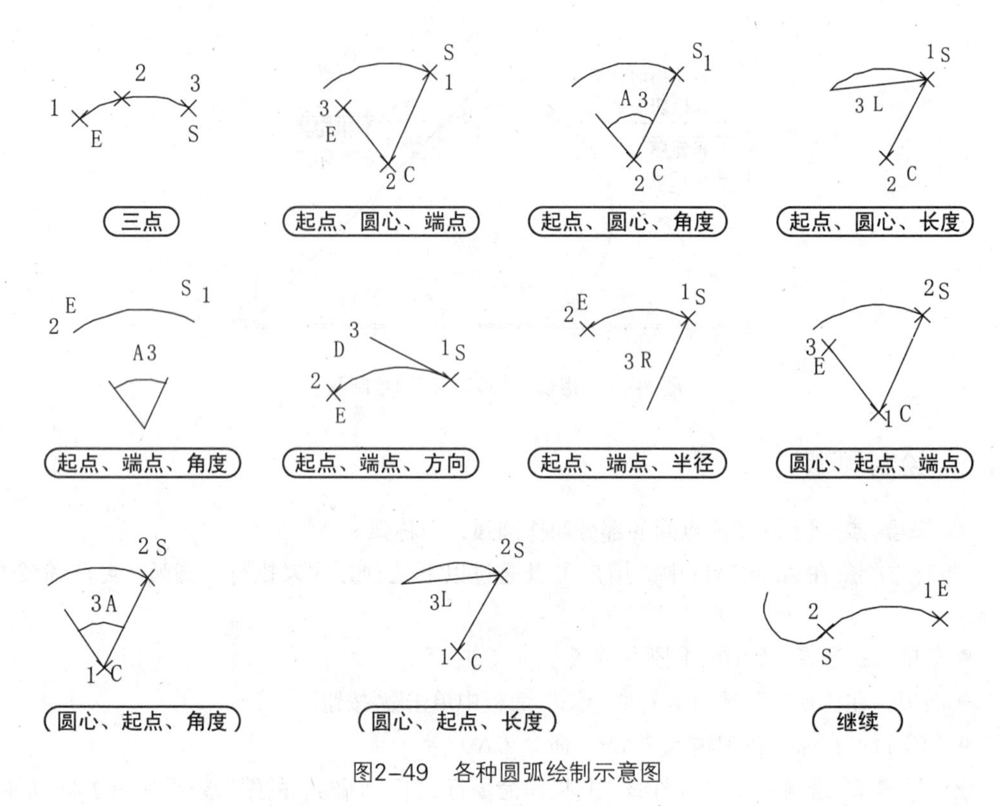

图2-49　各种圆弧绘制示意图

实例——通过圆和圆弧命令绘制拨叉图形

案例	拨叉 .dwg
视频	绘制拨叉 .avi

本实例通过绘制拨叉图形，让读者能够掌握“圆”命令和“圆弧”命令的综合运用技巧。

实战要点①“圆”命令的使用；②“圆弧”命令的使用。

操作步骤

Step 01 正常启动 AutoCAD 2016 软件，选择“文件 | 保存”菜单命令，将其保存为“案例 \02\ 拨叉 .dwg”文件。

Step 02 执行“直线”命令（L），按“F8”键打开正交模式，绘制一条 100mm 的水平线段和 50mm 的垂直线段；且垂直线段的中点与水平线段的右端点重合，如图 2-50 所示。

Step 03 执行“圆”命令（C），以水平线段的左端点为圆心，绘制直径为 20mm 和 40mm 的两个同心圆，如图 2-51 所示。

Step 04 执行“圆弧”命令（A），选择“起点、端点、半径”模式，指定前面所绘制竖直线段的上端点为圆弧起点，再指定该直线段的下端点为圆弧端点，拖动鼠标到竖直线段的右侧，输入半径值“25”，从而形成一条半径为 25 的圆弧，如图 2-52 所示。

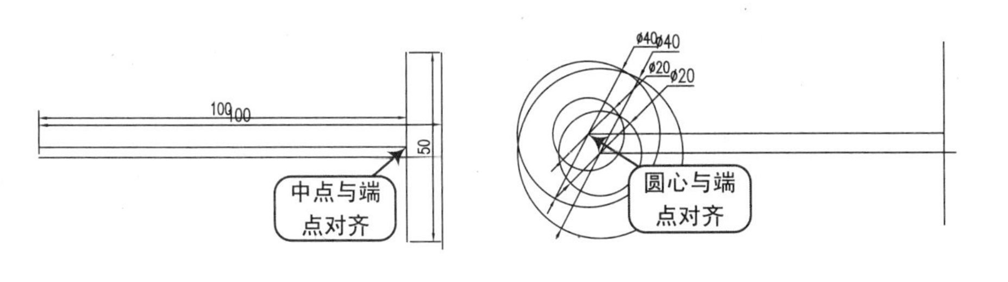

图2-50　绘制直线段　　　　图2-51　绘制同心圆

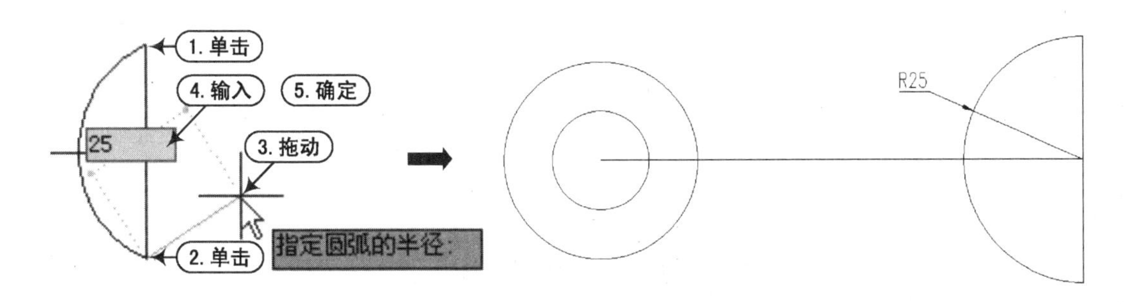

图2-52　绘制R25圆弧

Step 05 再次执行“圆弧”命令（A），选择“起点、端点、半径”模式，指定前面所绘制竖直线段的下端点为圆弧起点，再指定上端点为圆弧端点，按住“Ctrl”键不放，拖动鼠标到竖直线段的右侧，松开“Ctrl”键（此时不要动鼠标），输入半径值“30”，再次按住“Ctrl”键，按“Enter”键确定，从而形成一条半径为30的圆弧，如图2-53所示。

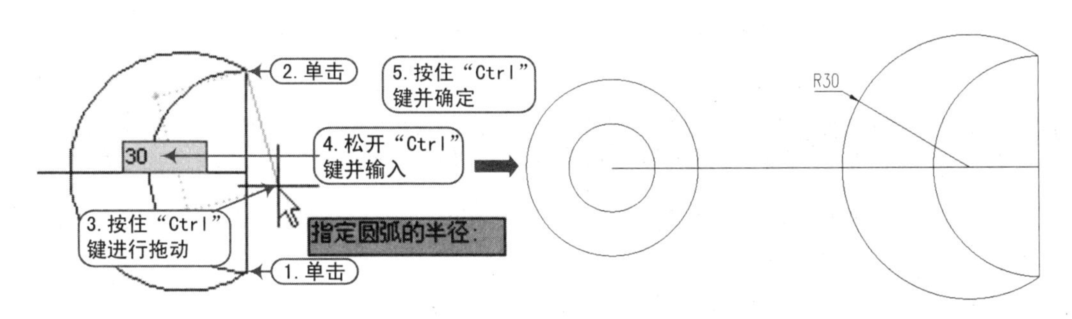

图2-53　绘制R30圆弧

Step 06 执行“圆”命令（C），选择“切点、切点、半径”模式，指定直径为40的圆的右上方的一个切点为圆上第一点，再指定半径为30的圆弧的左上方的一个切点为圆上第二点，再输入半径值“50”，从而形成一个半径为50的圆，如图2-54所示。

Step 07 再次执行“圆”命令（C），选择“切点、切点、半径”模式，在下方绘制一个同样的圆，如图2-55所示。

Step 08 执行“修剪”命令（TR），对圆上多余的线条进行修剪；执行“删除”命令（E），删除多余线条，拔叉图形绘制完成，如图2-56所示。

Step 09 单击“保存”按钮，将文件进行保存，该拔叉图形绘制完成。

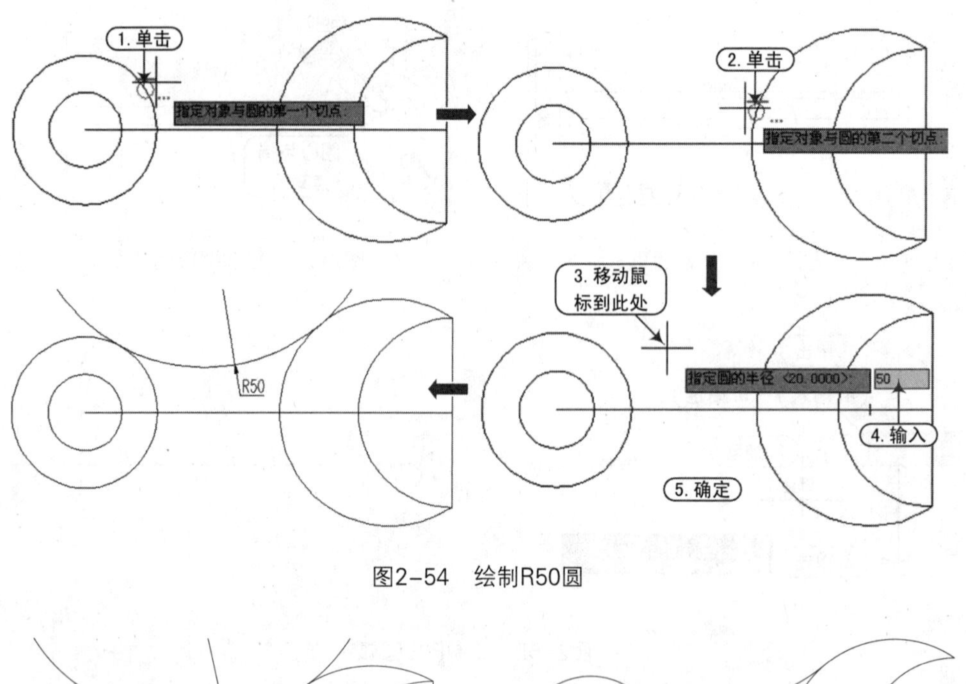

图2-54　绘制R50圆

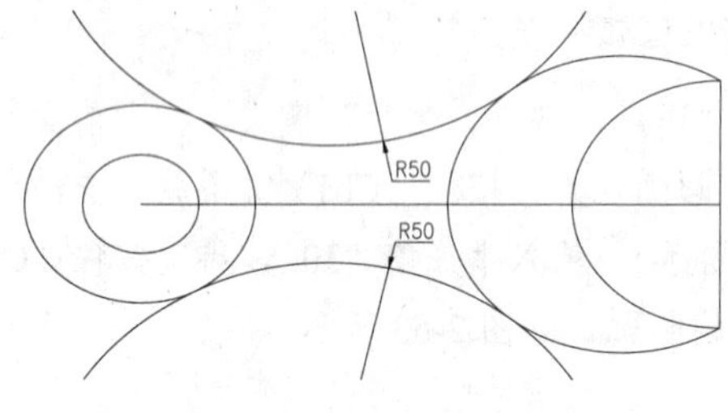

图2-55　绘制另一个R50圆

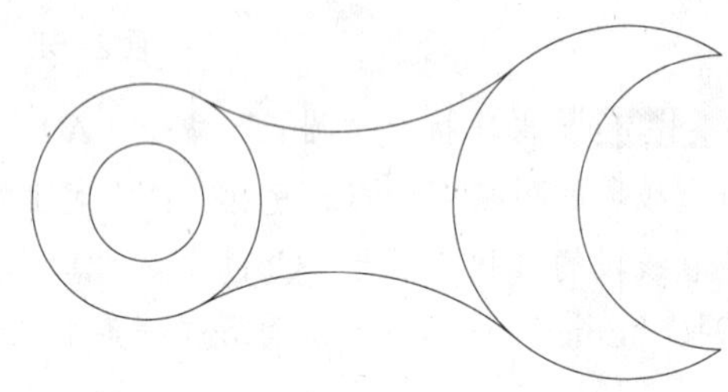

图2-56　最终效果图

2.5　绘制椭圆及椭圆弧

AutoCAD 2016 提供了两种绘制椭圆的方式："圆心"模式和"轴、端点"模式；同时还提供了一种绘制椭圆弧的方式。

2.5.1　绘制椭圆

知识要点 椭圆由它的两条轴决定，较长的轴称为长轴，较短的轴称为短轴。如果只取椭圆中的一段，那么该段圆弧就是椭圆弧。

执行方法 AutoCAD 中，用户可以通过以下几种方式来执行"椭圆"命令（EL）的操作：

- 菜单栏：选择"绘图 | 椭圆"命令。
- 面板：在"默认"选项卡的"绘图"面板中单击按钮。
- 命令行：在命令行中输入"Ellipse"命令（EL）。

操作实例 绘制一个长轴为 100mm、短轴为 50mm 的椭圆，其操作命令行如下，所绘制的图形效果如图 2-57 所示。

```
命令：EL                                          \\执行"椭圆"命令
指定椭圆的轴端点或[圆弧(A)/中心点(C)]:             \\指定一条轴的端点
指定轴的另一个端点：100                            \\输入第一条轴的长度值
指定另一条半轴长度或[旋转(R)]: 25                  \\输入另一条轴的长度值的一半
```

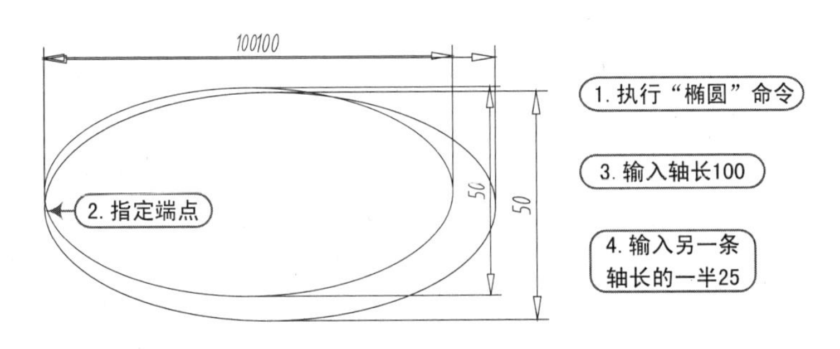

图2-57　绘制椭圆

选项含义 在绘制椭圆的过程中，各选项的含义如下。

- 圆心(C)：这是绘制圆的最基本方法，即先确定该椭圆的圆心位置，再确定该椭圆一条轴的端点，之后通过拖动鼠标或者输入数据的方式来确定另一条轴的长度的方式来绘制椭圆，其操作命令行如下，所绘制的图形效果如图2-58所示。

```
命令：EL                                          \\执行"椭圆"命令
指定椭圆的轴端点或[圆弧(A)/中心点(C)]: C           \\选择"中心点(C)"选项
指定椭圆的中心点：                                 \\指定椭圆的中心点
指定轴的端点：50                                   \\输入一条轴的长度值的一半
指定另一条半轴长度或[旋转(R)]: 25                  \\输入另一条轴的长度值的一半
```

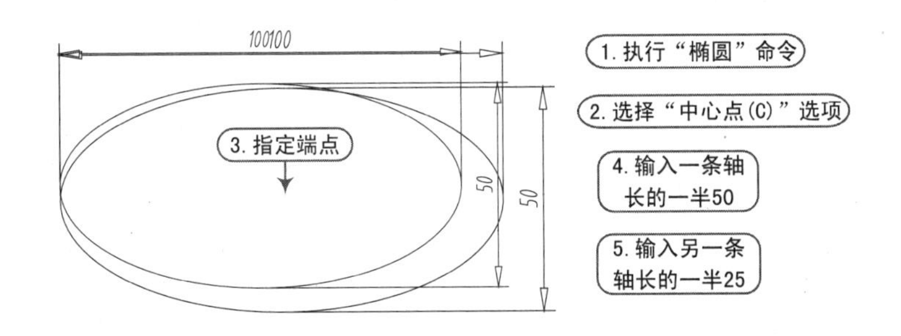

图2-58　圆心模式绘制椭圆

- 轴、端点(E)：这个方法同"圆心"绘制方法类似，先确定椭圆一条轴的一个端点，再确定该轴的另一个端点，之后通过拖动鼠标或者输入数据的方式来确定另一条轴的长度的方式来绘制椭圆。图2-57所示为"轴、端点"模式。

2.5.2　绘制椭圆弧

知识要点 椭圆上任意两点间的部分叫作椭圆弧。

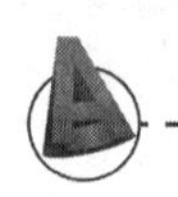

执行方法 AutoCAD 中，用户可以通过以下几种方式来执行“椭圆弧”命令（EL）的操作：

- 菜单栏：选择“绘图 | 椭圆”下面的“椭圆弧”命令。
- 面板：在“默认”选项卡的“绘图”面板中单击按钮。
- 命令行：在命令行中输入“Ellipse”命令（EL），再选择“圆弧”(A) 选项。

操作实例 绘制一段椭圆弧，其操作命令行如下，所绘制的图形效果如图 2-59 所示。

```
命令：_ellipse                                   \\执行“椭圆弧”命令
指定椭圆的轴端点或 [圆弧 (A)/ 中心点 (C)]: _a      \\指定一条轴的起点
指定椭圆弧的轴端点或 [中心点 (C)]:                 \\指定一条轴的端点
指定轴的另一个端点：                               \\指定另一条轴的起点
指定另一条半轴长度或 [旋转 (R)]:                   \\指定另一条轴的端点
指定起点角度或 [参数 (P)]: <正交 关>               \\指定椭圆弧扫略角的起点
指定端点角度或 [参数 (P)/ 包含角度 (I)]:           \\指定椭圆弧扫略角的终点
```

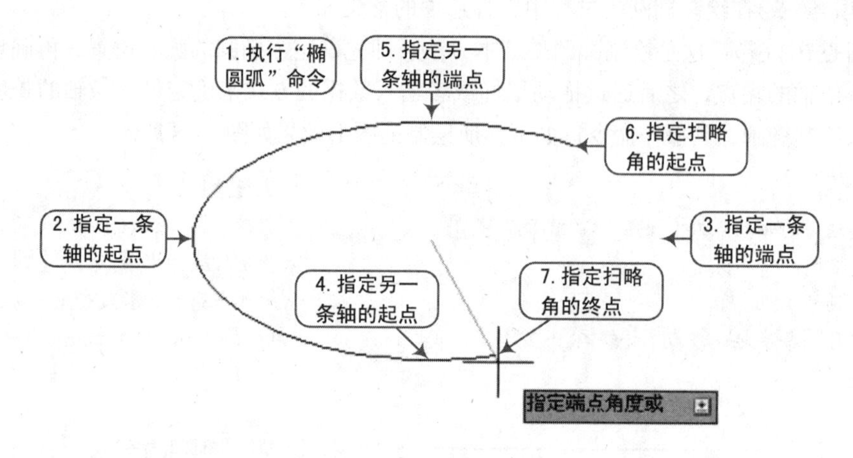

图2-59 绘制椭圆弧

实例——绘制盥洗盆

案例	盥洗盆 .dwg
视频	绘制盥洗盆 .avi

本实例通过使用椭圆、椭圆弧、圆和直线等命令，绘制盥洗盆，让读者能够掌握 AutoCAD 中多种命令的混合使用。

实战要点 ①“椭圆”命令的使用；②“椭圆弧”命令的使用。

操作步骤

Step 01 正常启动 AutoCAD 2016 软件，选择“文件 | 保存”菜单命令，将其保存为“案

例\02\盥洗盆.dwg”文件。

Step 02 执行“圆”命令（C），指定绘图区域任意点作为圆心点，再输入半径值“20”，绘制出直径为40mm的圆，如图2-60所示。

Step 03 再次执行“圆”命令（C），以前面所绘制的圆的圆心作为圆心点，输入半径值“25”，绘制出直径为50mm的圆，如图2-61所示。

Step 04 执行“椭圆”命令（EL），选择“中心点(C)”选项，再捕捉前面绘制的圆的圆心作为椭圆的中心点，将鼠标向右拖动，输入一个半轴的长度150，然后将鼠标向上拖动，输入另一半轴的长度120，绘制椭圆，如图2-62所示。

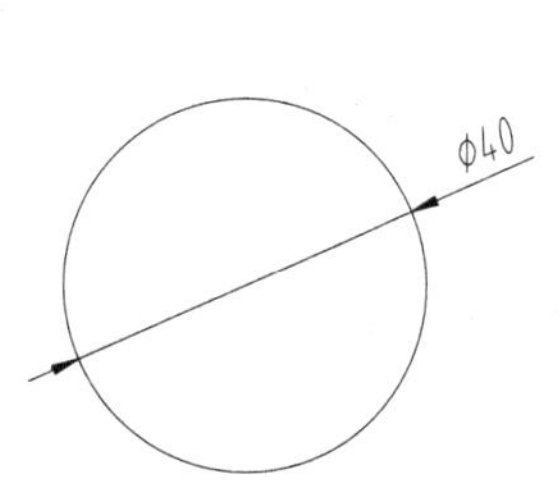

图2-60 绘制直径40的圆

图2-61 绘制直径50的圆

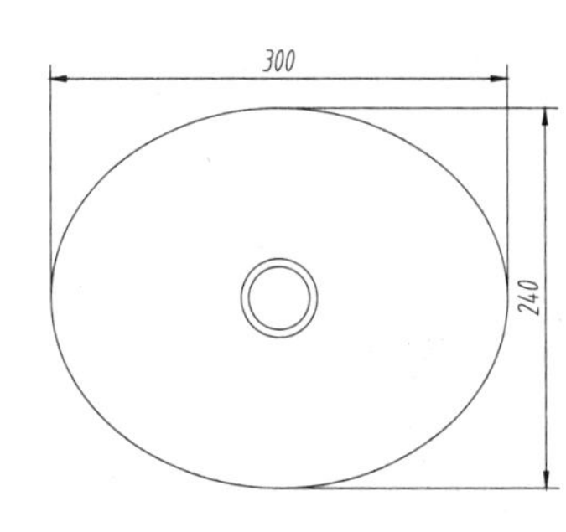

图2-62 绘制椭圆

Step 05 启动“椭圆弧”命令（EL），选择“中心点”(C)选项，捕捉前面绘制的圆的圆心作为椭圆弧的中心点，绘制一个长轴为300、短轴为260，角度为0°～180°的椭圆弧，如图2-63所示。

Step 06 执行“椭圆”命令（EL），选择“中心点(C)”选项，再捕捉前面绘制的圆的圆心作为椭圆的中心点，绘制一个长轴为380mm、短轴为320mm的椭圆，如图2-64所示。

Step 07 再次执行“椭圆”命令（EL），选择“中心点(C)”模式，再捕捉前面绘制的圆的圆心作为椭圆的中心点，绘制一个长轴为380mm、短轴为340mm的椭圆，如图2-65所示。

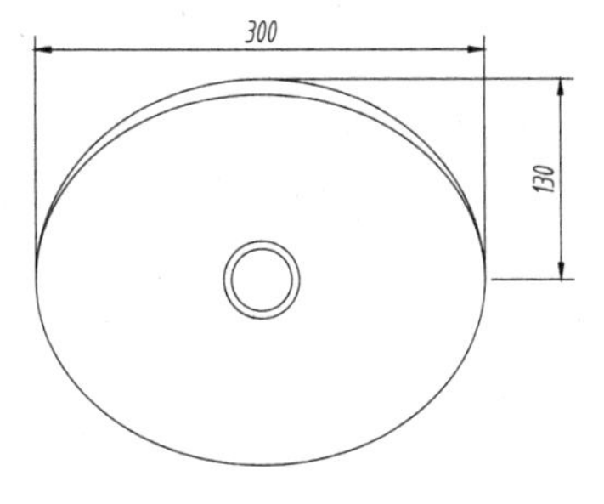

图2-63 绘制椭圆弧

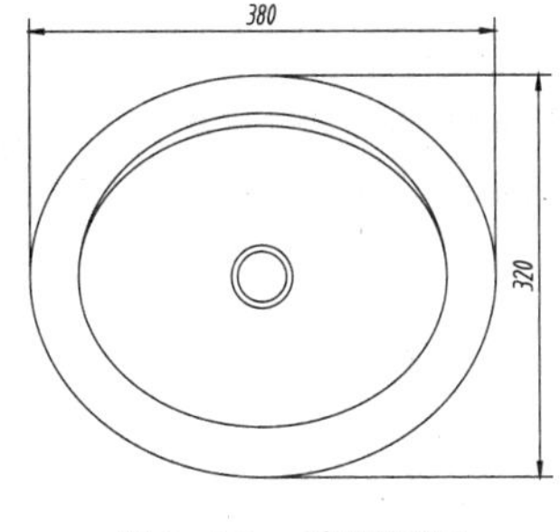

图2-64 绘制椭圆

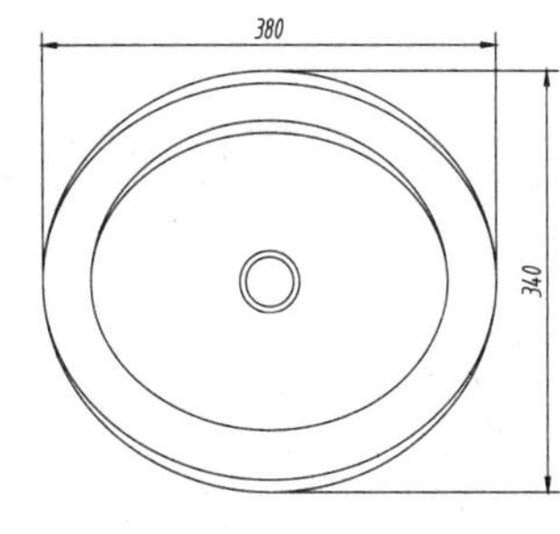

图2-65 再次绘制椭圆

Step 08 执行“移动”命令（M），将外面的两个大椭圆向上进行移动操作，移动距离为20mm，如图2-66所示。

Step 09 执行“矩形”命令(REC)，绘制一个尺寸为20mm×100mm的矩形，如图2-67所示。

Step 10 执行“移动”命令（M），将刚才绘制的矩形移动到椭圆形图中，使它们的中心线重合，具体尺寸如图2-68所示。

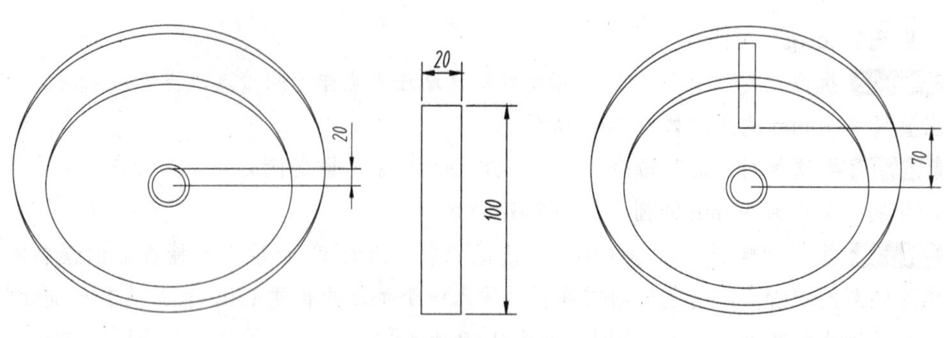

图2-66 移动操作　　图2-67 绘制矩形　　图2-68 移动矩形

Step 11 执行“圆”命令（C），绘制一个直径为 20mm 的圆图形；再执行“复制”命令（CO），将该圆按照如图 2-69 所示的尺寸进行复制操作。

Step 12 执行“圆角”命令（F），将矩形下方的两个角进行圆角操作，圆角尺寸为 R8，如图 2-70 所示。

Step 13 执行“修剪”命令（TR），将图形按照图 2-71 的形状进行修剪操作，修剪后的图形如图 2-71 所示。

Step 14 单击“保存”按钮，将文件进行保存，该盥洗盆图形绘制完成。

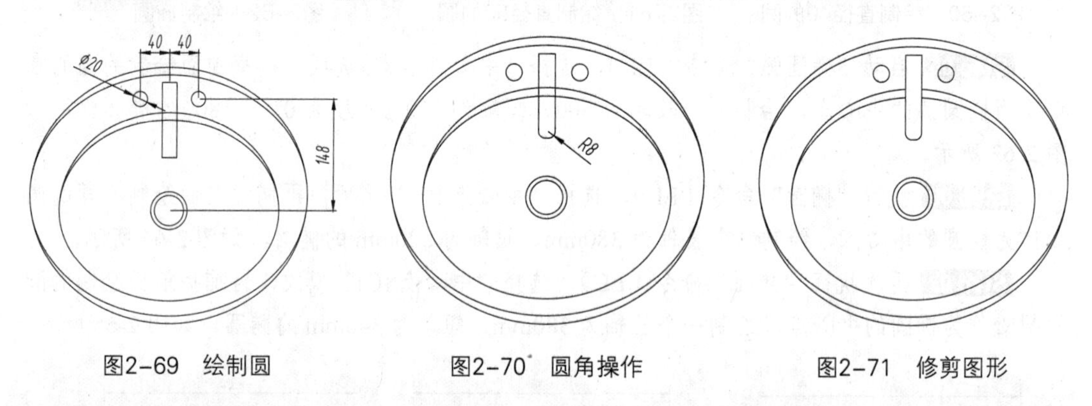

图2-69 绘制圆　　图2-70 圆角操作　　图2-71 修剪图形

2.6 综合实战——绘制太极图

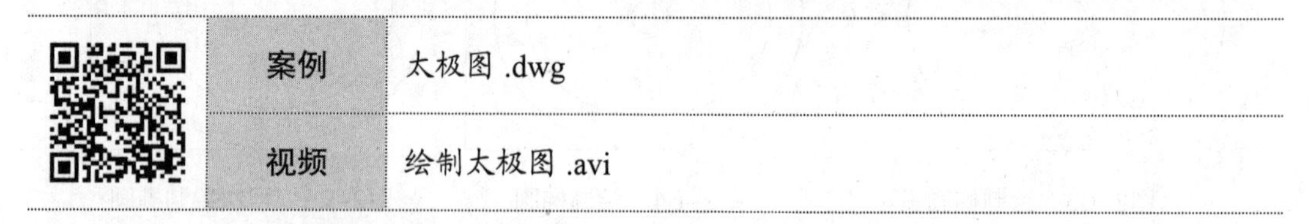

	案例	太极图 .dwg
	视频	绘制太极图 .avi

本实例通过使用圆、圆弧、填充命令，绘制一个太极图案，让读者能够掌握 AutoCAD 中多种命令的混合使用。

实战要点 ①“圆”命令的使用；②“圆弧”命令的使用。

操作步骤

Step 01 正常启动 AutoCAD 2016 软件，选择“文件 | 保存”菜单命令，将其保存为“案例 \02\ 太极图 .dwg”文件。

Step 02 执行“圆”命令（C），指定绘图区域任意点作为圆心点，再输入半径值“100”，绘制出直径为 200mm 的圆，如图 2-72 所示。

Step 03 再次执行“圆”命令（C），选择“两点”模式，捕捉前面所绘制的圆的圆心，再捕捉该圆的上象限点，绘制一个直径为 100mm 的圆，如图 2-73 所示。

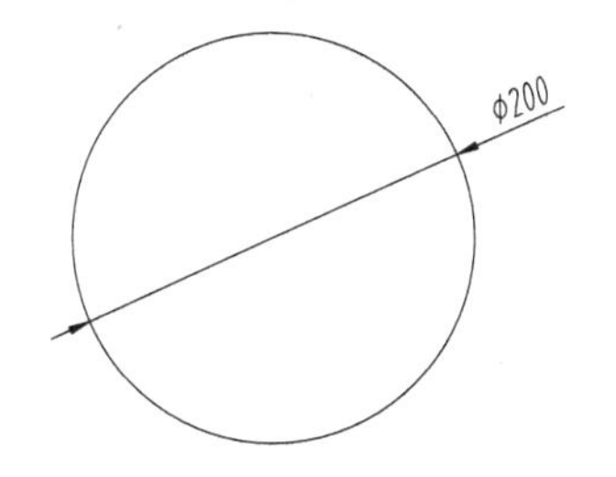

图2-72 直径200的圆

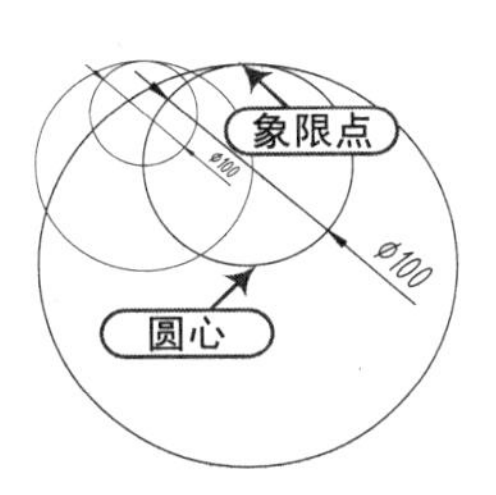

图2-73 直径100的圆

Step 04 再次执行“圆”命令（C），用同样的方法，在直径为 200 的圆的下面绘制一个相对应的直径为 100 的圆，如图 2-74 所示。

Step 05 执行“修剪”命令（TR），将图形按照图 2-75 的形状进行修剪操作，修剪后的图形如图 2-75 所示。

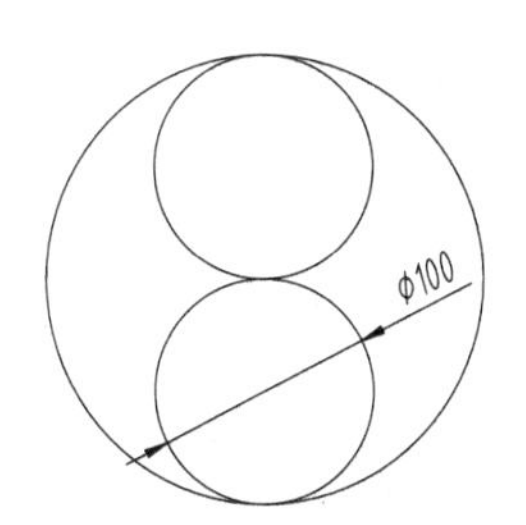

图2-74 绘制下方的圆

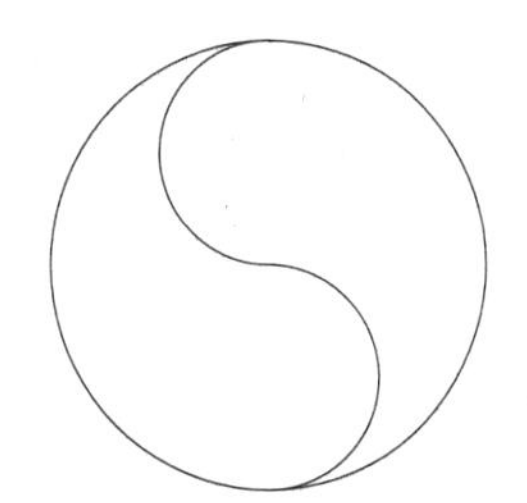

图2-75 修剪操作

技巧：关于捕捉“象限点”

有时候，在草图设置中并没有勾选“象限点”，而工作中又临时需要“象限点”，此时则可以在捕捉目标点时输入子命令“QUA”，这样就可以捕捉目标对象上的象限点。

Step 06 执行“圆”命令（C），以上下两方的圆弧的圆心点为圆心，绘制两个直径为 20mm 的圆，如图 2-76 所示。

Step 07 执行“图案填充”命令（BH），选择左下方的图形和上方的直径为 20 的圆图形为填充区域，再选择填充图案为“SOLID”，对图形进行图案填充操作，填充后的图形如图 2-77 所示。

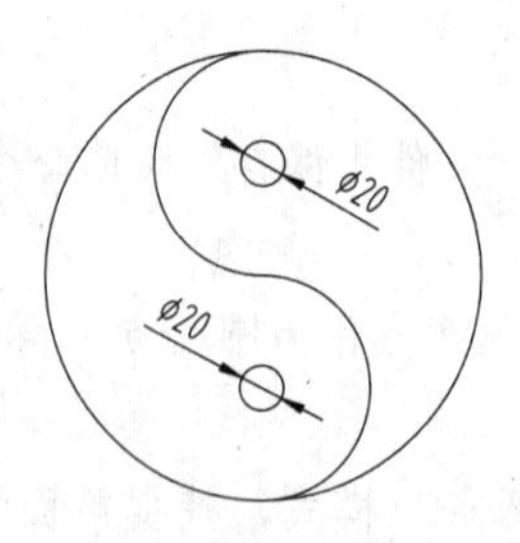

图2-76　绘制小圆

图2-77　图案填充

Step 08 单击“保存”按钮，将文件进行保存，该太极图形绘制完成。

03

基本辅助绘图的设置

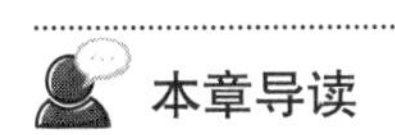

本章导读

AutoCAD 2016 中的辅助功能包括图层、辅助工具等，其中辅助工具包括：正交模式、对象捕捉、栅格捕捉、极轴追踪等，利用这些辅助功能，在绘图时可以进行精确的定位。而利用图层，使用户可以对图形属性进行分类，把相同属性的图形结合到一个图层上，与其他对象进行区分。便于用户对 AutoCAD 2016 图形的管理。

本章内容

- 图层的设置
- 精确定位工具
- 对象捕捉
- 对象追踪
- 对象约束
- 辅助绘图的综合练习

本章视频集

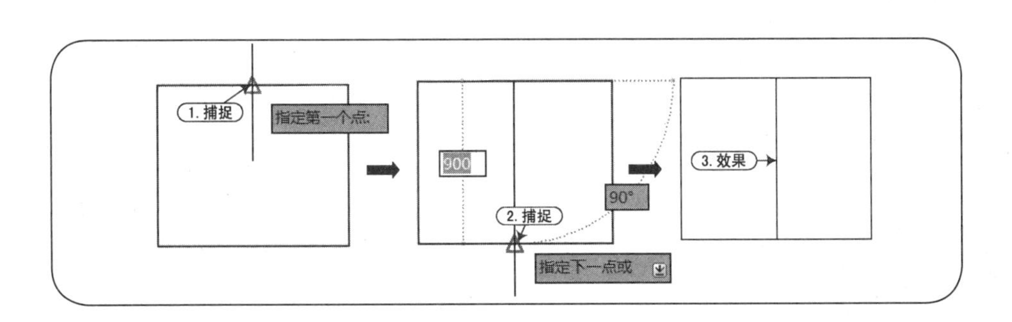

3.1 图层的设置

图层（Layer）主要用来组织和管理不同的图形对象。图层相当于透明的图纸，每一图层上存放类型相似的图形对象，图层重叠一起即构成图形对象的全部，如图3-1所示。一个图层具有其自身的属性和状态。所谓图层属性通常是指该图层所特有的线型、颜色、线宽等。而图层的状态则是指其开/关、冻结/解冻、锁定/解锁状态等。同一图层上的图形元素具有相同的图层属性和状态。

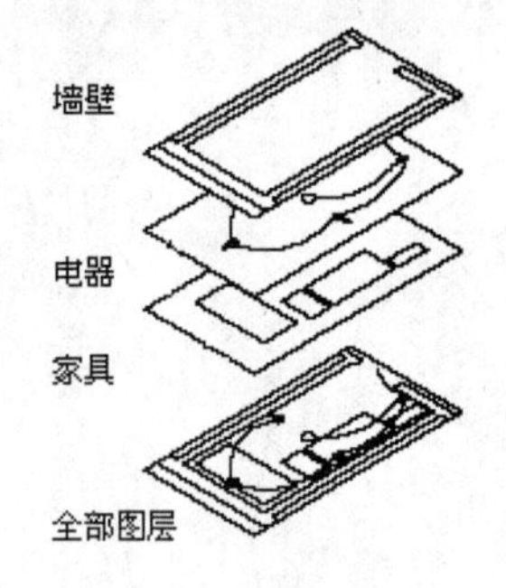

图3-1　图层示意图

3.1.1　图层特性管理

知识要点 创建和设置图层主要是设置图层的属性和状态，以便更好地组织不同的图形信息。例如，将工程图样中各种不同的线型设置在不同的图层中，赋予不同的颜色，以增加图形的清晰性。将图形绘制与尺寸标注及文字注释分层进行，并利用图层状态控制各种图形信息的可否显示、修改与输出等，给图形的编辑带来很大的方便。

执行方法 通过“图层特性管理器”选项板可以对图层的属性和状态进行设置。用户可以通过以下几种方法打开“图层特性管理器”：

- 菜单栏：选择“格式|图层”命令。
- 面板：在“默认”选项卡的“图层”面板中，单击“图层特性管理器”按钮。
- 命令行：输入“LAYER”命令，其快捷键为“LA”。

操作实例 执行上述操作后，系统自动打开“图层特性管理器”选项板，如图3-2所示。

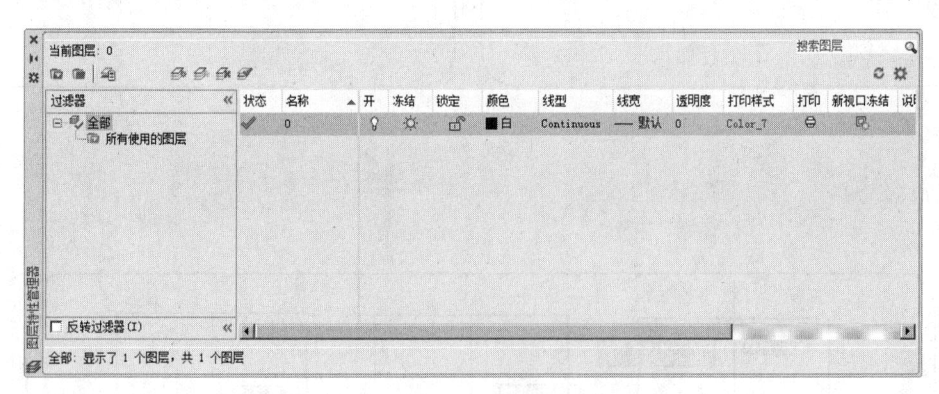

图3-2　“图层特性管理器”选项板

选项含义 “图层特性管理器”中的每个图层都包含名称、打开/关闭、冻结/解锁、线型、颜色和打印样式等特性。

- “状态”列：显示图层状态，当前图层将显示✔标记，其他图层将显示▱标记。
- “名称”列：显示或修改图层的名称。
- “开/关”列：打开或关闭图层的可见性。打开时此符号呈💡显示，此时图层中包含的对象在绘图区域内显示，并且可以被打印；关闭时此符号呈 显示，此时图层中包含的对象在绘图区域内隐藏，并且无法被打印。

- “冻结”列：用于在所有视口中冻结或解冻图层。冻结时按钮显示 ，此时图层中包含的对象无法显示、打印、消音、渲染或重生成；解冻时按钮显示 。
- “锁定”列：用于锁定或解除图层。锁定图层后，对象将无法进行修改，锁定时按钮呈 显示，解锁后呈 显示。
- “颜色”、“线型”、“线宽”和“透明度”列：单击各项对应的图标，都会弹出各自的选择对话框，在各个对话框中可以设置所需的特性。
- “打印”和“打印样式”列：可以确定图层的打印样式以及控制是否打印图层中的对象，允许打印时呈 显示，禁止打印时呈 显示。

技巧：图层 0

在默认情况下，每个图形均包含一个名为 0 的图层，这个图层不能删除或者重命名。它有两个用途：一是确保每个图形中至少包括一个图层；二是提供与块中的控制颜色相关的特殊图层。

3.1.2 图层的新建

在 AutoCAD 2016 中，单击“图层特性管理器”选项板中的“新建图层”按钮，或者按快捷键“Alt+N”可以新建“图层 1”的图层，并且处于名称可编辑状态，如图 3-3 所示。

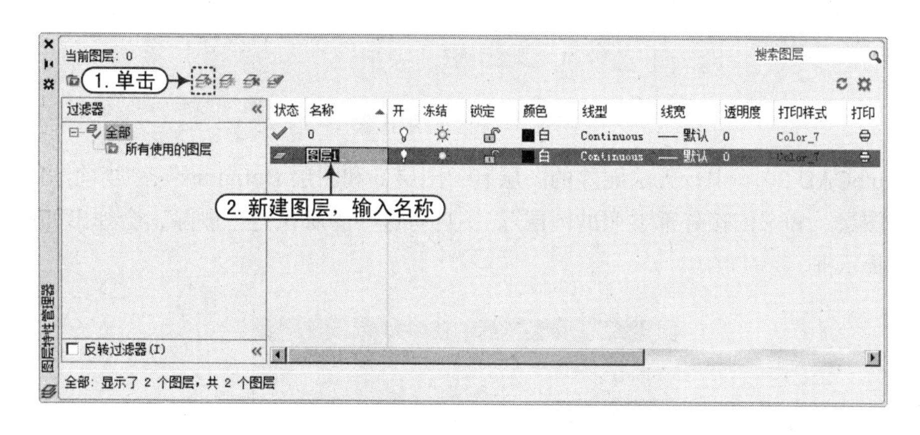

图3-3 新建图层

新建图层时，可在名称编辑状态下直接输入新图层名，也可以在后面更改图层名，单击该图层并按“F2”键，然后重新输入图层名即可，图层名最长可达255个字符，但不允许有>、<、\、:、= 等符号，否则系统会弹出如图 3-4 所示的警告提示框。

新建的图层继承了“图层 0”的颜色、线型等，如果需要对新建图层进行颜色、线型等重新设置，则单击该图层对应的特性按钮（如颜色、线型、线宽）来进行重新设置。如果要使用默认设置创建图层，则不要选择列表中的任何一个图层，或在创建新图层前选择一个具有默认设置的图层。

图3-4　警告提示框

3.1.3　图层的删除

在 AutoCAD 2016 中，图层的状态栏为灰色的图层为空白图层，如果要删除没有用过的图层，在“图层特性管理器”选项板中选择好要删除的图层，然后单击“删除图层”按钮 或者按“Alt+D”组合键，即可删除该图层，如图 3-5 所示。

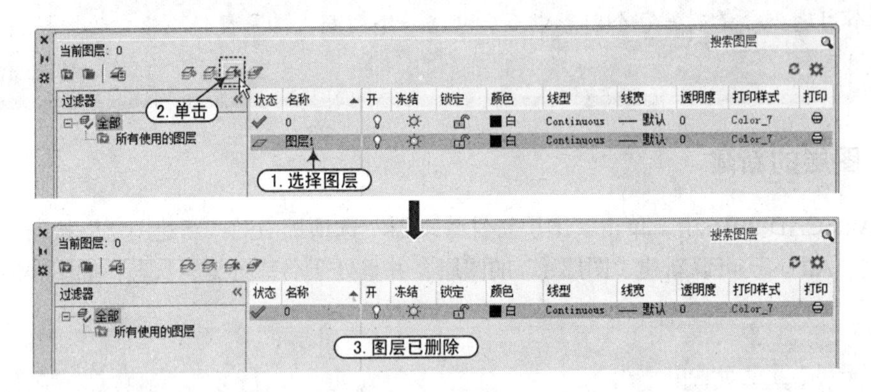

图3-5　删除图层操作

在 AutoCAD 2016 中，无法删除的图层有“图层 0 和图层 Defpoints”、“当前图层”、“包含对象的图层”和“依赖外部参照的图层”。一旦对这些图层执行了删除，会弹出如图 3-6 所示的警告提示框。

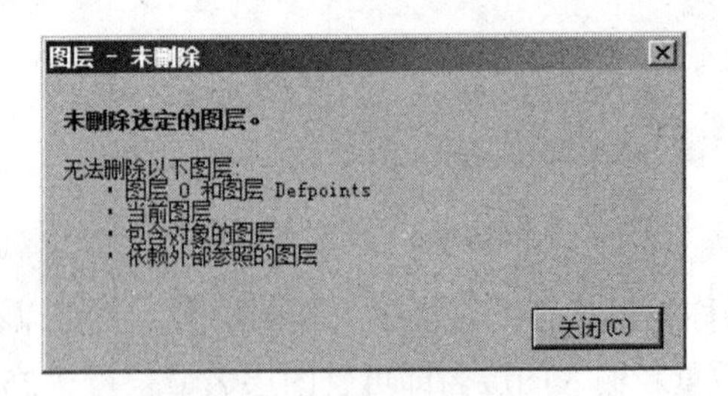

图3-6　未删除图层警告框

3.1.4　设置当前图层

在 AutoCAD 2016 中，“当前图层”是指正在使用的图层，用户绘制的图形对象将保存在当前图层，在默认情况下，“图层”面板中显示当前图层的状态信息。

设置当前图层的方法如下：

- 在“图层特性管理器”选项板中，选择需要设置为当前图层的图层，然后单击“置为当前”按钮，被设置为当前图层的图层前面有标记，如图 3-7 所示。

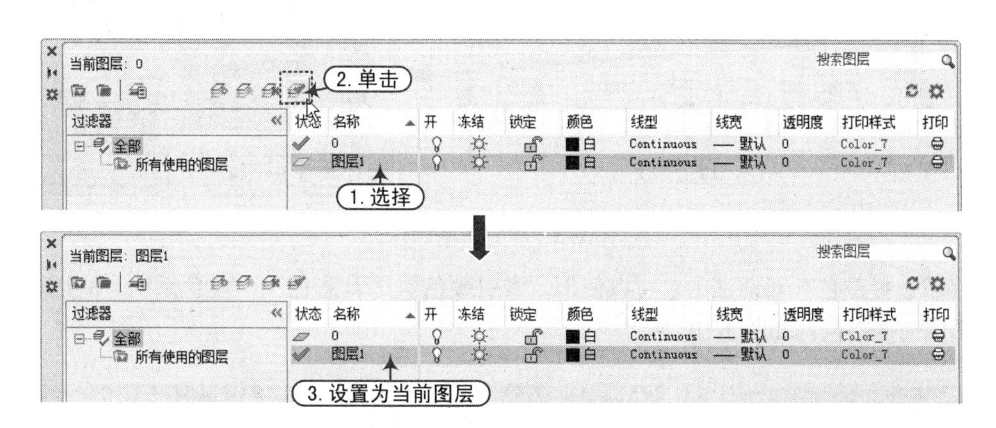

图3–7　将图层置为当前

- 在“默认”选项卡的“图层”面板的“图层控制”下拉列表中，选择需要设置为当前的图层即可，如图 3-8 所示。

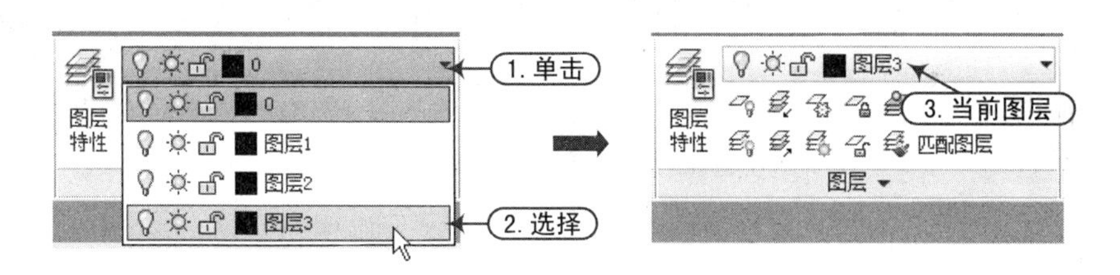

图3–8　选择当前图层

- 单击“图层”面板中的“将对象的图层置为当前”按钮，然后在绘图区中选择某个图形对象，则该图形对象所在图层即可被设置为当前图层。

3.1.5　设置图层的颜色

颜色在图形中具有非常重要的作用，可用来表示不同的组件、功能和区域。图层的颜色实际上是图层中图形对象的颜色。每一个图层都具有一定的颜色，对不同的图层可以设置相同的颜色，也可以设置不同的颜色，绘制复杂的图形时就可以和容易区分图形的每一个部分。默认情况下，新创建的图层颜色被指定使用 7 号颜色（白色或黑色，这由背景色决定）。

要改变图层的颜色，可在“图形特性管理器”对话框中，单击某一图层“颜色”图标，将打开“选择颜色”对话框以设置图层颜色，如图 3-9 所示。

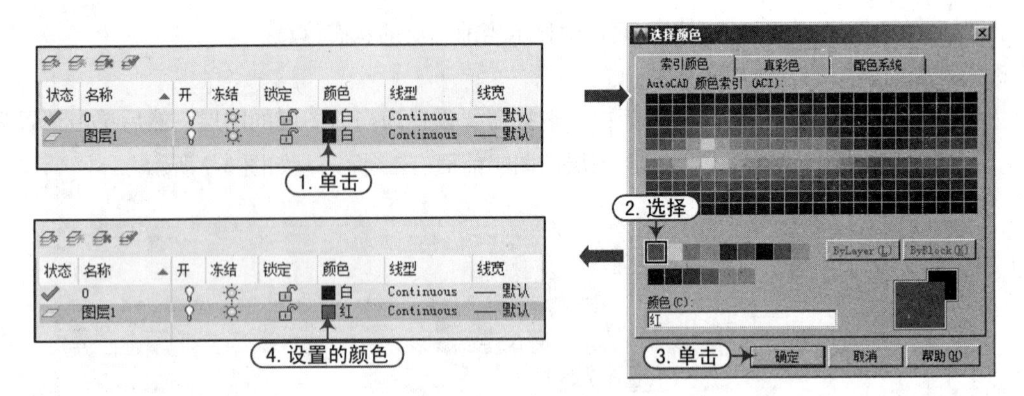

图3-9　设置图层颜色

在“选择颜色”对话框中，可以使用“索引颜色”、“真彩色”、“配色系统”3个选项卡来为图层选择颜色，如图3-10所示。

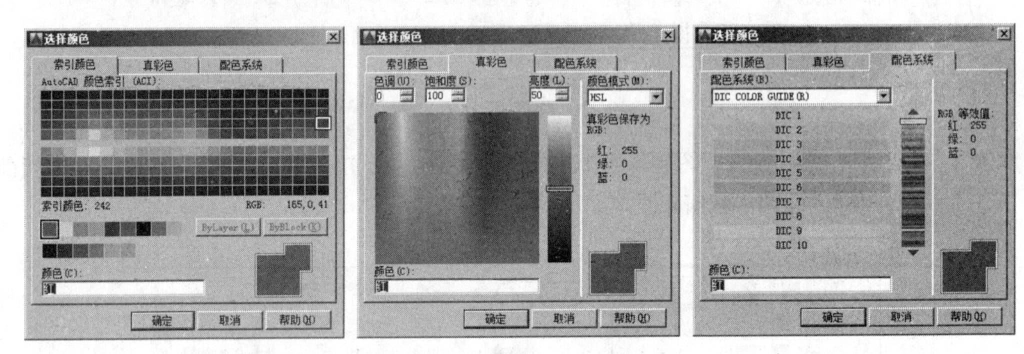

图3-10　“选择颜色”对话框

3.1.6　图层的线型设置

线型是指作为图形基本元素的线条的组成和显示方式，在绘制图形时，经常需要使用不同的线型来表示或区分不同图形对象的效果。

在“图层特性管理器”选项板中，在需要设置的图层上，单击其对应的线型按钮，会弹出“选择线型”对话框，在线型列表中选择相应的线型即可，如图3-11所示。

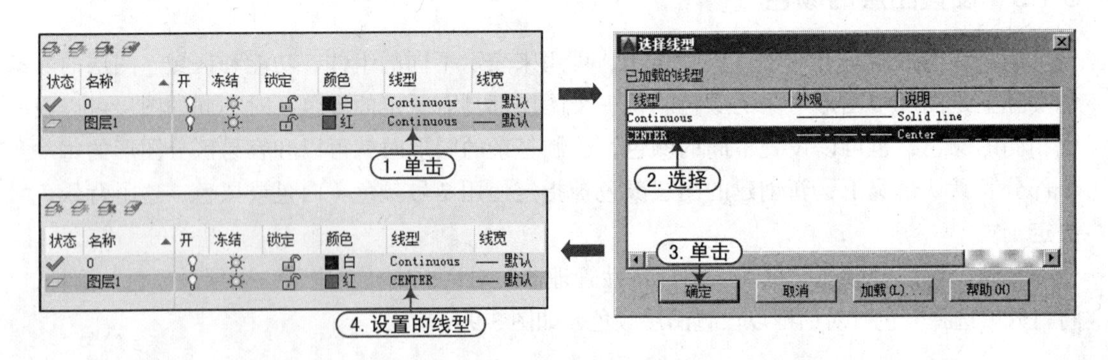

图3-11　设置图层线型

默认情况下，在“选择线型”对话框的线型列表中只有一种默认的“Continuous 实线”线型，可单击“加载”按钮，随后在弹出的“加载或重载线型”对话框中，选择相应的线型进行加载，加载的线型会显示到“选择线型”对话框，以便选择，如图 3-12 所示。

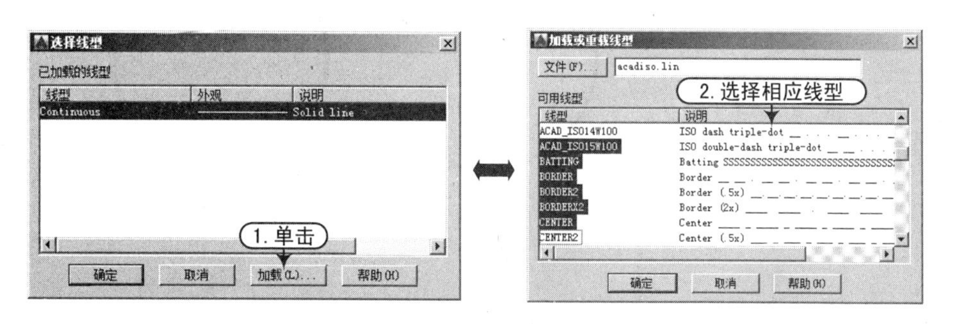

图3-12　加载线型

图 3-13 所示分别为不同线型在绘图区的显示情况。

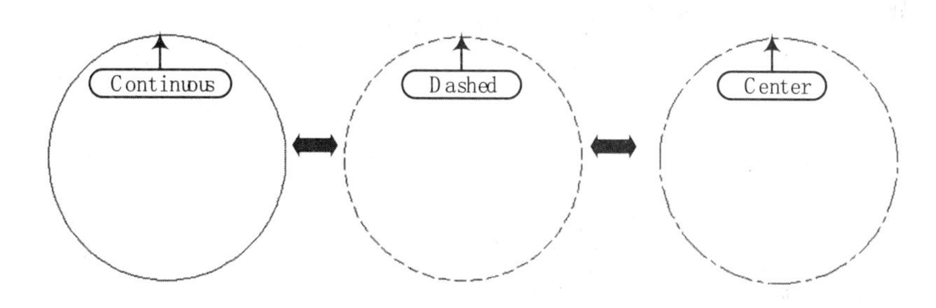

图3-13　不同线型比较

3.1.7　图层的线宽设置

线宽就是线条的宽度，在 AutoCAD 2016 中，使用不同类型的线宽表现图形对象的类别区分，增加图形表达能力与可读性能。

在“图层特性管理器”选项板中，在需要设置的图层上，单击其对应的线宽按钮，会弹出“线宽”对话框，在线宽列表中选择相应的宽度即可，如图 3-14 所示。

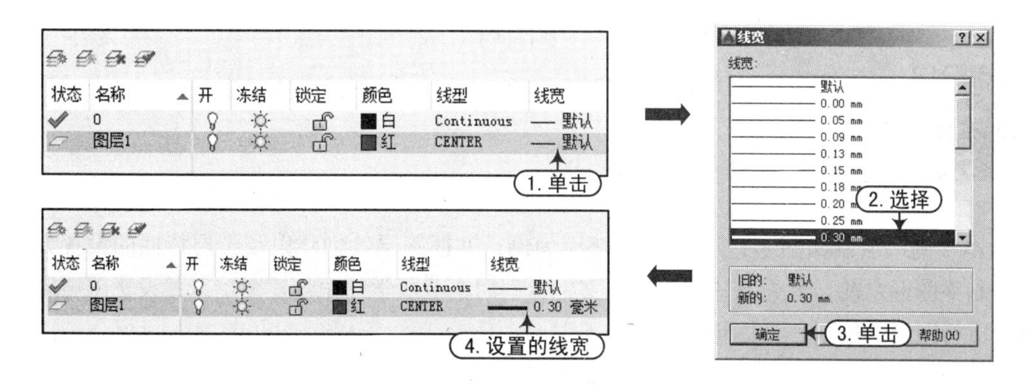

图3-14　设置图层线宽

图 3-15 所示分别是当线宽为 0.15mm、0.60mm 和 1.20mm 时，在绘图区的显示情况。

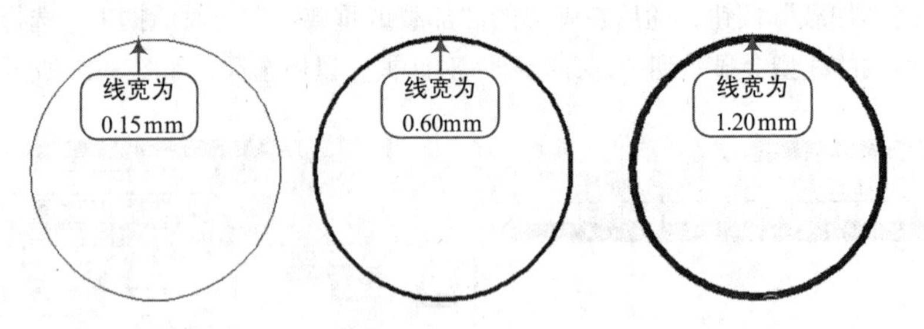

图3-15 不同线宽对比

技巧：默认线宽的选择

默认情况下，AutoCAD 中设置的线宽 0.3mm 以下的均显示为细线。0.3mm 以上的显示为粗线。

在线宽列表中有一个“默认”线宽，默认线宽值可选择“格式 | 线宽”菜单命令，打开“线宽设置”对话框，可对默认线宽参数进行设置，还可以设置线宽单位及显示比例等，如图 3-16 所示。

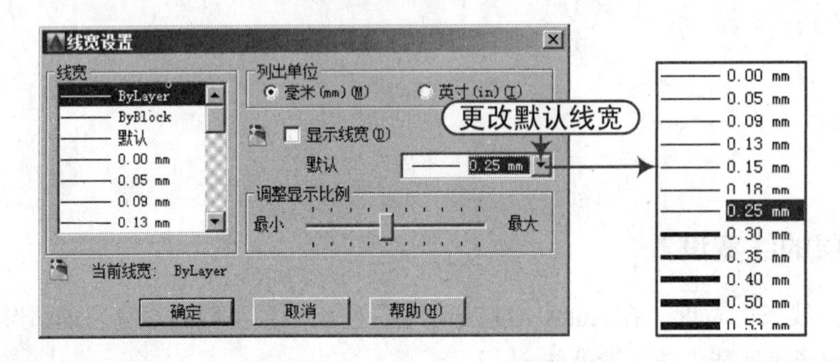

图3-16 “线宽设置”对话框

实例——平垫圈的绘制

	案例	平垫圈 .dwg
	视频	绘制平垫圈 .avi

本实例以绘制如图 3-17 所示的平垫圈为例，掌握图层的创建以及图层特性的设置方法。在绘制平图形之前，首先新建一个图形文件，利用本节所学知识创建图层，并设置图层属性；然后进行图形的绘制。具体绘图步骤如下：

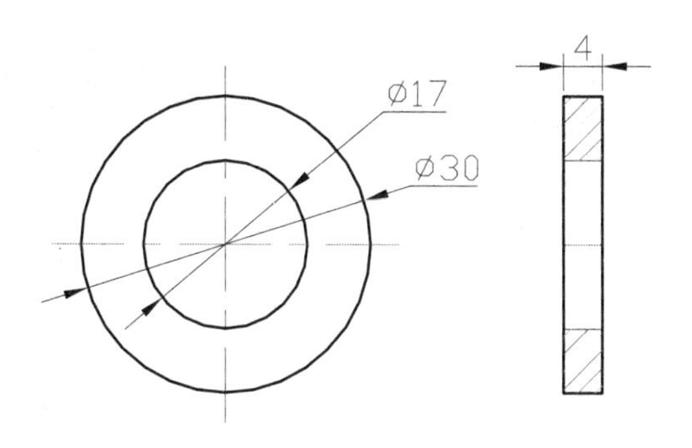

图3-17 平垫圈

实战要点 ①图层的创建；②图层特性的设置。

操作步骤

Step 01 新建文件。正常启动 AutoCAD 2016 软件，执行“文件 | 新建”命令，新建一个图形文件；然后执行“文件 | 保存”命令，将文件保存为“案例 \03\ 平垫圈 .dwg”文件。

Step 02 创建图层。在“默认”选项卡的“图层”面板中，单击“图层特性管理器”按钮，在弹出的“图层特性管理器”选项板中，单击“新建”按钮，新建一个“中心线”图层，如图 3-18 所示。

Step 03 设置图层颜色。单击“中心线”图层所在行的颜色按钮，打开“选择颜色”对话框，选择“红色”，将中心线图层的颜色设置为红色，如图 3-19 所示。

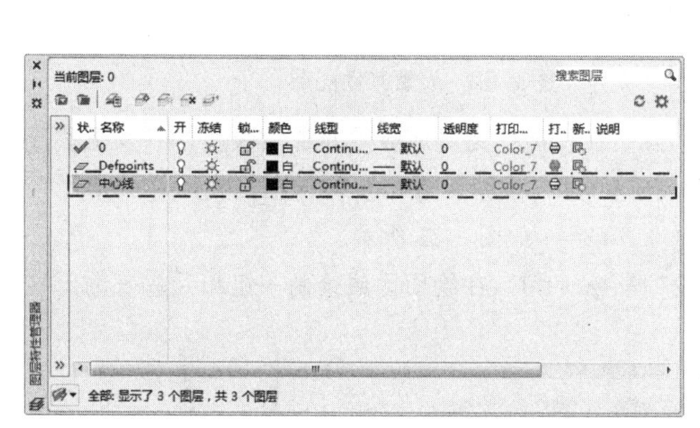

图3-18 新建“中心线”图层

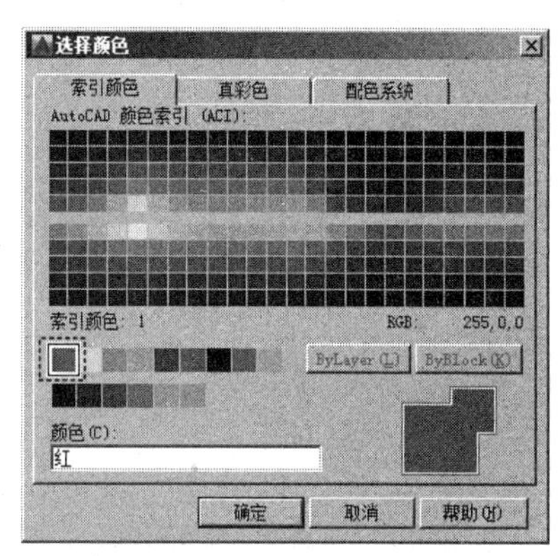

图3-19 设置图层颜色

Step 04 设置线型。单击“中心线”图层所在行的“线型”按钮，打开“选择线型”对话框。单击“加载”按钮，打开“加载或重载线型”对话框，选择“CENTER”线型，单击“确定”按钮，返回“选择线型”对话框中。选择 CENTER 线型，单击“确定”按钮，如图 3-20 所示，返回“图层特性管理器”选项板。

Step 05 设置线宽。参照以上操作步骤创建“粗实线”图层，将“粗实线”图层的颜色设置为“白色”，线型设置为默认线型，再单击“粗实线”图层的“线宽”列，在打开的“线宽”对话框中选择“0.3mm”，如图 3-21 所示。

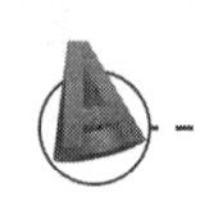

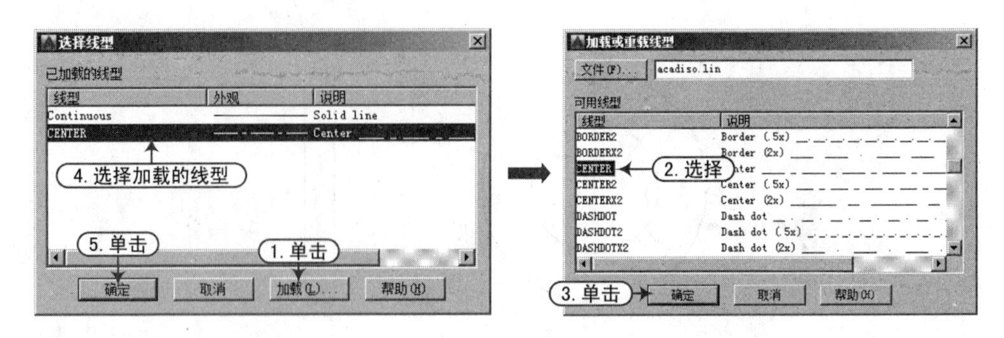

图3-20　加载线型

Step 06 设置其他图层。参照以上方法，分别创建“细虚线”、“剖面线”、“尺寸线”图层，并将“中心线”图层设置为当前图层，然后关闭“图层特性管理器”。设置的图层如图3-22所示。

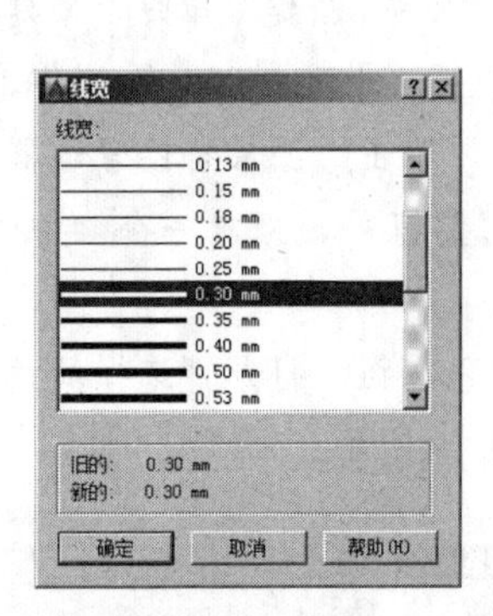

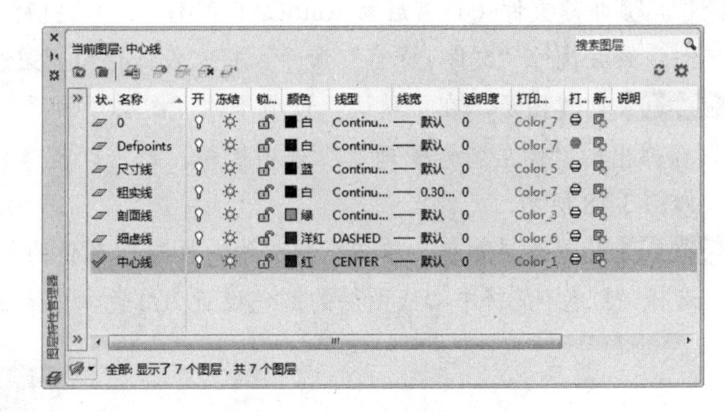

图3-21　设置线宽　　　　图3-22　设置其他图层

Step 07 设置线型全局比例因子。为了在视图中更好地显示非连续线型，可以更改线型比例因子。选择“格式 | 线型”菜单命令，打开“线型管理器”对话框，在“详细信息”设置区的“全局比例因子中”文本框中输入“0.3”，如图3-23所示。

Step 08 绘制中心线。执行“直线”命令（L），在绘图区域绘制一组相互垂直的十字中心线，如图3-24所示。

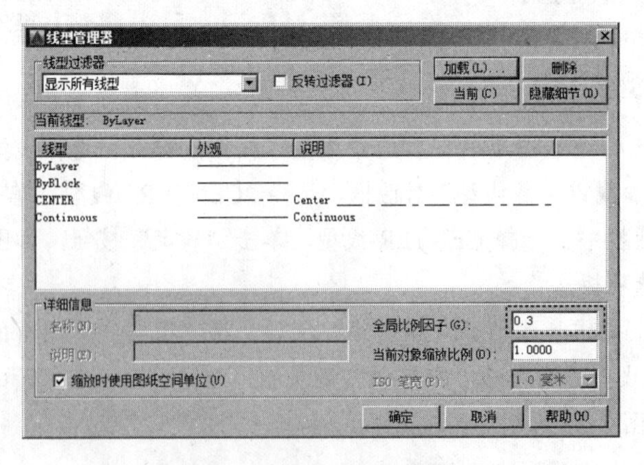

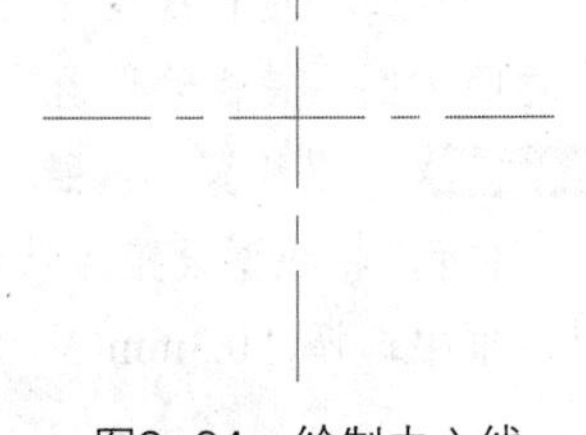

图3-23　设置全局比例因子　　　　图3-24　绘制中心线

Step 09 切换图层。在“图层”面板的“图层”下拉列表框中，将“粗实线”图层置为当前图层，如图 3-25 所示。

Step 10 绘制垫片轮廓。执行“圆”命令（C），绘制直径分别为 17mm 和 30mm 的同心圆，如图 3-26 所示。

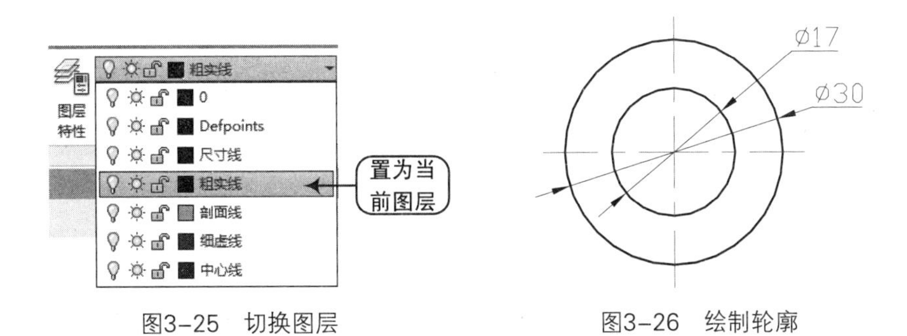

图3-25　切换图层　　　图3-26　绘制轮廓

Step 11 绘制剖视图。将绘图区域移至图形的右侧，执行“构造线”命令（XL），捕捉相应点绘制水平投影构造线，并将中间的水平构造线转换为“中心线”图层，如图 3-27 所示。

Step 12 绘制垂直构造线。执行“构造线”命令（XL），在相应位置绘制一条垂直构造线，再执行“偏移”命令（O）将其向右偏移 4mm，如图 3-28 所示。执行“偏移”命令（O）过程中，命令行提示与操作如下：

```
命令: OFFSET
当前设置 : 删除源 = 否  图层 = 源  OFFSETGAPTYPE=0
指定偏移距离或 [ 通过 (T)/ 删除 (E)/ 图层 (L)] <4.0000>: 4          \\ 输入偏移距离
选择要偏移的对象，或 [ 退出 (E)/ 放弃 (U)] < 退出 >: * 取消 *        \\ 选择垂直构造线
指定要偏移的那一侧上的点，或 [ 退出 (E)/ 多个 (M)/ 放弃 (U)] < 退出 >:
                                                                    \\ 在垂直构造线右侧单击
```

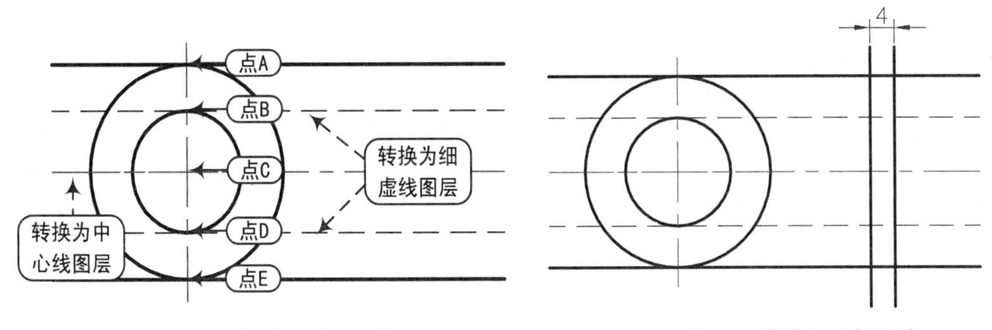

图3-27　绘制水平构造线　　　图3-28　绘制和偏移垂直构造线

Step 13 修剪图形。执行“修剪”命令（TR）和“删除”命令（E）对图形进行修剪操作，修剪效果如图 3-29 所示。

Step 14 填充图形。首先将当前图层切换至“剖面线”图层，执行“填充”命令（H），选择样例“ANI31”作为填充图案，填充比例设置为 0.4，对图形剖面图进行填充，填充效果如图 3-30 所示。

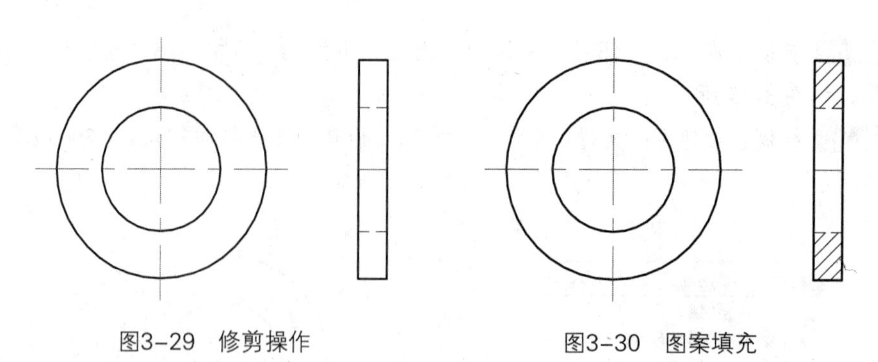

图3-29　修剪操作　　　　图3-30　图案填充

Step 15 保存文件。至此图形绘制完成，按“Ctrl+S”组合键将文件进行保存。

3.1.8　改变对象所在的图层

线宽就是线条的宽度，在 AutoCAD 2016 中，使用不同类型的线宽表现图形对象的类别区分，增加图形表达能力与可读性能。

在 AutoCAD 2016 实际绘图中，如果绘制完某一图形元素后，发现该元素并没有绘制在预先设置的图层上，可选中该图形元素，并在“图层”面板的“图层控制”下拉列表框中选择相应的图层名，即可改变对象所在图层。

图 3-31 所示为将图层 0 上的圆对象，转换到“图层 1”的效果。

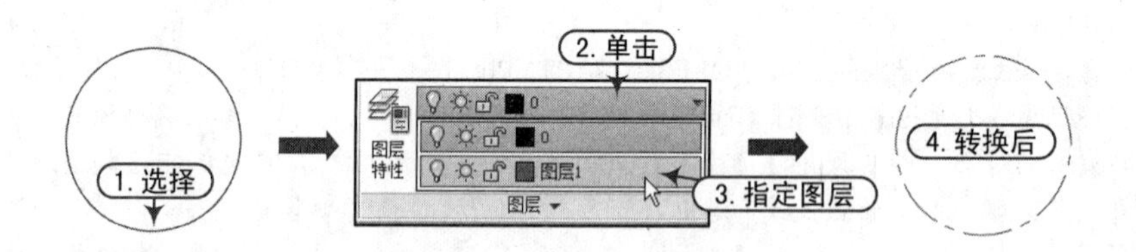

图3-31　改变对象的图层

3.1.9　通过“特性”面板设置对象属性

组织图形的最好方法是按照图层设定对象属性，但有时也需要单独设定某个对象的属性。使用“特性”面板可以快速设置对象的颜色、线型和线宽等属性，但不会改变对象所在的图层。“特性”面板上的图层颜色、线型、线宽的控制增强了查看和编辑对象属性的命令，在绘图区单击或选择任何对象，都将在面板上显示该对象所在图层颜色、线型、线宽等属性，可对这些属性进行修改，如图 3-32 所示。

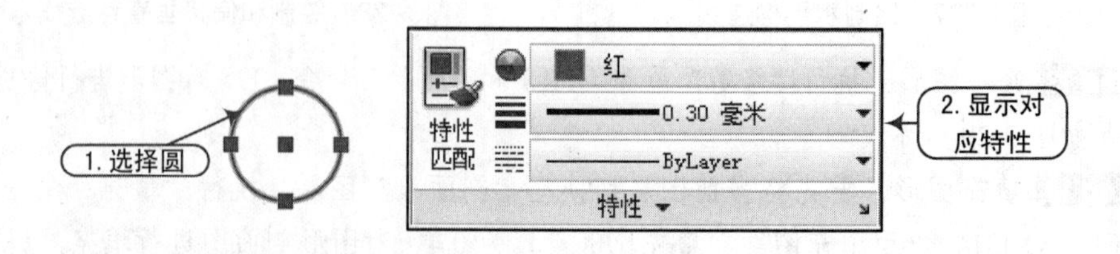

图3-32　显示对象的特性

在“特性”工具栏，各部分功能及选项含义如下。

- “颜色控制”下拉列表框：位于特性工具栏中的第一行，单击右侧的下拉按钮▾，用户可以从打开的下拉列表框中选择颜色，使之成为当前的绘图颜色或更改选定对象的颜色，如图3-33所示。如果列表中没有需要的颜色，可选择“更多颜色”命令，然后在“选择颜色”对话框中选择需要的颜色。
- “线宽控制”下拉列表框：位于特性工具栏中的第二行，单击右侧的下拉按钮▾，用户可以从打开的下拉列表框中选择线宽，使之成为当前的绘图线宽或更改选定对象的线宽，如图3-34所示。
- “线型控制”下拉列表框：位于特性工具栏中的第三行，单击右侧的下拉按钮▾，用户可以从打开的下拉列表框中选择需要的线型，使之成为当前线型或更改选定对象的线型，如图3-35所示。如果列表中没有需要的线型，可选择“其他”命令，然后在弹出的“线型管理器”对话框中加载新的线型。

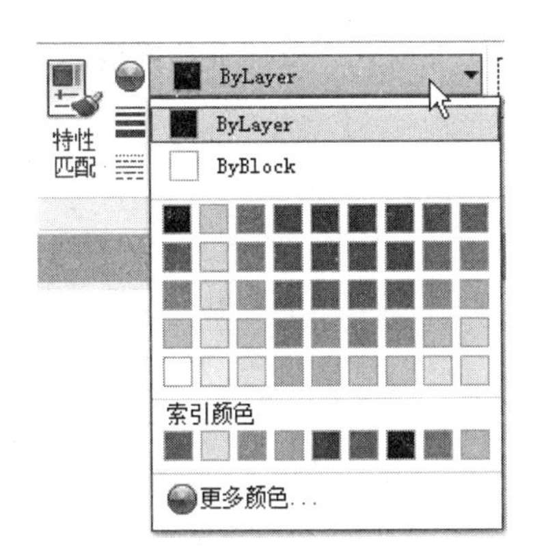

图3-33 颜色列表

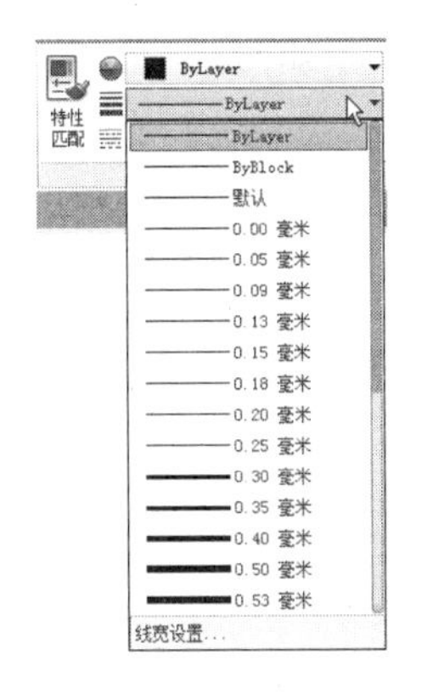

图3-34 线宽列表

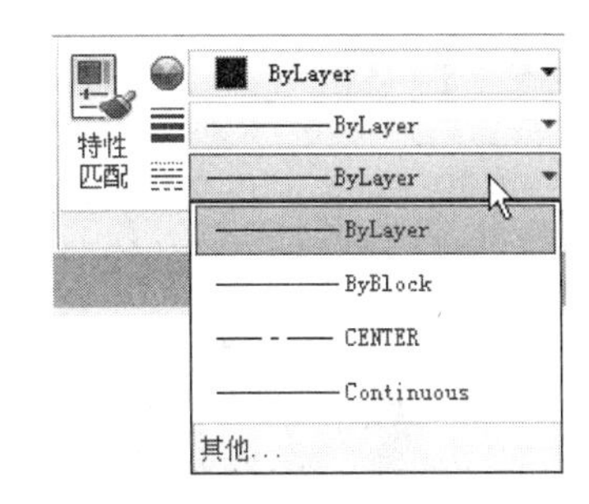

图3-35 线型列表

技巧：捕捉的运用

用户可选中图形对象，然后在“特性”工具栏中修改选中对象的颜色、线型以及线宽。如果在没有选中图形的情况下，设置颜色、线型或线宽，那么所设置的是当前绘图的颜色、线型和线宽，无论在哪个图层上绘图都采用此设置，但不会改变各个图层的原有特性。

3.1.10 通过“特性匹配”改变图形特征

在AutoCAD 2016中，“特性匹配”是用来将选定对象的特性应用到其他对象，可应用的特性类型包含颜色、图层、线型、线型比例、线宽、打印样式、透明度和其他指定的特性。

单击“默认”选项卡的“特性”面板中的“特性匹配”按钮，根据提示先选择源对象，然后选择要应用此特性的目标对象，如图3-36所示。

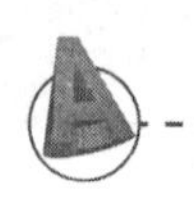

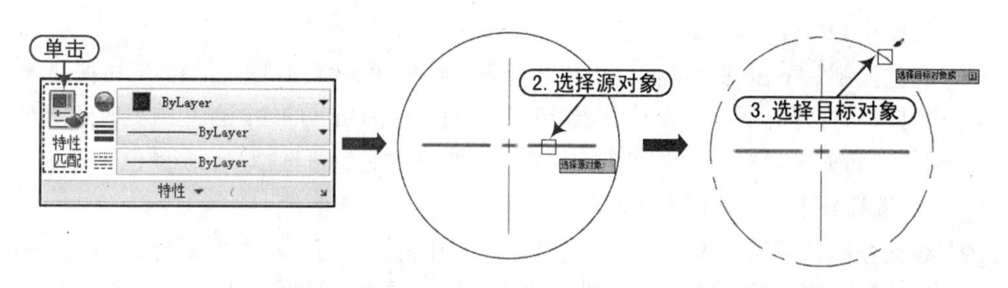

图3-36　特性匹配操作

3.2　精确定位工具

在绘制图形时，尽管可以通过鼠标光标来指定点的位置，但却很难精确定位点的某一位置。因此，要精确定位点，必须使用坐标或捕捉功能。在前面章节中已经详细介绍了使用坐标来精确定位点的方法，本节主要介绍如何使用系统提供的正交模式以及捕捉和栅格模式来精确定位点。

3.2.1　正交模式

知识要点 “正交”是用来控制是否以正交方式绘图。在正交模式下，可以方便地绘出与当前 X 轴或 Y 轴平行的线段。

执行方法 打开或关闭正交模式有以下两种方法：

- 状态栏：在状态栏中，单击“正交”按钮 。
- 功能键：按“F8”键。

操作实例 打开“正交模式”后，输入的第 1 点是任意的，但当移动光标准备指定第 2 点时，光标被约束在水平方向或垂直方向移动，如图 3-37 所示。

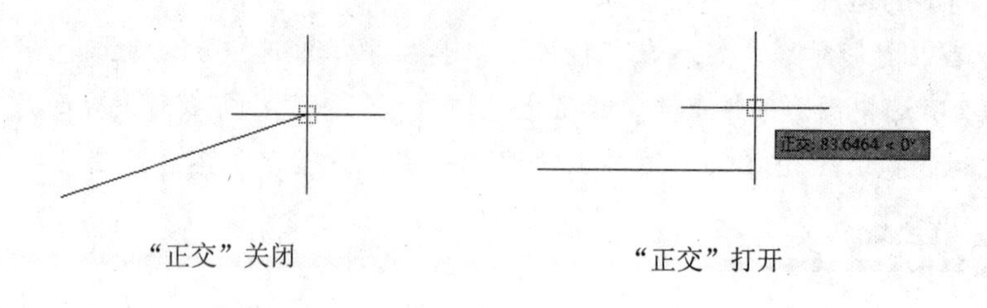

图3-37　“正交模式”的打开与关闭

3.2.2　捕捉与栅格

知识要点 “捕捉”用于设置鼠标光标移动的间距。“栅格”是一些标定位置的小点，起坐标纸的作用，可以提供直观的距离和位置参照，如图 3-38 所示。使用“捕捉”和“栅格”功能可以提高绘图效率。

执行方法 打开或关闭“捕捉”和“栅格”功能有以下三种方法：

- 状态栏：在状态栏中，单击“捕捉”按钮和“栅格”按钮。
- 功能键：按“F7”功能键打开或关闭栅格，按“F9”功能键打开或关闭捕捉。
- 对话框：选择“工具 | 草图设置”命令，打开“草图设置”对话框，如图 3-39 所示。在“捕捉和栅格”选项卡中勾选或取消勾选“启用捕捉”和“启用栅格”复选框。

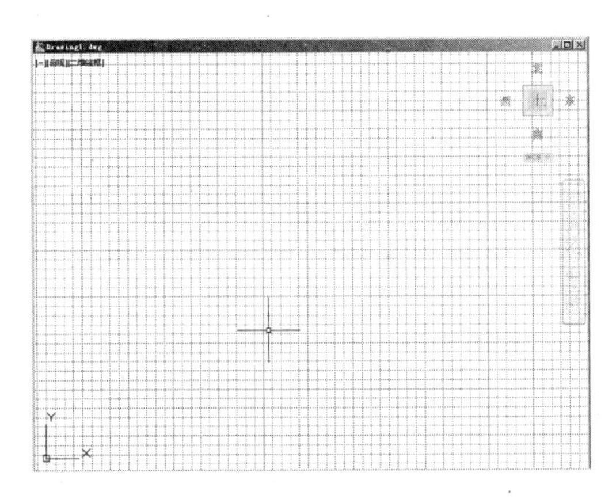

图3-38 “栅格”显示

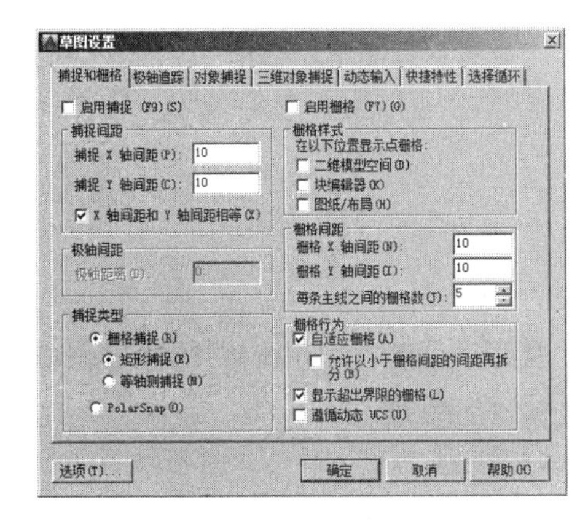

图3-39 “草图设置”对话框

选项含义 利用“草图设置”对话框中的“捕捉和栅格”选项卡，可以设置捕捉和栅格的相关参数。各选项的功能如下。

- “启用捕捉”复选框：用于打开或关闭捕捉模式。
- “捕捉间距”选项组：用来控制捕捉位置处不可见矩形栅格，以限制光标仅在指定的 X 和 Y 轴间隔内移动。
- “捕捉类型”选项组：用于确定捕捉类型。系统提供了两种捕捉栅格的方式，“矩形捕捉”和“等轴测捕捉”。“矩形捕捉”下捕捉栅格是标准矩形；“等轴测捕捉”仅用于绘制等轴测图。
- 极轴间距：此选项只能在“极轴捕捉”时才可用。
- “启用栅格”复选框：用于控制是否显示栅格，勾选此复选框，将显示栅格效果。
- “栅格样式”选项组：用于控制显示栅格点，“启用栅格”后，勾选相应位置的复选框即可在相应位置显示点栅格效果。
- “栅格间距”选项组：输入相关参数可以设置 X 轴或 Y 轴上每条栅格显示的间距。

实例——利用栅格和捕捉绘制图形

案例	栅格和捕捉 .dwg
视频	利用栅格和捕捉绘制图形 .avi

下面利用栅格和捕捉绘制如图 3-40 所示的图形。绘制图形前需要根据图形的尺寸计算出

各端点X轴与Y轴间距的倍数，然后设置栅格间距。并启用栅格显示，启用栅格和捕捉模式，利用直线命令捕捉各栅格点绘制图形。其操作步骤如下：

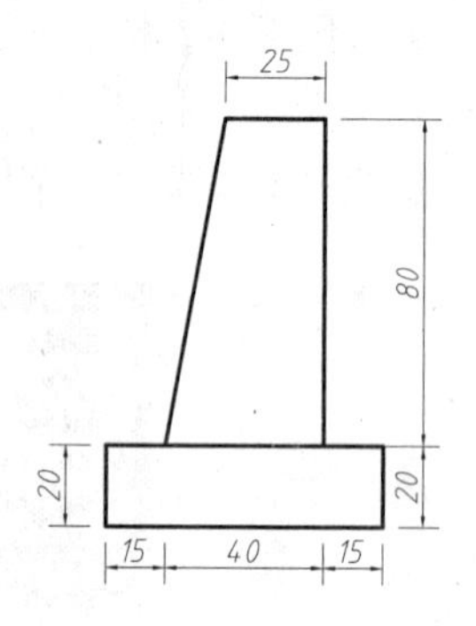

图3-40　用栅格和捕捉绘制的图形

实战要点①启用栅格并设置栅格间距；②捕捉栅格。

操作步骤

Step 01 新建文件。正常启动 AutoCAD 2016 软件，在“快速工具栏”中单击“新建”按钮，新建一个图形文件，再单击“保存”按钮将其保存为“案例 \03\ 栅格和捕捉 .dwg”文件。

Step 02 启用栅格和捕捉模式。在状态栏上单击“辅助工具栏”中的栅格按钮和捕捉按钮，启用栅格和捕捉模式，效果如图 3-41 所示。

Step 03 设置捕捉间距。在“捕捉”按钮上右击，在弹出的快捷菜单中选择“捕捉设置”命令，弹出“草图设置”对话框，在“捕捉和栅格”选项卡中设置捕捉间距和栅格间距为 5(计算出各端点 X 轴与 Y 轴间距的倍数)，如图 3-42 所示。

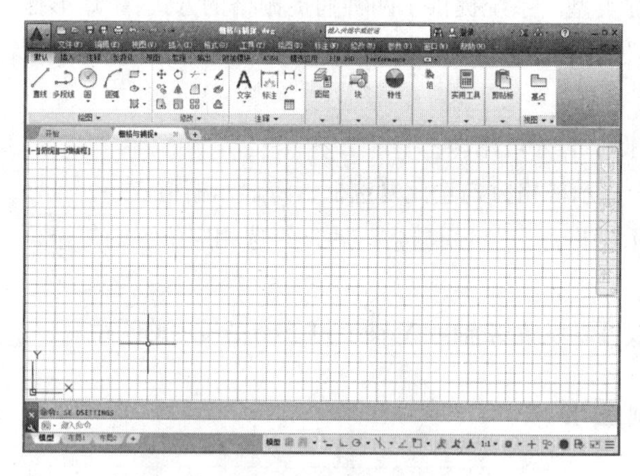

图3-41　启用栅格和捕捉

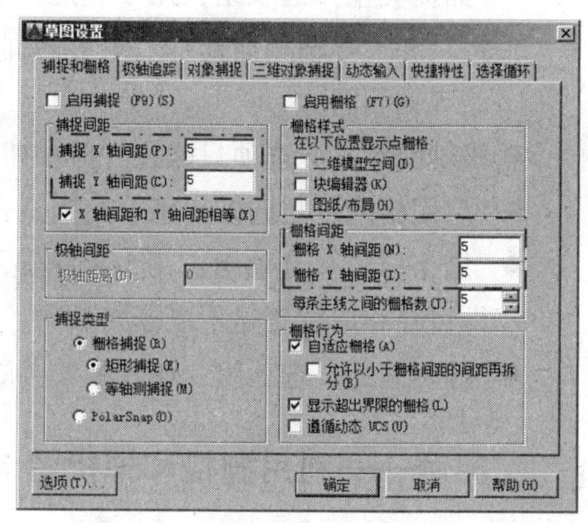

图3-42　设置栅格和捕捉间距

Step 04 绘制矩形。执行“矩形”命令（REC），捕捉如图 3-43 所示的栅格点绘制矩形。

Step 05 绘制直线。执行“直线”命令（L），捕捉如图 3-44 所示的栅格点绘制直线。

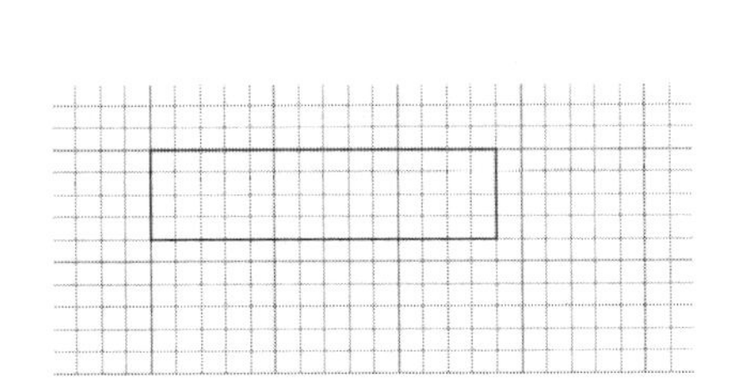

图3-43　绘制矩形

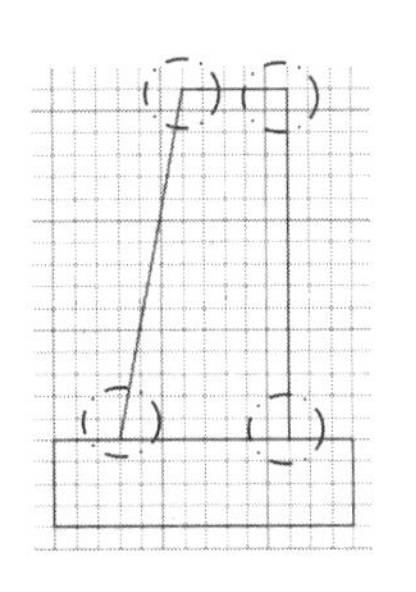

图3-44　绘制直线

Step 06 保存图形。至此，图形绘制完成，按“Ctrl+S”组合键将文件进行保存。

3.3 对象捕捉

在绘图过程中，经常要指定一些已有对象上的点，例如端点、圆心和两个对象的交点等。如果只凭观察来拾取不可能准确地找到这些点。为此 AutoCAD 2016 提供了对象捕捉功能，可以迅速、准确地捕捉到某些特殊点，从而精确地绘制图形。

3.3.1 对象捕捉设置

知识要点 “对象捕捉”功能与前面介绍的捕捉功能不同，利用对象捕捉功能，在绘图过程中可以快速、准确地确定一些特殊点，如端点、中点、切点、角点和垂足等。

执行方法 启用对象捕捉功能的方法如下：

- 快捷菜单：在“对象捕捉”按钮上右击，在弹出的快捷菜单中选择相应命令；或执行命令时按住“Shift”键的同时右击，在弹出的快捷菜单中选择相应的捕捉模式，如图 3-45 所示。
- 工具栏：选择“工具 |AutoCAD| 对象捕捉”菜单命令，在打开的“对象捕捉”工具栏上单击相应的对象捕捉按钮，如图 3-46 所示。
- 快捷键：输入对象捕捉的名称，如捕捉切点，则输入“TAN”。

图3-45　“对象捕捉”快捷菜单

图3-46　“对象捕捉”工具栏

在“对象捕捉”快捷菜单及工具栏中，其各捕捉模式的名称和功能如表 3-1 所示。

表3-1 对象捕捉模式

图标	名称	功能
	临时追踪点	捕捉临时追踪点
	FROM（正交）	正交偏移捕捉。先指定基点，再输入相对坐标确定新点
	END（端点）	捕捉端点
	MID（中点）	捕捉中点
	INT（交点）	捕捉交点
	APP（外观交点）	捕捉外交延伸点
	EXT（延伸）	捕捉延伸点。从线段端点开始沿线段方向捕捉一点
	CEN（圆心）	捕捉圆、圆弧、椭圆的中心点
	QUA（象限点）	捕捉圆、椭圆的 0°、90°、180° 或 270° 处的点
	TAN（切点）	捕捉切点
	PER（垂足）	捕捉垂足
	PAR（平行）	平行捕捉。先指定线段起点，再利用平行捕捉绘制平行线
	INS（插入点）	捕捉插入点
	NOD（节点）	捕捉节点
	NEA（最近点）	捕捉最近点
	无捕捉	清除所有的对象捕捉
	对象捕捉设置	打开“草图设置”对话框，进行对象捕捉设置

选择相应的捕捉模式后，不论何时提示输入点，都可以指定对象捕捉。默认情况下，当光标移动到对象的对象捕捉位置时，将显示标记和工具提示。

用户还可以通过设置，使系统在开启对象捕捉功能的情况下自动捕捉设置的几何点。在状态栏的“对象捕捉”按钮右击，在弹出的快捷菜单中，选择“设置”命令，打开“草图设置”对话框中的“对象捕捉”选项卡，如图 3-47 所示。在其选项卡中可以选择需要自动捕捉的几何特征点。

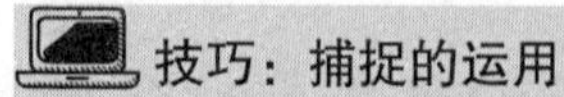

技巧：捕捉的运用

对象捕捉用处很大。尤其绘制精度要求较高的机械图样时，目标捕捉是精确定点的最佳工具。切忌用光标线直接定点，这样的点不可能很准确。

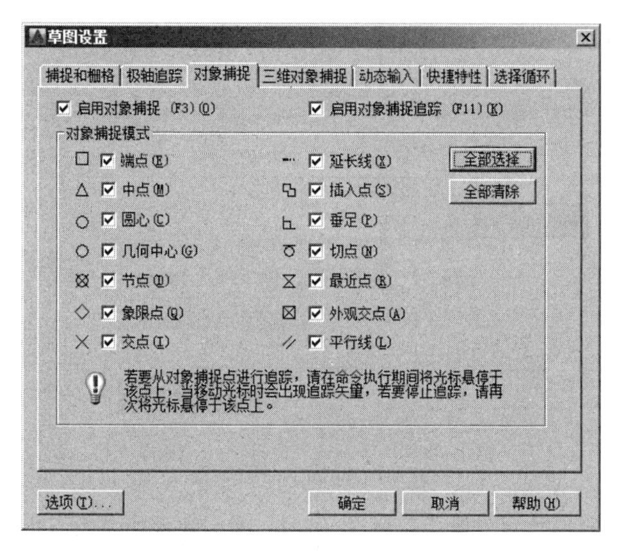

图3-47 "对象捕捉"选项卡

实例——窗户图形的绘制

	案例	窗户图形.dwg
	视频	窗户图形的绘制.avi

本实例以"矩形"命令和"圆弧"命令绘制如图3-48所示的窗户图形。在绘制圆弧时，需要通过捕捉矩形的角点和中点来绘制。具体绘图步骤如下：

实战要点 特征点的捕捉的方法。

操作步骤

Step 01 新建文件。正常启动AutoCAD 2016软件，执行"文件|新建"命令，新建一个图形文件；然后执行"文件|保存"命令，将文件保存为"案例\03\窗户图形.dwg"文件。

Step 02 绘制矩形。执行"矩形"命令（REC），绘制一个1100mm×900mm的矩形，如图3-49所示。

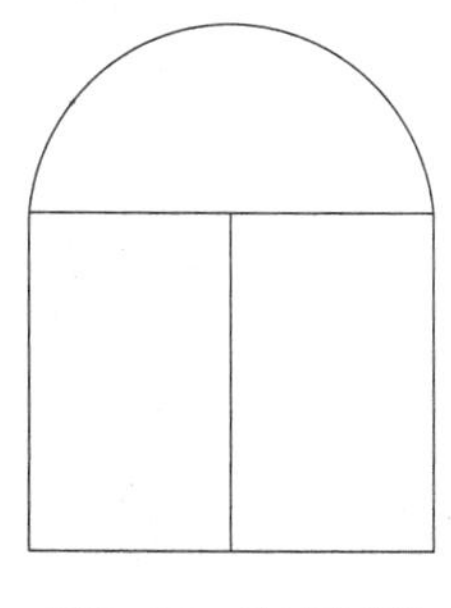

图3-48 窗户图形

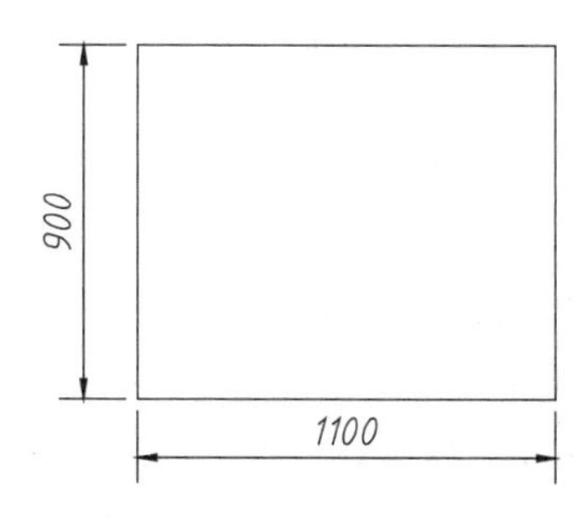

图3-49 绘制矩形

Step 03 绘制直线。执行“直线”命令（L），捕捉矩形的上下两条边中点绘制直线，如图 3-50 所示。

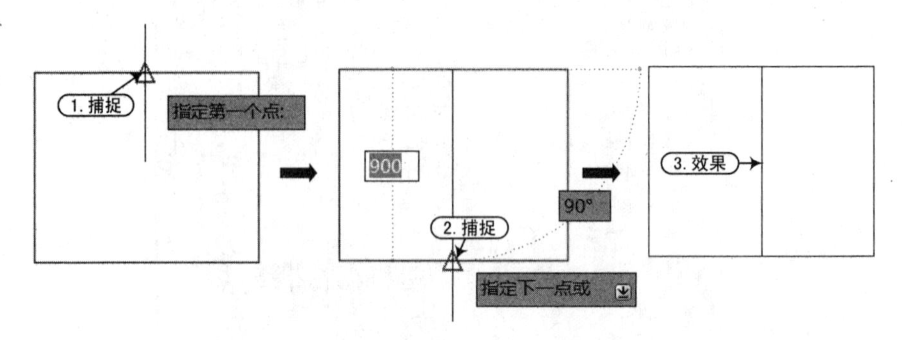

图3-50 捕捉中点绘制直线

Step 04 绘制圆弧。执行“圆弧”命令（A），捕捉矩形的左角点作为圆弧的起点，接着捕捉执行捕捉自命令捕捉矩形中点，指定偏移点（@0,500）作为圆弧的第二点，再制定矩形右上角点为圆弧的端点，绘制的圆弧如图 3-51 所示。

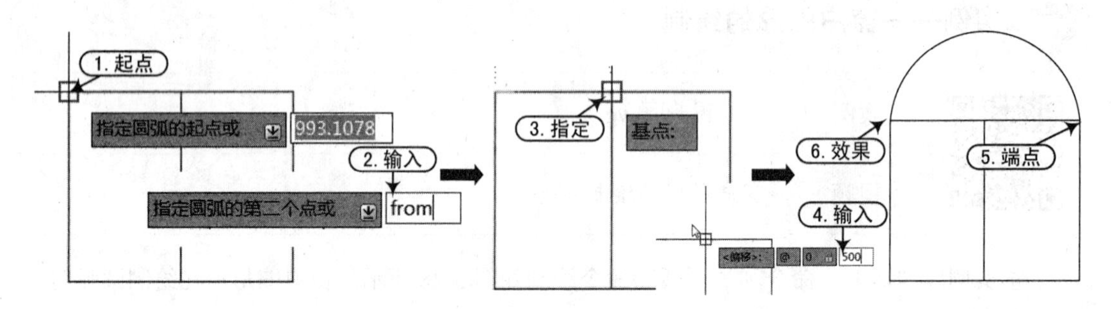

图3-51 捕捉三点绘制圆弧

Step 05 保存图形。窗户图形绘制完成，按“Ctrl+S”组合键，将图形文件进行保存。

3.3.2 点过滤器

点过滤器允许使用一个已有对象点的 X 坐标值和另一个对象捕捉点的 Y 坐标值来指定坐标值。根据已有对象的坐标值构建 X、Y 坐标值。并不需要坐标值的 X 和 Y 部分都是用已有对象的坐标值。例如，可以使用已有的一条直线的 Y 坐标值，并选取屏幕上任意一点的 X 坐标值来构建 X、Y 坐标值。

在使用“点过滤器”的过程中，要指定一个坐标是可以在命令行中输入 .X 或者 .Y。也可以按住“Shift”键的同时右击，然后在弹出的快捷菜单中选择“点过滤器”选项，如图 3-52 所示。

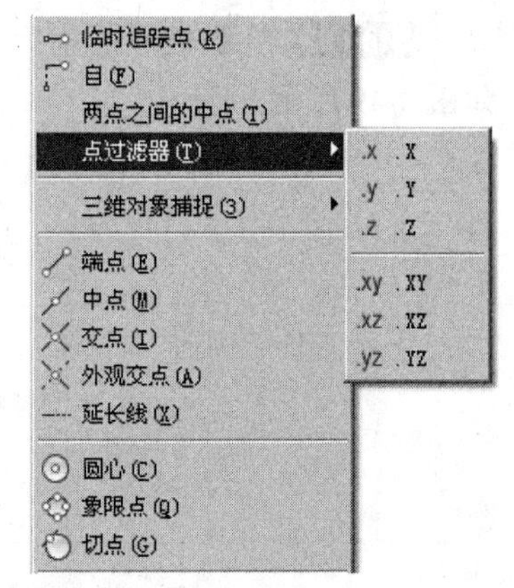

图3-52 “点过滤器”子菜单

实例——矩形中心圆的绘制

	案例	矩形中心圆 .dwg
	视频	矩形中心圆的绘制 .avi

本实例利用“点过滤器”命令捕捉矩形的中心点绘制如图 3-53 所示的矩形中心圆。掌握和练习上一小节所学内容。具体绘图步骤如下：

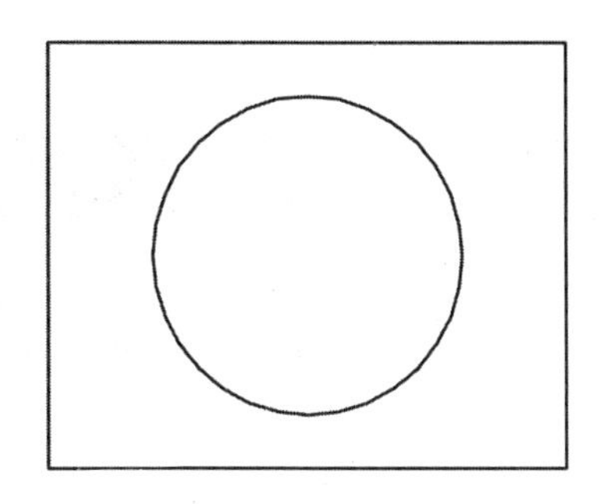

图3-53 矩形中心圆

实战要点 点过滤器的使用。

操作步骤

Step 01 新建文件。正常启动 AutoCAD 2016 软件，执行“文件 | 新建”命令，新建一个图形文件；然后执行“文件 | 保存”命令，将文件保存为“案例 \03\ 矩形中心圆 .dwg”文件。

Step 02 绘制矩形。执行“矩形”命令（REC），绘制一个 100mm × 80mm 的矩形，如图 3-54 所示。

Step 03 指定圆心。执行“圆”命令（C），然后在命令行中输入“.X”，捕捉 AB 的中点，此时命令行提示：“需要 YZ”，再捕捉 AD 的中点，圆心就自动到了矩形中心位置（实际是捕捉圆心的坐标，AB 中点是圆心的 X 坐标值，AD 中点是圆心的 Y 坐标值），如图 3-55 所示。

Step 04 绘制圆。捕捉到圆心后，将鼠标向左拖动，同时输入半径值 30，这样矩形中心圆绘制完成。绘制过程中，命令行提示与操作如下：

```
命令 : CIRCLE                                              \\ 执行“圆”命令
指定圆的圆心或 [ 三点 (3P)/ 两点 (2P)/ 切点、切点、半径 (T)]: .x   \\ 输入 .X 启动“点过滤”
                                                           \\ 捕捉 AB 中点
于 ( 需要 YZ):                                              \\ 捕捉 AD 中点
指定圆的半径或 [ 直径 (D)] <30.0000>: 30                     \\ 输入半径值
```

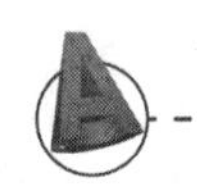

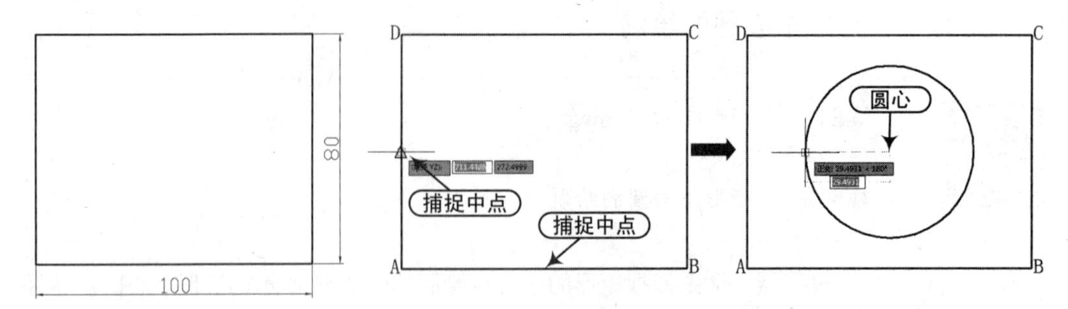

图3-54　绘制矩形　　　　图3-55　利用“点过滤器”捕捉圆心

Step 05 保存图形。按“Ctrl+S”组合键，将图形文件进行保存。

3.4　对象追踪

在 AutoCAD 2016 中，自动追踪功能可按指定角度绘制对象，或者绘制与其他对象有特定关系的对象。自动追踪功能分极轴追踪和对象捕捉追踪两种，是非常重要的辅助绘图工具。

3.4.1　极轴追踪

执行方法 “极轴追踪”功能可在绘图区域中根据用户指定的极轴角度绘制具有一定角度的直线。启用“极轴追踪”的方法主要有以下两种：

- 状态栏：单击“极轴追踪”按钮。
- 功能键：按“F10”键。

操作实例 开启“极轴”功能后，当十字光标靠近用户指定的极轴角度时，在十字光标的一侧就会显示当前点距离前一点的长度、角度及极轴追踪的轨迹，如图 3-56 所示。

系统默认的极轴追踪角度为 90°，可以在状态栏的“极轴追踪”按钮上右击，在弹出的快捷菜单中选择“设置”命令，打开“草图设置”对话框，在“极轴追踪”选项卡中，对极轴角度的大小进行设置，如图 3-57 所示。

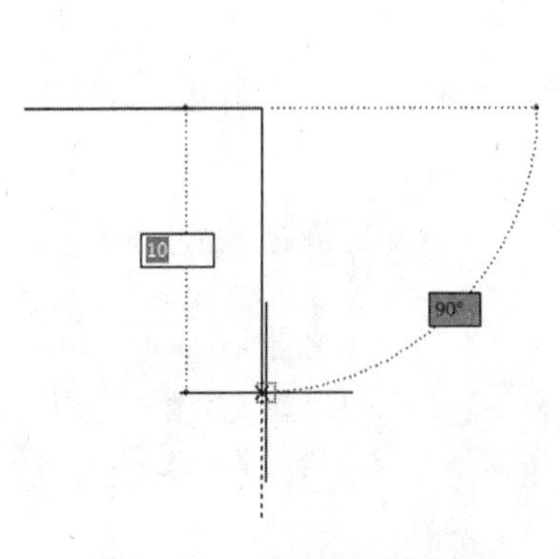

图3-56　90°极轴角度追踪

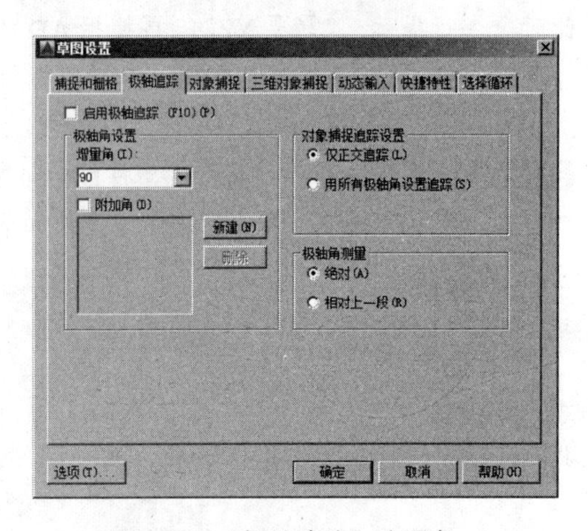

图3-57　“极轴追踪”选项卡

选项含义 在“草图设置”对话框的“极轴追踪”选项卡中，各选项的含义如下。

- “启用极轴追踪”复选框：用于启用极轴追踪功能。
- “极轴角设置”选项组：用于设置极轴追踪的对齐角度。“增量角”用来设置显示极轴追踪对齐路径的极轴角增量，可以输入角度，也可从列表中选择常用角度，如90°、45°、30°等。
- “附加角”复选框：是对极轴追踪使用列表中的任何一种附加角度。
- “对象捕捉追踪设置”选项组：用来设置对象捕捉追踪选项。
- “极轴角测量”选项组：用于设置极轴追踪对齐角度的测量基准。

实例——正六边形的绘制

案例	正六边形 .dwg
视频	正六边形的绘制 .avi

本实例利用“直线”命令（L）配合“极轴追踪”功能绘制一个正六边形，在绘制之前首先需要设置极轴角度。具体绘图步骤如下：

实战要点 ①极轴角的设置；②使用极轴追踪。

操作步骤

Step 01 新建文件。正常启动 AutoCAD 2016 软件，执行“文件 | 新建”命令，新建一个图形文件；然后执行“文件 | 保存”命令，将文件保存为“案例\03\正六边形 .dwg”文件。

Step 02 设置极轴角度。在状态栏中右击“极轴追踪”按钮，在弹出的快捷菜单中设置极轴角度，如图 3-58 所示。

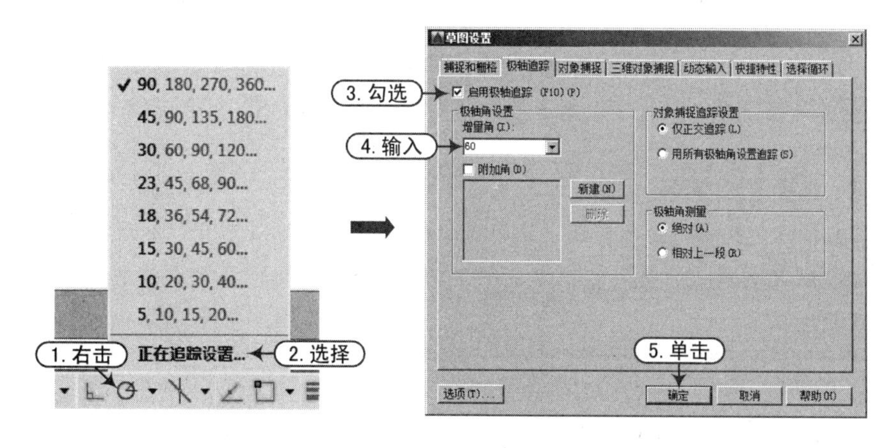

图3-58 设置极轴角度

Step 03 绘制正六边形。执行“直线”命令（L），单击一点，将鼠标向右拖动，输入长度值为 20mm。

Step 04 将鼠标向右上方拖动捕捉 60° 角，待出现绿色捕捉虚线时，输入长度值为 20mm。

Step 05 将鼠标向左上方拖动捕捉 120° 角，待出现绿色捕捉虚线时，输入长度值为 20mm。

Step 06 将鼠标向左侧拖动捕捉 180° 角，待出现绿色捕捉虚线时，输入长度值为 20mm。

Step 07 将鼠标向左下方拖动捕捉 60° 角，待出现绿色捕捉虚线时，输入长度值为 20mm。

Step 08 单击直线起点，正六边形绘制完成，如图 3-59 所示。

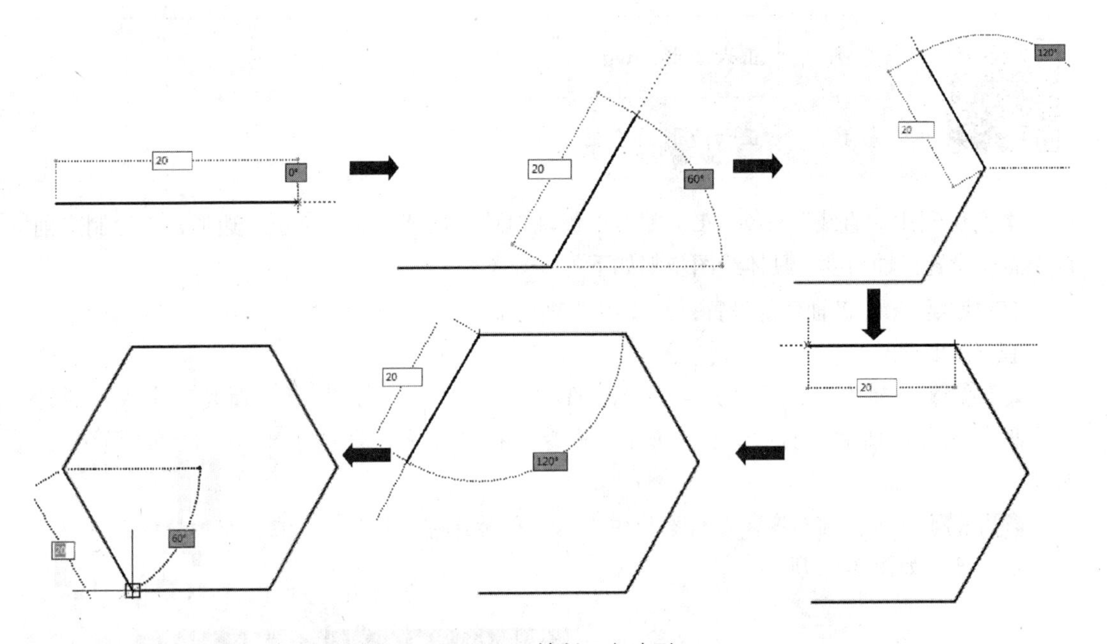

图3-59　绘制正六边形

Step 09 保存图形。至此，正六边形绘制完成，按“Ctrl+S”组合键将文件进行保存。

技巧：极轴虚线的显示控制

如果在捕捉角度时不显示虚线，这时可以在命令行中输入“OP”然后按“Enter”，在打开的对话框中选择“绘图”选项卡；然后勾选如图 3-60 所示的“显示极轴追踪矢量”复选框即可。

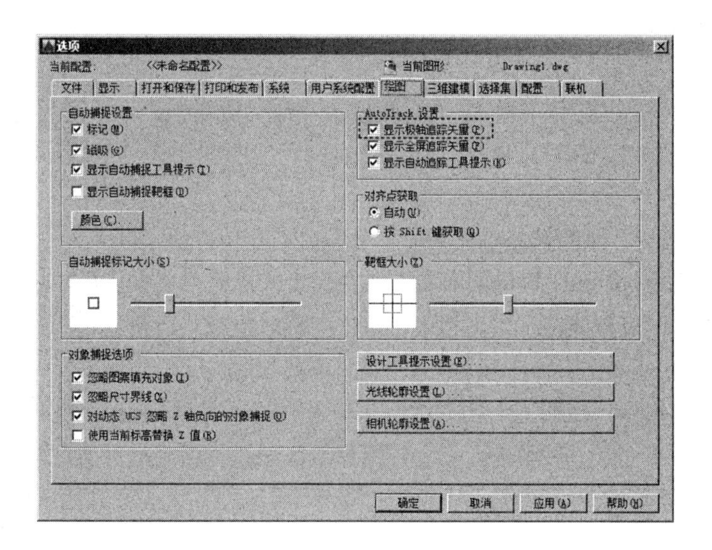

图3-60 设置极轴追踪矢量

3.4.2 对象捕捉追踪

知识要点 “对象捕捉追踪”是对象捕捉与极轴追踪的综合，用于捕捉一些特殊点。对象捕捉追踪功能是指当捕捉到图形中的某个特征点时，系统将自动以这个点为基准点沿正交或某个极坐标方向寻找另一个特征点，同时在追踪方向上显示一条辅助线，如图 3-61 所示。

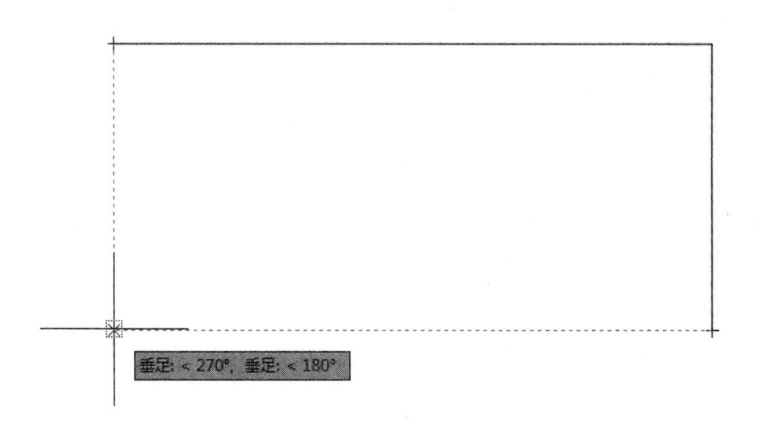

图3-61 “极轴追踪”选项卡

执行方法 启用对象捕捉追踪功能的方法主要有以下两种：

- 状态栏：单击“对象捕捉追踪”按钮∠。
- 功能键：按“F11”键。

对象捕捉追踪应与对象捕捉配合使用。使用对象捕捉追踪时必须打开一种或多种特殊点的捕捉，同时启用对象捕捉功能。但极轴追踪的状态不影响对象捕捉追踪的使用，即使极轴追踪处于关闭状态，用户仍可以在对象捕捉追踪中使用极轴进行追踪。

3.4.3 临时追踪点

知识要点“临时追踪功能”与“对象捕捉追踪”功能相似。不同的是前者需要事先精确定位点出临时追踪点，然后才能通过此追踪点引出向两端无线延伸的临时追踪共线，以追踪定位目标点。

执行方法执行“临时追踪点”功能主要有以下几种方法：

- 菜单栏：按住“Shift”键的同时右击，在弹出的快捷菜单中选择“临时追踪点”命令。
- 工具栏：在“对象捕捉”工具栏中，单击“临时追踪点”按钮⊷。
- 命令行：输入 _tt。

在执行命令过程中，在输入点的提示下，输入“tt”，然后指定一个临时追踪点。该点上将出现一个小的加号（+）。移动光标时，将相对于这个临时点显示自动追踪对齐路径。

3.4.4 捕捉自

知识要点“捕捉自”功能是借助捕捉和相对坐标来定义窗口中相对于某一捕捉点到另外一点。使用“捕捉自”功能时需要特征点作为目标点的偏移基点，然后输入目标点的坐标值。

执行方法“捕捉自”功能的启动主要有以下几种方法：

- 快捷菜单：按住“Shift”键的同时右击，在弹出的快捷菜单中选择“捕捉自”命令。
- 工具栏：在“对象捕捉”工具栏中，单击“捕捉自”按钮。
- 命令行：输入“FROM”按“Enter”键。

实例——绘制平面桌椅

	案例	平面桌椅 .dwg
	视频	绘制平面桌椅 .avi

本实例通过“捕捉自”命令来绘制如图 3-62 所示的平面桌椅。首先执行矩形命令绘制平面桌，然后执行“直线”命令，利用“捕捉自”命令捕捉椅子的位置，绘制椅子，最后利用“镜像”命令将椅子进行镜像。

实战要点①“捕捉自”命令的执行；②使用“捕捉自”命令绘图的方法。

操作步骤

Step 01 新建文件。正常启动 AutoCAD 2016 软件，执行“文件 | 新建”命令，新建一个图形文件；然后执行“文件 | 保存”命令，将文件保存为“案例 \03\ 平面桌椅 .dwg”文件。

Step 02 绘制桌子。执行“矩形”命令（REC），在绘图区域绘制一个长度为 1200mm，宽度为 650mm 的矩形，如图 3-63 所示。

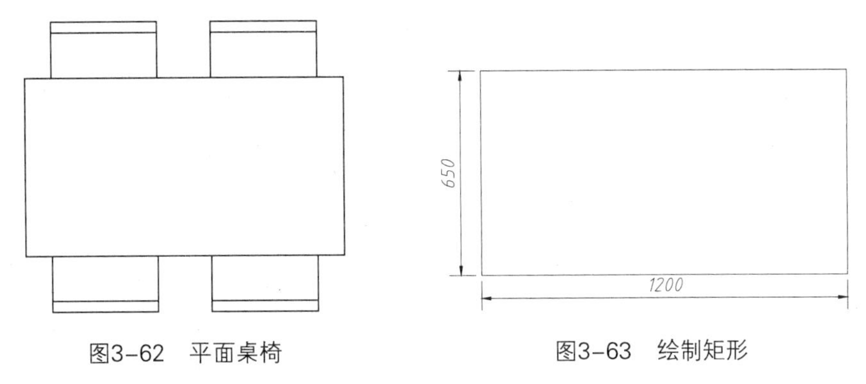

图3-62　平面桌椅　　　　图3-63　绘制矩形

Step 03 绘制椅子轮廓。执行“直线”命令（L），按“Shift”键的同时右击，在弹出的快捷菜单中选择“捕捉自”命令，然后捕捉矩形的左下角点作为基点，指定偏移点为（@100,0），接着依次绘制直线，如图3-64所示。

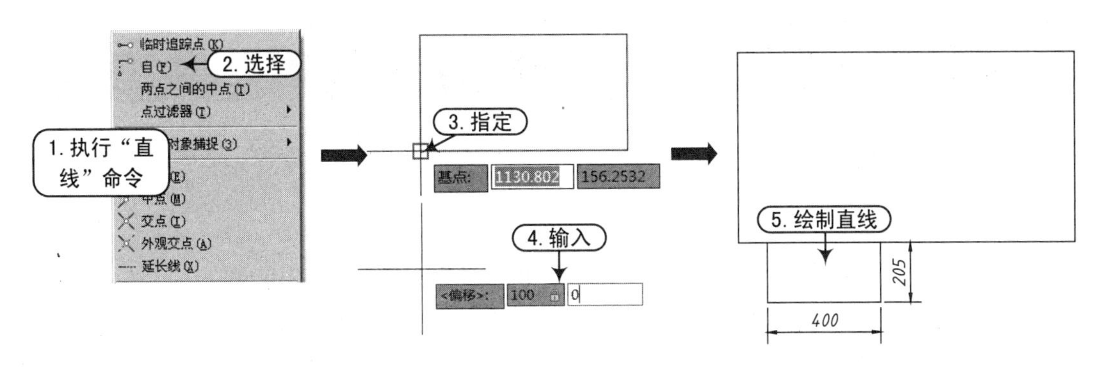

图3-64　绘制椅子轮廓

Step 04 绘制椅背效果。执行“直线”命令（L），在提示“指定第一个点”时，输入“捕捉自”命令（From），捕捉椅子左下角点作为基点，指定偏移点（@0,40）为直线起点绘制直线，如图3-65所示。

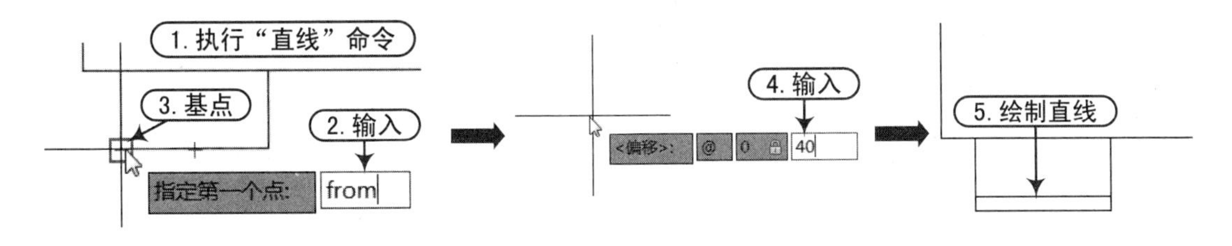

图3-65　绘制椅背效果

Step 05 镜像椅子。执行“镜像”命令（MI），选择椅子图形，然后指定桌子左右两侧的垂直线的中点连线为镜像线，对椅子图形进行镜像，如图3-66所示。

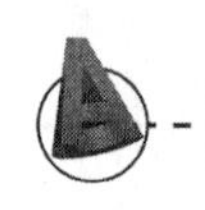

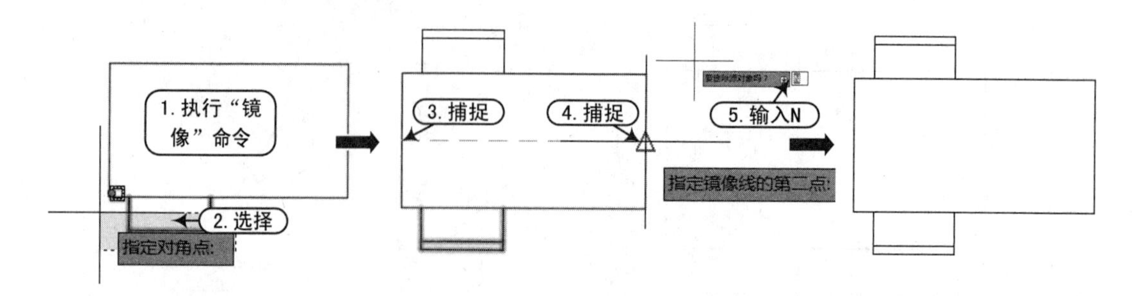

图3-66　镜像椅子

Step 06 水平镜像椅子。重复执行“镜像”命令（MI），采用上一步的方法，选择两个椅子图形，然后指定桌子上下两侧垂直线段中点连线作为镜像线，对椅子图形进行镜像，镜像效果如图3-62所示。

Step 07 保存图形。平面桌椅绘制完成，按“Ctrl+S”组合键，将图形文件进行保存。

3.5　对象约束

由于传统的AutoCAD系统是面向具体的几何形状，属于交互式绘图，要想改变图形大小的尺寸，可能需要对原有的整个图形进行修改或重建，这就增加了设计人员的工作负担，大大降低了工作效率。

而使用参数化的图形，要绘制与该图结构相同，但是尺寸大小不同的图形时，只需根据需要更改对象的尺寸，整个图形将自动随尺寸参数而变化，但形状不变。参数化技术适合应用于绘制结构相似的图形。

而要绘制参数化图形，“约束”是不可少的要素，约束是应用于二维几何图形的一种关联和限制方法。

在AutoCAD 2016中约束分为几何约束和标注约束，这些约束的图标都在功能区“参数化”选项卡中，如图3-67所示。

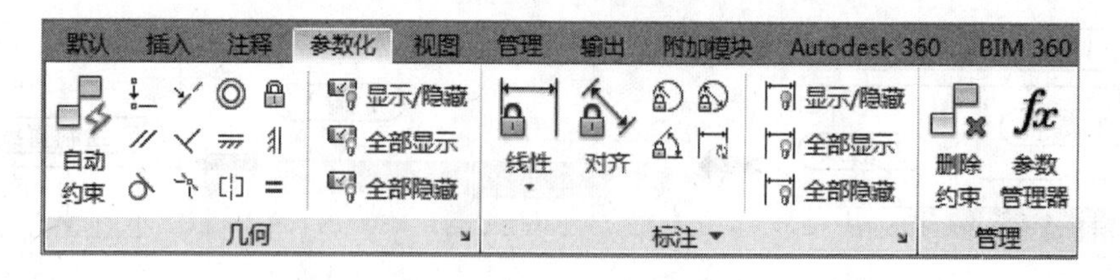

图3-67　“参数化”选项卡

几何约束用于控制对象彼此之间的关系，比如相切、平行、垂直、共线等；而标注约束，它控制的是对象的具体尺寸，比如距离、长度、半径值等，如图3-68所示。

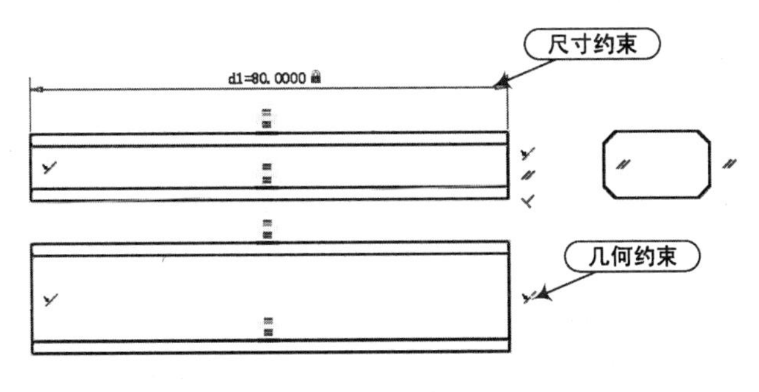

图3-68 对象约束

3.5.1 建立几何约束

知识要点 “几何约束”用于建立维持对象间、对象间的关键点、对象相对于坐标系的几何关系，包括重合、垂直、平行、相切、水平、数值、共线、同心、对称、相等以及固定等多种几何关系。

执行方法 建立“几何约束”主要有以下几种方法：

- 工具栏：选择“工具 | 工具栏 |AutoCAD| 几何约束”菜单命令，打开“几何约束”工具栏，如图 3-69 所示。
- 菜单栏：选择“参数化 | 几何约束”菜单命令。
- 面板：在“参数”选项卡的“几何约束”面板中，单击相应按钮。

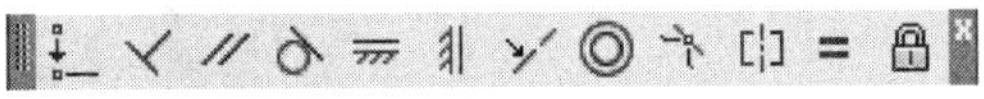

图3-69 “几何约束”工具栏

操作实例 执行上述命令后，用户即可选择需要建立的几何关系，然后选择两个你希望保持平行关系的对象。所选的第一个对象非常重要，因为第二个对象将根据第一个对象的位置进行平行调整。

AutoCAD 2016 提供了 10 种几何约束关系，各几何关系的名称及功能如表 3-2 所示。

表3-2 几何约束关系名称及功能

图标	名称	功能
	重合	确保两个对象在一个特定点上重合。此特定点也可以位于经过延长的对象之上
	垂直	使两条线段或多线段保持垂直关系
	平行	使两条线段或多线段保持平行关系
	相切	使两个对象（例如一个弧形和一条直线）保持正切关系
	竖直	使一条线段或一个对象上的两个点保持竖直（平行于 Y 轴）
	共线	使第二个对象和第一个对象位于同一条直线上
	同心	使两个弧形、圆形或椭圆形（或三者中的任意两个）保持同心关系
	对称	相当于一个镜像命令，若干对象在此项操作后始终保持对称关系
	相等	一种实时的保存工具，因为您能够使任意两条直线始终保持等长，或使两个圆形具有相等的半径。修改其中一个对象后，另一个对象将自动更新，此处还包含一个强大的多功能选项
	固定	将对象上的一点固定在世界坐标系的某一坐标上

3.5.2 设置几何约束

知识要点 对象上的几何图标表示所附加的约束。可以将这些约束栏拖动到屏幕的任意位置，也可以通过选择“几何约束”面板中的“隐藏全部”或“显示全部”功能将其隐藏或恢复。“显示”选项能够选择希望显示约束栏的对象。可以利用“约束设置”对话框对多个约束栏选项进行管理。

执行方法 打开“约束设置”对话框的方法如下：

- 工具栏：选择“工具 | 工具栏 |AutoCAD| 几何约束”菜单命令，打开“参数化”工具栏，单击“约束设置”按钮，如图 3-70 所示。
- 菜单栏：选择“参数 | 约束设置”菜单命令。
- 面板：在“参数”选项卡中，单击“几何约束”面板右下角的按钮。

操作实例 执行上述操作后，系统将打开“约束设置“对话框，如图 3-71 所示。单击“几何”选项卡，可以控制约束栏上约束类型的显示。

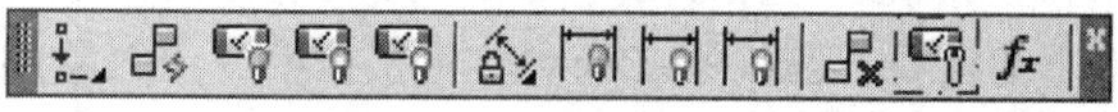

图3-70 “参数化”工具栏

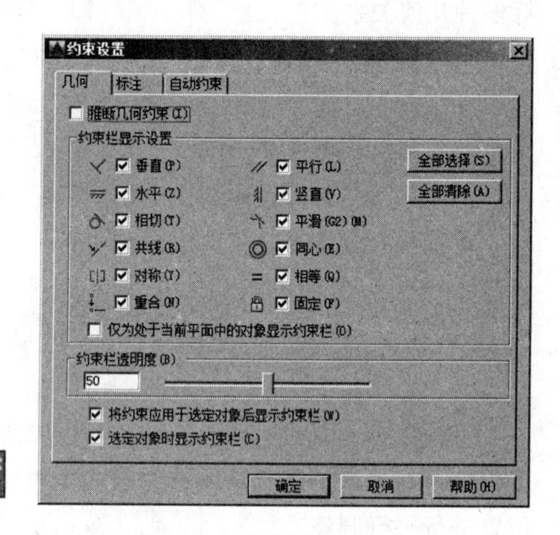

图3-71 “约束设置”对话框

选项含义 在“约束设置”对话框中，各选项的含义如下。

- “推断几何约束”复选框：创建和编辑几何图形时推断几何约束。
- “约束栏显示设置”选项组：控制图形编辑器中是否为对象显示约束栏或约束点标记。例如，可以为水平约束和竖直约束隐藏约束栏的显示。
- “全部选择”按钮：选择全部几何约束类型。
- “全部清除”按钮：清除选定的几何约束类型。
- “仅为处于当前平面中的对象显示约束栏”复选框：仅为当前平面上受几何约束的对象显示约束栏。
- “约束栏透明度”选项组：设定图形中约束栏的透明度。
- “将约束应用于选定对象后显示约束栏”复选框：手动应用约束后或使用“AUTOCONSTRAIN”命令时可显示相关约束栏。
- “选定对象时显示约束栏”复选框：临时显示选定对象的约束栏。

实例——为垫片添加几何约束

案例	几何约束 .dwg
视频	为垫片添加几何约束 .avi

下面利用上一小节所讲的几何约束来绘制一个垫片图形。首先，利用“直线”“圆”命令绘制草图，接着利用“自动约束”命令建立自动约束，再建立几何约束和标注约束。其操作步骤如下：

实战要点 参数化约束对齐对象。

操作步骤

Step 01 新建文件。正常启动 AutoCAD 2016 软件，在“快速工具栏”中单击“打开”按钮，打开“机械样板 .dwt”图形文件，再单击“保存”按钮，将其保存为“案例 \03\ 几何约束 .dwg”文件。

Step 02 设置图层。在下拉“图层”面板的“图层”下拉列表中选择“粗实线”图层，将其设置为当前图层。

Step 03 绘制草图。利用“矩形”命令（REC）“圆”命令（C）绘制草图，如图 3-72 所示。

Step 04 修剪草图。执行“修剪”命令（TR），修剪上一步绘制的草图，如图 3-73 所示。

Step 05 为图形添加相切约束。在“参数化”选项卡中，单击“几何约束”中的“相切约束”按钮，对图形建立相切约束，如图 3-74 所示。

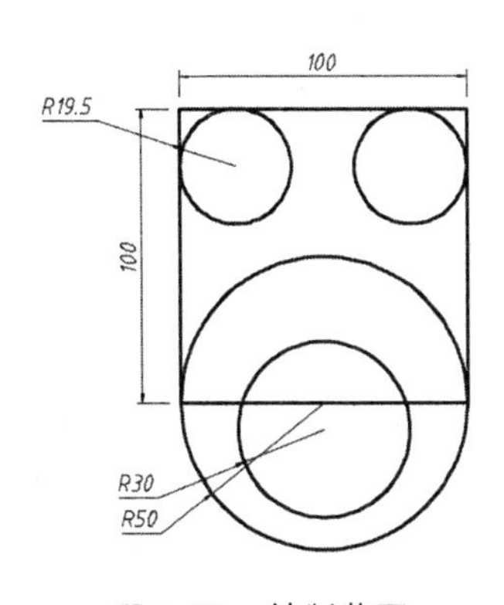

图3-72 绘制草图

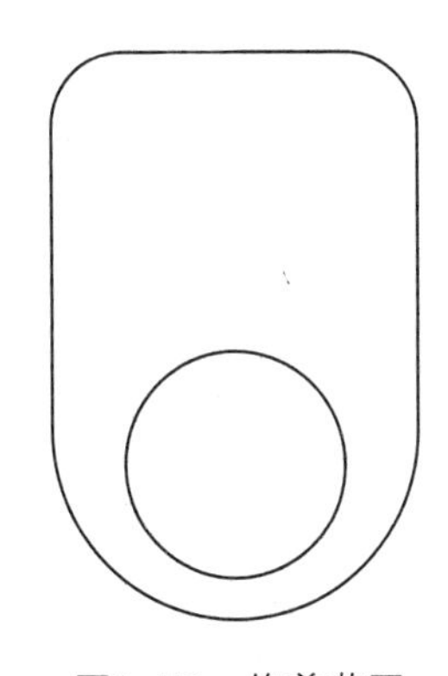
图3-73 修剪草图

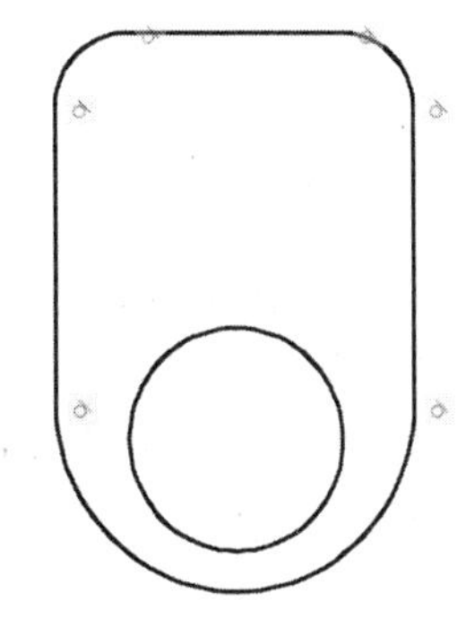
图3-74 相切约束

Step 06 为图形添加同心约束。在“参数化”选项卡中，单击“几何约束”中的“同心”按钮◎，对图形建立同心约束，如图 3-75 所示。

Step 07 绘制圆并添加几何约束。执行“圆”命令（C）在相应位置绘制两个半径为 12 的圆，如图 3-76 所示；接着，在“参数化”选项卡中，单击“几何约束”中的“同心”按钮◎，对图形建立同心约束，如图 3-77 所示。

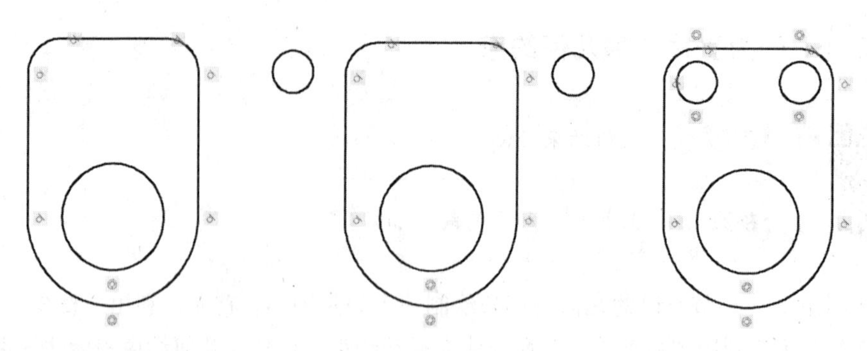

图3-75 添加相切约束　　图3-76 绘制圆　　图3-77 添加同心约束

Step 08 绘制平面图形并添加几何约束。利用“多段线”绘制尺寸为如图 3-78 所示的图形。接着，在“参数化”选项卡中，单击“几何约束”中的“自动约束”按钮，对图形建立自动约束，如图 3-79 所示。

Step 09 创建水平约束。单击“几何约束”中的“平行”按钮⫽，对图形建立平行约束，如图 3-80 所示。

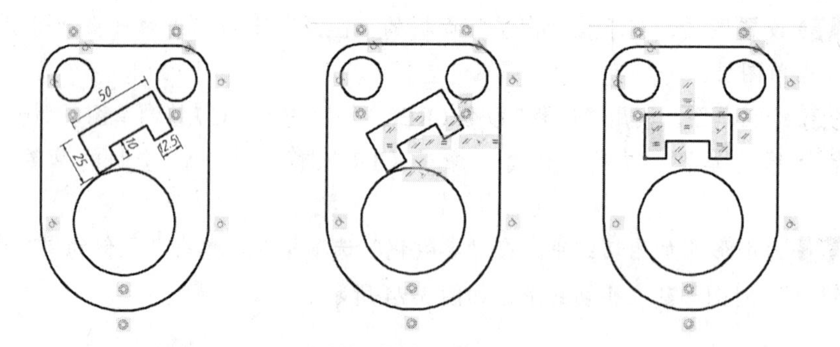

图3-78 绘制多段线　　图3-79 添加几何约束　　图3-80 添加水平约束

Step 10 保存图形。至此，垫片图形绘制完成，按“Ctrl+S”组合键将文件进行保存。

技巧：几何约束的显示控制

若图形中不显示几何约束图标，是因为几何约束设置成隐藏，可以在“参数”选项卡的“几何约束面板中单击“全部显示”按钮，这样，几何约束就显示出来了，如图 3-81 所示。

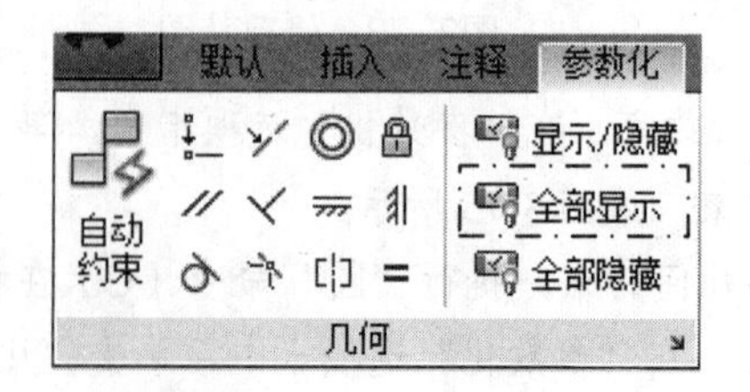

图3-81 显示几何约束

3.5.3 建立标注约束

知识要点标注约束用于设置几何体的标注约束值会迫使几何体改变。标注约束包括“线性、水平、竖直、对齐、角度、半径以及直径高等多种约束标注。

执行方法建立“几何约束”主要有以下几种方法：

- 工具栏：选择“工具 | 工具栏 |AutoCAD| 几何约束”菜单命令，打开“标注约束”工具栏，如图 3-82 所示。
- 菜单栏：选择“参数化 | 标注约束”菜单命令。
- 面板：在“参数”选项卡的“标注约束”面板中，单击相应按钮。

图3–82 “标注约束”工具栏

执行“标注约束”命令后，用户可以通过单击相应的工具按钮，选择草图曲线、边、基准平面或基准轴上的点，以生成水平、竖直、平行、垂直和角度尺寸。

在生成标注约束时，系统会生成一个表达式，其名称和值显示在一个文本框中，用户可以在其中编辑该表达式的名和值。

在生成标注约束时，只要选中了几何体，其尺寸及其延伸线和箭头就会全部显示出来。将尺寸拖动到位，然后单击指定一点，就完成了尺寸约束的添加。完成尺寸约束后，用户还可以随时更改尺寸约束，只需选中文本框，就可以编辑其名称和值。

AutoCAD 2016 提供了 6 种标注约束关系，其名称及功能如表 3-3 所示。

表3-3 标注约束关系名称及功能

图标	名称	功能
	对齐约束	约束不同对象上两个点之间的距离
	水平约束	根据尺寸界线原点和尺寸线的位置创建水平、垂直或旋转约束
	垂直约束	约束对象上的点或不同对象上两个点之间的 Y 距离
	角度约束	约束直线段或多线段之间的角度、由圆弧或多段线圆弧扫掠得到的角度，或对象上三个点之间的角度
	半径约束	约束圆或圆弧的半径
	直径约束	约束圆或圆弧的直径

3.5.4 设置尺寸约束

知识要点在使用 AutoCAD 绘图时，可以通过设置“约束设置”对话框中的“标注”选项卡相关参数，进行标注约束时的系统配置。在“标注”选项卡中能够对尺寸约束的显示进行控制。还可以使尺寸约束只显示参数值而不显示表达式，或关闭“锁定”图标，如图 3-83 所示。

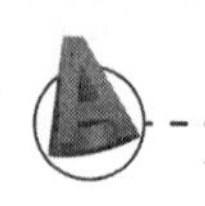

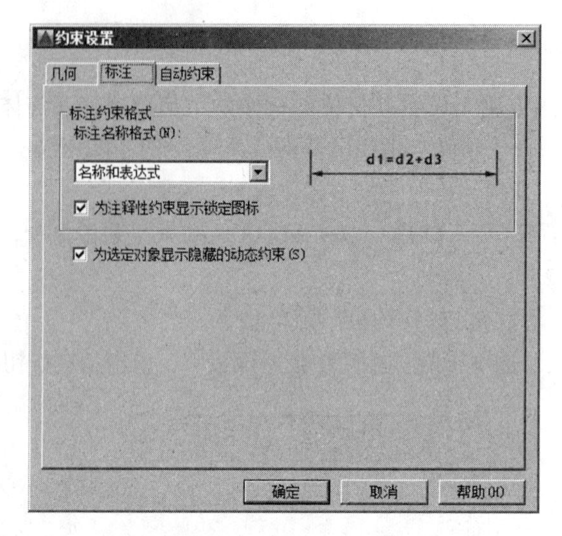

图3–83 “标注”选项卡

选项含义 “标注”选项卡中各选项含义如下。

- “标注约束格式”选项组：设置标注名称格式和锁定图标的显示。
- “标注名称格式”下拉列表框：为应用标注约束时显示的文字指定格式。将名称格式设置为显示名称、值或名称和表达式。例如：宽度 = 长度 /2。
- “为注释性约束显示锁定图标”复选框：针对已应用注释性约束的对象显示锁定图标。
- “为选定对象显示隐藏的动态约束”复选框：显示选定时已设置为隐藏的动态约束。

3.5.5 自动约束

使用“约束设置”对话框中的“自动约束”选项卡，可在指定的公差集内将几何约束应用至几何图形的选择集，以及使用几何约束时约束的应用顺序。

“自动约束”选项卡，如图 3-84 所示，在此选项卡中，可以更改应用的约束类型、应用约束的顺序以及适用的公差。

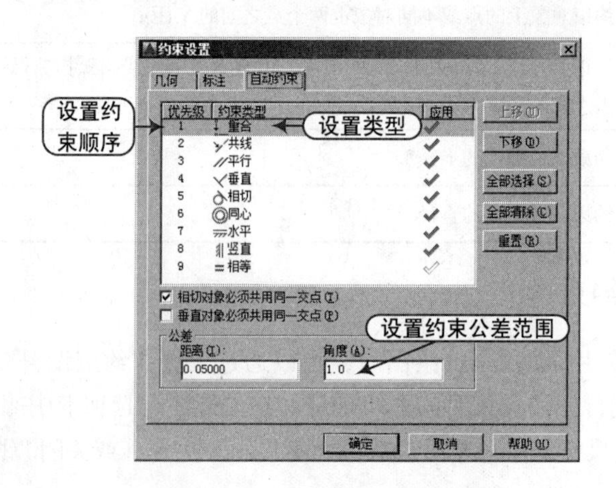

图3–84 “自动约束”选项卡

实例——使用尺寸约束绘制图形

	案例	尺寸约束 .dwg
	视频	使用尺寸约束绘制图形 .avi

下面利用本节所讲内容绘制如图 3-85 所示的图形。首先，利用“直线”、“圆”命令绘制草图，然后利用“自动约束”命令建立自动约束、约束和标注约束。其操作步骤如下：

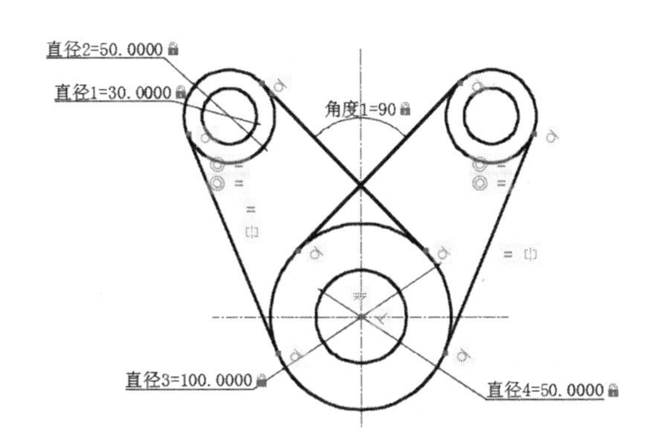

图3-85 尺寸约束

实战要点 ①对象的几何约束；②标注约束的使用。

操作步骤

Step 01 新建文件。正常启动 AutoCAD 2016 软件，在“快速工具栏”中单击“打开”按钮，打开“机械样板 .dwt”图形文件，再单击“保存”按钮，将其保存为“案例 \03\ 尺寸约束 .dwg”文件。

Step 02 设置图层。在下拉“图层”面板的“图层”下拉列表中选择“中心线”图层，将其设置为当前图层，如图 3-86 所示。

Step 03 绘制十字中心线。执行“直线”命令（L），在绘图区域绘制一组十字中心线，如图 3-87 所示。

图3-86 设置当前图层

图3-87 绘制中心线

Step 04 绘制草图。执行“直线”命令（L）和“圆”命令（C），绘制如图 3-88 所示的草图。

Step 05 修剪草图。执行“修剪”命令（TR），修剪上一步绘制的草图，如图 3-89 所示。

Step 06 创建自动约束。在“参数化”选项卡中，单击“几何约束”中的“自动约束”按钮，选择绘制的图形，对其建立自动约束，如图 3-90 所示。

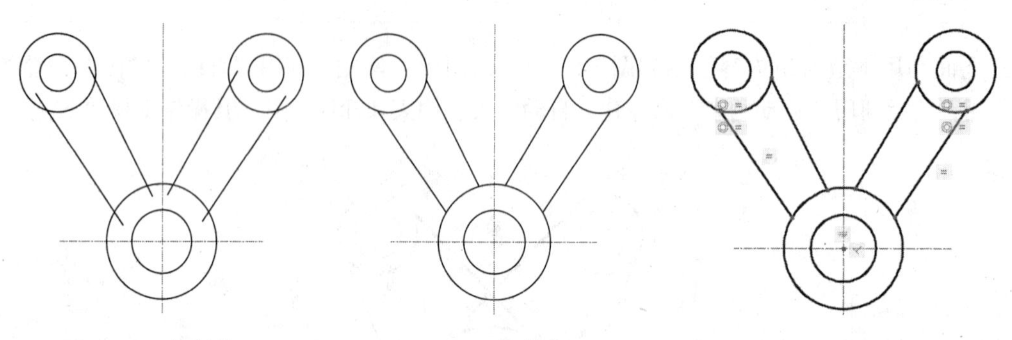

图3-88　绘制草图　　图3-89　修剪草图　　图3-90　建立自动约束

Step 07 创建相切约束。在“参数化”选项卡中，单击“几何约束”中的“相切约束”按钮，对图形建立相切约束，如图 3-91 所示。

Step 08 建立对称约束。在“参数化”选项卡中，单击“几何约束”中的“对称约束”按钮，对图形建立对称约束，如图 3-92 所示。

Step 09 创建标注约束。利用“标注约束”为图形创建“直径标注”和“角度标注”，如图 3-93 所示。

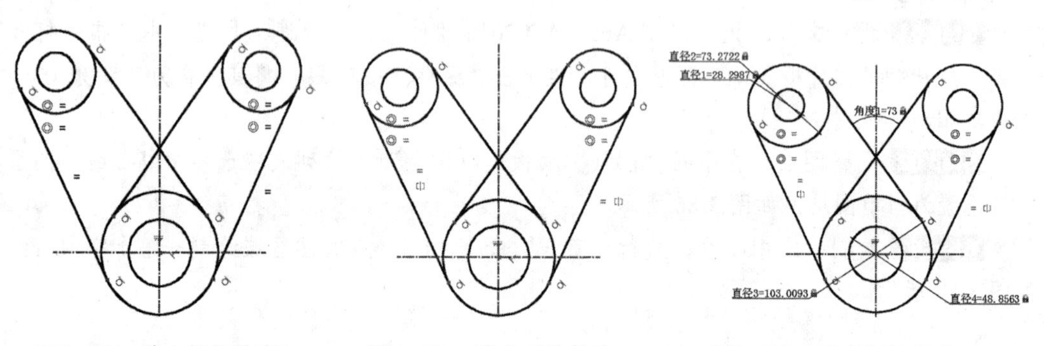

图3-91　建立相切约束　　图3-92　建立对称约束　　图3-93　建立标注约束

Step 10 修改标注约束。双击标注中的公式，修改图形的角度值和相应的直径值。如图 3-85 所示。

Step 11 保存图形。至此，利用尺寸约束绘制的图形绘制完成，按“Ctrl+S”组合键将文件进行保存。

3.6 综合实战——手柄轮廓图的绘制

	案例	手柄轮廓图 .dwg
	视频	手柄轮廓图的绘制 .avi

下面利用本章所学内容绘制如图 3-94 所示的手柄轮廓图。在绘制之前，首先要注意分析轮廓图的图形结构，此零件结构为上下对称结构，在具体绘制过程中，可以只绘制出轮廓图的一般结构，再利用“镜像”命令绘制出另一半结构。其操作步骤如下：

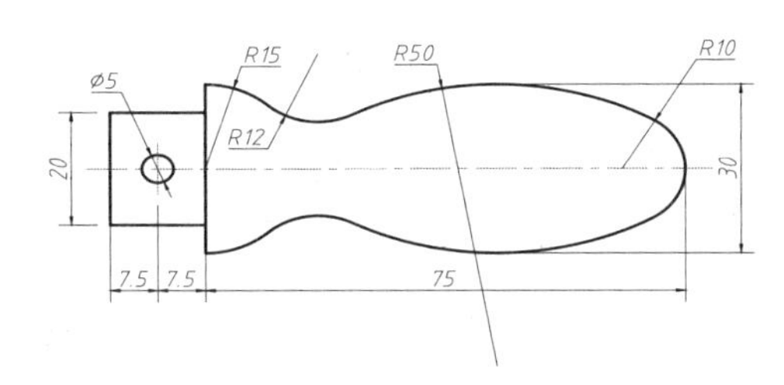

图3-94　手柄轮廓图

实战要点 ①二维绘图命令的使用；②辅助功能的使用。

操作步骤

Step 01 新建文件。正常启动 AutoCAD 2016 软件，在“快速工具栏”中单击“打开”按钮，打开“机械样板 .dwt”图形文件，再单击“保存”按钮将其保存为“案例 \03\ 手柄轮廓图 .dwg”文件。

Step 02 设置图层。在“图层”面板的“图层”列表中将“中心线”图层设置为当前图层，如图 3-95 所示。

Step 03 绘制十字中心线。执行“构造线”命令（XL），绘制水平和垂直的构造线作为图形的辅助线，效果如图 3-96 所示。

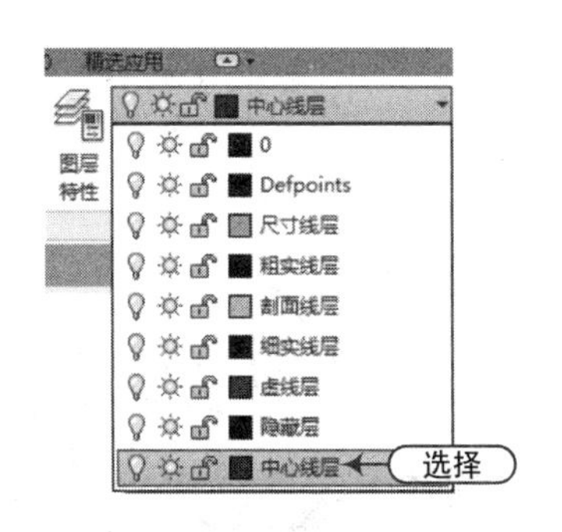

图3-95　设置当前图层

图3-96　绘制中心线

Step 04 偏移构造线。在默认选项卡中，单击“修改”面板中的“偏移”按钮，将垂直构造线向右依次偏移 7.5mm、7.5mm、75mm，如图 3-97 所示。

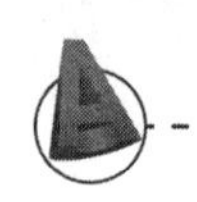

Step 05 切换图层。在“图层”面板的“图层”列表中将“粗实线”图层设置为当前图层。

Step 06 绘制把柄轮廓线。执行“直线”命令（L），捕捉左侧垂直线与水平线交点作为直线的起点绘制把柄轮廓线，效果如图3-98所示。

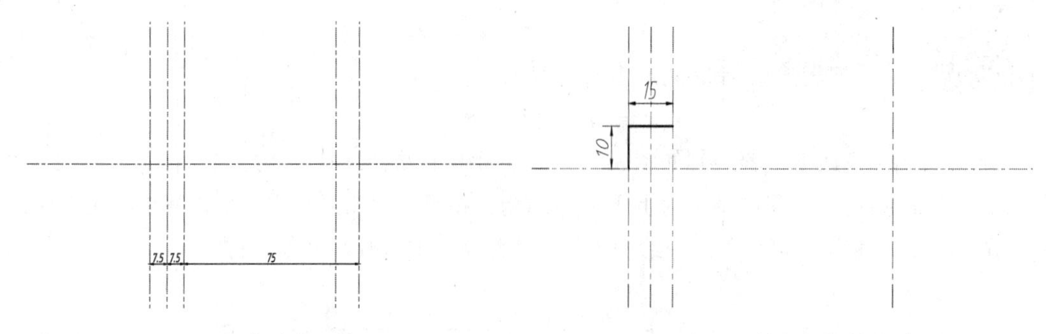

图3-97　偏移中心线　　　图3-98　绘制把柄轮廓线

Step 07 绘制圆。执行“圆”命令（C），如图3-99所示，绘制半径为2.5mm和15mm的圆。

Step 08 偏移构造线。单击“修改”面板中的“偏移”按钮，将右侧的垂直构造线向左偏移10mm，将上侧的水平构造线向上偏移15mm，如图3-100所示。

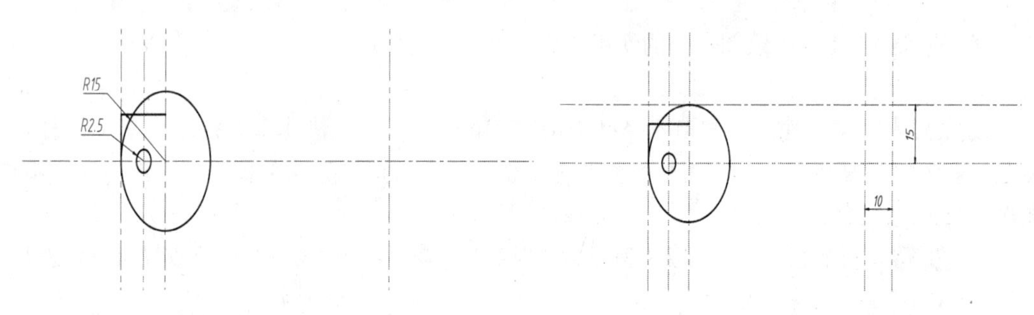

图3-99　绘制圆　　　图3-100　偏移构造线

Step 09 绘制圆。再次执行“圆”命令（C），绘制半径为10mm和半径为50mm的相切圆，如图3-101所示。

Step 10 绘制圆。按空格键，重复执行“圆”命令（C），绘制半径为15mm和半径为50mm的圆的相切圆，相切圆半径为12，如图3-102所示。

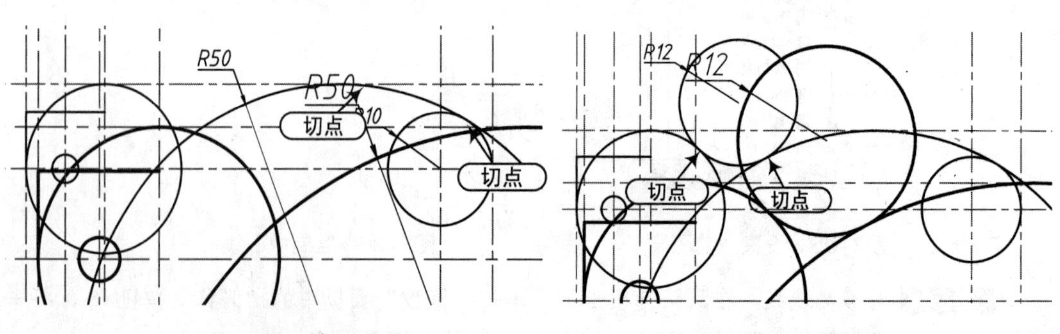

图3-101　绘制圆　　　图3-102　绘制图

Step 11 删除辅助线。执行“删除”命令（E），删除多余的辅助线，如图 3-103 所示。

Step 12 绘制垂直线段。执行“直线”命令（L），捕捉半径为 15mm 的圆的上象限点，向下绘制与水平中心线相交的垂直线，如图 3-104 所示。

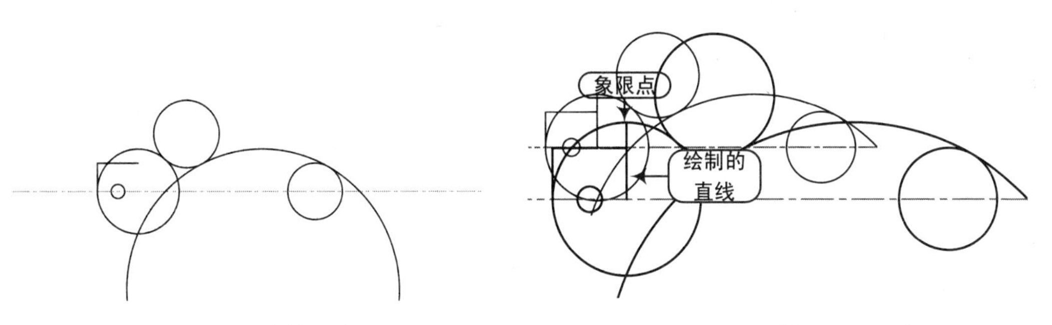

图3-103　删除辅助线　　　　图3-104　绘制垂直直线

Step 13 修剪图形。执行“修剪”命令（TR），对图形进行修剪，如图 3-105 所示。

Step 14 镜像图形。执行“镜像”命令（MI），对手柄轮廓进行镜像，效果如图 3-106 所示。

图3-105　修剪图形　　　　图3-106　镜像图形

Step 15 绘制中心线。执行“直线”命令（L），在左侧的圆心的适当位置绘制一条垂直线段作为圆的中心线，并将中心线切换至“中心线”图层，效果如图 3-94 所示。

Step 16 保存图形。手柄轮廓图绘制完成，按“Ctrl+S”组合键，将图形文件进行保存。

04

二维图形的编辑命令

本章导读

前面向用户讲解了如何绘制一些基本图形，本章将向用户讲解如何编辑与修改图形，编辑与修改图形可以使绘制的图形更加完善、方便。

本章内容

- 选择对象的方法
- 复制类命令的讲解
- 删除命令的讲解
- 改变位置类命令的讲解
- 改变几何特性类命令的讲解
- 综合实战——组合沙发的绘制

本章视频集

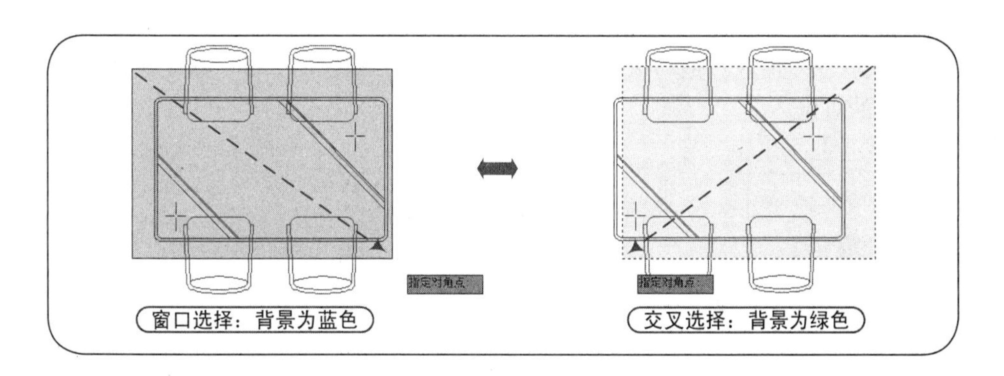

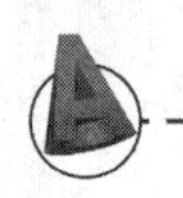

4.1 选择对象

对图形进行编辑操作之前，首先需要选择要编辑的对象，因此，正确快速地选择对象是进行图形编辑的基础。AutoCAD 提供了多种选择对象的方式，用户可以根据需要一次选择单个对象，也可以选择多个对象，还可以将选择的对象进行编组。

4.1.1 选择集的设置

知识要点 在对复杂的图形进行编辑时，经常需要同时对多个对象进行编辑，或在执行命令之前先选择目标对象，设置合适的目标选择方式即可实现这种操作。

执行方法 在 AutoCAD 2016 中，执行“工具 | 选项”菜单命令，在弹出的“选项”对话框中选择“选择集”选项卡，即可设置拾取框大小、选择集模式、夹点尺寸、夹点颜色等，如图 4-1 所示。

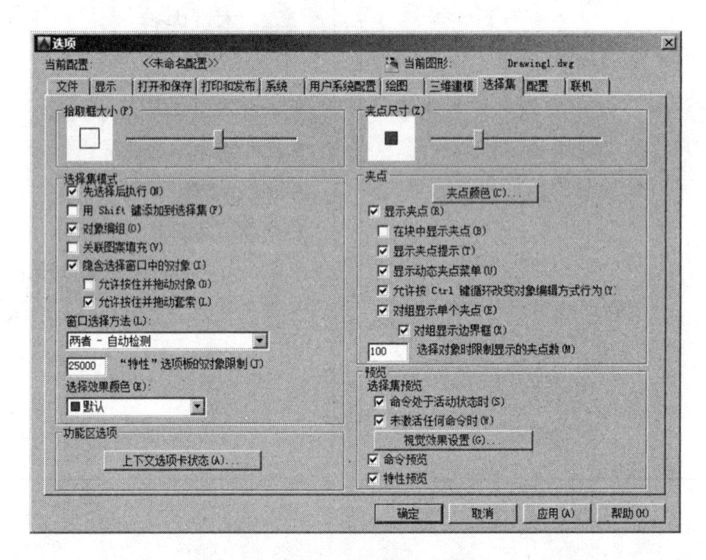

图4-1 “选择集”选项卡

选项含义 在“选择集”选项卡，各主要选项的具体含义如下。

- “拾取框大小”滑块：拖动该滑块，可以设置默认拾取框的大小。图 4-2 所示为拾取框的大小的对比。

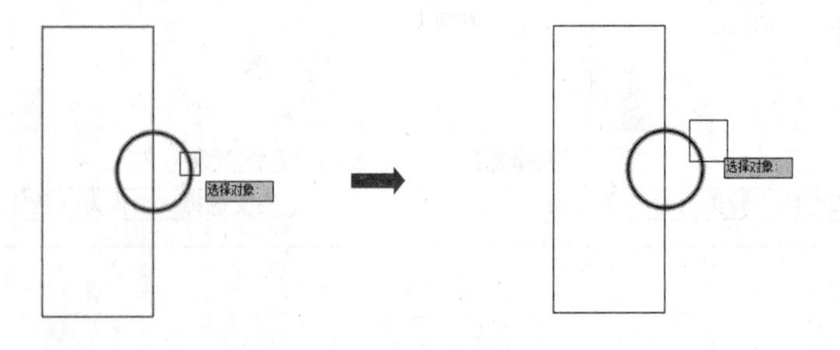

图4-2 拾取框大小比较

● “夹点尺寸”滑块：拖动该滑块，可以设置夹点标记的大小，如图 4-3 所示。

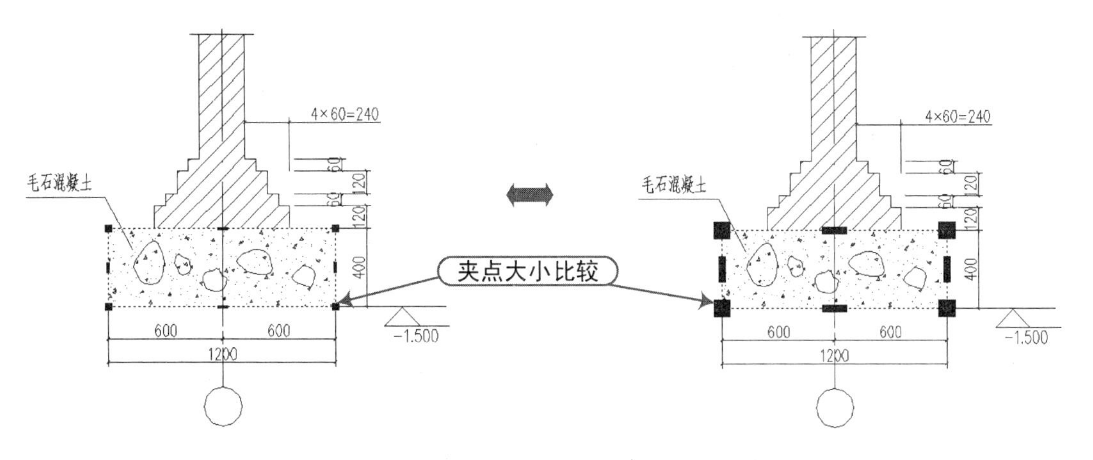

图4-3　夹点大小比较

● “选择集预览”选项组：在“选择集预览”中可以设置“命令处于活动状态时”和“未激活任何命令时”是否显示选择预览。若单击“视觉效果设置”按钮，将打开“视觉效果设置”对话框，从而可以设置选择预览效果和选择有效区域，如图 4-4 所示。

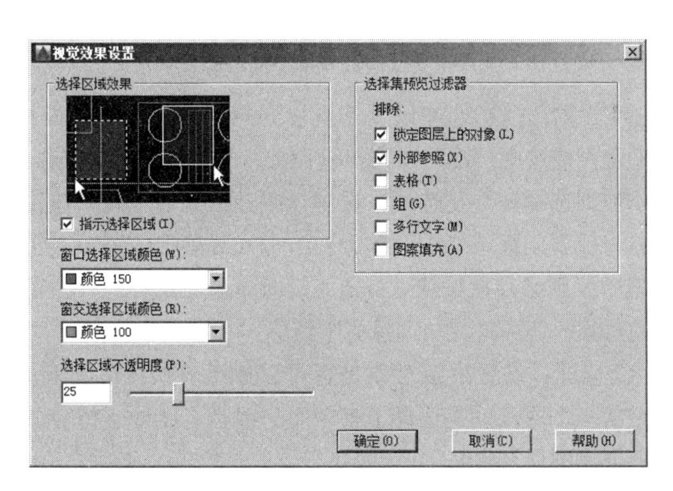

图4-4　“视觉效果设置”对话框

提示：视觉效果控制

在“视觉效果设置”对话框中，在“窗口选择区域颜色”和“窗交选择区域颜色”下拉列表框中选择相应的颜色进行比较，如图 4-5 所示。拖动“选择区域不透明度”的滑块，可以设置选择区域的颜色透明度，如图 4-6 所示。

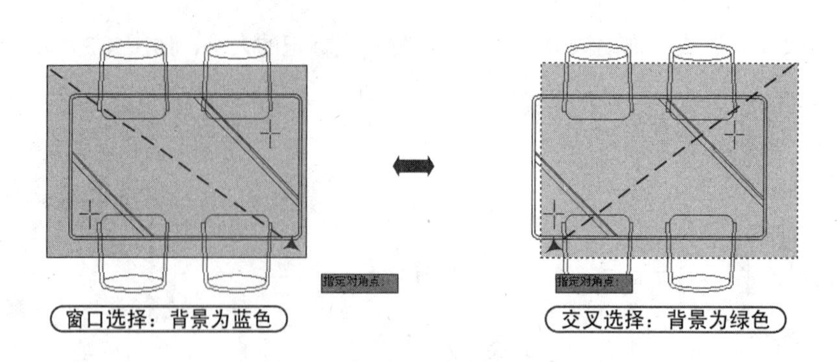

图4-5 窗口与交叉选择

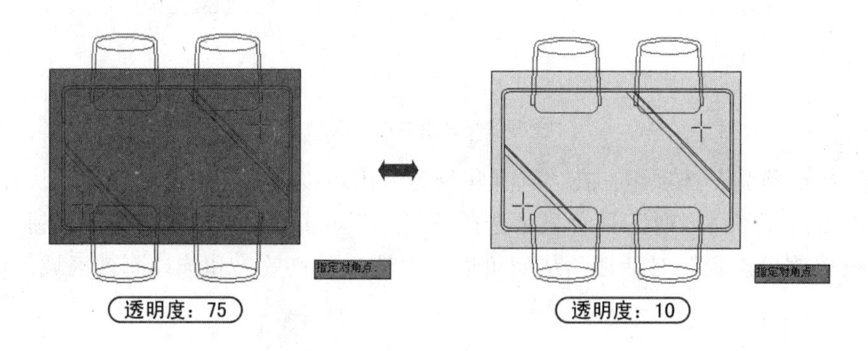

图4-6 选择区域的不同透明度

- “先选择后执行”复选框：选中该复选框可先选择对象，再选择相应的命令。但是，无论该复选框是否被选中，都可以先执行命令，然后再选择要操作的对象。
- “对 Shift 键添加到选择集”复选框：选中该复选框则表示在未按住“Shift”键时，后面选择的对象将代替前面选择的对象，而不加入对象选择集中。要想将后面的选择对象加入选择集中，则必须在按住“Shift”键时单击对象。另外，按住“Shift”键并选取当前选中的对象，还可将其从选择集中清除。
- “对象编组”复选框：设置决定对象是否可以成组。默认情况下，该复选框被选中，表示选择组中的一个成员就是选择了整个组。但是，此处所指的组并非临时组，而是由 Group 命令创建的命名组。
- “关联图案填充”复选框：该设置决定当前用户选择一关联图案时，原对象（图案边界）是否被选择。默认情况下，该复选框未被选中，表示选中关联图案时，不同时选中其边界。
- “隐含选择窗口中的对象”复选框：默认情况下，该复选框被选中，表示可利用窗口选择对象。若取消选中，将无法使用窗口来选择对象，即单击时要么选择对象，要么返回提示信息。
- “允许按住并拖动对象”复选框：该复选框用于控制如何产生选择窗口或交叉窗口。默认情况下，该复选框被清除，表示在定义选择窗口时单击一点后，不必再按住鼠标按键，单击另一点即可定义选择窗口。否则，若选中该复选框，则只能通过拖动方式来定义选择窗口。

- “夹点颜色”按钮：用于设置不同状态下的夹点颜色。单击该按钮，将打开“夹点颜色”对话框，如图 4-7 所示。

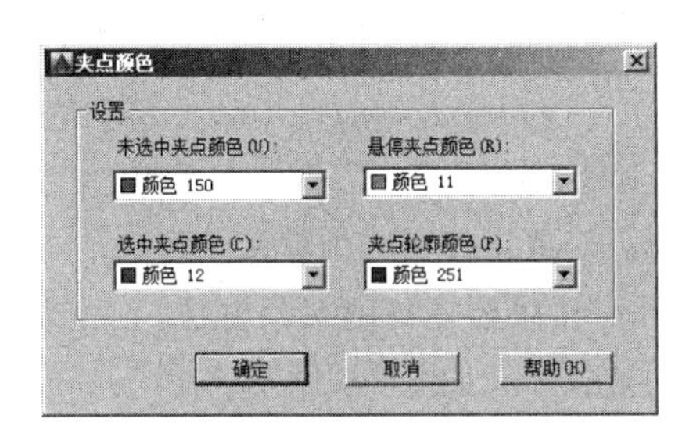

图4-7　“夹点颜色”对话框

  - “未选中夹点颜色”下拉列表框：用于设置夹点未选中时的颜色。
  - “选中夹点颜色”下拉列表框：用于设置夹点选中时的颜色。
  - “悬停夹点颜色”下拉列表框：用于设置光标暂停在未选定夹点上时该夹点的填充颜色。
  - “夹点轮廓颜色”下拉列表框：用于设置夹点轮廓的颜色。
- “显示夹点”复选框：控制夹点在选定对象上的显示。在图形中显示夹点会明显降低性能。根据需要用户可不勾选此选项，则可以优化性能。
- “在块中显示夹点”复选框：控制块中夹点的显示。
- “显示夹点提示”复选框：当光标悬停在支持夹点提示的自定义对象的夹点上时，显示夹点的特定提示。但是此选项对标准对象上无效。
- “显示动态夹点菜单”复选框：控制在将鼠标悬停在多功能夹点上时动态菜单的显示。
- “允许按 Ctrl 键循环改变对象编辑方式行为”复选框：允许多功能夹点的按“Ctrl”键循环改变对象编辑方式行为。
- “对组显示单个夹点”复选框：显示对象组的单个夹点。
- “对组显示边界框”复选框：围绕编组对象的范围显示边界框。
- “选择对象时限制显示的夹点数”文本框：如果选择集包括的对象多于指定的数量时，将不显示夹点。可在文本框内输入需要指定的对象数量。

4.1.2　选择对象的方法

知识要点 在绘图过程中，当执行到某些命令时（如复制、偏移、移动），将提示“选择对象：”，此时出现矩形拾取光标□，将光标放在要选择的对象位置时，将亮显对象，单击则选择该对象（也可以逐个选择多个对象），如图 4-8 所示。

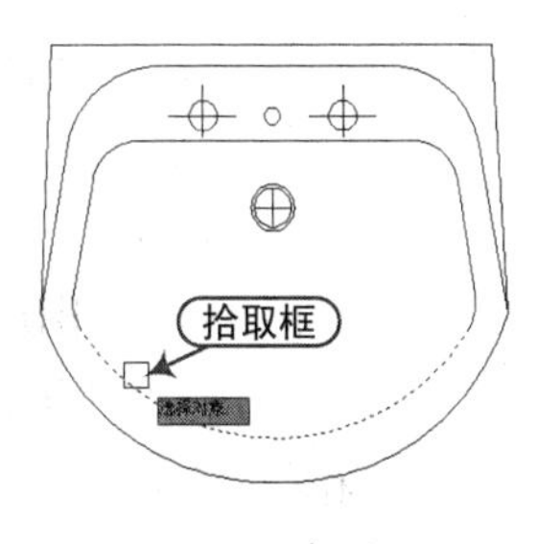

图4-8　拾取选择对象

执行方法 用户在选择对象时有多种方法，若要查看选择对象的方法，可在“选择对象：”命令提示符下输入“?”，这时命令行将显示如下所有选择对象的方法：

选择对象 : ?

* 无效选择 *

需要点或窗口 (W)/ 上一个 (L)/ 窗交 (C)/ 框 (BOX)/ 全部 (ALL)/ 栏选 (F)/ 圈围 (WP)/ 圈交 (CP)/ 编组 (G)/ 添加 (A)/ 删除 (R)/ 多个 (M)/ 前一个 (P)/ 放弃 (U)/ 自动 (AU)/ 单个 (SI)/ 子对象 (SU)/ 对象 (O)

选项含义 根据上面提示，用户输入相应选项的大写字母，可以指定对象的选择模式。该提示中主要选项的具体含义如下。

- 需要点：可逐个拾取所需对象，该方法为默认设置。
- 窗口 (W)：用一个矩形窗口将要选择的对象框住，矩形窗口必须是从左至右绘制的，凡是在窗口内的目标均被选中，如图 4-9 所示。

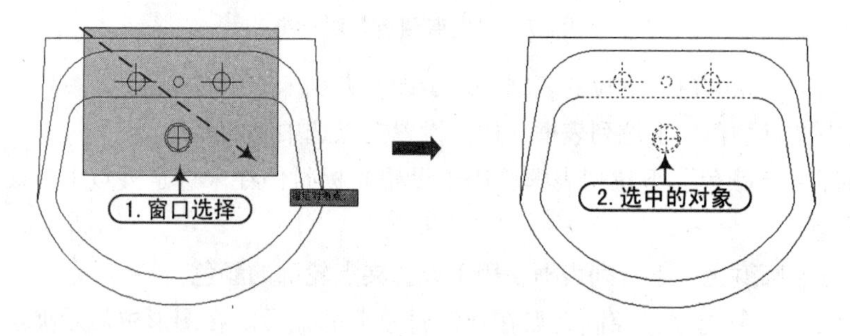

图4–9 “窗口”方式选择

- 上一个 (L)：此方式将用户最后绘制的图形作为编辑对象。
- 窗交 (C)：选择该方式后，由右至左绘制一个矩形框，凡是在窗口内和与此窗口四边相交的对象都被选中，如图 4-10 所示。

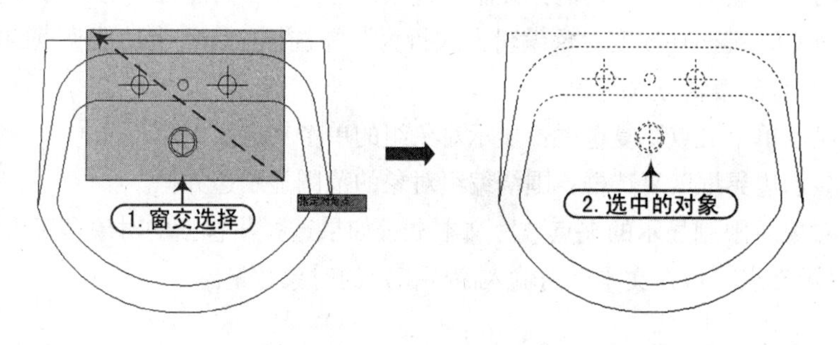

图4–10 “窗交”方式选择

- 框 (BOX)：当用户所绘制矩形的第一角点位于第二角点的左侧，此方式与窗口（W）选择方式相同；当用户所绘制矩形的第一角点位于第二角点右侧时，此方式与窗交(C)方式相同。
- 全部 (ALL)：图形中所有对象均被选中。
- 栏选 (F)：用户可用此方式画任意折线，凡是与折线相交的图形均被选中，如图 4-11 所示。
- 圈围 (WP)：该选项与窗口 (W) 选择方式相似，但它可构造任意形状的多边形区域，包含在多边形窗口内的图形均被选中，如图 4-12 所示。

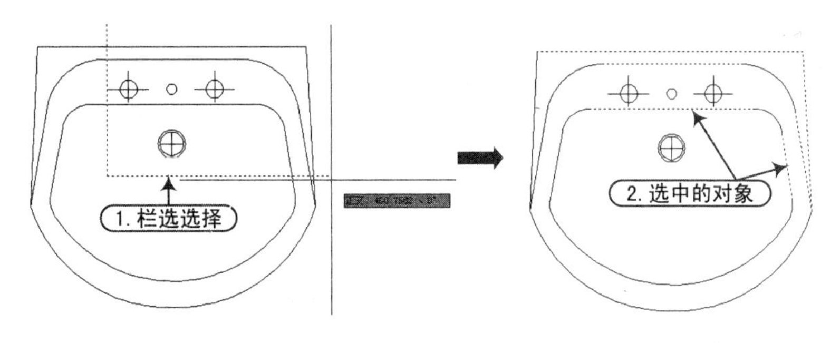

图4-11 “栏选”方式选择

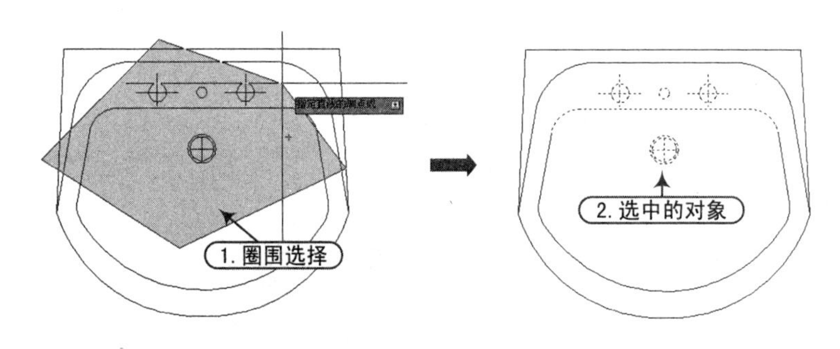

图4-12 “圈围”方式选择

- 圈交 (CP)：该选项与窗交 (C) 选择方式类似，但它可以构造任意形状的多边形区域，包含在多边形窗口内的图形或与该多边形窗口相交的任意图形均被选中，如图 4-13 所示。

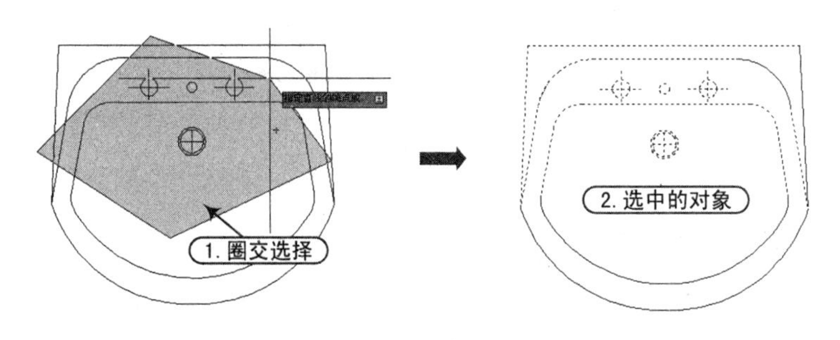

图4-13 “圈交”方式选择

- 编组 (G)：输入已定义的选择集，系统将提示输入编组名称。
- 添加 (A)：当用户完成目标选择后，还有少数没有选中时，可以通过此方法把目标添加到选择集中。
- 删除 (R)：把选择集中的一个或多个目标对象移出选择集。
- 多个 (M)：当命令中出现选择对象时，鼠标变为一个矩形小方框，逐一点取要选中的目标即可（可选多个目标）。
- 前一个 (P)：此方法用于选中前一次操作所选择的对象。
- 放弃 (U)：取消上一次所选中的目标对象。
- 自动 (AU)：若拾取框正好有一个图形，则选中该图形；反之，则用户指定另一角点以选中对象。

- 单个 (SI)：当命令行中出现“选择对象”时，鼠标变为一个矩形小框□，点取要选中的目标对象即可。

4.1.3 快速选择对象

知识要点 为了便于用户快速选择对象，AutoCAD 还提供了一种快速选择对象的方法，例如，可以选择为与某一图层中的全部对象，或者使用某种颜色、线型的对象等。

执行方法 用户可以通过以下 3 种方法来启动“快速”选择命令：

- 快捷菜单：当命令行处于等待状态时右击，在弹出的快捷菜单中选择“快速选择”命令，如图 4-14 所示。
- 菜单栏：选择“工具 | 快速选择”菜单命令。
- 命令行：在命令行中输入“QSELECT”命令。

执行“快速选择”命令后，弹出“快速选择”对话框，如图 4-15 所示。

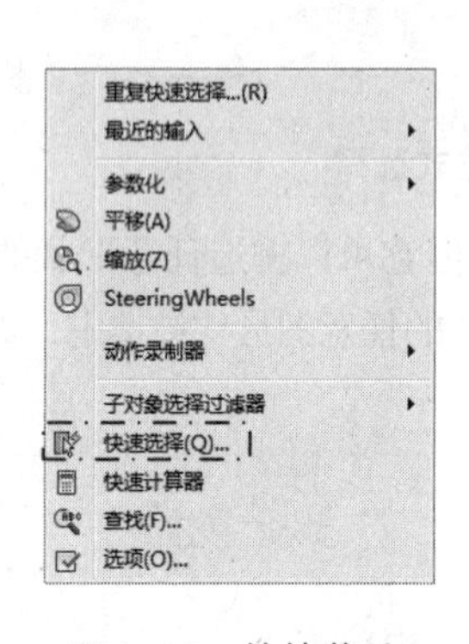

图4-14　快捷菜单

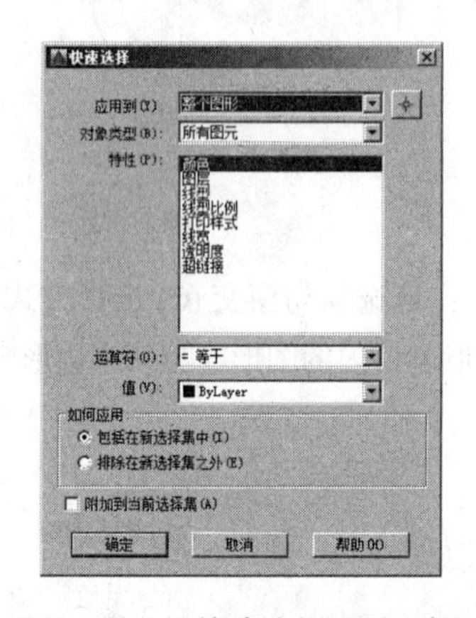

图4-15　“快速选择”对话框

操作实例 在“对象类型”下选择“圆”图形，单击“确定”按钮后，即可选中当前图形中所有的圆对象，如图 4-16 所示。

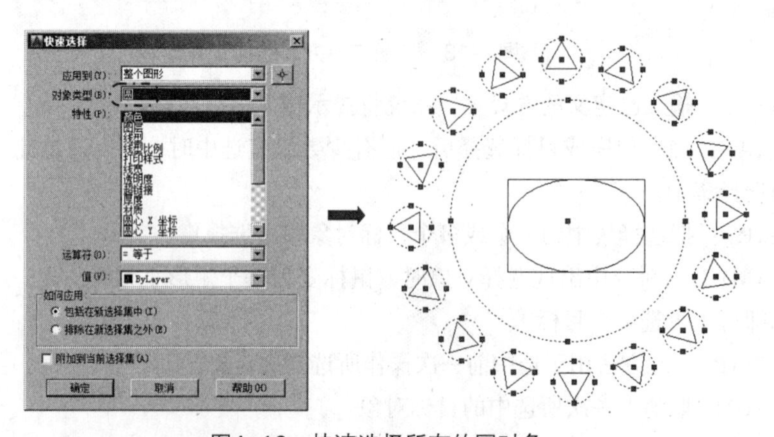

图4-16　快速选择所有的圆对象

4.1.4 使用编组操作

实战要点 编组是保存的对象集，可以根据需要同时选择和编辑这些对象，也可以分别进行。编组提供了以组为单位操作图形元素的简单方法。可以将图形对象进行编组以创建一种选择集，它随图形一起保存，且一个对象可以作为多个编组的成员。

操作实例 创建编组：除了可以选择编组的成员外，还可以为编组命名并添加说明。要对图形对象进行编组，可在命令行输入“Group”命令（其快捷键是“G”），并按“Enter”键；或者执行“工具｜组”菜单命令，在命令行出现如下的提示信息：

```
命令：GROUP                                        \\执行“编组”命令
选择对象或 [名称 (N)/说明 (D)]:n                     \\选择“名称”项
输入编组名或 [?]: 洗手盆                             \\输入组名称
选择对象或 [名称 (N)/说明 (D)]: 指定对角点：找到 3 个   \\选择对象
选择对象或 [名称 (N)/说明 (D)]:                      \\按“Enter”键
组“洗手盆”已创建。
```

编组后的图形是一个整体，选中后有组边界框，并且整体显示一个中心夹点，如图 4-17 所示。

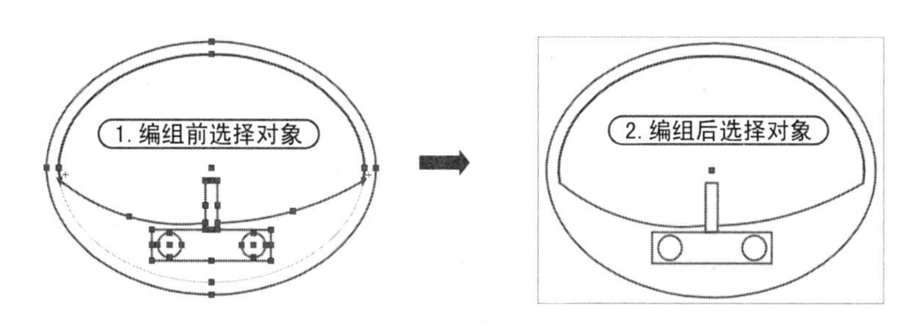

图4-17 编组对象前后对比

用户可以使用多种方式编辑编组，包括更改其成员资格、修改其特性、修改编组的名称和说明，以及从图形中将其删除。

4.2 复制类命令

当需绘制的图形对象与已有的对象相同或相似时，可以通过复制的方法快速生成相同的图形，然后对其进行细微的修改或调整位置即可，从而提高了绘图效率。复制图形对象的方法有多种，在实际操作时可以根据实际情况采用不同的方法。

4.2.1 复制对象

知识要点 “复制”是指保留原对象的同时按照指定方向上的指定距离创建副本对象。使用复制命令可以快速将一个或多个图形对象复制到指定的位置。

执行方法 复制图形对象的方法主要有以下几种：

- 菜单栏：选择“修改 | 复制”命令。
- 面板：在“默认”选项卡的“修改”面板中单击“复制”按钮。
- 命令行：在命令行中输入“COPY”命令，其快捷键为“CO”。

操作实例 执行上述任意一种操作后，可以连续多次复制目标对象，如图 4-18 所示，其命令提示如下：

```
命令：COPY
选择对象：找到 1 个                                              \\选择复制对象
选择对象：                                                      \\按“Enter”键确认选择
当前设置：复制模式 = 多个
指定基点或 [位移 (D)/ 模式 (O)] < 位移 >:                        \\指定复制对象的基点
指定第二个点或 [阵列 (A)] < 使用第一个点作为位移 >:                \\指定新对象的位置
指定第二个点或 [阵列 (A)/ 退出 (E)/ 放弃 (U)] < 退出 >:            \\连续复制
指定第二个点或 [阵列 (A)/ 退出 (E)/ 放弃 (U)] < 退出 >:            \\按“Enter”键结束复制
```

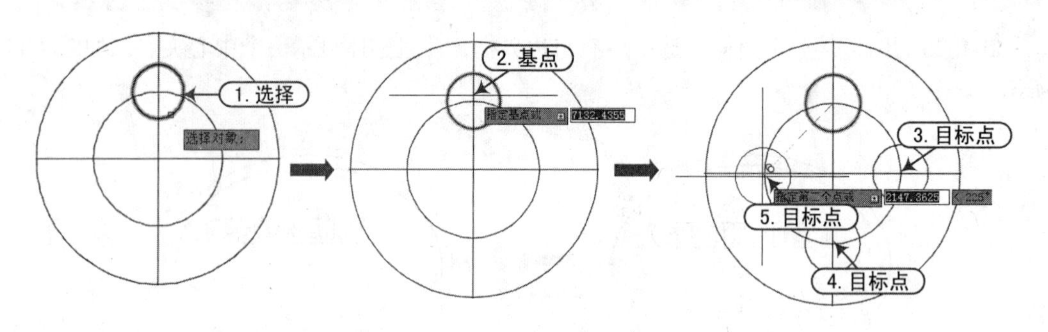

图4-18　复制图形

选项含义 其中命令行各选项含义如下。

- 基点：是复制对象的基准点，基点可以指定在被复制的对象上，也可以不指定在被复制的对象上。
- 位移 (D)：通过坐标指定移动的距离和方向。
- 模式 (O)：用于设置复制模式，选定该选项后，命令行提示“单个”或“多个”模式。“单个”模式即创建选定对象的单个副本；“多个”模式为创建选定对象的多个副本。

实例——空心砖图例的绘制

	案例	空心砖 .dwg
	视频	空心砖图例的绘制 .avi

本实例通过使用构造线命令绘制角分线，并绘制三角形的内接圆对象，让读者能够熟练掌握构造线的使用方法。

本实例利用上一节所学的“复制”命令，绘制如图 4-19 所示的空心砖图例，使用户进一步掌握和巩固“复制”命令的执行方法和操作技巧知识。具体绘图步骤如下：

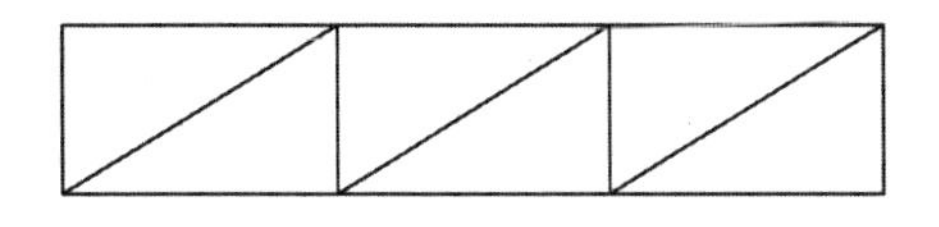

图4-19 空心砖图例

实战要点 掌握复制图形的方法。

操作步骤

Step 01 新建文件。正常启动 AutoCAD 2016 软件，执行“文件 | 新建”命令，新建一个图形文件；然后执行“文件 | 保存”命令，将文件保存为“案例 \04\ 空心砖 .dwg”文件。

Step 02 绘制矩形。执行“矩形”命令（REC），在绘图区域中心位置绘制一个长 30mm × 6mm 的矩形，如图 4-20 所示。

Step 03 绘制直线。执行“直线”命令（L），绘制两条如图 4-21 所示的直线段。命令行提示与操作如下:

```
命令 : LINE
指定第一个点 : _from 基点 : < 偏移 >:                \\ 执行“捕捉自”命令
< 偏移 >: @10,6                                    \\ 输入偏移值确定点 A
指定下一点或 [ 放弃 (U)]: @0,-6                     \\ 输入相对坐标值确定点 B
指定下一点或 [ 放弃 (U)]:                           \\ 按“Enter”键
命令 : LINE                                        \\ 按“Enter”键重复命令
指定第一个点 :                                      \\ 拾取 A 点
指定下一点或 [ 放弃 (U)]:                           \\ 拾取 C 点
指定下一点或 [ 放弃 (U)]:                           \\ 按“Enter”键结束命令
```

图4-20 绘制矩形

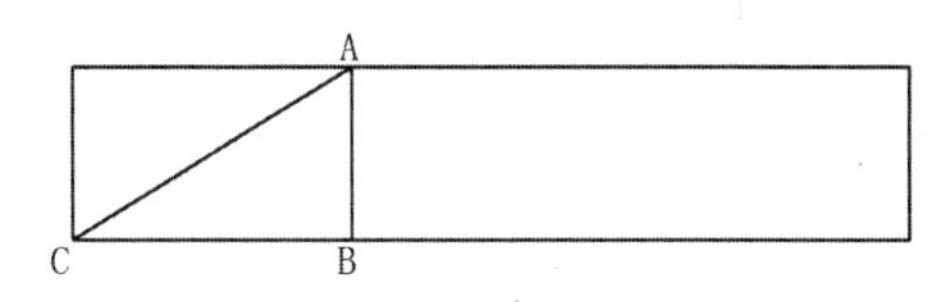

图4-21 绘制直线

Step 04 复制直线。执行“复制”命令（L），选择直线 AB 和直线 AC，进行复制操作。复制效果如图 4-22 所示。命令行提示与操作如下:

```
命令 : COPY
选择对象 : 找到 2 个，总计 2 个                      \\ 选择直线 AB 和 AC
选择对象 :  \                                      \ 按“Enter”键确认选择
当前设置 : 复制模式 = 多个
指定基点或 [ 位移 (D)/ 模式 (O)] < 位移 >:          \\ 拾取 C 点
```

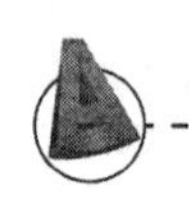

```
指定第二个点或 [ 阵列 (A)] < 使用第一个点作为位移 >:              \\ 拾取 B 点
指定第二个点或 [ 阵列 (A)/ 退出 (E)/ 放弃 (U)] < 退出 >:          \\ 拾取 D 点
指定第二个点或 [ 阵列 (A)/ 退出 (E)/ 放弃 (U)] < 退出 >:          \\ 按 "Enter" 键结束命令
```

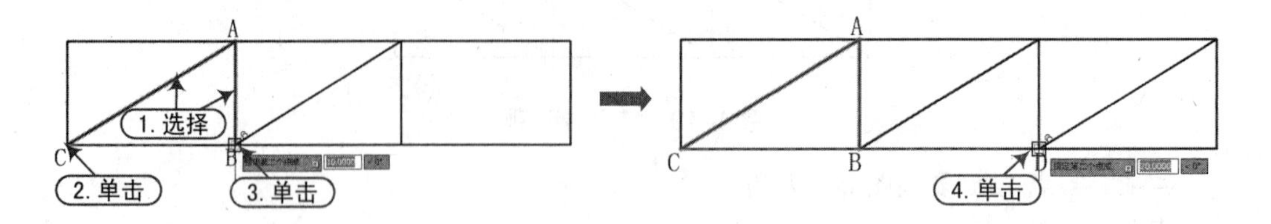

图4-22　复制直线

Step 05 保存图形。空心砖图例绘制完成，按“Ctrl+S”组合键，将文件进行保存。

技巧：“CO”和“Ctrl+C”的区别

使用“Ctrl+C”组合键只能对图形进行普通的复制，而不能进行基点复制，适合复制整体图形。而“复制”命令（CO）既可以对图形进行普通复制，也可以进行基点复制，使用基点复制能够准确定位复制的原点和目标点，从而使绘图更加精确。

4.2.2　镜像对象

知识要点 镜像是指对选定的图形进行对称变换，以便在对称的方向上生成一个反向的图形。形象地说，这个功能的原理跟照镜子是一样的。

执行方法 在 AutoCAD 中，使用“镜像”命令（MI）可以复制图形，执行该命令的方法有以下 3 种：

- 菜单栏：选择“修改 | 镜像”命令。
- 功能区：在功能区的“常用”选项卡中，单击“修改”面板中的“镜像”按钮 。
- 命令行：在命令行中输入“MIRROR”命令，其快捷键为“MI”。

操作实例 执行“镜像”命令（MI）后，根据如下命令行提示，可镜像选中对象，如图 4-23 所示。

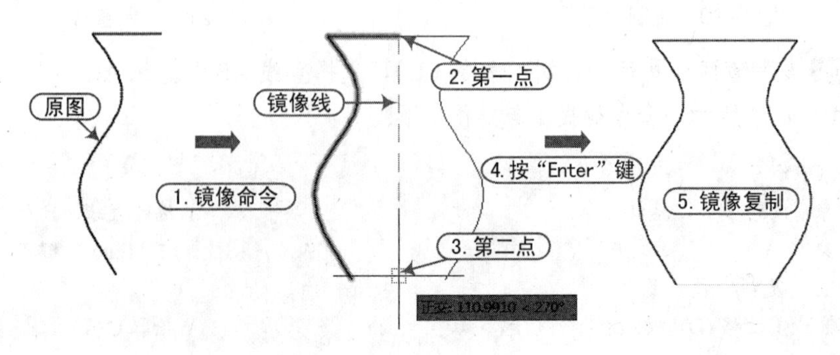

图4-23　镜像对象

```
命令：MIRROR                                        \\执行“镜像”命令
选择对象：  \\选择镜像对象
指定镜像线的第一点：                                 \\指定镜像点
指定镜像线的第二点：                                 \\指定镜像第二点，确定镜像线
要删除源对象吗？[是(Y)/否(N)] <N>:                   \\按“Enter”键，完成镜像
```

其中镜像线为一条假想线段，可通过两点来确定。在“是否删除源对象”选项中，如选择“是(Y)”，则生成与源对象对称的图形，且源图形对象被删除；如选择“否(N)”，则生成与源对象对称的图形，并保留源对象，如图 4-24 所示。

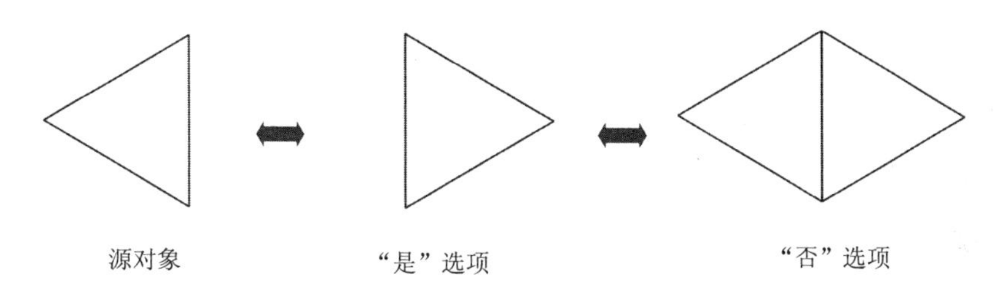

图4-24　是否删除源对象

技巧：镜像特性

（1）对称线是一条辅助绘图线，在“镜像”命令执行完毕后，将看不到这条线。

（2）对称线可以是任意角度的斜线，不一定非得是水平线或垂直线。

（3）“镜像”除了镜像图形之外，还可以镜像文本。但在镜像文本时，应注意 Mirrtext 这个系统变量的设置。

当 Mirrtext=1 时，文字不但位置发生镜像，而且产生颠倒，变为不可读；

当 Mirrtext=0 时，文字只是位置发生了镜像，但不产生颠倒，仍为可读，如图 4-25 所示。

CAD　　CAD

镜像前　　Mirrtext=0　　Mirrtext=1

图4-25　文字的镜像

实例——办公桌的绘制

	案例	办公桌 .dwg
	视频	办公桌的绘制 .avi

下面利用“矩形”绘图命令及上一小节所讲的“镜像”命令绘制如图 4-26 所示的办公桌图形。首先利用“矩形”命令绘制出桌子的左侧轮廓；接着利用“镜像”命令完成桌子的绘制。其操作步骤如下：

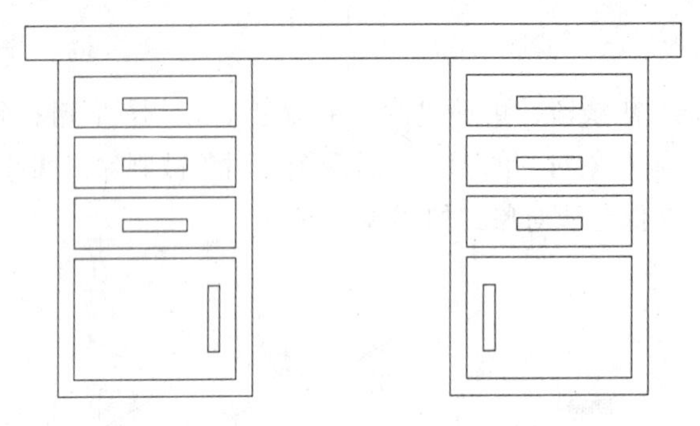

图4–26 绘制中心线

实战要点①“捕捉自”命令的使用；②镜像图形的方法。

操作步骤

Step 01 新建文件。正常启动 AutoCAD 2016 软件，在“快速工具栏”中单击“新建”按钮，新建一个图形文件，再单击“保存”按钮将其保存为“案例 \04\ 办公桌 .dwg”文件。

Step 02 绘制书桌柜。执行“矩形”命令（REC），在绘图区域绘制出一个 600mm × 1000mm 的矩形，并设置为当前图层，如图 4-27 所示。

Step 03 绘制抽屉。执行“偏移”命令（O），将矩形向内偏移 50mm，接着执行“分解”命令，将矩形进行分解，再次执行偏移命令，将水平直线依次向下偏移 150mm、30mm、150mm、30mm、150mm、30mm，如图 4-28 所示。

Step 04 修剪图形。执行“修剪”命令（TR），将多余的线段进行修剪，如图 4-29 所示。

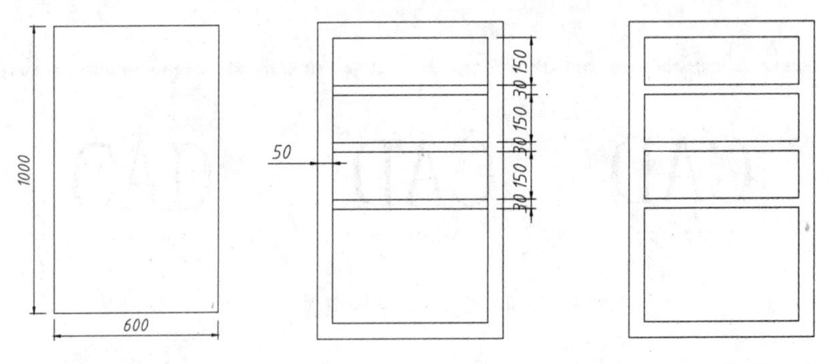

图4–27 绘制矩形　　图4–28 偏移直线　　图4–29 修剪直线

Step 05 绘制手柄。执行“矩形”命令（REC），在第一个抽屉的相应位置绘制一个 200mm × 30mm 的小矩形，并利用“复制”和“旋转”命令将其复制到图形的相应位置，如图 4-30 所示。

Step 06 绘制桌面。执行“矩形”命令（REC）和“捕捉自”命令，捕捉大矩形的左上角作为基点，以偏移（@-100,0）的点作为矩形的起点，以点（@2000,100）作为矩形的另一个角点，绘制矩形，如图 4-31 所示。

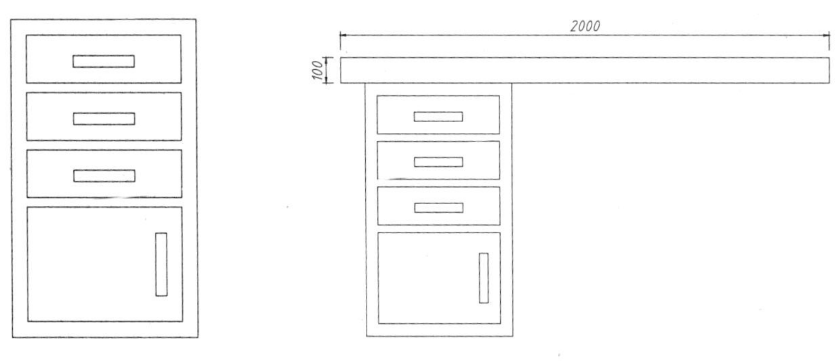

图4-30 绘制抽屉　　　　图4-31 绘制桌面

Step 07 镜像图形。执行“镜像”命令（MI），将左侧的桌柜进行镜像，效果如图 4-26 所示。

Step 08 保存图形。至此，办公桌图形绘制完成，按“Ctrl+S”组合键，将文件进行保存。

4.2.3 偏移对象

知识要点 偏移命令是在距现有对象指定的距离处创建与源对象形状相同，或形状相似但缩放了大小的新对象。使用偏移命令可以创建平行线、平行弧线和平行的样条曲线，也可以创建同心圆或同心椭圆、嵌套的矩形和嵌套的多边形。

执行方法 在 AutoCAD 中，使用“偏移”命令（O）可以偏移复制图形。执行“偏移”命令（O）的方法主要有以下几种：

- 菜单栏：选择“修改 | 偏移”命令。
- 面板：在“默认”选项卡的“修改”面板中单击“偏移”按钮 。
- 命令行：在命令行中输入“OFFSET”命令，其快捷键为“O”。

执行“偏移”命令（O）后，根据提示选择需要偏移的对象，即可进行偏移图形对象操作。例如，偏移直线操作如图 4-32 所示。

```
命令 : OFFSET                                                        \\ 执行“偏移”命令
当前设置 : 删除源 = 否  图层 = 源  OFFSETGAPTYPE=0
指定偏移距离或 [ 通过 (T)/ 删除 (E)/ 图层 (L)]:10                     \\ 指定偏移值
选择要偏移的对象，或 [ 退出 (E)/ 放弃 (U)] < 退出 >:                  \\ 选择直线对象
指定要偏移的那一侧上的点，或 [ 退出 (E)/ 多个 (M)/ 放弃 (U)] < 退出 >:  \\ 指定方向
选择要偏移的对象，或 [ 退出 (E)/ 放弃 (U)] < 退出 >: * 取消 *          \\ 按“Enter”键退出
```

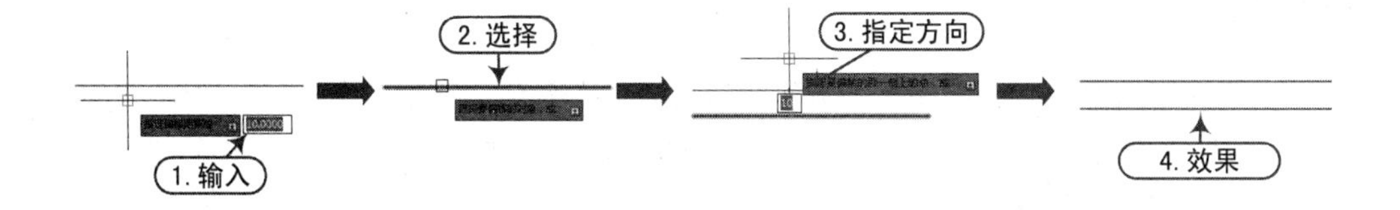

图4-32 偏移对象

选项含义 在执行命令的过程中，部分选项的含义如下。

- 通过 (T)：选择该选项后，可以指定一个已知点，作为偏移对象将通过的点。
- 删除 (E)：表示偏移对象后将删除源对象。
- 图层 (L)：用于设置在源对象所在的图层执行偏移还是在当前图层执行偏移操作，选择该选项后命令窗口出现“输入就偏移后的图层选项 [当前 (C)/ 源 (S)]< 源 >:”提示，其中“当前 (C)”表示当前图层，源 (S) 表示源图层。

技巧：不同对象的偏移

（1）AutoCAD 只能选择偏移直线、圆、多段线、椭圆、椭圆弧、多边形和圆弧，不能偏移点、图块、属性和文本，如图 4-33 所示。

（2）对于直线、单向线、构造线等，AutoCAD 将平行偏移复制，直线的长度保持不变。

（3）对于圆、圆弧、椭圆、椭圆弧、多边形、矩形等对象，AutoCAD 偏移时将进行同心复制。偏移后的对象大小值会发生变化。

（4）多段线的偏移将逐段进行，各段长度将重新调整。

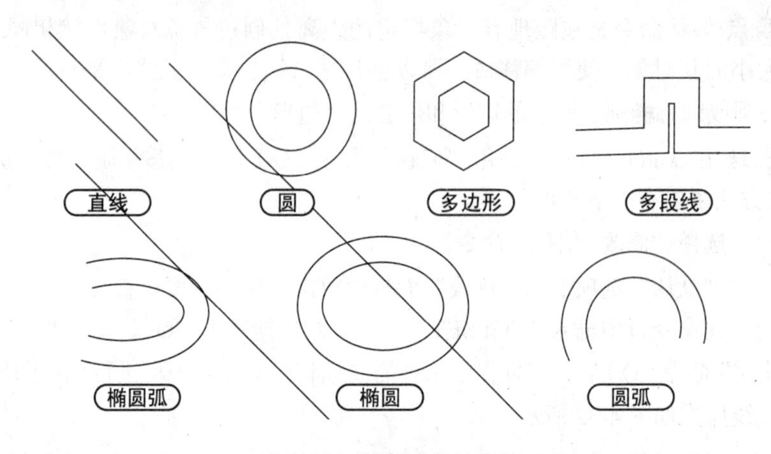

图4-33　不同对象的偏移

实例——支架的绘制

	案例	支架 .dwg
	视频	支架的绘制 .avi

本实例利用二维绘图命令和上一节所学的“偏移”命令，绘制出支架的外轮廓，然后利用“多段线”命令合并其轮廓，再执行“偏移”命令将轮廓进行偏移，最后对图形进行镜像。效果如图 4-34 所示。具体绘图步骤如下：

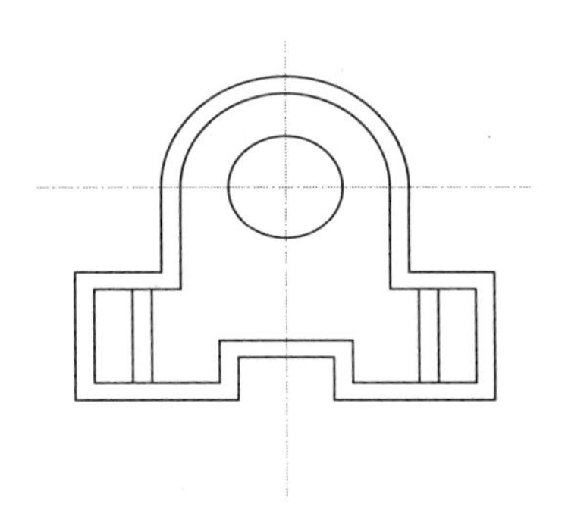

图4-34 支架图形

实战要点 ①直线的偏移；②多段线的偏移。

操作步骤

Step 01 新建文件。正常启动 AutoCAD 2016 软件，执行“文件 | 打开”命令，打开“机械样板 .dwt”文件；然后执行“文件 | 保存”命令，将文件保存为“案例 \04\ 支架 .dwg”文件。

Step 02 设置当前图层。在“图层”面板的“图层”下拉列表中将“中心线”图层切换至当前图层，如图 4-35 所示。

Step 03 绘制辅助线。执行“直线”命令（L），绘制一组相互垂直的中心线，如图 4-36 所示。

Step 04 设置当前图层。在“图层”面板的“图层”下拉列表中将“粗实线”图层切换至当前图层。

Step 05 绘制圆。执行“圆”命令（C），捕捉中心线交点绘制一组同心圆，同心圆的半径分别为 12mm 和 22mm，如图 4-37 所示。

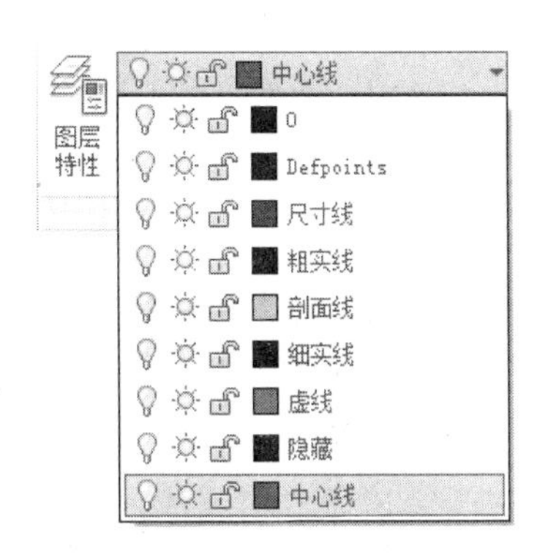

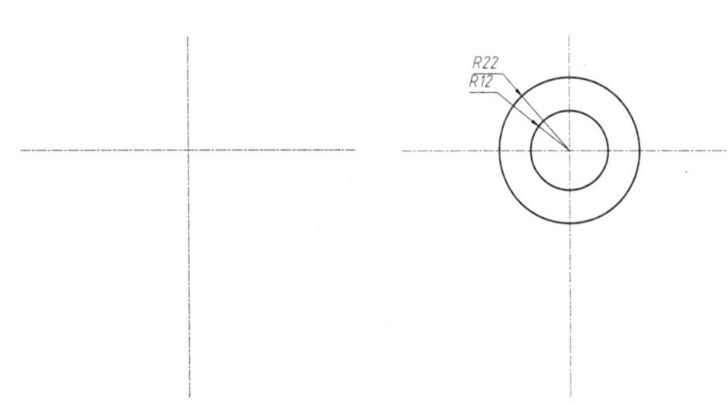

图4-35 切换图层　　图4-36 绘制中心线　　图4-37 绘制同心圆

Step 06 偏移垂直线段。执行“偏移”命令（O），将垂直线段分别向左右依次偏移 14mm、14mm、12mm，命令行提示与操作如下；然后将水平线段分别向下依次偏移 24mm、12mm、10mm，并将偏移后的线段转换为粗实线，如图 4-38 所示。

```
OFFSET                                                        \\ 执行“偏移”命令
当前设置 : 删除源 = 否  图层 = 源  OFFSETGAPTYPE=0
指定偏移距离或 [ 通过 (T)/ 删除 (E)/ 图层 (L)] <10.0000>: 14    \\ 指定偏移距离
```

```
选择要偏移的对象，或 [ 退出 (E)/ 放弃 (U)] < 退出 >:                    \\ 选择垂直中心线
指定要偏移的那一侧上的点，或 [ 退出 (E)/ 多个 (M)/ 放弃 (U)] < 退出 >:    \\ 指定偏移点
选择要偏移的对象，或 [ 退出 (E)/ 放弃 (U)] < 退出 >:                    \\ 选择偏移后的线段
指定要偏移的那一侧上的点，或 [ 退出 (E)/ 多个 (M)/ 放弃 (U)] < 退出 >:    \\ 指定偏移点
选择要偏移的对象，或 [ 退出 (E)/ 放弃 (U)] < 退出 >:
命令 : OFFSET                                                          \\ 重复“偏移”命令
当前设置 : 删除源 = 否  图层 = 源  OFFSETGAPTYPE=0
指定偏移距离或 [ 通过 (T)/ 删除 (E)/ 图层 (L)] <14.0000>: 12           \\ 指定偏移距离
选择要偏移的对象，或 [ 退出 (E)/ 放弃 (U)] < 退出 >:              \\ 选择最后偏移为 14 的线
指定要偏移的那一侧上的点，或 [ 退出 (E)/ 多个 (M)/ 放弃 (U)] < 退出 >:    \\ 指定偏移点
```

Step 07 绘制直线。执行“直线”命令（L），分别捕捉半径为 22mm 的圆的左右象限点绘制两条垂直线段，如图 4-39 所示。

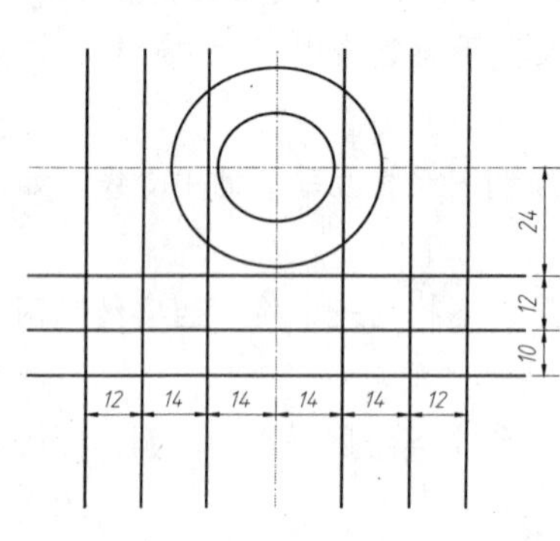

图4–38 偏移直线

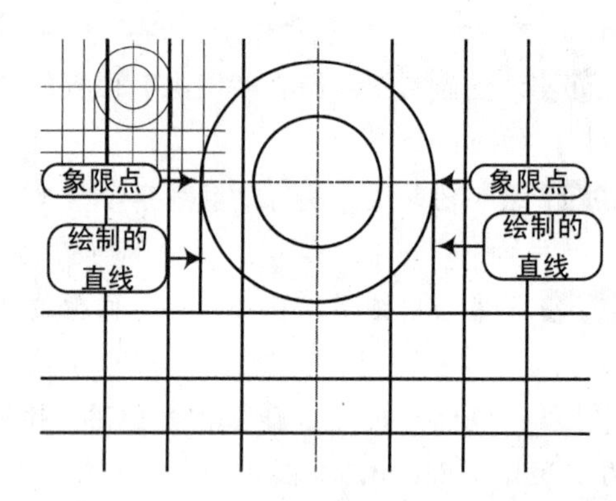

图4–39 绘制垂线

Step 08 修剪图形。执行“修剪”命令（TR），对图形进行修剪，效果如图 4-40 所示。

Step 09 将直线合并为多段线。执行“多段线编辑”命令（PEDIT），选择轮廓线将其转换为多段线。

```
命令 : PEDIT                                               \\ 执行“多段线编辑”命令
选择多段线或 [ 多条 (M)]:                                   \\ 选择一条直线
选定的对象不是多段线
是否将其转换为多段线 ? <Y>                                  \\ 选择是
输入选项 [ 闭合 (C)/ 合并 (J)/ 宽度 (W)/ 编辑顶点 (E)/ 拟合 (F)/ 样条曲线 (S)/ 非曲线化 (D)/ 线型生成 (L)/ 反转 (R)/ 放弃 (U)]: J                                            \\ 选择合并
选择对象 : 找到 1 个，总计 12 个                            \\ 依次选择要合并的对象
多段线已增加 11 条线段
```

Step 10 偏移多段线和直线。执行“偏移”命令（O），选择轮廓线及两条直线，将其向内偏移，偏移距离为 4mm，如图 4-41 所示。

Step 11 保存图形。支架图形绘制完成，按“Ctrl+S”组合键，将文件进行保存。

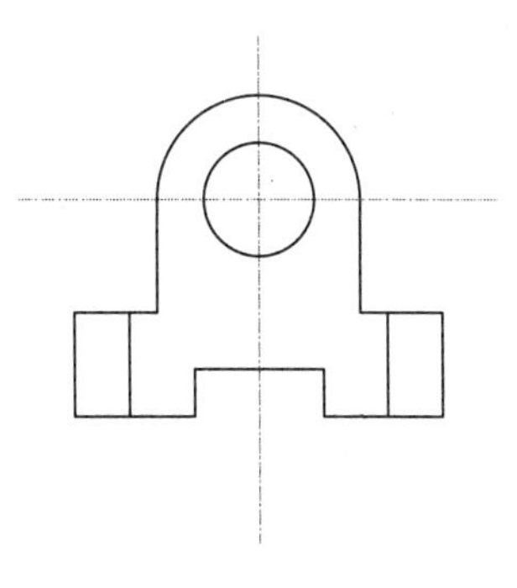

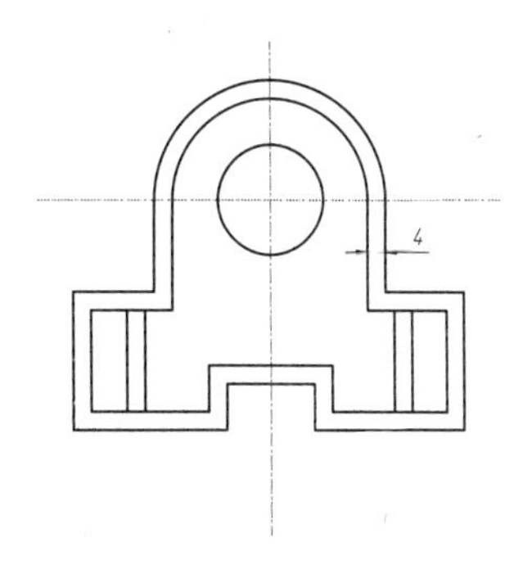

图4-40 修剪图形

图4-41 偏移多段线

4.2.4 阵列对象

阵列就是对选定的图形做有规律的多重复制，从而可以建议一个“矩形”、“路径”或者“环形”阵列，矩形阵列是指按行与列整齐排列的多个相同对象副本组成的纵横对称图案；路径阵列是指按路径分布对象副本；环形阵列是指围绕中心点的多个相同对象副本组成的径向对称图案。

1. 矩形阵列

知识要点 “矩形阵列”表示通过指定行数、列数以及它们之间的距离，对选择的对象进行阵列，创建选定对象的副本的行和列的阵列。

执行方法 “矩形阵列”命令（ARRAYRECT）的执行方法如下：

- 菜单栏：选择“修改 | 阵列 | 矩形阵列”命令。
- 面板：在“默认”选项卡的“修改”面板中单击“矩形阵列”按钮 。
- 命令行：在命令行输入“ARRAYRECT”命令。

执行“矩形阵列”命令（ARRAYRECT）后，命令行提示信息如下：

```
命令 : ARRAYRECT                                  \\ 执行“矩形阵列”命令
选择对象 : 找到 1 个                               \\ 选择阵列对象
选择对象 :                                        \\ 按“Enter”键
类型 = 矩形  关联 = 是
选择夹点以编辑阵列或 [ 关联 (AS)/ 基点 (B)/ 计数 (COU)/ 间距 (S)/ 列数 (COL)/ 行数 (R)/ 层数 (L)/
退出 (X)] < 退出 >:                                \\ 设置阵列的参数
```

选项含义 其中各主要选项含义如下。

- 关联 (AS)：指定阵列中的对象是关联的还是独立的。
- 基点 (B)：定义阵列基点和基点夹点的位置。
- 计数 (COU)：指定行数和列数并使用户在移动光标时可以动态观察结果（一种比“行和列”选项更快捷的方法）。
- 间距 (S)：生成阵列的对象与对象之间的距离。
- 列数 (COL)：生成阵列对象的列数。
- 行数 (R)：生成阵列对象的行数。

● 层数 (L)：指定三维阵列的层数和层间距。

● 退出 (X)]：退出命令。

选择阵列图形按“Enter”键确定后，系统在功能区将出现“阵列创建”选项卡，命令行中所有的选项都在这里呈现。用户可通过在“矩形阵列”面板进行相关参数的设置，这比起在命令行操作更为简便快捷。

操作实例 例如，将 30mm × 30mm 的矩形进行阵列，其操作过程如图 4-42 所示。

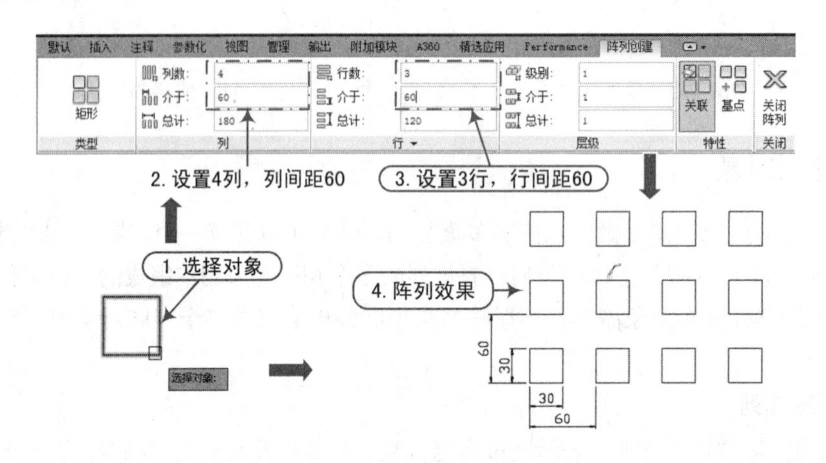

图4–42 矩形阵列

2. 环形阵列

知识要点 “环形阵列”命令用于围绕中心点阵列对象，也称为“极轴阵列”。利用“极轴阵列”可以将对象按指定角度，围绕的中心点进行复制。

执行方法 “环形阵列”命令（ARRAYPOLAR）的执行方法有以下 3 种：

● 菜单栏：选择“修改 | 阵列 | 环形阵列”命令。

● 面板：在“默认”选项卡的“修改”面板中单击“环形阵列”按钮。

● 命令行：在命令行输入或动态输入“ARRAYPOLAR”命令。

执行“环形阵列”命令（ARRAYPOLAR）后，命令行提示信息如下：

```
命令：_arraypolar                                         \\ 执行“环形阵列”命令
选择对象：                                                 \\ 选择阵列对象
类型 = 极轴  关联 = 是
指定阵列的中心点或 [ 基点 (B)/ 旋转轴 (A)]:                    \\ 指定阵列中心点
选择夹点以编辑阵列或 [ 关联 (AS)/ 基点 (B)/ 项目 (I)/ 项目间角度 (A)/ 填充角度 (F)/ 行 (ROW)/ 层
(L)/ 旋转项目 (ROT)/ 退出 (X)] < 退出 >:                        \\ 设置阵列参数
```

选项含义 其中部分选项含义如下。

● 旋转轴 (A)：指定由两个指定点定义的旋转轴。

● 项目 (I)：使用值或表达式指定环形阵列中的个数。

● 项目间角度 (A)：生成阵列对象与对象之间的角度。

● 填充角度 (F)：使用值或表达式指定阵列中第一个和最后一个项目之间的角度。

● 旋转项目 (ROT)：阵列的对象在阵列的过程中自身也进行旋转。

选择阵列图形，并指定旋转中心点后，系统在功能区将同样出现“阵列创建”选项卡，用户可通过在“环形阵列”面板进行相关参数的设置，这和命令行选项相同。

操作实例 将矩形绕圆的中心点进行环形阵列，其操作过程如图 4-43 所示。

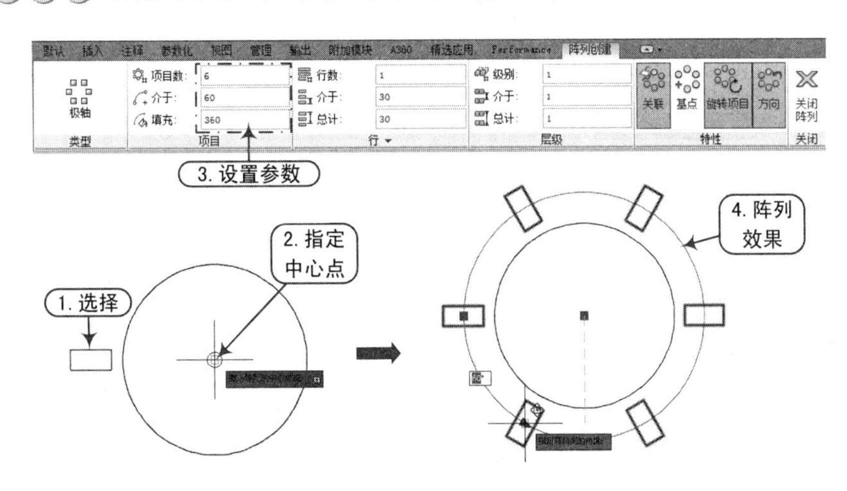

图4-43　环形阵列操作

3. 路径阵列

知识要点 “路径阵列”命令可以沿路径阵列对象。“路径阵列”方式是指沿路径或部分路径均匀分布对象副本，其路径可以是直线、多段线、样条曲线、螺旋、圆弧、圆、椭圆等。

执行方法 “路径阵列”命令（ARRAYPATH）的执行方法有以下 3 种：

● 菜单栏：选择“修改 | 阵列 | 路径阵列”命令。

● 面板：在“默认”选项卡的“修改”面板中单击“路径阵列”按钮。

● 命令行：在命令行输入或动态输入“ARRAYPATH”命令。

执行“路径阵列”命令（ARRAYPATH）后，命令行提示信息如下：

```
命令：_arraypath 找到 1 个                                   \\执行“路径阵列”命令
选择对象：                                                    \\选择阵列对象
类型 = 路径  关联 = 是类型 = 路径  关联 = 是
选择路径曲线：                                                \\选择阵列路径
选择夹点以编辑阵列或 [关联(AS)/方法(M)/基点(B)/切向(T)/项目(I)/行(R)/层(L)/对齐项目(A)/
z 方向(Z)/退出(X)] <退出>:                                    \\设置阵列参数
```

选项含义 其中部分选项与“矩形阵列”选项相同，其余选项含义如下。

● 方法 (M)：控制如何沿路径分布项目。

● 切向 (T)：指定阵列中的项目如何相对于路径的起始方向对齐。

● 项目 (I)：根据“方法”设置，指定项目数或项目之间的距离。

● 对齐项目 (A)：指定是否对齐每个项目以与路径的方向相切。

● z 方向 (Z)：控制是否保持项目的原始 Z 方向三维路径自然倾斜项目。

选择阵列对象，并选择了路径曲线后，同样在功能区出现“阵列创建”选项卡，用户可通过在“路径阵列”面板进行相关参数的设置。

操作实例 下面将圆以圆弧为路径进行阵列，阵列效果如图4-44所示。

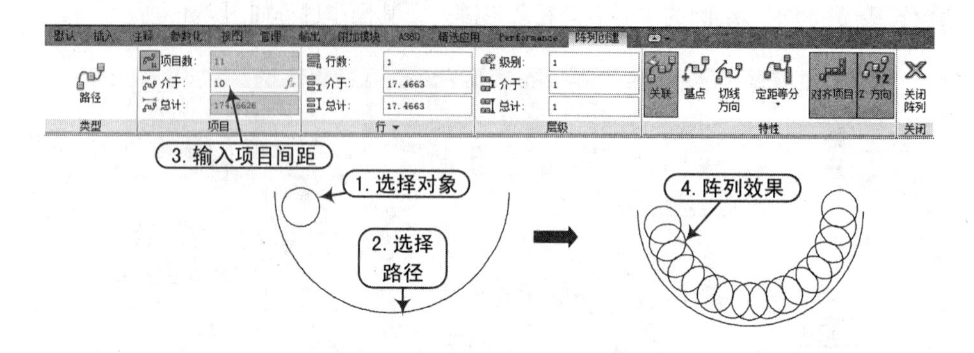

图4-44　路径阵列操作

提示：路径阵列参数

路径阵列过程中，选择的路径导致“总计”和“项目数”数据框不可输入，只能在“介于（项目间距）”框，输入间距值来控制阵列的个数，见图4-44。

实例——荷花的绘制

	案例	荷花.dwg
	视频	荷花的绘制.avi

本实例以绘制展开的荷花为例，如图4-45所示，掌握“阵列”命令（AR）的绘图方法与技巧。首先利用“圆”、“修剪”、“直线”、“镜像”等命令绘制花瓣，然后利用“阵列”命令中的“环形阵列”选项，将花瓣阵列出荷花的效果。具体绘图步骤如下：

图4-45　荷花图形效果

实战要点 ①二维编辑命令的运用；②极轴阵列图形的方法。

操作步骤

Step 01 新建文件。正常启动 AutoCAD 2016 软件，执行“文件 | 新建”命令，新建一个图形文件；然后执行“文件 | 保存”命令，将文件保存为“案例 \04\ 荷花 .dwg”文件。

Step 02 绘制圆。执行“圆”命令（C），在绘图区域拾取一点，绘制半径为 50mm 的圆。

Step 03 复制圆。执行“复制”命令（CO），将半径为 50mm 的圆以圆心为基点向右复制 80mm，如图 4-46 所示。

Step 04 修剪出花瓣轮廓。执行“修剪”命令（TR），修剪图形，使之形成花瓣轮廓，如图 4-47 所示。

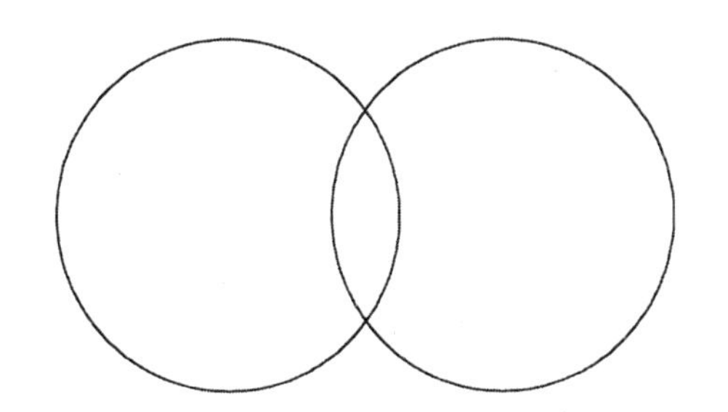

图4–46 复制圆

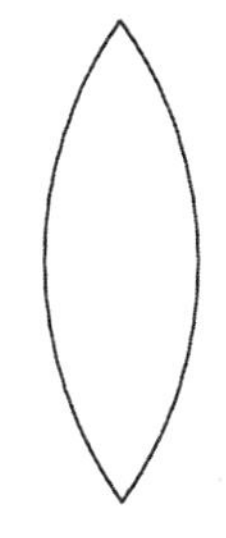

图4–47 修剪图形

Step 05 绘制直线。执行“直线”命令（L），捕捉如图 4-48 所示的 A 点和 B 点，绘制直线 AB。

Step 06 阵列直线。执行“阵列”命令（AR），选择“极轴（PO）”选项，捕捉点 A 作为极轴阵列的中心点，选择直线 AB 作为阵列对象，进行极轴阵列操作，效果如图 4-49 所示。命令行提示与操作如下：

```
命令 : ARRAY
选择对象 : 找到 1 个                                           \\ 选择直线 AB
选择对象 : 输入阵列类型 [ 矩形 (R)/ 路径 (PA)/ 极轴 (PO)] < 极轴 >: PO
类型 = 极轴  关联 = 否
指定阵列的中心点或 [ 基点 (B)/ 旋转轴 (A)]:                        \\ 捕捉点 A
选择夹点以编辑阵列或 [ 关联 (AS)/ 基点 (B)/ 项目 (I)/ 项目间角度 (A)/ 填充角度 (F)/ 行 (ROW)/ 层 (L)/ 旋转项目 (ROT)/ 退出 (X)] < 退出 >: AS
选择夹点以编辑阵列或 [ 关联 (AS)/ 基点 (B)/ 项目 (I)/ 项目间角度 (A)/ 填充角度 (F)/ 行 (ROW)/ 层 (L)/ 旋转项目 (ROT)/ 退出 (X)] < 退出 >: A      \\ 选择选项 A
指定项目间的角度或 [ 表达式 (EX)] <60>: 24                         \\ 输入角度值 24
选择夹点以编辑阵列或 [ 关联 (AS)/ 基点 (B)/ 项目 (I)/ 项目间角度 (A)/ 填充角度 (F)/ 行 (ROW)/ 层 (L)/ 旋转项目 (ROT)/ 退出 (X)] < 退出 >: I      \\ 选择选项 I
输入阵列中的项目数或 [ 表达式 (E)] <6>: 5                          \\ 输入阵列数目
选择夹点以编辑阵列或 [ 关联 (AS)/ 基点 (B)/ 项目 (I)/ 项目间角度 (A)/ 填充角度 (F)/ 行 (ROW)/ 层 (L)/ 旋转项目 (ROT)/ 退出 (X)] < 退出 >:        \\ 按“Enter”键结束命令
```

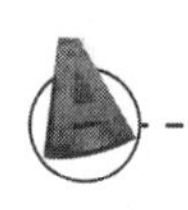

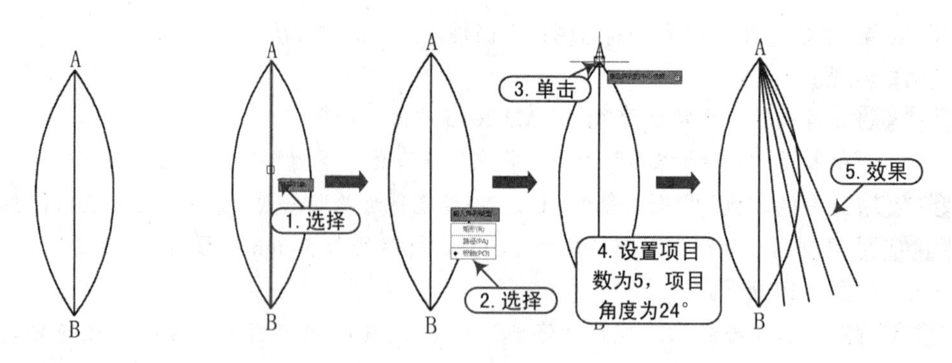

图4-48 绘制直线　　　　图4-49 环形阵列

Step 07 阵列直线。执行“镜像”命令（MI），将阵列后的直线以直线AB为镜像线进行镜像操作，效果如图4-50所示。

Step 08 修剪出花瓣效果。执行“修剪”命令（TR），对花瓣进行修剪，效果如图4-51所示。

Step 09 阵列花瓣。参照步骤6的方法，将花瓣阵列为荷花形状，阵列数量为16，角度为360°，如图4-52所示。

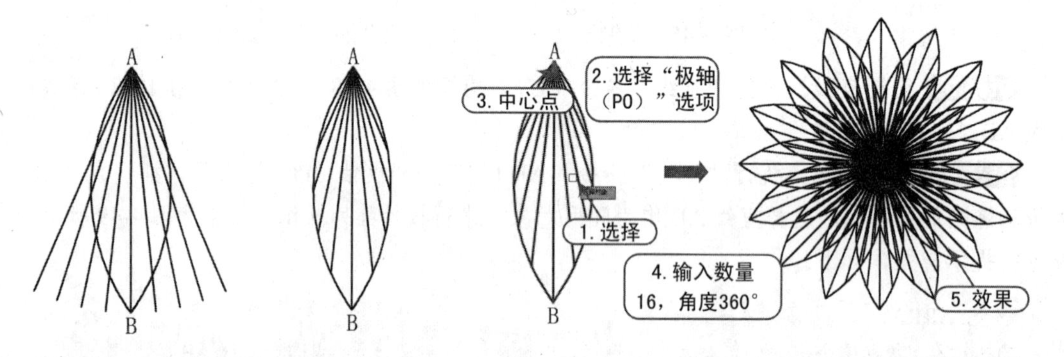

图4-50 镜像操作　图4-51 修剪操作　　　图4-52 环形阵列

Step 10 保存图形。至此，荷花图形绘制完成，按“Ctrl+S”组合键，将文件进行保存。

技巧：阵列图案的关联性

在阵列时，默认情况下AutoCAD将阵列的图形自动进行关联，所以阵列后的图形是一个整体，如果不想使之成为一个对象，那么，在阵列操作时取消关联，这样绘制出的阵列图形就分别为单独的个体了。

4.3 删除命令

如果所绘制的图形不符合要求或不小心绘制错了图形，可使用“删除”命令（E）将图形删除。

执行方法 执行删除命令的方法主要有以下几种：

- 菜单栏：选择“修改|删除”菜单命令。
- 功能区：在功能区选项中切换到“常用”选项卡，然后单击“修改”面板中的“删除”按钮。
- 命令行：在命令行中输入“ERASE”命令，其快捷键为“E”。

操作实例 执行“删除”命令（E）后，根据提示选择需要删除的对象，并按“Enter”键结束选择，即可删除其指定的图形对象，如图4-53所示。

```
命令：ERASE                     \\执行“删除”命令
选择对象：找到1个               \\选择需要删除的对象
选择对象：                      \\按“Enter”键删除对象
```

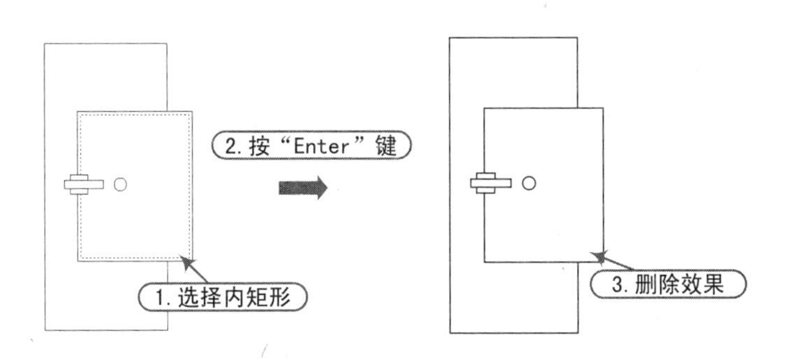

图4-53 删除对象

技巧：图形的恢复

在AutoCAD 2016中，用“删除”命令删除实体后，这些实体只是临时性地被删除了，但只要不退出当前图形并且没有存盘，用户还可以用“恢复”或“放弃”命令，即使用“Ctrl+Z”组合键或“Undo”命令，将删除的实体恢复。

4.4 改变位置类命令

改变位置类命令的功能是按照指定要求改变当前图形或图形某部分的位置，主要包括“移动”、“旋转”和“缩放”类命令。

4.4.1 移动对象

知识要点 “移动”是将一个图形从现在的位置挪动到一个指定的新位置，在此过程中，图形大小和方向不会发生改变。

执行方法 在AutoCAD中，执行“移动”命令（M）的方法有以下3种：

- 菜单栏：选择“修改|移动”菜单命令。
- 面板：在“默认”选项卡的“修改”面板中单击“移动”按钮。

● 命令行：输入“MOVE”命令，其快捷键为“M”。

操作实例 在移动对象时需要选择移动对象，然后指定图形的位移，如图 4-54 所示。执行“移动”命令后，命令行提示如下：

命令 : MOVE	\\ 执行“移动”命令
找到 1 个	\\ 选择移动对象
选择对象:	\\ 按“Enter”键确认选择
指定基点或 [位移 (D)] < 位移 >:	\\ 指定移动基点
指定第二个点或 < 使用第一个点作为位移 >:	\\ 指定移动目标点

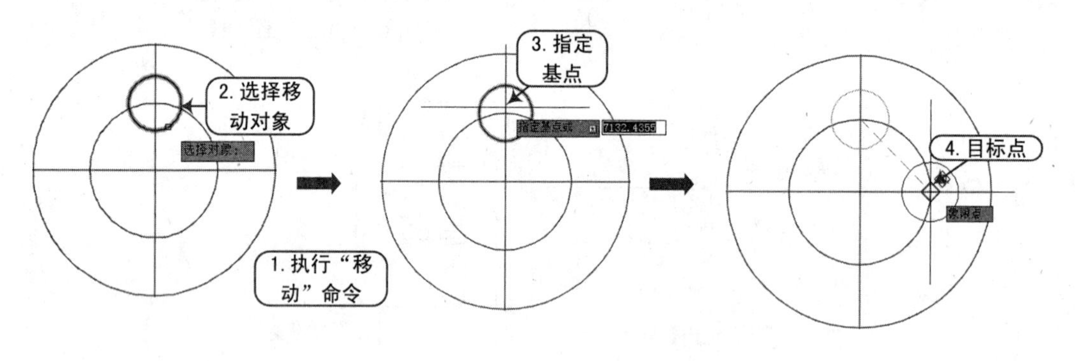

图4-54　移动图形

4.4.2　旋转对象

知识要点 “旋转”是将选定的图形围绕一个指定的基点改变其角度，正的角度按逆时针旋转，负的角度按顺时针方向旋转。

执行方法 在 AutoCAD 中，执行“旋转”命令（RO）的方法有以下 3 种：

● 菜单栏：选择“修改 | 旋转”菜单命令。
● 面板：在“默认”选项卡的“修改”面板中单击“旋转”按钮 ○。
● 命令行：输入“ROTATE”命令，其快捷键为“RO”。

操作实例 执行“旋转”命令（RO）后，需要选择旋转对象，然后指定旋转基点，指定旋转角度，如图 4-55 所示。命令行提示如下：

命令 : ROTATE	\\ 执行“旋转”命令
UCS 当前的正角方向 : ANGDIR= 逆时针 ANGBASE=0	
选择对象 : 找到 1 个	\\ 选择旋转对象
选择对象 :	\\ 按“Enter”键确认选择
指定基点 :	\\ 指定旋转基点
指定旋转角度，或 [复制 (C)/ 参照 (R)] <0>: 60	\\ 指定旋转角度

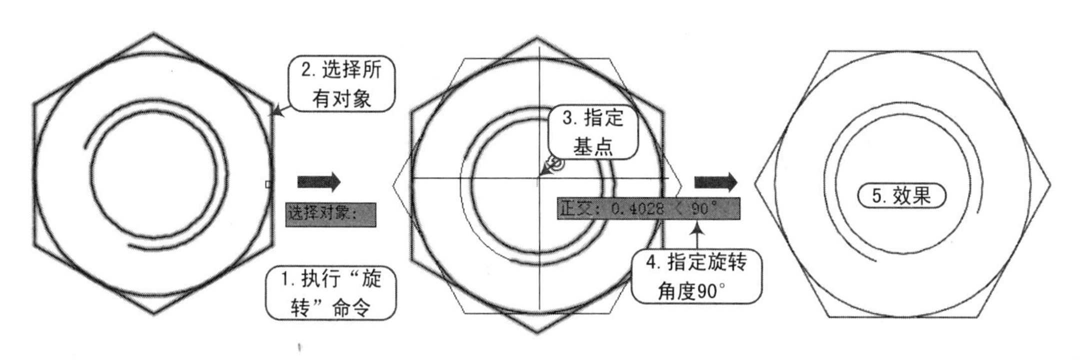

图4–55　旋转图形

选项含义 在执行“旋转”命令（RO）的过程中，各选项的含义如下。

- 复制 (C)：可将选择的对象进行复制旋转操作。
- 参照 (R)：可以指定某一方向作为起始参照角度，然后选择一个对象以指定源对象将要旋转到的位置，或输入新角度值来指定要旋转到的位置。

技巧：旋转的方向

一般情况下，系统的默认方向为逆时针方向，在旋转时如果角度值为整数，那么图形将以逆时针旋转；如果角度为负值，那么图形将以顺时针进行旋转。我们还可以更改系统变量“ANGDIR”的值来修改系统默认的方向。其中 0 代表逆时针，1 代表顺时针。

实例——电气开关符号的绘制

	案例	开关符号 .dwg
	视频	电气开关符号的绘制 .avi

下面利用圆、直线、旋转、填充、复制等命令，来绘制出电气制图中的开关符号，其操作步骤如下：

实战要点 ①绘制单向开关；②根据单向开关绘制双向、三向开关。

操作步骤

Step 01 正常启动 AutoCAD 2016 软件，执行“文件 | 新建”命令，新建一个图形文件；然后执行“文件 | 保存”命令，将文件保存为“案例 \04\ 开关符号 .dwg”文件。

Step 02 单击“图层”面板中的“图层控制”下拉列表框框，将“0”图层置为当前图层。

Step 03 绘制“单向开关”图例，执行“圆”命令（C），绘制一个半径为 80mm 的圆，如图 4-56 所示。

Step 04 执行“直线”命令（L），以圆的圆心为起点，向右绘制一条长度为 300mm 的水平直线段，再以水平直线段的末端点为起点，向下绘制一条长度为 100mm 的垂直线段，如图 4-57 所示。

Step 05 执行“旋转”命令（RO），将绘制的两条线段选中，以圆心为旋转基点，旋转45°，如图 4-58 所示。

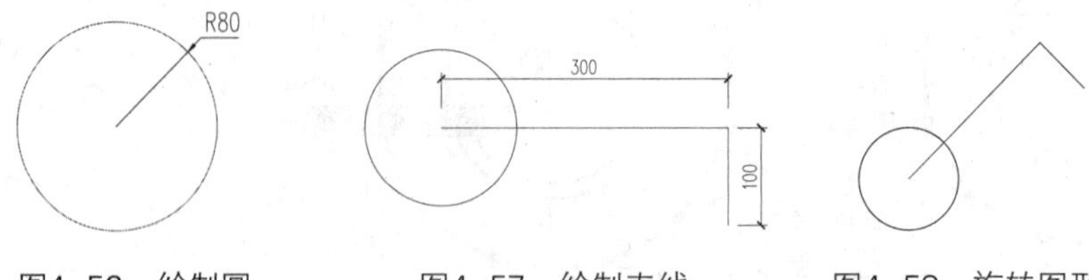

图4-56　绘制圆　　图4-57　绘制直线　　图4-58　旋转图形

Step 06 执行“图案填充”命令（H），对圆进行“SOLID”图案填充，绘制出“单向开关”图例，如图 4-59 所示。

Step 07 使用相同的方法，绘制出“双向开关”图例，如图 4-60 所示。

Step 08 继续使用相同的方法，绘制出“三向开关”图例，如图 4-61 所示。

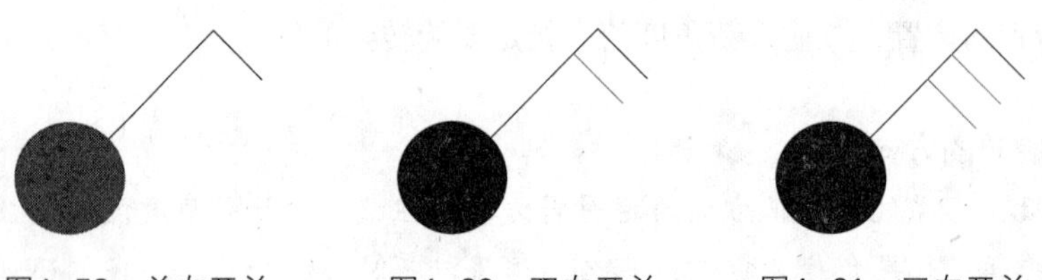

图4-59　单向开关　　图4-60　双向开关　　图4-61　三向开关

Step 09 至此，图形绘制完成，按“Ctrl+S”组合键将文件进行保存。

4.4.3　缩放对象

知识要点 “缩放”是将图形对象沿坐标轴方向等比例地放大或者缩小，通过指定比例因子来改变相对于给定基点的现有对象的尺寸。

执行方法 在 AutoCAD 中，执行“缩放”命令（SC）的方法有以下 3 种：

- 菜单栏：选择“修改 | 缩放”菜单命令。
- 面板：在“默认”选项卡的“修改”面板中单击“缩放”按钮。
- 命令行：输入“SCALE”命令，其快捷键为“SC”。

操作实例 执行上述任意一种操作后，可以对图形进行缩放操作，如图 4-62 所示。命令行提示如下：

```
命令 : SCALE                                    \\ 执行“缩放”命令
选择对象 :                                       \\ 选择被缩放的对象
选择对象 :                                       \\ 按“Enter”键确认选择
指定基点 :                                       \\ 指定缩放基点
指定比例因子或 [ 复制 (C)/ 参照 (R)]: 0.5          \\ 指定比例或选择其他对象
```

其中命令行相应选项介绍如下。

- 复制 (C)：可将选择的对象进行复制缩放操作，即根据缩放比例复制出一份，同时保留源对象，如图 4-63 所示。

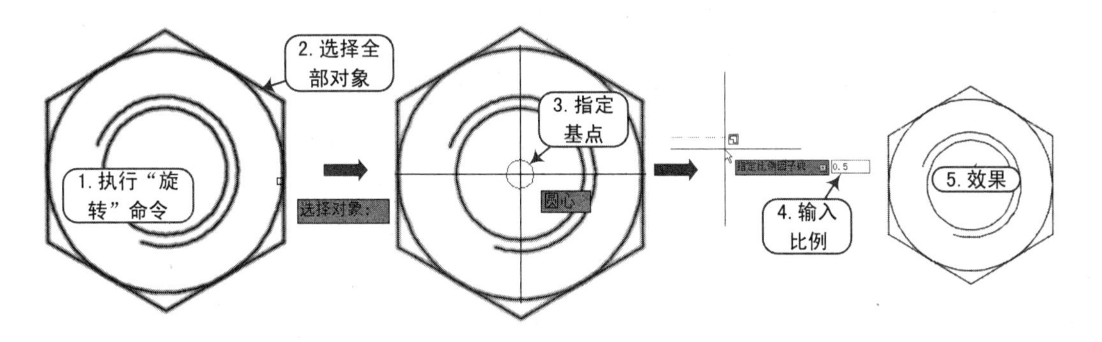

图4-62　缩放图形

- 参照 (R)：可以指定参照长度或拖动鼠标的方法缩放对象。

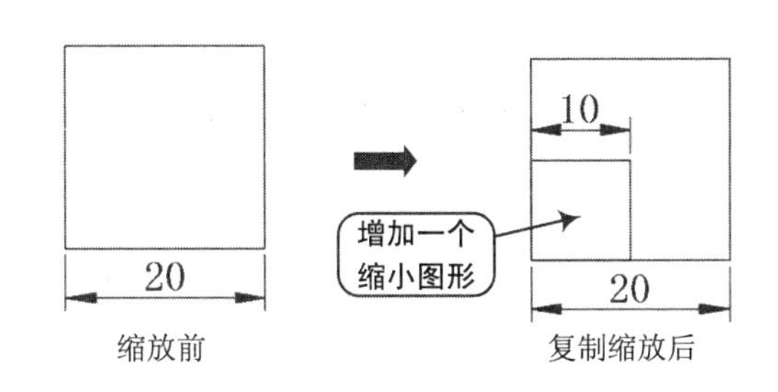

图4-63　复制缩放对象

技巧：缩放技巧

（1）可以用拖动鼠标的方法缩放对象。选择对象并指定基点后，从基点到当前光标位置会出现一条连线，线段的长度即为比例大小。移动鼠标选择的对象会动态地随着该连线长度的变化而缩放，按“Enter”键确认旋转操作。

（2）如果比例系数大于1，那么对象目标将被放大；如果比例因子介于0和1之间时，那么对象目标将被缩小。

（3）当用户不知道对象究竟需要放大（或缩小）多少倍时，可以采用相对比例的方式来缩放实体。该方式要用户分别确定比例缩放前后的参考长度和新长度。这两个长度的比值就是比例缩放系数，因此将该系数称为相对比例系数。

4.5　改变几何特性类命令

改变几何特性类命令包括倒角、圆角、打断、剪切、延伸、拉长、拉伸等，在对指定对象进行编辑后，将使对象的几何特性发生改变。

4.5.1 “修剪”命令

知识要点 修剪命令用于修剪对象，该命令要求用户首先定义修剪边界，然后选择希望修剪的对象。

执行方法 在 AutoCAD 中执行“修剪”命令（TR）主要有以下 3 种方法：

- 面板：在“默认”选项卡的“修改”面板中单击“修剪”按钮 ⁄-- 。
- 菜单栏：在菜单栏中，选择“修改 | 修剪”菜单命令。
- 命令行：在命令行中输入“TRIM”命令，其快捷键为“TR”。

操作实例 执行“修剪”命令（TR）后，根据提示选择对象，然后依次点取要修剪的对象即可，如图 4-64 所示。操作过程中命令行提示信息如下：

```
命令：_trim                                                    \\ 修剪命令
当前设置：投影 =UCS，边 = 无
选择剪切边 ...
选择对象或 <全部选择>: 找到 1 个                                \\ 选择作为边界的对象
选择对象：  \\ 按回车键
选择要修剪的对象，或按住 Shift 键选择要延伸的对象，或
[ 栏选 (F)/ 窗交 (C)/ 投影 (P)/ 边 (E)/ 删除 (R)/ 放弃 (U)]: 指定对角点：\\ 依次点取要剪切的部分
```

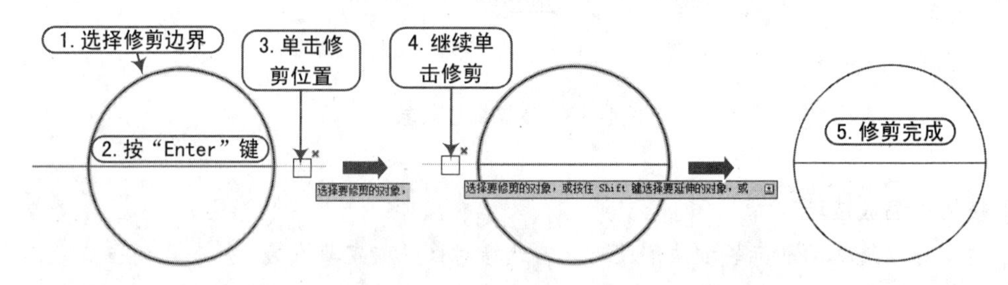

图4-64 修剪图形

选项含义 其中，命令行各主要选项含义如下：

- 选择剪切边：指定一个或多个对象以用作修剪边界。可以分别指定对象，也可以全部选择指定，图形中的所有对象都可以用作修剪边界。
- 要修剪的对象：指定修剪对象。如果有多个可能的修剪结果，那么第一个选择点的位置将决定结果。
- 栏选 (F)：选择与选择栏相交的所有对象。选择栏是一系列临时线段，它们是用两个或多个栏选点指定的。选择栏不构成闭合环。
- 窗交 (C)：选择矩形区域（由两点确定）内部或与之相交的对象。
- 投影 (P)：指定修剪对象时使用的投影方式。
- 边 (E)：确定对象是在另一对象的延长边处进行修剪，还是仅在三维空间中与该对象相交的对象处进行修剪。
- 删除 (R)：删除选定的对象。此选项提供了一种用来删除不需要的对象的简便方式，而无须退出“TRIM”命令。

技巧："修剪"技巧

在提示"选择剪切边，选择对象"时，直接按"Enter"键或空格键，则将所有的对象作为边界对象，然后直接在需要修剪的对象上单击即可。

在进行修剪操作时按住"Shift"键，可转化执行"延伸（EX）"命令。当选择要修剪的对象时，若某条线段未与修剪边界相交，则按住"Shift"键单击该线段，可将其延伸到最近的边界。

4.5.2 "延伸"命令

知识要点 使用"延伸"命令可以将直线、圆弧、椭圆弧、非闭合多段线和射线延伸到一个边界对象，使其与边界对象相交。其与"修剪（TR）"类似，但不同的是，"修剪"命令（TR）会将对象修剪到剪切边，而"延伸"命令（EX）则相反，它会延伸对象至边界。

执行方法 在 AutoCAD 中，执行"延伸"命令（EX）的方法主要有以下 3 种：

- 菜单栏：选择"修改 | 延伸"菜单命令。
- 面板：在"默认"选项卡的"修改"面板中单击"修剪"按钮下的"延伸"按钮--/。
- 命令行：输入"EXTEND"命令，其快捷键为"EX"。

操作实例 执行"延伸"命令（EX）之后，根据提示选择对象，然后依次点取要延伸的对象即可，如图 4-65 所示。操作过程中命令行提示信息如下：

```
命令：EXTEND                                          // 执行"延伸"命令
当前设置：投影 =UCS，边 = 无                          // 显示当前延伸模式
选择边界的边 ...
选择对象或 <全部选择>:                                // 选择延伸边或边界
选择要延伸的对象，或按住 Shift 键选择要修剪的对象，或
[ 栏选 (F)/ 窗交 (C)/ 投影 (P)/ 边 (E)/ 放弃 (U)]:     // 选择延伸模式
```

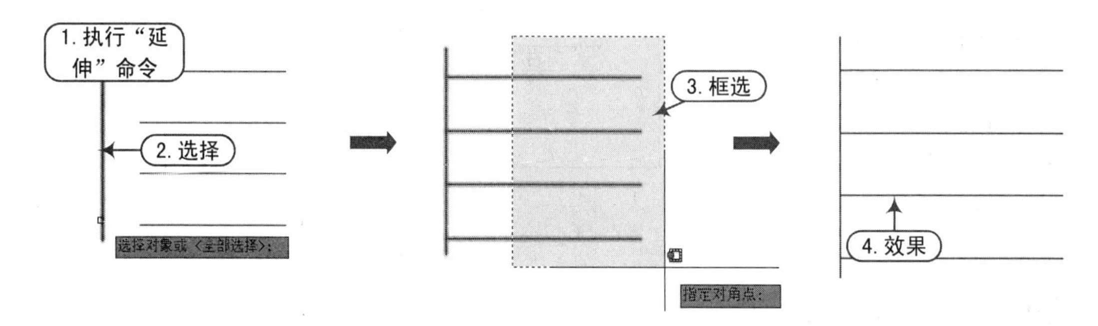

图4-65　延伸直线

技巧："修剪"和"延伸"命令的转换

（1）用户在选择要延伸的对象时，一定要在靠近延伸的端点位置处单击。

（2）在执行"延伸"命令后，按两次空格键，然后直接选择对象上要延伸的端点，同样可以延伸。

（3）在进行延伸操作时按住"Shift"键，可转化执行"修剪（TR）"命令。

4.5.3 "拉伸"命令

知识要点 使用"拉伸"命令（S）可以拉伸、缩短和移动对象，在拉伸对象时，首先要为拉伸对象指定一个基点，然后再指定一个位移点。

使用该命令的关键是：必须使用交叉窗口选择要拉伸的对象。其中，完全包含在交叉窗口中的对象将被移动，而与交叉窗口相交的对象将被拉伸或缩短。

执行方法 在 AutoCAD 中，执行"拉伸"命令（S）的方法有以下 3 种：

- 菜单栏：选择"修改 | 拉伸"菜单命令。
- 面板：在"默认"选项卡的"修改"面板中单击"修剪"按钮下的"拉伸"按钮。
- 命令行：输入"STRETCH"命令，快捷键为"S"。

操作实例 执行"拉伸"命令（S）后，用户通过选择拉伸对象并指定基点和位移即可进行拉伸操作，如图 4-66 所示。执行命令行过程如下：

```
命令 : STRETCH                                    // 执行"拉伸"命令
以交叉窗口或交叉多边形选择要拉伸的对象 ...
选择对象 :                                         // 选择拉伸对象
选择对象 :
指定基点或 [ 位移 (D)] < 位移 >:                    // 拾取拉伸基点
指定第二个点或 < 使用第一个点作为位移 >:              // 指定位移
```

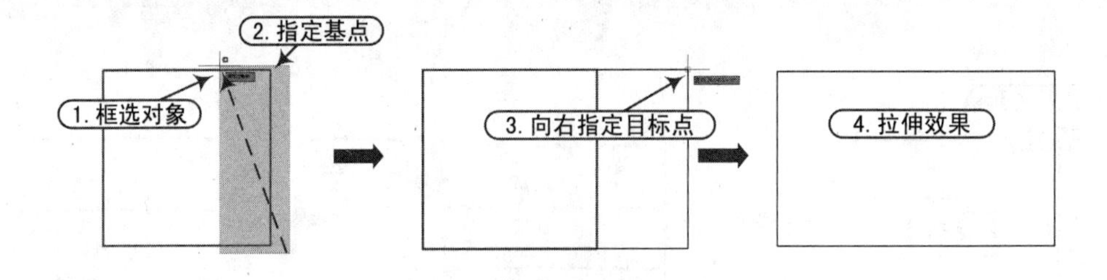

图4-66 拉伸图形

技巧：拉伸的对象

如果对象是文字、块或圆，它们不会被拉伸。使用"拉伸"命令必须使用交叉窗口或者交叉多边形选择对象，当对象整体在交叉窗口选择范围内时，它们只可以被移动，与交叉窗口相交的对象被拉伸。

4.5.4 “拉长”命令

知识要点 “拉长”命令（LEN）用于改变非封闭对象的长度，包括直线或弧线。但对于封闭的对象，则该命令无效。

执行方法 在 AutoCAD 中，执行“拉长（LEN）”命令的方法有以下 3 种：

- 菜单栏：选择“修改 | 拉长”菜单命令。
- 面板：在“默认”选项卡的“修改”面板中，单击“拉长”按钮。
- 命令行：输入“LENGTHEN”命令，其快捷键为“LEN”。

操作实例 执行“拉长”命令（LEN）后，根据命令行提示可以将直线或圆弧进行拉长，如图 4-67 所示。命令行提示如下：

```
命令 : LENGTHEN                                        \\ 执行“拉长”命令
选择对象或 [ 增量 (DE)/ 百分数 (P)/ 全部 (T)/ 动态 (DY)]: DE    \\ 选择“增量”选项
输入长度增量或 [ 角度 (A)] <0.00>: 10                      \\ 输入要增长的距离 10
选择要修改的对象或 [ 放弃 (U)]:                            \\ 拾取线段要增长的一端
```

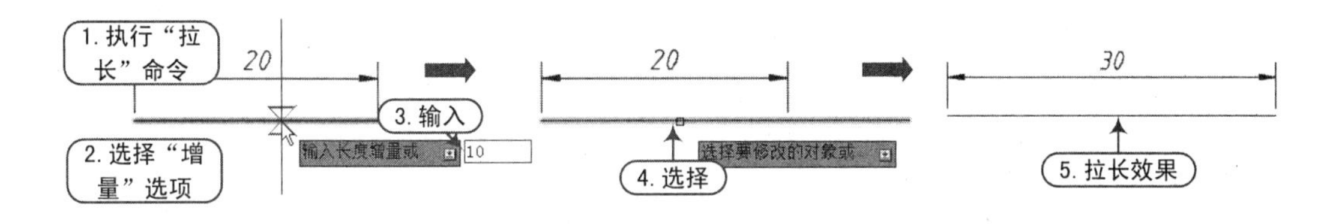

图4-67　拉长直线

选项含义 此时，应首先利用各选项设置拉长参数，然后选择希望拉长的对象。这些选项的含义如下。

- 增量 (DE)：通过设定长度增量或角度增量改变对象的长度。
- 百分数 (P)：使直线或圆弧按百分数改变长度。
- 全部 (T)：根据直线或圆弧的新长度或圆弧的新包含角改变长度。
- 动态 (DY)：以动态方式改变圆弧或直线的长度。

4.5.5 “打断”命令

“打断”命令与“打断于点”命令在 AutoCAD 2016 中实际上是同一个命令，都对应于 Break 命令，其区别是：执行“打断”命令时需要指定图形对象上的两点，将对象打断后立即将这两点之间的部分删除；而“打断于点”命令只需指定一个点，将一个图形对象从该点处打断，打断成两个对象，却并不删除任何部分。

执行“打断”命令（BR）的方式如下。

- 菜单栏：选择“修改 | 打断”命令。
- 面板：在“默认选项卡”的“修改”面板中单击“打断”按钮。
- 命令行：在命令行输入或动态输入“Break”命令，其快捷键为“BR”。

启动命令后，根据命令行提示进行操作，即可以进行打断，如图 4-68 所示。

```
命令 : BREAK                                  \\ 执行“打断”命令
选择对象 :                                    \\ 选择直线并确定打断第一点
指定第二个打断点 或 [ 第一点 (F)]:            \\ 指定打断第二点
```

1. 选择并确定
打断的第一点
2. 选择第二点
3. 打断效果

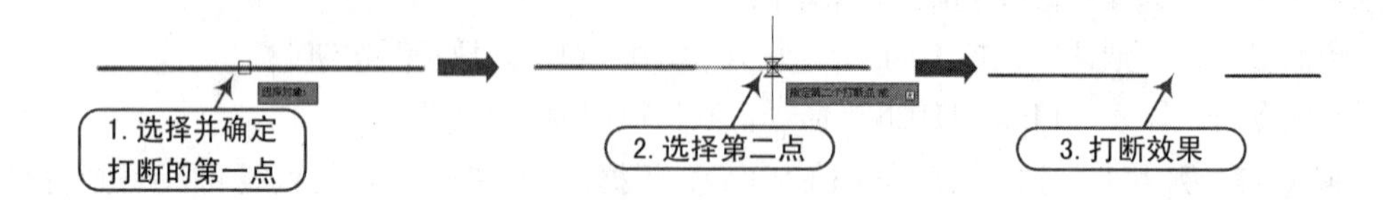

图4-68　打断对象

4.5.6 “打断于点”命令

在 AutoCAD 中，“打断于点”命令（BR）是从“打断”命令中派生出来的，此命令可以将对象在一点处分割成两个对象。其分割对象为非封闭对象，如直线、圆弧、多段线等；对于闭合类型的对象，如圆和椭圆等，无法进行分割。

在 AutoCAD 中，执行“打断于点（BR）”命令的方式有以下两种。

- 面板：在“默认”选项卡的“修改”面板上单击“打断于点”按钮。
- 命令行：在命令行输入或动态输入“Break”命令，其快捷键为“BR”。

执行上述操作后，选择对象，再单击拾取一点，即可将线段进行打断，如图 4-69 所示。

```
命令 : BREAK                                  // 执行“打断于点”命令
选择对象 :
指定第二个打断点 或 [ 第一点 (F)]: _f
指定第一个打断点 :                            // 拾取打断点
指定第二个打断点 : @                          // 系统自动忽略此提示
```

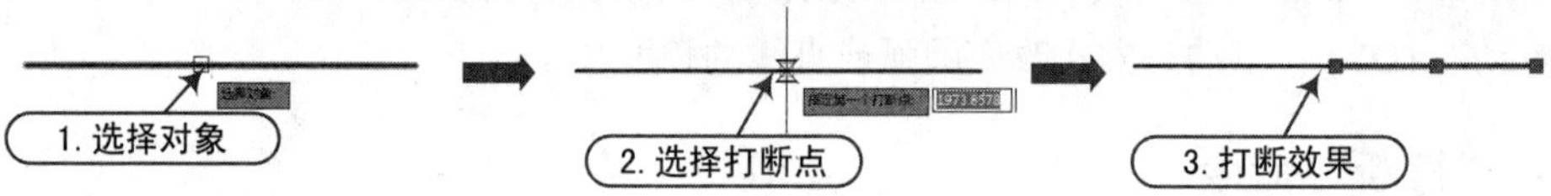

1. 选择对象
2. 选择打断点
3. 打断效果

图4-69　打断于点操作

技巧：打断圆或圆弧

在对圆或圆弧图形使用打断命令时，系统会自动按逆时针方向把第一个断点和第二个断点之间的那段圆弧删除，如图 4-70 所示。

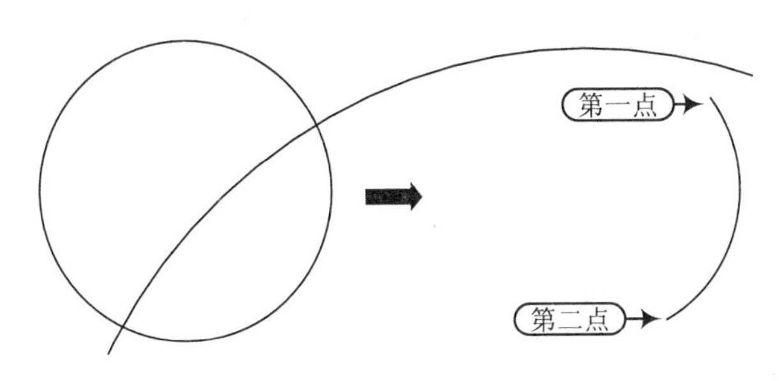

图4-70　圆弧的打断操作

4.5.7 “合并”命令

知识要点使用“合并”命令（J）可以将多个同类对象的线段合并成单个对象。其中合并的对象可以是直线、多段线、圆弧、椭圆弧和样条曲线等。

执行方法在 AutoCAD 中，执行“合并（J）”命令的方式如下：

- 菜单栏：选择“修改 | 合并”菜单命令。
- 面板：在“默认”选项卡的“修改”面板中单击“合并”按钮 ⁺⁺ 。
- 命令行：输入“JOIN”命令，快捷键为“J”。

操作实例执行“合并（J）”命令后，根据命令行提示，选择要合并的对象即可，如图 4-71 所示。命令行提示如下：

```
命令: JOIN                                    \\ 执行“合并”命令
选择源对象或要一次合并的多个对象 : 找到 1 个      \\ 选择合并源对象
选择要合并的对象 : 找到 1 个，总计 2 个
选择要合并的对象 :                               \\ 选择要合并到的对象
2 条圆弧已合并为 1                               \\ 系统自动进行合并操作
```

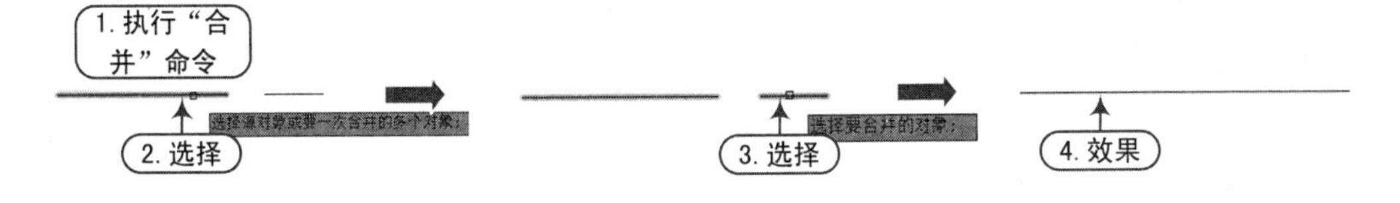

图4-71　合并直线

技巧：图形合并的条件

在使用“合并”命令时需要注意：合并直线时要求要合并的直线必须共线（位于同一无限长的直线上），它们之间可以有间隙；如果要合并圆弧，那么待合并的圆弧必须位于同一假想的圆上，如图 4-72 所示，否则不能进行合并操作。所以平行的直线是不能进行合并操作的。

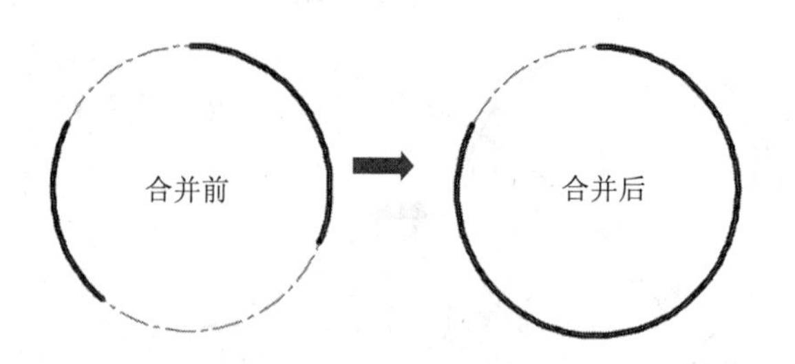

图4-72　合并圆弧

4.5.8 “倒角”命令

知识要点 “倒角”命令（CHA）用于在两条不平行的直线间通过指定距离绘制一个斜角。倒角距离是每个对象与倒角线相接或与其他对象相交而进行修剪或延伸的长度。

执行方法 在 AutoCAD 中，执行“倒角（CHA）”命令的方式有以下 3 种：

- 菜单栏：选择“修改 | 倒角”菜单命令。
- 面板：在“默认”选项卡的“修改”面板中单击“倒角”按钮。
- 命令行：输入“CHAMFER”命令，在快捷键为“CHA”。

操作实例 执行“倒角”命令（CHA）后，根据命令行提示指定倒角距离，然后选择两条倒角边即可进行倒角操作，如图 4-73 所示。命令行显示如下：

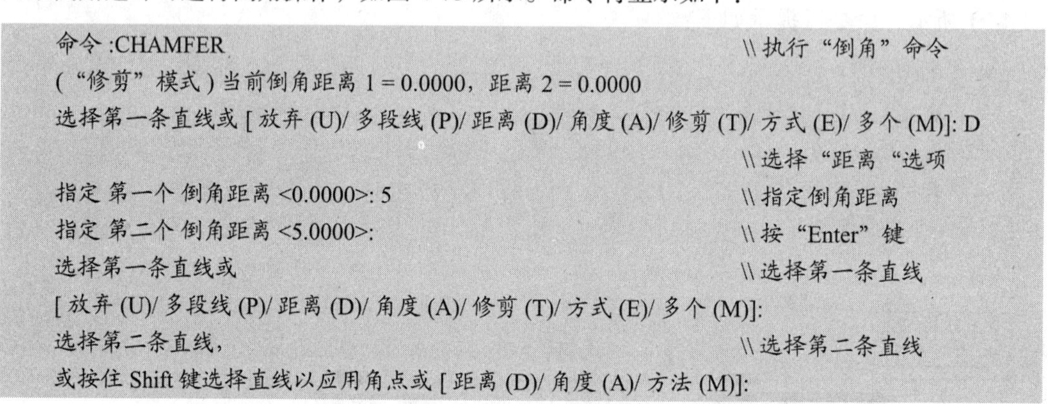

```
命令 :CHAMFER                                                     \\ 执行“倒角”命令
(“修剪”模式) 当前倒角距离 1 = 0.0000，距离 2 = 0.0000
选择第一条直线或 [ 放弃 (U)/ 多段线 (P)/ 距离 (D)/ 角度 (A)/ 修剪 (T)/ 方式 (E)/ 多个 (M)]: D
                                                                  \\ 选择“距离“选项
指定 第一个 倒角距离 <0.0000>: 5                                   \\ 指定倒角距离
指定 第二个 倒角距离 <5.0000>:                                     \\ 按“Enter”键
选择第一条直线或                                                   \\ 选择第一条直线
[ 放弃 (U)/ 多段线 (P)/ 距离 (D)/ 角度 (A)/ 修剪 (T)/ 方式 (E)/ 多个 (M)]:
选择第二条直线，                                                   \\ 选择第二条直线
或按住 Shift 键选择直线以应用角点或 [ 距离 (D)/ 角度 (A)/ 方法 (M)]:
```

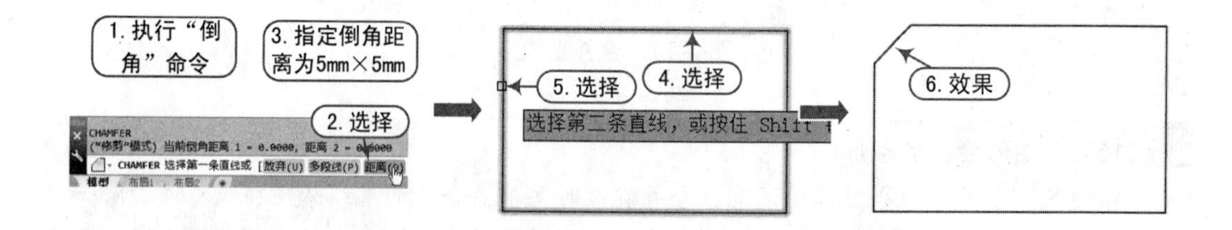

图4-73　倒角操作

选项含义 执行“倒角”命令（CHA）的过程中，各选项的含义如下。

- 选择第一条直线：指定定义二维倒角所需的两条边中的第一条边。

- 放弃 (U)：恢复在命令中执行的上一个操作。
- 多段线 (P)：对整个二维多段线倒角。
- 距离 (D)：设定倒角至选定边端点的距离。
- 角度 (A): 用第一条线的倒角距离和第二条线的角度设定倒角距离。
- 修剪 (T)：控制倒角是否将选定的边修剪到倒角直线的端点。
- 方式 (E): 控制倒角使用两个距离还是一个距离和一个角度来创建倒角。
- 多个 (M)：为多组对象的边倒角。

技巧："长度和角度"倒角

在绘制图纸的过程中，经常会遇到"N×45°"倒角，执行 45° 倒角效果与距离倒角"N×N"的效果相同（N 为相同距离）。

4.5.9 "圆角"命令

知识要点 "圆角"命令（F）主要用于将两个图形对象用指定半径的圆弧光滑连接起来。其中，可以圆角的对象包括直线、多段线、样条曲线、构造线等。

执行方法 执行"圆角"命令（F）的主要方法有以下 3 种：

- 菜单栏：选择"修改 | 圆角"菜单命令。
- 面板：在"默认"选项卡的"修改"面板中单击"圆角"按钮。
- 命令行：输入"FILLET"命令，快捷键为"F"。

操作实例 利用"圆角"命令（F）完成如图 4-74 所示图形的绘制，其操作步骤如下：

```
命令：_FILLET                                   \\ 执行"圆角"命令
选择第一个对象或 [ 放弃 (U)/ 多段线 (P)/ 半径 (R)/ 修剪 (T)/ 多个 (M)]:R\\ 输入 R，按 Enter 键
指定圆角半径 <10.0000>:10                       \\ 输入 10，按 Enter 键
选择第一个对象或 [ 放弃 (U)/ 多段线 (P)/ 半径 (R)/ 修剪 (T)/ 多个 (M)]:
                                                \\ 如图 4-74 所示，选择上面的边作为第一个对象
选择第二个对象，或按住 Shift 键选择对象以应用角点或 [ 半径 (R)]:
                                                \\ 如图 4-74 所示，选择下面的边作为第二个对象
```

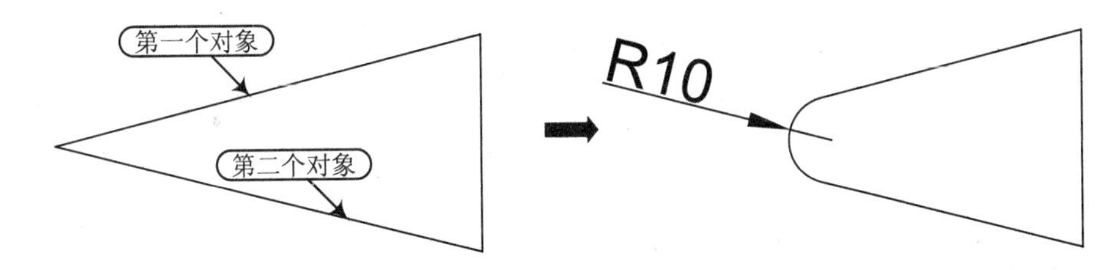

图4–74　圆角操作

选项含义 命令行提示中，各主要选项含义如下。

- 选择第一个对象：选择定义二维圆角所需的两个对象中的第一个对象。

- 放弃 (U)：恢复在命令中执行的上一个操作。
- 多段线 (P)：在二维多段线中两条直线段相交的每个顶点处插入圆角圆弧。
- 半径 (R)：定义圆角圆弧的半径。输入的值将成为后续 FILLET 命令的当前半径。修改此值并不影响现有的圆角圆弧。
- 修剪 (T)：控制圆角是否将选定的边修剪到圆角圆弧的端点。
- 多个 (M)：给多个对象集加圆角。

实例——电话的绘制

案例	座机电话 .dwg
视频	电话的绘制 .avi

本实例以“矩形”、“偏移”、“阵列”“移动”、“圆角”等命令绘制如图 4-75 所示的电话机为例，首先利用“矩形”命令绘制电话机轮廓，然后绘制电话机的键盘和屏幕。具体绘图步骤如下：

图4–75　电话

实战要点“圆角”命令的使用方法。

操作步骤

Step 01 新建文件。正常启动 AutoCAD 2016 软件，执行“文件 | 新建”命令，新建一个图形文件；然后在“快速访问”工具栏中，单击“保存”按钮，将其保存为“案例 \04\ 座机电话 .dwg”文件。

Step 02 绘制矩形。执行“矩形”命令（REC），在绘图区域空白位置绘制一个 200mm × 250mm 的矩形，如图 4-76 所示。

Step 03 圆角操作。执行“圆角”命令（F），设置圆角半径为 20mm，将矩形的 4 个角进行半圆角操作，效果如图 4-77 所示。其命令执行过程如下：

```
命令：FILLET                                                  \\执行“圆角”命令
当前设置：模式＝修剪，半径＝10.0000
选择第一个对象或[放弃(U)/多段线(P)/半径(R)/修剪(T)/多个(M)]: r     \\选择半径选项
指定圆角半径:20                                               \\输入圆角半径20
选择第一个对象或[放弃(U)/多段线(P)/半径(R)/修剪(T)/多个(M)]: p     \\选择矩形的一条边
选择二维多段线或[半径(R)]:                                      \\选择矩形相临边
4条直线已被圆角
```

Step 04 分解矩形。执行“分解”命令（X），选择上步圆角后的矩形，将其进行分解。

Step 05 偏移直线。执行“偏移”命令（O），将左侧的垂直线段以及上下两条水平线向内偏移10mm，如图4-78所示。

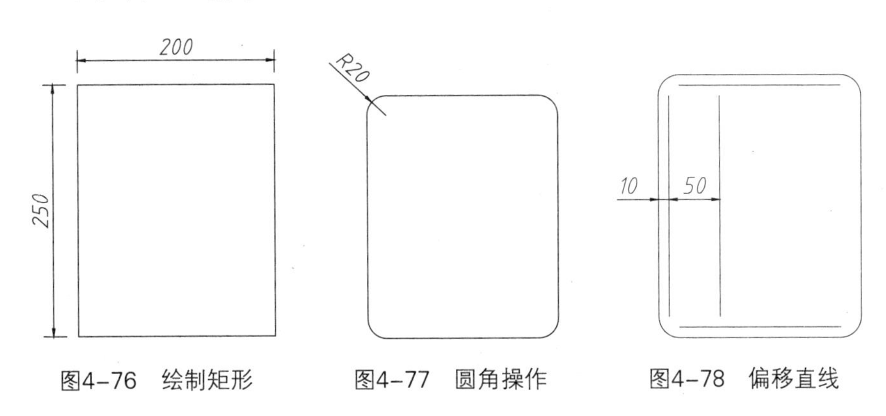

图4-76 绘制矩形　　图4-77 圆角操作　　图4-78 偏移直线

Step 06 连接直线。再次执行“圆角”命令（F），设置圆角半径为0，对上步偏移好的直线进行连接，效果如图4-79所示。

```
命令：FILLET
当前设置：模式＝修剪，半径＝10.0000
选择第一个对象或[放弃(U)/多段线(P)/半径(R)/修剪(T)/多个(M)]: r
指定圆角半径:0                                                \\设置圆角半径为0
选择第一个对象或[放弃(U)/多段线(P)/半径(R)/修剪(T)/多个(M)]: p     \\选择垂直边
选择第二个对象，或按住Shift键选择对象以应用角点或[半径(R)]:          \\选择水平边
```

Step 07 绘制电话屏幕。执行“矩形”命令（REC）绘制一个80mm×40mm的矩形，并将其移动到相应位置，如图4-80所示。

Step 08 绘制按键。执行“矩形”命令（REC），绘制一个25mm×20mm圆角半径为5mm的圆角矩形。执行“阵列”命令（AR），选择圆角矩形，将其阵列复制成4行、3列，列间距为35mm，行间距为30mm的矩形阵列效果，如图4-81所示。命令行提示与操作如下:

```
命令：ARRAYRECT                                       \\执行“矩形阵列”命令
选择对象：找到1个                                      \\选择圆角矩形对象
选择对象：
类型＝矩形 关联＝是
选择夹点以编辑阵列或[关联(AS)/基点(B)/计数(COU)/间距(S)/列数(COL)/行数(R)/层数(L)/
退出(X)]<退出>: r                                       \\选择“行数（R）”选项
```

输入行数数或 [表达式 (E)] <0>: 4 \\ 设置行数为 4
指定 行数 之间的距离或 [总计 (T)/ 表达式 (E)] <0>: 300 \\ 输入间距 30
指定 行数 之间的标高增量或 [表达式 (E)] <0>: \\ 按 "Enter" 键
选择夹点以编辑阵列或 [关联 (AS)/ 基点 (B)/ 计数 (COU)/ 间距 (S)/ 列数 (COL)/ 行数 (R)/ 层数 (L)/ 退出 (X)] < 退出 >: COL \\ 选择 "列数 (COL)" 选项
输入列数数或 [表达式 (E)] <4>: 1 \\ 设置列数为 3
指定 列数 之间的距离或 [总计 (T)/ 表达式 (E)] <954.5942>: 35 \\ 设置列间距为 35

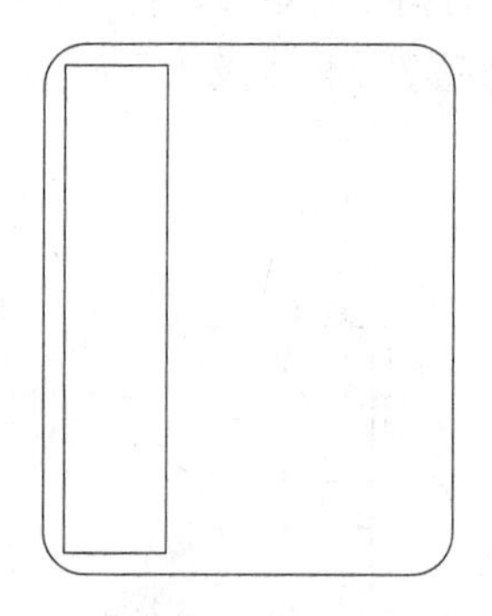
图4-79 连接直线

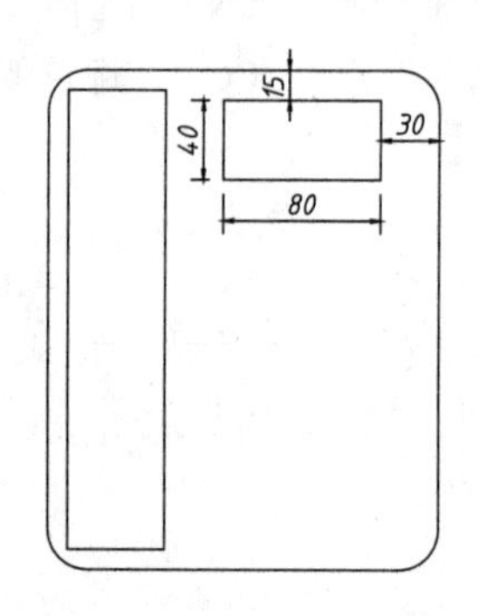

图4-80 偏移、圆角

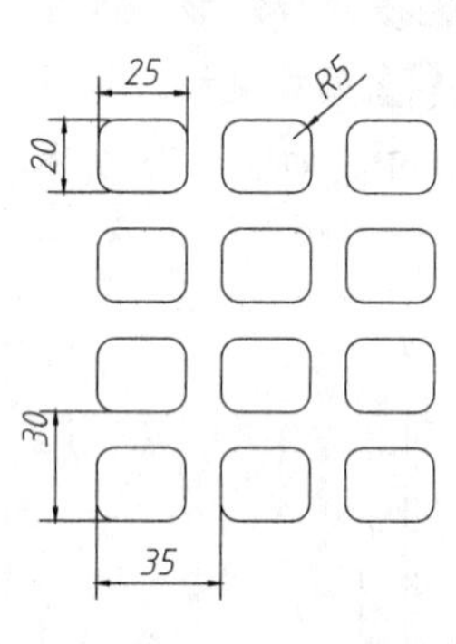

图4-81 绘制阵列矩形

Step 09 绘制椭圆按键。执行 "椭圆" 命令（EL），在矩形按键下方绘制长轴为 15mm，半轴为 5mm 的椭圆。然后执行 "复制" 命令（CO），选择椭圆，将其水平复制出 4 份，其间距均为 25mm，如图 4-82 所示。

Step 10 复制椭圆按键。再次执行 "复制" 命令（CO），将上一步绘制的按键向上复制一份，效果如图 4-83 所示。

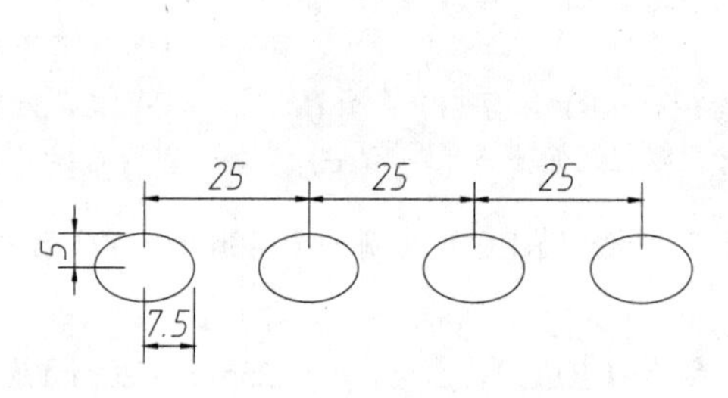

图4-82 绘制并复制椭圆

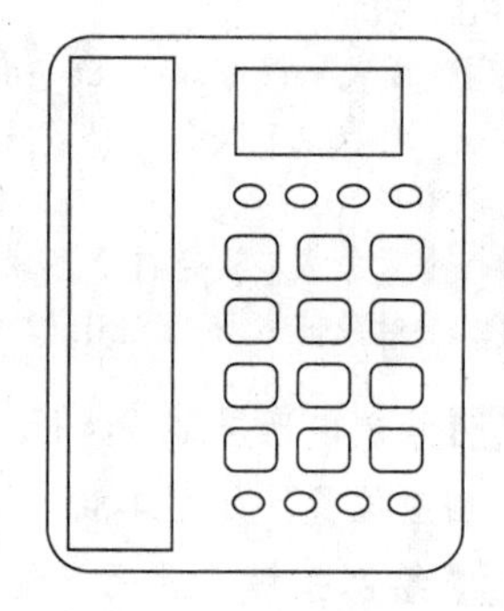
图4-83 复制椭圆按键

Step 11 输入文字。执行 "文字" 命令（DT），在按键上输入相应的数字和字母，效果如图 4-75 所示。

Step 12 保存图形。至此，电话绘制完成，按 "Ctrl+S" 组合键，将文件进行保存。

4.5.10 "分解" 命令

知识要点 "分解" 命令用于分解一个复杂的图形对象。例如，它可以使块、阵列对象、填充图案和关联的尺寸标注从原来的整体化为分离的对象；它也能使多线段、多线和草图线等分解成独立的、简单的直线段和圆弧对象，如图 4-84 所示。

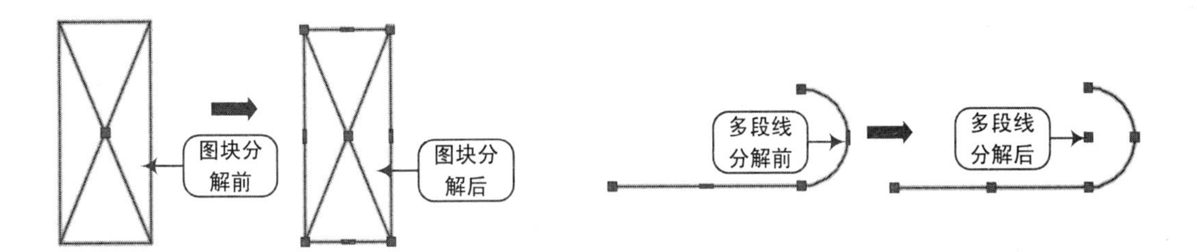

图4–84　分解图形

执行方法 执行“分解”命令（X）的主要方法有以下 3 种：

- 菜单栏：选择“修改 | 分解”菜单命令。
- 面板：在“默认”选项卡的“修改”面板中单击“分解”按钮 。
- 命令行：输入“EXPLODE”命令，快捷键为“X”。

执行“分解”命令（X）后，命令行提示如下：

```
命令：EXPLODE                                      \\ 执行“分解”命令
选择对象：找到 1 个                                 \\ 选择要分解的对象
```

使用“分解”命令（X）时，应注意以下三点：

- 可以分解图块、剖面线、多线、尺寸标注线、多段线、矩形、多边形、三维曲面和三维实体。
- 具有宽度值的多段线分解后，其宽度值为 0。
- 带有属性的图块分解后，其属性值将被还原为属性定义的标记。

4.6　综合实战——组合沙发的绘制

案例	组合沙发 .dwg
视频	组合沙发的绘制 .avi

本实例利用二维绘图命令和本章所学的“偏移”、“修剪”、“圆角”、“镜像”等编辑命令，绘制出一套组合沙发图形。具体绘图步骤如下：

实战要点 ①综合二维绘图命令的使用；②综合二维编辑命令的使用方法。

操作步骤

Step 01 新建文件。正常启动 AutoCAD 2016 软件，执行“文件 | 新建”命令，新建一个图形文件；然后执行“文件 | 保存”命令，将文件保存为“案例 \04\ 组合沙发 .dwg”文件。

Step 02 绘制矩形。执行“矩形”命令（REC），绘制一条长度为 2040mm，宽度为

720mm 的矩形，如图 4-85 所示。

Step 03 分解矩形。执行“分解”命令（X），将上一步绘制的矩形进行“分解”操作。

Step 04 偏移直线。执行“偏移”命令（O），将上一步偏移后的矩形进行偏移操作，如图 4-86 所示。

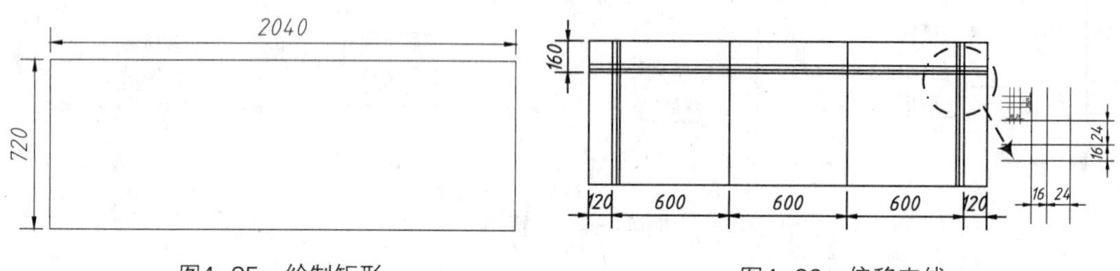

图4-85　绘制矩形　　　　图4-86　偏移直线

Step 05 圆角操作。执行“圆角”命令（F），设置圆角半径为 40mm，对图形进行圆角操作，采用同样的方法分别设置圆角半径为 56mm、80mm、200mm，对图形进行圆角操作，如图 4-87 所示。

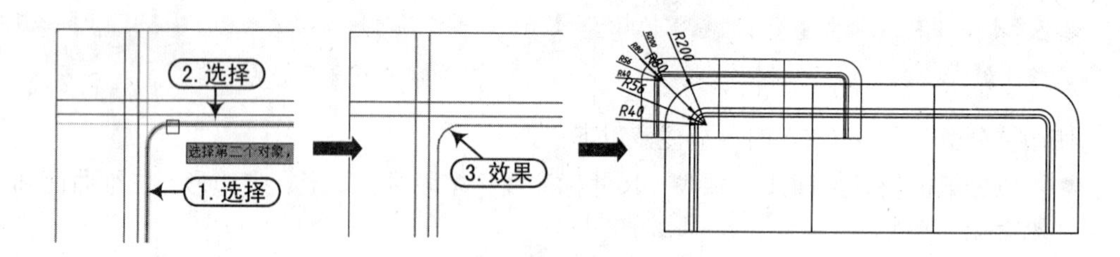

图4-87　圆角操作

Step 06 修剪图形。执行“修剪”命令（TR），选择第二条水平直线作为修剪边界，对中间的两条垂直线段进行修剪，如图 4-88 所示。

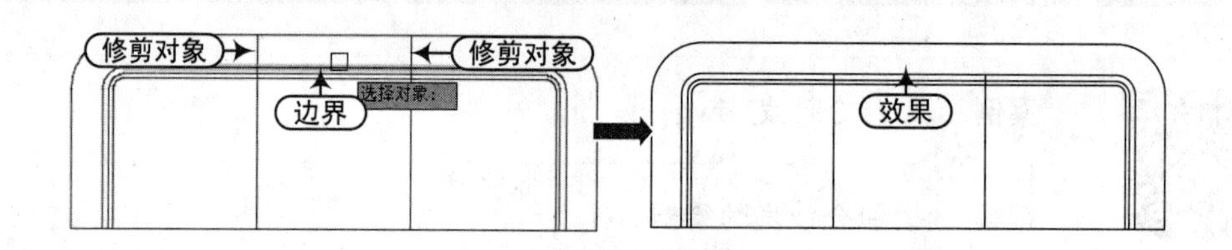

图4-88　修剪直线

Step 07 圆角操作。再次执行“圆角”命令（F），设置圆角半径为 40mm，设置修剪模式为“不修剪”，对图形进行圆角，如图 4-89 所示。

Step 08 修剪图形。再次执行“修剪”命令（TR），修剪掉多余的线段，如图 4-90 所示。

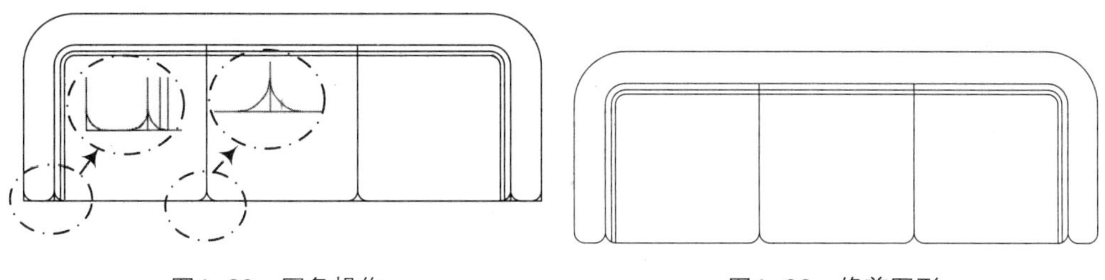

图4-89　圆角操作　　　　图4-90　修剪图形

Step 09 绘制单人沙发。执行“复制”命令（CO），将三人沙发复制一份；执行“删除”命令（E），删除多余的线段；然后执行“拉伸”命令（S），将图形缩短为单人沙发，如图4-91所示。

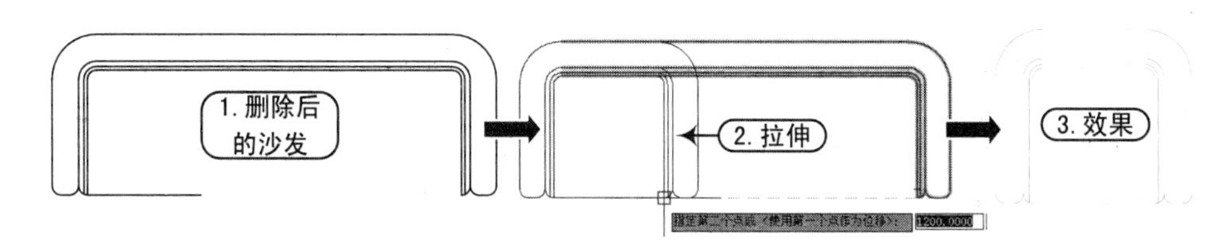

图4-91　绘制单人沙发

Step 10 移动单人沙发。执行“移动”命令（M）、“旋转”命令（RO），将单人沙发移动至三人沙发的相应位置，如图4-92所示。

Step 11 绘制茶几和灯具。执行“矩形”命令（REC），绘制一个500mm×500mm的矩形，然后捕捉矩形中心点绘制两个半径分别为120mm、190mm的同心圆，如图4-93所示。

Step 12 绘制直线。执行“直线”命令（L），捕捉圆的象限点绘制直线，并利用“拉长”命令将直线向圆外拉长50mm，如图4-94所示。

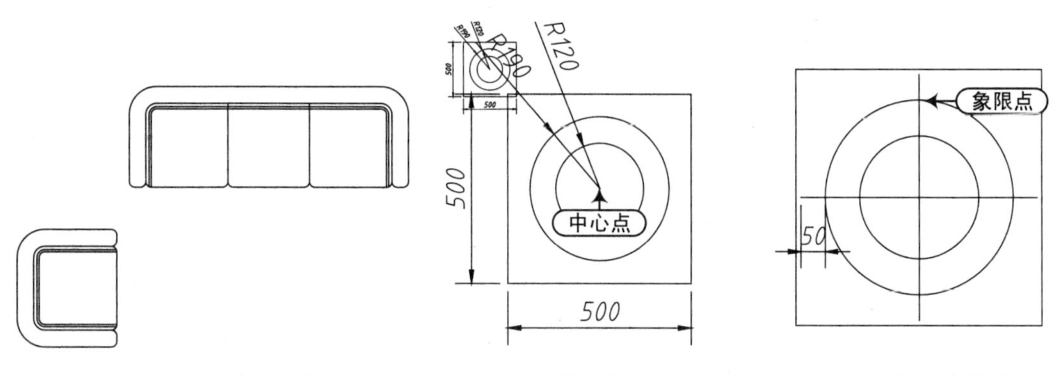

图4-92　移动单人沙发　　　　图4-93　绘制矩形和圆　　　　图4-94　绘制十字线

Step 13 镜像图形。执行“镜像”命令（MI），选择左侧的单人沙发图形和茶几组合，以三人沙发作为镜像线，对图形进行镜像操作，如图4-95所示。

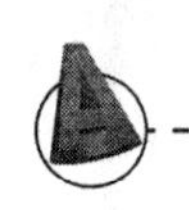

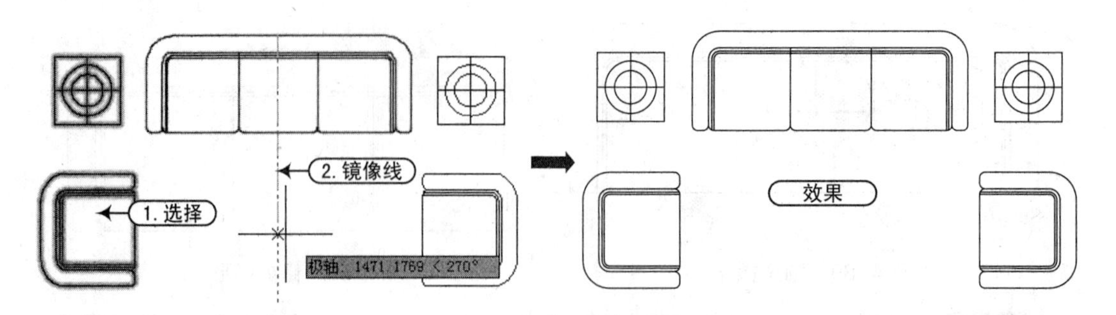

图4-95　镜像图形

Step 14 绘制地毯和茶几。执行“矩形”命令（REC），绘制3个矩形作为茶几和地毯图形，并对其进行修剪，对图形进行镜像操作，如图4-96所示。

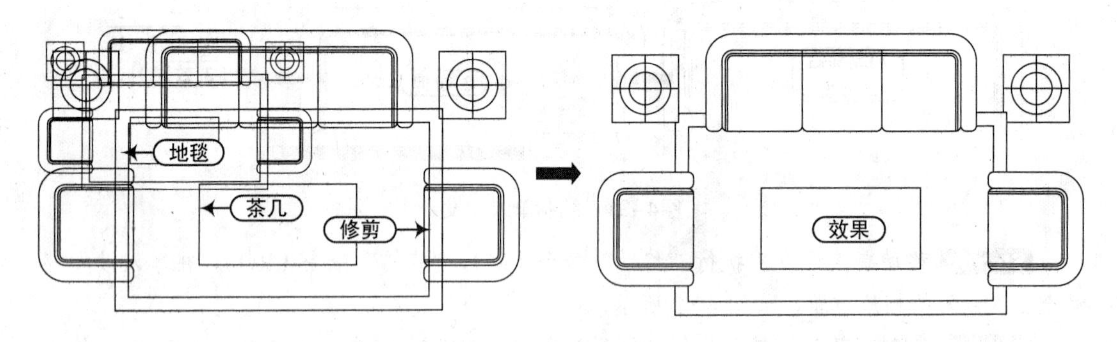

图4-96　绘制地毯和茶几

Step 15 保存图形。图形绘制完成，按“Ctrl+S”组合键，将文件进行保存。

05

复杂图形的绘制与编辑

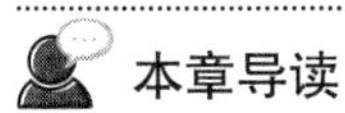

本章导读

本章主要讲解多段线、样条曲线、多线绘图命令及高级对象编辑功能。

另外，还将对 AutoCAD 的钳夹（夹点编辑）、面域及图案填充编辑功能进行讲解，这些编辑功能也是我们经常在绘图中会用到的功能，希望大家能够重点掌握。

本章内容

- 多段线的绘制与编辑
- 样条曲线的绘制与编辑
- 多线的绘制与设置
- 对象编辑命令
- 面域与图案填充
- 综合实战——地面拼花图例的绘制

本章视频集

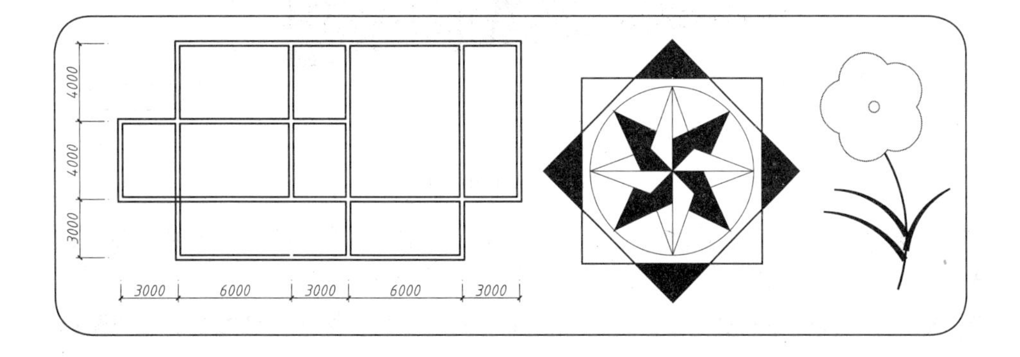

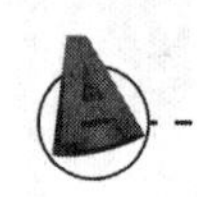

5.1 多段线的绘制与编辑

多线段是一种线段和圆弧组合而成的可以有不同线宽的多线，这种线由于其组合形式的多样和线宽的不同，弥补了直线和圆弧功能的不足，适合绘制各种复杂的图形轮廓，因而得到了广泛应用。

5.1.1 多段线的绘制

执行方法 在 AutoCAD 2016 中，用户可以通过以下几种方法绘制多段线：

- 菜单栏：选择“绘图 | 多段线”菜单命令。
- 面板：在“默认”选项卡的“绘图”面板中，单击“多段线”按钮。
- 命令行：输入“PLINE”命令，其快捷键为“PL”。

操作实例 执行“多段线”命令（PL）后，根据如下提示，即可绘制多段线，如图 5-1 所示。

```
命令 : PLINE                                                   \\ 执行“多段线”命令
指定起点 :                                                      \\ 确定多段线的起点
当前线宽为 0.0000
指定下一个点或 [ 圆弧 (A)/ 半宽 (H)/ 长度 (L)/ 放弃 (U)/ 宽度 (W)]:  \\ 选择“宽度（W）”选项
指定起点宽度 <0.0000> : 0                                       \\ 确定起点宽度
指定端点宽度 <0.0000> : 10                                      \\ 确定端点宽度
指定下一点或 [ 圆弧 (A)/ 闭合 (C)/ 半宽 (H)/ 长度 (L)/ 放弃 (U)/ 宽度 (W)]:100
                                                               \\ 确定多段线的长度
指定下一点或 [ 圆弧 (A)/ 闭合 (C)/ 半宽 (H)/ 长度 (L)/ 放弃 (U)/ 宽度 (W)]:
                                                               \\ 按“Enter”键确定
```

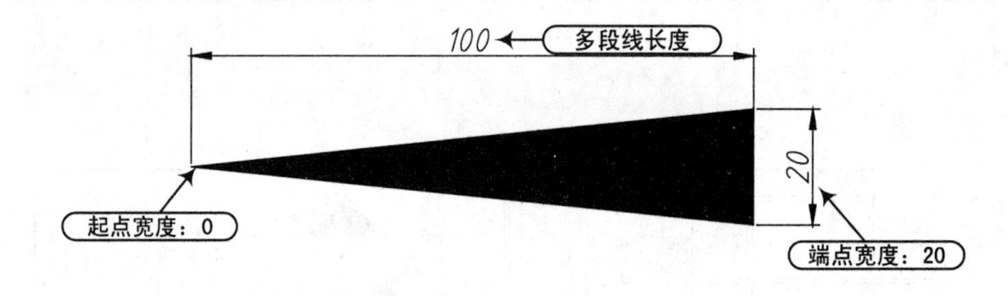

图5-1　绘制多段线

选项含义 在执行“多段线”命令（RL）的过程中，命令行各主要选项含义如下。

- 圆弧 (A)：从绘制直线方式切换到绘制圆弧方式，如图 5-2 所示。
- 半宽 (H)：设置多线段的一半宽度，用户可分别指定多段线的起点半宽和端点半宽。图 5-3 所示为宽度和半宽值相同时的对比。

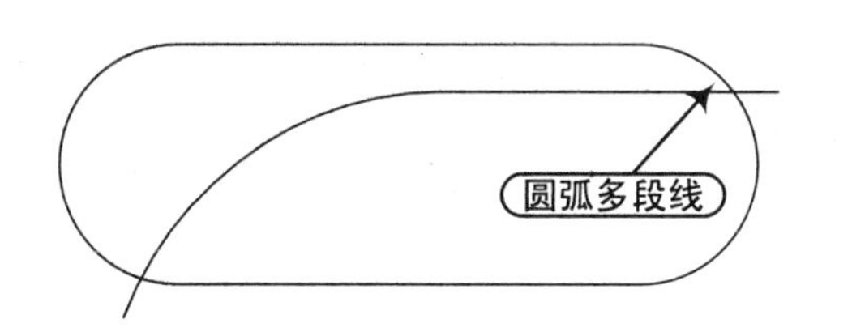

图5-2 圆弧的绘制

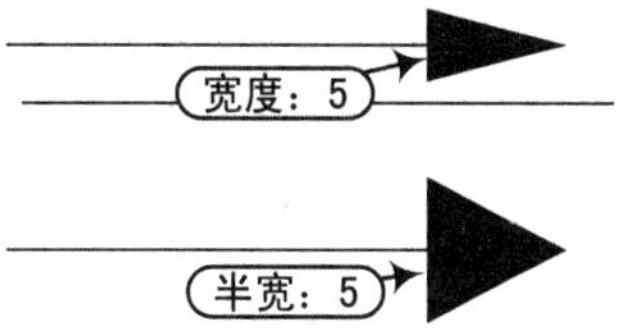

图5-3 半宽与宽度对比

- 长度 (L)：指定绘制直线段的长度。
- 放弃 (U)：删除多线段上的上一段对象（直线段或圆弧），从而方便用户及时修改在绘制多段线过程中出现的错误。
- 宽度 (W)：用于设定多段线线宽，默认值为 0。多段线初始宽度和结束宽度可分别设置不同的值，从而绘制出诸如箭头之类的图形，如图 5-4 所示。
- 闭合 (C)：与起点闭合，并结束命令。如果绘制的多段线的宽度大于 0 时，若需要绘制的多段线闭合，一定要选择“闭合 (C)”选项，这样才能使其完全闭合，否则即使起点与终点重合，也会出现缺口现象，如图 5-5 所示。

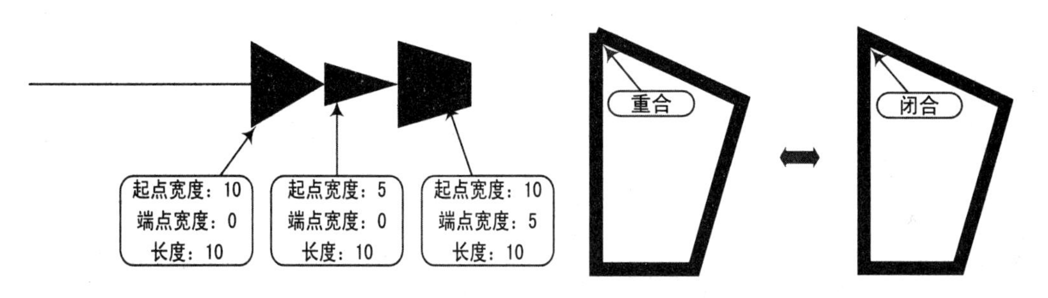

图5-4 宽度对比

图5-5 多段线的闭合与重合

技巧：多段线宽度的显示控制

当用户设置了多段线的宽度时，可通过 Fill 变量来设置是否对多段线进行填充。如果设置为“开（ON）”，则表示填充；若设置为“关（OFF）”，则表示不填充，如图 5-6 所示。

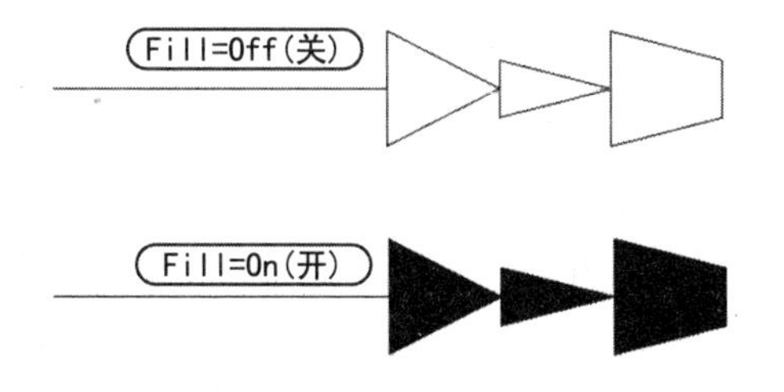

图5-6 是否填充多段线

5.1.2 多段线的编辑

知识要点 通过“编辑多段线”命令（PE）可以对多段线进行编辑，以满足用户的不同需求。

执行方法 在AutoCAD 2016中，用户可以通过以下3种方法来编辑多段线：

- 菜单栏：选择“修改|对象|多段线”菜单命令。
- 快捷菜单：选择要编辑的多段线对象并右击，在弹出的快捷菜单上选择“多段线|编辑多段线”命令。
- 命令行：输入“PEDIT”命令，其快捷键为“PE”。

操作实例 执行“编辑多段线”命令（PE）后，命令行提示如下：

```
命令 : PEDIT
选择多段线或 [ 多条 (M)]:
选择多段线或 [ 多条 (M)]:
输入选项 [ 闭合 (C)/ 合并 (J)/ 宽度 (W)/ 编辑顶点 (E)/ 拟合 (F)/ 样条曲线 (S)/ 非曲线化 (D)/ 线型生成 (L)/ 反转 (R)/ 放弃 (U)]: W
```

选项含义 在执行“编辑多段线”命令（PE）的过程中，其各主要选项含义如下。

- 闭合(C)：用于闭合开放的多段线，使其首尾连接。
- 合并(J)：用于将多线段或曲线合并为一条线段，可以合并首尾相连的线段或曲线。
- 宽度(W)：为整个多段线指定新的宽度。
- 编辑顶点(E)：用于编辑多段线的顶点，当前处于编辑状态的点以X标记。
- 拟合(F)：将多段线的拐角进行光滑的圆弧曲线连接。
- 样条曲线(S)：用于将多段线转换为拟合曲线。
- 非曲线化(D)：删除由拟合曲线或样条曲线插入的多余顶点，拉直多段线的所有线段。
- 线型生成(L)：生成经过多段线顶点的连续图案线型。
- 反转(R)：反转多段线顶点的顺序。使用此选项可反转使用包含文字线型的对象的方向。例如，根据多段线的创建方向，线型中的文字可能会倒置显示。
- 放弃(U)：还原操作，可一直返回任务开始时的状态。

实例——压力表的绘制

案例	压力表.dwg
视频	压力表的绘制.avi

本案例利用“多段线”及“圆”、“旋转”命令绘制一个如图5-7所示的压力表图例。首先利用“圆”命令绘制压力表轮廓，再执行“多段线”命令绘制一段宽线和指针。具体操作步骤如下：

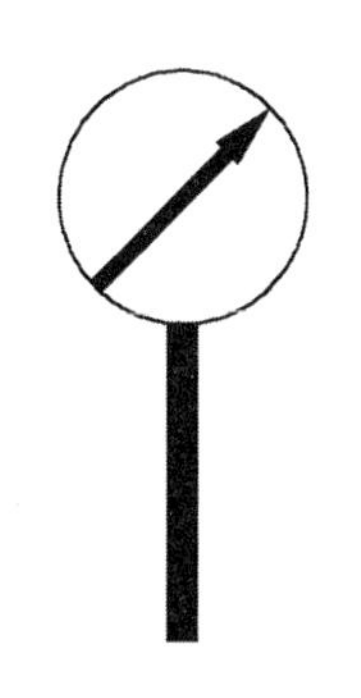

图5-7 压力表图例

实战要点①多段线的绘制；②设置多段线宽度的方法。

操作步骤

Step 01 新建文件。正常启动 AutoCAD 2016 软件，执行“文件 | 新建”命令，新建一个图形文件；然后执行“文件 | 保存”命令，将文件保存为“案例 \05\ 压力表 .dwg”文件。

Step 02 绘制圆。执行“圆”命令（C），在绘图区域中心位置绘制一个半径为 8mm 的圆，如图 5-8 所示。

Step 03 绘制宽线。执行“多段线”命令（PL），捕捉上一步绘制的圆的下象限点，绘制一个起点和端点宽度均为 12mm、长度为 20mm 的宽线。如图 5-9 所示。命令行提示与操作如下：

Step 04 绘制箭头。按“Enter”键重复“多段线”命令（PL），分别捕捉圆的左右象限点，绘制如图 5-10 所示的箭头。命令行提示与操作如下：

```
命令: PLINE                                                        \\执行“多段线”命令
指定起点：                                                          \\捕捉圆的左象限点
当前线宽为 0.0000
指定下一个点或 [ 圆弧 (A)/ 半宽 (H)/ 长度 (L)/ 放弃 (U)/ 宽度 (W)]: w  \\选择“宽度 (W)”选项
指定起点宽度 <0.0000>: 1                                            \\输入直线起点宽度
指定端点宽度 <1.0000>: 1                                            \\输入直线端点宽度
指定下一个点或 [ 圆弧 (A)/ 半宽 (H)/ 长度 (L)/ 放弃 (U)/ 宽度 (W)]: 12     \\输入直线长度
指定下一点或 [ 圆弧 (A)/ 闭合 (C)/ 半宽 (H)/ 长度 (L)/ 放弃 (U)/ 宽度 (W)]: w   \\选择“宽度”(W)
选项
指定起点宽度 <1.0000>: 2        \\输入箭头起点宽度
指定端点宽度 <2.0000>: 0        \\输入箭头端点宽度
指定下一点或 [ 圆弧 (A)/ 闭合 (C)/ 半宽 (H)/ 长度 (L)/ 放弃 (U)/ 宽度 (W)]:    \\捕捉圆的右象限点
指定下一点或 [ 圆弧 (A)/ 闭合 (C)/ 半宽 (H)/ 长度 (L)/ 放弃 (U)/ 宽度 (W)]: * 取消 *   \\按“Enter”键
```

Step 05 旋转箭头。执行“旋转”命令（RO），将箭头符号以圆心为旋转基点，将其旋转 45°，旋转效果如图 5-7 所示的箭头。

Step 06 保存图形。至此，压力表图例绘制完成，按“Ctrl+S”组合键，将文件进行保存。

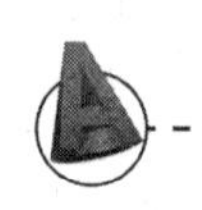

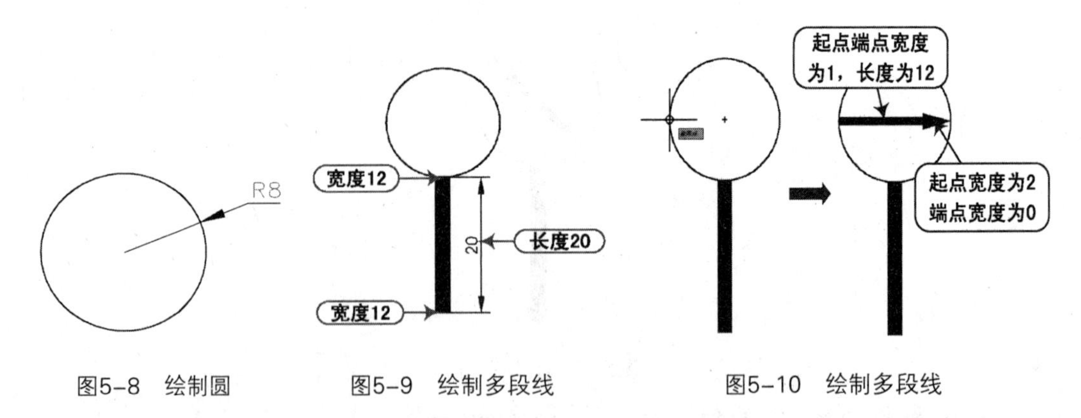

图5-8 绘制圆　　图5-9 绘制多段线　　图5-10 绘制多段线

技巧：多段线的分解

利用“分解”命令（X），可以将绘制的多段线转换为单独的直线或圆弧，但是需要注意的是，如果原来的多段线具有一定的宽度，那么分解后的直线将不具备宽度，而是为系统默认的直线宽度，如图 5-11 所示。

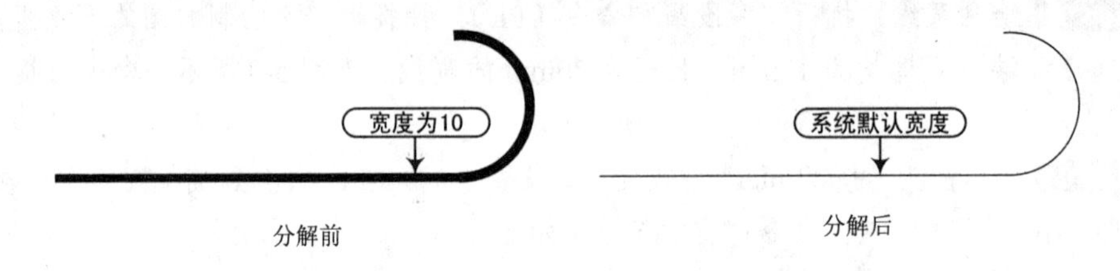

图5-11 绘制多段线

5.2 样条曲线的绘制与编辑

AutoCAD 2016 使用一种称为非均匀有理 B 样条（NURBS）曲线的特殊样条曲线类型。NURBS 曲线在控制点之间产生一条光滑的样条曲线，样条曲线可用于创建形状不规则的曲线。例如，为地理信息系统（GIS）应用绘制轮廓线，如图 5-12 所示。

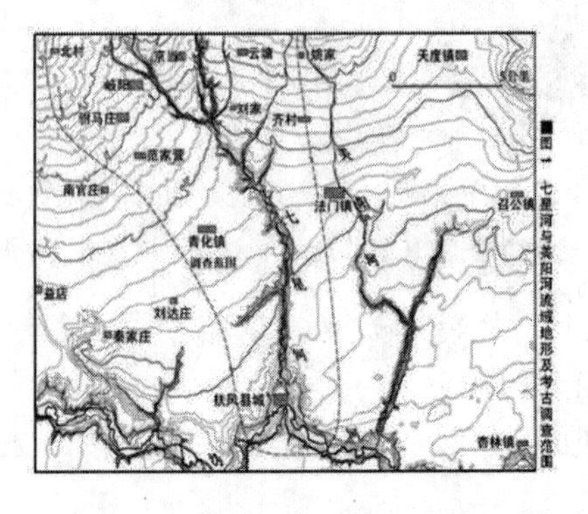

图5-12 地理信息系统（GIS）

5.2.1 样条曲线的绘制

知识要点 在室内制图中常用样条曲线绘制纹理图案，如窗户木纹、地面纹路等，样条曲线还可以作为其他三维命令旋转或延伸的对象。使用“SPLINE”命令可以绘制各类光滑的曲线图元，这种曲线是由起点、终点、控制点及偏差来控制的。

执行方法 在 AutoCAD 2016 中，用户可以通过以下几种方法绘制样条曲线：

- 菜单栏：选择“绘图 | 样条曲线”菜单命令。
- 面板：在“默认”选项卡中，单击“绘图”面板中的“样条曲线控制点”按钮 和“样条曲线拟合”按钮 。
- 命令行：输入“SPLINE”命令，其快捷键为“SPL”。

操作实例 执行“样条曲线”命令（SPL）后，根据如下提示，即可绘制多段线。

```
命令：SPLINE                                        \\执行“样条曲线”命令
当前设置：方式 = 拟合  节点 = 弦
指定第一个点或 [方式 (M)/ 节点 (K)/ 对象 (O)]:      \\指定一点或选择选项
输入下一个点或 [起点切向 (T)/ 公差 (L)]:            \\指定第二点
```

选项含义 在“样条曲线（SPL）”命令行提示中，各选项的具体含义如下。

- 对象 (O)：可以将已存在的由多段线生成的拟合曲线转换为等价样条曲线。选定此选项后，AutoCAD 提示用户选取一个拟合曲线。
- 闭合 (C)：使样条曲线的起始点、结束点重合，并使它在连接处相切。
- 方式 (M)：样条曲线的绘制方式分为拟合方式和控制点方式，两种方式绘制样条曲线的效果如图 5-13 所示。
  - 拟合：通过指定样条曲线必须经过的拟合点来创建 3 阶（三次）的样条曲线。在公差值大于 0（零）时，样条曲线必须在各个点的指定公差距离内。
  - 控制点 (CV)：通过指定控制点来创建样条曲线。使用此方法创建 1 阶（线性）、2 阶（二次）、3 阶（三次）直到最高为 10 阶的样条曲线。通过移动控制点调整样条曲线的形状通常可以提供比移动拟合点更好的效果。

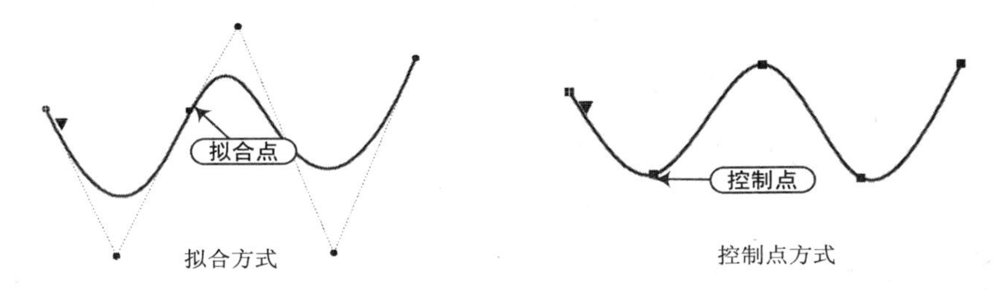

图5-13 绘制多段线

- 起点切向 (T)：定义样条曲线第一点和最后一点的切向。

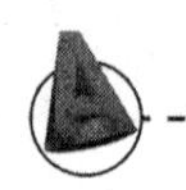

5.2.2 样条曲线的编辑

知识要点 “编辑样条曲线”命令用于修改样条曲线的参数或将样条拟合多段线转换为样条曲线。修改定义样条曲线的数据，例如，控制点的编号和权值、拟合公差以及起点和终点的切线。

执行方法 在 AutoCAD 2016 中，用户可以通过以下几种方法编辑样条曲线：

- 菜单栏：选择“修改 | 对象 | 样条曲线”菜单命令。
- 快捷菜单：选择要编辑的多段线对象并右击，在弹出的快捷菜单上选择“样条曲线”命令。
- 命令行：输入“SPLINEDIT”命令，其快捷键为“SPE”。

操作实例 执行“编辑样条曲线”命令（SPE）后，命令行提示如下信息：

```
命令 : SPLINEDIT                                    \\ 执行“编辑样条曲线”命令
选择样条曲线 :                                      \\ 选择需要编辑的样条曲线
输入选项 [ 闭合 (C)/ 合并 (J)/ 拟合数据 (F)/ 编辑顶点 (E)/ 转换为多段线 (P)/ 反转 (R)/ 放弃 (U)/ 退
出 (X)] < 退出 >:                                   \\ 选择编辑选项
```

操作实例 命令行各选项的含义如下：

- 拟合数据 (F)：编辑近似数据。选择该选项后，创建该样条曲线时指定的个点将以小方格的形式显示出来。
- 编辑顶点 (E)：可以对样条曲线进行以下编辑操作：在位于两个现有的控制点之间的指定点处添加一个新控制点；删除选定的控制点；增大样条曲线的多项式阶数（阶数加 1），即控制点数量；移动并重新定位选定的控制点；更改指定控制点的权值，根据指定控制点的新权值重新计算样条曲线（权值越大，样条曲线越接近控制点）。
- 转换为多段线 (P)：将样条曲线转换为多段线。精度值决定生成的多段线与样条曲线的接近程度。有效值为介于 0 ～ 99 之间的任意整数。
- 反转 (R)：反转样条曲线的方向。此选项主要适用于第三方应用程序。

技巧：多段线与样条曲线的转换

利用“多段线编辑”命令可以将多段线转化为“样条曲线”，也可以利用“样条曲线”的编辑功能将样条曲线转化为多段线。

实例——装饰花瓶的绘制

	案例	装饰花瓶 .dwg
	视频	花瓶的绘制 .avi

本实例利用“样条曲线”绘图命令和“镜像”编辑命令绘制一个装饰花瓶，绘制步骤如下：

实战要点 ①样条曲线的绘制；②绘制花瓶的方法。

操作步骤

Step 01 新建文件。正常启动 AutoCAD 2016 软件，执行“文件 | 新建”命令，新建一个图形文件；然后执行“文件 | 保存”命令，将文件保存为“案例 \05\ 装饰花瓶 .dwg”文件。

Step 02 绘制样条曲线。执行“样条曲线”命令（SPL），在绘图区域中心位置绘制一条样条曲线。

Step 03 绘制直线。执行“直线”命令（L），以样条曲线起点为端点绘制一条水平直线。

Step 04 镜像样条曲线。在“修改”面板中单击“镜像”按钮，按“F8”键打开正交模式，选择绘制的样条曲线及水平直线，以直线端点作为镜像线的第一点，将鼠标向下拖动确定镜像线的第二点，对称复制图形。

Step 05 连接花瓶底端。执行“直线”命令（L），连接两条样条曲线的下端点，绘制水平直线，如图 5-14 所示。

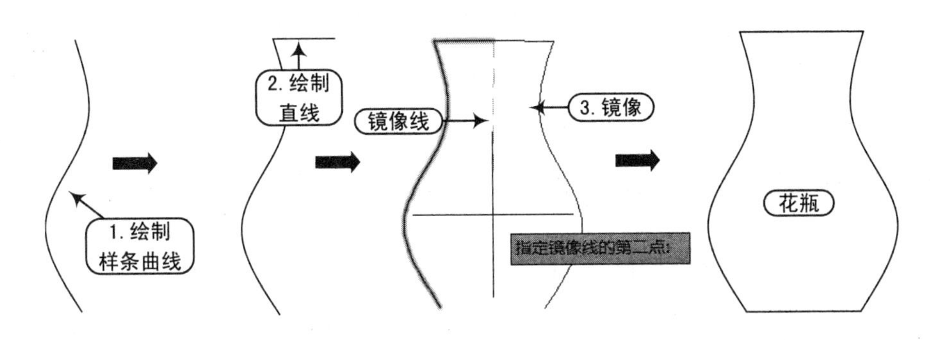

图5-14 绘制装饰花瓶

Step 06 保存图形。至此，装饰花瓶绘制完成，按“Ctrl+S”组合键，将文件进行保存。

5.3 多线的绘制与设置

多线就是由 1 ～ 16 条相互平行的平行线组成的对象，且平行线之间的间距、数目、线型、线宽、偏移量、比例均可调整，常用于绘制建筑图样的墙线、电子线路图，地图中的公路与河道等对象。

5.3.1 多线的绘制

知识要点 多线是一种复合线，由连续的直线段复合组成。多线的一个突出优点是能够提高绘图效率，保证图线之间的统一性。

执行方法 在 AutoCAD 2016 中，用户可以通过以下两种方法绘制多线：

- 菜单栏：选择“绘图 | 多线”菜单命令。
- 命令行：输入“MLINE”命令，其快捷键为“ML”。

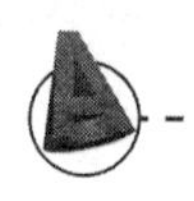

操作实例 执行上述命令后，命令行提示与操作如下：

```
命令：MLINE                                           \\执行“多线”命令
当前设置：对正 = 上，比例 = 20.00，样式 = STANDARD
指定起点或 [ 对正 (J)/ 比例 (S)/ 样式 (ST)]:           \\指定起点
指定下一点：                                          \\指定下一点
指定下一点或 [ 放弃 (U)]:                             \\继续指定下一点或放弃
指定下一点或 [ 闭合 (C)/ 放弃 (U)]:                   \\结束命令
```

选项含义 其中，命令行各主要选项的含义如下。

- 对正 (J)：该选项用于设置多线的基准，共有三种对正类型：“上”、“下”、“无”，如图 5-15 所示。

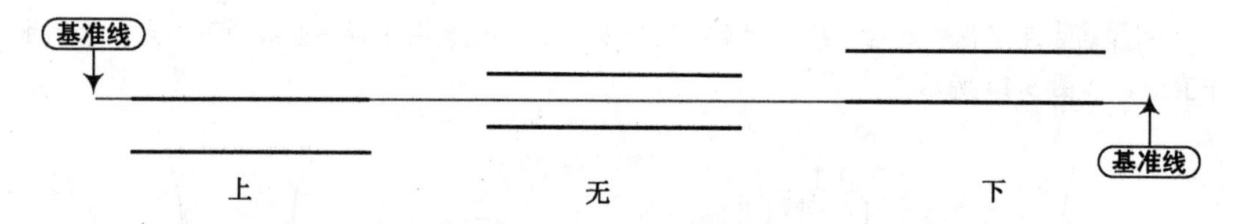

图5-15　对正类型

- 比例 (S)：设置多线之间的间距。输入 0 时，平行线重合，输入负值时，多线的排列倒置。
- 样式 (ST)：用于设置当前使用的多线样式。

技巧：多线比例问题

设置多线的比例是为了在不改变多线图元偏移量的基础上，以合适的比例绘制多线例如，默认情况下的多线的间距为 1（其图元偏移量为 ±0.5），如果要绘制 120 的墙体，这时可以不修改多线的样式，而是修改其比例为 120，这样就可以绘制出宽度为 120 的墙体了。

5.3.2　多线样式的设置

知识要点 在 AutoCAD 中，用户可根据需要创建多线的命名样式，以控制元素的数量和每个元素的特性。多线的特性包括：

- 元素的总数和每个元素的位置。
- 每个元素与多线中间的偏移距离。
- 每个元素的颜色和线型。
- 每个顶点出现的称为封口的直线的可见性。
- 使用的端点封口类型。
- 多线的背景填充颜色。

执行方法 用户可以通过以下两种方法绘制多线：

- 菜单栏：选择“格式 | 多线样式”菜单命令。
- 命令行：输入“MLSTYLE”命令。

操作实例 执行上述命令之后，将弹出“多线样式”对话框，单击“新建”按钮，可打开“创建新的多线样式”对话框，在该对话框中输入新样式名并设置“基础样式”后，单击“继续”按钮，即可打开“新建多线样式 - 墙体”对话框，在此对话框中用户可以根据需要设置多线的特性，如图 5-16 所示。

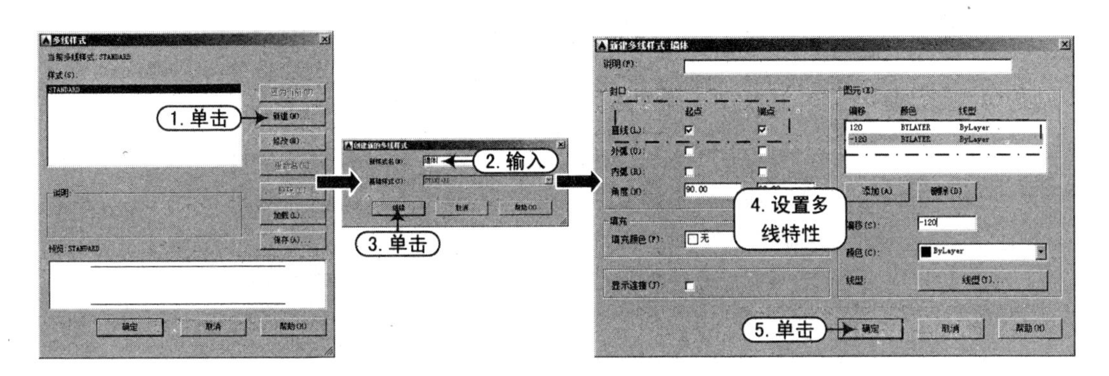

图5–16　新建多线样式

技巧：取消图形的加密

在“新建多线样式－墙体”对话框中，“封口”选项用于控制多线起点和端点封口。其中包括直线、外弧、内弧和角度选项。勾选“直线”选项，多线的两端将以直线封闭多线；同样，勾选“外弧”或“内弧”选项，多线的封口将为外弧和内弧线形式封口，而在角度选项中输入相应的角度值，则图元将以相应的角度错开，如图 5–17 所示。

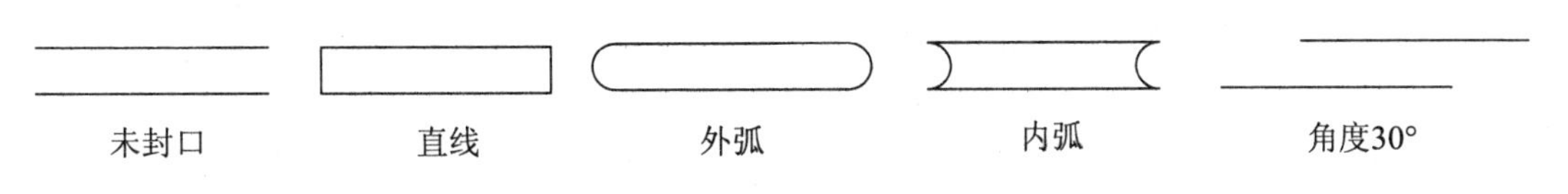

图5–17　“多线样式设置”封口选项

5.3.3　多线的编辑

知识要点 多线绘制完成后，用户可以通过“多线编辑工具”对多线样式进行编辑交点、打断点和顶点操作。

执行方法 用户可以通过以下两种方法编辑多线：

- 菜单栏：选择“修改 | 对象 | 多线”菜单命令。
- 命令行：输入“MLEDIT”命令。
- 鼠标键：直接用鼠标双击需要修改的多线对象。

使用任意一种命令，系统将弹出“多线编辑工具”对话框，根据不同的交点选择编辑工具，然后返回绘制图形的视图中，依次选择多线，对其进行编辑，如图 5-18 所示。

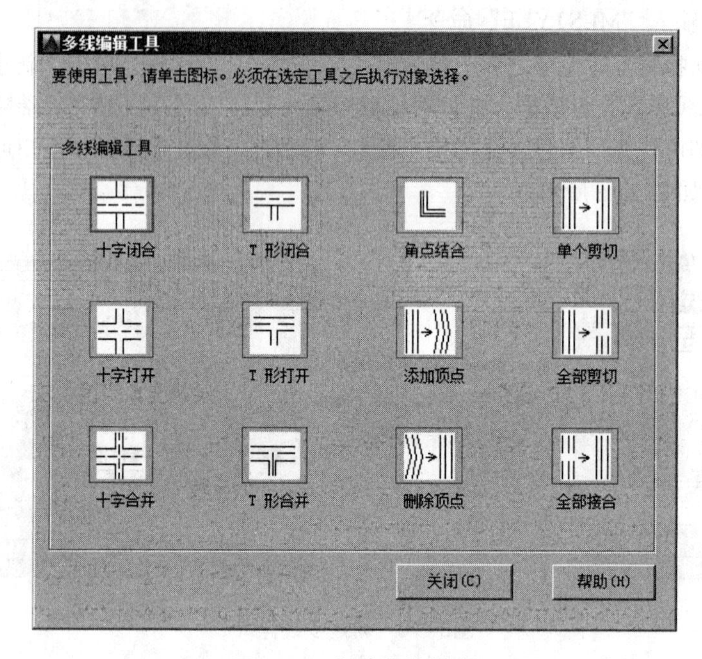

图5-18　新建多线样式

在“多线编辑工具”对话框中，各工具选项的含义及编辑的效果如下。

- “十字闭合”：表示相交两多线的十字封闭状态，A、B 分别代表选择多线的次序，垂直多线为 A，水平多线为 B。
- “十字打开”：表示相交两多线的十字开放状态，将两线的相交部分全部断开，第一条多线的轴线在相交部分也要断开。
- “十字合并”：表示相交两多线的十字合并状态，将两线的相交部分全部断开，但两条多线的轴线保持相交，如图 5-19 所示。

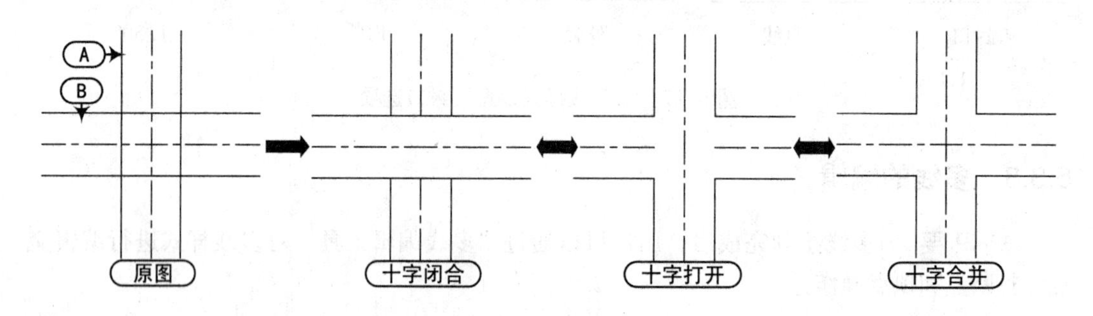

图5-19　十字编辑的效果

- “T 形闭合”：表示相交两多线的 T 形封闭状态，将选择的第一条多线与第二条多线相交的部分修剪去掉，而第二条多线保持原样连通。

- “T 形打开”：表示相交两多线的 T 形开放状态，将两线的相交部分全部断开，但第一条多线的轴线在相交部分也断开。
- “T 形合并”：表示相交两多线的 T 形合并状态，将两线的相交部分全部断开，但第一条与第二条多线的轴线仍保持相交，如图 5-20 所示。

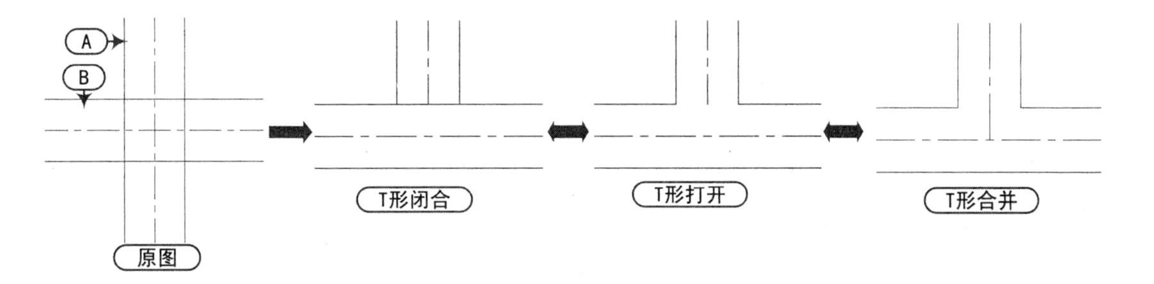

图5-20　T形编辑的效果

技巧：选择多线的顺序问题

在处理十字相交和 T 形相交多线时，用户应当注意选择多线的顺序，如果选择顺序不恰当，可能得到的结果也不会切合实际需要。

- “角点结合”：表示修剪或延长两条多线直到它们接触形成一相交角，将第一条和第二条多线的拾取部分保留，并将其相交部分全部断开剪去，如图 5-21 所示。
- “添加顶点”：表示在多线上产生一个顶点并显示出来，相当于打开显示连接开关，显示交点一样，如图 5-22 所示。
- “删除顶点”：表示删除多线转折处的交点，使其变为直线型多线。删除某顶点后，系统会将该项点两边的另外两顶点连接成一条多线线段，如图 5-23 所示。

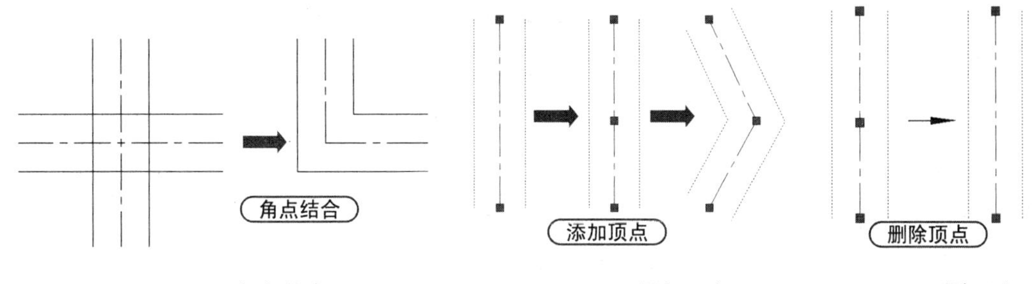

图5-21　角点结合　　图5-22　添加顶点　　图5-23　删除顶点

- “单个剪切”：表示在多线中的某条线上拾取两个点，从而断开此线。
- “全部剪切”：表示在多线上拾取两个点，从而将此多线全部切断一截。
- “全部接合”：表示连接多线中的所有可见间断，但不能用来连接两条单独的多线，如图 5-24 所示。

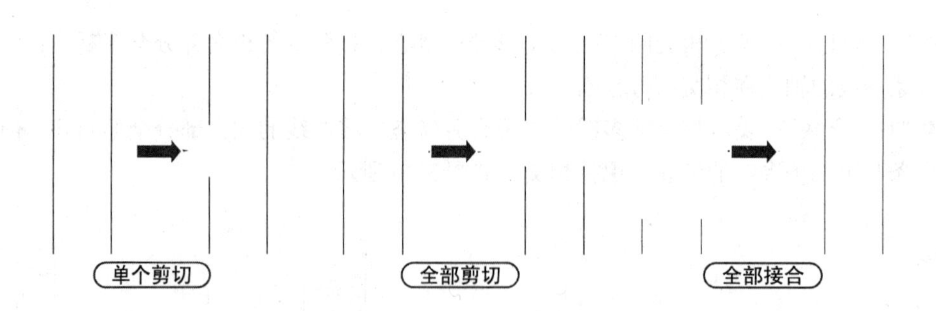

图5-24 多线的剪切与结合

实例——墙体的绘制

	案例	墙体 .dwg
	视频	墙体的绘制 .avi

本实例利用“构造线”与“偏移”命令绘制辅助线，再利用“多线”命令绘制墙体，最后利用编辑多线得到如图 5-25 所示的房屋平面图的墙体。具体绘图步骤如下：

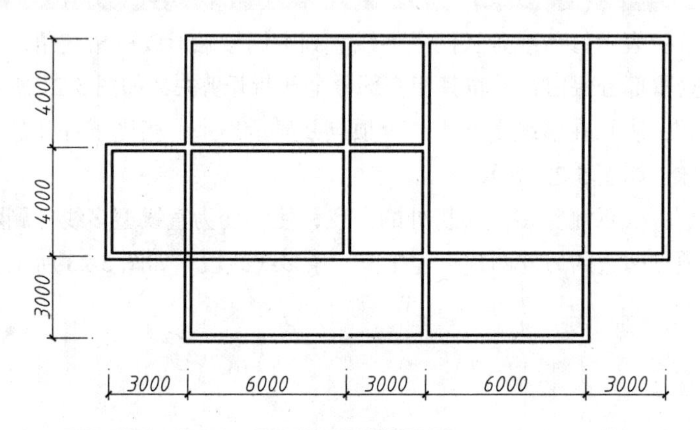

图5-25 墙体图形

实战要点①多线的绘制；②绘制多线墙体的方法。

操作步骤

Step 01 新建文件。正常启动 AutoCAD 2016 软件，执行“文件 | 新建”命令，新建一个图形文件；然后执行“文件 | 保存”命令，将文件保存为“案例 \05\ 墙体 .dwg”文件。

Step 02 设置绘图环境。参照第 1 章内容设置图形单位和图形界限，设置图形长度单位类型为小数，精度为 0.0000；图形界限大小为 29700mm × 21000mm，如图 5-26 所示。

Step 03 新建图层。创建如图 5-27 所示的图层，并将“定位轴线”图层置为当前图层。

Step 04 设置线型比例。执行“线型比例”命令（LTS），设置全局比列为 50。

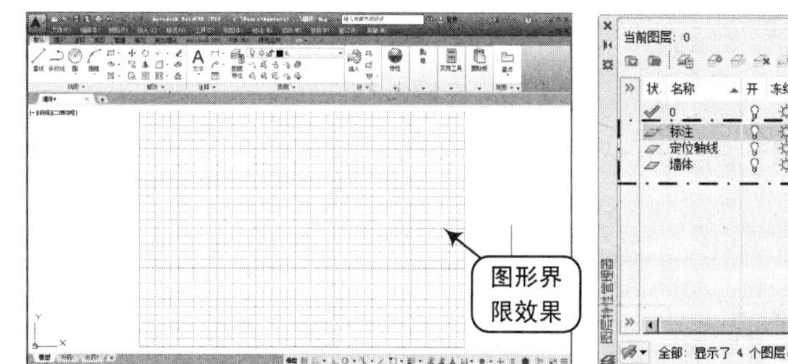

图5-26 设置的图形界限

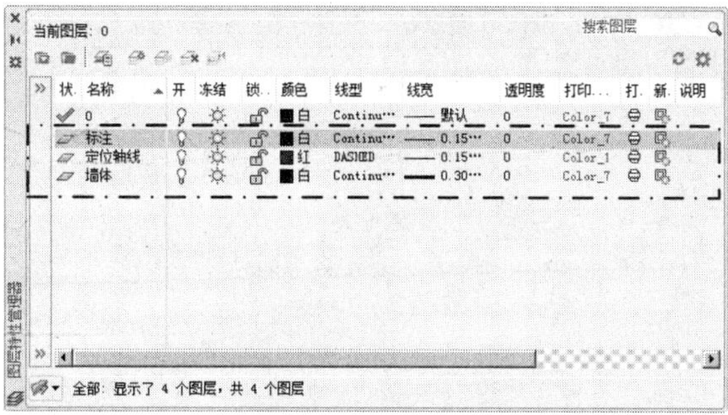

图5-27 设置图层

Step 05 绘制构造线。执行“构造线”命令（XL），在图形区域绘制互相垂直的构造线；再执行“偏移”命令（O），将垂直构造线依次偏移3000mm、6000mm、3000mm、6000mm、2000mm；将水平构造线向上依次偏移3000mm、4000mm、4000mm，如图5-28所示。

Step 06 设置当前图层。单击“图层”面板的“图层控制”下拉按钮，选择“墙体”图层为当前图层，如图5-29所示。

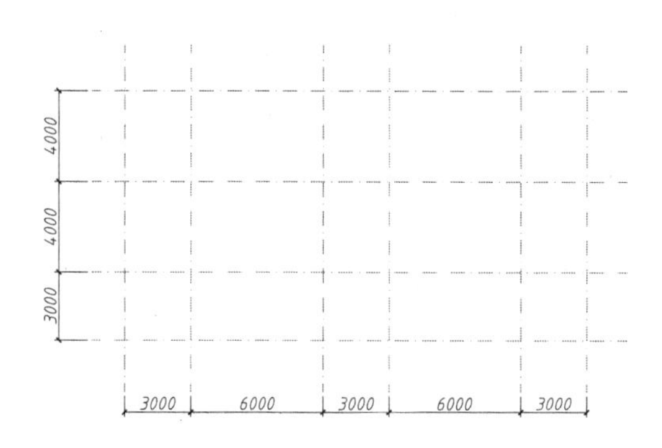

图5-28 绘制定位轴线

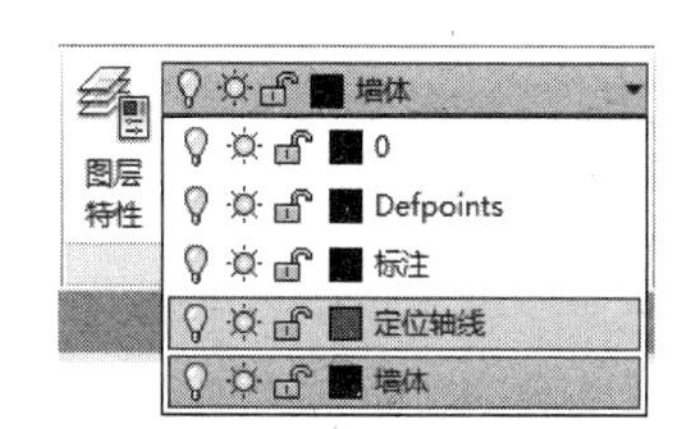

图5-29 设置图层

Step 07 创建多线样式。创建“240墙体”多线，并设置“多线样式”特性，如图5-30所示。

Step 08 绘制多线。执行“多线”命令（ML），捕捉轴线的起点和端点，绘制如图5-31所示的墙体。命令行提示与操作如下：

```
命令：MLINE                                          \\执行“多线”命令
当前设置：对正 = 无，比例 = 1.00，样式 = 240墙体
指定起点或[对正(J)/比例(S)/样式(ST)]: st          \\选择“样式(ST)”选项
输入多线样式名或[?]: 240墙体                       \\设置当前多线样式
指定起点或[对正(J)/比例(S)/样式(ST)]: j           \\选择“对正(J)”选项
输入对正类型[上(T)/无(Z)/下(B)]<无>: z            \\选择对正方式为“无”
指定起点或[对正(J)/比例(S)/样式(ST)]: s           \\选择“比例(S)”选项
输入多线比例<1.00>: 1                               \\输入多线比例为1
当前设置：对正 = 无，比例 = 1.00，样式 = 240墙体
指定起点或[对正(J)/比例(S)/样式(ST)]:              \\绘制多线
```

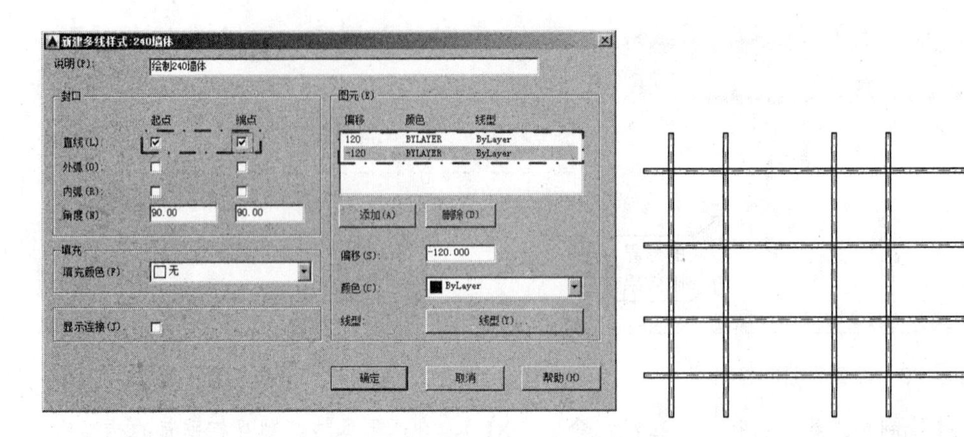

图5-30　设置多线特性　　　　图5-31　绘制多线

Step 09 编辑多线。执行“多线编辑”命令（MLEDIT），单击“角点结合”工具╚，对多线进行编辑，效果如图 5-32 所示。

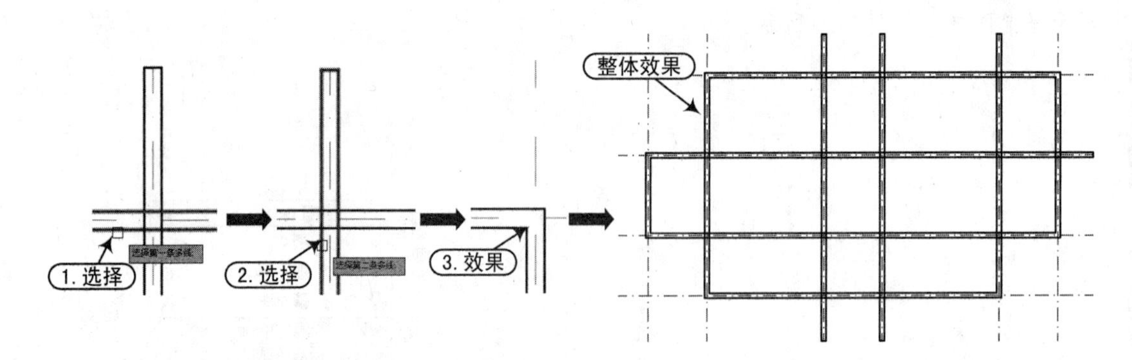

图5-32　角点结合

Step 10 编辑多线。执行“多线编辑”命令（MLEDIT），单击“T 形打开”工具╦，对多线进行编辑，如图 5-33 所示。

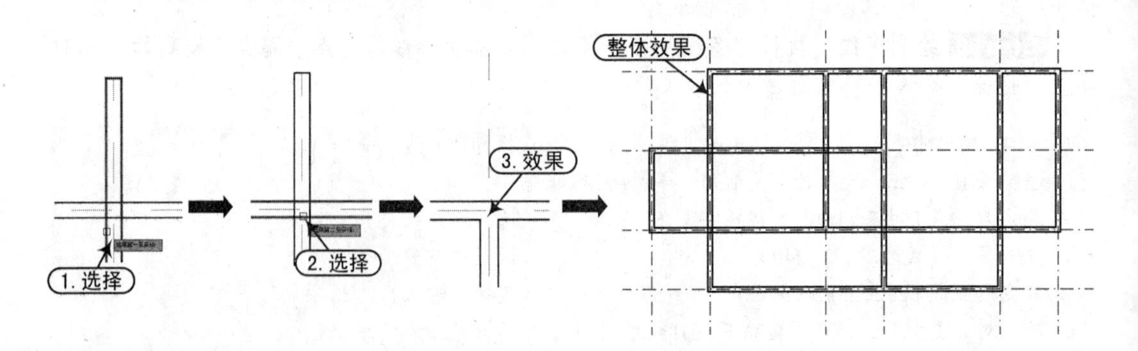

图5-33　T形打开

Step 11 编辑多线。执行“多线编辑”命令（MLEDIT），单击“十字合并”工具╬，对多线进行编辑，如图 5-34 所示。

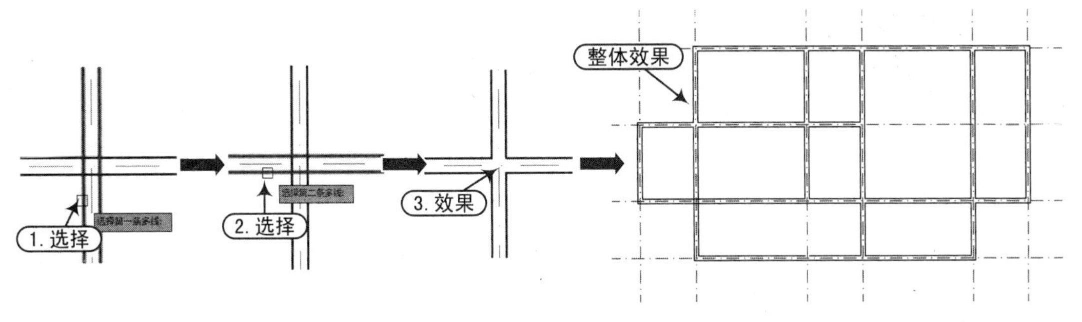

图5–34 十字闭合

Step 12 隐藏轴线。在“图层特性管理器”中单击“定位轴线”图层中的“图层关闭”按钮，将轴线隐藏，效果如图 5-25 所示。

Step 13 保存图形。至此，房屋平面图墙体绘制完成，按“Ctrl+S”组合键，将文件进行保存。

5.4 对象编辑命令

本节将介绍 AutoCAD 2016 提供的高级编辑功能，其中包括夹点功能（钳夹功能）、对象特性的修改、对象特性的匹配等。

5.4.1 钳夹

知识要点 在 AutoCAD 中，使用图形对象自身的夹点模式以重新塑造、移动或操纵对象。相对于其他编辑对象而言，使用夹点功能修改图形更方便、快捷。利用夹点可以对对象进行拉伸、旋转、移动及镜像等一系列操作。

执行方法 在无命令的情况下，选择对象将显示出其蓝色的夹点，单击选中任意一个夹点则该夹点颜色变成深红色，然后在选中夹点上右击，则会弹出一个快捷菜单，提供了多种夹点编辑命令，包括拉伸、移动、旋转等，如图 5-35 所示。

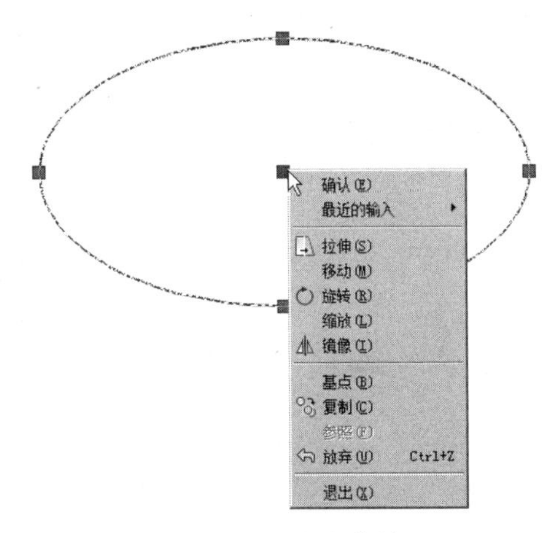

图5–35 夹点菜单

1. 拉伸对象

在夹点编辑模式下选择“拉伸”命令，默认以选中的夹点为基点，然后拖动鼠标指定拉伸点，即可将图形快速拉伸，如图 5-36 所示。

```
命令 :** 拉伸 **
指定拉伸点或 [ 基点 (B)/ 复制 (C)/ 放弃 (U)/ 退出 (X)]:
```

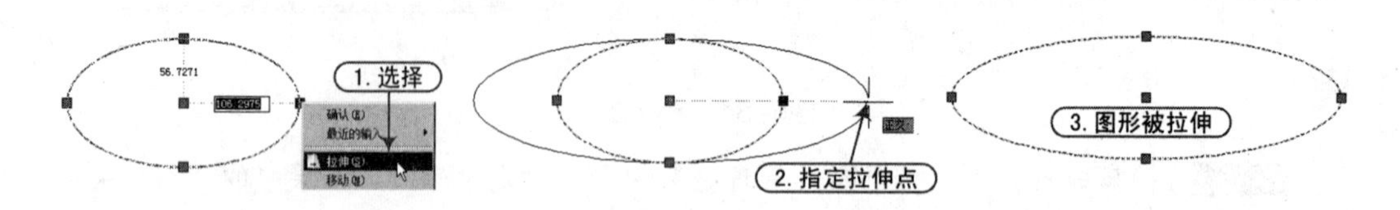

图5-36　夹点拉伸操作

2. 移动对象

在夹点编辑模式下选择“移动”命令，默认以选中的夹点为基点，然后使用鼠标指定目标点（或输入位移值），便可将图形移动到新位置，如图 5-37 所示。

```
命令 :** MOVE **
指定移动点 或 [ 基点 (B)/ 复制 (C)/ 放弃 (U)/ 退出 (X)]:
```

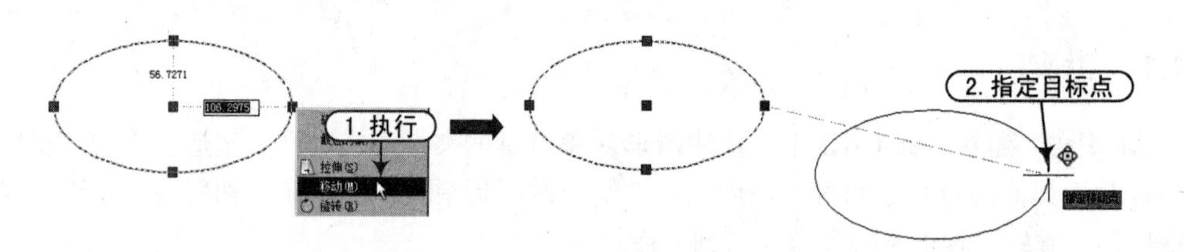

图5-37　夹点移动操作

3. 旋转对象

在夹点编辑模式下选择“旋转”命令，默认以选中的夹点为基点，然后移动鼠标指定旋转角度（或输入值），便可以夹点为基点旋转对象，如图 5-38 所示。

```
命令 :** 旋转 **
指定旋转角度或 [ 基点 (B)/ 复制 (C)/ 放弃 (U)/ 参照 (R)/ 退出 (X)]:
```

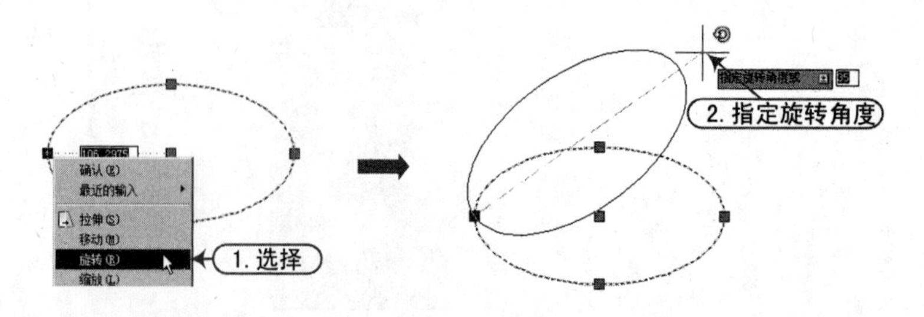

图5-38　夹点旋转操作

4. 缩放对象

在夹点编辑模式下选择“缩放”命令，默认以选中的夹点为基点，然后输入比例因子值并按“Enter”键，便可以基点缩放对象，如图 5-39 所示。比例因子大于 1 即为放大对象；否则，比例因子小于 1 大于 0 为缩小对象。

```
命令 :** 比例缩放 **
指定比例因子或 [ 基点 (B)/ 复制 (C)/ 放弃 (U)/ 参照 (R)/ 退出 (X)]:
```

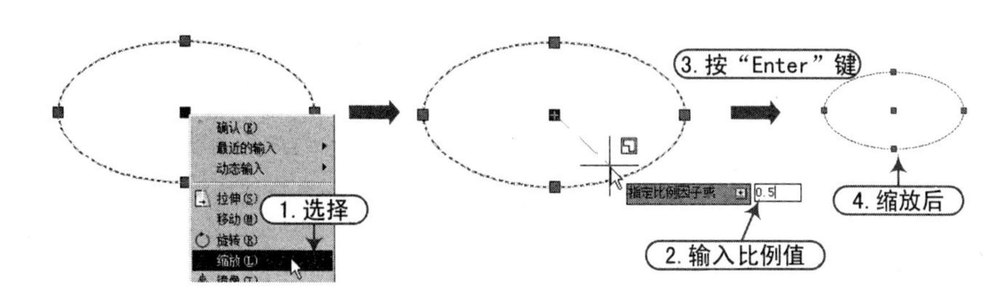

图5-39 夹点缩放操作

5. 镜像对象

在夹点编辑模式下选择“镜像”命令，默认以选中的夹点作为镜像线上的第一点，再指定镜像第二点，可将对象进行镜像操作的同时删除原对象，如图 5-40 所示。

```
命令 :** 镜像 **
指定第二点或 [ 基点 (B)/ 复制 (C)/ 放弃 (U)/ 退出 (X)]:
```

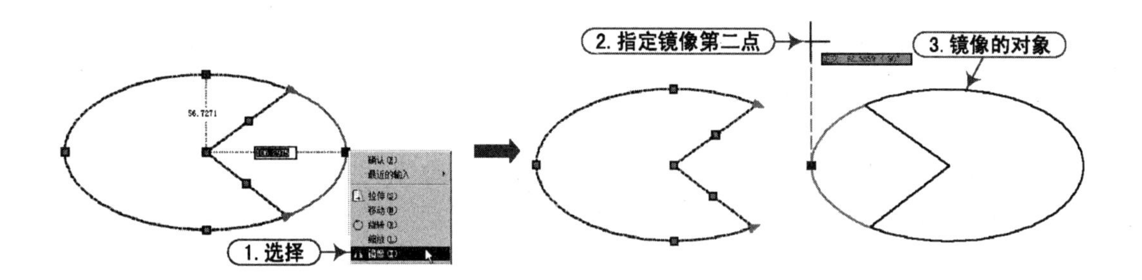

图5-40 夹点镜像操作

在以上的 5 种夹点编辑模式中，其命令行中的 4 个选项具体说明如下。

（1）“基点 (B)”：用于重新确定拉伸基点。

（2）“复制 (C)”：结合夹点编辑模式下的 5 种编辑命令，复制出不同的副本图形，如图 5-41 所示。

（3）“放弃 (U)”：用于取消上一步的操作。

（4）“退出 (X)”：用于退出当前的操作。

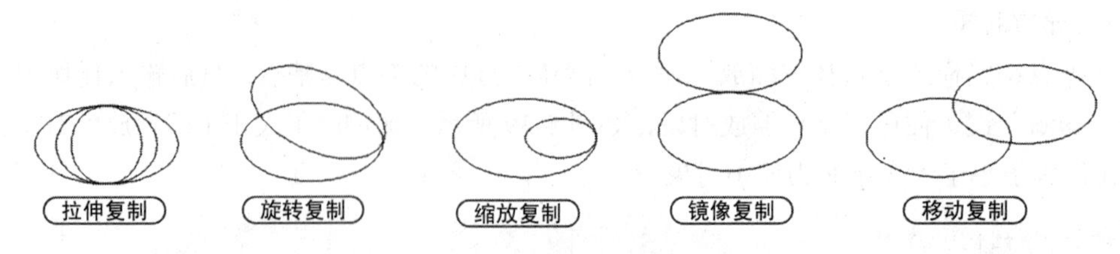

图5-41　各种复制模式

技巧：夹点的显示控制

若选择图形后，没有显示夹点，那么可能是你的夹点显示功能尚未打开，即“钳夹功能”未打开，你可以通过“工具 | 选项”命令打开“选项”对话框，在“选择集”选项卡中查看是否勾选了“显示夹点”复选框，如果没有勾选，则选择图形对象时，是不能显示夹点的。

5.4.2　对象特性的修改

知识要点 对象特性包含一般特性和几何特性，一般特性包括对对象的颜色、线型、图层及线宽等，几何特性包括对象的尺寸和位置。在 AutoCAD 中，用户可以直接在“特性”选项板中设置和修改对象的特性。

执行方法 打开“特性”选项板，修改对象特性的方法如下：

- 菜单栏：选择“修改 | 特性”菜单命令。
- 面板：在“视图”选项卡的“选项卡”面板中，单击“特性”按钮。
- 命令行：输入“DDMODIFY”或“PROPERTIES”命令。
- 组合键：“Ctrl+1”组合键。

执行上述操作后，系统将打开如图 5-42 所示的“特性”选项板。在“特性”选项板中，显示了当前选择集中的所有特性和特性值，选择的对象不同打开的“特性”选项板中的选项也不同。选择多个对象后，单击选择的对象也可以打开“特性”选项板，此时可以在顶部的下拉列表中选择多个对象中要修改的对象，如图 5-43 所示。

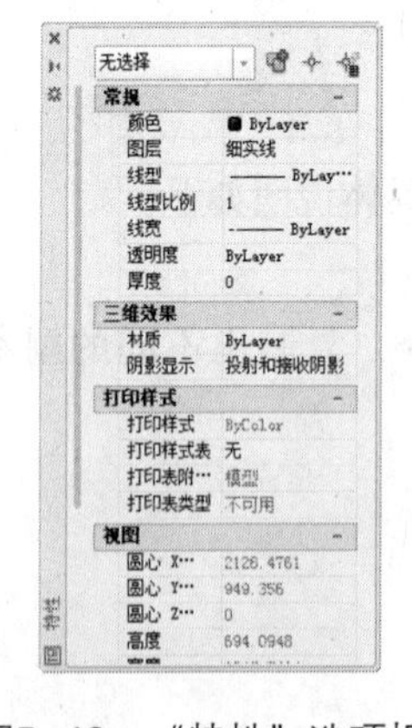

图5-42　“特性”选项板

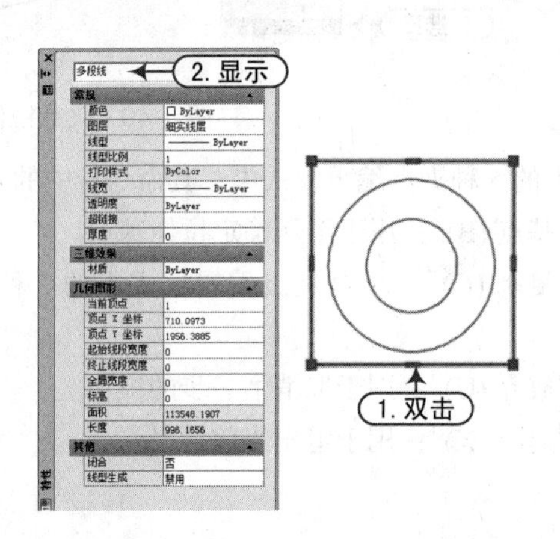

图5-43　选择要修改的对象

实例——花朵的绘制

	案例	花朵 .dwg
	视频	花朵的绘制 .avi

本实例首先利用“圆”命令绘制花蕊，然后利用“正多边形”及“圆弧”等命令绘制花瓣，最后利用“多段线”命令绘制花径与叶子，并通过特性面板修改颜色，效果如图 5-44 所示。具体绘图步骤如下：

图5-44　花朵的绘制

实战要点①多段线的应用；②特性功能的使用。

操作步骤

Step 01 新建文件。正常启动 AutoCAD 2016 软件，执行“文件 | 新建”命令，新建一个图形文件；然后执行“文件 | 保存”命令，将文件保存为“案例 \05\ 花朵 .dwg”文件。

Step 02 绘制圆。执行“圆”命令（C），绘制花蕊。

Step 03 绘制正多边形。执行“正多边形”命令（POL），以圆心为中心点绘制一个正五边形，如图 5-45 所示。

Step 04 绘制圆弧。执行“圆弧”命令，捕捉正五边形的斜边中点作为圆弧的起点，接着捕捉相应角点作为圆弧的第二点，最后捕捉相邻的另一条边中点作为圆弧端点绘制花瓣，采用同样的方法绘制另外 4 个花瓣，如图 5-46 所示。

Step 05 删除五边形。执行“删除”命令（E），删除五边形，如图 5-47 所示。

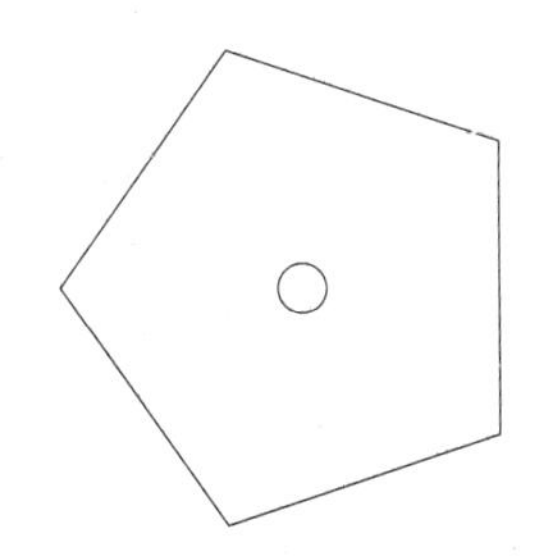

图5-45　绘制花蕊和五边形

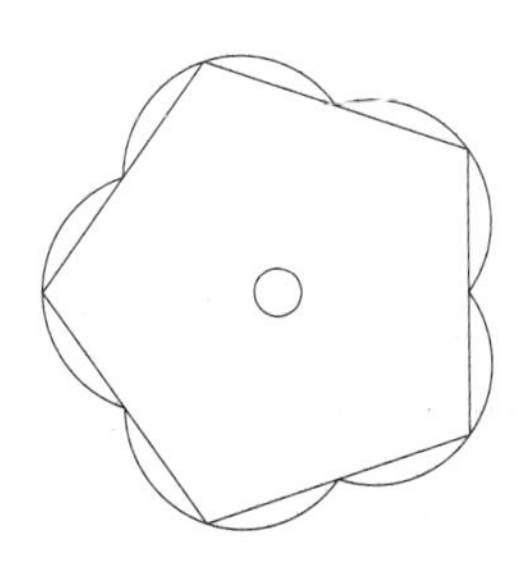

图5-46　绘制花瓣

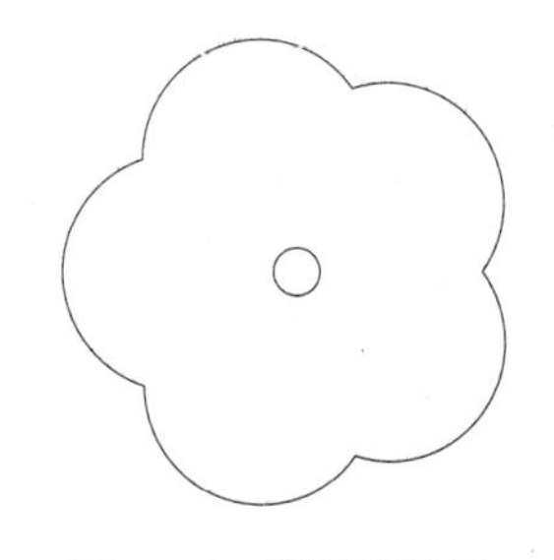

图5-47　删除五边形

Step 06 绘制花枝和叶子。执行“多段线”命令，设置花枝的宽度为 4，叶子的起点宽度为 12，端点宽度为 3，绘制花枝和叶子，如图 5-48 所示。

Step 07 修改图形的颜色。按“Ctrl+1”组合键，将叶子的颜色改为绿色，花朵的颜色改为红色，如图 5-49 和 5- 50 所示。

图5–48 绘制花枝和叶子

图5–49 修改叶子属性

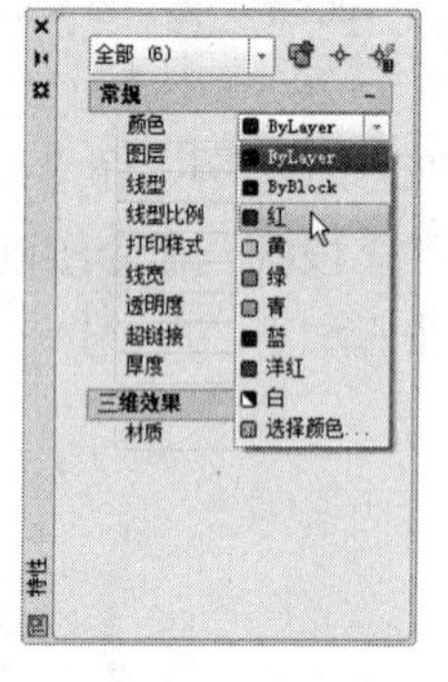

图5–50 修改花瓣属性

Step 08 保存图形。至此，花朵绘制完成，按“Ctrl+S”组合键，将文件进行保存。

5.4.3 对象特性的匹配

知识要点 AutoCAD 的特性匹配功能非常实用，使用该功能可以将选定图形的属性应用到其他图形，包括对象的颜色、线宽和线型等特性及所在的图层等，如将已设置好特性的对象中的特性快速复制到其他对象上，利用特性匹配功能可以大大提高工作效率。

执行方法 进行特性匹配的方法主要有以下 3 种：

- 菜单栏：选择“修改 | 特性匹配”菜单命令。
- 面板：在“默认”选项卡的“特性”面板中，单击“特性匹配”按钮。
- 命令行：输入“MATCHPROP”命令，快捷键为“MA”。

操作实例 执行上述任意一种操作后，命令行提示如下：

```
命令 : MATCHPROP                                  \\ 执行“特性匹配”命令
选择源对象 :                                       \\ 选择要复制的对象
当前活动设置 : 颜色 图层 线型 线型比例 线宽 透明度 厚度 打印样式 标注 文字 图案填充 多段线
视口 表格 材质 阴影显示 多重引线
选择目标对象或 [ 设置 (S)]:                        \\ 选择要应用特性的对象
选择目标对象或 [ 设置 (S)]:                        \\ 按“Enter”键结束命令
```

在执行命令的过程中，用户可根据需要通过“设置 (S)”选项，打开“特性设置”对话框，如图 5-51 所示。在“特性设置”对话框中可以设置要复制部分的特性，完成设置后，单击“确定”按钮返回命令窗口，再选择应用特性的对象。

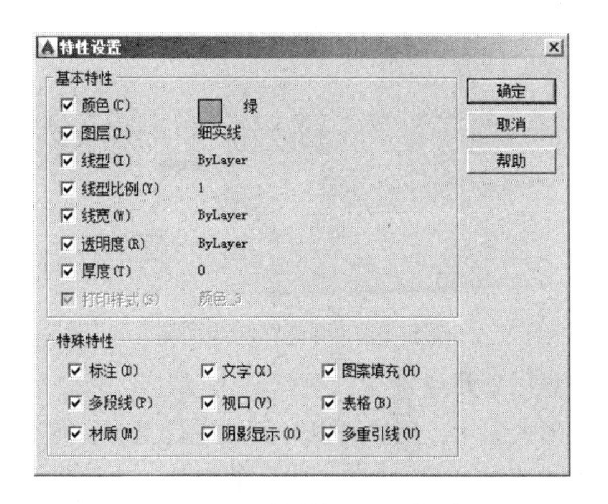

图5–51 “特性设置”对话框

5.5 面域与图案填充

在 AutoCAD 中，面域是指具有边界的平面区域，它是一个面对象，内部可以包含孔。从外观来看，面域和一般的封闭线框没有区别，但实际上面域就像是一张没有厚度的纸，除了包括边界外，还包括边界内的平面。图案填充则是一种使用指定线条图案来充满指定区域的图形对象，常常用于表达剖切面和不同类型物体对象的外观纹理等，被广泛应用在绘制机械图、建筑图及地质构造图等各类图形中。

5.5.1 创建面域

执行方法 在 AutoCAD 中，不能直接创建面域，而是通过其他闭合图形进行转化。用户可以通过以下 3 种方法创建面域：

- 菜单栏：选择“绘图 | 面域”菜单命令。
- 面板：在“默认”选项卡的“绘图”面板中，单击“面域”命令按钮 。
- 命令行：输入“REGION”命令，其快捷键为“REG”。

执行“面域”命令（REG）后，命令行提示如下：

```
命令: REGION                    \\ 执行“面域”命令
选择对象 : 找到 1 个             \\ 选择面域对象
选择对象 :                       \\ 按“Enter”键确定选择
已提取 1 个环。                  \\ 系统自动提取面域图形
已创建 1 个面域。                \\ 系统自动创建面域
```

操作实例 用户在选择要将其转换为面域的对象后，按下“Enter”键系统将自动将图形转换为面域。此外，用户还可以选择“绘图”| 边界”菜单命令，打开如图 5-52 所示的“边界创建”对话框来定义面域。再利用边界定义面域时，应首先在该对话框的“对象类型”下拉列表框中选择“面域”选项，然后单击“拾取点”按钮，此时，窗口将切换至绘图区域，在选定位置单击，即可生成面域。

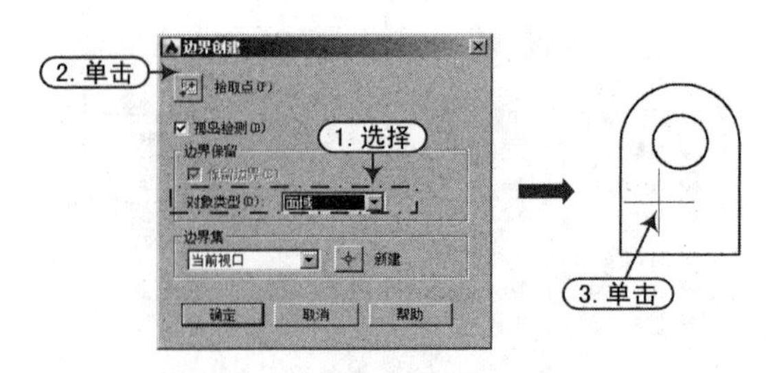

图5-52　用边界创建面域

在创建面域时，应注意以下几点：

- 面域总是以线框的形式显示，用户可以对面域进行复制、移动等编辑操作。
- 在创建面域时，如果系统变量“DELOBJ”的值为 1，那么 AutoCAD 则在定义了面域后将删除原始对象；如果值为 0，则在定义面域后不删除原始对象。
- 如果要分解面域，可以选择“修改 | 分解”菜单命令，将面域的各个环转换成相应的线、圆等对象。

5.5.2　面域的布尔运算

知识要点 布尔运算是数学上的一种逻辑运算。在 AutoCAD 中绘图时使用布尔运算，可以大大提高绘图效率，尤其是绘制比较复杂的图形时。布尔运算的对象只包括实体和共面的面域，对于普通的线条图形对象，则无法使用布尔运算。

执行方法 在 AutoCAD 2016 中，用户可以对面域执行“并集”、“差集”及“交集”3 种布尔运算，其执行方法主要有以下 3 种：

- 菜单栏：选择“修改 | 实体编辑 | 并集（差集或交集）”菜单命令。
- 面板：“三维基础”空间模式下，在“默认”选项卡的“编辑”面板中单击“并集”按钮（“差集”按钮或“交集”按钮）。
- 命令行：输入并集“UNION”命令，其快捷键为“UNI”；交集“INTERSECT”命令，其快捷键为“IN”)；差集“SUBTRACT”命令，其快捷键为“SU”。

操作实例 执行上述命令后，根据命令行提示，选择要合并或相交的面域或实体，即可进行并集、差集和交集运算，如图 5-53 所示。执行“并集”命令（UNI）和“交集”命令（IN）后，命令行提示如下：

```
命令：UNION/INTERSECT                    \\ 执行“并集”或“交集”命令
选择对象：指定对角点：找到 2 个           \\ 选择并集或交集对象
```

若执行“差集”命令（SU）后，用户需要选择要从中减去的对象，并按“Enter”键，再选择要减去的对象，并按“Enter”键即可对图形进行差集运算。

```
命令：SUBTRACT                           \\ 执行“差集”命令
选择要从中减去的实体、曲面和面域 ...      \\ 选择从中减去对象
选择对象：找到 1 个                       \\ 按“Enter”键
选择对象：选择要减去的实体、曲面和面域 ... \\ 选择减去对象
选择对象：找到 1 个                       \\ 按“Enter”键
选择对象：                                \\ 继续选择
```

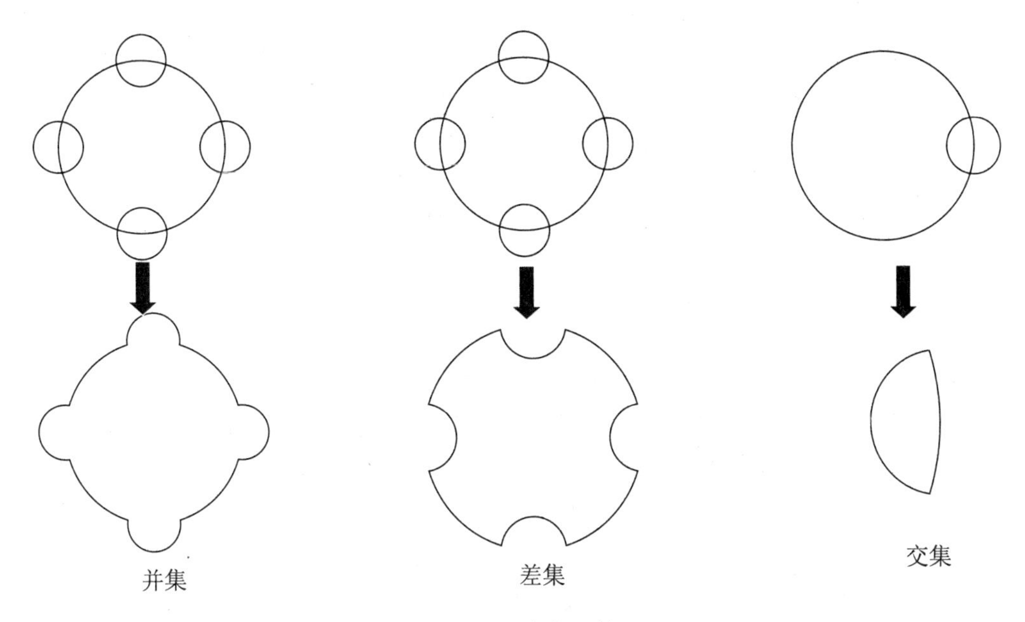

图5-53　布尔运算

5.5.3　图案的填充

知识要点 要重复绘制某些图案或填充图形中的一个区域，来表达该区域的特征，这种操作称为图案填充。图案填充的应用非常广泛，例如在机械工程图中，可以用图案填充表达一些剖切的区域，也可以使用不同的图案来表达不同的零部件或者材料。

执行方法 用户可以通过以下 3 种方法进行图案填充操作：

- 菜单栏：选择“绘图 | 图案填充（或渐变色）”菜单命令。
- 面板：在“默认”选项卡的“绘图”面板中，单击“图案填充”按钮。
- 命令行：输入“BHATCH”命令，快捷键为“H”。

操作实例 执行上述操作后，如果功能区处于活动状态，将显示“图案填充创建”选项卡，如图 5-54 所示。

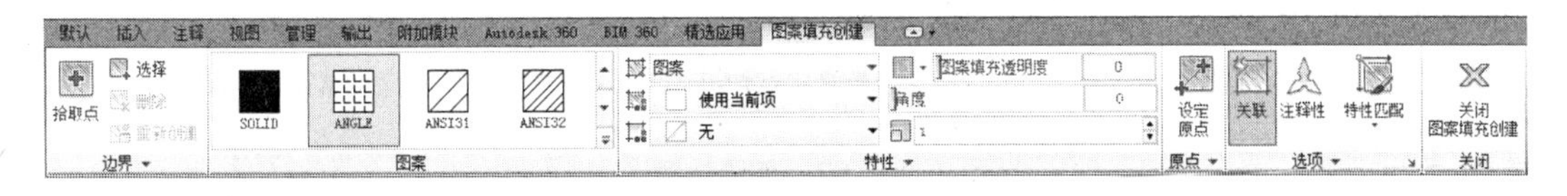

图5-54　“图案填充创建”选项卡

选项含义 “图案填充创建”选项卡中各面板及按钮的含义如下。

- “边界”面板：用于指定是否将填充边界保留为对象，并确定其对象类型。
  - 拾取点：用于根据图中现有的对象自动确定填充区域的边界，该方式要求这些对象必须构成一个闭合区域。单击该按钮，在闭合区域内拾取一点，系统将自动确定该点的封闭边界，并将边界加粗加亮显示，如图 5-55 所示。

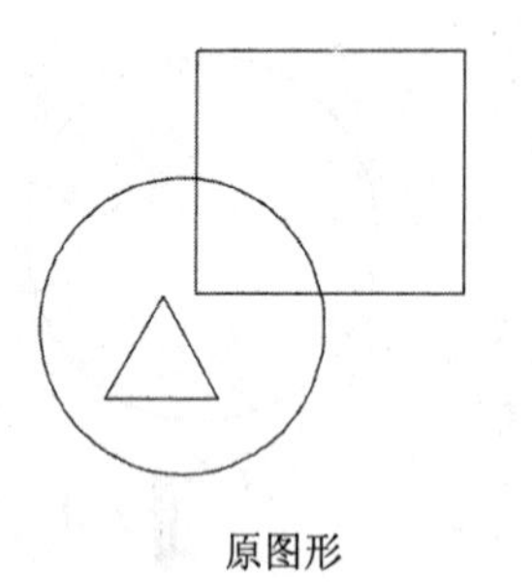

原图形

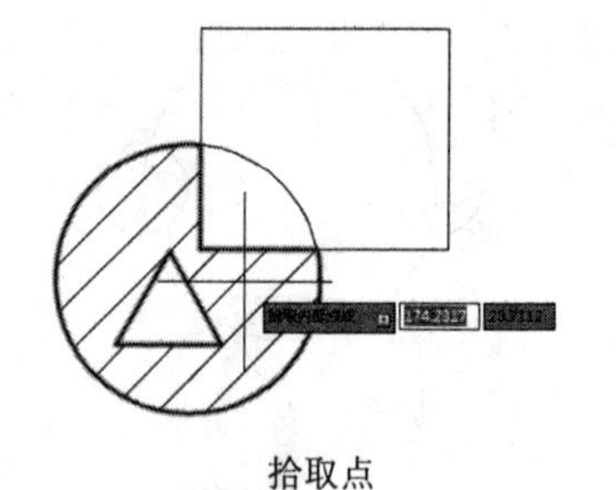

拾取点

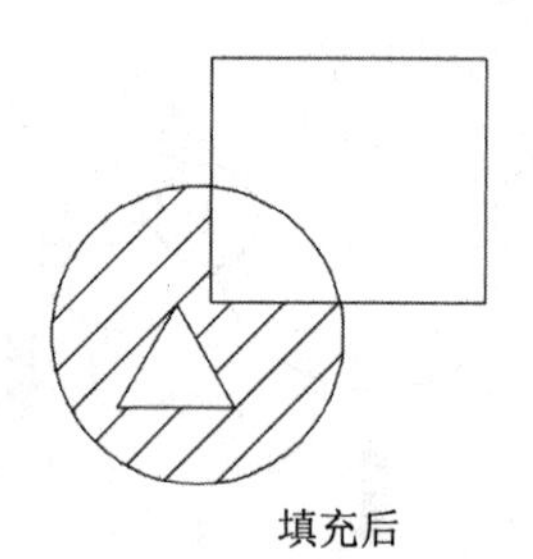

填充后

图5-55　添加拾取点

- 添加选择对象：以选择对象的方式确定填充区域的边界，用户可以根据需要选择构成填充区域的边界，如图 5-56 所示。

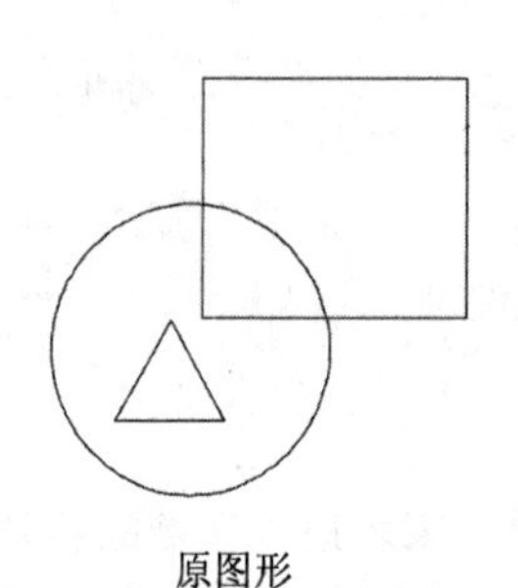

原图形

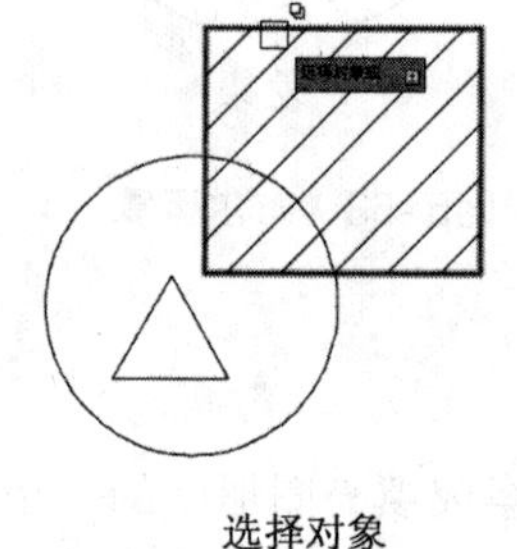

选择对象

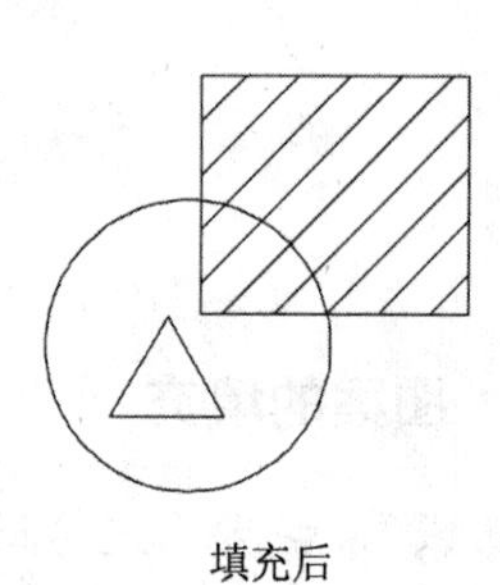

填充后

图5-56　选择对象

- 删除边界：用于从边界定义中删除以前添加的任何对象，如图 5-57 所示。

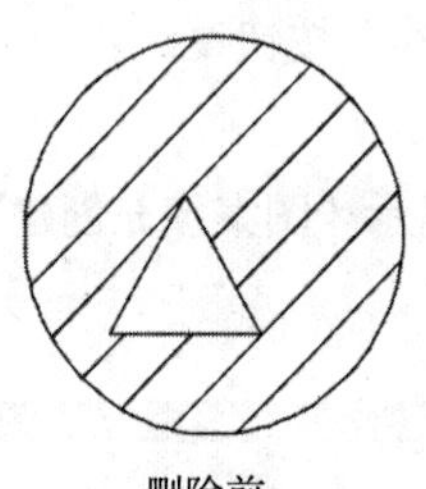

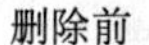

删除前

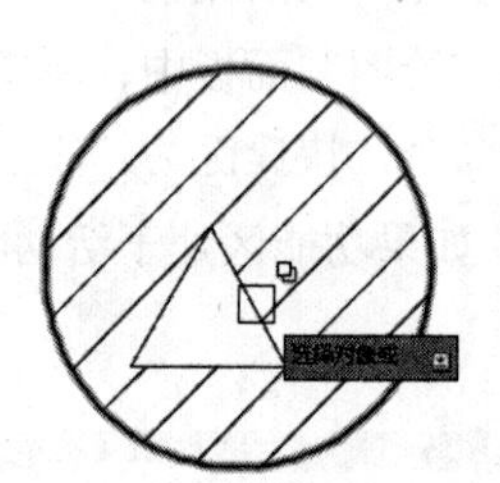

选择定义边界

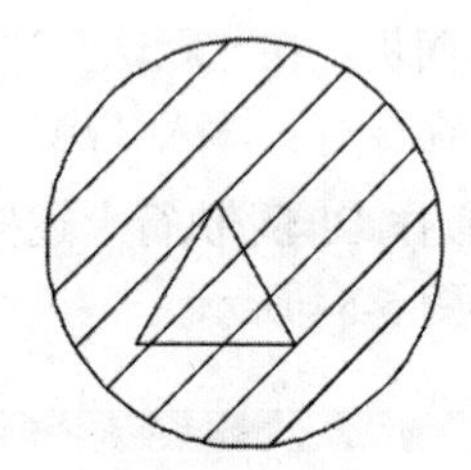

删除后填充高效果

图5-57　删除边界

- 重新创建：围绕选定的图形边界或填充对象创建多段线或面域，并使其与图案填充对象相关联（可选）。如果未定义图案填充，则此选项不可选用。

- “图案”面板：可以选择图案填充的样式，单击其右侧的上下按钮可选择相应图案，单击下拉按钮即可在下拉列表中选择所需的预定义图案，如图 5-58 所示。
- “特性”面板：用于设定填充图案的属性，其含有 4 个选项：图案样式和类型、填充颜色、填充比例等，如图 5-59 所示。

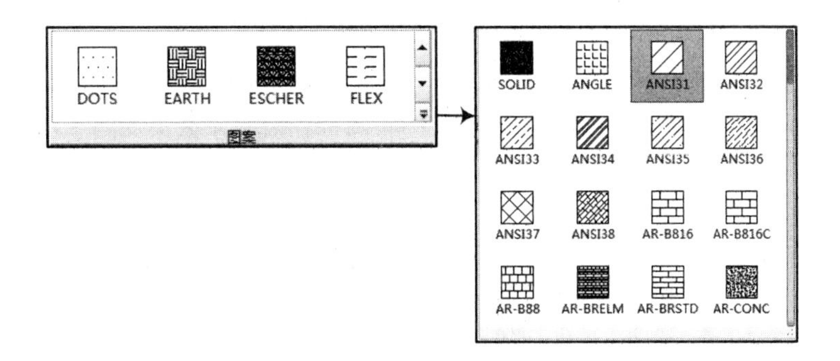

图5-58 图案面板

- 图案填充类型：用于显示当前图案类型及设置填充图案的类型，其中包含实体、渐变色、图案和用户定义，如图 5-60 所示。

图5-59 “特性”面板

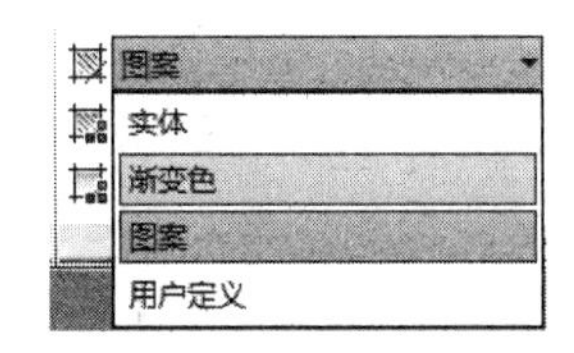

图5-60 图案填充类型

- 图案填充颜色：用于显示和设置当前图案的填充颜色。单击右侧下拉按钮，显示可用颜色，如图 5-61 所示。
- 背景色：用于显示和设置当前填充图案的背景色。单击右侧下拉按钮，可选择背景颜色，如图 5-62 所示。

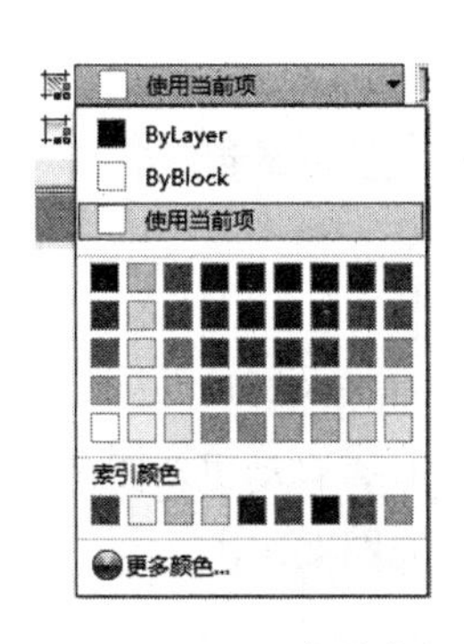

图5-61 设置图案填充颜色

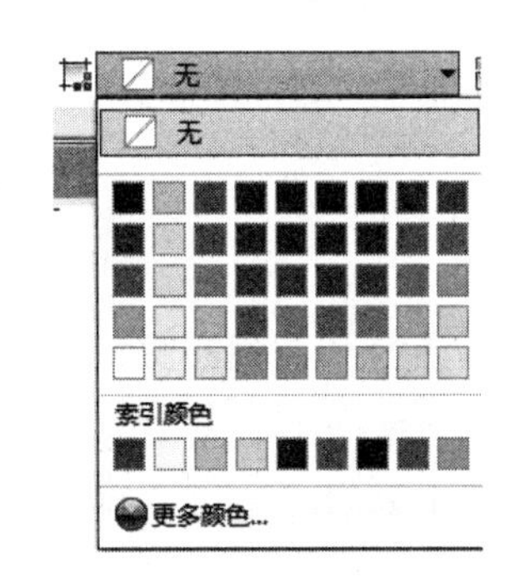

图5-62 设置背景色

- 透明度：用于设置当前填充图案的透明程度。用户可单击其右侧下拉按钮，选择相应的透明度，还可以在右侧文本框中输入相应透明度参数。
- 角度 角度 0 ：指定填充图案相对于当前用户坐标系 X 轴的旋转角度，用户可在右侧的文本框中输入相应的角度参数。例如，填充样例“ANSI-31”的图案角度为 0° 和 90° 时，其显示效果如图 5-63 所示。

- 比例：设置填充图案的缩放比例，以使图案的外观变得更稀疏或更紧密。例如，填充样例“ANSI-31”的图案比例为 1 和 10 时，其显示效果如图 5-64 所示。

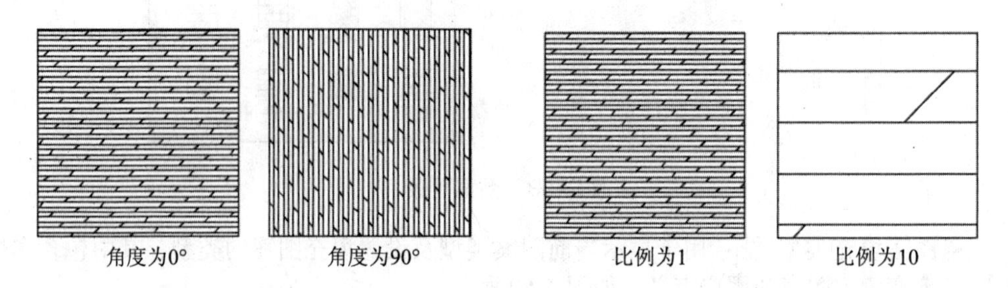

图5-63　角度填充效果　　　　图5-64　比例填充效果

- 图案填充图层替代：可以指定为新的图案填充指定一个图层来替代当前图层。
- 双向：只有设置“类型”为“用户定义”时，该参数才能被激活，用于填充设定距离的一组平行线，或是相互垂直的两组平行线。激活按钮为相互垂直两组平行线填充，否则为一组平行线填充。

● “原点”面板：用于确定填充图案的原点。其中包括使用当前原点（为默认原点）、左下、左上、右上、右下、中心等，如图 5-65 所示。

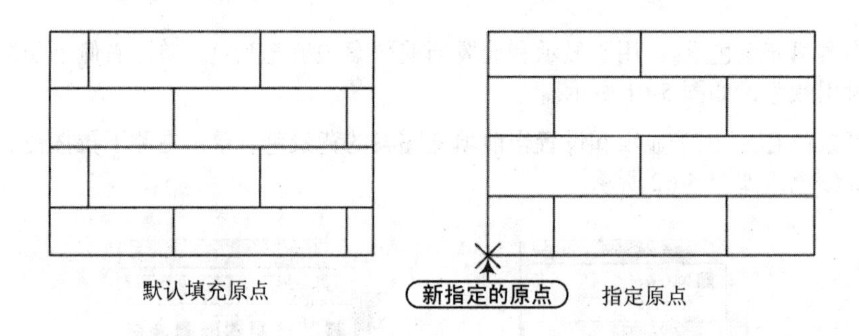

图5-65　原点设置

● “选项”面板：用于设置填充图案的关联性、注释性及特性匹配。

- 关联性：控制用户修改填充图案边界时，是否自动更新图案填充。
- 注释性：指定根据视口比例，自动调整填充图案比例。
- 特性匹配：使用选定的图案填充特性，应用到其他填充图案，图案填充原点除外。

● “关闭”面板：单击该按钮关闭图案填充选项卡，退出“图案填充”命令。

实例——电视背景墙的填充

	案例	电视背景墙 .dwg
	视频	电视背景墙的填充 .avi

本实例利用上一小节所学习内容对电视背景墙进行图案填充，效果如图 5-66 所示。绘图操作步骤如下：

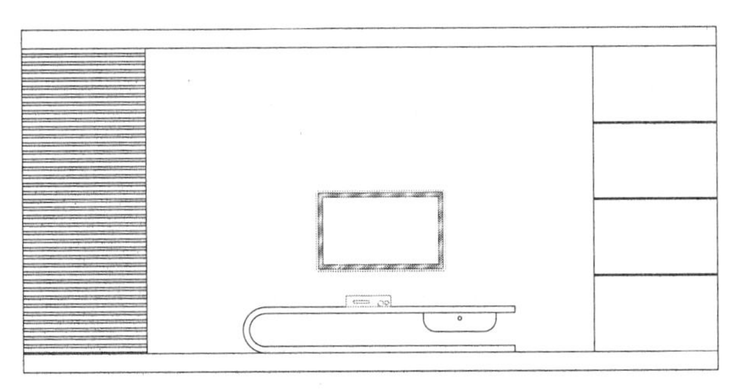

图5-66　电视背景墙

实战要点①图案填充的方法；②填充电视背景墙。

操作步骤

Step 01 打开文件。正常启动 AutoCAD 2016 软件，执行“文件 | 打开”命令，打开“案例 \05\ 电视背景墙 .dwg”文件，如图 5-67 所示。

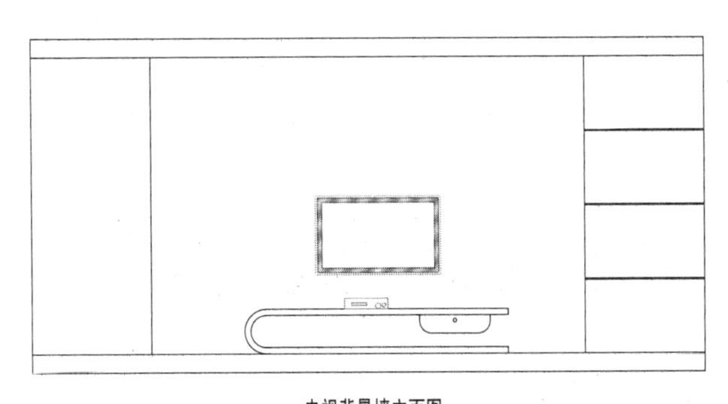

图5-67　电视背景墙

Step 02 执行“图案填充”命令（H），打开“图案填充和渐变色”对话框，设置类型为“预定义”，填充样例图案为“DOTS”，设置填充比例为 100，选择如图 5-68 所示的墙体进行图案填充。填充效果如图 5-69 所示。

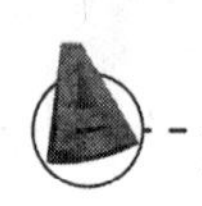

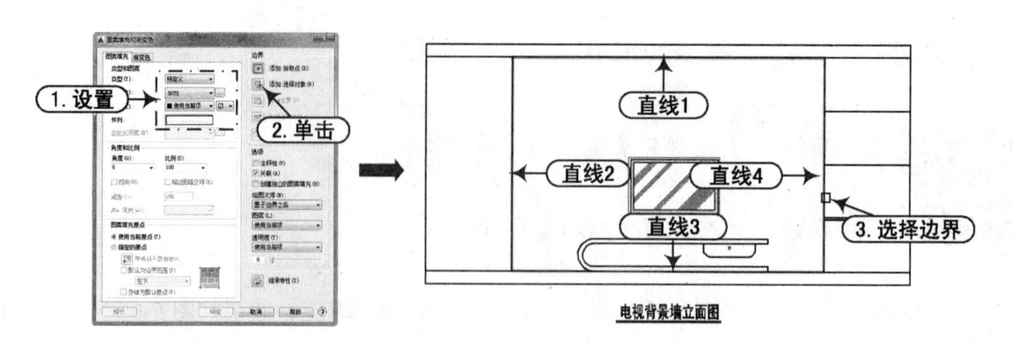

图5-68　填充样例"DOTS"

Step 03 重复执行"图案填充"命令（H），采用同样的方法，设置类型为"预定义"，填充样例图案为"STEEL"，设置填充比例为 20，角度为 135°，选择电视背景墙左侧墙体进行图案填充。填充效果如图 5-70 所示。

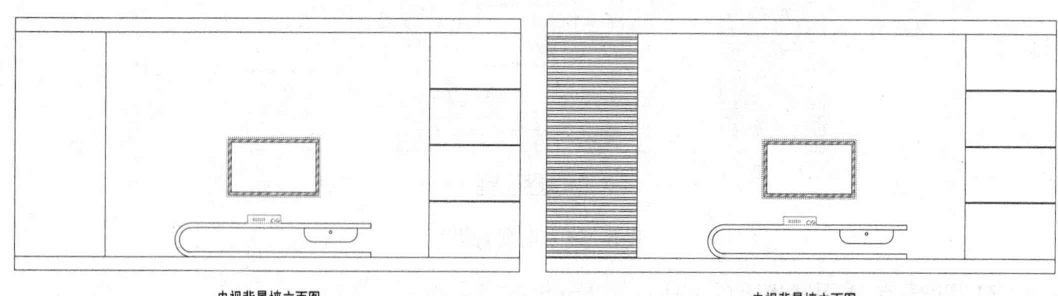

图5-69　样例"DOTS"填充效果

图5-70　样例"STEEL"填充效果

Step 04 继续执行"图案填充"命令（H），设置类型为"预定义"，填充样例图案为"ARSAND"，设置填充比例为 2，在电视背景墙右侧墙体相应位置进行图案填充。填充效果如图 5-66 所示。

Step 05 保存图形。至此，电视背景墙绘制完成，按"Ctrl+S"组合键，将文件进行保存。

5.6　综合实战——地面拼花图例的绘制

案例	地面拼花 .dwg
视频	地面拼花的绘制 .avi

本实例利用"圆"、"直线"、"多边形"命令，以及本章所学的对象编辑命令，绘制地面拼花形状，再利用"图案填充"命令（H），填充出地面拼花，效果如图 5-71 所示。具体绘图步骤如下：

图5-71　地面拼花

实战要点①夹钳功能的使用；②特性功能的使用；③图案填充的使用。

操作步骤

Step 01 新建文件。正常启动 AutoCAD 2016 软件，执行“文件 | 新建”命令，新建一个图形文件；然后执行“文件 | 保存”命令，将文件保存为“案例 \05\ 地面拼花 .dwg”文件。

Step 02 绘制拼花图例。执行“圆”命令（C），在绘图区域中心位置绘制一个半径为 450mm 的圆；然后执行“直线”命令（L），捕捉圆的上象限点和圆心，绘制一条直线，如图 5-72 所示。

Step 03 选中上一步绘制的直线，并单击最上方的夹点，进入夹点编辑状态，利用本章 5.4.1 节所学知识，对直线进行复制旋转操作，旋转角度分别为 20° 和 -20°，效果如图 5-73 所示。命令行提示与操作如下:

```
命令 :
** 拉伸 **                                                    \\ 进入夹点编辑状态
指定拉伸点或 [ 基点 (B)/ 复制 (C)/ 放弃 (U)/ 退出 (X)]:ro                \\ 执行“旋转”命令（RO）
** 旋转 **
指定旋转角度或 [ 基点 (B)/ 复制 (C)/ 放弃 (U)/ 参照 (R)/ 退出 (X)]: c   \\ 选择“复制（C）”选项
** 旋转 ( 多重 ) **
指定旋转角度或 [ 基点 (B)/ 复制 (C)/ 放弃 (U)/ 参照 (R)/ 退出 (X)]: 20  \\ 输入角度值
** 旋转 ( 多重 ) **
指定旋转角度或 [ 基点 (B)/ 复制 (C)/ 放弃 (U)/ 参照 (R)/ 退出 (X)]: -20  \\ 输入另一条直线的角度值
** 旋转 ( 多重 ) **
指定旋转角度或 [ 基点 (B)/ 复制 (C)/ 放弃 (U)/ 参照 (R)/ 退出 (X)]: * 取消 *  \\ 按“Esc”键取消夹点编辑
```

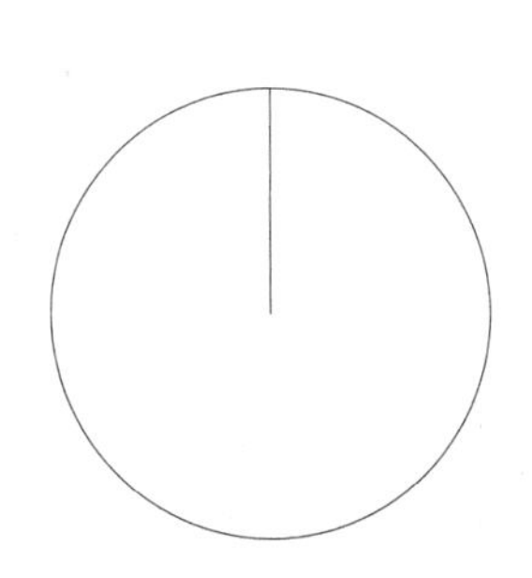

图5-72　绘制圆和直线

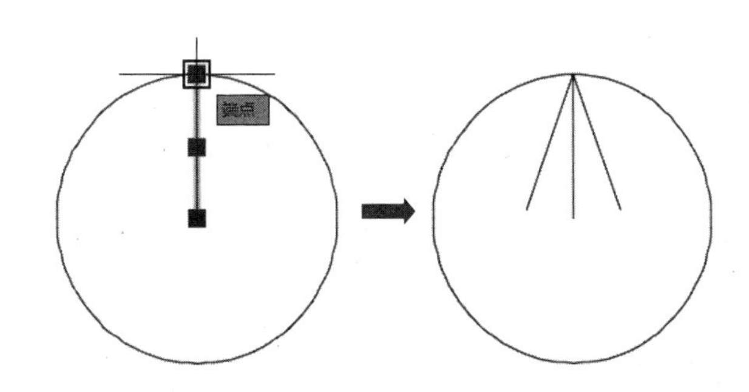

图5-73　夹点编辑

Step 04 利用夹点功能，继续对半径进行夹点编辑操作。效果如图 5-74 所示。命令行提示与操作如下：

```
命令：
** 拉伸 **                                                              \\ 进入夹点编辑状态
指定拉伸点或 [ 基点 (B)/ 复制 (C)/ 放弃 (U)/ 退出 (X)]:ro              \\ 执行“旋转”命令（RO）
** 旋转 **
指定旋转角度或 [ 基点 (B)/ 复制 (C)/ 放弃 (U)/ 参照 (R)/ 退出 (X)]: c \\ 选择“复制 (C)”选项
** 旋转 ( 多重 ) **
指定旋转角度或 [ 基点 (B)/ 复制 (C)/ 放弃 (U)/ 参照 (R)/ 退出 (X)]: 45       \\ 输入旋转角度值
** 旋转 ( 多重 ) **
指定旋转角度或 [ 基点 (B)/ 复制 (C)/ 放弃 (U)/ 参照 (R)/ 退出 (X)]: * 取消 *   \\ 按“ESC”键取消
夹点编辑
```

Step 05 执行“旋转”命令（RO），选中如图 5-75 所示的直线，以圆心为基点，将其旋转 -45°。

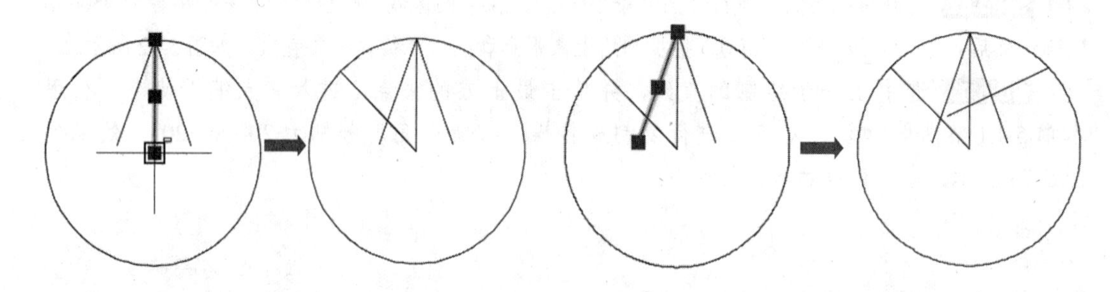

图5-74　夹点编辑　　　　图5-75　旋转操作

Step 06 执行“修剪”命令（TR），对图形进行修剪操作，如图 5-76 所示。

Step 07 执行“阵列”命令（AR），以圆心为中心点，将修剪后保留的三条直线进行极轴阵列，阵列项目数为 8，效果如图 5-77 所示。

Step 08 执行“多边形”命令（POL），以圆心为中心点，绘制内接圆半径为 700mm 的正四边形，如图 5-78 所示。

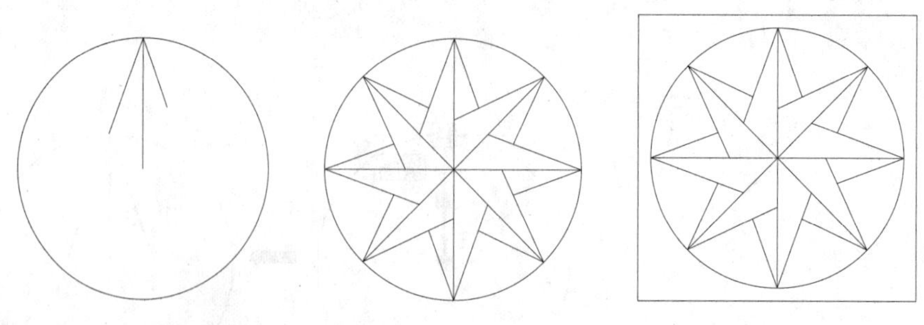

图5-76　修剪图形　　　　图5-77　阵列图形　　　　图5-78　绘制正四边形

Step 09 执行“旋转”命令（RO），将正四方形以圆心为基点进行旋转复制操作，如图 5-79 所示。

Step 10 选中两个正四方形，然后按“Ctrl+1”组合键打开“特性”面板，修改“几何图形”特性“全局宽度”为 8，如图 5-80 所示。

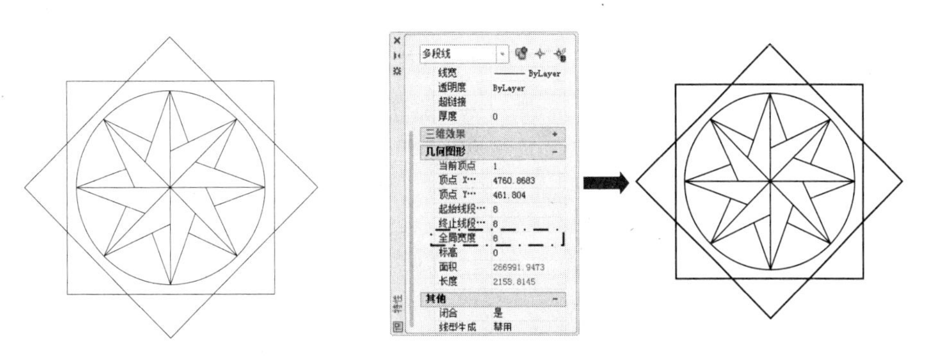

图5-79 旋转多边形　　　　图5-80 改变图形特性

Step 11 填充拼花图案。执行“填充”命令（H），选择样例“SOLID”作为填充图案，对图形相应位置进行填充，填充效果如图 5-71 所示。

Step 12 保存图形。至此，地面拼花图例绘制完成，按“Ctrl+S”组合键，将文件进行保存。

06

图形的显示控制与打印输出

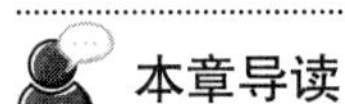

本章导读

在 AutoCAD 绘图过程中，图形都是在视图窗口中进行的，只有灵活地对图形进行显示与控制，才能更加精确地绘制所需要的图形。视图的显示和控制包括缩放和平移命令。除此之外，视口还可以分割成多个视口显示图形，可以从不同的角度、不同的部位来显示观察图形。

本章内容

- 缩放
- 平移
- 视口与空间

本章视频集

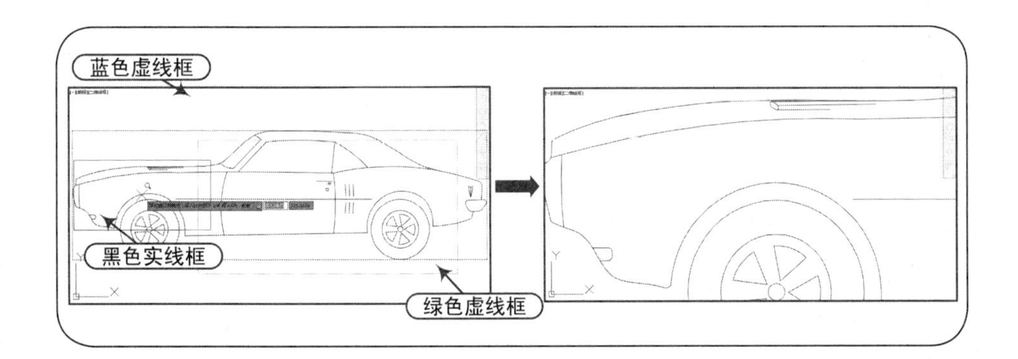

6.1 缩放

按一定比例、观察位置和角度显示的图形称为视图。在 AutoCAD 中，可以通过缩放视图来观察图形。缩放视图可以增加或减少图形对象的屏幕显示尺寸，但对象的真实尺寸保持不变。通过改变显示区域和图形的大小可以更准确、更详细地绘图。

6.1.1 缩放命令及选项

知识要点 在绘制较大的图形时，有时需要放大视图以便绘制其细节，绘制完毕后又需缩小视图查看图形的整体效果。这时就需要用到提供的“缩放视图”命令对视图进行放大或缩小。

执行方法 AutoCAD 中，“缩放视图”命令的执行方法主要有以下 3 种：

- 菜单栏：选择“视图 | 缩放”菜单命令中的子命令，如图 6-1 所示。
- 工具栏：选择“工具 |AutoCAD| 缩放”菜单命令，在弹出的工具栏中单击相应的按钮，如图 6-2 所示。
- 命令行：输入“ZOOM”命令，其快捷键为“Z”。

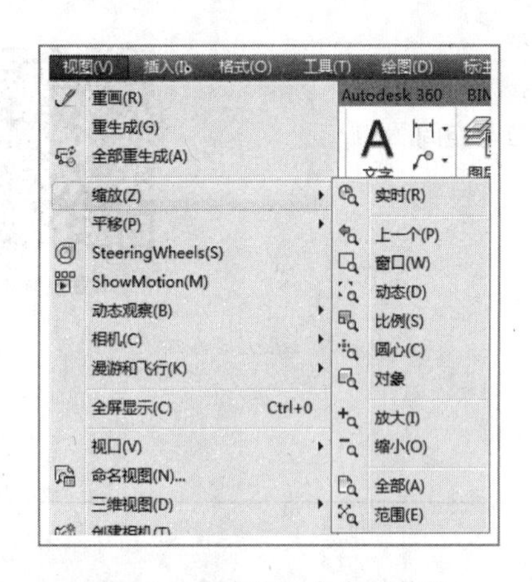

图6-1 “缩放”命令子菜单

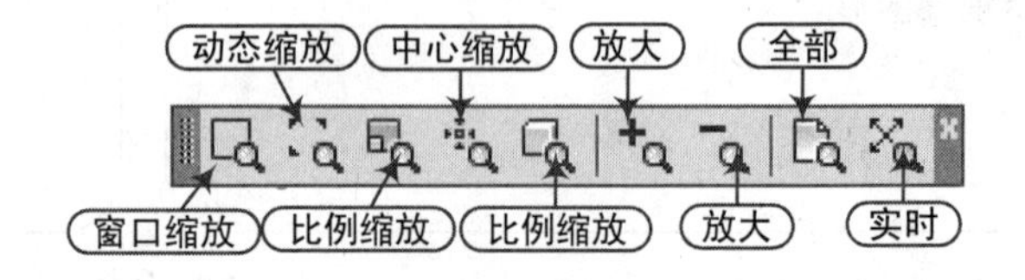

图6-2 “缩放”工具栏

操作实例 执行“缩放”命令（Z）后，命令行提示如下：

```
命令 : ZOOM
指定窗口的角点，输入比例因子 (nX 或 nXP)，或者
[ 全部 (A)/ 中心 (C)/ 动态 (D)/ 范围 (E)/ 上一个 (P)/ 比例 (S)/ 窗口 (W)/ 对象 (O)] < 实时 >:
```

选项含义 其中各主要选项的含义如下。

- 全部 (A)：在当前窗口中显示全部图形。当绘制的图形工具包含在用户定义的图形界限内时，则在当前窗口中完全显示出图形界限；如果绘制的图形超出了图形界限，则以图形范围进行显示。
- 中心 (C)：以指定点为中心进行缩放，并输入缩放倍数，缩放倍数可以使用绝对值或相对值。
- 动态 (D)：使用矩形视图框进行平移和缩放。

- 范围 (E)：将当前窗口中的所有图形尽可能大地显示在屏幕上。
- 上一个 (P)：返回前一个视图。当使用其他选项对视图进行缩放以后，需要使用前一个视图时，可选择此选项。
- 比例 (S)：根据输入的比例值缩放图形。有三种输入比例值的方式，即直接输入数值相对于图形界限进行缩放；在输入的比例值后面加 X，表示相对于当前视图进行缩放；在输入的比例值后面加 XP，表示相对于图纸空间单位进行缩放。
- 窗口 (W)：选择该选项后可以用鼠标拖动出一个矩形区域，释放鼠标键后该范围内的图形便被放大显示。
- 对象 (O)：选择该选项后再选择一个图形对象，会将该对象及其内部的所有内容放大显示。
- 实时：该项为默认选项，执行"缩放"命令（ZOOM）后直接按"Enter"键即可调用该选项。

技巧：比例缩放与视图缩放

"视图缩放"命令和"比例缩放"命令都是缩放命令，但是其缩放的对象不同，前者缩放的是整个视图，而后者缩放的是视图中的图形对象。

比如，你的铅笔长 20cm，利用视图缩放把它放大和缩小，但实际它还是 20cm。而如果利用比例缩放，缩放比例输入 2，就是将其扩大两倍，即铅笔的实际长度变成了 40cm。

6.1.2 实时缩放

实时缩放是指随着鼠标的上下移动，图形动态地改变显示大小。在进行实时缩放时，按住鼠标左键，系统将会显示一个放大镜图标，如图 6-3 所示，利用此放大镜图标用户即可实现即时动态缩放。向下移动，图形缩小显示；向上移动，图形放大显示；水平左右移动，图形无变化。按"Esc"键将退出"缩放视图"命令。

实时缩放操作方便，视图实时更新，便于用户观察绘图效果。在缩放过程中如果右击，还可以激活"缩放"快捷菜单，便于切换为其他视图操作，如图 6-4 所示。

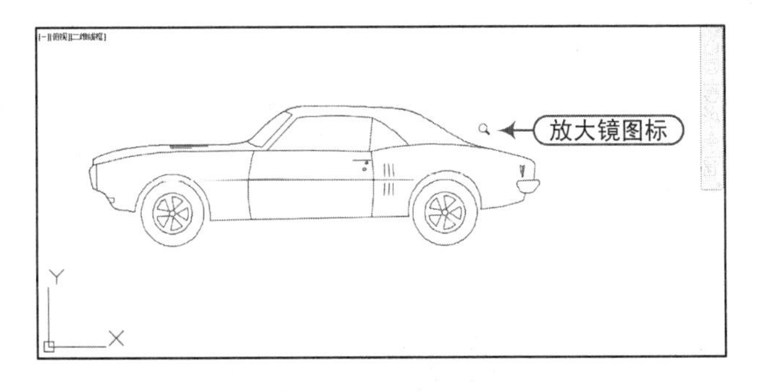

图6-3　实时缩放

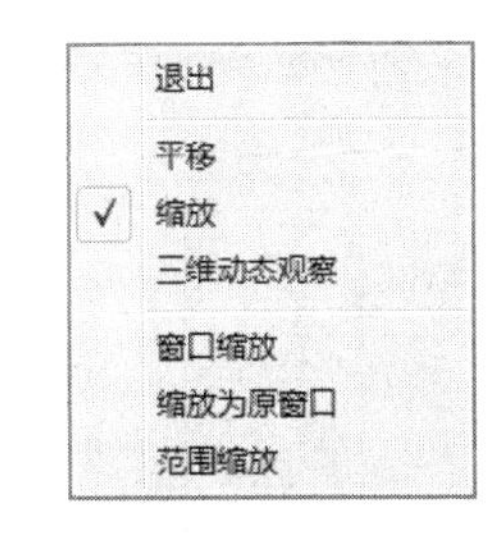

图6-4　"实时缩放"快捷菜单

通过滚动鼠标中键（滑轮），即可实现缩放图形。除此之外，鼠标中键还有其他功效，如表 6-1 所示。

表6-1 鼠标中间功能

鼠标中间（滑轮）操作	功能表述
滚动滑轮	放大（向上）或缩小（向下）
双击滑轮按钮	缩放到图形范围
按住滑轮按钮并拖动鼠标	实时平移（等同于“平移“命令）

6.1.3 动态缩放

动态缩放是通过视图框来选定显示区域，移动视图框或调整它的大小，将其中的图像平移或缩放，可以很方便地改变显示区域，减少重生成次数。

执行该命令时，绘图区出现两个虚线框和一个实线框。绿色虚线框表示图形界限或全图范围两者中范围大的；蓝色虚线框表示当前视图的最大范围；实线框是“新视图框”，类似于照相机的取景框。它有两种状态：当方框内是“×”符号时，则移动鼠标可实现“平移”。“×”符号处是下一个视图的中心点位置；当方框内符号变为指向该框右边线的箭头时，移动光标可以调整图框位置，使其框住需要缩放的图形区域，最后按“Enter”键即可完成图形的缩放，如图 6-5 所示。

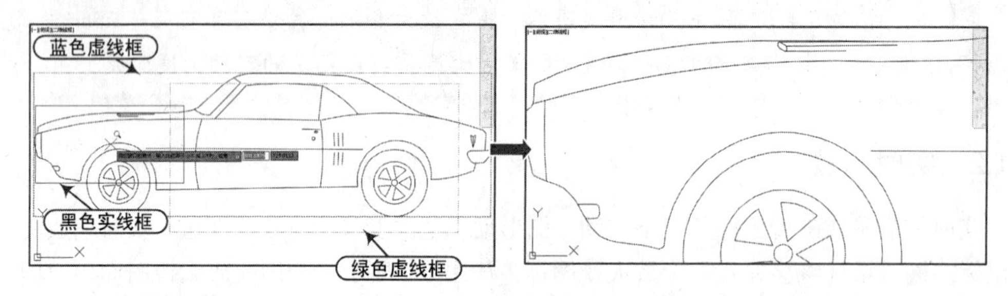

图6–5 动态缩放

6.2 平移

平移图形是在不改变图形当前显示比例的情况下，移动显示区域中的图形到合适位置，以按照需要更好地观察图形，如图 6-6 所示。

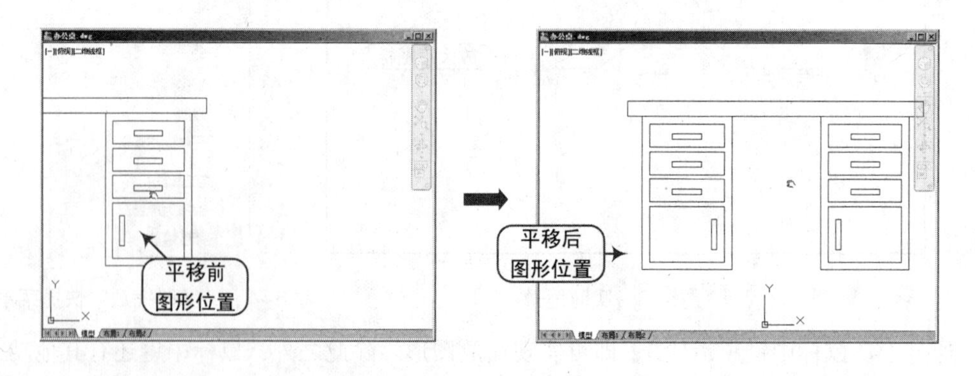

图6–6 平移图形

6.2.1 实时平移

执行方法 “实时平移”是直接控制鼠标移动来平移图像。用户可以采用以下 3 种方法来执行“平移”命令：

- 菜单栏：选择菜单栏中的“视图 | 平移”命令，在子菜单中选择“实时平移”命令，如图 6-7 所示。
- 工具栏：选择“工具 |AutoCAD| 标准”菜单命令，在弹出的“标准”工具栏中单击“平移”按钮，如图 6-8 所示。
- 命令行：输入“PAN”命令，其快捷键为“P”。

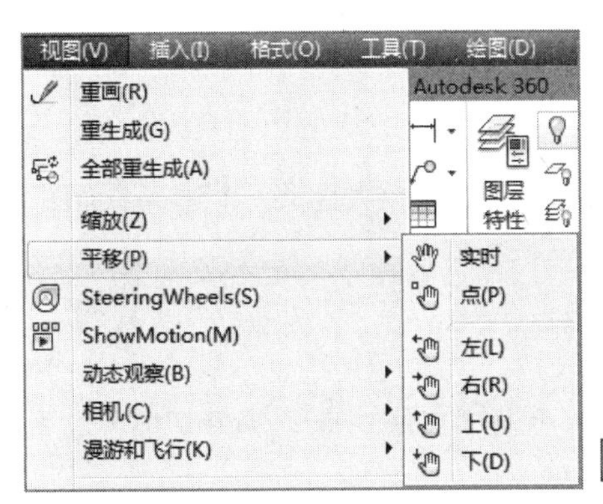

图6-7 “平移”命令子菜单

图6-8 “标准”工具栏

当执行“平移”命令（P）后，绘图窗口的光标将变为手形，可以在绘图窗口中任意移动，以示当前正处于平移模式。单击并按住鼠标左键，将光标锁定在当前位置，此时小手变为形状，即小手已经抓住图形，然后拖动图形使其移动到所需位置上。释放鼠标左键后，将停止平移图形。可以反复按下鼠标左键、拖动、释放对图形进行平移操作，同时还可滑动鼠标滚轮对图形进行缩放操作。

6.2.2 定点平移

执行方法 定点平移是指按指定的距离平移图形。其执行方法如下：

- 菜单栏：选择菜单栏中的“视图 | 平移”命令，在子菜单中选择“定点平移”命令。
- 命令行：输入“-PAN”命令。

操作实例 执行“定点平移”命令（-PAN）后，命令行提示如下：

```
命令：-PAN                  \\ 执行“定点平移”命令
指定基点或位移：             \\ 指定平移的基点
指定第二点：                 \\ 指定第二点，或位移
```

用户指定基点和第二个点后，则视图根据两点之间距离和方向移动图形。

除了利用“实时平移”“定点平移”命令，用户还可以通过选择“视图 | 平移”的子菜单命令，进行“左”、“右”、“上”、“下”的平移。

技巧：平移和移动的区别

平移只是改变你视图的位置，不会改变它的坐标，就像你站在公交车上车子在走而你没有离开原地；而移动既改变了视图位置又改变了坐标，就像你在公交车上从车头走到车尾一样。

实例——放大显示收银台及楼梯间

	案例	酒店大堂首层平面图 .dwg
	视频	放大显示收银台及楼梯间 .avi

本实例利用本节及上一节所讲的“缩放”和“平移”命令，来放大显示一个建筑平面图，绘制操作步骤如下：

实战要点 ①缩放视图的方法；②平移视图的方法。

操作步骤

Step 01 打开文件。正常启动 AutoCAD 2016 软件，执行“文件 | 打开”命令，打开“案例 \06\ 酒店大堂首层平面图 .dwg”，如图 6-9 所示。

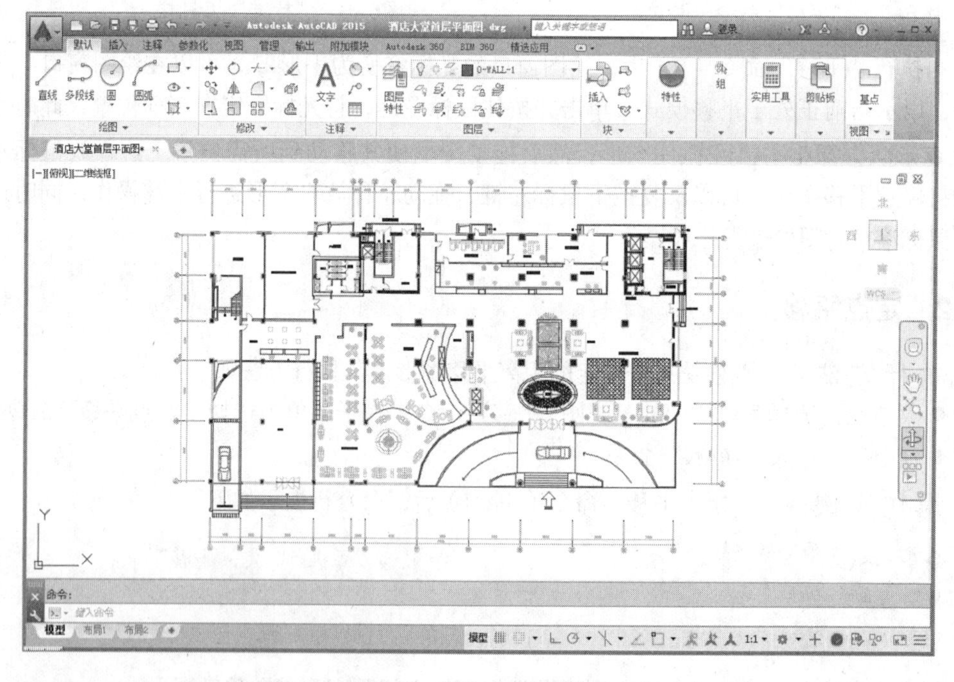

图6-9 酒店大堂平面图

Step 02 缩放图形。执行“缩放”命令（Z）”，然后按两次“Enter”键，当鼠标指针显示为🔍时，将鼠标中键向上滚动，放大图形，如图 6-10 所示。

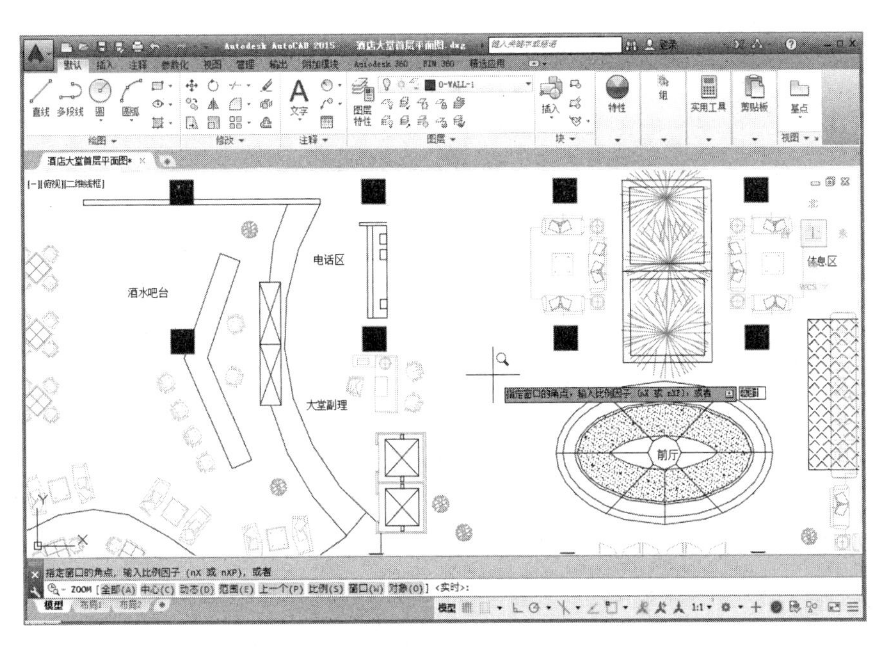

图6-10　放大图形

Step 03 平移显示收银台。按“Esc”键退出“缩放”命令，然后执行“平移”命令（P），此时鼠标将显示手的形状，按住鼠标左键，并拖动鼠标，使绘图区域显示收银台，如图 6-11 所示。

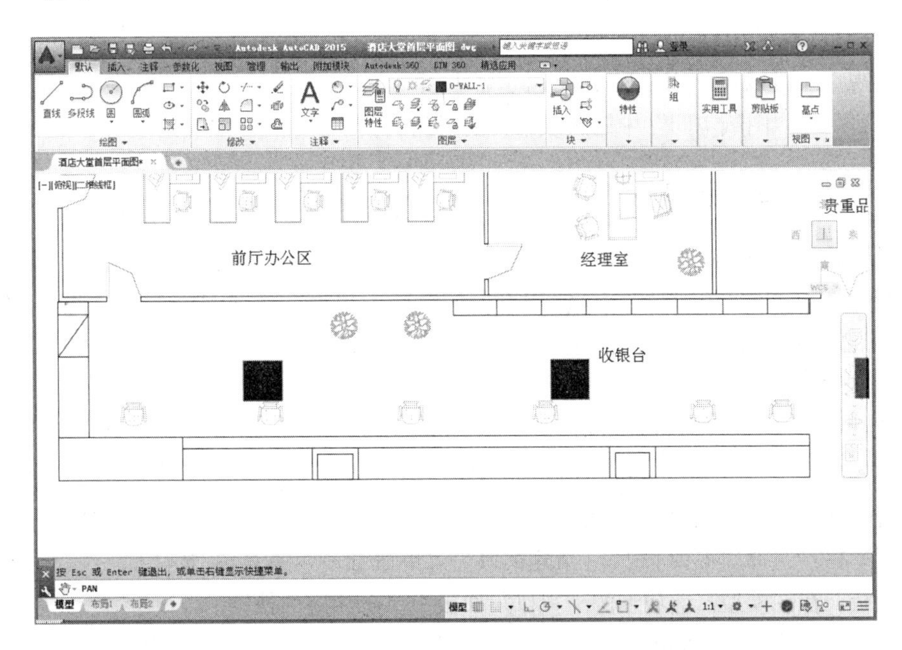

图6-11　显示收银台

Step 04 平移显示楼梯间。继续按住鼠标左键并拖动，使绘图区域显示楼梯间，如图 6-12 所示。

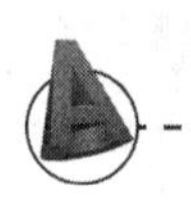

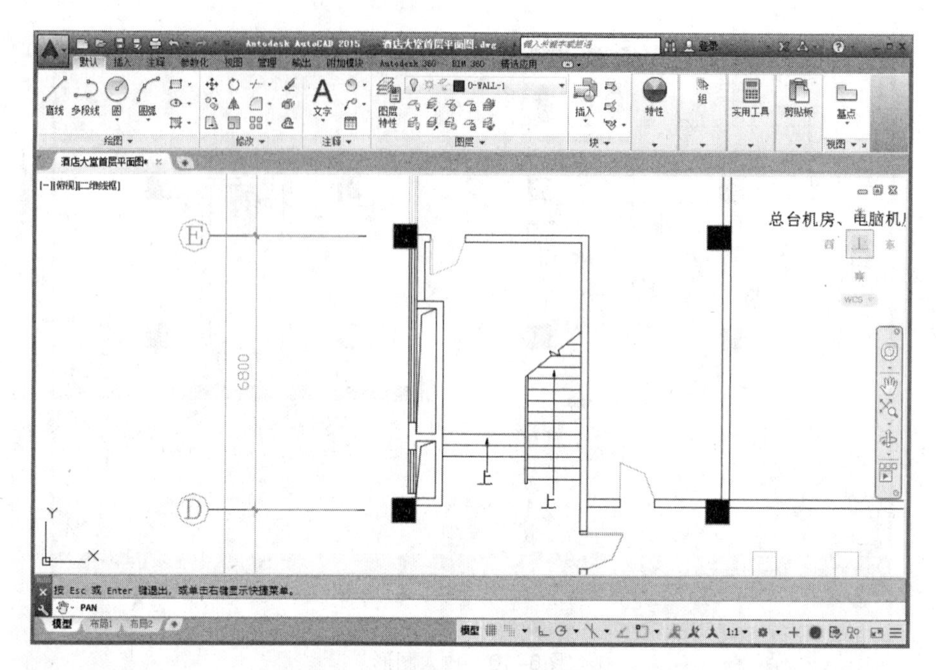

图6-12　显示楼梯间

6.3　视口与空间

在“模型空间”中，可将绘图区域拆分成一个或多个相邻的矩形视图，这些视图被称为模型空间视口。可以显示用户模型的不同视图的区域。在大型或复杂的图形中，显示不同的视图可以缩短在“图纸空间”中缩放或平移的时间。

6.3.1　平铺视口的创建

知识要点 在绘图时，为了方便编辑，常常需要将图形的局部进行放大，以显示细节。当需要观察图形的整体效果时，仅使用单一的绘图视口已无法满足需要了。此时，可使用 AutoCAD 的平铺视口功能，将绘图窗口划分为若干视口。

平铺视口是指把绘图窗口分成多个矩形区域，从而创建多个不同的绘图区域，其中每一个区域都可用来查看图形的不同部分。在 AutoCAD 中，可以在模型空间创建和管理平铺视口。

执行方法 设置平铺视口的方法如下：

- 菜单栏：选择“视图 | 视口 | 新建视口”菜单命令，如图 6-13 所示。
- 面板：在“模型”选项卡的“视口”面板中单击相应的按钮。
- 命令行：输入“VPORTS”命令。

操作实例 在命令行中输入“VPORTS”命令后，将打开“视口”对话框，如图 6-14 所示。在“新建视口”选项卡中单击需要选择的视口数，如“三个：右”，在此对话框右侧的“预览”窗口展示平铺效果。单击“确定”按钮，即可完成视口的设置。

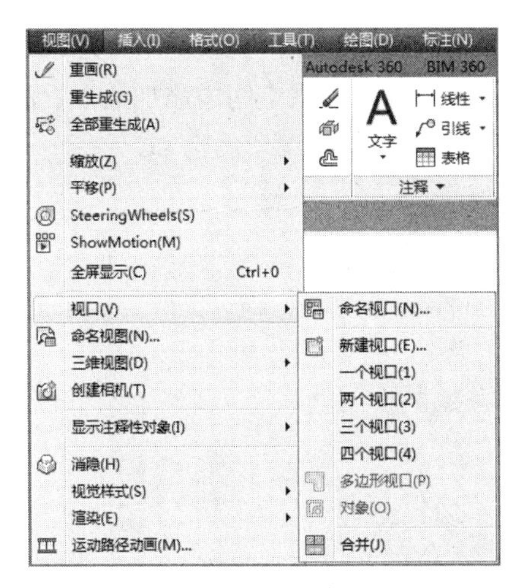

图6-13 “视口”命令子菜单

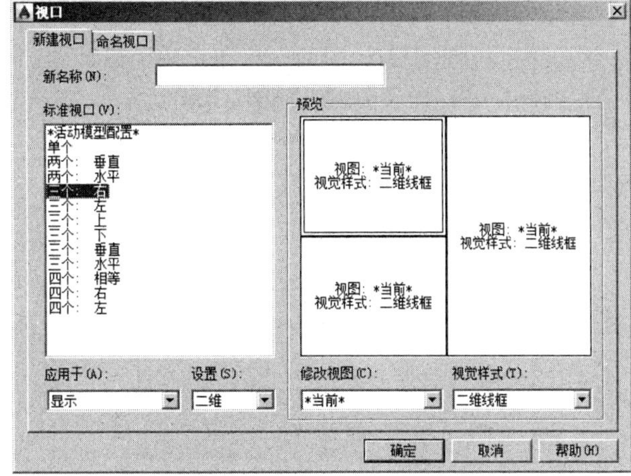

图6-14 “视口”对话框

6.3.2 分割与合并视口

在 AutoCAD 2016 中，选择“视图 | 视口”子菜单中的命令，可以在不改变视口显示的情况下，分割或合并当前视口。例如，选择“视图”|“视口”|“单个”命令，可以将当前视口扩大到充满整个绘图窗口；选择“视图 | 视口 | 两个视口”、“三个视口”或“四个视口”命令，可以将当前视口分割为 2 个、3 个或 4 个视口。图 6-15 所示为将绘图窗口分隔为 3 个视口。

选择“视图 | 视口 | 合并”命令，系统要求选定一个视口作为主视口，然后选择一个相邻视口，并将该视口与主视口合并，如图 6-16 所示。

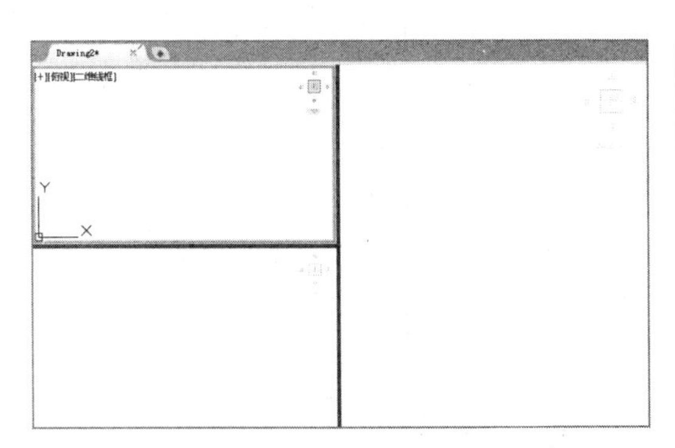

图6-15 “分割”视口

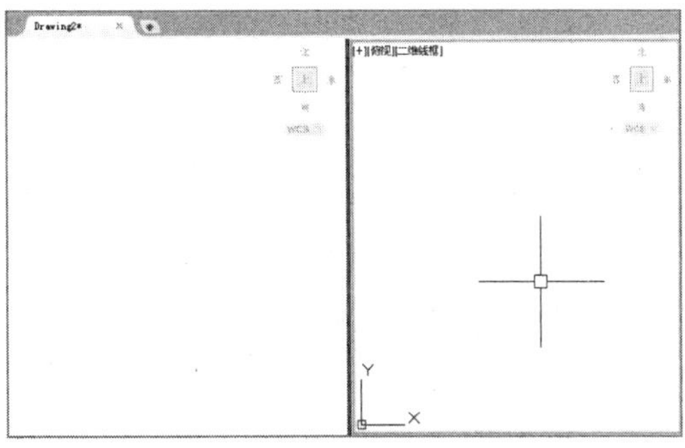

图6-16 “合并”视口

6.3.3 模型与布局空间

AutoCAD 有两种不同的工作环境，即模型空间和图纸空间。

模型空间是完成绘图和设计工作的工作空间，使用模型空间中建立的模型可以完成二维和三维物体的造型，并且根据需要用多个二维或三维视图来表示物体，同时配有必要的尺寸标注和注释等完成所需要的全部绘图工作，如图 6-17 所示；而图纸空间是模拟手工绘图的空间，它是为绘制平面图而准备的一张虚拟图纸，是一个二维空间的工作环境。从某种意义来说，图纸空间就是为布局图面、打印出图而设计的，我们还可以在图纸空间内添加边框、注释、标题和尺寸标注等内容，如图 6-18 所示。

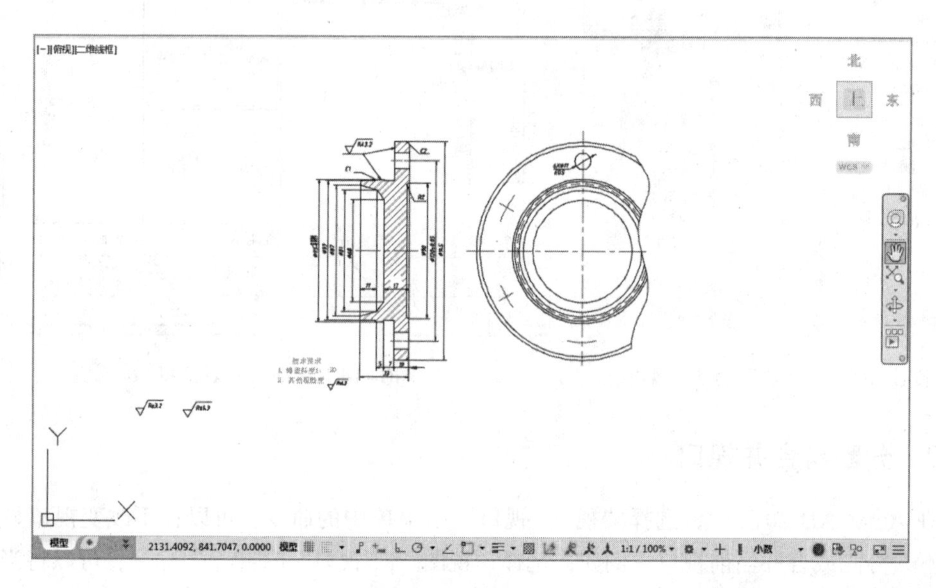

图6–17　模型空间

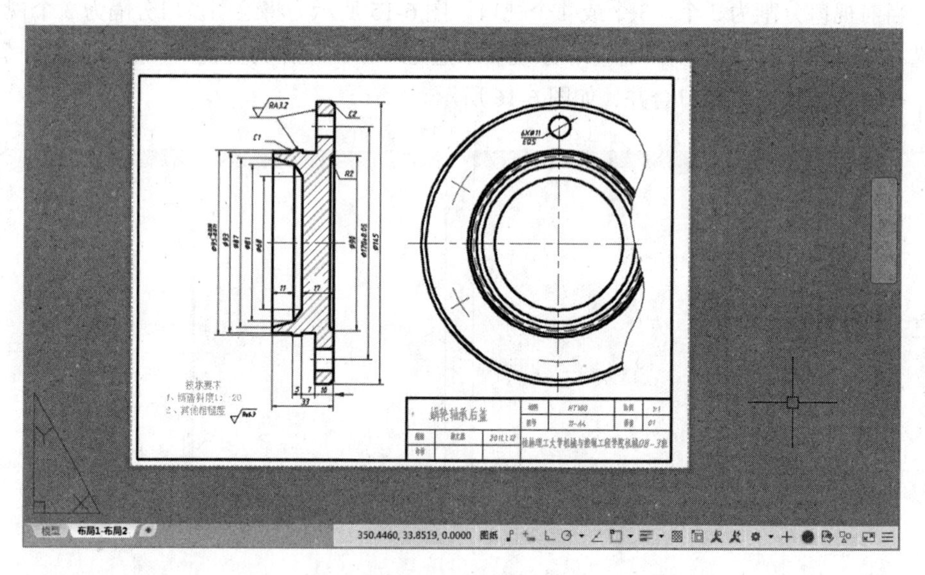

图6–18　图纸空间

从根本上来说，两者的区别是：能否进行三维对象创建和处理，直接与绘图输出相关。粗略地说模型空间属于设计环境，而布局空间属于成图环境。

无论在模型空间还是图纸空间，用户均可以进行打印输出设置。在绘图区域底部，有一个模型空间选项卡，可以在模型空间与布局空间之间进行切换。

07

文字与表格编辑

本章导读

在图形设计中，仅有图形不能足以交代清楚图形的设计意图和具体含义，必要的文字注释在图形设计中具有不可替代的重要作用。因此，AutoCAD 提供了多种在图形中绘制和编辑文字的功能。

另外，AutoCAD 图形中通常会以表格的形式绘制标题栏、材料表等，以更清楚地表达图形所绘制的内容。

本章内容

- 文本样式
- 文本标注
- 文本编辑
- 表格
- 综合实战——创建门窗统计表

本章视频集

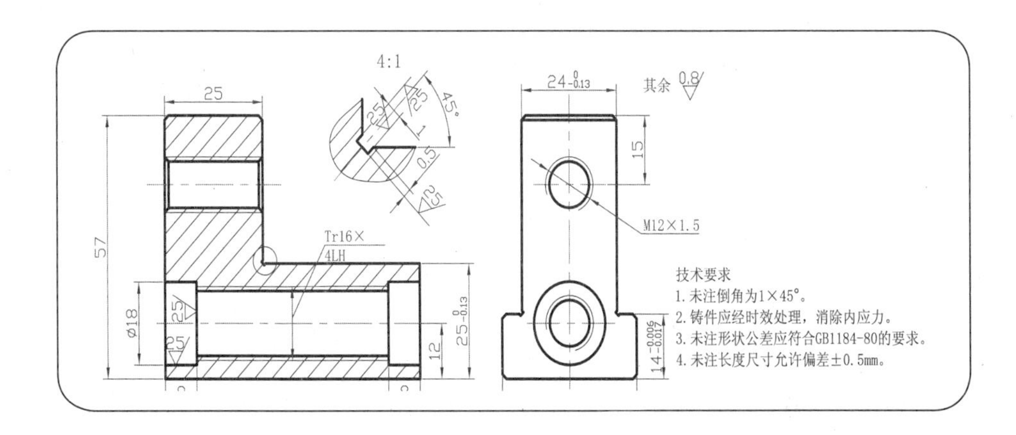

7.1 文本样式

在同一张图纸中，对于不同的对象或不同位置的标注应该使用不同的文字样式。在为图纸书写说明书及工程预算计划书时可以使用不同的文字输入方式，在有的情况下还需要对一些文字进行特效处理。

7.1.1 新建文本样式

知识要点要在 AutoCAD 标注文本，首先应该设置文字的字形或字体。AutoCAD 的文字具有相应的文字样式，文字样式是用来控制文字基本形状的一组设置。当输入文字对象时，AutoCAD 将使用默认的文字样式。用户可以利用 AutoCAD 默认的设置，也可以修改已有样式或定义自己需要的文字样式。

执行方法通过“文字样式”对话框创建新的文字样式，打开“文字样式”对话框的方法有如下几种：

- 菜单栏：选择“格式 | 文字样式”命令。
- 面板：在“注释”选项卡的“文字”面板中单击“文字样式”按钮 ↘ 。
- 命令行：输入“DDSTYLE”命令。

操作实例执行“文字样式”命令（DDSTYLE）后，打开“文字样式”对话框。在对话框左上角列出了文字样式类型，在其中选择当前图形中已经定义好的文字样式。单击右侧的“新建”按钮，将打开“新建文字样式”对话框，在“样式名”文本框中输入新样式的名称，然后单击“确定”按钮，即可创建新的文字样式。新的文字样式将显示在“文字样式”对话框的“样式”列表框中，如图 7-1 所示。

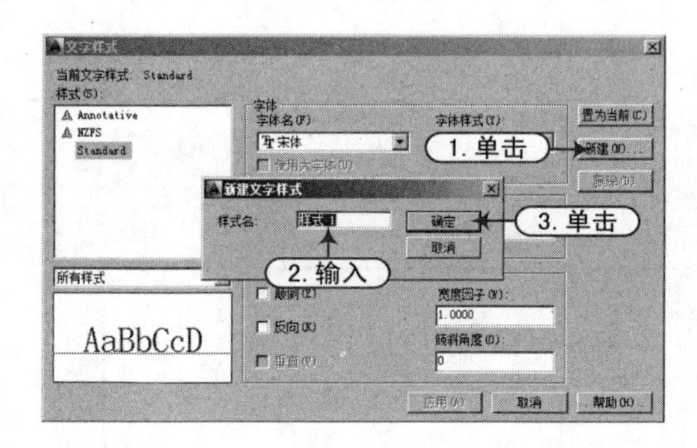

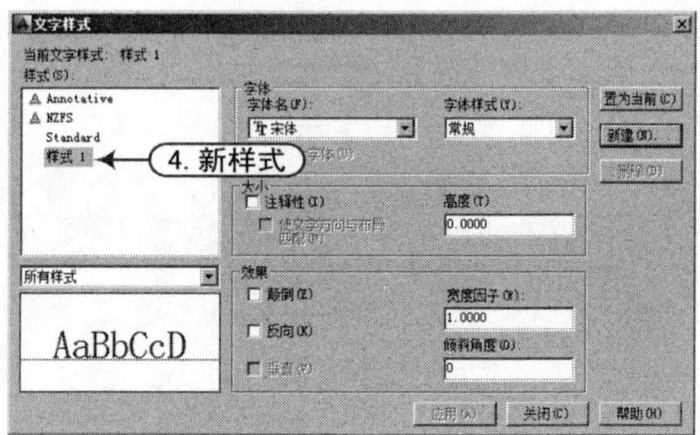

图7–1　新建文字样式

选项含义在“文字样式”对话框中，可以根据需要设置文字的字体、大小及文字效果等。其中，各主要选项含义如下。

- “样式”列表框：显示默认情况下的文字样式和新建的文字样式。样式名前的图标指示样式为注释性。右击文字样式弹出一个快捷菜单，分别是置为当前、重命名、删除，这三项都是对所选择样式进行调整的。如果所选择的文字样式为当前文字样式，或在图形中已经运用到此文字样式，那么这个文字样式不能进行删除。

- “样式”列表过滤器：下拉列表指定所有样式还是仅使用中的样式显示在样式列表中。
- “预览”框：显示随着字体的更改和效果的修改而动态更改的样例文字。
- “字体”选项组：更改样式的字体。
  - 字体名：用户可以在该下拉列表中选择不同的字体，如宋体、黑体等，如图 7-2 所示。

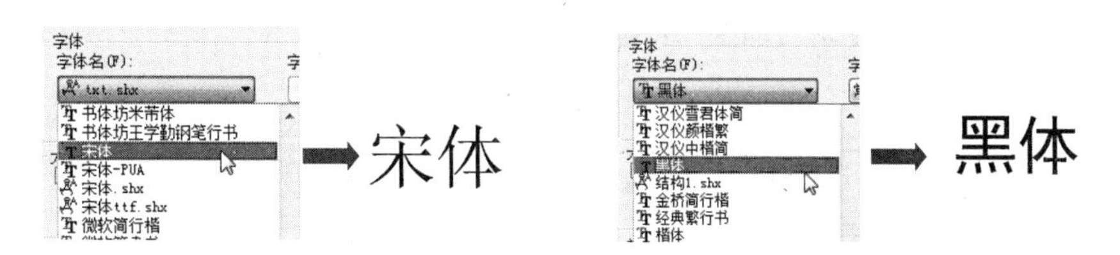

图7–2　选择字体

技巧：字体的选择

在“字体”下拉菜单中，Windows 中文字体分为两种。一种是名称前带 @ 符号的，这是用于古典竖向书写风格；另一种是不带有 @ 符号的，用于现代横向书写风格。在选择字体时注意不要搞错。

  - “字体样式”下拉列表框：指定字体格式，比如斜体、粗体或者常规字体。
  - “使用大字体”复选框：勾选“使用大字体”复选框后，“字体样式”列表变为“大字体”列表框，用于选择大字体文件，只有 SHX 文件可以创建“大字体”，如图 7-3 所示。

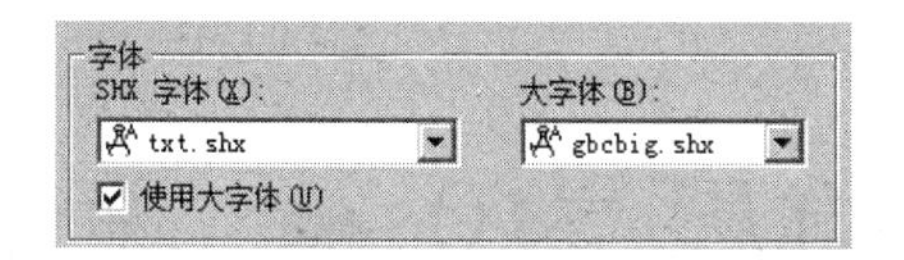

图7–3　SHX大字体

- “大小”选项组：更改文字的大小。
  - 注释性：指定文字为注释性。
  - 高度：根据输入的值设置文字高度。不同文字高度的文字对比如图 7-4 所示。

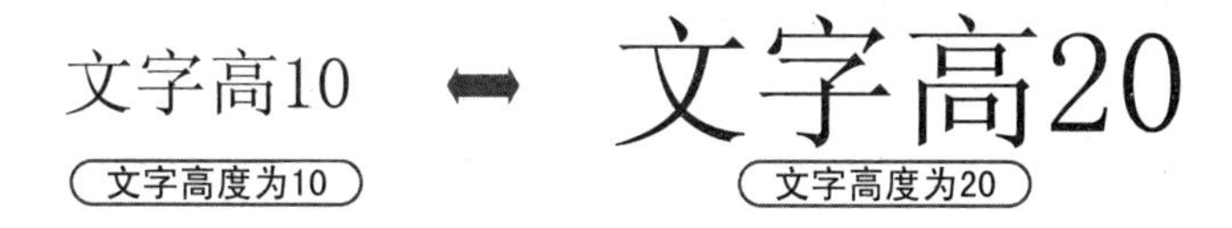

图7–4　文字高度对比

- “效果”选项组：修改字体的特性，例如宽度因子、倾斜角以及是否颠倒显示、反向或垂直对齐。

- 颠倒：颠倒显示文字，如图 7-5 所示。

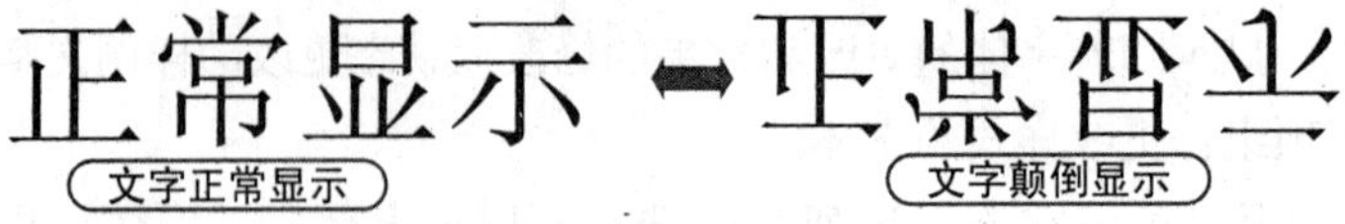

图7-5　文字颠倒

- 反向：反向显示文字，如图 7-6 所示。

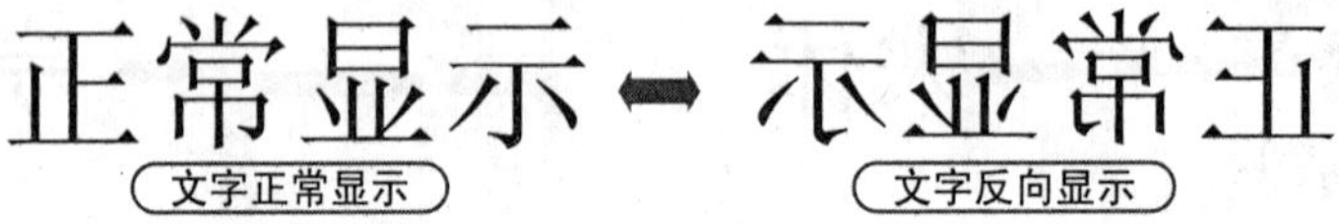

图7-6　文字反向

- 宽度因子：设置字符间距。输入小于 1.0 的值将压缩文字。输入大小 1.0 的值则扩大文字，如图 7-7 所示。

图7-7　文字宽度比例

- 倾斜角度：设置文字的倾斜角。输入一个 -85 和 85 之间的值将使文字倾斜，如图 7-8 所示。

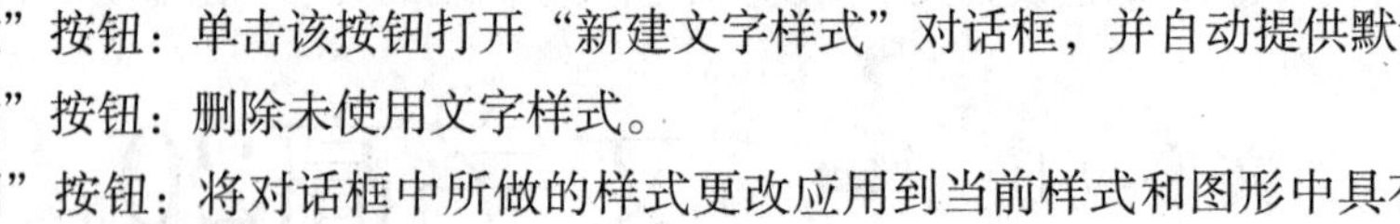

图7-8　文字倾斜

- "置为当前"按钮：在"样式"列表下选定的样式并设定为当前。
- "新建"按钮：单击该按钮打开"新建文字样式"对话框，并自动提供默认名称。
- "删除"按钮：删除未使用文字样式。
- "应用"按钮：将对话框中所做的样式更改应用到当前样式和图形中具有当前样式的文字。

7.1.2　修改文本样式

知识要点 新建文字样式后，如果觉得设置不满意或文字样式的名称有误，还可以对其进行修改，对文字样式名称进行重命名。

执行方法 重命名“文字样式”的方法如下：

- “文字样式”对话框：打开“文字样式“对话框”，在“样式”列表框中选择需要重命名的文字样式，单击或右击，在弹出的快捷菜单中选择“重命名”命令，当文字样式名称处于编辑状态时，输入新名称即可，如图 7-9 所示。
- 菜单栏：执行“格式 | 重命名”命令。打开“重命名”对话框，然后在“命名对象”列表框中选择“文字样式”选项，此时在“项数”列表框中选择需要修改的“文字样式”，然后在空白文本框中输入新名称，并单击“确定”按钮即可，如图 7-10 所示。

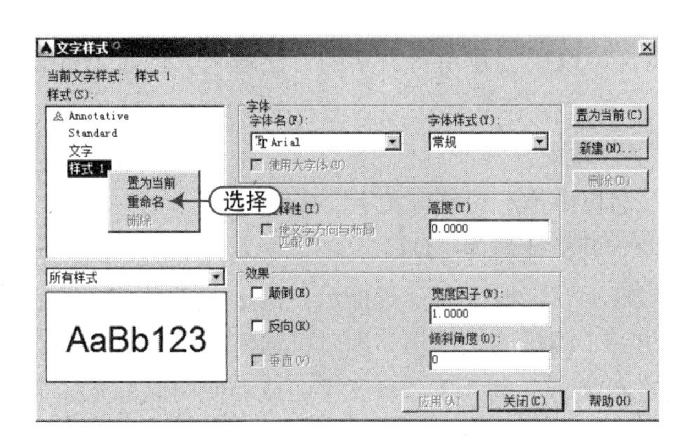

图7–9　重命名文字样式

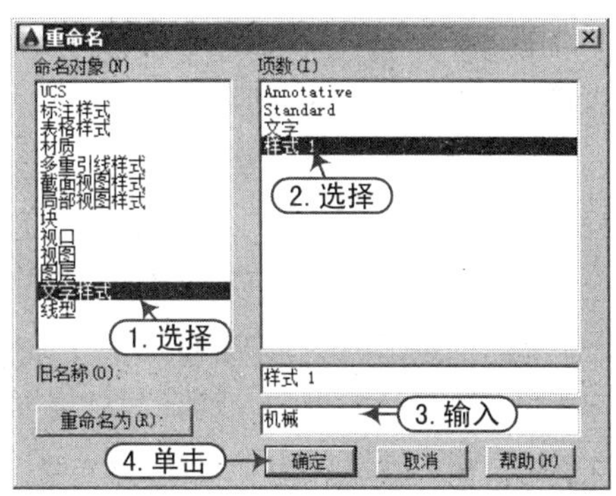

图7–10　“重命名”对话框

7.1.3　删除文本样式

当不需要某个文字样式时，可以将其进行删除，打开“文字样式“对话框”，在“样式列表中选择需要删除的文字样式，然后单击“删除”按钮，此时系统将弹出“acad 警告”对话框，如图 7-11 所示。单击“是”按钮即可删除选中的文字样式。

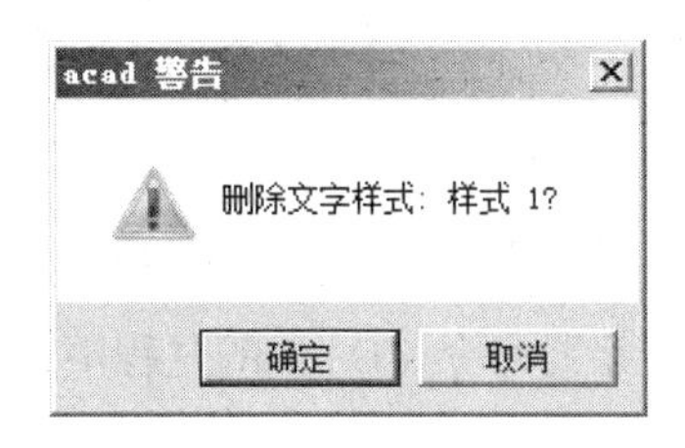

图7–11　警告对话框

技巧：哪些文字样式不能删除

如果要删除的文字样式是当前正在使用的文字样式，那么当前文字样式系统是不允许删除的。这时，可以选择其他文字样式作为当前文字样式，然后选择要删除的文字样式，单击“删除”按钮即可。

7.2 文本标注

创建并设置好文字样式后，即可在绘图区域中创建文字。在AutoCAD中，用户可以标注单行文字也可以标注多行文字。其中单行文字主要用于标注一些不需要使用多种字体的简短内容，如标签、规格说明等。多行文字主要用于标注比较复杂的说明。用户还可以设置不同的字体、尺寸等，同时还可以在这些文字中间插一些特殊符号。

7.2.1 单行文字标注

执行方法 如果需要输入的文字较少，可以用创建单行文字的方法输入。创建单行文字的方法主要有以下几种：

- 菜单栏：选择“绘图 | 文字 | 单行文字”命令。
- 面板：在“注释”选项卡的“文字”面板中单击“单行文字”按钮A。
- 命令行：输入“TEXT/DTEXT”命令，其快捷键为“DT”。

操作实例 执行“单行文字”命令（DT）后，根据命令行提示，指定文字起点、文字高度和文字旋转角度后，即在起点位置弹出一个闪烁的文本框，即时可输入文字，如图7-12所示。当输入完文字后，可按“Enter”键进行换行，输入下一行文字；或者使用鼠标光标定位下一行文字的起始点；若要退出文字输入，再次按“Enter”键。

```
命令：DTEXT                                        \\ 执行“单行文字”命令
当前文字样式："Standard" 文字高度：5.0000 注释性：否 对正：左
指定文字的起点 或 [对正(J)/样式(S)]:                \\ 指定文字位置
指定高度 <5.0000>:                                  \\ 指定文字高度
指定文字的旋转角度 <0>:                             \\ 指定文字旋转角度
```

图7-12 输入单行文字操作

选项含义 在执行“单行文字”命令（DT）的过程中，命令行中各选项含义如下：

- 起点：指定文字对象的起点。
- 指定高度：指定文字的高度值，如在文字样式中已设置高度值，将不显示“指定高度”提示。
- 对正(J)：控制文字的对正。文字的对正方式是基于参考线而言的。文字对正方式有15种，分别为左(L)、居中(C)、右(R)、对齐(A)、中间(M)、布满(F)、左上(TL)、中上(TC)、右上(TR)、左中(ML)、正中(MC)、右中(MR)、左下(BL)、中下(BC)、右下(BR)，如图7-13所示。
- 样式(S)：指定文字样式，文字样式决定文字字符的外观。创建的文字使用当前文字样式。输入“?”将列出当前文字样式、关联的字体文件、字体高度及其他参数。

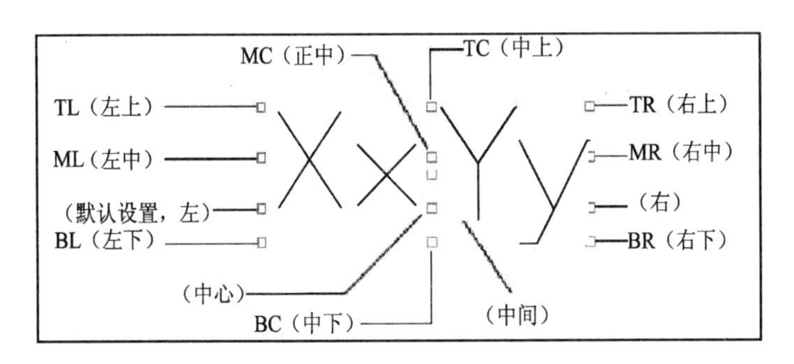

图7-13 文字对正方式

- 指定文字的旋转角度：指定单行文字的旋转角度，该选项后面括号中为当前的旋转角度，默认的旋转角度为0。

技巧：单行文字属性

（1）使用Dtext命令输入一行字符后，按“Enter”键可进行换行输入，这样可以输入多行的文字。如果不需要再输入，那么可以再次按“Enter”键来结束本次Dtext命令。

（2）使用Dtext命令输入的每行文字都是独立的对象，不仅可以一次性地在图纸中任意位置添加所需的文本内容，而且还可以对每一行文字进行单独的编辑修改。

（3）在使用Dtext命令输入字符串时，可以使用光标随时确定下一字符串的起始位置，但前提是没有结束本次Dtext命令。

（4）在输入文字过程中,“空格键”只起空格字符的作用，只能使用“回车键（Enter）”结束或换行操作。

对于对齐方式的文本来说，都有两个夹持点，分别是基线起点和终点，用户可以通过拖动夹持点的方法，快速更新由对齐方式标注的文本字高和宽度。

7.2.2 多行文字标注

知识要点 与单行文字相比，多行文字包括的多个段落是一个整体，可以对其进行整体编辑。

执行方法 创建多行文字的方法主要有以下几种：

- 菜单栏：选择“绘图 | 文字 | 多行文字”命令。
- 面板：在“注释”选项卡的“文字”面板中，单击“多行文字”按钮A。
- 命令行：输入“MTEXT”命令，其快捷键为“MT”。

执行“多行文字”命令（MT）后，命令行提示如下：

```
命令：MTEXT                                \\执行“多行文字”命令
当前文字样式："Standard" 文字高度：2.5 注释性：否
指定第一角点：                              \\指定矩形框第一点
指定对角点或[高度(H)/对正(J)/行距(L)/旋转(R)/样式(S)/宽度(W)/栏(C)]:
                                           \\指定矩形框另一角点
```

操作实例 当用户根据提示指定两个对角点后，系统将显示“文字编辑器”选项卡及一个“文本输入框”，设置相应字体样式后，即可建立多行文字，如图 7-14 所示。

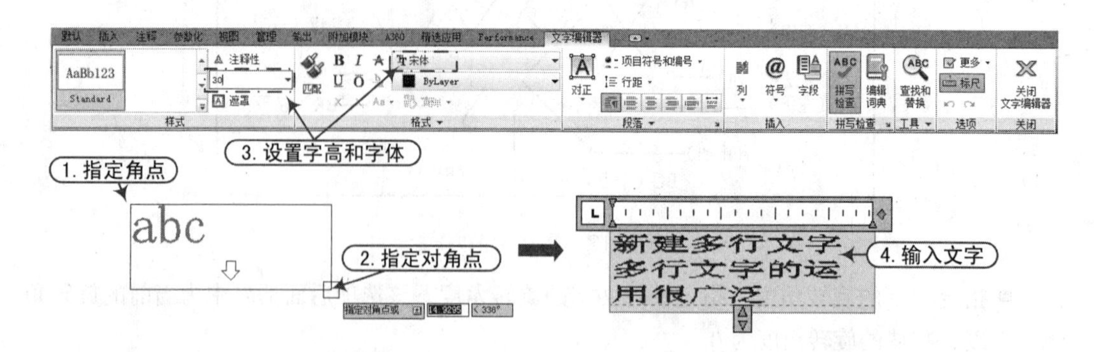

图7-14　多行文字操作

用户可通过“文字编辑器”选项卡更改文字的样式，如设置字体、字形、大小、文字颜色等，设置完毕后，在文本框中输入所需的文字后，单击“文字编辑器”选项卡中的“关闭文字编辑器”按钮，即可完成多行文字的标注。

实例——为机械零件图添加技术要求

	案例	机械零件图 .dwg
	视频	添加技术要求文字 .avi

下面通过为机械图添加如图 7-15 所示的文本标注为例，进一步讲解文本标注的方法及在文本中添加特殊符号的方法。其操作步骤如下：

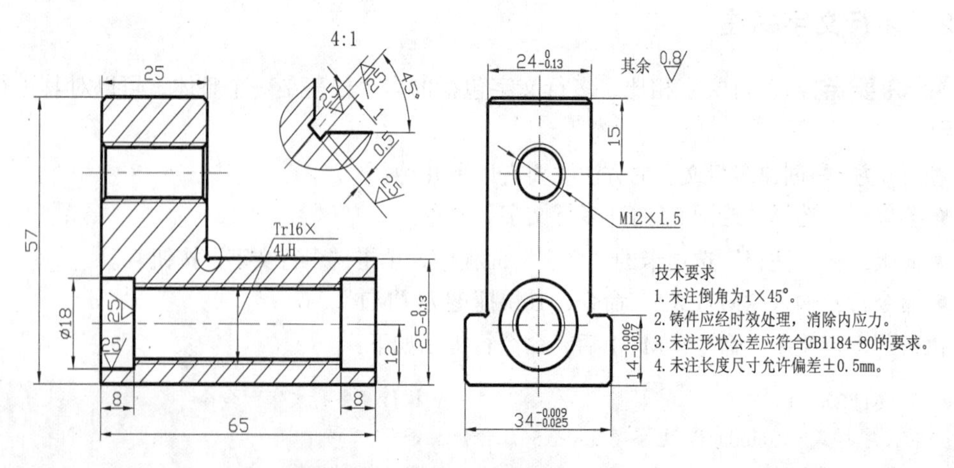

图7-15　添加技术要求的机械零件图

实战要点 ①多行文字的执行方法；②特殊符号的输入方法。

操作步骤

Step 01 正常启动 AutoCAD 2016 软件，在“快速工具栏”中单击“打开”按钮，打开“案例 \07\ 机械零件图 .dwg”文件，如图 7-16 所示。

Step 02 执行“文字”命令，单击“绘图”面板中的“多行文字”按钮A，在图形相应位置指定对角点拖出一个文本框，激活文字命令，如图 7-17 所示。

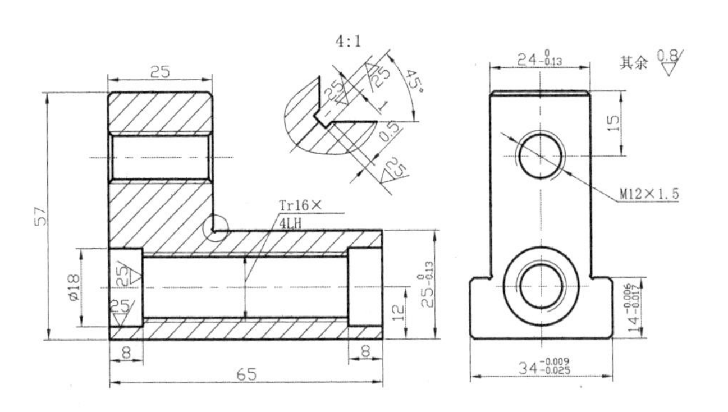

图7-16 机械零件图

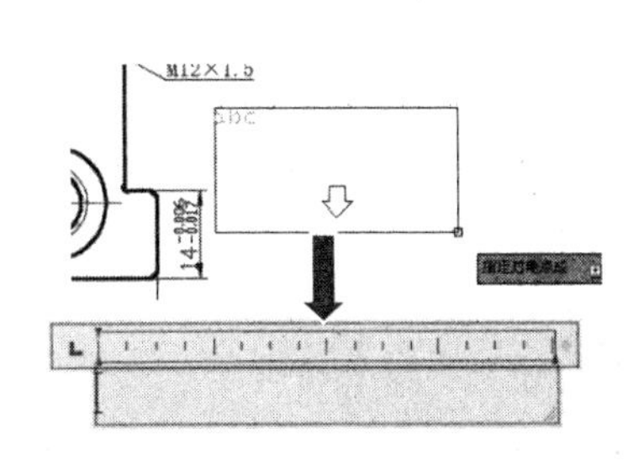

图7-17 激活文字命令

Step 03 设置字体。激活文字命令的同时在“功能区”将显示“文字编辑器”，在编辑器的格式面板中设置字体为“宋体”，在样式列表中设置文字高度为 8，如图 7-18 所示。

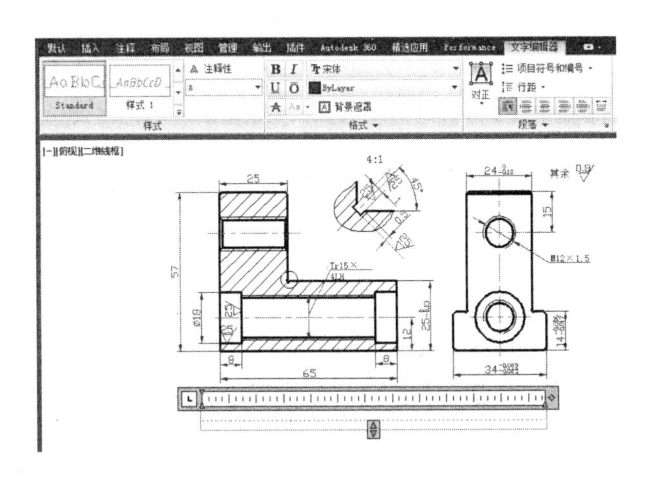

图7-18 设置字体和文字高度

Step 04 输入文字。在文本框中输入如图 7-19 所示的文字。

Step 05 输入度数符号。在上一步输入的文字后，输入“%%D”，此时，系统将字符转化为度数符号，如图 7-20 所示。

图7-19 输入文字

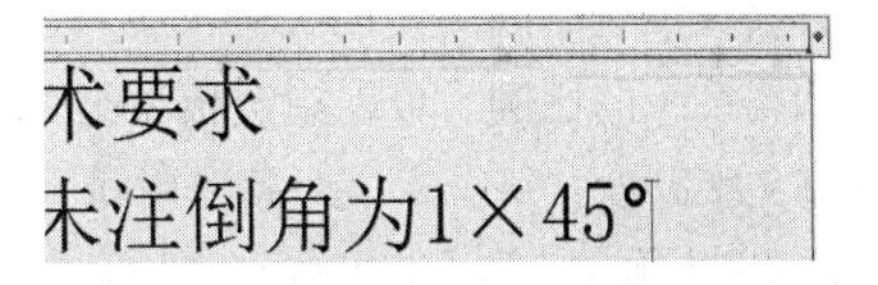

图7-20 输入度数符号

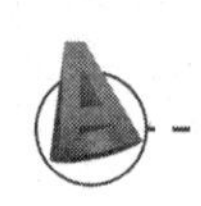

Step 06 继续输入其他文字。如图 7-21 所示。

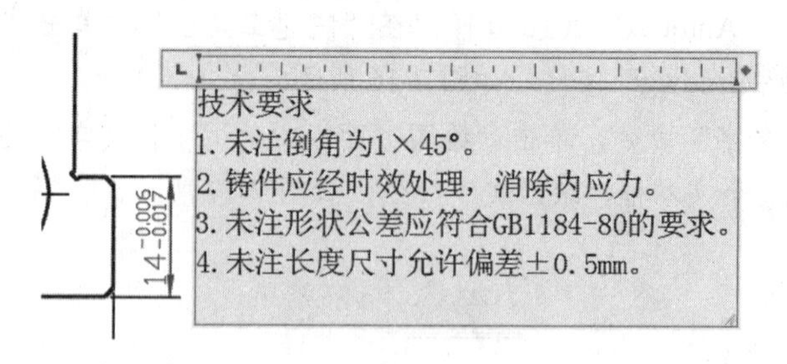

图7-21 输入其他文字

Step 07 保存文件。技术要求添加完成。单击“快速工具栏”中的“保存”按钮，保存图形文件。

技巧：特殊符号

在 AutoCAD 中提供了一些特殊符号的输入方式，例如在文字编辑状态下直接输入“%%C”，此时系统就会自动生成直径符号 Φ；如果输入正负号，可以直接输入 %%P。如果不知道一些特殊符号怎么输入的情况下，可以通过单击“文字编辑器”选项卡的“插入”面板中的“符号”按钮，如图 7-22 所示。

图7-22 输入其他字符

7.3 文本编辑

如果标注的文本不符合绘图的要求，就需要在原有的基础上进行修改。下面将着重讲解修改文本的比例、对正方式和拼写检查的方法。

7.3.1 比例

知识要点 一个图形可能包含成百上千个需要设置比例的文字对象，如果对这些比例单独进行设置会很浪费时间。使用“SCALETEXT”命令可以修改一个或多个文字对象（如文字、多行文字和属性）的比例。可以指定相对比例因子或绝对文字高度，或者调整选定文字的比例以匹配现有文字高度。每个文字对象使用同一个比例因子设置比例，并且保持当前的位置。

执行方法 执行“SCALETEXT”命令后，根据命令行提示，进行文本比例缩放操作，如图 7-23 所示。

```
命令：SCALETEXT                                              \\ 执行“文本缩放”命令
选择对象：找到 1 个                                          \\ 选择文本对象
选择对象：                                                   \\ 按“Enter”键确认
输入缩放的基点选项
[现有(E)/左对齐(L)/居中(C)/中间(M)/右对齐(R)/左上(TL)/中上(TC)/右上(TR)/左中(ML)/正中(MC)/右中(MR)/左下(BL)/中下(BC)/右下(BR)]<居中>:        \\ 选择缩放基点
指定新模型高度或[图纸高度(P)/匹配对象(M)/比例因子(S)]<1>: \\ 输入文字新的高度值
```

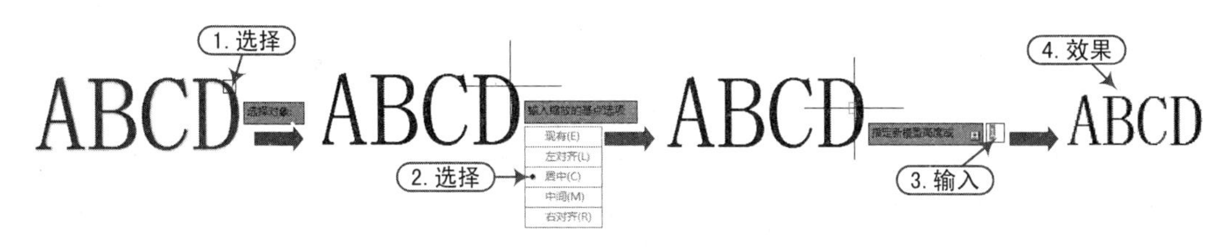

图7-23 文本比例缩放

7.3.2 对正

知识要点 使用“对正”命令可以改变选定文字对象的对齐点而不改变其位置。执行“对正”命令的方法有如下两种。

- 面板：在“注释”选项卡的“文字”面板中，单击“对正”按钮。
- 命令行：输入“JUSTIFYTEXT”命令，其快捷键为“JU”。

执行方法 执行“对正”命令（JU）后，命令行提示如下：

```
命令：JUSTIFYTEXT                                            \\ 执行“对正”命令
选择对象：找到 1 个                                          \\ 选择文字对象
选择对象：                                                   \\ 按“Enter”键确认
输入对正选项
[左对齐(L)/对齐(A)/布满(F)/居中(C)/中间(M)/右对齐(R)/左上(TL)/中上(TC)/右上(TR)/左中(ML)/正中(MC)/右中(MR)/左下(BL)/中下(BC)/右下(BR)]<对齐>: C        \\ 选择对正方式
```

在命令提示中，其“对正选项”与单行文字的“对正”选项相同。利用该命令可以对单行文字、多行文字、引线文字和属性对象等进行文字对正操作。

7.3.3 拼写检查

执行方法 在 AutoCAD 中，利用拼写检查功能可以检查并修改标注文本的拼写错误。其执行方法有如下两种：

- 菜单栏：选择“工具 | 拼写检查”命令。
- 命令行：输入“SPELL”命令，其快捷键为“SP”。

执行“拼写检查”命令（SP）后，将打开“拼写检查“对话框，如图 7-24 所示。在“拼写检查”对话框中，各选项含义如下。

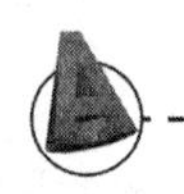

- “要进行检查的位置”选项组：显示要检查拼写的区域，有3个可选项：整个图形、当前空间/布局和选定的对象。
- “不再词典中”文本框：显示标识为拼错的词语。
- “建议”选项组：显示当前词典中建议的替换词列表，两个“建议”区域的列表框中的第一条建议均亮显。可以从列表中选择其他替换词语，或者在“建议”文本框中编辑或输入替换词语。
- “主词典”：列出主词典选项。默认词典将取决于语言设置。
- “开始”按钮：开始检查文字的拼写错误。
- “添加到词典”按钮：将当前词语添加到当前自定义词典中，词语的最大长度为63个字符。
- “忽略”按钮：单击该按钮，可以忽略所有匹配的单词。
- “修改”按钮：把当前匹配的单词修改为“建议”文本框中的选定单词。
- “全部修改”按钮：把所有匹配的单词修改为“建议”文本框中的选定单词。
- “词典”按钮：单击该按钮，将打开如图7-25所示的“词典”对话框。在该对话框中可以选取另一字库或用户字库。

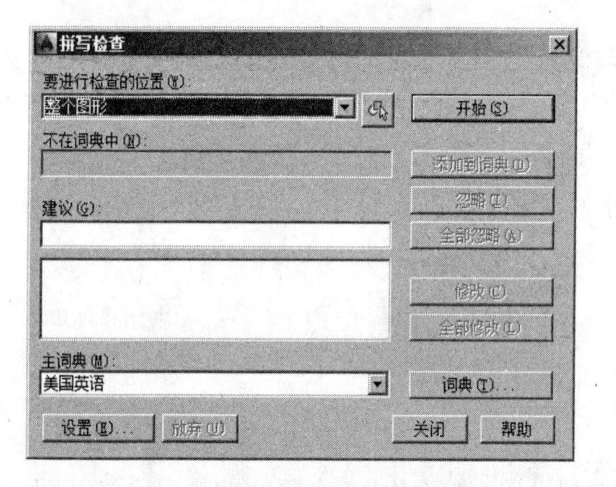

图7-24 “拼写检查”对话框

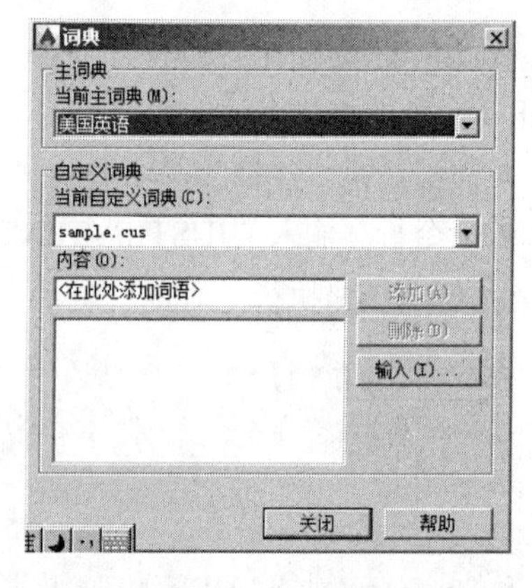

图7-25 “词典”对话框

实例——编辑技术要求文字

案例	机械零件工程图.dwg
视频	编辑技术要求文字.avi

通过修改7.2实例创建的机械零件图的技术要求文字，掌握文字编辑技巧。编辑效果如图7-26所示。其操作步骤如下：

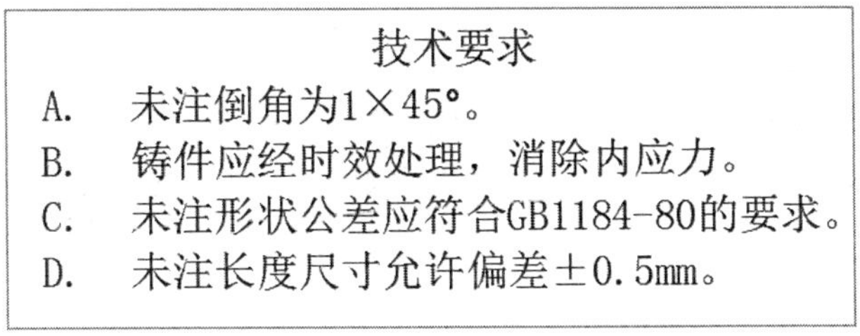

技术要求
A. 未注倒角为1×45°。
B. 铸件应经时效处理，消除内应力。
C. 未注形状公差应符合GB1184-80的要求。
D. 未注长度尺寸允许偏差±0.5mm。

图7-26 添加技术要求的机械零件图

实战要点①文字的对正方法；②文字序列号的添加。

操作步骤

Step 01 打开文件。正常启动 AutoCAD 2016 软件，在“快速工具栏”中单击“打开”按钮，打开“案例 \07\ 机械零件工程图 .dwg”文件。

Step 02 进入文字编辑状态。双击技术要求文字，使其进入文字编辑状态。

Step 03 文字居中。选择“技术要求”四个字，然后在“段落”面板中单击“居中”按钮，如图 7-27 所示。

技术要求
1. 选择
1. 未注倒角为1×45°。
文字编辑器
项目符号和编号
行距
2. 单击
段落
3. 效果
技术要求
1. 未注倒角为1×45°。
2. 铸件应经时效处理，消除内应力。
3. 未注形状公差应符合GB1184-80的要求。
4. 未注长度尺寸允许偏差±0.5mm。

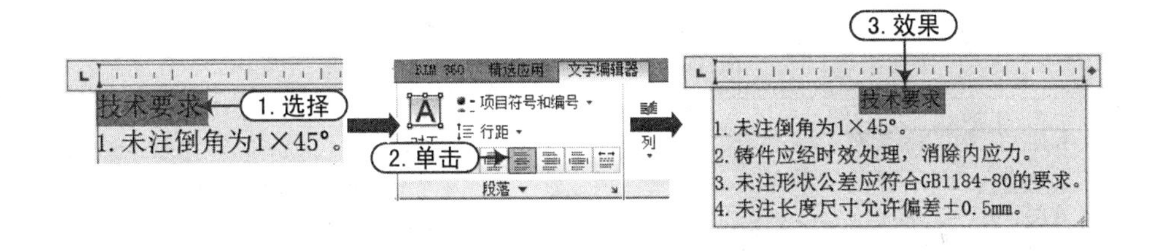

图7-27 设置文字居中方式

Step 04 设置序列号。删除文字前的数字，然后选择标题下方的 4 行文字，如图 7-28 所示。

1. 删除数字
技术要求
2. 选择
3. 单击
4. 选择
以字母标记
5. 选择
技术要求
A. 未注倒角为1×45°。
B. 铸件应经时效处理，消除内应力。
C. 未注形状公差应符合GB1184-80的要求。
D. 未注长度尺寸允许偏差±0.5mm。

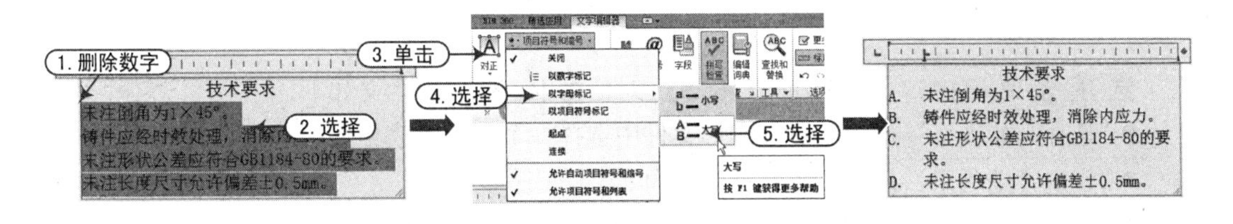

图7-28 修改序列号

Step 05 保存文件。技术要求添加完成。单击“快速工具栏”中的“保存”按钮，保存图形文件。

7.4 表格

表格是绘图设计中常用的对象，在创建设计说明的过程中，设计师通常需要创建各类表格，从而使设计说明更清楚，更完善。

7.4.1 新建表格样式

知识要点 与文本标注前需要创建“文本样式”一样，在绘制表格之前，同样需要对“表格样式”进行设置，在完成“表格样式”的设置后，即可根据表格样式绘制表格并输入相应的表格内容。

执行方法 创建表格样式的方法主要有以下几种：

- 菜单栏：选择“格式 | 表格样式”菜单命令。
- 面板：在“默认”选项卡的“注释”面板中单击“表格样式”按钮。
- 命令行：输入“TABLESTYLE”命令，其快捷键为“TS”。

操作实例 执行“表格样式”命令（TS）后，将打开“表格样式”对话框。在“表格样式”对话框中，单击“新建”按钮，将打开“创建新的表格样式”对话框。在“新样式名”文本框中输入新表格样式的名称，然后单击“继续”按钮，此时将打开“新建表格样式：Standard 副本”对话框。在此对话框中用户可根据需要设置相应的表格样式，然后单击“确定”按钮，即可创建新的表格样式，如图 7-29 所示。

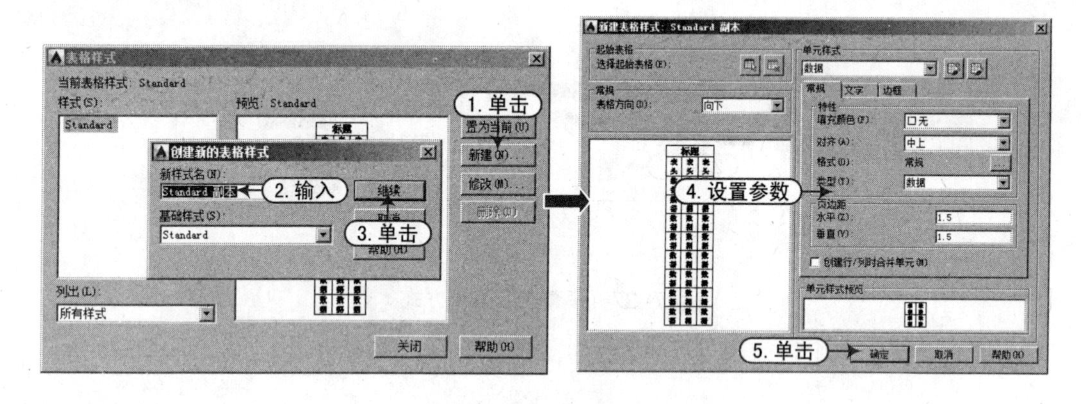

图7–29　新建表格样式

选项含义 其中，在“新建表格样式”对话框中，各选项含义如下。

- “选择起始表格”按钮：可在图形文件中选择一个已有的表格作为起始表格。
- “常规“选项组：用于设置表格的方向。
- “单元样式”下拉列表框：单击该列表框的下拉按钮可选择标题、表头、数据等项，也可以选择创建或管理新的单元样式。
- “创建单元格式”按钮：单击此按钮将会打开如图 7-30 所示的对话框。在该对话框中输入新样式名称，还可根据已有的样式创建副本，单击“继续”按钮将返回“新建表格样式”对话框。
- “管理单元格式”按钮：单击此按钮将会打开如图 7-31 所示的对话框。在该对话框中用户可选用系统提供的“标题”、“表头”、“数据”单元样式，也可单击“新建”按钮创建新单元样式，单击“确定”按钮将返回“新建表格样式”对话框。

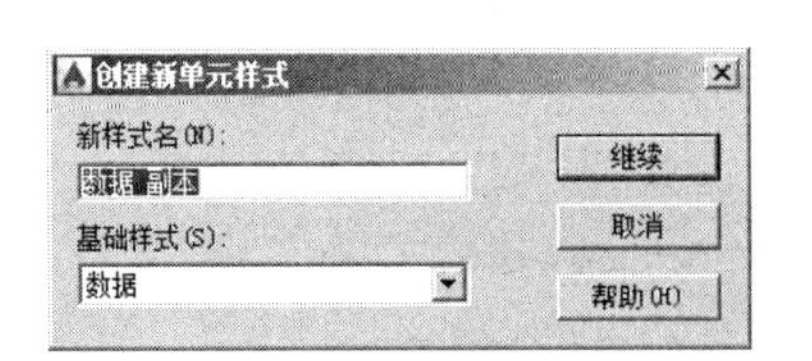

图7-30 “创建新单元样式”对话框　　图7-31 “管理单元样式”对话框

- “常规”选项卡：可以对填充颜色、对齐方式、格式、类型和页边距进行设置。单击“格式”右侧的按钮，将弹出“表格单元样式”对话框。
- “文字”选项卡：可以对文字样式、文字高度、文字颜色和文字角度进行设置，如图 7-32 所示。
- “边框”选项卡：可以控制当前单元样式的表格网格线的外观，如图 7-33 所示。

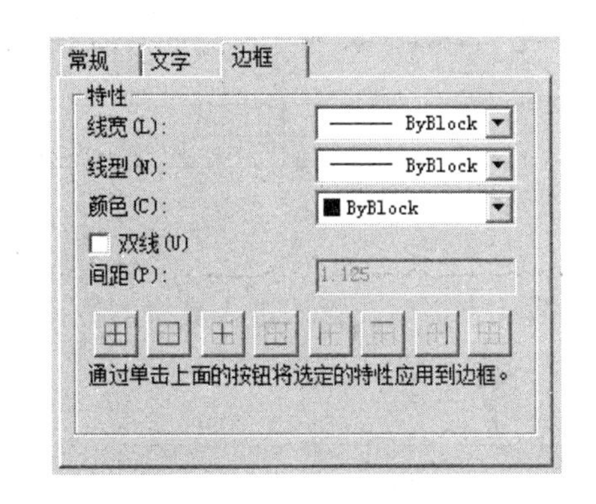

图7-32 “文字”选项卡　　图7-33 “边框”选项卡

7.4.2 创建表格

执行方法 设置好表格样式后，用户即可根据设置的表格样式来创建表格并输入相应的内容。创建表格的方法主要有以下 3 种：

- 菜单栏：选择“绘图 | 表格”菜单命令。
- 面板：在“默认”选项卡的“注释”面板中单击“表格”按钮▦。
- 命令行：输入“TABLE”命令，其快捷键为“TB”。

操作实例 执行“表格”命令（TB）后，将打开“插入表格”对话框，在该对话框中可以根据需求设置插入方式、表格的行数和列数、单元样式。设置完成后，单击“确定”按钮，然后在绘图区中指定插入点及可创建表格，如图 7-34 所示。

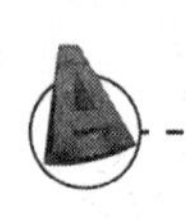

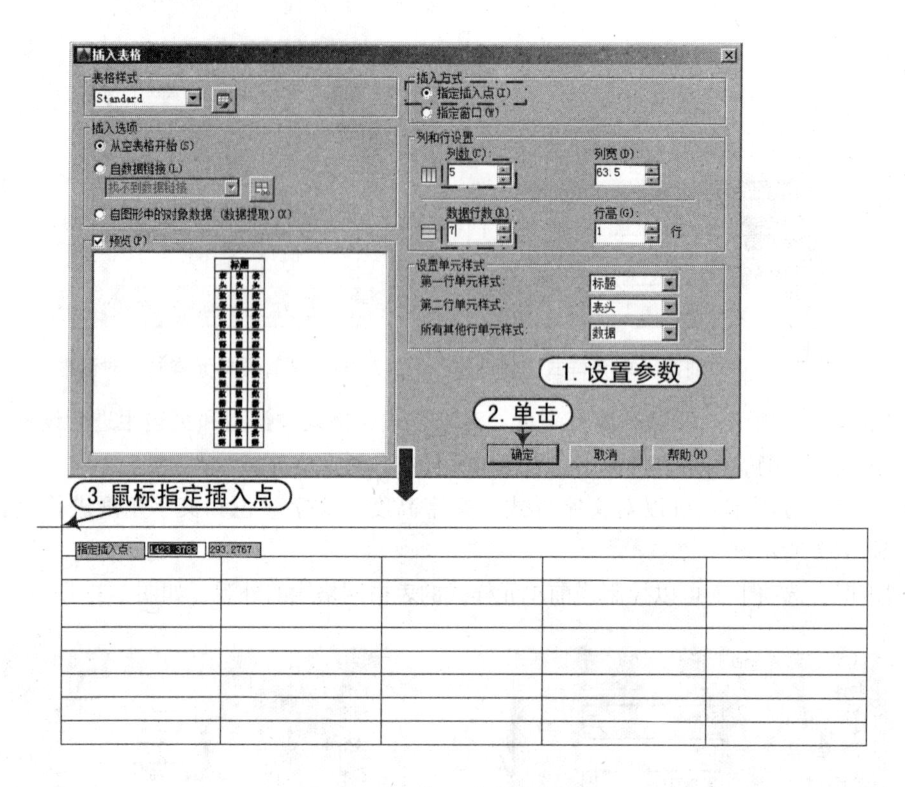

图7-34　“插入表格”对话框

当插入表格后，默认进入表格的数据输入状态，并打开“文字编辑器”。用户可逐行逐列地输入文字和数据，如图 7-35 所示。

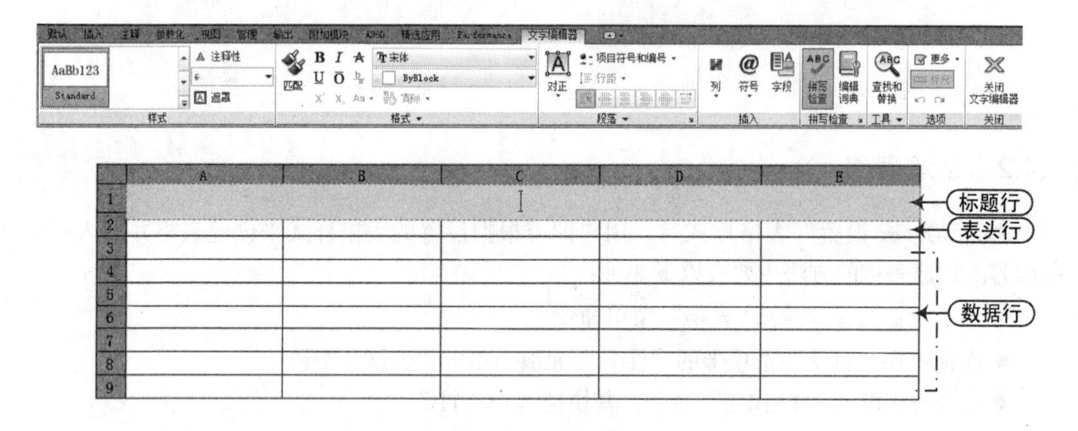

图7-35　插入表格后

选项含义 在“插入表格”对话框，各选项含义介绍如下。

- “表格样式”下拉列表框：在该下拉列表框中可选择要使用的表格样式，单击右侧的按钮可创建新的表格样式。
- “从空表格开始”单选按钮：该单选按钮默认为选中状态，表示创建无任何数据的空表格。
- “自数据链接”单选按钮：选中该单选按钮后，可以从外部电子表格中导入数据来创建表格。

- “插入方式”选项组：用于选择表格的插入方式。选中“指定插入点”单选按钮，则在绘图区域中以指定插入点的方式插入表格；如果选中“指定窗口”单选按钮，则插入表格时需在绘图区域中用十字光标拖动出一个窗口，在其中绘制出表格。
- “列和行设置”选项组：在该栏中可分别设置表格中数据单元格的列数和列宽、行高和数据行数。
- “设置单元样式”选项组：在该栏中可设置表格的结构，在3个下拉列表框中可选择要使用的单元样式，通常将第1行设为标题样式，第2行设为表头行样式，其他行设为数据单元样式。
- “预览”区域：在该区域中显示当前设置的表格样式的样例。

7.4.3 表格的修改与编辑

直接创建的表格通常不能满足实际需求，此时可以对表格进行修改与编辑，使其符合图纸的要求。

用户可通过以下几种方式来编辑表格：

- 单击表格上的任意网格线以选中该表格，然后以夹点修改表格的行宽度和列宽度，如图7-36所示。

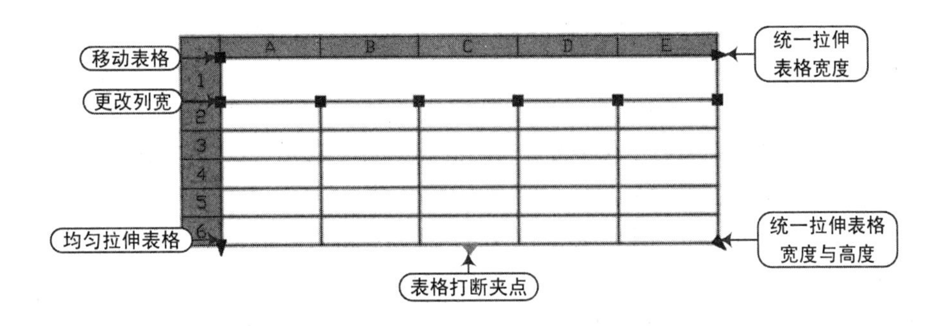

图7-36 利用夹点编辑表格

- 编辑表格中的单元格时，选中需要编辑的单元格，选中的单元格边框将加粗加亮显示，并显示相应夹点。此时，用户可以通过拖动夹点更改单元格所在行的宽度以及列的高度，如图7-37所示。

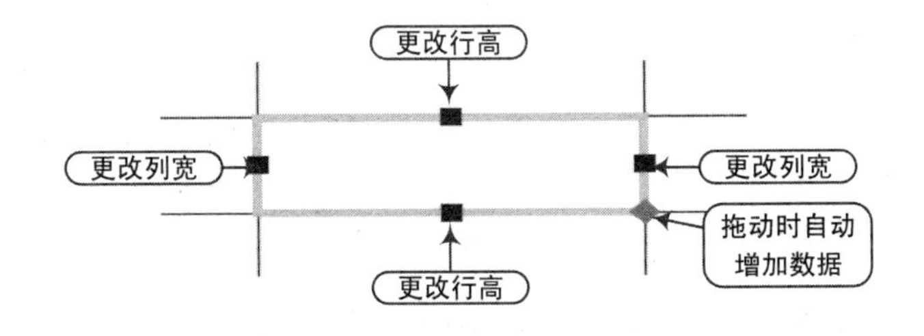

图7-37 编辑单元格

● 在表格内部单击时，在功能区将弹出“表格单元”选项卡，如图 7-38 所示。

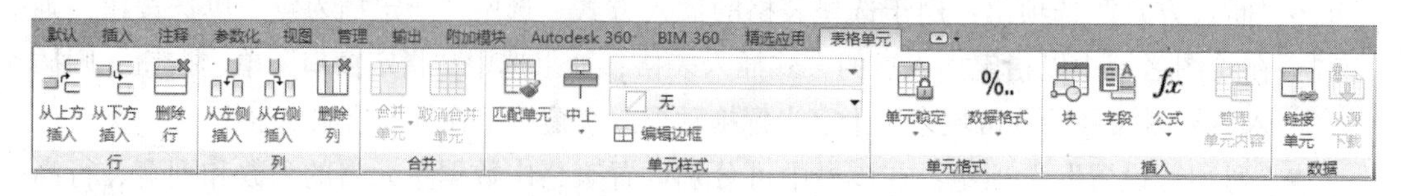

图7-38 “表格单元”选项卡

在该选项卡中，包含“行”、“列”、“合并”、“单元样式”、“单元格式”、“插入”、“数据” 8 个工具面板。通过这些工具面板上的相应工具按钮，用户可以对表格进行行与列的编辑，合并和取消合并单元格，改变单元格样式（边框、对正方式等），锁定和解锁单元格，插入块、字段和公式，创建编辑单元格样式以及将表格链接至外部数据等操作。

技巧：单元格的切换

在单元格中输入文字后，如果要切换到下一个单元格，用鼠标切换非常麻烦，这时可以利用键盘上的上、下、左、右键进行单元格的切换。

7.4.4 将表格链接至外部数据

知识要点 在 AutoCAD 中，可以将表格链接至 Microsoft Excel（XLS、.XLSX 或 CSV）文件中的数据。用户可以将其链接至 Excel 中的整个电子表格、各行、列、单元或单元范围。

利用 AutoCAD 进行表格数据链接时，首先必须在计算机上安装 Microsoft Excel 软件才能使用此功能。若要链接至“.XLSX”文件类型，必须安装 Microsoft Excel 2007 软件。

执行方法 用户可通过以下 3 种方式将数据从 Microsoft Excel 引入表格：

● 通过附着了支持的数据格式的公式。

● 通过在 Excel 中计算公式得出的数据（未附着支持的数据格式）。

● 通过在 Excel（附着了数据格式）中计算公式得出的数据。

包含数据链接的表格将在链接的单元周围显示标识符。如果将光标悬停在数据链接上，将显示有关数据链接的信息。

如果链接的电子表格已更改（如添加了行或列），则可以使用 DATALINKUPDATE 命令相应地更新图形中的表格。同样，如果对图形中的表格进行了更改，则也可使用此命令更新链接的电子表格。

默认情况下，数据链接将会锁定而无法编辑，从而防止对链接的电子表格进行不必要的更改。可以锁定单元从而防止更改数据、更改格式，或两者都更改。要解锁数据链接，请单击“表格”功能区“上下文”选项卡中的“锁定”按钮。

7.4.5 在表格中套用公式

知识要点 AutoCAD 的表格单元可以包含使用其他单元中的值进行计算的公式。用户在选定表格单元后，可以插入公式，也可以在表格单元中手动输入公式。

执行方法 在表格中插入公式的方法如下：

- 功能区：选定需要插入公式的表格单元后，通过在“表格单元”选项卡的插入面板中，单击“插入公式”按钮 *fx* 。
- 快捷菜单：选定需要插入公式的表格单元后右击，在弹出的快捷菜单中选择“插入公式”命令，如图 7-39 所示。
- 对话框：选定需要插入公式的表格单元后，在“文字编辑器”选项卡中，单击“字段”按钮，在弹出的“字段”对话框的“字段类别“下拉列表框中选择“对象”选项，在“字段名称”中选择“公式”，如图 7-40 所示。

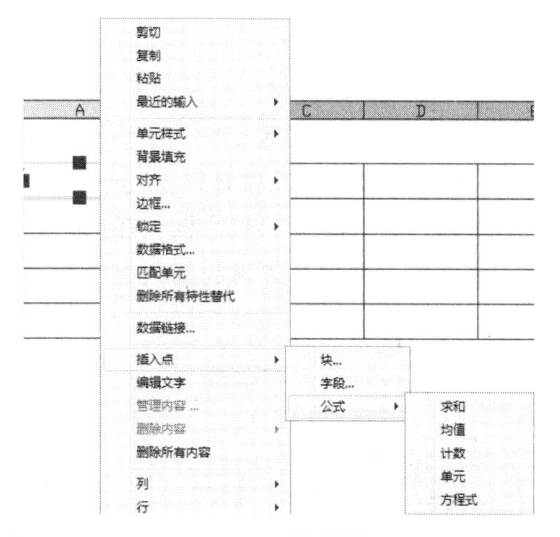

图7-39　快捷菜单

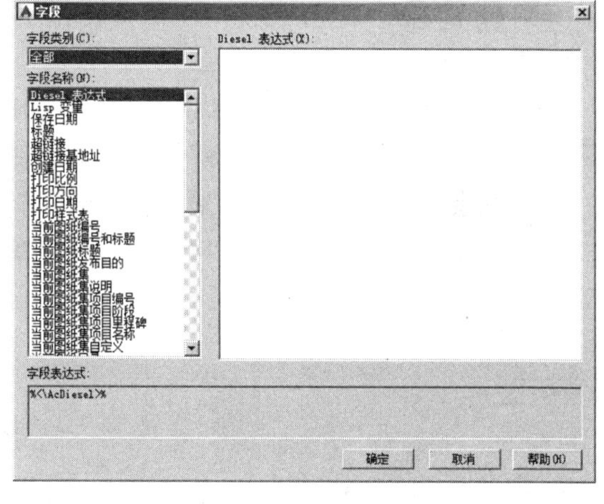

图7-40　“字段”对话框

在公式中，可以通过单元的列字母和行号引用单元。例如，表格中左上角的单元为 A1。合并的单元使用左上角单元的编号。单元的范围由第一个单元和最后一个单元定义，并在它们之间加一个冒号。例如，范围 A5:C10 包括第 5 行到第 10 行 A、B 和 C 列中的单元。

公式必须以等号 (=) 开始。用于求和、求平均值和计数的公式将忽略空单元以及未解析为数值的单元。如果在算术表达式中的任何单元为空，或者包含非数字数据，则其他公式将显示错误 (#)。

使用“单元”选项可选择同一图形中其他表格中的单元。选择单元后，将打开在位文字编辑器，以便输入公式的其余部分。

实例——链接并计算劳动力计划表

	案例	劳动力计划表 .dwg
	视频	链接并计算劳动力计划表 avi

本实例主要讲解了在 AutoCAD 中插入、编辑表格命令，以及链接数据域公式计算等。通过链接并计算劳动力计划表，让大家熟练掌握 AutoCAD 2016 中表格数据的链接操作，其绘制效果如图 7-41 所示。

劳动力计划表						
专业工种	按工程施工阶段投入劳动力情况					小计
	基础工程	主体工程	装饰工程	安装工程	屋面工程	
木工	20	40	20	10	15	105
钢筋工	16	40	5	10	5	76
砼工	30	60	20	10	10	130
砖工	10	60	10	10	10	100
抹灰工	10	30	60	20	15	135
普通	20	10	15	30	15	90

图7–41　劳动力计划表

实战要点①表格的创建；②编辑表格的方法。

操作步骤

Step 01 新建文件。正常启动 AutoCAD 2016 软件，执行“文件 | 新建”命令，新建一个图形文件；然后单击“文件 | 保存”按钮，将文件保存为“案例 \07\ 劳动力计划表 .dwg”文件。

Step 02 插入表格。执行“绘图 | 表格”命令，将弹出“插入表格”对话框，在对话框中设置表格的参数，然后单击“确定”按钮，在绘图区域单击一点作为表格的插入点，创建表格，如图 7-42 所示。

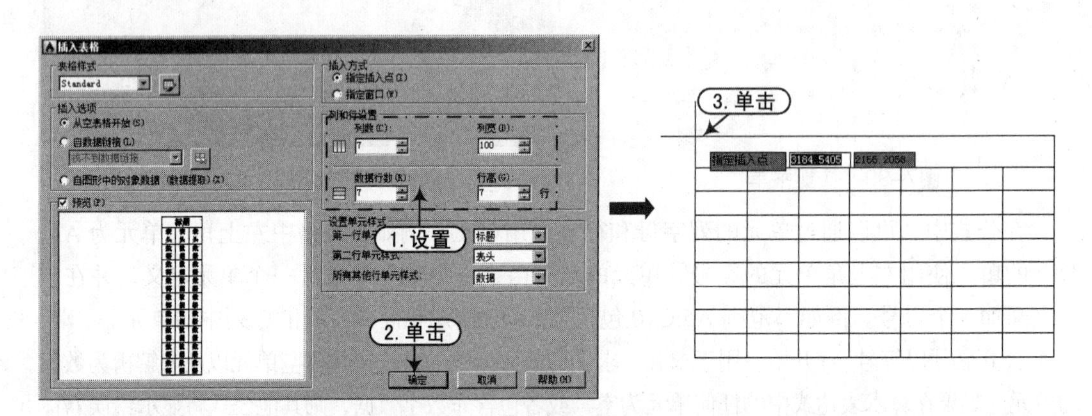

图7–42　插入表格

Step 03 合并单元格。选择相应的单元格，对其进行合并操作，效果如图 7-43 所示。

Step 04 输入文字。双击相应的单元格在表格中输入相应的文字内容，效果如图 7-44 所示。

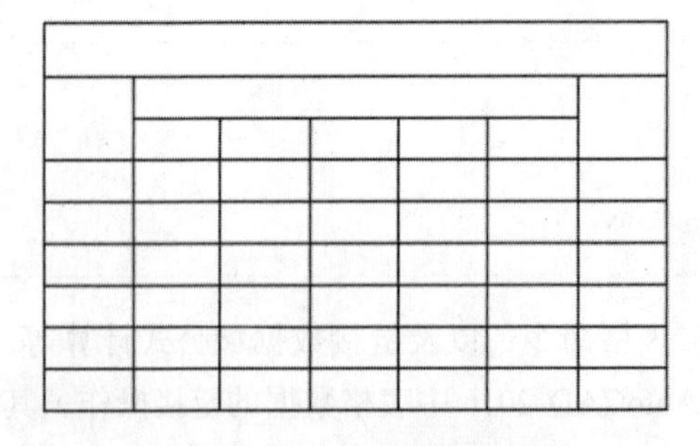

图7–43　合并单元格

劳动力计划表						
专业工种	按工程施工阶段投入劳动力情况					小计
	基础工程	主体工程	装饰工程	安装工程	屋面工程	
木工						
钢筋工						
砼工						
砖工						
抹灰工						
普通						

图7–44　输入文字

Step 05 数据链接。在插入的表格中选择B4单元格，将弹出“表格单元”选项卡，在选项卡中单击“链接单元”按钮，将弹出“选择数据链接”对话框，选择“创建新的Excel数据链接”选项，在弹出的“输入数据链接名称”对话框中输入数据链接名称，然后单击“确定”按钮，如图7-45所示。

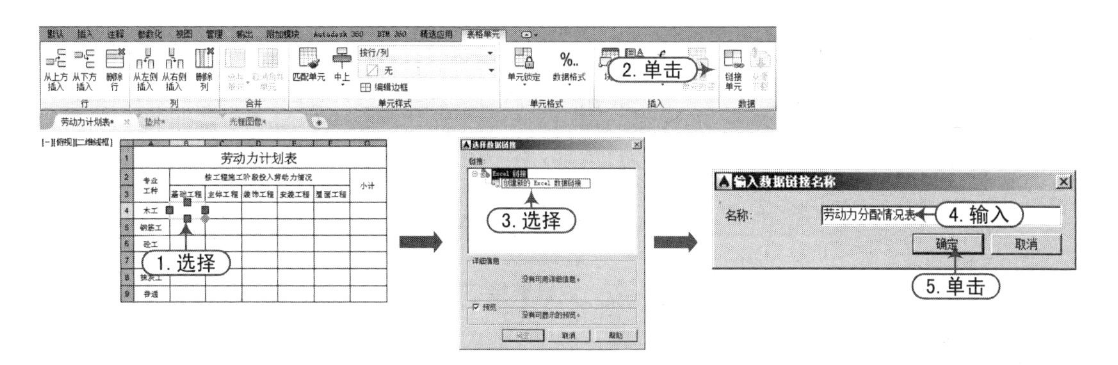

图7-45　输入链接名称

Step 06 选择链接文件。在弹出的“新建Excel数据链接：劳动力分配情况”对话框中单击“浏览”按钮[...]，将弹出“另存为”对话框，选择“案例\07\劳动力计划表.xls”文件，然后单击“打开”按钮，如图7-46所示。

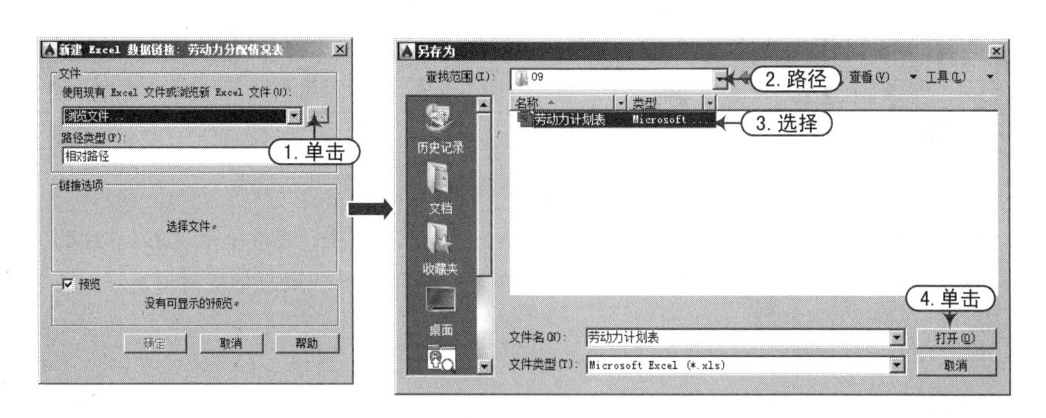

图7-46　选择链接名文件

Step 07 选择链接范围。此时将返回“新建Excel数据链接：劳动力分配情况”对话框中，在对话框中输入链接范围，然后选中“保留数据格式和公式”单选按钮，单击“确定”按钮；返回“选择数据链接”对话框，在对话框中选择“劳动力分配情况”选项，然后单击“确定“按钮，此时Excel表格数据添加到AutoCAD表格文件中，如图7-47所示。

Step 08 夹点编辑列宽。此时用户会发现，表格发生了变化，选择链接的表格，使用鼠标将右侧的夹点向右拖动，使之与第一列列宽相同，如图7-48所示。

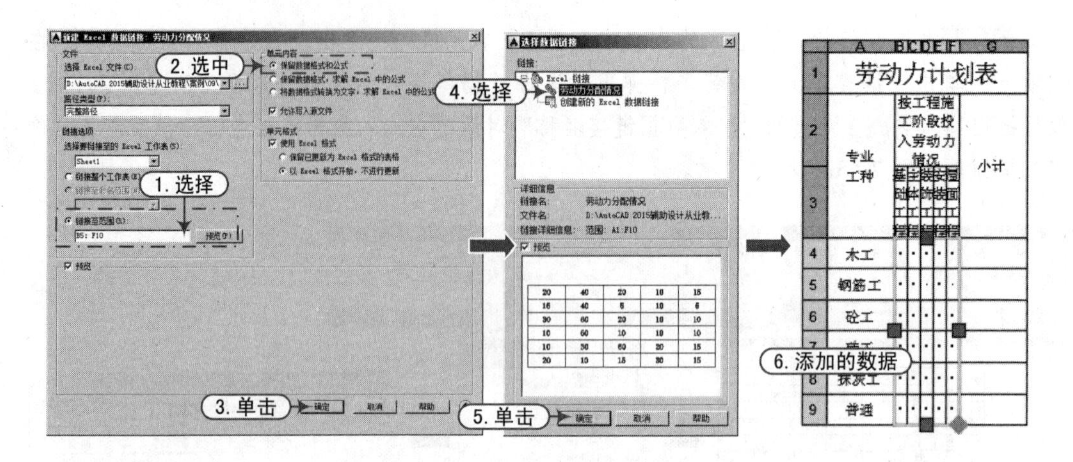

图7–47　设置链接范围

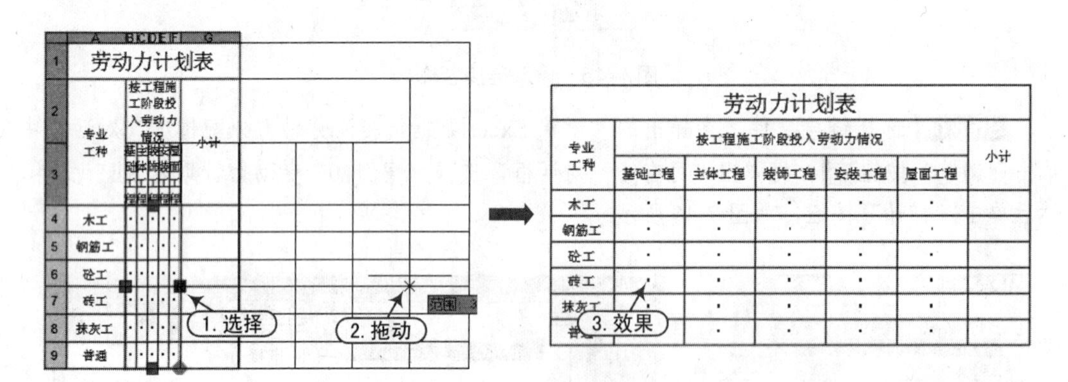

图7–48　调整列宽

Step 09 取消单元格锁定。选择链接区域的单元格，然后单击“表格单元”选项卡中的“单元锁定”下拉按钮，在弹出的下拉列表中选择“解锁”选项，所选取与将取消锁定，如图 7-49 所示。

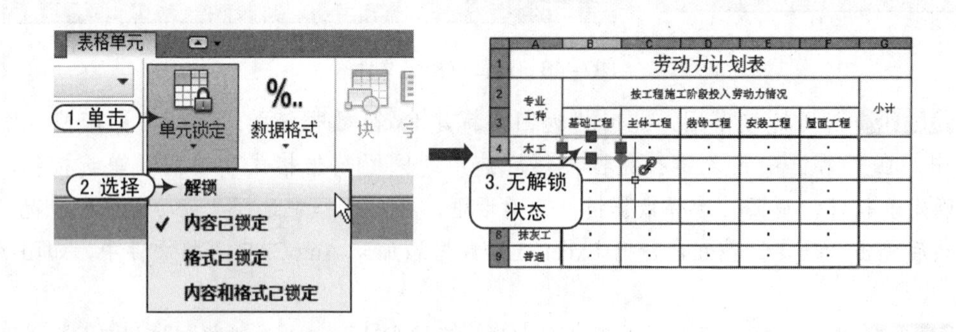

图7–49　解锁单元格

Step 10 设置链接区域字体。选择链接区域的单元格，按“Ctrl+1”组合键打开特性面板，将文字高度设置为 15，如图 7-50 所示。

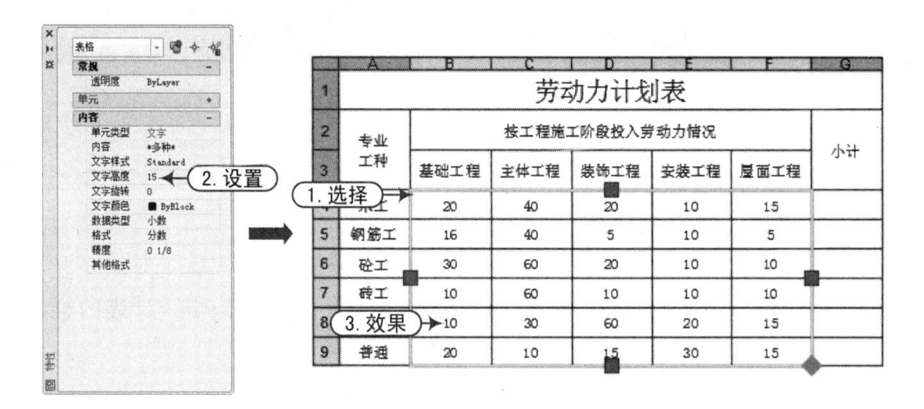

图7-50 设置文字大小

Step 11 设置公式。选择G4单元格，单击“公式”下拉按钮，在弹出的下拉列表中选择“求和”命令，然后选择单元格A4至F4，G4单元格将显示求和公式，按“Ctrl+Enter”组合键，此时G4单元格将显示计算结果，如图7-51所示。

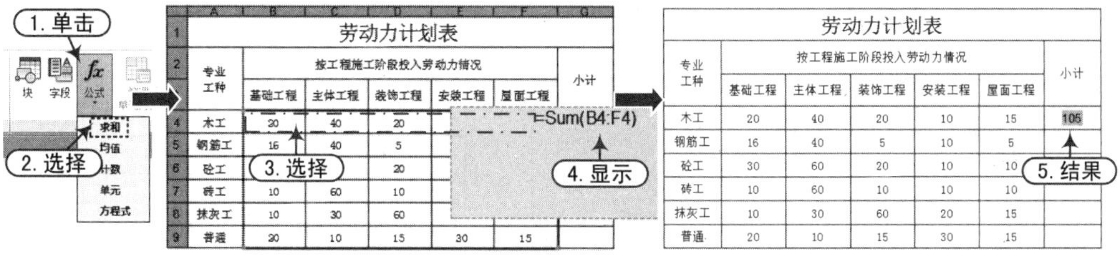

1. 单击 2. 选择 3. 选择 4. 显示 =Sum(B4:F4) 5. 结果

图7-51 计算和

Step 12 计算其他结果。选择G4单元格，并拖动右下角加点，快速计算出其他单元格的和，如图7-52所示。

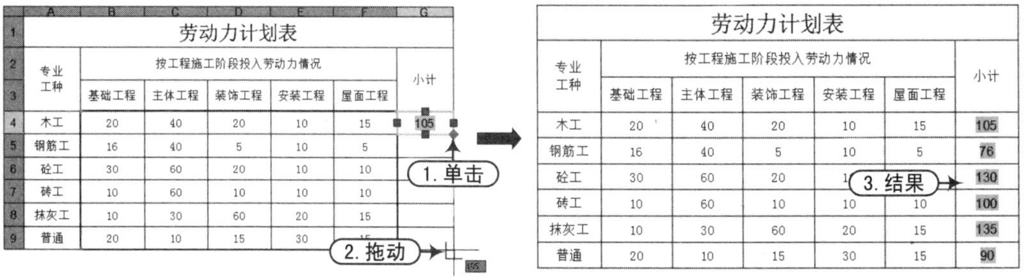

1. 单击 2. 拖动 3. 结果

劳动力计划表						
专业工种	按工程施工阶段投入劳动力情况					小计
	基础工程	主体工程	装饰工程	安装工程	屋面工程	
木工	20	40	20	10	15	105
钢筋工	16	40	5	10	5	76
砼工	30	60	20	10	10	130
砖工	10	60	10	10	10	100
抹灰工	10	30	60	20	15	135
普通	20	10	15	30	15	90

图7-52 求其他单元格的和

Step 13 保存文件。技术要求添加完成。单击“快速工具栏”中的“保存”按钮，保存图形文件。

7.5 综合实战——创建门窗统计表

	案例	门窗统计表 .dwg
	视频	创建门窗统计表 .avi

本实例主要讲解在 AutoCAD 中插入、编辑表格命令，并通过门窗统计表的绘制让大家掌握如何插入表格、编辑表格、输入文字等。

实战要点 ①表格的插入与编辑；②门窗统计表的绘制方法。

操作步骤

Step 01 新建文件。正常启动 AutoCAD 2016 软件，执行“文件 | 新建”命令，新建一个图形文件；然后单击“文件 | 保存”按钮，将文件保存为“案例 \07\ 门窗统计表 .dwg”文件。

Step 02 插入表格。执行“绘图 | 表格”命令，将弹出“插入表格”对话框，在对话框中设置表格的参数，然后单击“确定”按钮，在绘图区域单击一点作为表格的插入点，创建表格，如图 7-53 所示。

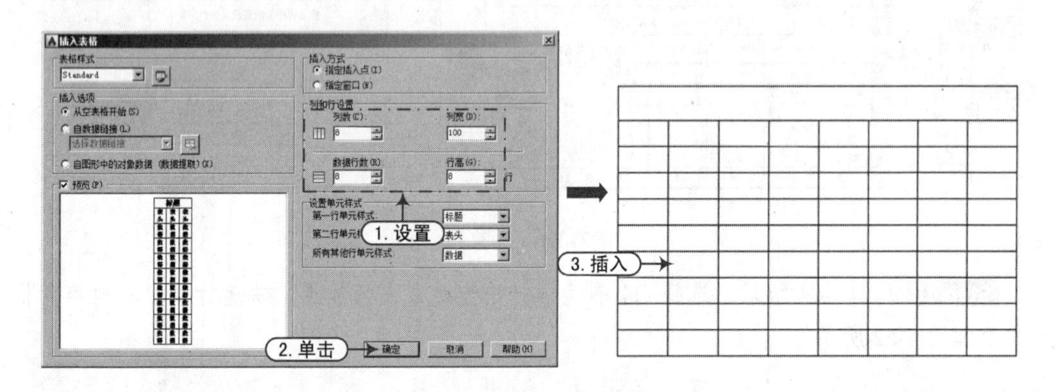

图7–53 插入表格

Step 03 调整列宽。选择表格并移动列加点，对其列宽进行调整，如图 7-54 所示。

Step 04 合并单元格。选择相应的单元格，对其进行合并操作，效果如图 7-55 所示。

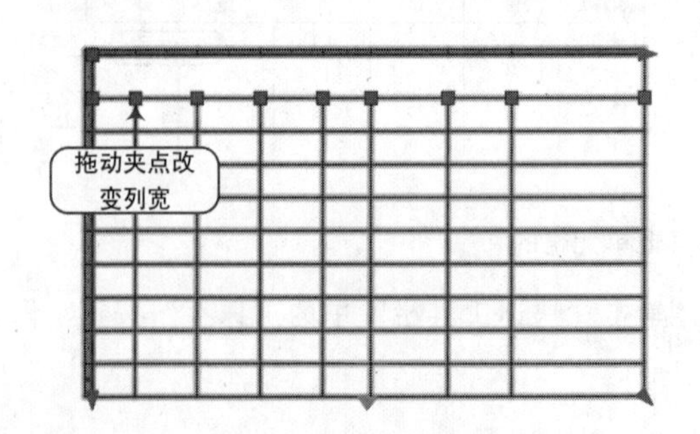

图7–54 调整列宽

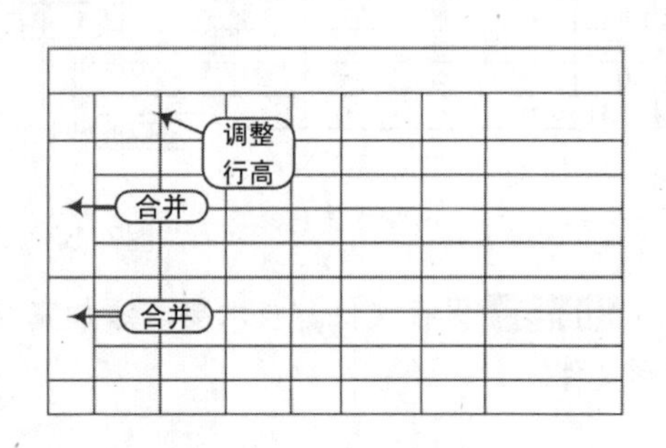

图7–55 插入表格

Step 05 插入行。在表格的第二行中单击，然后在单元格中单击“从上方插入”按钮，效果如图 7-56 所示。

Step 06 再次合并单元格。选择相应单元格，对其进行合并，效果如图 7-57 所示。

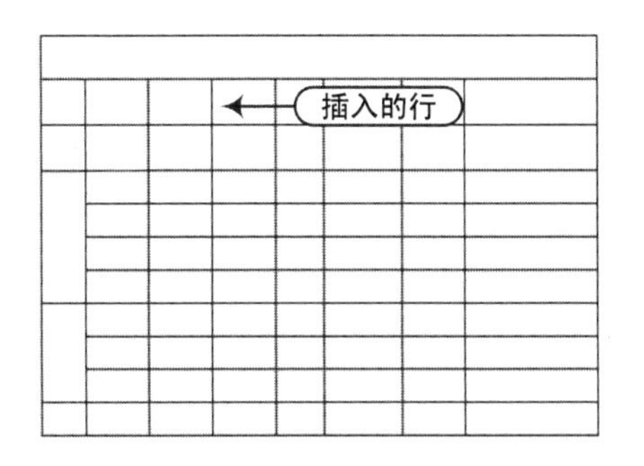

图7–56 插入表格

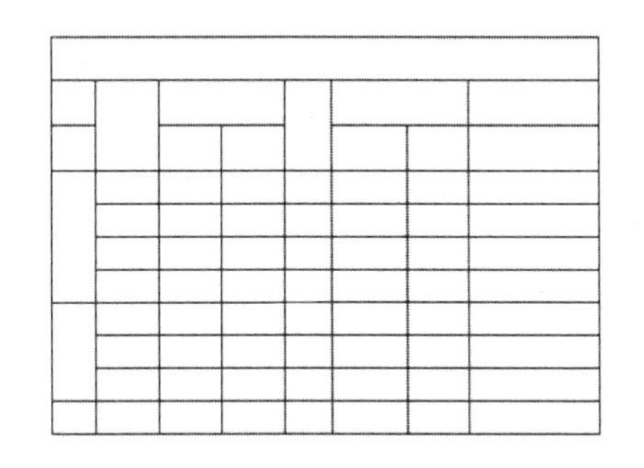

图7–57 合并单元格

Step 07 输入文字。在表格中输入相应的文字内容，并设置文字大小为 20，标题文字为 30，将其对正方式设置为“居中”或“左中”，效果如图 7-58 所示。

门窗统计表							
类别	设计编号	洞口尺寸（mm）		数量	标准图集及编号		备注
		宽	高		图集代号	编号	镶板门
门	M-1	900	2000	1	西南J601		镶板门
	M-2	800	2000	6	西南J601		镶板门
	M-3	700	2000	1			门联窗
	M-4	2000	2000	1			铝合金推拉门
窗	C-1	1800	1500	2			铝合金推拉门
	C-2	1500	1500	2			铝合金推拉门
	C-3	800	800	1			铝合金推拉门
	C-4	800	1500	1			铝合金推拉门

图7–58 输入文字

Step 08 保存文件。至此表格绘制完成。单击“快速工具栏”中的“保存”按钮，将图形文件进行保存。

08

图形的尺寸标注

本章导读

在工程制图中，尺寸标注是非常重要的一个环节。通过尺寸标注，能准确地反映物体的形状、大小和相互关系，它是识别图形和现场施工的主要依据。熟练地使用尺寸标注命令，可以有效地提高绘图质量和绘图效率。

本章内容

- 尺寸标注的概念
- 尺寸样式的新建及设置
- 图形对象的尺寸标注
- 尺寸标注的编辑
- 多重引线的创建与编辑
- 综合实战——标注阀盖

本章视频集

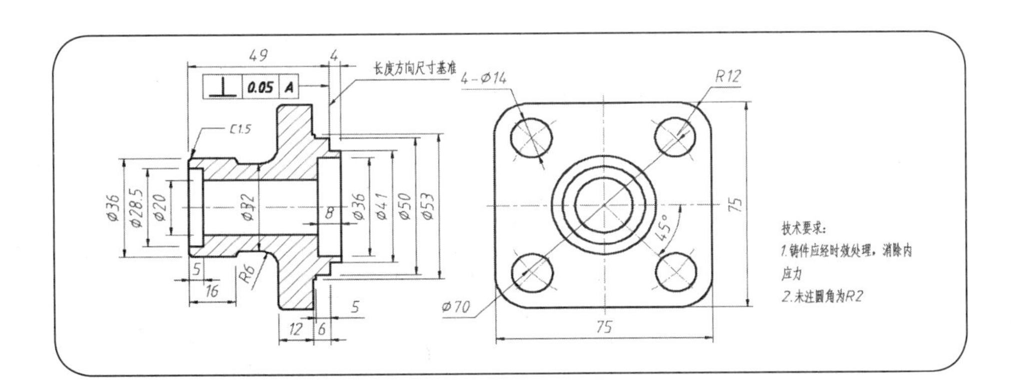

8.1 尺寸标注的概念

标注是向图形中添加测量注释的过程，AutoCAD 2016 的标注功能是非常强大的，用户可以为各种图形沿各个方向创建标注。学习尺寸标注首先要了解尺寸标注的概述，也就是对尺寸标注的类型、组成和基本步骤。

8.1.1 AutoCAD 尺寸标注的类型

在 AutoCAD 2016 中向用户提供了 20 多种尺寸标注类型，这些标注类型分布在“标注”菜单或“标注”面板中，用户可以使用这些标注进行角度、半径、直径、线性、对齐、连续、基线等标注，如图 8-1 所示。

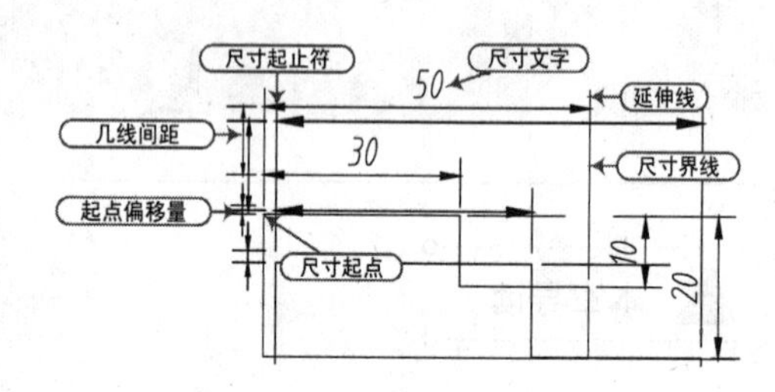

图8–1 尺寸标注的效果

- 线性标注：通过确定标注对象的起始和终止位置，依照其起止位置的水平或竖直投影来标注的尺寸。
- 对齐标注：尺寸线与标注起止点组成的线段平行，能更直观地反映标注对象的实际长度。
- 连续标注：在前一个线性标注基础上继续标注其他对象的标注方式。

8.1.2 尺寸标注的组成

在一套完整的建筑园林景观图中，图形的标注包括标注文字、尺寸线、尺寸界线、尺寸线起止符（尺寸线的端点符号）及起尺寸点等组成的，如图 8-2 所示。

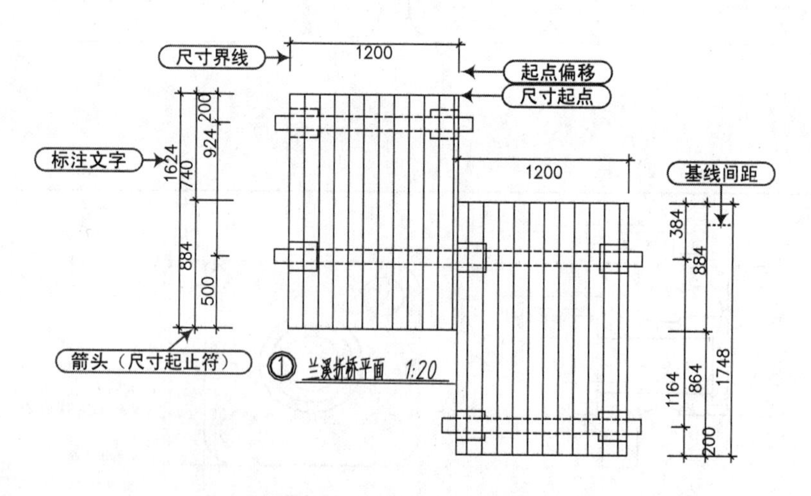

图8–2 尺寸标注的组成

- 标注文字：表明图形对象的标识值。标注文字可以反映建筑构件的尺寸，在同一张图样上，不论各个部分的图形比例是否相同，其标注文字的字体、高度必须统一。施工图上的文字高度需要满足图标准的规定。

- 箭头：标准的建筑园林景观图在标注时箭头就是45°中粗斜短线。尺寸起止符绘制尺寸线的起止点，用于指出标识值的开始和结束位置。
- 尺寸起点：尺寸标注的起点是尺寸标注对象标注的起始定义点。通常尺寸的起点与被标注图形对角的起点重合。
- 尺寸界线：从标注起点引出的表明标注范围的直线，可以从图形轮廓、轴线、对称中收线等引出，尺寸界线是用细实线绘制的。
- 起点偏移：尺寸界线离开尺寸起点的距离。
- 基线间距：使用AutoCAD 2016的基线标注时，基线尺寸线与前一个基线对象尺寸线之间的距离。

8.1.3 AutoCAD尺寸标注的基本步骤

对图形进行尺寸标注有一定的基本步骤，根据这些步骤才能保证尺寸标注的效果，用户可以参照如下步骤对图形进行标注。

- 确定打印比例或视口比例。
- 创建一个专门用于尺寸的标注文字样式。
- 创建标注样式，依照是否采用注释标注及尺寸标注操作类型，设置标注参数。
- 进行尺寸标注。

8.2 尺寸样式的新建及设置

尺寸标注样式决定着尺寸各组成部分的外观形式。在没有改变尺寸标注样式时，当前尺寸标注样式将作为预设的标注样式，除了利用预设的标注样式外，用户还可根据实际情况重新建立尺寸标注样式。

8.2.1 新建或修改标注样式

执行方法 创建标注样式的方法有以下三种：

- 菜单栏：选择“格式|标注样式”或“标注|标注样式”菜单命令。
- 面板：在“注释”选项卡的“标注”面板中单击右下角的“标注样式”按钮，如图8-3所示。
- 命令行：输入“DIMSTYLE”命令，其快捷键为“D”。

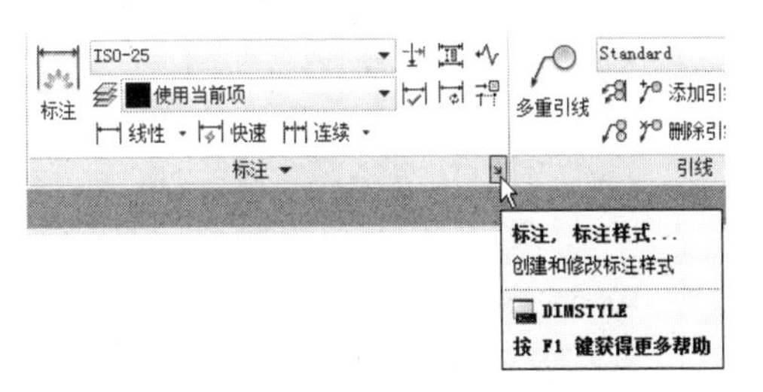

图8-3 “标注样式”按钮

操作实例 执行“标注样式”命令之后，系统将弹出“标注样式管理器”对话框，单击“新建”按钮，将弹出“创建新标注样式”对话框，在“新样式名”文本框中输入新样式名称，然后单击“继续”按钮，如图8-4所示。

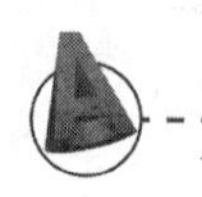

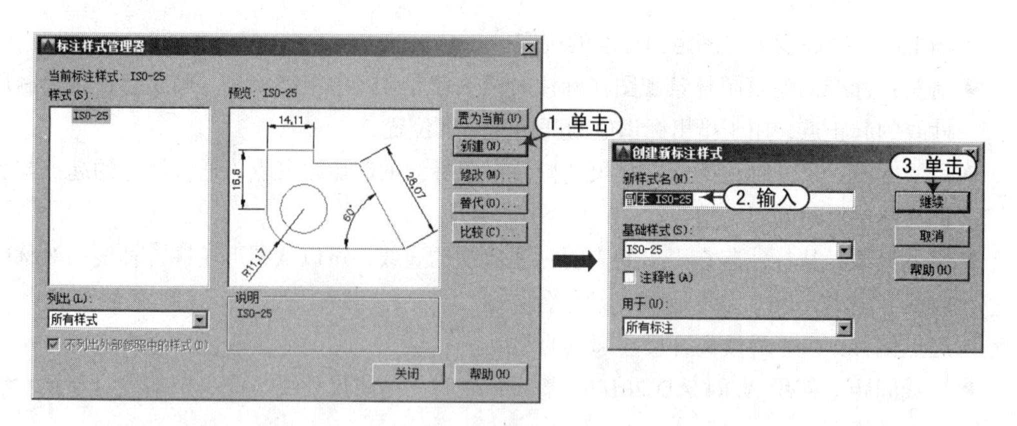

图8-4 创建标注样式

选项含义 “标注样式管理器”对话框中各选项含义如下。

- 当前标注样式：显示当前标注样式的名称。
- “样式”列表框：在该列表框中显示图形中的所有标注样式。
- “预览”列表框：在该列表框中可以预览到所选标注的样式。
- “列出”下拉列表：在该列表中可选择显示哪种标注样式。
- “置为当前”按钮：单击该按钮，可以将选定的标注样式设置为当前标注样式。
- “新建”按钮：单击该按钮，将打开“创建新标注样式”对话框，在该对话框中可以创建新的标注样式。在“新样式名”文本框中输入新样式名称，然后单击“继续”按钮，可打开“新建标注样式”对话框。
- “修改”按钮：单击该按钮，将打开“修改标注样式”对话框，在该对话框中可以修改标注样式，如图 8-5 所示。
- “替代”按钮：单击该按钮，将打开“替代当前标注”对话框。在该对话框中可以设置标注样式的临时替代样式。
- “比较”按钮：单击该按钮，将打开“比较标注样式”对话框，在该对话框中可以比较两种标注样式的特性，如图 8-6 所示。

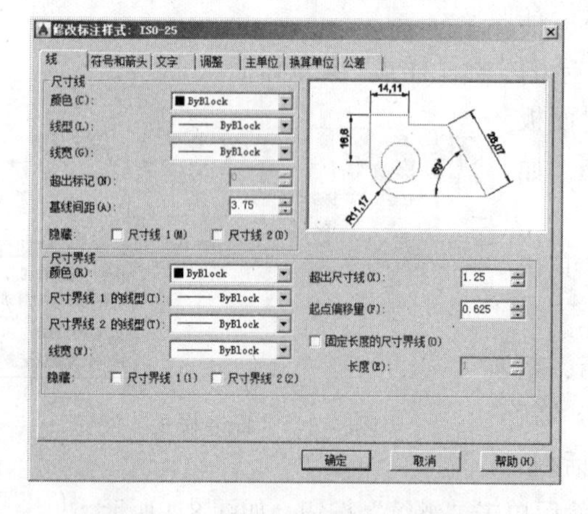

图8-5 “修改标注样式”对话框

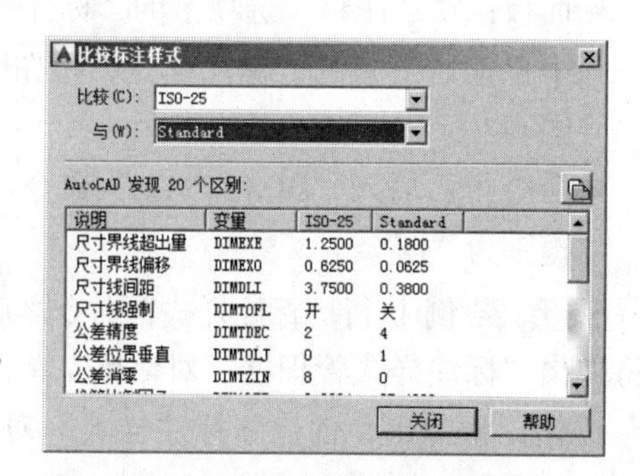

图8-6 “比较标注样式”对话框

● “不列出外部参照中的样式”复选框：勾选该复选框，将不显示外部参照中的标注样式。

技巧：标注样式管理

在新建的标注样式上右击，在弹出的快捷菜单中可将该样式置为当前、重命名、删除等操作，如图 8-7 所示。

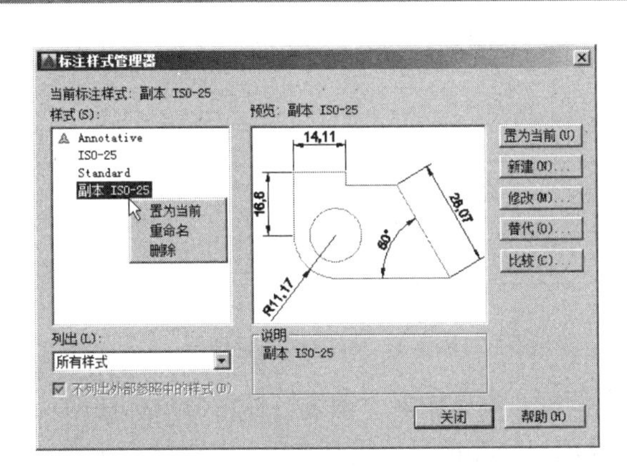

图8-7　修改或删除标注样式

8.2.2　线

前面已经讲述过如何创建标注样式，在“创建新标注样式”对话框中的“新样式名”文本框中输入好新样式名后，单击“继续”按钮，将打开“新建标注样式：×××”对话框，从而可以根据需要来设置标注样式线、符号和箭头、文字、调整、主单位等，如图 8-8 所示。

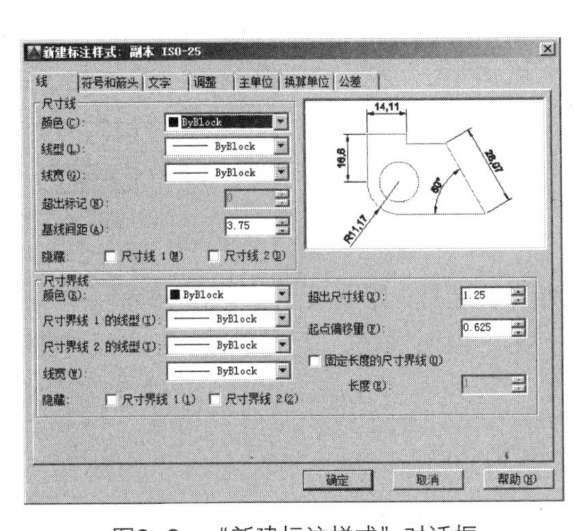

图8-8　“新建标注样式”对话框

选项含义 在“新建标注样式”对话框中包括“线”、“符号和箭头”、“文字”、“调整”、“主单位”、“换算单位”和“公差”7个选项卡。其中“线”选项卡主要用于设置尺寸线和尺寸界线的颜色、线型、线宽，以及超出尺寸线的距离、起点偏移量等内容。其中各主要选项含义如下。

● “尺寸线”选项组：用于设置尺寸线的线型特征。
  ∢“颜色”下拉列表框：用于设置尺寸线的颜色。
  ∢“线型”下拉列表框：设定尺寸线的线型。
  ∢“线宽”下拉列表框：设定尺寸线的线宽。
  ∢“超出标记”微调框：指定当箭头使用倾斜、建筑标记、积分和无标记时尺寸线超过尺寸界线的距离，如图 8-9 所示。

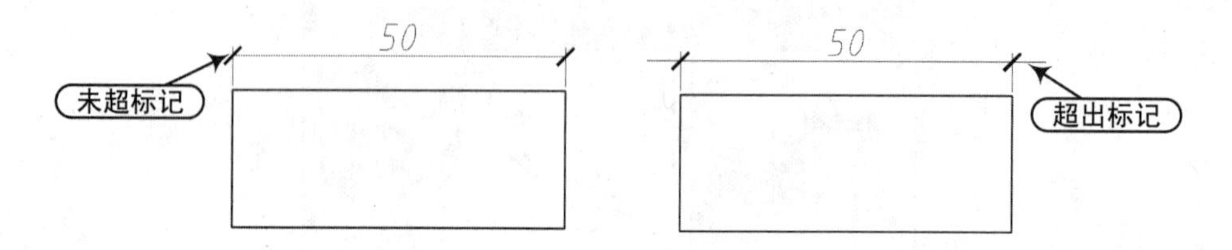

图8-9　标注样式管理器

  ∢“基线间距”微调框：用于限定“基线”标注命令标注的尺寸线离开基础尺寸标注的距离，在建筑图标注多道尺寸线时有用，其他情况下也可以不进行特别设置，如图 8-10 所示。

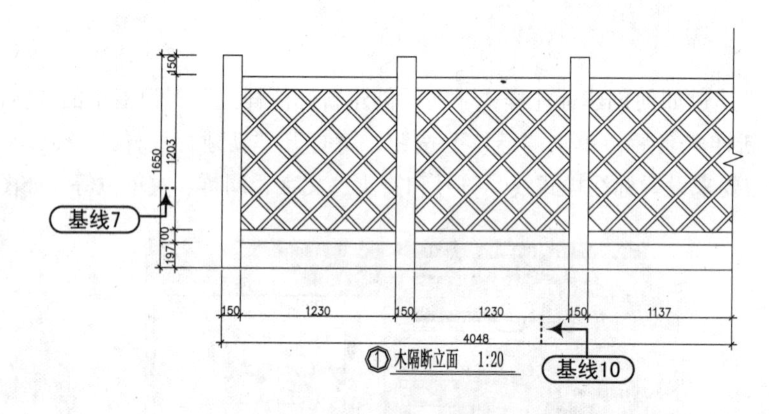

图8-10　尺寸基线间距

  ∢“隐藏”复选框组：确定是否隐藏尺寸线及相应的箭头。勾选“尺寸线 1”复选框，表示不显示第一条尺寸线；勾选“尺寸线 2”复选框，表示不显示第二条尺寸线，如图 8-11 所示。

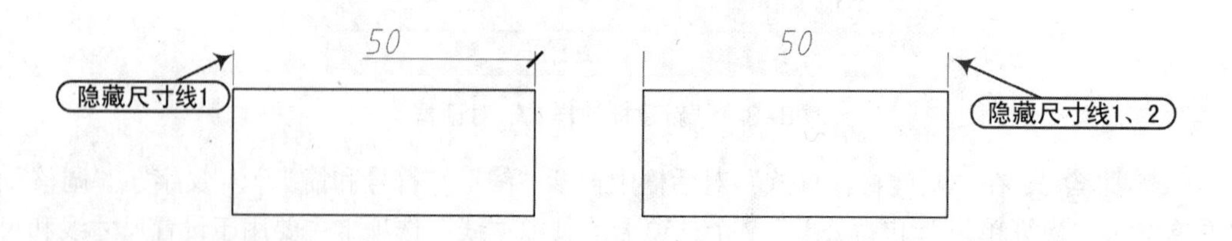

图8-11　隐藏尺寸线

● “尺寸界线”选项组：控制尺寸界线的外观。

∢ “尺寸界线 1 的线型”和“尺寸界线 2 的线型”下拉列表框：设定尺寸界线的线型。

∢ “隐藏”复选框组：确定是否隐藏尺寸界线。勾选“尺寸界线 1”复选框，表示隐藏第一条尺寸界线；勾选“尺寸界线 2”复选框，表示隐藏第二条尺寸界线，如图 8-12 所示。

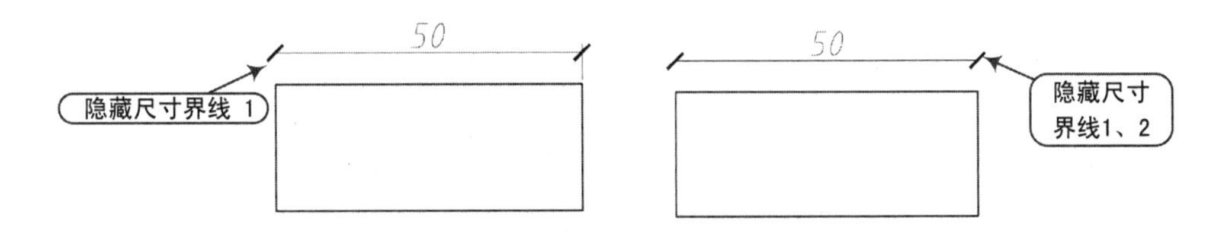

图8-12 隐藏尺寸界线

∢ “超出尺寸线”微调框：指定尺寸界线超出尺寸线的距离，如图 8-13 所示。

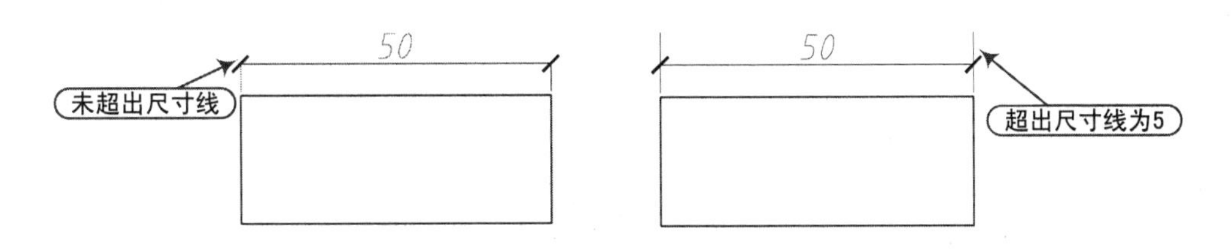

图8-13 超出尺寸线

∢ “起点偏移量”微调框：设定自图形中定义标注的点到尺寸界线的偏移距离，如图 8-14 所示。

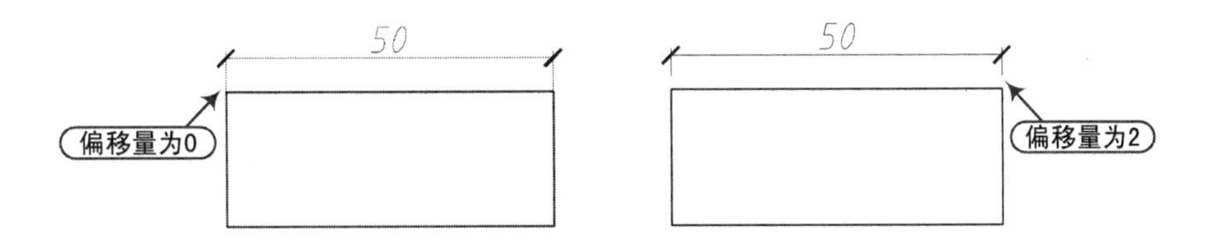

图8-14 起点偏移量

∢ “固定长度的尺寸界线”复选框：勾选此复选框，启用固定长度的尺寸界线。

∢ “长度”微调框：设定尺寸界线的总长度，起始于尺寸线，直到标注原点。

● “预览”框：显示样例标注图像，它可显示对标注样式设置所做更改的效果。

8.2.3 符号和箭头

在“新建标注样式”对话框的“符号和带箭头”选项卡中，用户可以设置符号和箭头的样式与大小，以及圆心标记的大小、弧长符号、半径折弯标注和线型折弯标注，如图 8-15 所示。

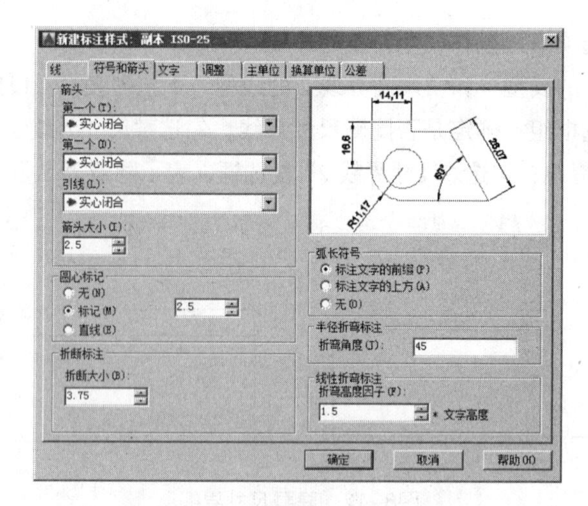

图8-15 “符号和箭头”选项卡

选项含义 在“符号和箭头”选项卡中各选项含义如下。

- “箭头”选项组：用于设置箭头符号样式和箭头大小。
- “第一个”和“第二个”下拉列表框：用于选择尺寸线两端的箭头样式，在改变第一个箭头时，第二个箭头将自动改变成与第一个箭头相匹配。如果要指定用户定义的箭头块，可在该下拉列表中选择“用户箭头”选项，然后在打开的“选择自定义箭头块”对话框中选择箭头块，如图 8-16 所示。

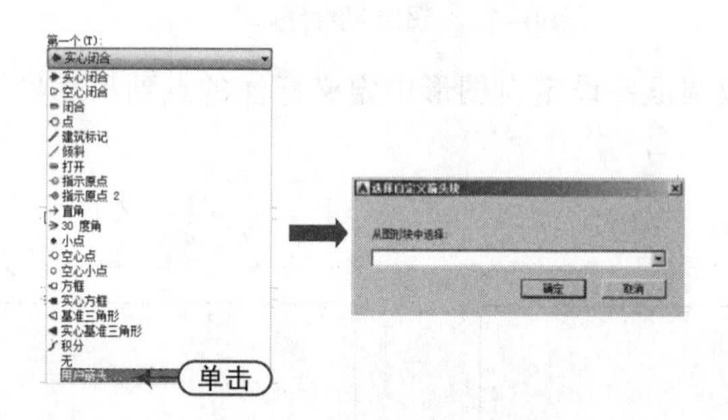

图8-16 自定义箭头符号

- “引线”下拉列表框：用于选择引线标注的箭头样式。
- “箭头大小”数值框：用于设置箭头的大小。
- “圆心标记”选项组：用于设置圆心标记的类型和大小，通常选中“标记”单选按钮，如图 8-17 所示。

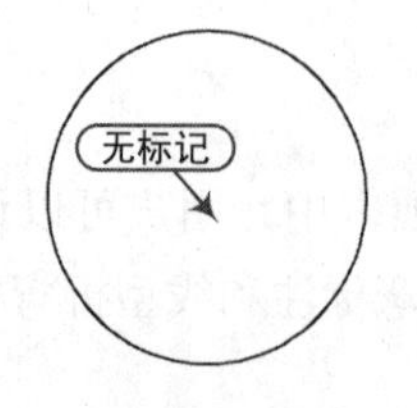

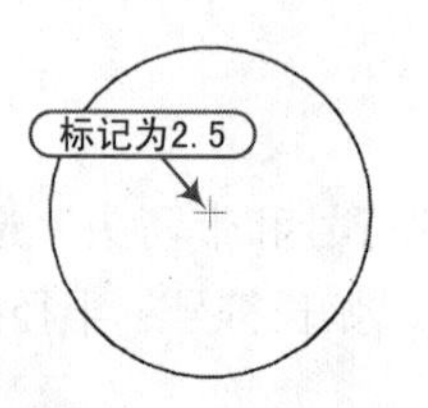

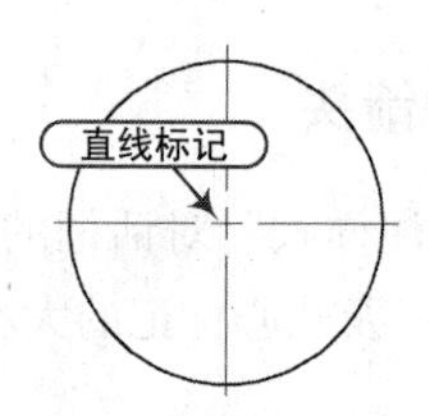

图8-17 圆心标记

- “折断标注”选项组：用于设置打断标注命令“DIMBREAK”时打断尺寸线的打断大小。
- “弧长符号”选项组：用于设置标注弧长时弧长符号的位置，以及需要标注弧长的符号，如图 8-18 所示。

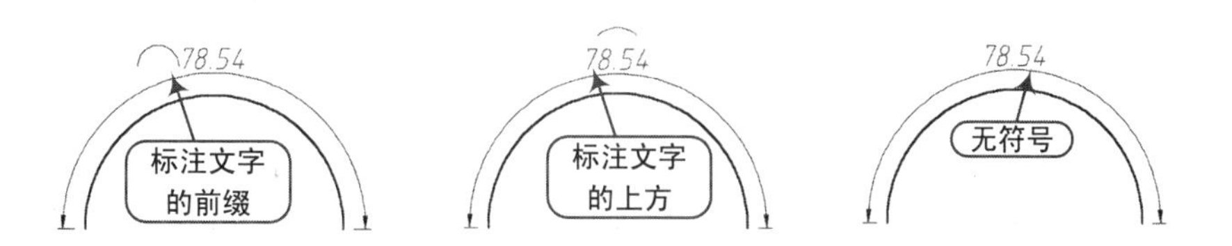

图8–18　弧长符号标注

- “折弯角度”文本框：用于设置折弯半径标注圆和圆弧半径时，折弯的角度。

8.2.4　文字

在“新建标注样式”对话框的“文字”选项卡中，可以设置标注文字的外观、位置和对齐方式等，如图 8-19 所示。

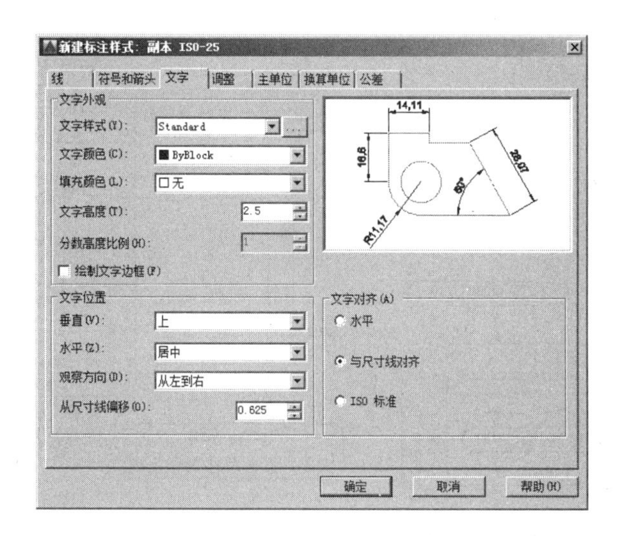

图8–19　“文字”选项卡

选项含义 在“文字”选项卡中各选项含义如下。

- “文字外观”选项组：用于设置文字样式、颜色、高度等。
  - “文字样式”下拉列表框：在该下拉列表框中选择需要使用的文字样式，如果还没创建文字样式，可单击右侧的按钮[...]，在打开的“文字样式”对话框中创建，如图 8-20 所示。
  - “文字颜色”下拉列表框：用于选择标注文字的颜色。
  - “填充颜色”下拉列表框：用于选择标注文字的背景颜色。

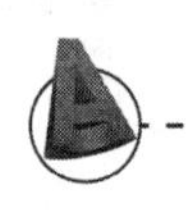

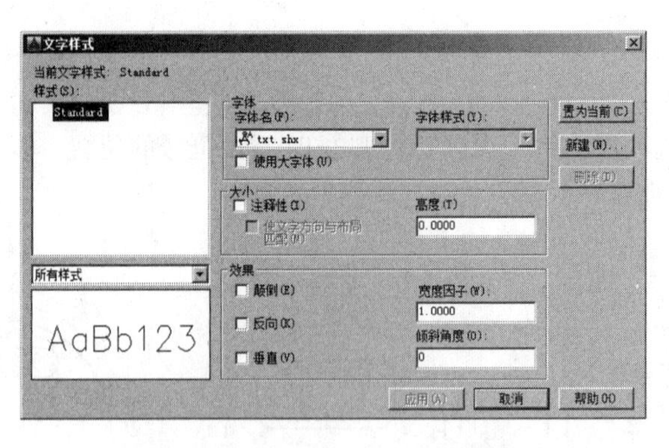

图8-20 “文字样式”对话框

- “文字高度”数值框：用于设置标注文字的高度。如果所选的文字样式设置了文字高度，则将自动采用该文字高度。
- “分数高度比例”数值框：用于设置分数形式的字符与其他字符的比例。只有在“主单位”选项卡中设置单位格式为分数时，此选项才可用。
- “绘制文字边框”复选框：勾选该复选框，将为标注文字添加边框，如图 8-21 所示。

● “文字位置”选项组：设置文字的放置位置，如图 8-22 所示。

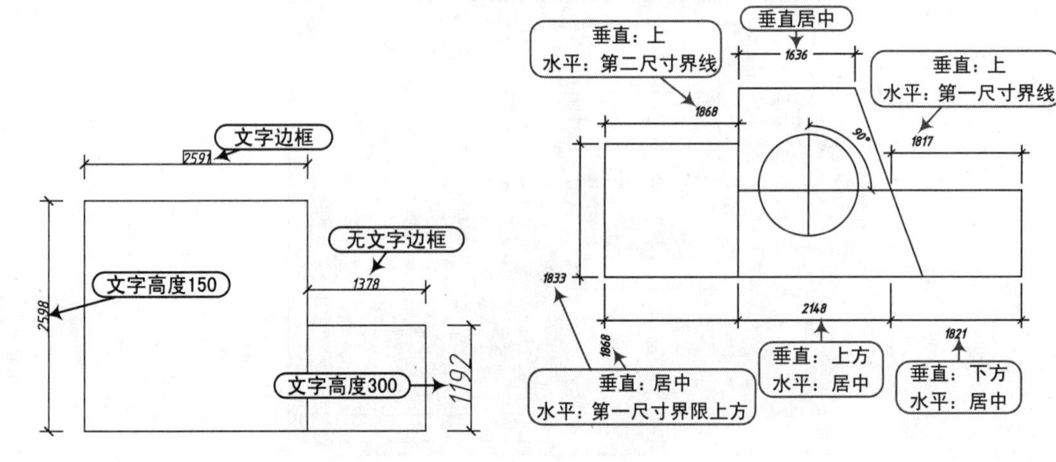

图8-21 文字边框与高度

图8-22 文字位置

- “垂直”或“水平”下拉列表框：用于设置文字在垂直和水平方向的尺寸线上的位置，一般垂直方向设置为“上”，水平方向设置为“居中”。
- “观察方向”下拉列表框：控制标注文字的观察方向。“观察方向”包括从左到右、从右到左。
- “从尺寸线偏移”数值框：用于设置标注中文字与尺寸线之间的距离，如图 8-23 所示。

● “文字对齐”选项组：设置文字与尺寸线的对齐方式。

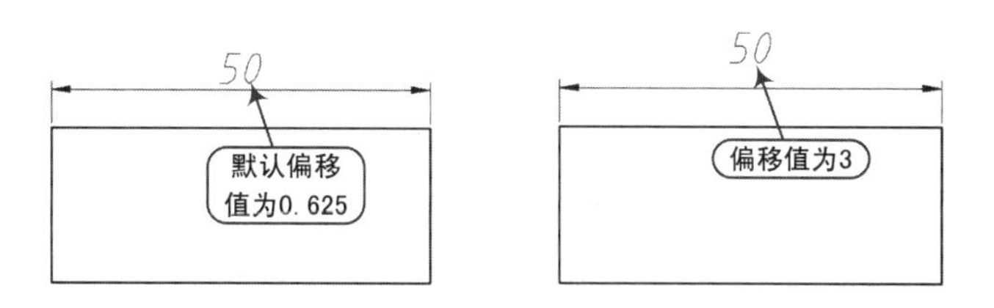

图8-23　文字偏移量

技巧：标注文字的对齐方式

为了满足不同行业绘图中对于标注的需求，AutoCAD 提供了三种文字对齐，即“水平”、“与尺寸线对齐”和“ISO 标准”三种选项。其中“水平”表示标注文字与坐标的 X 轴平行；“与尺寸线对齐”表示将标注文字与尺寸线平行放置；而“ISO 标准”则表示当标注文本位于尺寸界线内部时，文字与尺寸线对齐，当标注文字位于尺寸线外部时，以水平方式对齐文本，如图 8-24 所示。

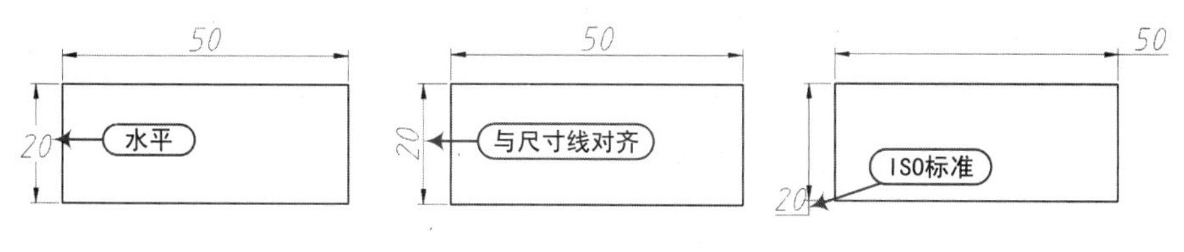

图8-24　文字对齐方式

8.2.5　调整

在“新建标注样式”对话框的“调整”选项卡中，可以设置尺寸线与箭头的位置、尺寸线与文字的位置、标注特征比例、优化等，如图 8-25 所示。

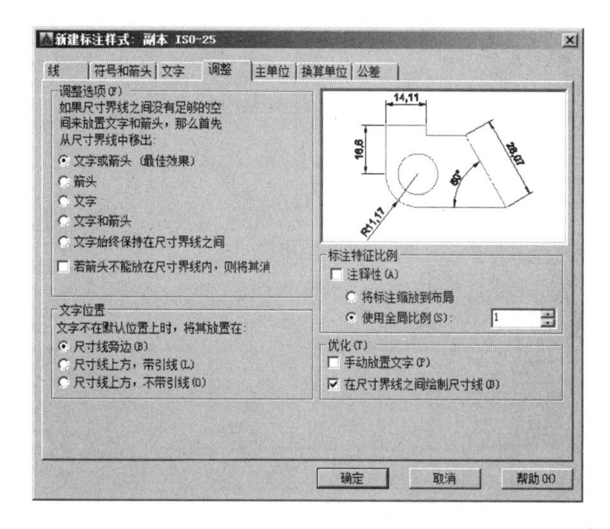

图8-25　“调整”选项卡

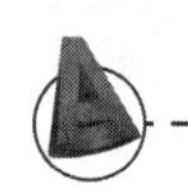

选项含义 在“调整”选项卡中各选项含义如下：

- “调整选项”选项组：用于设置尺寸界线之间可用空间的文字和箭头的布局方式。
- “文字位置”选项组：在标注空间狭小、文字无法放在默认位置时，在该选项组中设置标注文字的放置位置，有文字放在“尺寸线旁边”“尺寸线上方，带引线”和“尺寸线上方，不带引线”三种方式，如图 8-26 所示。

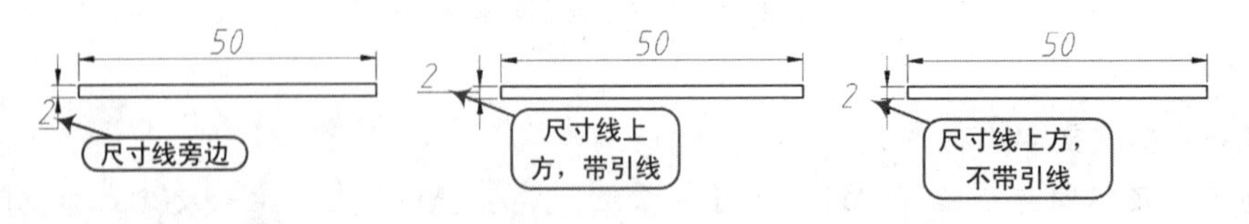

图8–26　文字位置

- “标注特征比例”选项组：用于设置标注比例或图纸空间比例。默认选中“使用全局比例”单选按钮，在后面的数值框中设置比例值后，所有以该标注样式为基础的尺寸标注都将按该比例缩放相应的倍数。若选中“将标注缩放到布局”单选按钮，则可以根据模型空间视口和图纸空间的比例设置标注比例，通常不使用。
- “优化”选项组：用户设置优化选项。勾选“手动放置文字”复选框，将忽略所有水平对正设置，并将文字放置在标注命令中“尺寸线位置”提示时指定的位置处；若勾选“在尺寸界线之间绘制尺寸线”复选框，则将始终在尺寸界线之间绘制尺寸线。

8.2.6　主单位

在“新建标注样式”对话框的“主单位”选项卡中，可以设置线性标注与角度标注。线性标注包括单位格式、精度、舍入、测量单位比例、消零等；角度标注包括单位格式、精度、消零，如图 8-27 所示。

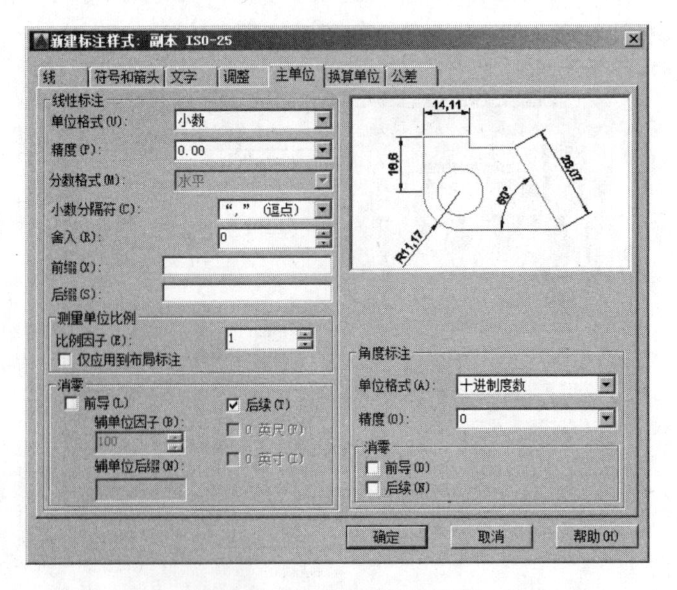

图8–27　“主单位”选项卡

选项含义 在“主单位”选项卡中各选项含义如下：

- “线性标注”选项组：可以设置线性标注的格式和精度。
  - “单位格式”下拉列表框：可以选择标注的单位格式。其中包括科学、小数、工程、建筑、分数等。
  - “精度”下拉列表框：可以选择文字中的小数位数。
  - “分数格式”下拉列表框：可以选择分数标注的格式，包括水平、对角和非堆叠选项。
  - “小数分割符”下拉列表框：可以选择小数格式的分隔符。
  - “舍入”数值框：用于设置标注测量值的舍入规则。
  - “前缀”复选框：为标注文字设置前缀。
  - “后缀”复选框：为标注文字设置后缀。
- “测量单位比例”选项组：用于设置线性标注测量值的比例因子。
  - “比例因子”数值框：用于设置线型标注测量值的比例因子。AutoCAD 将按照输入的数值放大标注测量值。
  - “仅应用到布局标注”复选框：仅对在布局中创建的标注应用线性比例值。
- “消零”选项组：用于控制线性尺寸前面或后面的 0 是否可见。
  - “前导”复选框：用于控制尺寸小数点前面的 0 是否显示。
  - “后续”复选框：用于控制尺寸小数点后面的 0 是否显示。
  - “0 英尺”复选框：当距离小于一英尺时，不输出英尺－英寸性标注中的英尺部分。
  - “0 英寸”复选框：当距离小于一英寸时，不输出英尺－英寸性标注中的英寸部分。
- “角度标注”选项组：用于设置角度标注的格式和精度。
  - “单位格式”下拉列表框：用于设置角度单位格式。其中包括十进制度数、度/分/秒、百分度和弧度。
  - “精度”下拉列表框：设置角度标注的小数位数。

技巧：“消零”选项中的“前导”和“后续”

前导，是指不输出所有十进制标注中的前面的0，例如，标注为 0.5000，如果勾选“前导”复选框，那么标注将显示 0.5000；而后续标注与其相反是不输出所有十进制标注中的后面的 0，如果勾选“后导”复选框，那么标注将显示为 0.5，后面的 0 将不显示。

8.2.7 换算单位

在“新建标注样式”对话框的“单位换算”选项卡中，可以设置将原单位换成另一种单位格式，如图 8-28 所示。

选项含义 在“换算单位”选项卡中各选项含义如下：

- “显示换算单位”复选框：用于向标注文字添加换算测量单位。
- “换算单位”选项组：用于设置所有标注类型的格式。

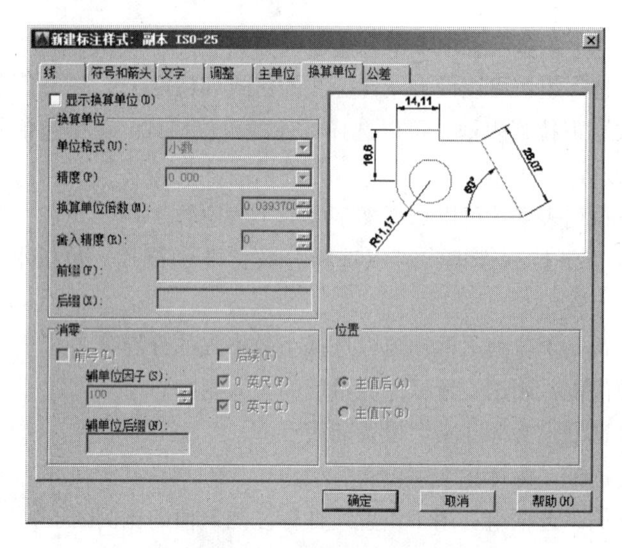

图8–28 “换算单位”选项卡

- “换算单位倍数”数值框：选择两种单位的换算比例。
- “舍入精度”数值框：用于设置标注样式换算单位的舍入规则。

● “消零”选项组：用于控制换算单位中 0 的可见性。

● “位置”选项组：用于控制标注文字中换算单位的位置。

- “主值后”单选按钮：将换算单位放在标注文字中的主单位之后。
- “主值下”单选按钮：将换算单位放在标注文字中的主单位下面。

8.2.8 公差

在“新建标注样式”对话框的“公差”选项卡中，可以设置公差格式、换算单位公差的特性，如图 8-29 所示。

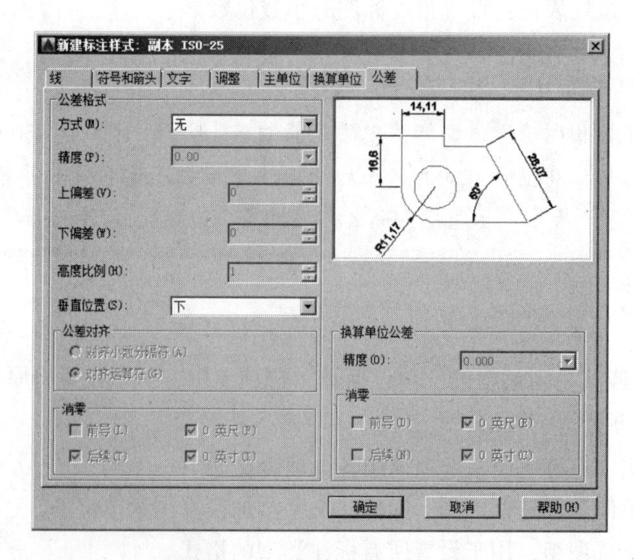

图8–29 “换算单位”选项卡

选项含义在“公差”选项卡中各选项含义如下：

- “公差格式”选项组：用于设置公差标注样式。
  - “方式”下拉列表框：用于设置尺寸公差标注样式，包括无、对称、极限偏差、极限尺寸和基本尺寸 5 种类型。
  - “精度”下拉列表框：用于设置尺寸公差的小数位数。
  - “上偏差”数值框：设置最大偏差或上偏差。如果“方式”下拉列表中选择“对称”选项，则此值将用于公差。
  - “下偏差”数值框：用于设置最小公差或下偏差值。
  - “高度比例”数值框用于设置公差文字的当前高度。
  - “垂直位置”下拉列表框：用于控制尺寸公差的摆放位置。
- “公差对齐”选项组：用于在堆叠时，控制上偏差值和下偏差值的对齐。其中包括“对齐小数分隔符和对齐运算符。
- “换算单位公差”选项组：用于设置单位中尺寸公差的精度和消零规则。

当用户设置完成“新建标注样式”对话框中各选项卡中的特性参数后，单击“确定”按钮，将返回“标注样式管理器”对话框。此时在“标注样式管理器”对话框左侧的“样式”列表框中将显示已创建的标注样式，单击该标注样式并将其设置为当前标注样式，单击“关闭”按钮，结束尺寸标注样式的设置。这样，用户便可以建立一个新的标注样式。

技巧：公差标注

公差标注对于初学者来说，稍有一些难度。其主要应用于机械制图中要求精度比较高的图形。在 AutoCAD 中，尺寸标注公差样式有对称公差、极限偏差、极限尺寸和基本尺寸 4 种，其主要区别在于表示的形式不同，如图 8-30 所示。

对称公差其上下偏差值相同，只是在值的前面有“±”符号；极限偏差其上下偏差值不同，其上下偏差值分别位于加减号后面；而极限尺寸是显示使用所提供的正值和负值计算，包含实际测量中的最大值和最小尺寸；基本尺寸可以通过理论上精确地测量值制定为准确值。

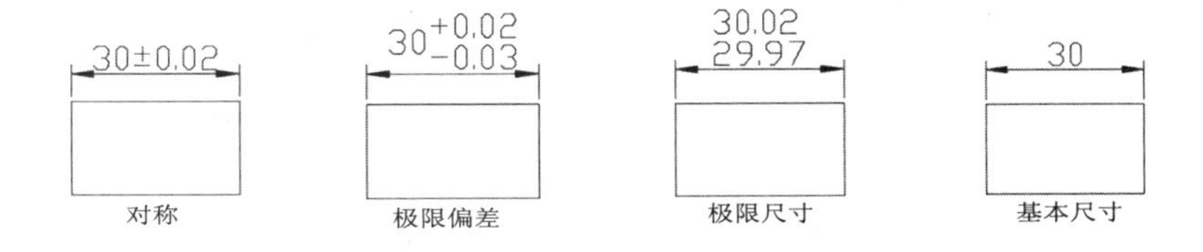

图8-30 公差标注的方式

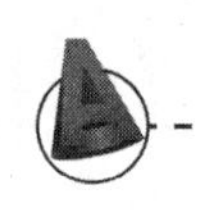

8.3 图形对象的尺寸标注

AutoCAD 针对不同类型的对象提供了不同的标注命令，如长度、半径、直径和坐标等。下面就对常用的尺寸标注进行相应的讲解。

8.3.1 创建线性标注

知识要点 使用“线性标注”可以标注长度类型的尺寸，用于标注水平、垂直和旋转的线性尺寸，线性标注可以水平、垂直或对齐放置。创建线性标注时，可以修改文字内容、文字角度或尺寸线的角度。

执行方法 执行“线性标注”命令的方法主要有以下 3 种：

- 菜单栏：选择“标注 | 线性”菜单命令。
- 面板：在“注释”选项卡的“标注”面板中单击“线性”按钮⊢⊣。
- 命令行：输入“DIMLINEAR”命令，其快捷键为“DLI”。

操作实例 使用“线型标注”命令（DLI）可以对线性对象进行尺寸标注，具体操作步骤如下：

Step 01 绘制一个矩形，然后单击“标注”面板中的“线性”按钮，在需要标注的对象上选择第一个原点。

Step 02 移动鼠标至对象上的指定第二点。

Step 03 移动鼠标光标至相应位置，单击确定尺寸线位置，如图 8-31 所示。

```
命令 : DIMLINEAR                                            \\ 执行“线性标注”命令
指定第一个尺寸界线原点或 <选择对象>:                          \\ 捕捉第一条尺寸界线点
指定第二条尺寸界线原点 :                                      \\ 捕捉第二条尺寸界线点
指定尺寸线位置或
[ 多行文字 (M)/ 文字 (T)/ 角度 (A)/ 水平 (H)/ 垂直 (V)/ 旋转 (R)]:   \\ 指定标注文字的位置
标注文字 = 20                                               \\ 系统显示尺寸值，完成标注
```

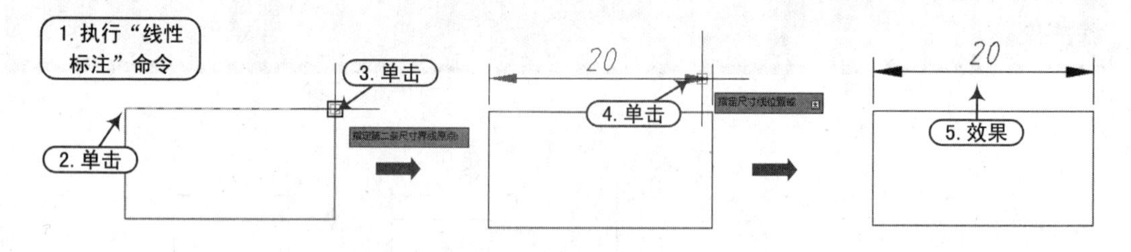

图8-31 线性标注

选项含义 其中，各选项含义如下。

- 多行文字 (M)：选择该选项后如果输入标注文字，标注文字为多行文字，并将弹出“文字编辑器”选项卡，通过该选项卡可以修改标注文字的格式。
- 文字 (T)：选择该选项后，以单行文字的形式输入标注文字。

- 角度 (A)：用于设置标注文字的倾斜角度，例如将标注文字倾斜 30° 或 90°，如图 8-32 所示。

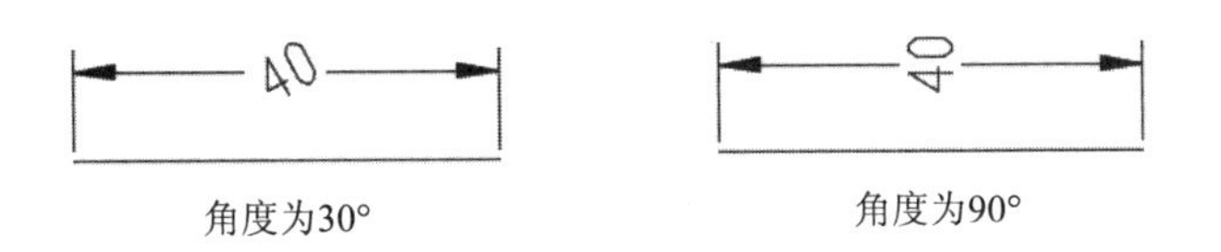

图8-32 设置角度

- 水平 (H)：创建水平线性标注，如图 8-33（a）所示。
- 垂直 (V)：创建垂直线性标注，如图 8-33（b）所示。
- 旋转 (R)：创建旋转线性标注，如图 8-33（c）所示。

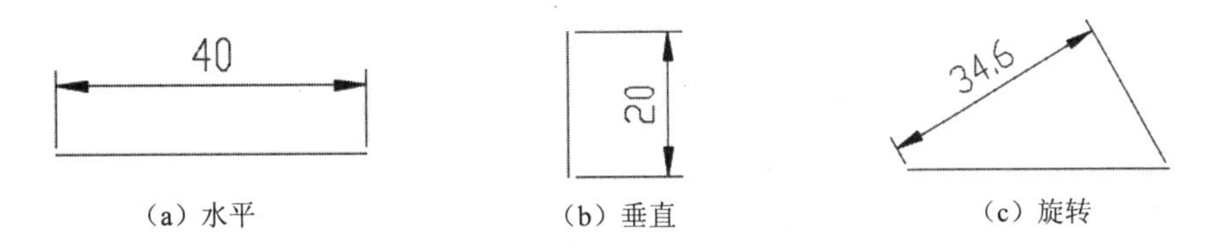

图8-33 水平、垂直、旋转线性标注样式

技巧：指定标注位置

如果指定的第一点和第二点进行线性规定的垂直或水平标注，可以通过鼠标指定方向进行水平或垂直标注。鼠标向上下拖动即为水平标注，水平向左右拖动即为垂直标注。

8.3.2 创建对齐标注

知识要点 “对齐标注”用于标注倾斜对象的真实长度，对齐标注的尺寸线平行于倾斜的标注对象。如果是选择两个点来创建对齐标注，则尺寸线与两点的连线平行。

执行方法 执行“对齐标注”命令有以下 3 种方法：

- 菜单栏：选择“标注 | 对齐标注”菜单命令。
- 面板：在“注释”选项卡的“标注”面板中单击“对齐标注”按钮。
- 命令行：在命令行中输入“DIMALIGNED”命令，其快捷键为 DAL。

操作实例 执行上述操作后，根据提示单击指定第一条尺寸原点，然后单击指定第二条尺寸原点，最后移动鼠标指针单击指定该尺寸线位置，操作方法如图 8-34 所示。

```
命令 : DIMALIGNED                              \\ 执行“对齐标注”命令
指定第一条尺寸界线原点或 <选择对象>:           \\ 指定斜线起点
指定第二条尺寸界线原点 :                        \\ 指定斜线端点
指定尺寸线位置或
[ 多行文字 (M)/ 文字 (T)/ 角度 (A)]:            \\ 指定一点确定尺寸线位置
标注文字 = 50                                   \\ 显示标注的尺寸
```

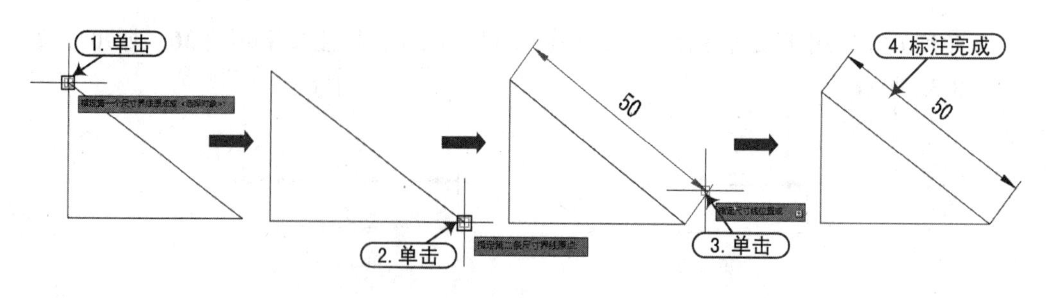

图8-34　对齐标注

技巧：对齐标注特性

“对齐标注”是线性标注的其中一种形式，其也可用于垂直标注和水平标注。

8.3.3　创建连续标注

知识要点 连续标注是指首尾相连的多个尺寸标注。在进行连续标注之前，要求当前图形中存在线性标注、对齐标注、角度标注或圆心标注，作为连续标注的基准。

创建连续标注的第一个连续标注从基准标注的第二个尺寸界线引出，然后下一个连续标注从前一个连续标注的第二个尺寸界线处开始测量。虽然基线标注都是基于同一个标注原点，但是 AutoCAD 使每个连续标注的第二个尺寸界线作为下一个标注的原点。连续标注共享一条公共的尺寸线。

执行方法 执行“基线标注”命令的方法有以下 3 种：

- 菜单栏：选择“标注 | 连续标注”菜单命令。
- 面板：在“注释”选项卡的“标注”面板中单击“连续标注”按钮。
- 命令行：在命令行中输入“DIMCONTINUE”命令。其快捷键为 DCO。

操作实例 执行上述操作后，根据命令行提示进行连续标注，如图 8-35 所示。

```
命令 : DIMCONTINUE                                          \\ 执行“连续标注”命令
选择连续标注 :                                              \\ 选择“线性标注”命令
指定第二条尺寸界线原点或 [ 放弃 (U)/ 选择 (S)] < 选择 >:  \\ 指定第二条尺寸界线原点
标注文字 = 20                                               \\ 标注出的尺寸
指定第二条尺寸界线原点或 [ 放弃 (U)/ 选择 (S)] < 选择 >:  \\ 继续指定尺寸界线原点
标注文字 =25                                                \\ 标注出的尺寸
```

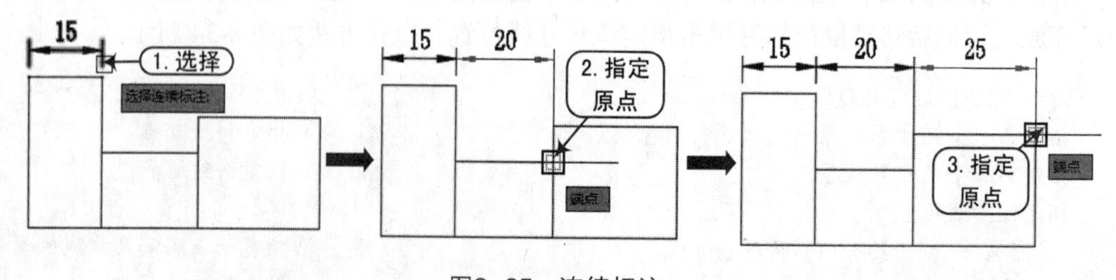

图8-35　连续标注

8.3.4 创建基线标注

知识要点 基线标注是一条基准线到各个点进行尺寸标注，起始尺寸标注的第一条尺寸界线为基线尺寸标注的基准。因此，所有的基线尺寸标注都有一个共同的第一条尺寸界线。

执行方法 执行“基线标注”命令的方法有以下 3 种：

- 菜单栏：选择“标注 | 基线标注”菜单命令。
- 面板：在“注释”选项卡的“标注”面板中，单击“基线标注”按钮。
- 命令行：在命令行中输入“DIMBASELINE”命令，其快捷键为“DBA”。

操作实例 执行“基线标注”命令后，根据命令行提示选择基准标注，然后单击指定第二条尺寸线原点，再单击指定下一尺寸界线原点，即可进行连续基线标注，如图 8-36 所示。

```
命令 : DIMBASELINE                                        \\ 执行“基线标注”命令
选择基准标注 :                                            \\ 选择“线性标注”命令
指定第二条尺寸界线原点或 [ 放弃 (U)/ 选择 (S)] <选择 >:    \\ 指定第二条尺寸界线原点
标注文字 = 35
指定第二条尺寸界线原点或 [ 放弃 (U)/ 选择 (S)] <选择 >:    \\ 继续指定尺寸界线原点
标注文字 = 60
```

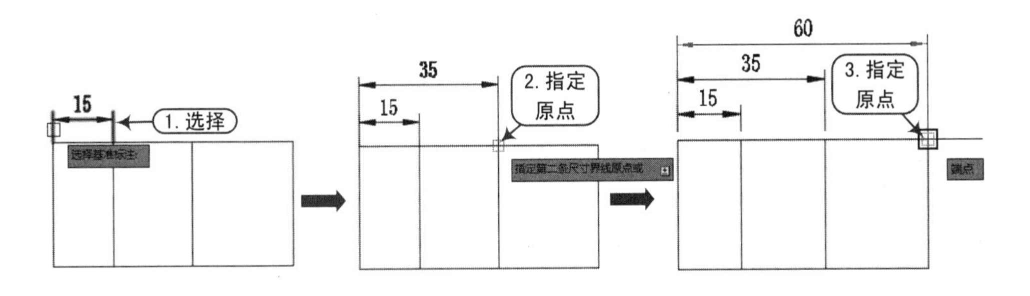

图8-36 基线标注

8.3.5 创建半径标注

执行方法 “半径标注”用于标注圆或圆弧的半径尺寸。执行“半径标注”命令的方法主要有以下 3 种：

- 菜单栏：选择“标注 | 半径”菜单命令。
- 面板：在“注释”选项卡的“标注”面板中，单击“半径”按钮。
- 命令行：输入“DIMRADIUS”命令，其快捷键为“DRA”。

操作实例 使用“半径标注”命令（DRA）可对圆或圆弧对象进行半径标注，具体操作步骤如下：

Step 01 绘制一个圆形，然后单击“标注”面板中的“半径”按钮，选择需要标注的圆或圆弧对象。

Step 02 移动鼠标至相应的位置处，单击指定一点确定尺寸标注线的位置。

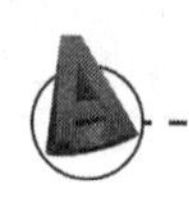

Step 03 此时，系统将根据测量值自动标注圆或圆弧的半径，如图 8-37 所示。

```
命令：_dimradius                                    \\执行“半径标注”命令
选择圆弧或圆：                                      \\选择圆或圆弧对象
标注文字 = 20                                       \\系统自动显示标注尺寸
指定尺寸线位置或 [多行文字(M)/文字(T)/角度(A)]:     \\指定尺寸线位置
```

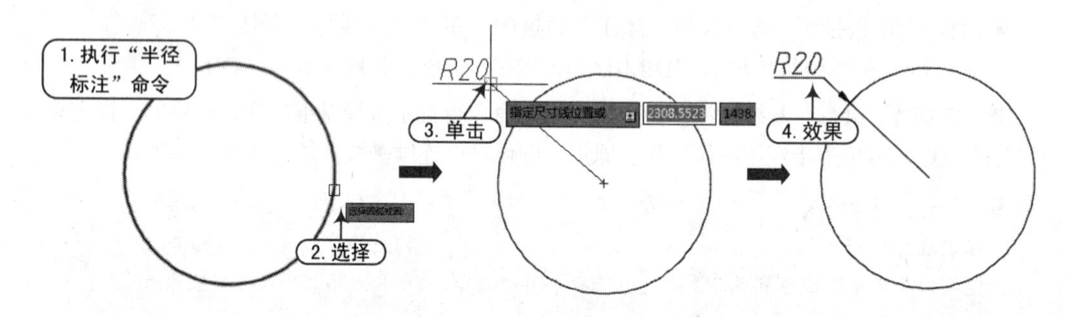

图8–37　半径标注

8.3.6　创建直径标注

知识要点“直径标注”用于标注圆或圆弧的直径。直径标注是由一条具有指向圆或圆弧的箭头的直径尺寸线组成。

执行方法执行“直径标注”命令的方法主要有以下 3 种：

- 菜单栏：选择“标注 | 直径”菜单命令。
- 面板：在“注释”选项卡的“标注”面板中，单击“直径”按钮。
- 命令行：输入“DIMDIAMETER”命令，其快捷键为“DDI”。

操作实例直径标注的步骤与半径标注的步骤相同。当选择了需要标注直径的圆或圆弧后，直接确定尺寸线的位置，系统将按实际测量值标注出圆与圆弧的直径，如图 8-38 所示。

```
命令：_dimdiameter                                  \\执行“直径标注”命令
选择圆弧或圆：                                      \\选择圆或圆弧对象
标注文字 = 40                                       \\系统自动显示标注尺寸
指定尺寸线位置或 [多行文字(M)/文字(T)/角度(A)]:     \\指定尺寸线位置
```

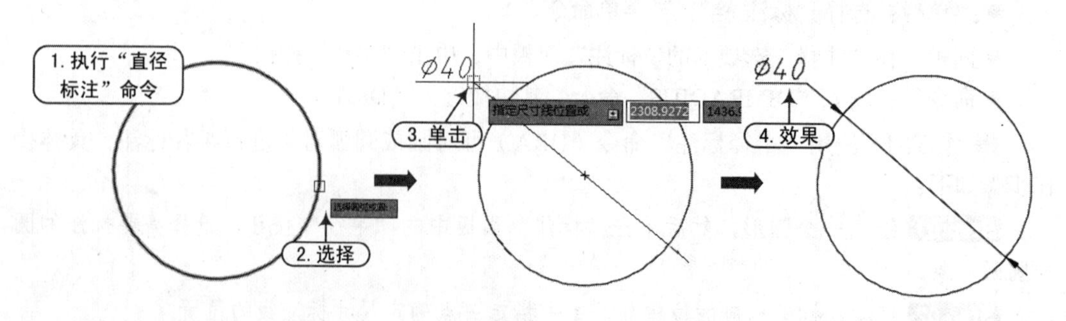

图8–38　直径标注

8.3.7 创建角度标注

执行方法 “角度标注”命令用于标注对象之间的夹角或圆弧的夹角。执行“角度标注”命令的方法主要有以下3种：

- 菜单栏：选择“标注 | 角度”菜单命令。
- 面板：在“注释”选项卡的“标注”面板中单击“角度”按钮△。
- 命令行：输入“DIMANGULAR”命令，其快捷键为“DAN”。

操作实例 使用“角度标注”命令（DAN）可以标注对象之间夹角的角度，具体操作步骤如下：

Step 01 单击“标注”面板中的“角度”按钮，选择标注角度图形的第一条边。

Step 02 选择标注角度的第二条边。

Step 03 移动鼠标至相应的位置处，单击指定标注弧线的位置，如图8-39所示。

```
命令：_dimangular                                        \\执行“角度标注”命令
选择圆弧、圆、直线或 <指定顶点>:                          \\选择第一条直线
选择第二条直线：                                          \\选择第二条直线
指定标注弧线位置或 [多行文字(M)/文字(T)/角度(A)/象限点(Q)]:
                                                         \\指定标注弧线的位置
标注文字 = 30                                             \\系统自动标注角度值
```

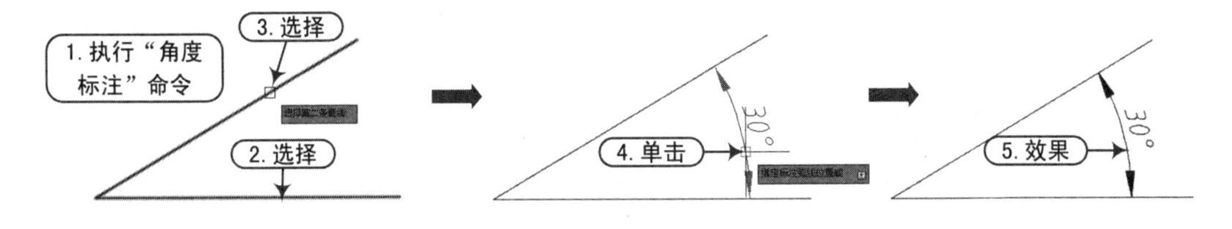

图8-39 角度标注

选项含义 其中，命令行各主要选项含义如下。

- 选择圆弧：该选项通过选择圆弧对象后指定标注弧线位置，即可标注圆弧角度，如图8-40所示。

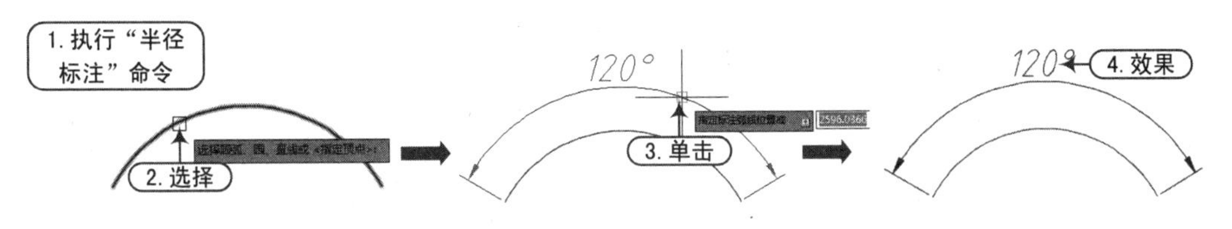

图8-40 圆弧角度标注

- 选择圆：该选项通过选择圆对象，指定圆上的两个端点后指定标注弧线位置标注圆角度。
- 选择直线：通过选择两条直线，再确定标注弧线的位置从而标注两条线之间的角度。
- 指定顶点：直接按“Enter”键即为指定顶点标注，即确定角的顶点然后分别指定角的两个端点，最后确定标注弧线的位置。

● 象限点 (Q)：指定圆或圆弧上的象限点来标注弧长，尺寸线将与圆弧重合。

8.3.8 创建弧长标注

执行方法 “弧长标注”用于标注圆弧线段或多线段圆弧线段部分的弧长。执行“圆弧标注”命令的方法主要有以下 3 种：

● 菜单栏：选择“标注 | 弧长”菜单命令。

● 面板：在“注释”选项卡的“标注”面板中，单击“弧长”按钮。

● 命令行：输入“DIMARC”命令。

操作实例 使用“弧长标注”命令（DIMARC）可以标注圆弧的长度，具体操作步骤如下：

Step 01 绘制一个圆弧。单击“标注”面板中的“圆弧”按钮，选择需要标注的圆弧对象。

Step 02 移动鼠标至相应的位置处，单击指定标注弧线的位置。

Step 03 系统自动标注出圆弧长度，如图 8-41 所示。

```
命令 : _dimarc                                          \\ 执行“弧长标注”命令
选择弧线段或多段线圆弧段 :                                \\ 选择圆弧对象
指定弧长标注位置或 [ 多行文字 (M)/ 文字 (T)/ 角度 (A)/ 部分 (P)/ 引线 (L)]:
                                                        \\ 指定弧长标注的位置
标注文字 = 41.89                                         \\ 系统自动标注角度值
```

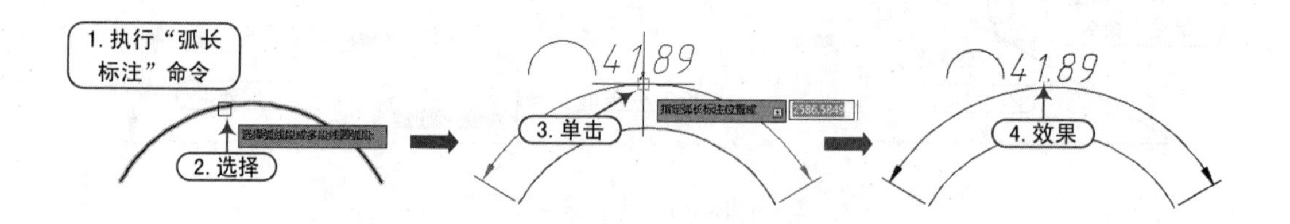

图8-41　弧长标注

选项含义 其中，各主要选项含义如下。

● 部分 (P)：选择该选项后用户可对圆弧的部分弧长进行标注，如图 8-42 所示。

● 引线 (L)：选择该选项后在标注圆弧弧长时将出现如图 8-43 所示的引线符号。

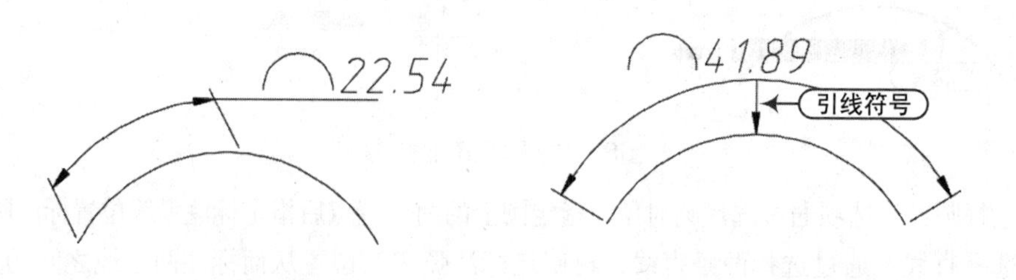

图8-42　部分弧长标注　　　图8-43　带引线弧长标注

8.3.9 创建坐标标注

知识要点 坐标标注也称为基准标注，沿一条简单的引线显示部件的 X 或 Y 坐标。坐标标注主要用于标注指定点的坐标值。

执行方法 执行“坐标标注”命令的方法主要有以下 3 种：

- 菜单栏：选择“标注 | 坐标”菜单命令。
- 面板：在“注释”选项卡的“标注”面板中单击“坐标”按钮。
- 命令行：输入“DIMORDINAE”命令，其快捷键为“DOR”。

操作实例 使用“坐标标注”命令（DOR）可以标注指定点的坐标值，具体操作步骤如下：

Step 01 单击“标注”面板中的“坐标”按钮，捕捉相应点。

Step 02 输入 X 并按“Enter”键，标注 X 坐标。

Step 03 输入 Y 并按“Enter”键，标注 Y 坐标，如图 8-44 所示。

```
命令：_dimordinate                                   \\ 执行“坐标标注”命令
指定点坐标：                                          \\ 捕捉点 A
指定引线端点或 [X 基准 (X)/Y 基准 (Y)/ 多行文字 (M)/ 文字 (T)/ 角度 (A)]:   \\ 输入 X
标注文字 = 587                                        \\ 系统自动标注 X 坐标值
命令：DIMORDINATE
指定点坐标：                                          \\ 捕捉点 A
指定引线端点或 [X 基准 (X)/Y 基准 (Y)/ 多行文字 (M)/ 文字 (T)/ 角度 (A)]:   \\ 输入 Y
标注文字 = 13                                         \\ 系统标注 Y 坐标值
```

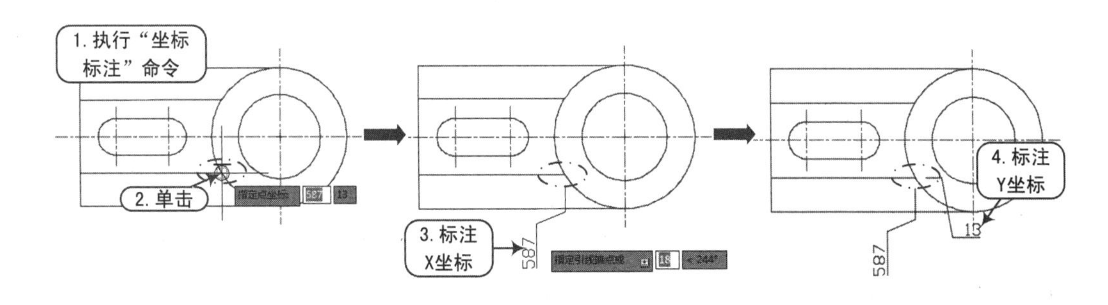

图8-44 坐标标注

8.3.10 创建快速标注

知识要点 “快速标注”命令用于快速创建标注，其中包含创建基线标注、连续尺寸标注、半径和直径标注等。

执行方法 执行“快速标注”命令的方法主要有以下 3 种：

- 菜单栏：选择“标注 | 快速标注”菜单命令。
- 面板：在“注释”选项卡的“标注”面板中单击“快速标注”按钮。

● 命令行：输入“QDIM”命令。

操作实例 使用“快速标注”命令（QDIM）可快速对图形进行尺寸标注。具体操作步骤如下：

Step 01 单击“标注”面板中的“快速标注”按钮，选择标注的几何图形。

Step 02 按“Enter”键结束对象选取。

Step 03 移动鼠标至相应的位置处，单击指定尺寸线的位置，如图 8-45 所示。

```
命令 : QDIM                                                  \\ 执行“快速标注”命令
关联标注优先级 = 端点
选择要标注的几何图形 : 指定对角点 : 找到 10 个                 \\ 选择几何对象
选择要标注的几何图形 :                                        \\ 按“Enter”键确定
指定尺寸线位置或 [ 连续 (C)/ 并列 (S)/ 基线 (B)/ 坐标 (O)/ 半径 (R)/ 直径 (D)/ 基准点 (P)/ 编辑 (E)/
设置 (T)] < 连续 >: 命令 :                                     \\ 指定尺寸线位置
```

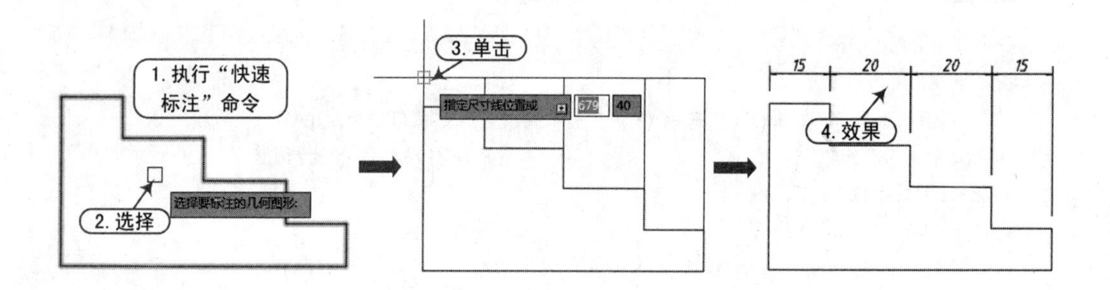

图8–45　快速标注

8.3.11　创建等距标注

知识要点 “调整间距”可以自动调整平行的线性标注和角度标注之间的间距，或根据指定的间距值进行调整。除了调整尺寸线间距，还可以通过输入间距值 0 使尺寸线相互对齐。由于能够调整尺寸线的间距或对齐尺寸线，因而无须重新创建标注或使用夹点逐条对齐并重新定位尺寸线。

执行方法 执行“调整间距”命令的方法主要有以下 3 种：

● 菜单栏：选择“标注 | 标注间距”菜单命令。

● 面板：在“注释”选项卡的“标注”面板中单击“调整间距”按钮。

● 命令行：输入“DIMSPACE”命令。

操作实例 利用“调整间距”命令（DIMSPACE）可以自动调整线性标注间的间距，具体操作步骤如下：

Step 01 单击“标注”面板中的“调整间距”按钮，选择标注基准标注。

Step 02 选择要产生间距的标注，按“Enter”键结束对象选取。

Step 03 按“Enter”键选择“自动”（默认选项）选项，如图 8-46 所示。

命令 : _DIMSPACE	\\ 执行“调整间距”命令
选择基准标注 :	\\ 选择尺寸为 77 的标注
选择要产生间距的标注 : 找到 1 个	\\ 选择尺寸为 83 的标注
选择要产生间距的标注 : 找到 1 个，总计 2 个	\\ 选择尺寸为 88 的标注
选择要产生间距的标注 : 找到 1 个，总计 3 个	\\ 选择尺寸为 100 的标注
选择要产生间距的标注 :	\\ 按“Enter”键结束选择
输入值或 [自动 (A)] < 自动 >: A	\\ 按“Enter”键

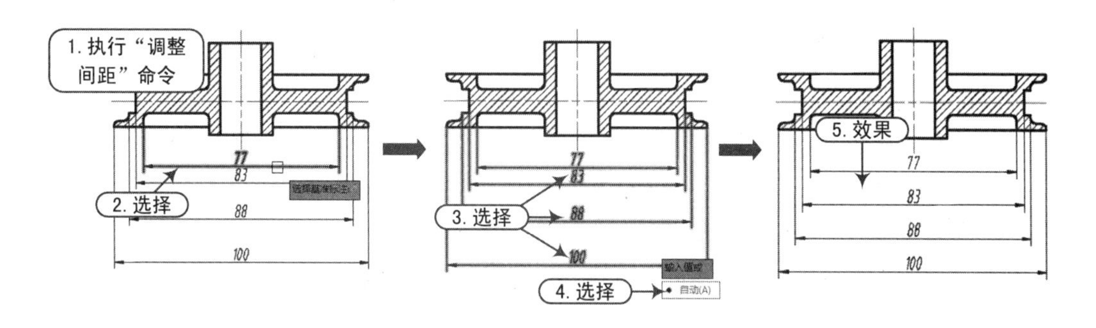

图8-46　调整间距

8.3.12　创建圆心标记

执行方法 “圆心标记”命令用于标注圆或圆弧的圆心。其执行方法主要有以下 3 种：

- 菜单栏：选择“标注 | 圆心标记”菜单命令。
- 面板：在“注释”选项卡的“标注”面板中单击“圆心标记”按钮 ⊕。
- 命令行：输入“DIMCENTER”命令，其快捷键为“DCE”。

操作实例 执行“圆心标记”命令（DCE），然后选择圆或圆弧对象即可标注圆或圆弧的圆心位置，如果标注类型为直线，那么圆心标记为圆的中心线，如图 8-47 所示。

命令 : DIMCENTER	\\ 执行“圆心标记”命令
选择圆弧或圆 :	\\ 选择圆对象

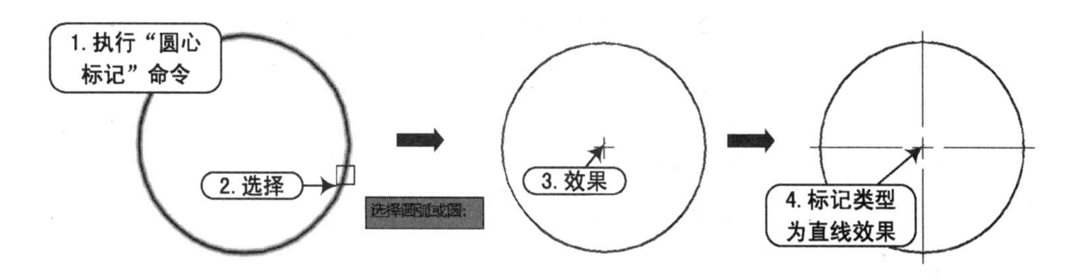

图8-47　圆心标记

技巧：圆心标记的显示控制

若执行了“圆心标记”命令标注对象后，出现看不出圆心标记的情况，这时可以在“标注样式”对话框的“圆心标记”选项组中，选中“圆心”单选按钮，然后在其后面输入相应的值。具体你可以参照本章第一节内容。

8.3.13 标注检验操作

知识要点 “检验标注”使用户可以有效地传达应检查制造的部件的频率，以确保标注值和部件公差处于指定范围内。

执行方法 执行“检验标注”命令的方法主要有以下 3 种：

- 菜单栏：选择“标注 | 检验”菜单命令。
- 面板：在“注释”选项卡的“标注”面板中，单击“检验”按钮。
- 命令行：输入“DIMINSPECT”命令。

执行“检验”命令（DIMI），将弹出如图 8-48 所示的“检验标注”对话框。

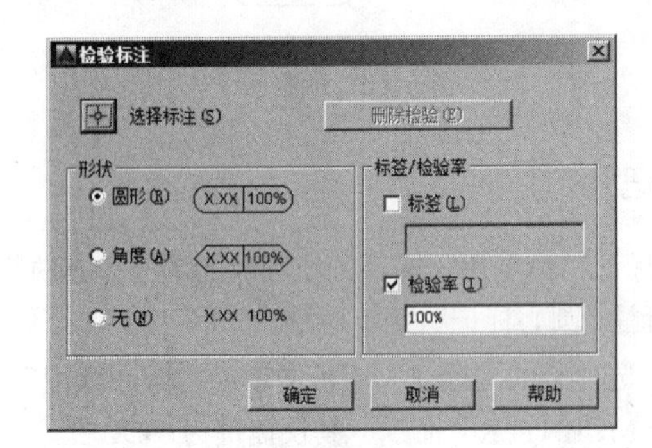

图8-48 “检验标注”对话框

选项含义 在该对话框中，各选项含义如下。

- “选择标注”按钮：指定应在其中添加或删除检验标注。
- “删除检验”按钮：从选定的标注中删除检验标注。
- “形状”选项组：控制围绕检验标注的标签、标注值和检验率绘制的边框的形状。
  - 圆形单选按钮：使用两端点上的半圆创建边框，并通过垂直线分隔边框内的字段。
  - 角度单选按钮：使用在两端点上形成 90 度角的直线创建边框，并通过垂直线分隔边框内的字段。
  - 无单选按钮：指定不围绕值绘制任何边框，并且不通过垂直线分隔字段。
- “标签 / 检验率”选项组：为检验标注指定标签文字和检验率。
  - “标签”复选框：指定标签文字。勾选“标签”复选框后，在文本框中输入标签内容，将在检验标注的最左侧部分中显示标签。
  - “检验率”复选框：打开和关闭比率字段显示。检验率值，指定检验部件的频率。值以百分比表示，有效范围从 0 ～ 100。勾选“检验率”复选框后，将在检验标注的最右侧部分中显示检验率。

操作实例 利用“检验”命令可以将检验标注添加到任何类型的标注对象，其操作步骤如下：

Step 01 单击“标注”面板中的“检验”按钮。

Step 02 在“检验标注”对话框中，单击“选择标注”按钮。

Step 03 “检验标注”对话框将关闭。并提示用户选择标注。

Step 04 选择要使之成为检验的标注。按“Enter”键返回该对话框。

Step 05 在“检验标注”对话框中设置参数。在“形状”选项组中选中“圆形”单选按钮，并勾选“标签”和“检验率”复选框，在“标签”文本框中输入“A”，在“检验率”文本框中输入“100%”。

Step 06 单击“确定”按钮，完成检验操作，如图8-49所示。

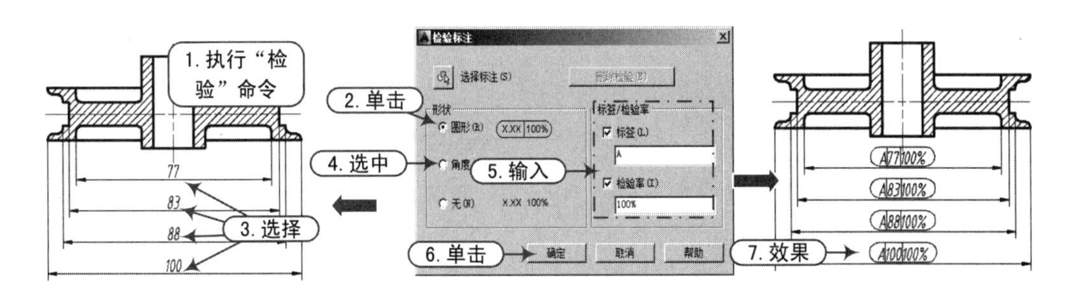

图8-49 检验标注

8.3.14 创建形位标注

知识要点 公差标注是机械绘图中特有的标注，主要用于说明机械零件允许的误差范围，是加工生产和装配零件必须具备的标注，也是保证零件具有通用性的手段。

形位公差是指机械零件的表面形状和有关部位相对允许变动的范围，是指导生产、检验产品和控制质量的技术依据，行位公差分为形状公差和位置公差，它的组成如图8-50所示。

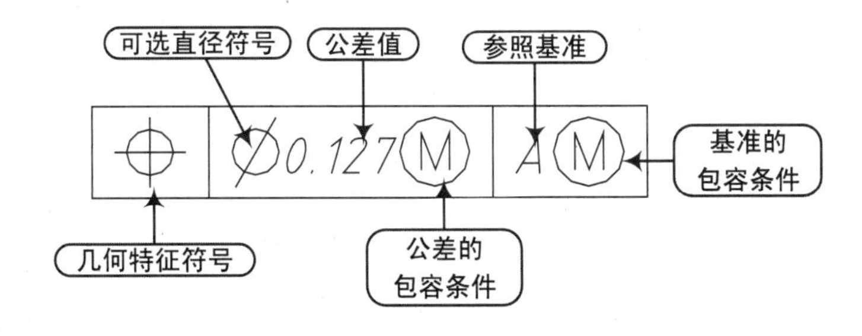

图8-50 行位公差标注

执行方法创建“形位公差”的方法主要有以下3种：

- 菜单栏：选择“标注 | 行位公差”菜单命令。
- 面板：在“注释”选项卡的“标注”面板中，单击“形位公差”按钮。
- 命令行：输入“TOLERANCE”命令，其快捷键为“TOL”。

操作实例执行“形位公差”命令（TOL）后，将打开“形位公差”对话框。在该对话框中，可以对行为公差进行设置，设置完成后，单击“确定”按钮将返回绘图区域，指定行位公差的标注位置后，即可插入形位公差，如图8-51所示。

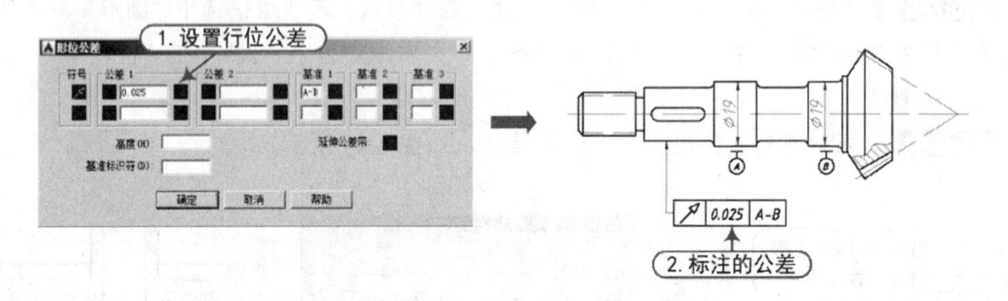

图8-51　行位公差标注

选项含义其中各选项含义如下。

- “符号栏”：单击该栏中的图标将弹出打开8-52所示的对话框，选择所需的特征符号即可关闭该对话框，并在“符号”框中显示所选的符号。
- “公差”栏：该栏左边的图标框代表直径，单击该图标将在行位公差前面加注直径符号“Φ”；中间的文本框用于输入行为公差值；右边的图框代表附加符号，单击该图标框将打开“附加符号”对话框，如图8-53所示，该对话框用于选择附加符号。

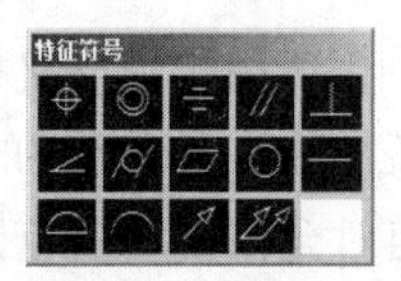

图8-52　特征符号

图8-53　附加符号

- “基准”栏：用于输入设置的参照基准，可分别在“基准1”“基准2”和“基准3”栏中设置参照基准和包含条件。
- “高度”文本框：用于创建投影公差带的高度值。
- “基准标识符”文本框：创建由参照字母组成的基准标识符号。
- “延伸公差带”图标：用于在延伸公差带值后插入延伸公差带符号Ⓟ。

技巧：形位公差符号详解

在形位公差中必须给定要标注的对象以及符号，这些符号都具有一定的含义，我将其符号的含义列成了如表8-1和8-2所示的表格，通过表格，你可以清楚地了解到各个符号所表示的含义。

表8-1 行位公差特征符号及其含义

符号	含义	符号	含义	符号	含义
⌖	位置度	∠	倾斜度	⌓	面轮廓度
◎	同轴度	⌭	圆柱度	⌒	线轮廓度
⌯	对称度	⏥	平面度	↗	圆跳度
//	平行度	○	圆度	⌰	全跳度
⊥	垂直度	—	直线度		

表8-2 行位公差附加符号及其含义

符号	含义
Ⓜ	材料的一般状况
Ⓛ	材料的最大状况
Ⓢ	材料的最小状况

8.4 尺寸标注的编辑

在图形中创建尺寸标注后，如果需要对其进行修改，可以使用标注样式对所有标注进行修改，也可以单独修改图形中部分标注对象。使用“标注”面板中的相应工具可以对标注进行相应的编辑修改。

8.4.1 编辑尺寸

知识要点 “编辑标注”命令用于修改一个或多个标注对象上的文字标注内容和尺寸界线倾斜角度等。

执行方法 执行“编辑标注”命令的主要方法有以下几种：

- 菜单栏：选择“标注 | 倾斜”菜单命令。
- 工具栏：执行“工具 |AutoCAD| 标注”菜单命令，在打开的“标注”工具栏中单击按钮。
- 命令行：输入“DIMEDIT”命令。

操作实例 执行“编辑标注”命令（DIMEDIT）后，命令行提示如下：

```
命令 : DIMEDIT
输入标注编辑类型 [ 默认 (H)/ 新建 (N)/ 旋转 (R)/ 倾斜 (O)] < 默认 >:
```

选项含义 其中各选项含义如下。

- 默认 (H)：将旋转标注文字移回默认位置。选定的标注文字移回到由标注样式指定的默认位置和旋转角。
- 新建 (N)：用户选中的标注上新建一个文本，如图 8-54 所示。

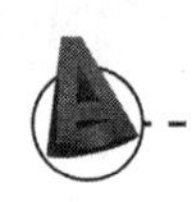

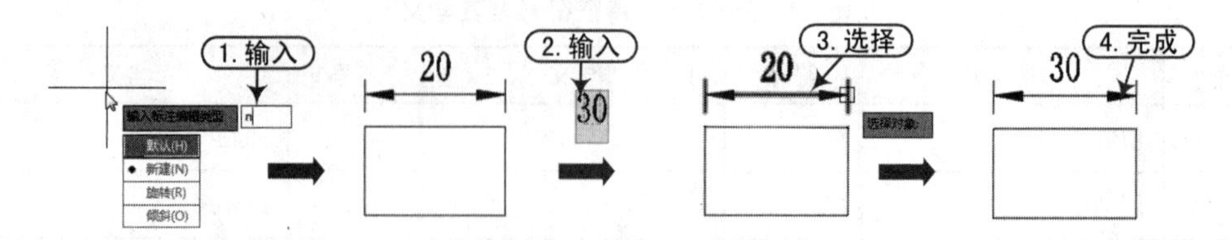

图8-54　新建文本

● 旋转 (R)：旋转标注文字。此选项与“DIMTEDIT”命令中的“角度”选项类似，如图 8-55 所示。

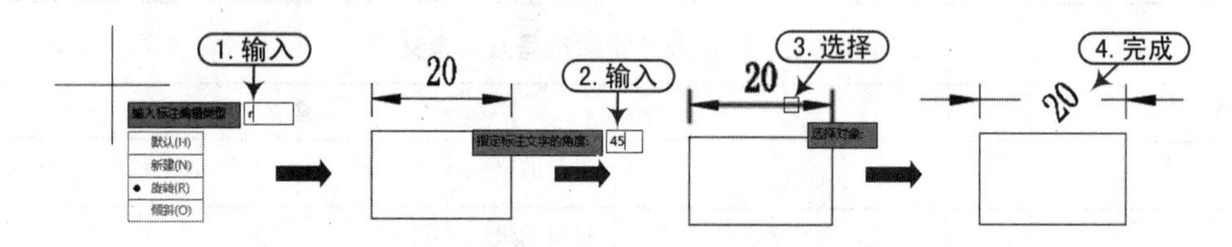

图8-55　旋转标注

● 倾斜 (O)：当尺寸界线与图形的其他要素冲突时，“倾斜”选项将很有用处。倾斜角从 UCS 的 X 轴进行测量，如图 8-56 所示。

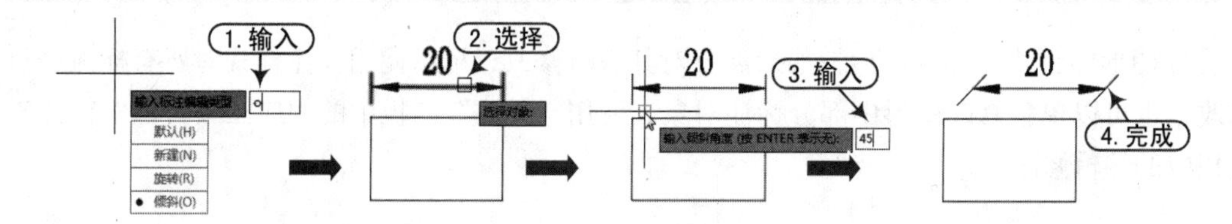

图8-56　倾斜标注

8.4.2　编辑标注文字

执行方法　“编辑标注文字”命令用于移动和旋转标注文字。执行“编辑标注文字”命令的主要方法有以下几种：

● 面板：在“注释”选项卡的“标注”面板中，单击相应的对齐文字按钮，如图 8-57 所示。
● 菜单栏：选择“标注 | 对齐文字”子菜单命令，如图 8-58 所示。
● 命令行：输入“DIMTEDIT”命令。

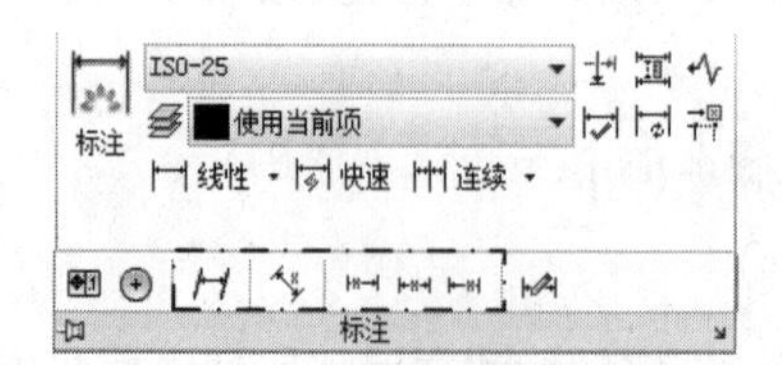

图8-57　面板中执行命令

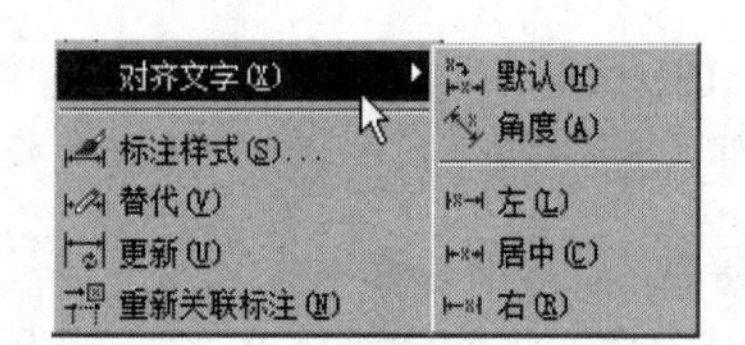

图8-58　菜单栏执行命令

操作实例执行“编辑标注文字”命令（DIMTEDIT）后，首先选择标注，此时命令行提示如下：

```
命令 : DIMTEDIT
选择标注 :
为标注文字指定新位置或 [ 左对齐 (L)/ 右对齐 (R)/ 居中 (C)/ 默认 (H)/ 角度 (A)]:
```

选项含义其中各主要选项含义如下。

- 左对齐 (L)：沿尺寸线左对正标注文字，如图 8-59（a）所示。
- 右对齐 (R)：沿尺寸线右对正标注文字，如图 8-59（b）所示。
- 居中 (C)：将标注文字放在尺寸线的中间，如图 8-59（c）所示。

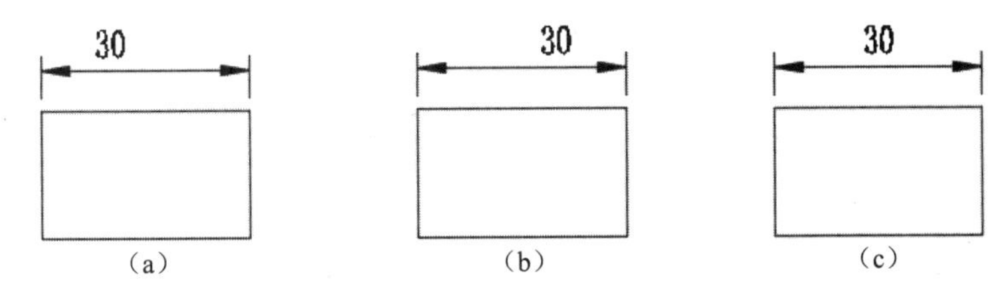

图8-59　标注文字

- 默认 (H)：将标注文字移回默认位置。
- 角度 (A)：修改标注文字的角度，与“DIMEDIT”命令中的旋转相似。

8.4.3　替代标注

知识要点在 AutoCAD 中，如果用户要使用某个尺寸标注样式中的部分参数，而又不想创建新的尺寸标注样式时，可以替代标注样式。

操作实例“替代标注样式”的操作步骤如下：

Step 01 在“默认”选项卡的“注释”面板中单击“标注样式”按钮。在“标注样式管理器”的“样式”列表框中，选择要为其创建替代的标注样式。

Step 02 选择“替代”选项，打开“替代当前样式”对话框。

Step 03 在“替代当前样式”对话框中，单击相应的选项卡来更改标注样式。

Step 04 单击“确定”按钮将返回“标注样式管理器”对话框。

Step 05 在标注样式名称列表中修改的样式下，列出了标注样式替代，如图 8-60 所示。

知识要点除了通过“标注样式管理器”对话框进行替代标注外，还可以通过“替代标注”命令在命令提示下更改标注样式替代。

执行方法执行“替代标注”命令（DIMOVERRIDE）的主要方法有以下 3 种。

- 菜单栏：选择“标注 | 替代标注”菜单命令。
- 面板：在“注释”选项卡的“标注”面板中，单击“替代标注”按钮。
- 命令行：输入“DIMOVERRIDE”命令。

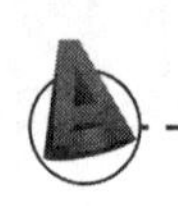

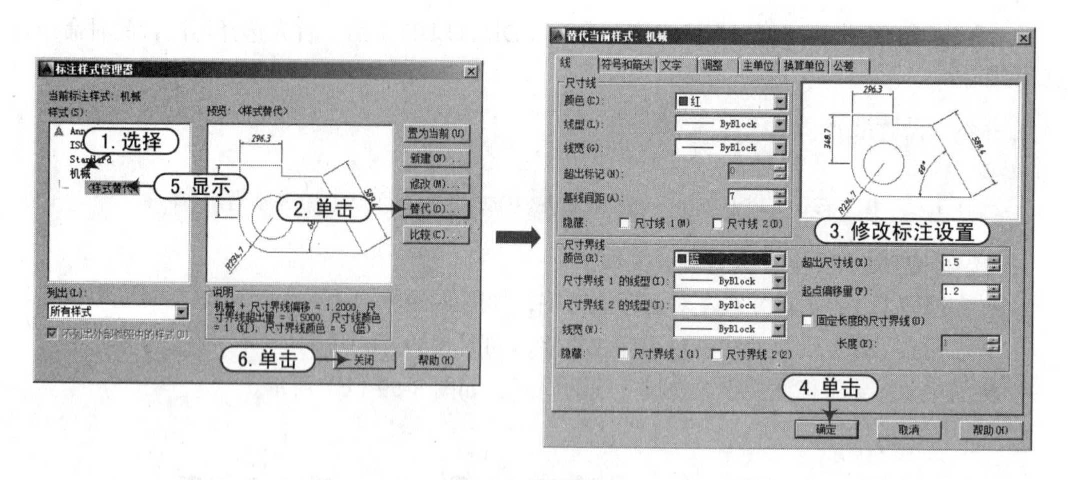

图8-60　替换标注样式

操作实例 将当前的尺寸线替换为隐藏尺寸线，如图 8-61 所示。命令行提示与操作如下：

```
命令：_dimoverride                                  \\ 执行“替代标注”命令
输入要替代的标注变量名或 [ 清除替代 (C)]: DIMSD1    \\ 输入尺寸线与文字的间距变量
输入标注变量的新值 <BYBLOCK>: on                    \\ 输入新值
输入要替代的标注变量名：                            \\ 按“Enter”键
选择对象：                                          \\ 选择要修改的对象
```

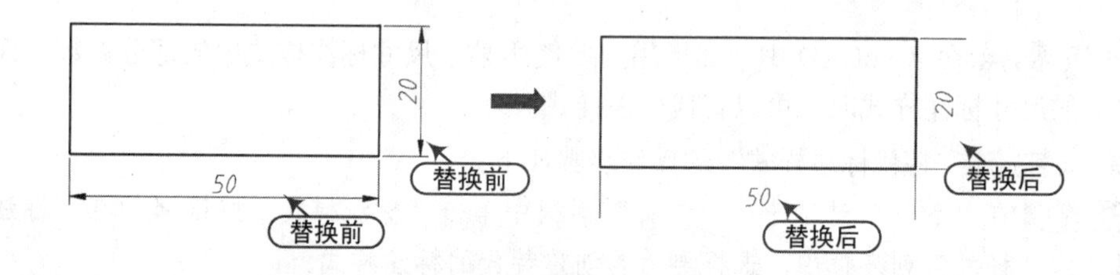

图8-61　替换标注样式

8.4.4　更新标注

知识要点 当用某个标注进行了标注后，又对该标注进行了修改，标注尺寸不一定会即时自动更新。因此，需要使用更新标注命令对这些标注尺寸进行更新，以应用给修改后的样式。

执行方法 “更新标注”的方法主要有以下几种：

- 菜单栏：选择“标注 | 更新标注”菜单命令。
- 面板：在“注释”选项卡的“标注”面板中，单击“更新标注”按钮 。
- 命令行：输入“DIMSTYLE”命令。

执行“更新标注”命令（DIMSTYLE）后，选择需要更新的尺寸标注后按“Enter”键即可将标注更新为修改后的标注。

技巧：更新替代标注

当我们对一些标注进行修改和替换时，系统不会立即出现替代样式，而是需要我们手动更新。这样的好处是可以只对一部分进行更新，而不需要改变的尺寸不会受到任何影响。单击“标注更新”按钮，然后选择需要更新的尺寸即可。

8.5 多重引线的创建与编辑

前面已经讲解了如何绘制图形进行尺寸方面的标注和编辑，接下来讲解给绘制的图形进行多重引线标注和编辑。

在 AutoCAD 2016 中对设置了一系列的多重引线标注和编辑，可在“注释”选项卡的“多重引线”面板中进行，如图 8-62 所示。

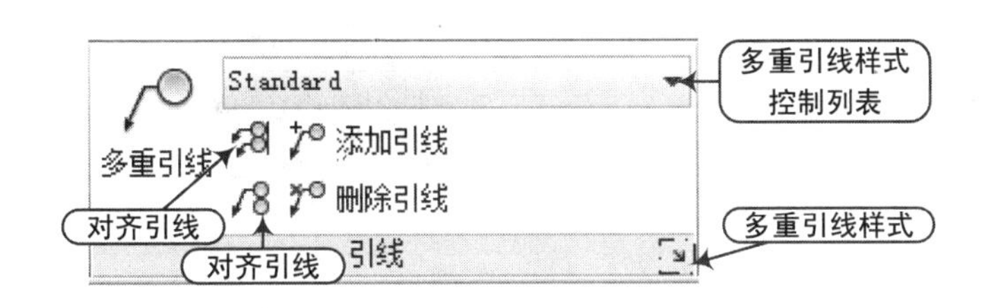

图8-62 “多重引线”面板

8.5.1 创建与修改多重引线样式

知识要点使用“多重引线样式”命令（MLS）可以设置当前多重引线样式，以创建修改和删除多重引线样式。

执行方法执行“多重引线样式”命令的主要方法有以下 3 种：

- 菜单栏：选择“格式 | 多重引线样式”菜单命令。
- 面板：在“注释”选项卡的“引线”面板中单击“多重引线样式”按钮。
- 命令行：输入“MLEADERSTYLE”命令，其快捷键为“MLS”。

操作实例执行“多重引线样式”命令（MLS）后，将打开“多重引线样式管理器”对话框，单击“新建”按钮，接着打开“创建新多重引线样式”对话框，在“新样式名”文本框中输入样式名称，然后单击“继续”按钮，将打开“修改多重引线样式”对话框，在“修改多重引线样式”对话框中，用户可以设置多重引线的引线、箭头以及内容等参数，如图 8-63 所示。

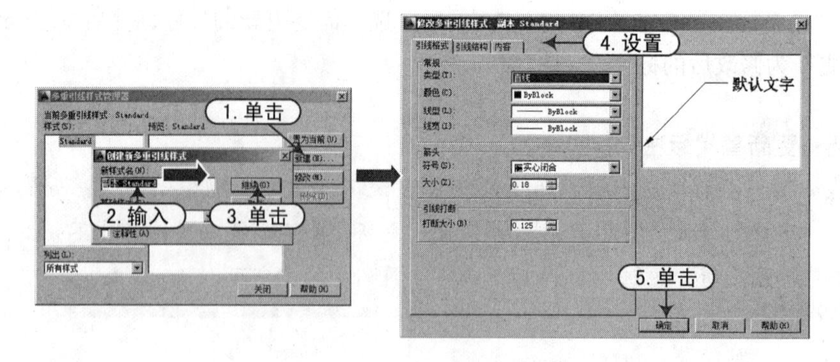

图8-63　新建多重引线样式

选项含义 在“修改多重引线样式”对话框中，包含“三个选项卡，分别为“引线格式”选项卡、“引线结构”选项卡和“内容”选项卡。

1. “引线格式”选项卡

“引线格式”选项卡用于设置引线和箭头的格式，如图 8-64 所示。

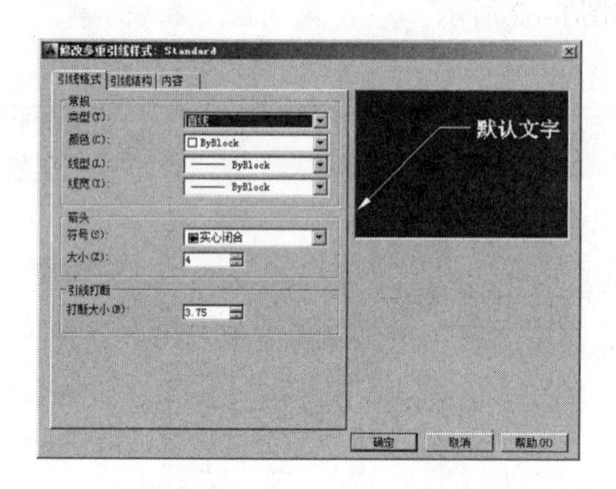

图8-64　“引线格式”选项卡

其中，各选项含义如下：

- “常规”选项组：用于控制多重引线的基本外观。
  - 类型：设置引线类型，其中可选“直线”“样条曲线”或“无”3 种类型。
  - 颜色：设置引线的颜色。
  - 线型：设置引线的线型。
  - 线宽：设置引线的线宽。
- “箭头”选项组：用于控制多重引线箭头的外观，包括箭头符号样式和大小。
  - 符号：设置多重引线的箭头符号，可在其下拉列表中选择箭头类型。
  - 大小：设置箭头大小，或使用向上和向下箭头更改当前大小。
- “引线打断”选项组：用于控制将折断标注添加到多重引线时使用的设置，其中“打断大小”选项显示和设置选择多重引线后用于“标注打断”命令的折断大小。

2. “引线结构”选项卡

“引线结构”选项卡用于设置引线的点数和角度约束、基线及注释比例，如图 8-65 所示。

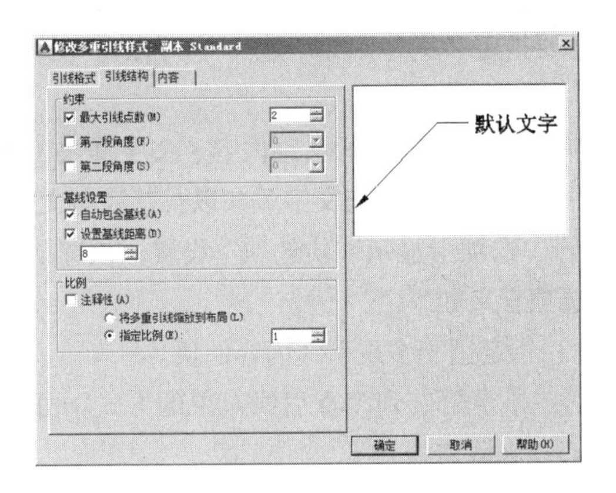

图8-65 “引线结构”选项卡

其中各选项含义如下。

- “约束”选项组：用于多重引线的约束控制。
  - 最大引线点数：指定引线的最大点数。
  - 第一段角度：指定引线中的第一个点的角度。
  - 第二段角度：指定多重引线基线中的第二个点的角度。
- “基线设置”选项组：用于控制多重引线的基线设置。
  - 自动包含基线：设置多重引线的箭头符号，可在其下拉列表中选择箭头类型。
  - 设置基线距离：为多重引线基线确定固定距离。
- “比例”选项组：用于控制多重引线的缩放。
  - 注释性：用于指定多重引线为注释性。单击信息图表，可了解有关注释性对象的详细信息。
  - 将多重引线缩放到布局：根据模型空间视口和图纸空间视口中的缩放比例确定多重引线的比例因子。
  - 指定比例：指定多重引线的缩放比例。

3. “内容”选项卡

“内容”选项卡用于设置多重引线的类型为多行文字或块的设置，如图 8-66 所示。

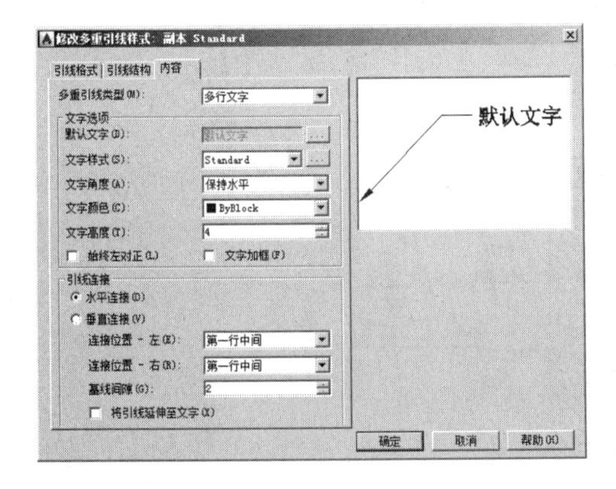

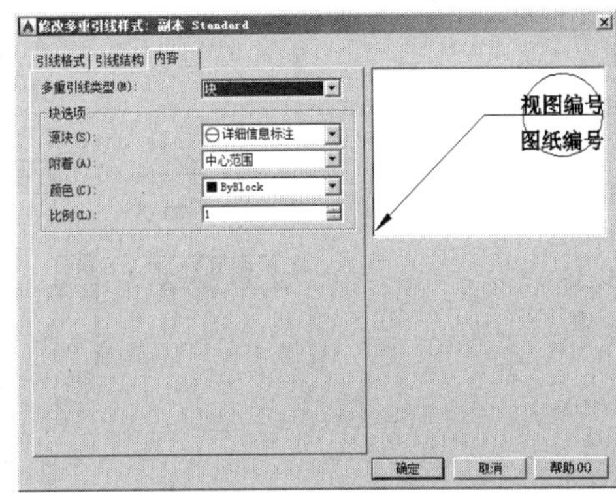

图8-66 “内容”选项卡

在“内容”选项卡中需要指定“多重引线类型”，它可以是“多行文字”，也可以是“块”，还可以是“无”。

如果选择多行文字，则可以指定默认的文字内容、文字样式、文字角度、颜色、文字高度、对正方式等。还可以指定连接线如何与文字关联以及基线与文字之间的距离。

如果选择块，则“内容”选项卡显示“块选项”设置，该选项组用于控制多重引线对象中块内容的特性。其中各选项含义如下。

- “源块”下拉列表框：指定用于多重引线内容的块。
- “附着”下拉列表框：指定附着到多重引线对象的方式。可以通过指定块的范围、块的插入点或块的中心点来附着块。
- “颜色”下拉列表框：指定多重引线块内容的颜色，默认情况下，选择“随块”。

8.5.2 创建多重引线

知识要点 多重引线对象通常包含箭头、水平基线、引线或曲线和多行文字对象或块。

执行方法 执行“多重引线”命令（MLEADER）的方法有以下3种：

- 菜单栏：选择“标注|多重引线”菜单命令。
- 面板：在“注释”选项卡的“引线”面板中，单击“多重引线”按钮。
- 命令行：输入“MLEADER”命令，其快捷键为“MLD”。

操作实例 使用“多重引线”命令（MLD）可以创建连接注释与几何特征点的引线，其操作步骤如下：

Step 01 在“注释”选项卡的“引线”面板中单击“创建多重引线”按钮。然后单击一点指定箭头符号的位置。

Step 02 单击指定引线极限的位置。

Step 03 在弹出的文本框中输入文字，并在“文字编辑器”对文字的样式进行修改。

Step 04 单击“关闭”按钮完成引线的创建，如图8-67所示。

```
命令：_mleader                                              \\执行“多重引线”命令
指定引线箭头的位置或[引线基线优先(L)/内容优先(C)/选项(O)]<选项>:
                                                            \\指定引线箭头位置
指定引线基线的位置：                                        \\指定引线基线的位置
```

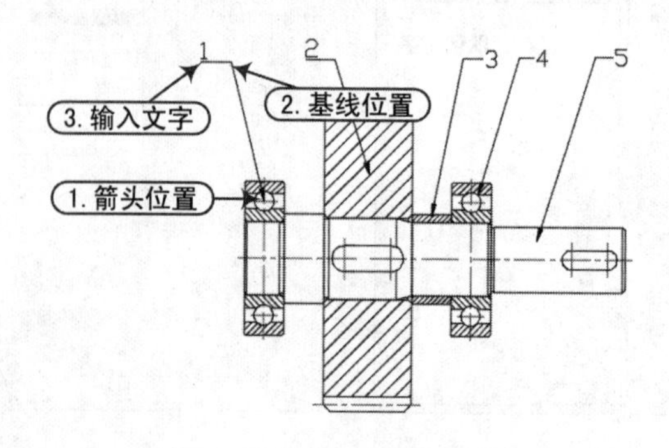

图8-67 创建多重引线标注

选项含义 命令行各选项的含义如下。

- 引线基线优先 (L)：允许首先指定基线的位置。
- 内容优先 (C)：优先指定与多重引线对象相关联的文字或块的位置。
- 选项 (O)：指定用于放置多重引线对象的选项。
  - 引线类型：指定引线类型为直线、样条曲线或无。
  - 引线基线：指定是否添加水平基线。如果输入“是”，将提示你设置基线长度。
  - 内容类型：指定要用于多重引线的内容类型，可选择多行文字（默认）、块或不选择任何类型。
  - 最大节点数：指定新引线的最大点数或线段数。
  - 第一个角度：约束新引线中的第一个点的角度。
  - 第二个角度：约束新引线中的第二个点的角度。

技巧：引线没有箭头符号问题

没有箭头符号时，首先需要确定的是引线设置问题，打开“多重引线设置”对话框，然后单击“引线结构”选项卡，看一看是不是箭头选择的是“无”，如果选择的是箭头符号，那么可能就是箭头符号设置的大小问题了。根据图纸的大小在箭头符号中输入适当的值，然后单击“确定”按钮完成引线的设置，这回你再试一试，箭头符号是不是出来了呢?

8.5.3 添加多重引线

知识要点 多重引线对象可包含多条引线，因此一个注释可以指向图形中的多个对象。

执行方法 使用“添加引线”命令可以添加多条引线，其执行方法如下：

- 菜单栏：选择“修改 | 对象 | 多重引线 | 添加引线”菜单命令。
- 面板：在“注释”选项卡的“引线”面板中单击“添加引线”按钮。
- 命令行：输入“MLEADEREDIT”命令。

操作实例 执行“添加引线”命令后，根据命令行提示选择已有的多重引线，然后指定引出线箭头的位置即可，如图 8-68 所示。

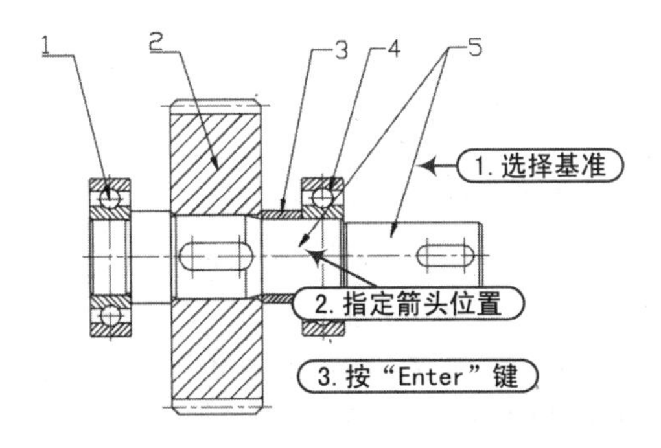

图8-68 添加引线

选择多重引线:	\\选择多重引线
找到 1 个	\\按“Enter”键确定
指定引线箭头位置或 [删除引线 (R)]:	\\指定箭头位置
指定引线箭头位置或 [删除引线 (R)]:	\\按“Enter”键结束命令

8.5.4 删除多重引线

知识要点 如果用户在添加多重引线后，还可以将多余的多重引线删除。

执行方法 使用“删除引线”命令可以删除引线，其执行方法如下：

- 菜单栏：选择“修改 | 对象 | 多重引线 | 删除引线”菜单命令。
- 面板：在“注释”选项卡的“引线”面板中，单击“删除引线”按钮。
- 命令行：输入“MLEADEREDIT”命令。

操作实例 执行“删除引线”命令后，根据命令行提示选择已有的多重引线，然后选择要删除的引线，按“Enter”键即可删除多余的引线，如图 8-69 所示。

选择多重引线:	\\选择多重引线
找到 1 个	\\按“Enter”键确定
指定要删除的引线或 [添加引线 (A)]:	\\选择要删除的引线
指定要删除的引线或 [添加引线 (A)]:	\\按“Enter”键结束命令

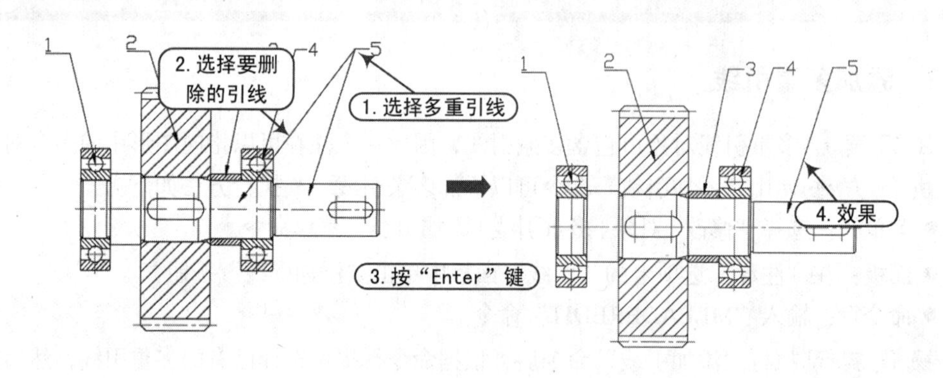

图8-69 删除引线

8.5.5 对齐多重引线

知识要点 当一个图形中有多处引线标注时，如果没有对齐，会使图形显得不规范，也不符合要求，这时可以通过 AutoCAD 提供的多重引线对齐功能来将引线对齐。

执行方法 使用“对齐引线”命令可以对齐引线，其执行方法如下：

- 菜单栏：选择“修改 | 对象 | 多重引线 | 对齐引线”菜单命令。
- 面板：在“注释”选项卡的“引线”面板中，单击“对齐引线”按钮。
- 命令行：输入“MLEADEREDIT”命令。

操作实例 执行“对齐引线”命令后，根据命令行提示选择要对齐的引线，再选择作为对齐引线的基准引线对象及方向即可，如图 8-70 所示。

```
选择多重引线：                              \\执行“多重引线对齐”命令
当前模式：使用当前间距                      \\选择多个要对齐的对象
选择要对齐到的多重引线或 [选项 (O)]:        \\按“Enter”键确定
指定方向：                                  \\用鼠标指定对齐方向
```

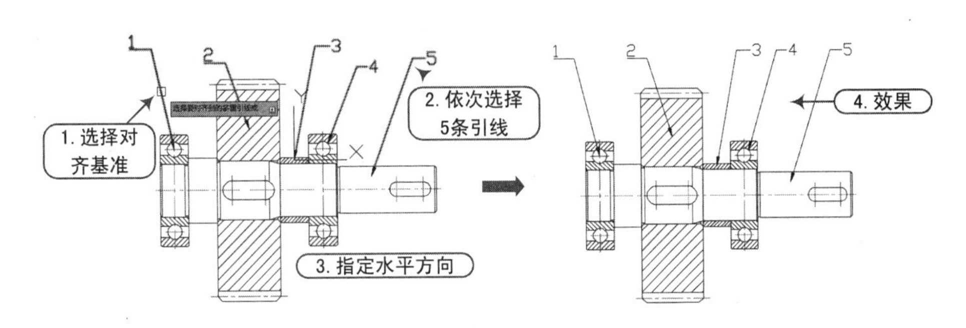

图8–70　对齐引线

8.6　综合实战——标注阀盖

案例	阀盖零件图 .dwg
视频	标注阀盖零件图 .avi

本案例通过标注如图 8-71 所示的阀盖零件工程图，对本章的线型、直径、半径、引线、角度标注、形位公差等重点知识进行综合练习和巩固。

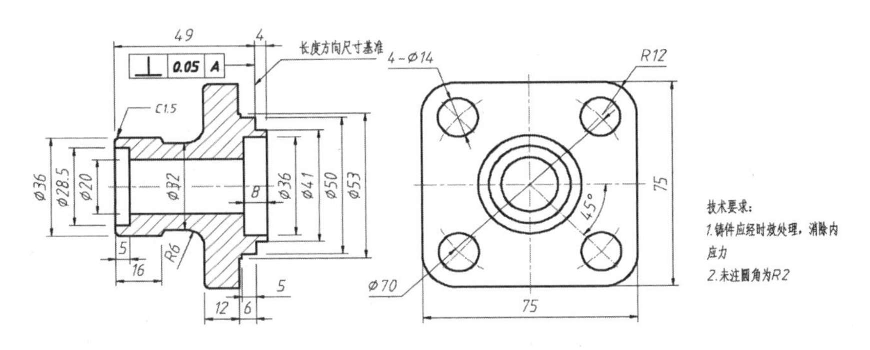

图8–71　阀盖零件工程图

实战要点①建立标注样式；②标注与编辑尺寸；③多重引线标注；④多行文字标注。

操作步骤

Step 01 打开文件。选择“文件 | 打开”命令，打开“案例 \08\ 阀盖零件图 .dwg”文件，如图 8-72 所示。

Step 02 设置图层。在“默认”选项卡的“图层”面板中，将“图层”下拉列表中的“尺寸线”图层置为当前图层，如图 8-73 所示。

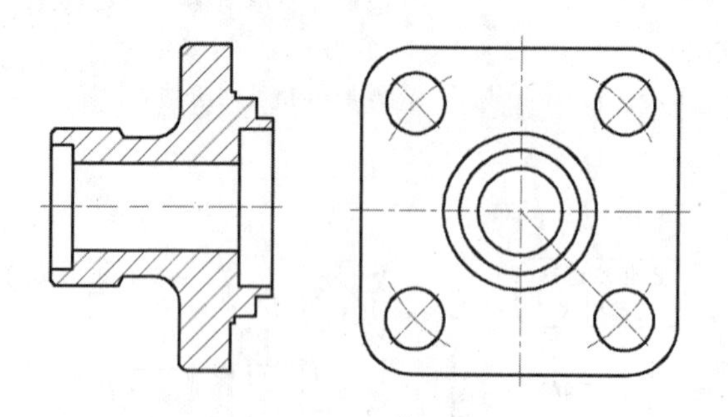

图8–72　阀盖零件图

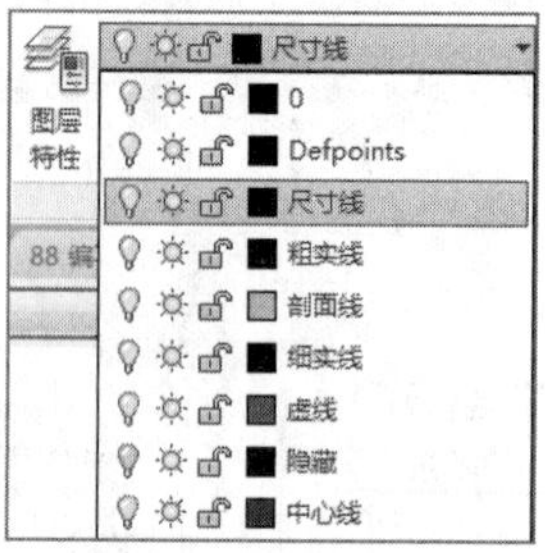

图8–73　设置当前图层

Step 03 创建标注样式。执行“标注样式”命令（D），在打开的“标注样式管理器”对话框中，单击“新建”按钮；在打开的“创建新标注样式”对话框中，输入新样式名“机械”，然后选择基础样式，最后单击“继续”按钮，如图 8-74 所示。

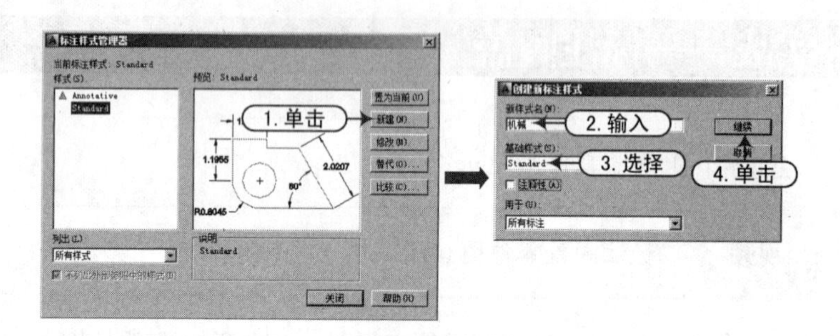

图8–74　创建标注样式

Step 04 此时，系统打开“新建标注样式—机械”对话框，单击“线”选项卡，设置参数，如图 8-75 所示。

Step 05 在“新建标注样式—机械”对话框中，单击“文字”选项卡，设置参数，如图8-76所示。

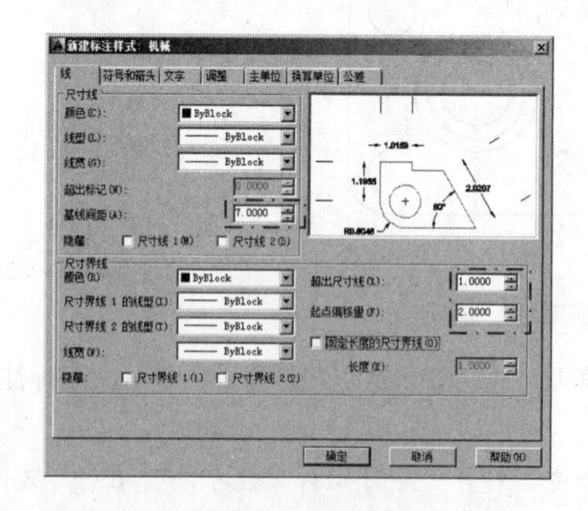

图8–75　设置“线”参数

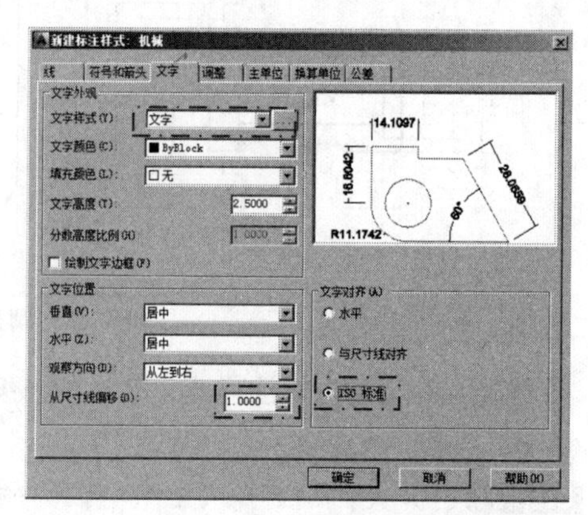

图8–76　设置“文字”参数

Step 06 将创建的标注样式置为当前。单击“确定”按钮，返回“标注样式管理器”对话框，选择设置好的“机械”标注，单击“置为当前”按钮，将“机械”标注样式置为当前样式，如图 8-77 所示。

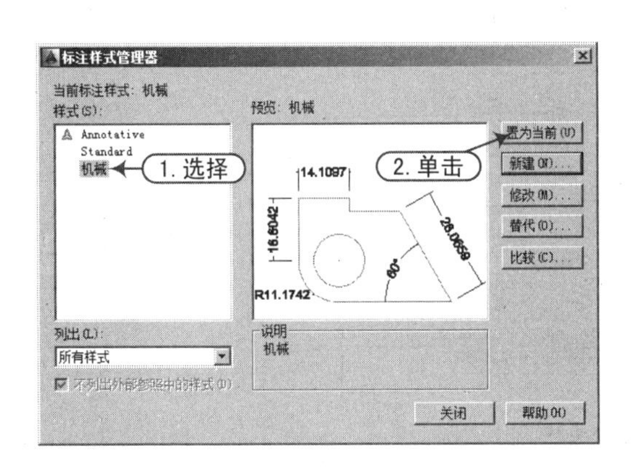

图8-77　设置当前标注样式

Step 07 设置捕捉模式。开启“对象捕捉”功能，并设置捕捉模式为端点捕捉和交点捕捉。

Step 08 标注主视图尺寸。选择“标注 | 线性”命令，捕捉相应端点后，在命令行中输入文字选项 T，再输入标注文字（%%C 为直径符号），然后指定尺寸线位置，效果如图 8-78 所示。命令行提示如下：

```
命令：_dimlinear                                        \\ 执行“线性标注”命令
指定第一个尺寸界线原点或 <选择对象>:                      \\ 捕捉点 A
指定第二条尺寸界线原点：                                  \\ 捕捉点 B
指定尺寸线位置或
[ 多行文字 (M)/ 文字 (T)/ 角度 (A)/ 水平 (H)/ 垂直 (V)/ 旋转 (R)]: t   \\ 输入“T”选项
输入标注文字 <20>: %%c20                                \\ 输入直径符号 %%c
指定尺寸线位置或                                          \\ 指定尺寸线位置
[ 多行文字 (M)/ 文字 (T)/ 角度 (A)/ 水平 (H)/ 垂直 (V)/ 旋转 (R)]:      \\ 按“Enter”键确定
标注文字 = 20
```

Step 09 采用同样的方法，选择“标注 | 线性”命令，标注主视图其他线性尺寸，如图 8-79 所示。

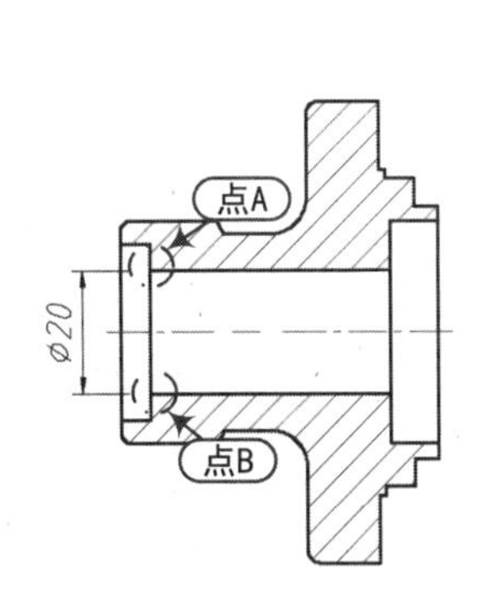

图8-78　“线性”命令标注直径

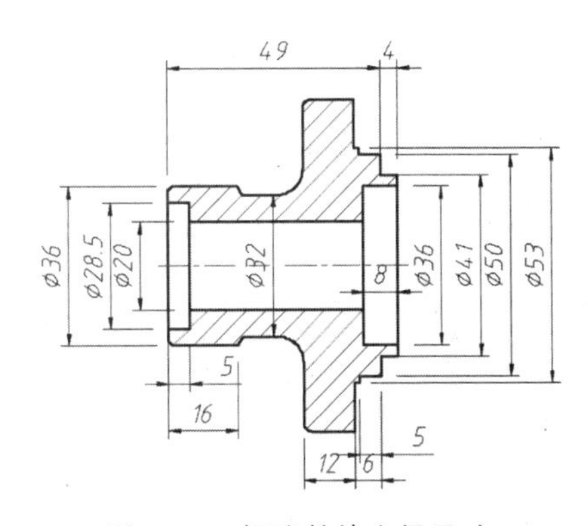

图8-79　标注其他直径尺寸

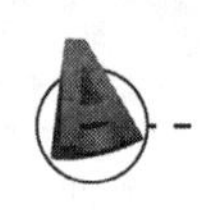

Step 10 执行“调整间距”命令（DIMSPACE），调整主视图中的标注间距，标注间距为 8，效果如图 8-80 所示。

Step 11 采用同样的方法，调整其他标注间距，效果如图 8-81 所示。

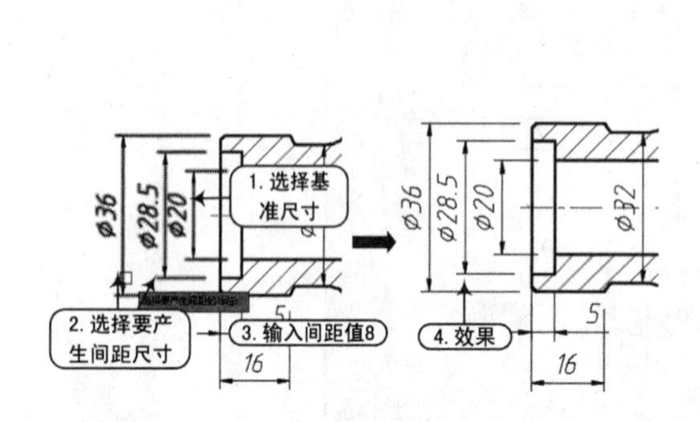

图8-80　调整尺寸间距

图8-81　调整其他尺寸间距

Step 12 选择“标注 | 半径”命令，标注圆角尺寸，效果如图 8-82 所示。

Step 13 选择“标注 | 多重引线”命令，标注倒角尺寸，效果如图 8-83 所示。

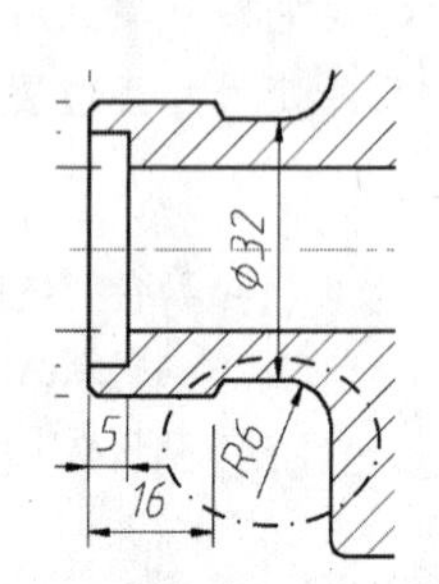

图8-82　标注圆角尺寸

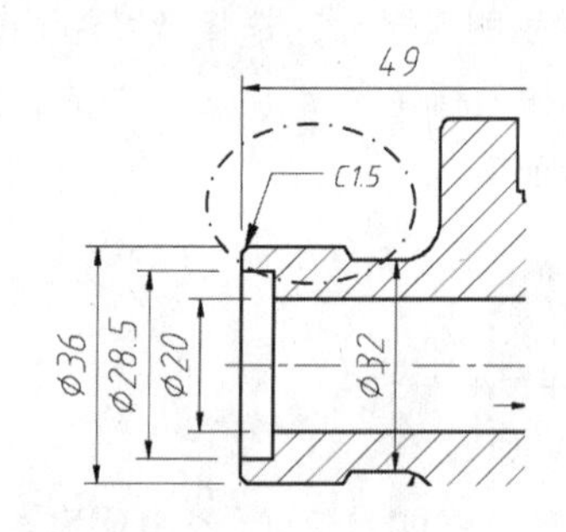

图8-83　标注倒角尺寸

Step 14 标注左视图。选择“标注 | 线性标注”命令，标注左视图线性尺寸，效果如图 8-84 所示。

Step 15 选择“标注 | 直径”和“标注 | 半径”菜单命令，标注左视图中圆及辅助圆的直径尺寸，效果如图 8-85 所示。

Step 16 选择“标注 | 角度”菜单命令，标注左视图中辅助线的角度，效果如图 8-86 所示。

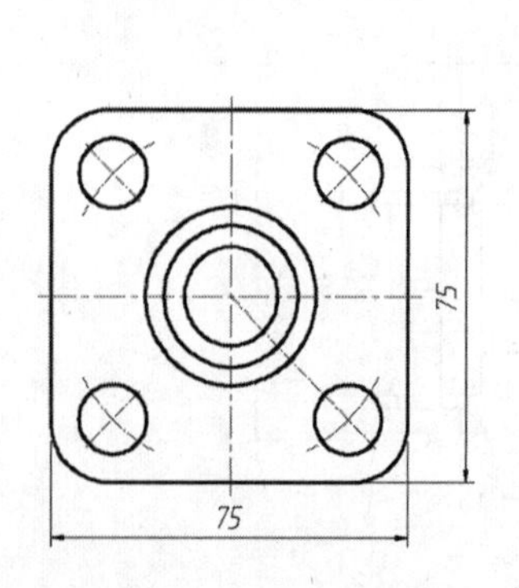

图8-84　标注线性尺寸

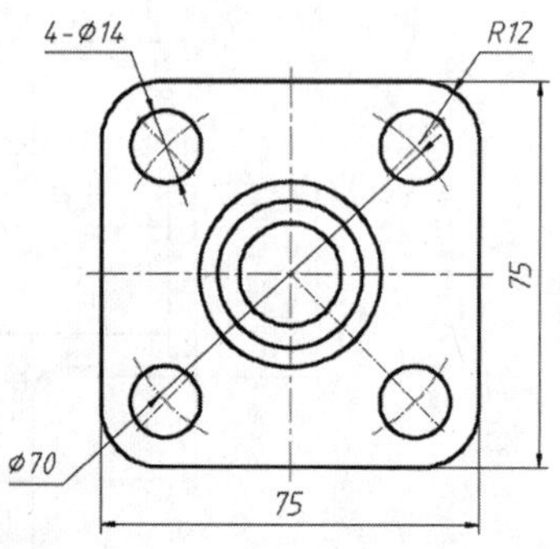

图8-85　标注直径和圆角尺寸

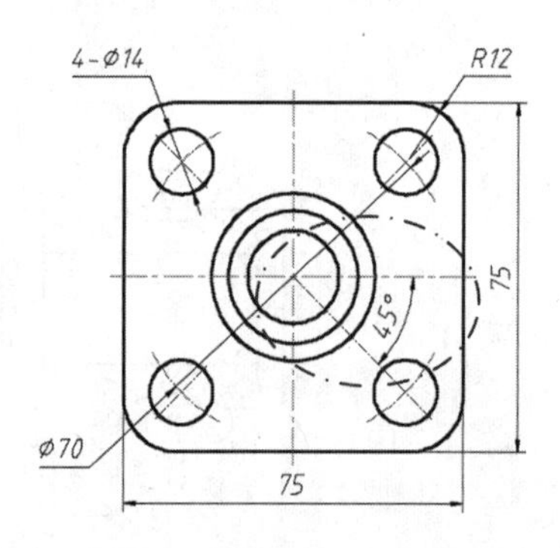

图8-86　标注辅助线角度

Step 17 标注形位公差。执行“引线”命令，绘制引线，并执行“形位公差”命令设置形位公差，如图 8-87 所示。

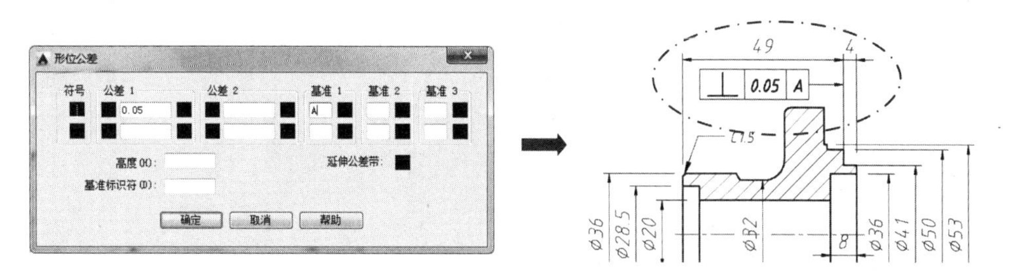

图8-87　标注形位公差

Step 18 图形说明。执行“引线”命令，在图形相应位置绘制引线，并进行文字说明，如图 8-88 所示。

Step 19 执行“多行文字”命令，对图形进行技术要求说明，如图 8-89 所示。

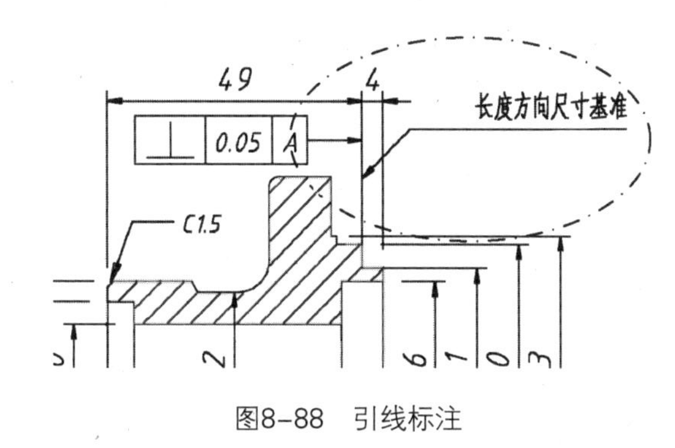

图8-88　引线标注

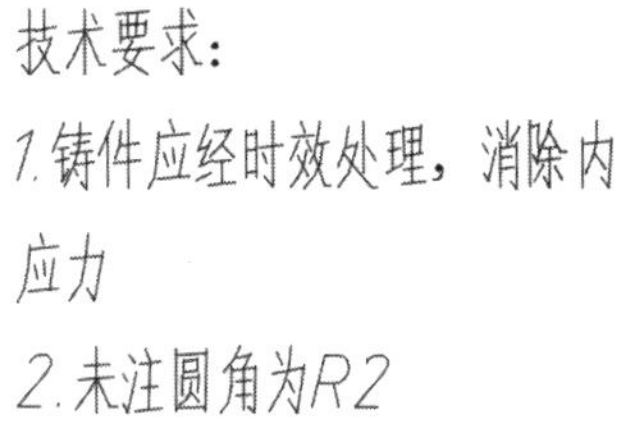

技术要求：

1.铸件应经时效处理，消除内应力

2.未注圆角为R2

图8-89　技术要求说明

Step 20 至此，阀盖图形标注完成，按“Ctrl+S”组合键将文件进行保存。

09

图块、外部参照与图像

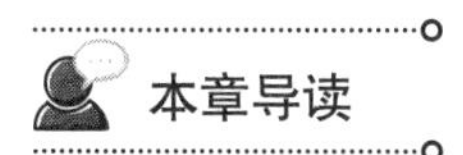

本章导读

在设计绘图过程中经常会遇到一些重复出现的图形，如果每次都重新绘制这些图形，不仅造成大量的重复工作，而且存储这些图形及信息也要占据很大的磁盘空间。为提高绘图效率，AutoCAD 提供的图块功能将这些图形定义为块，在需要时按一定的比例和角度插入工程图中的指定位置，从而节省了计算机存储空间，提高了工作效率。

本章内容

- 图块操作
- 属性图块
- 外部参照
- 附着光栅图像
- 设计中心的使用
- 通过设计中心创建样板文件

本章视频集

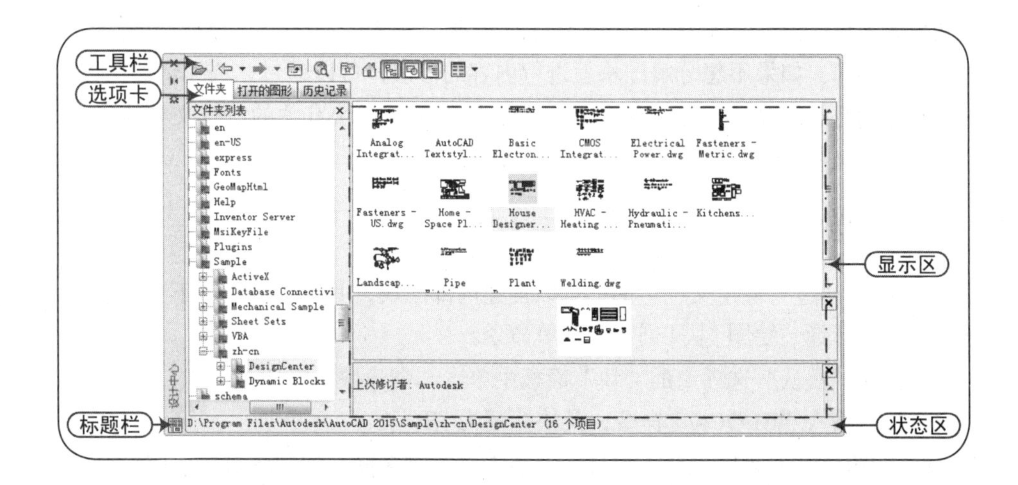

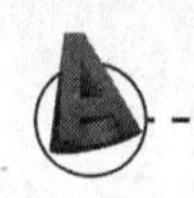

9.1 图块操作

图块是由多个对象组成的集合并具有块名。通过建立图块，用户可以将多个对象作为一个整体来操作，可以随时将图块作为单个对象插入当前图形中的指定位置，而且在插入时可以指定不同的缩放系数和旋转角度。另外，图块在图形中可以移动、删除和复制。

9.1.1 图块的分类

图块是 AutoCAD 操作中比较核心的工作，其分为内部图块和外部图块两类。

- 内部图块：其只能在定义它的图形文件中调用，且只存储在图形文件内部，不能被其他图形文件所引用。
- 外部图块：其以文件的形式保存于计算机中，可以将其调用到其他图形文件中。

9.1.2 图块的特点

在 AutoCAD 中，图块具有以下特点。

- 积木式绘图：将经常使用的图形部分构造成多种图块。然后根据“堆积木”的思路将各种图块拼合在一起，以形成完整的图形，避免总是重复绘制相同的图形。
- 建立图形符号库：利用图块来建立图形符号库（图库），然后对图库进行分类，以营造一个专业化的绘图环境。例如，在机械制图中，用户可以将螺栓、螺钉、螺母等连接件，滚动轴承、齿轮、皮带轮等传动件，以及其他一些常用、专用零件制作为图块，并分类建立成图库，以供用户在绘图时使用。这样可以避免许多重复性的工作，提高设计与绘图的效率和质量。
- 图块的处理：虽然图块是由多个图形对象组成的，但是它被作为单个对象来处理。
- 图块的嵌套：一个图块内可以包含对其他图块的引用，从而构成嵌套的图块。图块的嵌套深度不受限制，唯一的限制是不允许循环引用。
- 图块的分解：图块可以通过“分解”命令（EXPLODE）对其分解。分解后的图块又变成原来组成图块的多个独立对象，此时图块的内容可以被修改，然后重新定义。
- 图块的编辑：如果不想分解图块就进行内容的修改，可以通过“块编辑器”进行修改。
- 图块的属性：图块附着有属性信息。图块属性是与图块有关的特殊文本信息，用于描述图块的某些特征。

9.1.3 图块的创建

执行方法 通过“块定义”对话框可以创建内部图块，其执行方法如下：

- 菜单栏：选择“绘图 | 块 | 创建”菜单命令。
- 面板：在“默认”选项卡的“块”面板中单击“创建块”按钮。
- 命令行：输入“BLOCK”命令，其快捷键为“B”。

操作实例 执行上述操作后，将打开“块定义”对话框，利用此对话框用户可以将图形创建为内部块，其操作步骤如下：

Step 01 执行“块定义”命令（B），打开“块定义”对话框。在“名称”文本框中输入块名“门”。

Step 02 在“选择对象”选项组中单击“选择对象”按钮。

Step 03 在绘图区域框选需要定义为块的对象。

Step 04 在“基点”选项组中单击“拾取点”按钮。

Step 05 在对象中的相应位置指定插入点。

Step 06 单击“确定”按钮，完成块的创建，如图9-1所示。

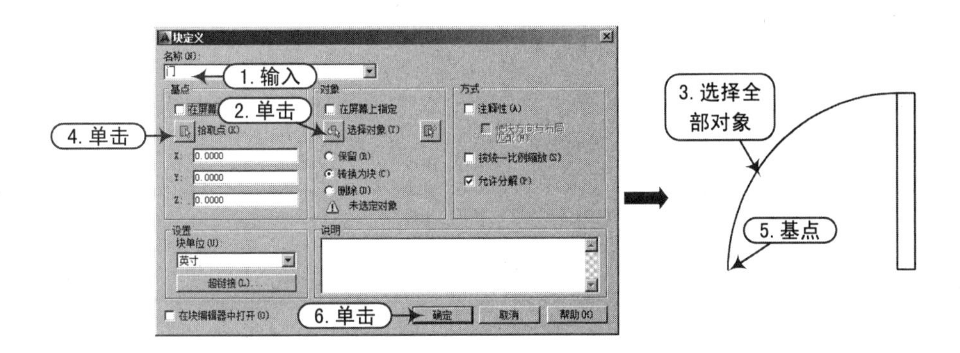

图9-1 创建块

选项含义 在“创建块”对话框中，各主要选项含义如下。

- “名称”下拉列表框：用于输入需要创建图块的名称或在下拉列表中选择。块名称及块定义保存在当前图形中。
- “基点”选项组：用于指定块的插入基点。基点可以在屏幕上，也可以通过拾取点的方式指定，单击“拾取点”按钮，在绘图区拾取一点作为基准点，此时X、Y、Z的文本框中显示该点的坐标。
- “对象”选项组：用来选择创建块的图形对象。选择对象可以在屏幕上指定，也可以通过拾取方式指定，单击“选择对象”按钮，在绘图区中选择对象。此时还可以选择将选择对象删除、转换为块或保留。选择删除，表示在定义内部图块后，在绘图区中被定义为图块的源对象也被转换成块。选择保留，表示在定义内部图块后，被定义为图块的源对象仍然为原来状态。
- “方式”选项组：用来指定块的一些特定的方式，如注释性、使块方向与布局匹配、按统一比例缩放、允许分解等。
- “设置“选项组：用来指定块的单位。
- “说明”文本框：可以对所定义块进行必要的说明。
- “在块编辑器中打开”复选框：勾选此复选框表示单击“确定”按钮后，在块编辑器中打开当前定义的块。

9.1.4 图块的保存

知识要点 通过“写块”命令（WBLOCK）可以将当前图形的零件保存到不同的图形

文件，或将指定的块定义为一个单独的图形文件。

操作实例 执行“写块”命令（WBLOCK），将打开“写块”对话框，利用此对话框可以创建外部块，其操作步骤如下：

Step 01 执行“写”命令（W），打开“写块”对话框。然后，在“源”选项组中，选中“对象”单选按钮。

Step 02 在“对象”选项组中单击“选择对象”按钮。

Step 03 在绘图区域框选需要创建为外部块的对象。

Step 04 在“基点”选项组中单击“拾取点”按钮。

Step 05 在对象中的相应位置指定插入点。

Step 06 单击“目标”选项组中的“显示标准文件选择对话框”按钮，在弹出的“浏览图形文件”对话框中输入文件名“粗糙度符号”，然后单击“保存”按钮。

Step 07 返回“写块”对话框，在“写块”对话框中单击“确定”按钮，完成块的创建，如图 9-2 所示。

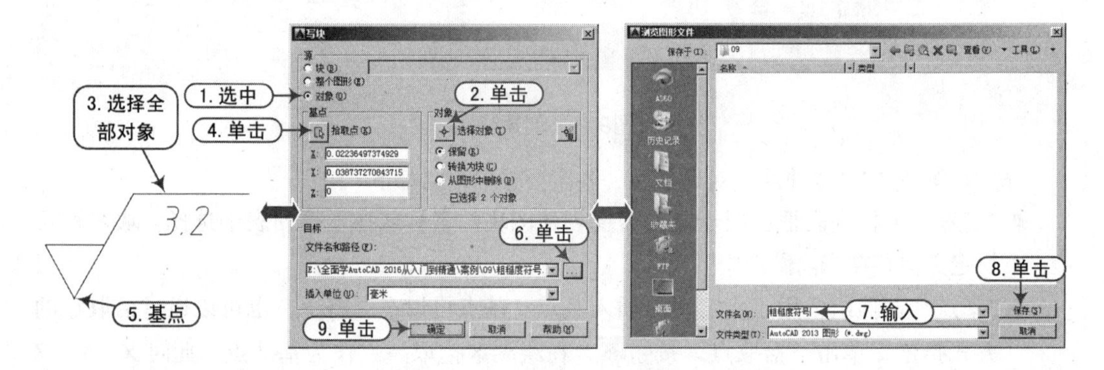

图9–2　保存块

技巧：将内部块创建为外部块

内部块可以创建为外部块，在创建外部块时，在“源”选项组中选中“块”单选按钮并在下拉列表中选择相应的图块，这样就可以将内部块进行写块，从而定义为外部块，如图 9–3 所示。

图9–3　内部块写块

9.1.5 图块的插入

知识要点插入图形中定义的块的方法与插入单独图形文件相同。选定位置后，仍然可以改变块的大小和旋转角度。此功能对零件库很有用。可以创建大小为一个单位的零件，然后按需要进行缩放或旋转。

执行方法执行“插入”命令（INSERT）的方法如下：

- 菜单栏：选择“插入 | 块”菜单命令。
- 面板：在“默认”选项卡的“块”面板中，单击“插入块”按钮。
- 命令行：输入“INSERT”命令，其快捷键为“I”。

操作实例执行“插入块”命令（INSERT）后，将打开如图 9-4 所示的“插入”对话框，在该对话框中，用户可以选择需要插入的图块，并指定图块的插入点、比例及旋转角度。

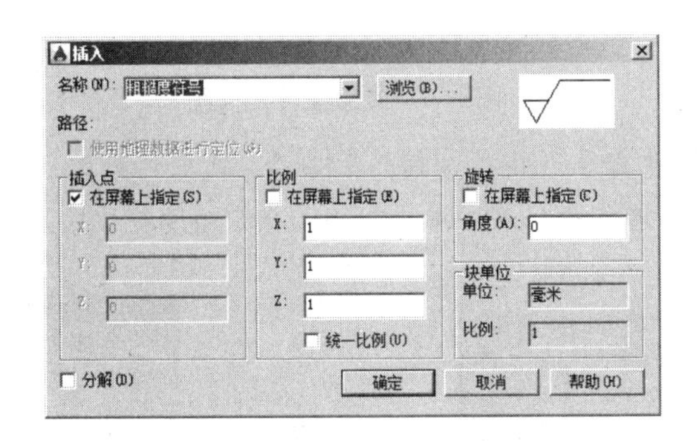

图9–4 “插入”对话框

选项含义在“插入”对话框中，各选项含义如下。

- “插入点”选项组：用于指定一个插入点以便插入块参照定义的一个副本。在对话框中，如果取消勾选“在屏幕上指定”复选框，那么在 X、Y、Z 文本框中可以输入 X、Y、Z 的坐标值来定义插入点的位置。
- “比例”选项组：用来指定插入块的缩放比例。图块被插入当前图形中时，可以任何比例放大或缩小。
- “旋转”选项组：用于块参照插入时的旋转角度。
- “块单位”选项组：显示有关图块单位的信息。
- “分解”复选框：表示在插入图块时分解块并插入该块的各个部分。勾选“分解”复选框时，只可以指定统一比例因子。

实例——插入粗糙度符号

	案例	标注粗糙度符号 .dwg
	视频	插入粗糙度符号 .avi

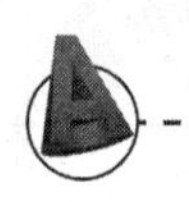

本实例通过为机械图块插入粗糙度符号，讲解图块的插入方法，其具体步骤如下：

实战要点 插入图块的方法。

操作步骤

Step 01 打开文件。选择“文件|打开”菜单命令，打开“案例\08\阀盖零件工程图.dwg”，如图9-5所示；然后执行“文件|保存”命令，将文件保存为“案例\09\标注粗糙度符号.dwg”。

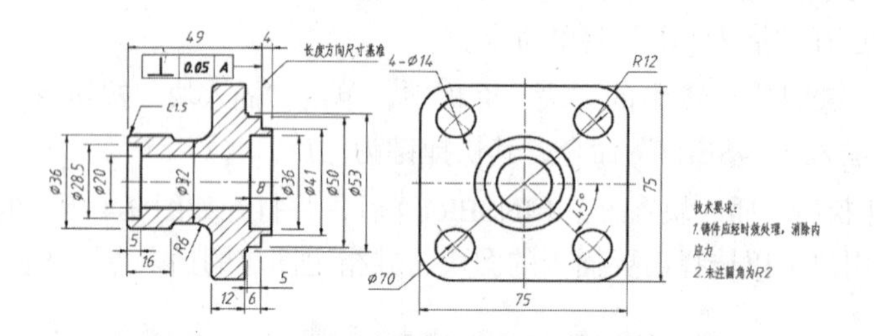

图9-5　阀盖零件工程图

Step 02 插入粗糙度符号。执行“插入”命令，选择“案例\09\标注粗糙符号.dwg”，单击“确定”按钮，然后在绘图区域中单击一点，将粗糙度符号插入图形中，如图9-6所示。

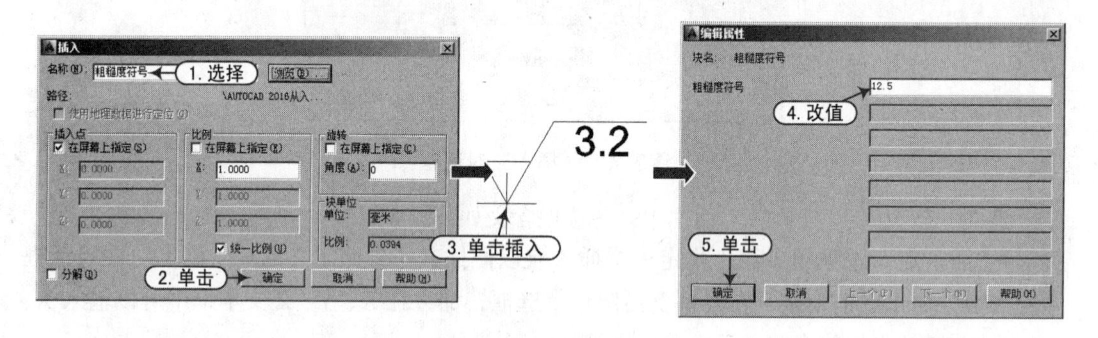

图9-6　插入粗糙度符号

Step 03 复制粗糙度符号。执行“复制”命令（CO）、将粗糙度符号复制移动到图形的相应位置，如图9-7所示。

Step 04 修改粗糙度值。双击粗糙度符号，在弹出的对话框中修改其参数，如图9-8所示。

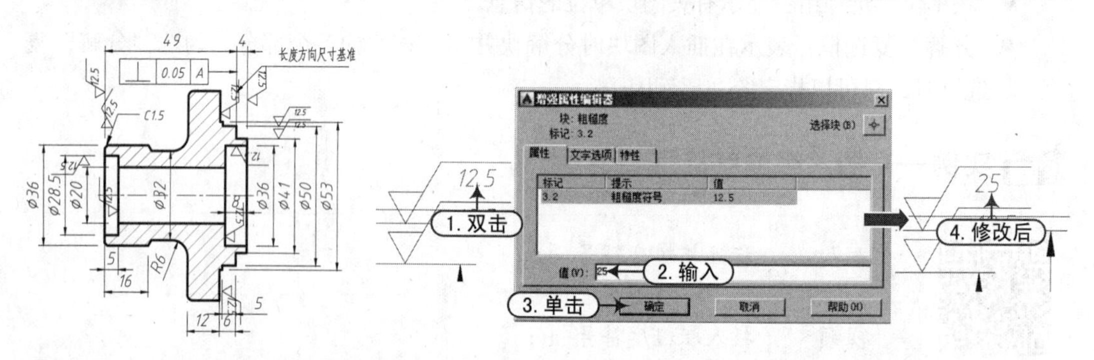

图9-7　复制粗糙度符号

图9-8　修改粗糙度值

Step 05 修改其他粗糙度值。采用同样的方法修改其他粗糙度值，如图 9-9 所示。

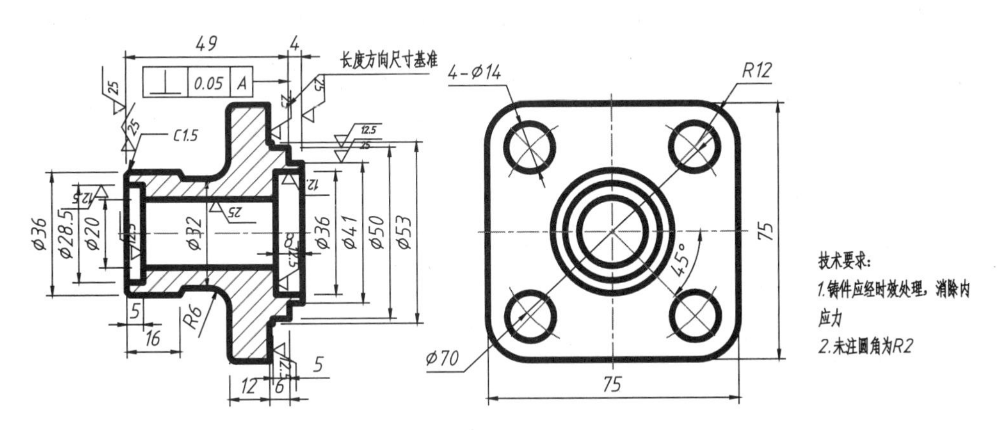

图9-9　插入其他粗糙度符号

Step 06 保存文件。粗糙度符号添加完毕，按“Ctrl+S”组合键将文件进行保存。

技巧：按指定角度插入图块

插入图块时，若想旋转角度为插入 90° 的图块，怎么进行操作呢？

可在“插入”对话框的“旋转”选项组中，设置一个精确的角度，按该角度来插入图块，如图 9-10 所示。

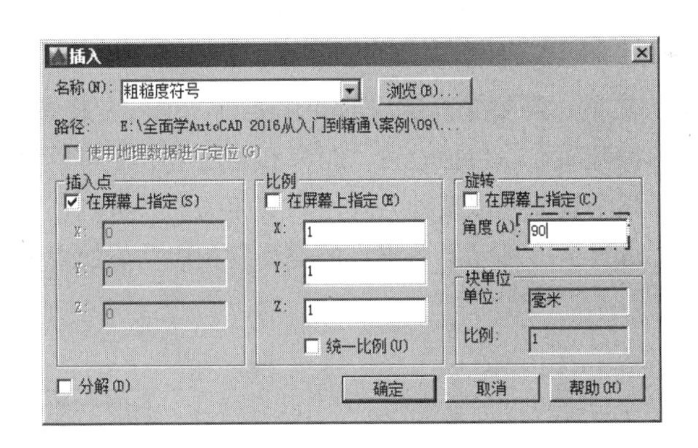

图9-10　设置插入时图块的旋转角度

9.1.6　动态块

知识要点 动态块具有灵活性和智能性。用户在操作时可以轻松地更改图形中的动态块参照。可以通过自定义夹点或自定义特性来操作几何图形。这使得用户可以根据需要在位调整块参照，而不用搜索另一个块以插入或重定义现有的块。

例如，如果在图形中插入一个门块参照，则在编辑图形时可能需要更改门的大小。如果该块是动态的，并且定义为可调整大小，那么只需拖动自定义夹点或在“特性”选项板中指定不同的尺寸就可以修改门的大小。用户可能还需要修改门的开角。该门块还可能会包含对齐夹点，使用对齐夹点可以轻松地将门块参照与图形中的其他几何图形对齐。

动态块可以让用户指定每个块的类型和各种变化量。可以使用“块编辑器”创建动态块。要使块变为动态，必须包含至少一个参数。而每个参数通常又有相关的动作。

执行方法 打开“块编辑器”创建动态块的方法如下：

- 菜单栏：选择“工具 | 块编辑器”菜单命令。
- 面板：在“默认”选项卡的“块”面板中，单击“块编辑器”按钮 。
- 鼠标双击：用鼠标在需要创建动态块的块上双击。

操作实例 执行上述操作后，系统将打开“编辑块定义”对话框，如图 9-11 所示。在该对话框中，选择 < 当前图形 > 或者选择块名称，然后单击“确定”按钮，即可打开“块编辑器”，如图 9-12 所示。

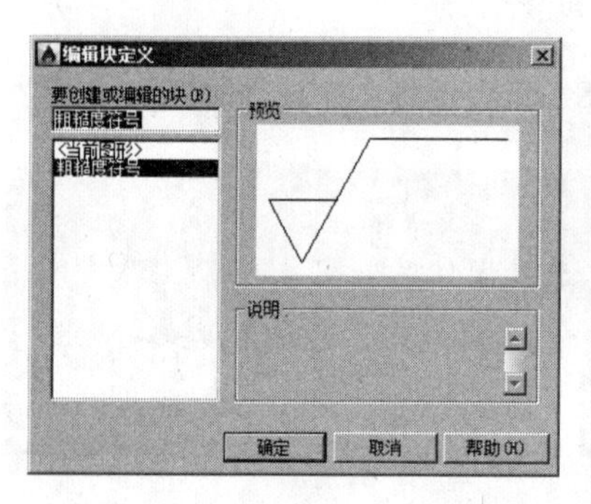

图9–11 “编辑块定义”对话框

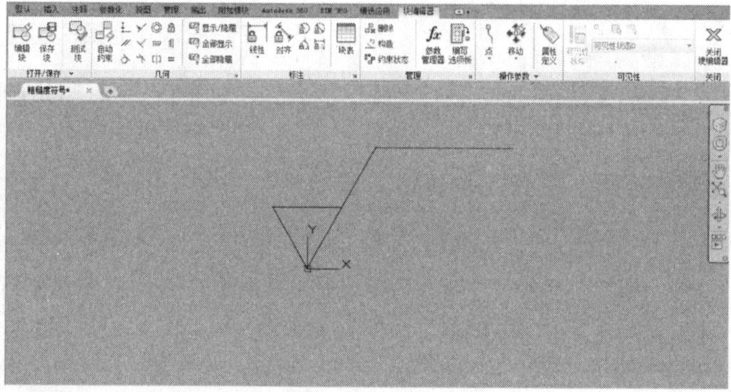

图9–12 块编辑器

在开始定义动态块之前，需要先确定块的变化类型，也就是将参数和动作集成到块中。参数可以定义动态块的特殊属性，包括位置、距离和角度等。还可以将值强制在参数功能范围之内。而动作则指定某个块如何以某种方式使用其相关的参数。创建动态块后，选中动态块将显示相应的夹点，如图 9-13 所示。各夹点的类型及相应功能如表 9-1 所示。

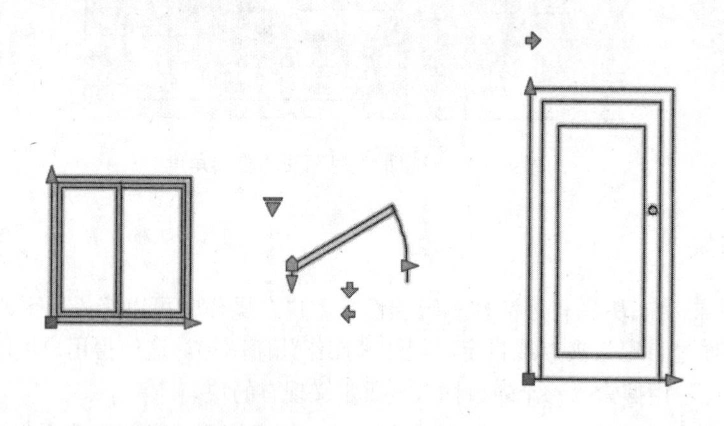

图9–13 块编辑器

表9-1 动态块中的夹点类型及功能

夹点类型	图例	夹点在图形中的操作方式
标准		平面内的任意方向
线性		按规定方向或沿某一条轴往返移动
旋转		围绕某一条轴旋转
翻转		单击以翻转动态块参照
对齐		如果在某个对象上移动，则使块参照与该对象对齐
查寻		单击以显示项目列表

实例——为时钟添加动态块

案例	动态时钟 .dwg
视频	为时钟添加动态块 .avi

本实例通过为时钟添加动态块，讲解如何为图块添加参数，其具体步骤如下：

实战要点①为图块添加动态动作；②动态图块的制作。

操作步骤

Step 01 打开文件。选择“文件 | 打开”菜单命令，打开“案例 \09\ 时钟 .dwg”，如图 9-14 所示；然后执行“文件 | 保存”命令，将文件保存为“案例 \09\ 动态时钟 .dwg”。

Step 02 打开“块编辑器”。在“插入”选项卡的“块”面板中单击“块编辑器”按钮，打开“编辑块定义”对话框，选择“秒针”选项，然后单击“确定”按钮，如图 9-15 所示。

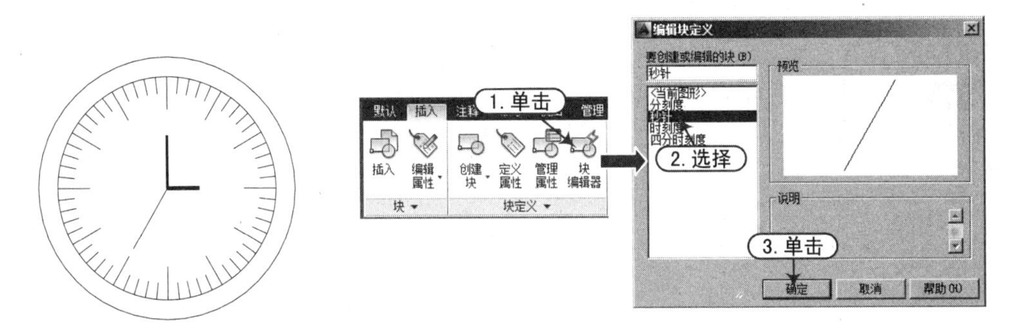

图9-14 时钟　　　图9-15 打开块编辑器

Step 03 打开“编写选项板”。在“块编辑器”中单击“管理”面板中的“编写选项板”按钮，打开“块编写选项板”，如图 9-16 所示。

Step 04 添加半径参数。在“块编写选项板”中单击“旋转”按钮，然后指定直线的一个端点为旋转基点，指定直线的另一个端点作为半径参数，如图 9-17 所示。

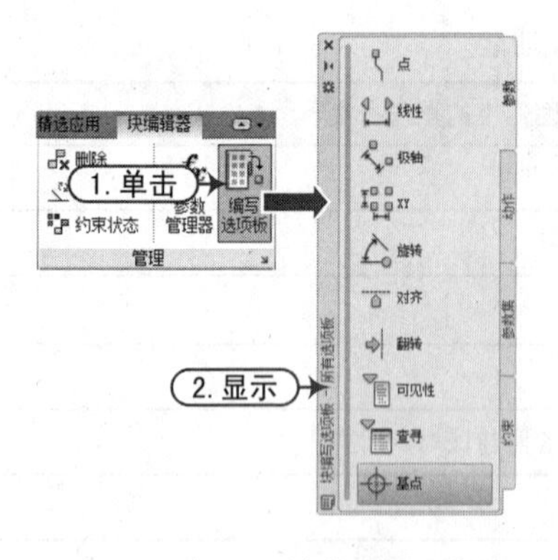

图9-16　打开“块编写选项板”

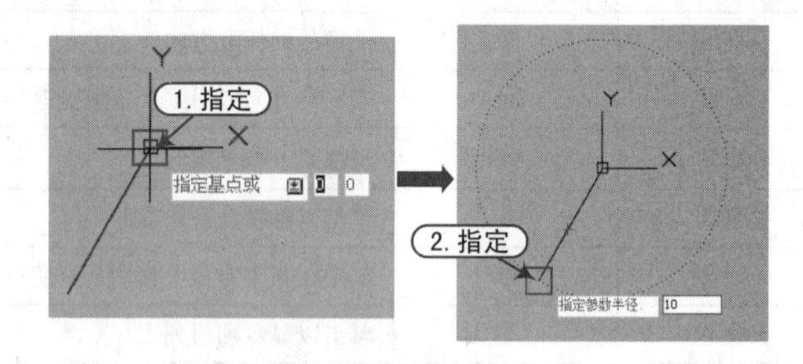

图9-17　添加半径参数

Step 05 指定角度。移动鼠标光标，输入旋转角度为360°，这时即块定义了旋转参数，如图9-18所示。

Step 06 添加动作。在“块编写选项板”中单击“动作”选项，然后单击“旋转”按钮，选择前面创建的动作参数，选择添加动作对象，如图9-19所示。

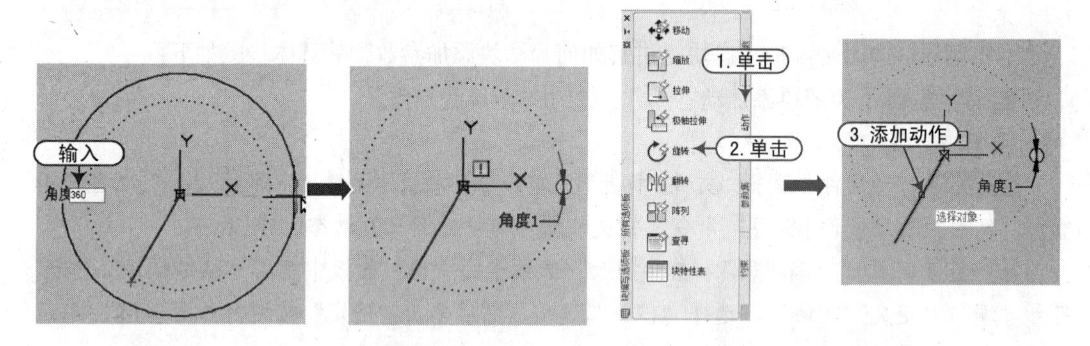

图9-18　添加角度参数　　　　图9-19　添加动作

Step 07 保存图块。在“块编辑器”中单击“保存块”按钮，然后关闭“块编辑器”。

Step 08 旋转秒针。此时系统返回绘图区域，单击选中添加动作的秒针图形，将会在上方出现旋转角度，通过旋转夹点可以旋转秒针图块，如图9-20所示。

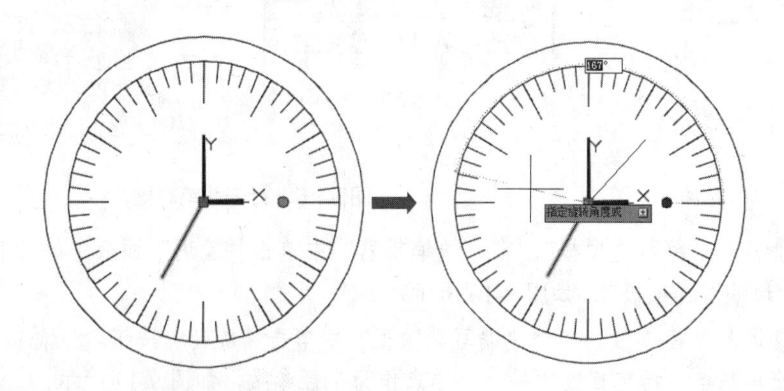

图9-20　旋转秒针

9.2 属性图块

为了增强图块的通用性，可以为图块添加一些文本信息，这些文本信息被称为属性。属性是包含文本信息的特殊实体，不能独立存在及使用，在插入块时才会出现。要使用具有属性的块，必须首先对属性进行定义。

一个零件、符号除自身的几何形状外，还包含很多参数和文字说明信息（如规格、型号、技术说明等），AtuoCAD 2016 将图块所含的附加信息称为属性，如规格属性、型号属性。而具体的信息内容则称为属性值。可以使用属性来追踪零件号码与价格。属性可为固定值或变量值。插入包含属性的图块时，程序会新增固定值与图块到图面中，并提示要提供变量值。插入包含属性的图块时，可提取属性信息到独立文件，并使用该信息于空白表格程序或数据库，以产生零件清单或材料价目表。还可使用属性信息来追踪特定图块插入图面的次数。属性可以为可见或隐藏，隐藏属性既不显示，也不出图，但该信息储存于图面中，并在被提取时写入文件。属性是图块的附属物，它必须依赖于图块而存在，没有图块就没有属性。

9.2.1 属性图块的特点

属性图块具有以下特点：

- 在插入附着有属性信息的对象时，根据属性定义的不同，系统自动显示预先设置的文字字符串，或者提示用户输入字符串，从而为块对象附加各种注释信息。
- 可以从图形中提取属性信息，并保存在单独的文本文件中，供用户进一步使用。
- 属性在被附加到块对象之前，必须先在图形中进行定义。对于附加了属性的块对象，在引用时可以显示或设置属性值。
- 带属性的块在工程设计图中应用非常方便，更为后期的自动统计提供了数据源。

9.2.2 创建带属性的图块

知识要点 “定义属性块”命令可以为图块定义属性。使用属性时，首先要绘制构成块的单个对象。如果块已存在，首先分解它，在添加属性，然后对其进行定义块。

执行方法 创建“属性图块”的方法如下：

- 菜单栏：选择“绘图 | 块 | 定义属性”菜单命令。
- 面板：在“默认”选项卡的“块”面板中单击“定义属性”按钮 。
- 命令行：输入“ATTDEF”命令，其快捷键为“ATT”。

操作实例 执行上述操作后，将打开“属性定义”对话框，利用此对话框，用户可以将图形创建为带属性的图块，其操作步骤如下：

Step 01 执行“定义属性”命令（ATT），打开“属性定义”对话框。

Step 02 输入标记内容为 3.2、提示内容为粗糙度符号，然后输入文字高度为 2.5，然后单击“确定”按钮。

Step 03 在对象中单击指定对象定义的起点，如图 9-21 所示。

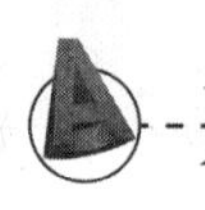

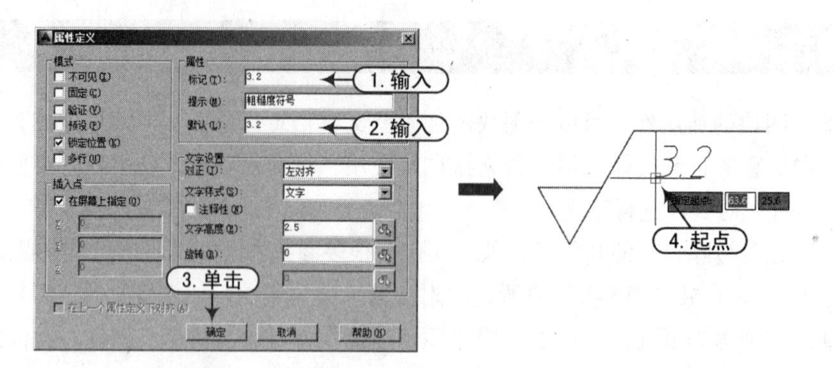

图9-21　定义属性

Step 04 执行“绘图 | 块”命令，将定义好的属性及图形创建为图块。

Step 05 图块创建完成后，系统将弹出效果如图9-22所示的“编辑属性”对话框，单击“确定”按钮，即可完成带属性块的创建。

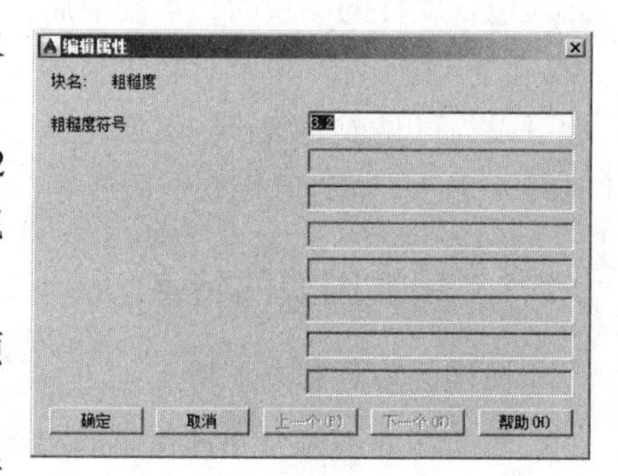

图9-22　“编辑属性”对话框

选项含义 在“属性定义”对话框中，各主要选项含义如下。

- “模式”选项组：在图形中插入块时，设定与块关联的属性值选项。
  - “不可见”复选框：指定插入块时不显示或打印属性值。
  - “固定”复选框：在插入块时指定属性的固定属性值。此设置用于永远不会更改的信息。
  - “验证”复选框：插入块时提示验证属性值是否正确。
  - “预设”复选框：插入块时，将属性设置为其默认值而无须显示提示。
  - “锁定位置”复选框：锁定块参照中属性的位置。解锁后，属性可以相对于使用夹点编辑的块的其他部分移动，并且可以调整多行文字属性的大小。
  - “多行”复选框：指定属性值可以包含多行文字，并且允许指定属性的边界宽度。
- “属性”选项组：设定属性数据。
  - “标记”文本框：指定用来标识属性的名称。使用任何字符组合（空格除外）输入属性标记。小写字母会自动转换为大写字母。
  - “提示”文本框：指定在插入包含该属性定义的块时显示的提示。如果不输入提示，属性标记将用作提示。如果在“模式”区域选择“常数”模式，“属性提示”选项将不可用。
  - “默认”文本框：指定默认属性值。。
  - “在上一个属性定义下对齐”复选框：将属性标记直接置于之前定义的属性的下面。如果之前没有创建属性定义，则此选项不可用。

9.2.3 插入带属性的图块

知识要点 定义带属性的块之后，可以像插入其他块一样插入它。图形会自动检测属性的存在并提示输入它们的值。

操作实例 其操作步骤如下：

Step 01 执行“插入块”命令。执行“插入块”命令（I），打开“插入”对话框，然后输入属性块的名称，并单击“确定”按钮。

Step 02 指定插入点。在绘图区域单击指定一点作为插入点，如图 9-23 所示。

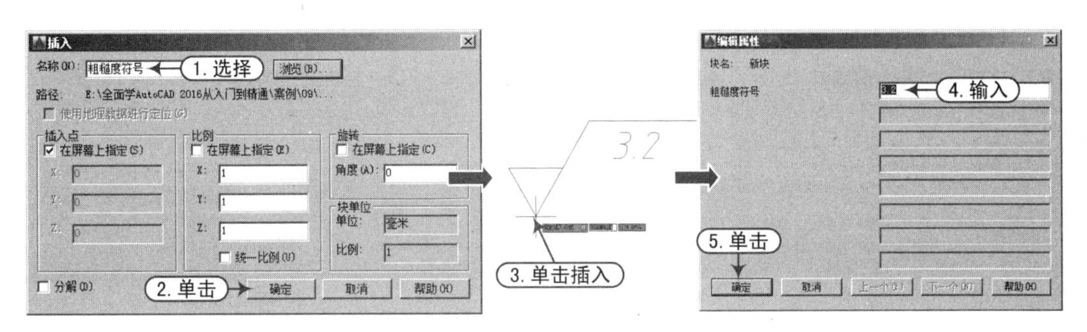

图9–23 插入带属性的块

9.2.4 修改属性定义

操作实例 在 AutoCAD 中，可以使用“编辑属性”命令（ATTEDIT）打开“编辑属性”对话框来改变属性值。其操作步骤如下：

Step 01 执行“编辑属性”命令（ATTEDIT），然后单击选择块参照。

Step 02 将弹出“编辑属性”对话框，在该对话框中即可修改相应属性的值，如图 9-24 所示。

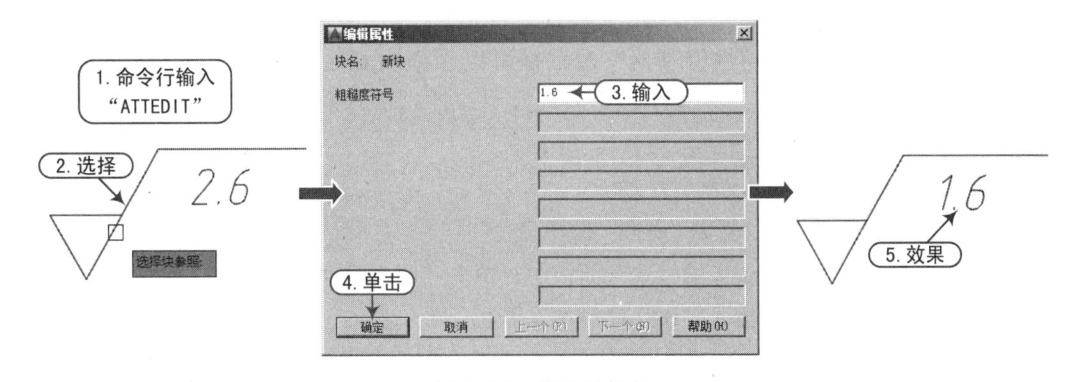

图9–24 修改属性值

知识要点 如果某个块有多个属性，而且希望按顺序修改它们，那么修改完一个属性后，可以按“Tab”键转到下一个属性。

要在命令行编辑属性，用户也可在命令行输入“ATTEDIT”命令，然后按“Enter”键，在命令行提示下编辑属性。

9.2.5 编辑块的属性

执行方法 当插入带属性的块后，可对其图块的属性进行修改。可以通过以下方法来修改所插入图块的属性：

- 鼠标：用鼠标双击带属性的图块。
- 命令行：在命令行中输入“DDEDIT”命令。

执行上述命令后，将打开“增强属性编辑器”对话框。在该对话框中，包括“属性”、“文字选项”、“特性”选项卡，如图9-25所示。

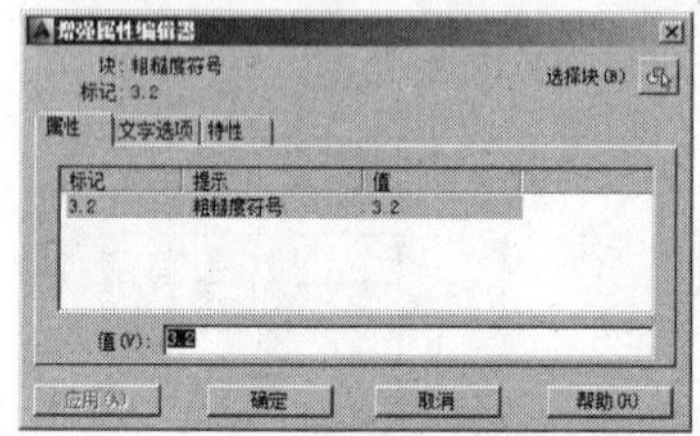

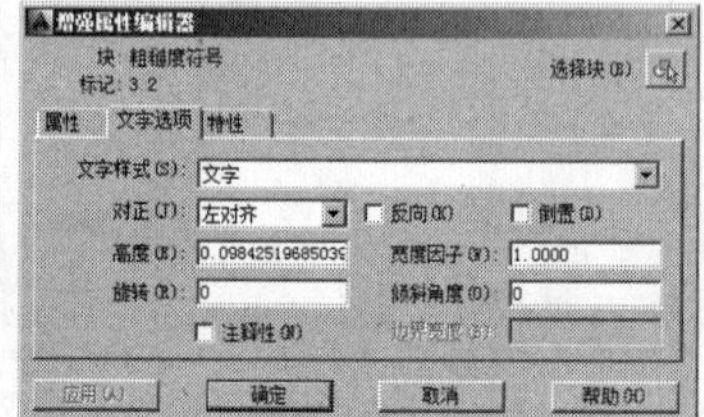

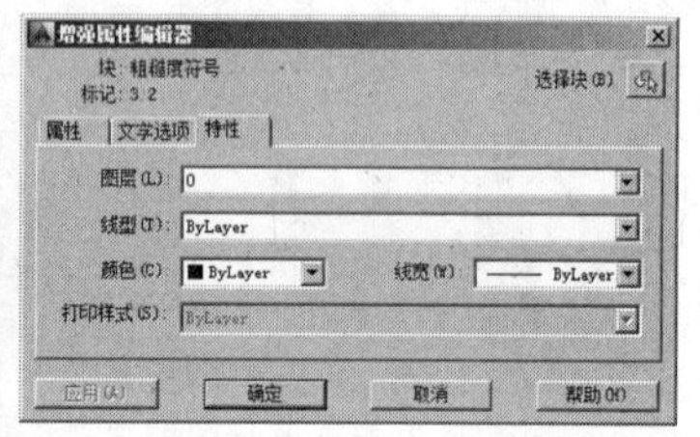

图9-25 “增强属性编辑器”对话框

选项含义 其中各主要选项含义如下。

- “属性”选项卡：其列表框中显示块中每个属性的标记、提示和值。选择某一属性后，“值”文本框将显示该属性对应的属性值，可通过它来修改属性值。
- “文字选项”选项卡：用于修改属性文字的格式，可以设置文字样式、对正方式、文字高度、旋转角度等参数。
- “特性”选项卡：用于修改属性文字的图层、线宽、线型、颜色及打印样式等。
- “应用”按钮：确定已进行的修改。

9.2.6 块属性管理器

知识要点 利用“块属性管理器”对话框可以管理块属性的所有特性。在该管理器中可以在块中编辑属性定义、从块中删除属性及更改插入块时系统提示用户输入属性值的顺序。

执行方法 编辑属性定义的方法如下：

- 菜单栏：执行“修改 | 对象 | 属性”菜单命令。
- 面板：在“插入”选项卡的“块”面板中，单击“属性管理”按钮。
- 命令行：在命令行中输入“BATTMAN”命令。

操作实例 执行上述命令后，在绘图窗口将显示“块属性管理器”，如图9-26所示。选定块的属性显示在属性列表中。默认情况下，标记、提示、默认值、模式和注释性属性特性显示在属性列表框中。

选项含义 其中，各选项含义如下。

- “选择块”按钮：用户可以使用定点设备从绘图区域选择块。如果选择“选择块”，对话框将关闭，直到用户从图形中选择块或按“Esc”键取消。

- “块”下拉列表：列出具有属性的当前图形中的所有块定义。选择要修改属性的块。
- “属性列表”框：显示所选块中每个属性的特性。
- 在图形中找到：报告当前图形中选定块的实例总数。
- 在模型空间中找到：报告当前模型空间或布局中选定块的实例数。
- “同步”按钮：更新已修改的属性特性。此操作不会影响每个块中赋给属性的值。
- “上移”或“下移”按钮：修改列表框中各定义属性的显示顺序。
- “编辑”按钮：单击该按钮，打开“编辑属性”对话框。
- “删除”按钮：单击该按钮，从块定义中删除选定的属性。
- “设置”按钮：单击该按钮，打开“块属性设置”对话框，如图 9-27 所示。从中可以自定义“块属性管理器”中属性信息的列出方式。

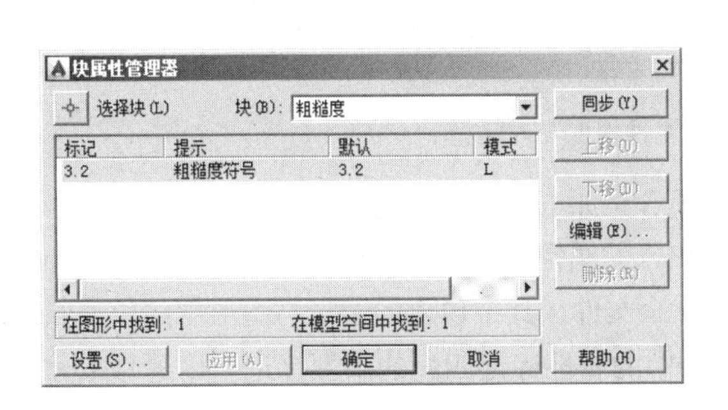

图9–26 “块属性管理器”对话框

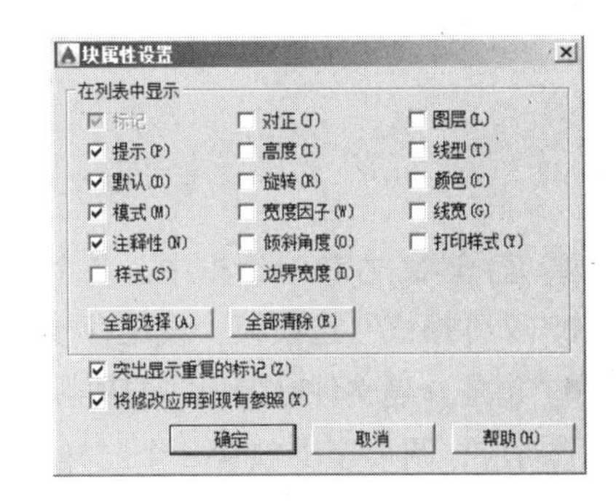

图9–27 “块属性设置”对话框

技巧：属性值的显示控制

有时创建了属性块，却没有显示属性值，此时该怎么办呢？

如果设置了属性值为“不可见”，那么属性框中是不显示属性的。可执行“块属性管理器”命令，然后单击“编辑”按钮，在“编辑属性”对话框的“属性”选项卡中取消勾选“不可见”复选框，这样属性就显示出来了，如图 9–28 所示。

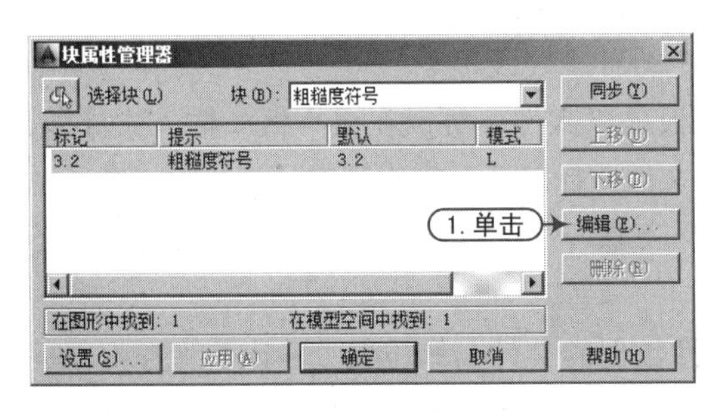

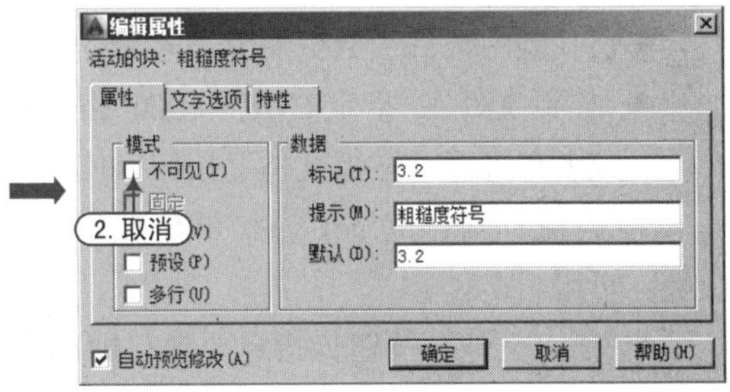

图9–28 设置属性为可见

9.2.7 使用 ATTEXT 向导提取属性

知识要点 使用“ATTEXT”命令可以将与块关联的属性数据、文字信息提取到文件中。

执行方法 执行“ATTEXT”命令后，将弹出“属性提取”对话框，如图 9-29 所示。在该对话框中，用户可指定属性信息的文件格式、要从中提取信息的对象、信息样板及其输出文件名。

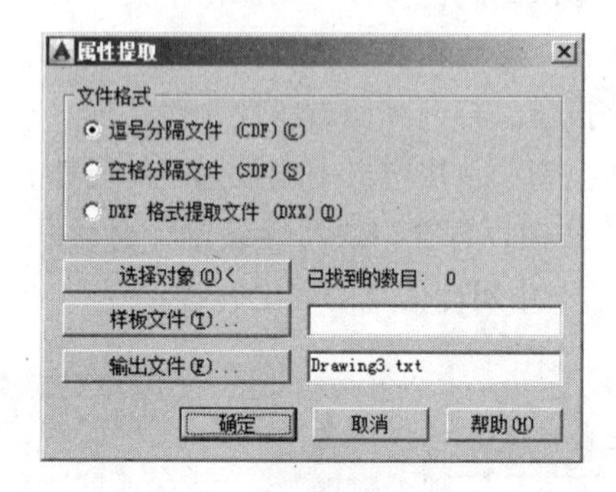

图9-29 “属性提取”对话框

选项含义 在该对话框中，各主要选项含义如下。

- “文件格式”选项组：设定存放提取出来的属性数据的文件格式。
- “逗号分隔文件 (CDF)”选项：生成一个文件，其中包含的记录与图形中的块参照一一对应，图形至少包含一个与样板文件中的属性标记匹配的属性标记。用逗号来分隔每个记录的字段。字符字段置于单引号中。
- “空格分隔文件 (SDF)”选项：生成一个文件，其中包含的记录与图形中的块参照一一对应，图形至少包含一个与样板文件中的属性标记匹配的属性标记。记录中的字段宽度固定，不需要字段分隔符或字符串分隔符。
- “DXF 格式提取文件 (DXX)”选项：生成 AutoCAD 图形交换文件格式的子集，其中只包括块参照、属性和序列结束对象。DXF ™格式提取不需要样板。文件扩展名“.dxx”用于区分输出文件和普通 DXF 文件。
- “选择对象”按钮：关闭对话框，以便使用定点设备选择带属性的块。“属性提取”对话框重新打开时，“已找到的数目”将显示已选定的对象。
- 已找到的数目：指明使用“选择对象”选定的对象数目。
- “样板文件”：指定 CDF 和 SDF 格式的样板提取文件。可以在文本框中输入文件名，或者单击择“样板文件”按钮以使用标准文件选择对话框搜索现有样板文件。默认的文件扩展名为“.txt”。如果在“文件格式”下选择了“DXF”，“样板文件”选项将不可用。
- “输出文件”按钮：指定要保存提取的属性数据的文件名和位置。输入要保存提取的属性数据的路径和文件名，或者单击“输出文件”按钮以使用标准文件选择对话框搜索现有样板文件。将 .txt 文件扩展名附加到 CDF 或 SDF 文件上，将 .dxx 文件扩展名附加到 DXF 文件上。

9.2.8 使用数据向导提取属性

知识要点 提取属性信息可方便地从图形数据中生成日程表或BOM表。新的向导模式使得此过程更加简单。

执行方法 提取属性数据的执行方法如下：

- 菜单栏：执行“工具|数据提取”菜单命令。
- 面板：在“插入”选项卡的“链接和提取”面板中，单击“提取数据”按钮。
- 命令行：在命令行中输入“EATTEXT”命令。

操作实例 提取属性信息的操作步骤如下：

Step 01 执行“工具|数据提取”菜单命令，打开“数据提取——开始”对话框，如图9-30所示。

Step 02 单击“下一步”按钮，打开“将数据提取另存为”对话框，选择另存为位置，输入文件名，然后单击“保存”按钮，如图9-31所示。

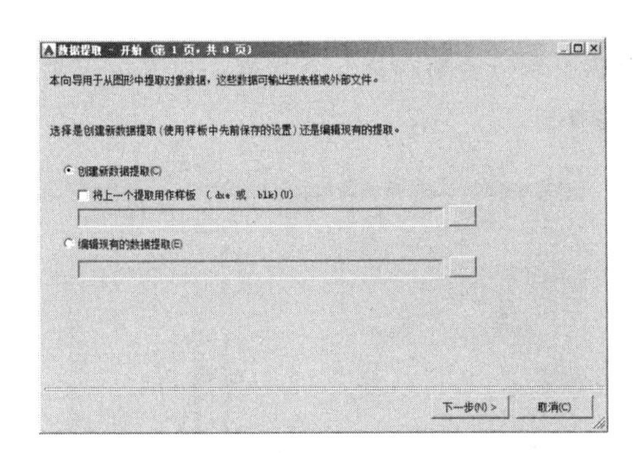

图9-30 “数据提取—开始”对话框

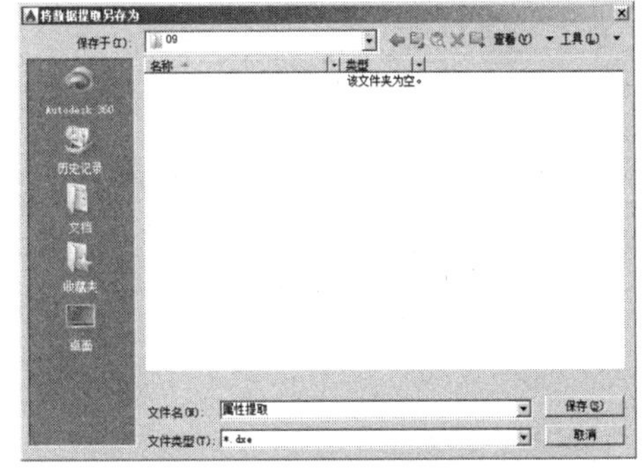

图9-31 “将数据提取另存为”对话框

Step 03 打开“数据提取—定义数据源”对话框，如图9-32所示。

Step 04 单击“下一步”按钮，打开“数据提取—选择对象”对话框，如图9-33所示。

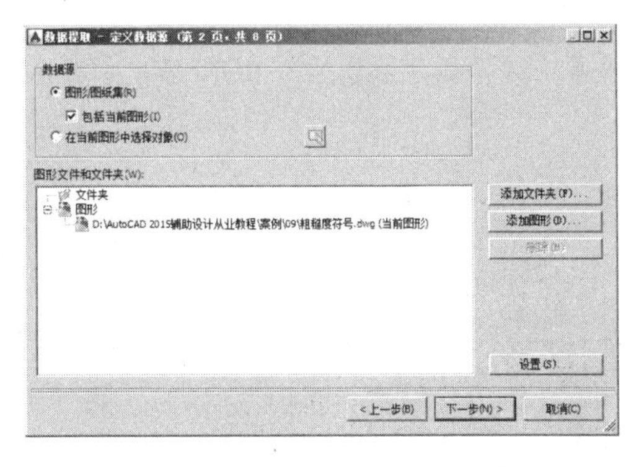

图9-32 “数据提取—定义数据源”对话框

图9-33 “数据提取—选择对象”对话框

Step 05 单击“下一步”按钮，打开“数据提取—选择特性”对话框，如图9-34所示。

Step 06 在“数据提取—选择特性”对话框中选择需要显示的特性，单击“下一步”按钮，弹出“数据提取—优化数据”对话框，如图 9-35 所示。

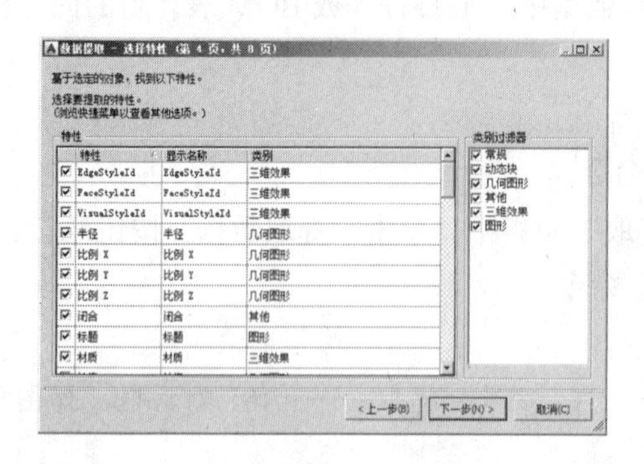

图9–34 “数据提取—选择特性”对话框

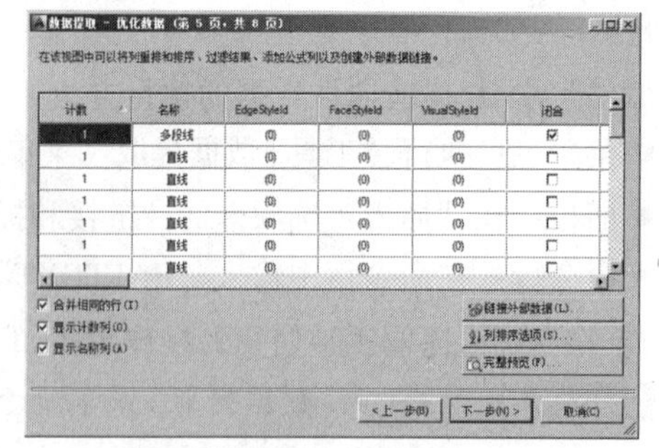

图9–35 “数据提取—优化数据”对话框

Step 07 单击“下一步”按钮，弹出“数据提取—选择输出”对话框，如图 9-36 所示，可以勾选“将数据提取处理表插入图形”复选框，也可以选择将数据输出至外部文件。

Step 08 单击“下一步”按钮，弹出“数据提取—表格样式”对话框，如图 9-37 所示，在该对话框中可选择表格样式，或手动设置表格样式。

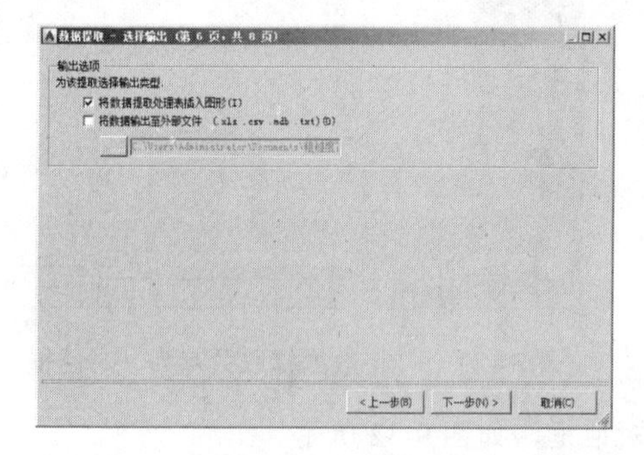

图9–36 “数据提取—选择输出”对话框

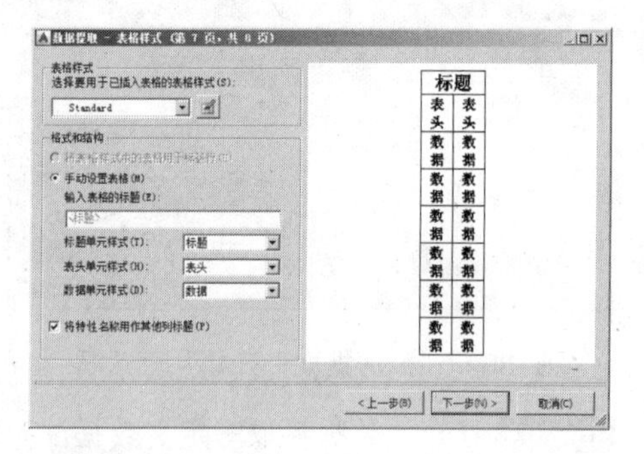

图9–37 “数据提取—表格样式”对话框

Step 09 选择和设置完成表格样式后，单击“下一步”按钮，弹出“数据提取—完成”对话框，如图 9-38 所示，单击“完成”按钮，在屏幕中选择插入点以插入 BOM 表，如图 9-39 所示。

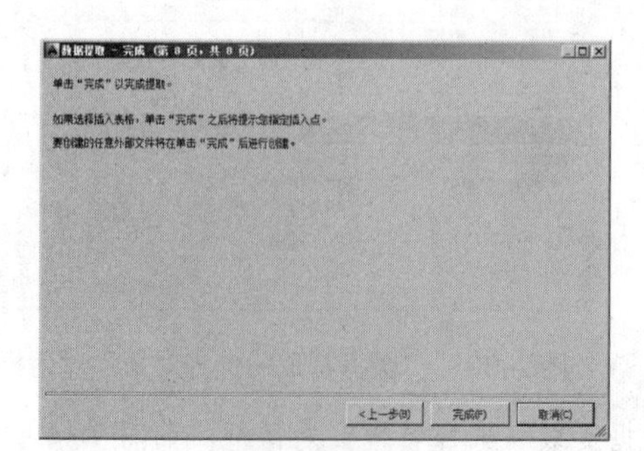

图9–38 “数据提取—完成”对话框

计数	名称	EdgeStyleId	FaceStyleId	VisualStyleId	闭合	标题	材质	超链接	超链接基地址	打印样式
1	圆	(0)	(0)	(0)			ByLayer			ByLayer
1	直线	(0)	(0)	(0)			ByLayer			ByLayer
1	直线	(0)	(0)	(0)			ByLayer			ByLayer
1	直线	(0)	(0)	(0)			ByLayer			ByLayer
1	直线	(0)	(0)	(0)			ByLayer			ByLayer
1	直线	(0)	(0)	(0)			ByLayer			ByLayer
1	直线	(0)	(0)	(0)			ByLayer			ByLayer
1	直线	(0)	(0)	(0)			ByLayer			ByLayer
1	直线	(0)	(0)	(0)			ByLayer			ByLayer

图9–39 生成的BOM表

9.3 外部参照

AutoCAD 将外部参照作为一种图块类型定义，也可提高绘图效率，但外部参照与图块有一些区别，当将图形作为图块插入时，它存储在图形中，但并不随原始图形的改变而更新；将图形作为外部参照时，会将该参照图形链接至当前图形，打开外部参照时，对参照图形所做的任何修改都会显示在当前图形中。一个图形可以作为外部参照同时附着到多个图形中。同样，也可以将多个图形作为外部参照附着到单个图形中。如果外部参照包含任何可变图块属性，AutoCAD 都将其忽略。

9.3.1 外部参照附着

执行方法 “附着外部参照”命令（XATTACH）用于将外部参照（就是另外一个图形）附着到当前图形。其执行方法如下：

- 菜单栏：选择“插入|DWG 参照”菜单命令。
- 面板：在“插入”选项卡的“参照”面板中单击“附着”按钮。
- 命令行：输入“XATTACH”命令，其快捷键为“XA”。

操作实例 执行上述操作后，将打开如图 9-40 所示的“选择参照文件”对话框，选择要附着的图形文件后，单击“打开”按钮，将打开如图 9-41 所示的“附着外部参照”对话框。

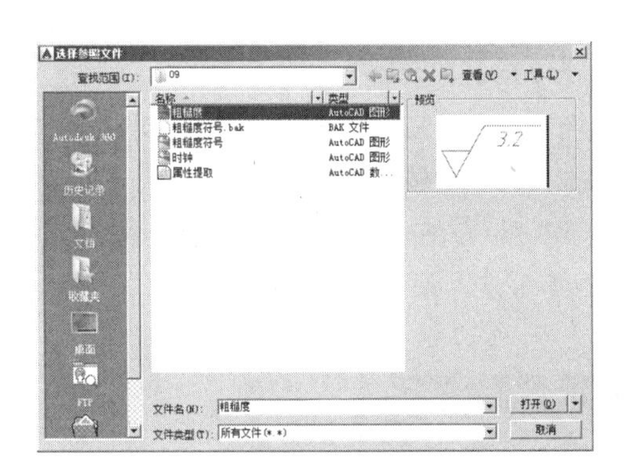

图9-40 “选择参照文件”对话框

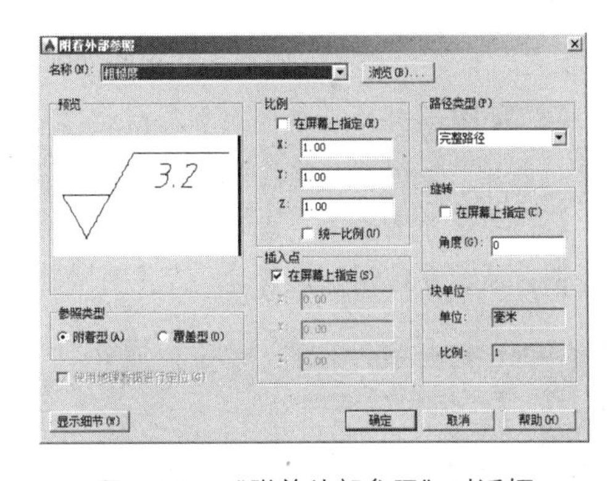

图9-41 “附着外部参照”对话框

选项含义 在“附着外部参照”对话框中，各主要选项含义如下。

- “名称”列表框：标识已选定要进行附着的 DWG。
- “浏览”按钮：显示“选择参照文件”对话框（标准文件选择对话框），从中可以为当前图形选择新的外部参照。
- “预览”框：显示已选定要进行附着的 DWG。
- “参照类型”选项组：指定外部参照为附着还是覆盖。与附着型的外部参照不同，当附着覆盖型外部参照的图形作为外部参照附着到另一图形时，将忽略该覆盖型外部参照。
- “使用地理数据进行定位”复选框：将使用地理数据的图形附着为参照。

- “比例”选项组：在屏幕上指定或直接输入所插入的外部参照在 X、Y、Z 三个方向上的缩放比例。
- “插入点”选项组：在屏幕上指定，或直接输入 X、Y、Z 的坐标值。
- “路径类型”选项组：选择完整（绝对）路径、外部参照文件的相对路径或“无路径”、外部参照的名称（外部参照文件必须与当前图形文件位于同一个文件夹中）。
- “旋转”选项组：如果勾选了“在屏幕上指定”，复选框则可以在退出该对话框后用定点设备或在命令提示下旋转对象；也可以在“角度”文本框中直接输入角度值。
- “块单位”选项组：可以设置块的单位和比例。

实例——附着并编辑参照文件

案例	附着图形 .dwg
视频	附着并编辑外部参照 .avi

下面通过实例讲解如何附着外部参照，其具体步骤如下：

实战要点 ①附着外部参照文件；②编辑外部参照。

操作步骤

Step 01 新建文件。执行“文件 | 新建”菜单命令，新建一个图形文件；然后执行“文件 | 保存”命令，将文件保存为“案例 \09\ 附着图形 .dwg”。

Step 02 选择附着参照文件。执行“附着参照”命令（XA），打开“选择参照文件”对话框，选择“案例 \09\ 垫片 .dwg”文件，然后单击“确定”按钮，如图 9-42 所示。

Step 03 附着图形。此时，将弹出“附着外部参照”对话框，单击“确定”按钮，将返回绘图区域，在绘图区域指定一点作为附着对象的插入点，如图 9-43 所示。

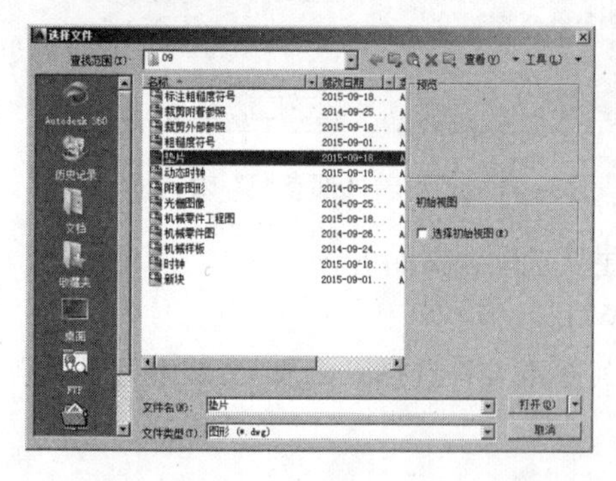

图9-42 选择参照文件

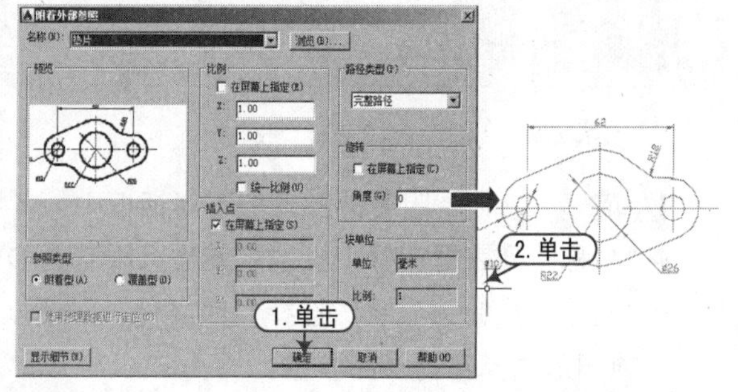

图9-43 附着参照文件

Step 04 编辑外部参照。单击垫片图形，此时功能区将显示“外部参照”选项卡，在选项卡中单击“在位编辑器”按钮，此时垫片图形变为可编辑状态，单击垫片图形中半径为 22mm 的圆，利用夹点编辑功能将其半径修改为 15mm，如图 9-44 所示。

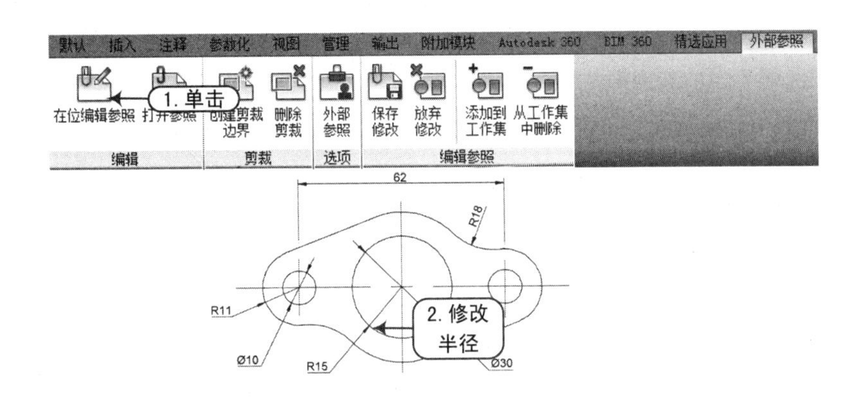

图9-44　编辑参照文件

Step 05 保存外部参照。单击“编辑参照”面板中的“保存修改”按钮，将修改的外部参照进行保存。

9.3.2　外部参照剪裁

知识要点 有时用户可以指定剪裁边界以显示外部参照和块插入的有限部分，剪裁不能改变外部参照和块中的对象，只能更改它们的显示方式。

执行方法 外部参照剪裁的方法如下：

- 菜单栏：选择“修改 | 剪裁 | 外部参照”菜单命令。
- 面板：在“插入”选项卡的“参照”面板中单击“剪裁”按钮。
- 命令行：输入“XCLIP”命令。

执行上述命令后，命令行提示如下：

```
命令：_clip                                        \\ 执行“剪裁”命令
选择要剪裁的对象：                                 \\ 选择对象
输入剪裁选项                                       \\ 输入 N 或直接按“Enter”键
[ 开 (ON)/ 关 (OFF)/ 剪裁深度 (C)/ 删除 (D)/ 生成多段线 (P)/ 新建边界 (N)] < 新建边界 >:
指定剪裁边界或选择反向选项：                       \\ 选择裁剪边界
[ 选择多段线 (S)/ 多边形 (P)/ 矩形 (R)/ 反向剪裁 (I)] < 矩形 >: R
```

选项含义 其中，各选项具体说明如下。

- 开 (ON)：显示当前图形中外部参照或块的被剪裁部分。
- 关 (OFF)：显示当前图形中外部参照或块的完整几何图形，忽略剪裁边界。
- 剪裁深度 (C)：在外部参照或块上设定前剪裁平面和后剪裁平面，系统将不显示由边界和指定深度所定义的区域外的对象。剪裁深度应用在平行于剪裁边界的方向上，与当前 UCS 无关。
- 删除 (D)：删除前剪裁平面和后剪裁平面。
- 生成多段线 (P)：自动绘制一条与剪裁边界重合的多段线。此多段线采用当前的图层、线型、线宽和颜色设置。当用 PEDIT 修改当前剪裁边界，然后用新生成的多段线重新定义剪裁边界时，请使用此选项。要在重定义剪裁边界时查看整个外部参照，请使用“关”选项关闭剪裁边界。

- 新建边界 (N)：定义一个矩形或多边形剪裁边界，或者用多段线生成一个多边形剪裁边界。
- 选择多段线 (S)/ 多边形 (P)/ 矩形 (R)：分别表示以什么形状来指定裁剪边界。
- 反向剪裁 (I)：表示反转裁剪边界的模式，隐藏边界外（默认）后边界内的对象。

9.3.3 外部参照管理

知识要点 一个图形中可能会出现多个外部参照图形，用户必须了解各个外部参照的所有信息，才能对含有外部参照的图形进行有效的管理，这就需要通过“外部参照器”来实现。

执行方法 “外部参照器”命令的主要执行方法如下：

- 菜单栏：选择“插入 | 外部参照”菜单命令。
- 命令行：输入“XREF”命令。

执行“外部参照管理器”命令后，将打开“外部参照”选项板，如图 9-45 所示。

“外部参照”选项板将组织、显示并管理参照文件，例如 DWG 文件（外部参照）、DWF、DWFx、PDF 或 DGN 参考底图、光栅图像和点云。只有 DWG、DWF、DWFx、PDF 和光栅图像文件可以从“外部参照”选项板中直接打开。

选项含义 快捷菜单提供用于处理文件的其他选项。

- “附着”按钮：将文件附着到当前图形。从列表中选择一种格式以显示“选择参照文件”对话框。
- “刷新”按钮：刷新列表显示或重新加载所有参照以显示在参照文件中可能发生的任何更改。
- “更改路径”按钮：修改选定文件的路径。可以将路径设置为绝对或相对。如果参照文件与当前图形存储在相同位置，也可以删除路径。
- “帮助”按钮：打开“帮助”系统。
- “列表视图”和“树状图”按钮：单击按钮以在列表视图和树状图之间切换。
- “文件参照”列表：在当前图形中显示参照的列表，包括状态、大小和创建日期等信息。双击文件名以对其进行编辑。双击“类型”下方的单元以更改路径类型。在列表中单击，将弹出如图 9-46 所示的快捷菜单，在菜单中选择不同的命令可以对外部参照进行相应操作。
- “详细信息”列表：显示选定参照的信息或预览图像。
- “详细信息显示”和“缩略图预览”按钮：单击按钮以从详细信息显示切换到缩略图预览。

图9-45 “外部参照”选项板

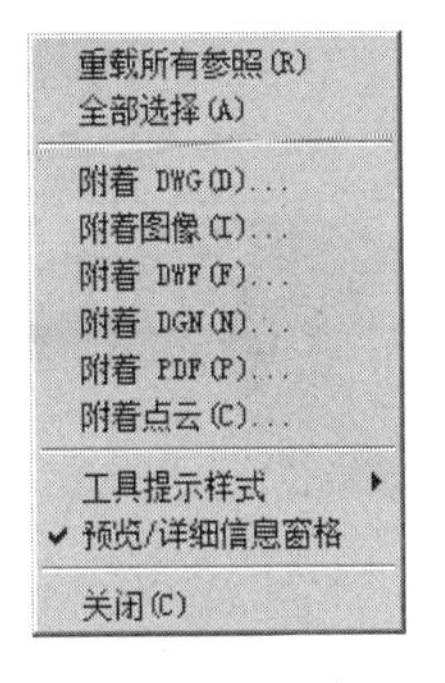

图9-46 快捷菜单

实例——裁剪外部参照

案例	裁剪外部参照 .dwg
视频	裁剪外部参照 .avi

下面通过实例讲解如何裁剪外部参照，其具体步骤如下：

实战要点①附着外部参照文件；②裁剪外部参照。

操作步骤

Step 01 新建文件。执行“文件 | 新建”菜单命令，新建一个图形文件；然后执行“文件 | 保存”命令，将文件保存为“案例 \09\ 裁剪外部参照 .dwg”。

Step 02 附着文件。选择“插入 |PDF 参考底图”菜单命令，选择“案例 \09\ 汽车 .pdf”文件，对其进行参照，如图 9-47 所示。

Step 03 绘制多段线。执行“多段线”命令（PL），绘制如图 9-48 所示的多段线。

图9-47 附着参照

图9-48 绘制多段线

Step 04 裁剪参照对象。在“参照”面板中单击“裁剪”按钮，然后选择参照对象，再选择多段线作为裁剪边对图形进行裁剪，如图 9-49 所示。

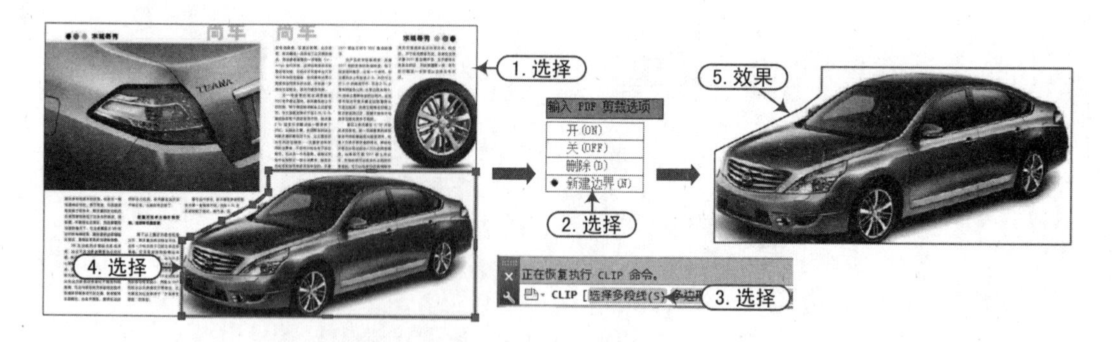

图9-49 裁剪参照

9.3.4 参照编辑

知识要点 在处理外部引用图形时，用户可以使用在位参照编辑来修改当前图形中的外部参照，或者重定义当前图形中的块定义。块和外部参照都被视为参照。通过在位编辑参照，可以在当前图形的可视区域中修改参照。

执行方法 其执行方法如下：

- 菜单栏：选择“工具 | 外部参照和块在位编辑”菜单命令。
- 面板：在“插入”选项卡的“参照”面板中单击“编辑参照”按钮。
- 命令行：输入“REFEDIT”命令。

操作实例 执行上述命令后，选择编辑对象，将打开“参照编辑”对话框，在该对话框中，包含“标识参照”和“设置”选项卡，如图9-50和图9-51所示。

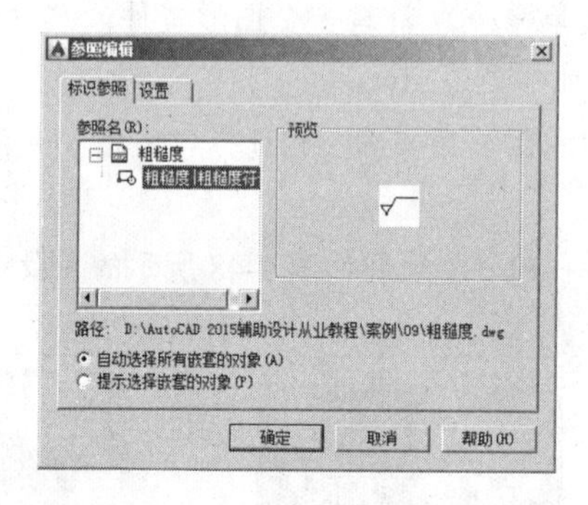

图9-50 标识参照选项

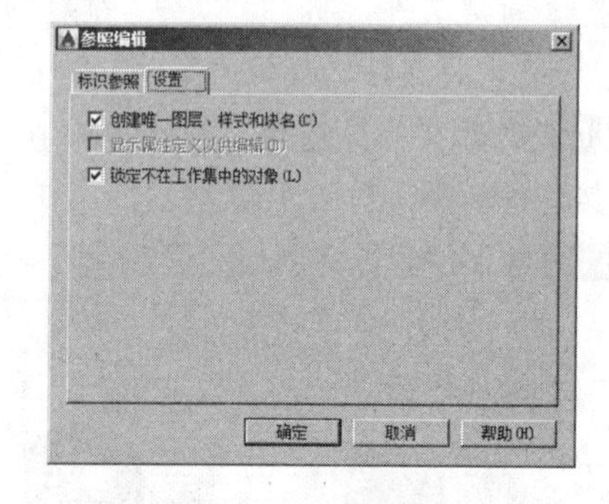

图9-51 设置选项

选项含义 其中各选项含义如下。

- “标识参照”选项卡：用于为标识要编辑的参照提供视觉帮助和辅助工具，并控制选择参照的方式。
- “参照名”选项区：显示选定参照的文件位置。
- “路径”选项区：显示选定参照的文件路径。如果选定参照是一个块，则不显示路径。如果选中“自动选择所有嵌套的对象”单选按钮，选定参照中的所有对象将自动包括在参照编辑任务中；如果选中“提示选择嵌套的对象”单选按钮，将关闭“参照编辑”

对话框，进入参照编辑状态后，系统将提示用户在要编辑的参照中选择特定的对象。

- “设置”选项卡：用于为编辑参照提供选项。

9.4 附着光栅图像

光栅图像是由许多像素组成的图像，它可以像外部参照一样附着到 AutoCAD 图形文件中。在 AutoCAD 2016 中支持多种格式的图像文件，包括“.JPEG”，“.GIF”，“.BMP”，“.PCX”等。

与许多其他 AutoCAD 图形对象一样，光栅图像可以被复制、移动或裁剪。本节详细介绍光栅图像的附着和管理。

9.4.1 图像附着

执行方法 在 AutoCAD 2016 中，用户可通过以下两种方式来附着光栅图像：

- 菜单栏：选择“插入 | 光栅图像”菜单命令。
- 命令行：输入“IMAGEATTACH”命令。

操作实例 执行上述操作后，将弹出“选择参照文件”对话框，如图 9-52 所示。在该对话框中选择需要插入的光栅图像后，单击“打开”按钮，弹出“附着图像”对话框，如图 9-53 所示。

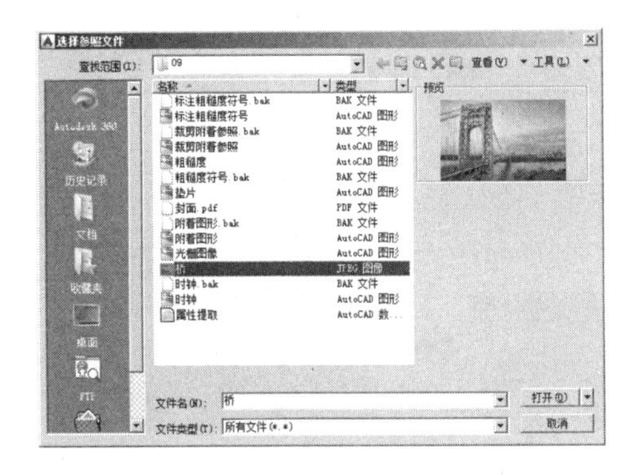

图9-52 “选择参照文件”对话框

图9-53 “附着图像”对话框

在该对话框中可以指定光栅图像的插入点、缩放比例和旋转角度等特性。如果取消勾选“在屏幕上指定”复选框，则可以在屏幕上通过鼠标拖动图像的方法来指定。

单击“显示细节”按钮，可以显示图像的详细信息，如图像的分辨率、图像的像素大小和单位大小等。设置完成后，单击“确定”按钮，即可将光栅图像附着到当前图形中。

技巧：附着文件路径设置

如果附着的光栅图像路径因为被修改的原因，那么将无法显示该图像（得到图像的文字路径），如图 9-54 所示，如果要显示该图像，那么必须把该图像放置到原来的路径或者重新进行附着。

.\桥.jpg

图9–54　光栅显示为文字

9.4.2　图像剪裁

执行方法 在 AutoCAD 2016 中，用户可通过以下两种方式来剪裁附着光栅图像：

- 菜单栏：选择“修改 | 裁剪 | 图像”菜单命令。
- 命令行：输入“IMAGECLIP”命令。

操作实例 执行上述操作后，根据命令行提示，即可对附着的图像进行剪裁操作，如图 9-55 所示。

```
命令：IMAGECLIP                                      \\ 执行“剪裁”命令
选择要剪裁的图像：                                    \\ 选择对象
输入图像剪裁选项 [ 开 (ON)/ 关 (OFF)/ 删除 (D)/ 新建边界 (N)] < 新建边界 >: N
外部模式 - 边界外的对象将被隐藏。                      \\ 输入 N 或直接按“Enter”键
指定剪裁边界或选择反向选项：                          \\ 指定裁剪边界
[ 选择多段线 (S)/ 多边形 (P)/ 矩形 (R)/ 反向剪裁 (I)] < 矩形 >: 指定对角点：
```

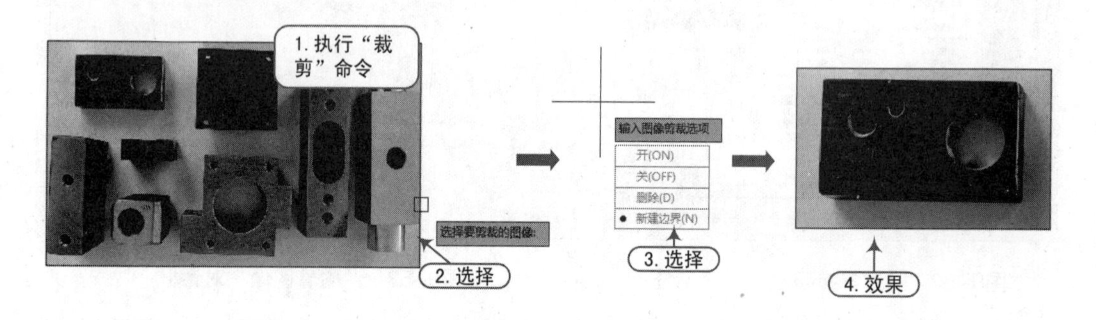

图9–55　图像剪裁

9.4.3　图像调整

知识要点 “图像调整”命令可以通过调整选定图像的亮度、对比度和淡入度的设置来控制图像的显示方式。

执行方法 “图像调整”命令的执行方法如下：

- 菜单栏：选择“修改 | 对象 | 图像 | 调整”菜单命令。
- 命令行：输入“IMAGECLIP”命令。

操作实例 执行上述操作后，系统提示选择图像，选择图像并按“Enter”键，将打开“图像调整”对话框，如图 9-56 所示。在该对话框中可以为附着图像更改“亮度”、“对比度”和“淡入度”的默认值。

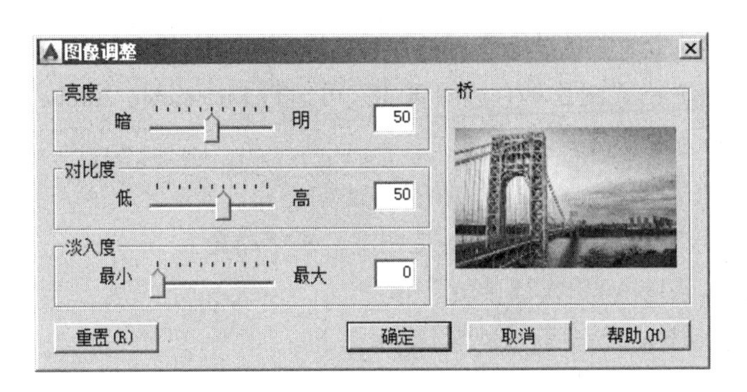

图9-56 “图像调整”对话框

选项含义 在“图像调整”对话框中，各选项含义如下。

- “亮度”选项组：控制图像的亮度，从而间接控制图像的对比度。此值越大，图像就越亮，增大对比度时变成白色的像素点也会越多。
- “对比度”选项组：控制图像的对比度，从而间接控制图像的淡入效果。此值越大，每个像素就会在更大程度上被强制使用主要颜色或次要颜色。
- “淡入度”选项组：控制图像的淡入效果。值越大，图像与当前背景色的混合程度就越高。值为 100 时，图像完全溶入背景中。更改屏幕的背景色可以将图像淡入至新的颜色。打印时，淡入的背景色为白色。
- “图像预览”框：显示选定图像的预览图。预览图像将进行动态更新来反映对亮度、对比度和淡入度的设置修改。
- “重置”按钮：将亮度、对比度和淡入度重置为默认设置（分别为 50、50 和 0）。

9.4.4 图像质量

知识要点 显示质量的设置会影响到显示的性能，这是因为显示高质量的图像需花费较长的时间。对此设置的更改会立即更新显示，但并不重生成图像。在打印图像时通常使用高质量的设置。

执行方法 “图像质量”的执行方法如下：

- 菜单栏：选择“修改 | 对象 | 图像 | 质量”菜单命令。
- 命令行：输入“IMAGEQUALITY”命令。

操作实例 执行上述操作后，命令行提示如下：

```
命令 : IMAGEQUALITY                              \\ 执行“图像质量”命令
输入图像质量设置 [ 高 (H)/ 草稿 (D)] < 高 >: H     \\ 输入选项或按“Enter”键
```

9.4.5 图像透明度

知识要点 “图形透明度”命令用于控制图像的背景像素是否透明。有些图像文件格式允许图像具有透明像素。“透明”对于两值图像和非两值图像（Alpha RGB 或灰度）都可用。默认状态时，在透明设置为关的状态下附着图像。“透明”可针对单个图像进行调整。

网页上的很多 GIF 格式图片具有透明属性。可运行 Firework、Adobe ImageReady 等软件编辑图像文件，存储为透明格式。

执行方法 “图像透明度”命令的执行方法如下：

- 菜单栏：选择“修改 | 对象 | 图像 | 透明度”菜单命令。
- 命令行：输入“TRANSPARENCY”命令。

操作实例 执行上述操作后，命令行提示如下：

```
命令 : TRANSPARENCY                              \\ 执行“图像透明度”命令
选择图像 : 找到 1 个                               \\ 选择图形对象
选择图像 :                                        \\ 按“Enter”键
输入透明模式 [ 开 (ON)/ 关 (OFF)] <OFF>: ON        \\ 选择选项
```

9.4.6 图像边框

执行方法 “图像边框”命令用于控制图像边框在屏幕上显示还是隐藏。其执行方法如下：

- 菜单栏：选择“修改 | 对象 | 图像 | 边框”菜单命令。
- 命令行：输入“IMAGEFRAME”命令。

操作实例 执行上述操作后，命令行提示如下：

```
命令 : _imageframe                               \\ 执行“图像边框”命令
输入 IMAGEFRAME 的新值 <1>: 2                     \\ 输入边框值
```

正在重生成模型。

实例——附着并调整光栅图像

案例	光栅图像 .dwg
视频	附着并调整光栅图像 .avi

下面通过实例讲解本节所学内容，附着并调整光栅图像，其具体步骤如下：

实战要点 ①附着光栅图像；②调整光栅图像。

操作步骤

Step 01 新建文件。执行“文件 | 新建”菜单命令，新建一个图形文件；然后执行“文件 | 保存”命令，将文件保存为“案例 \09\ 光栅图像 .dwg”。

Step 02 附着光栅图像文件。执行“插入 | 光栅图像”菜单命令，在“选择参照文件”对话框中，选择“案例 \09\ 桥 .jpg”文件，单击“打开”按钮，弹出“附着图像”对话框，将其作为光栅图像，单击“确定”如图 9-57 所示。

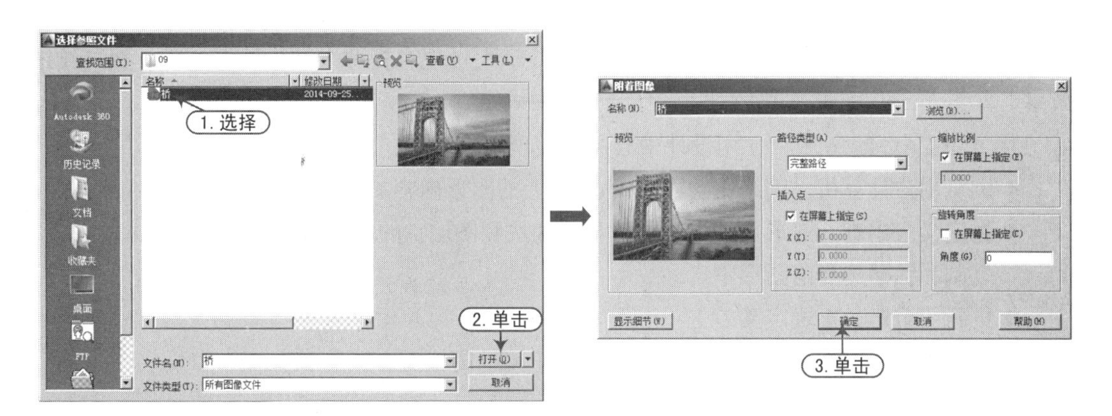

图9-57 附着参照文件

Step 03 插入图像。在绘图区域单击一点作为插入点，并调节图像的缩放比例，如图 9-58 所示。

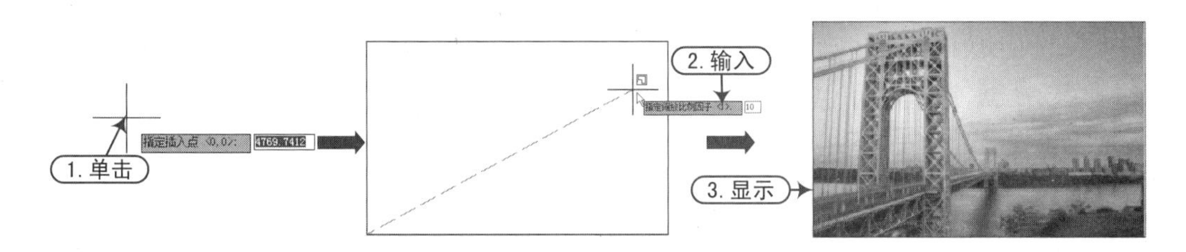

图9-58 插入图像

Step 04 调整图像。选择“修改 | 对象 | 图像 | 调整”菜单命令，打开“图像调整”对话框，设置图像参数，如图 9-59 所示。

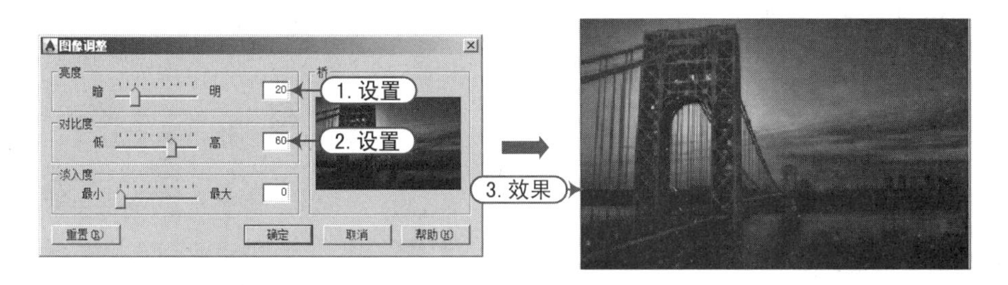

图9-59 调整图像

9.5 设计中心的使用

设计中心是一个直观、高效的图形资源管理工具，它与 Windows 的资源管理器类似。使

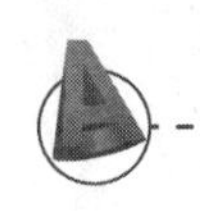

用 AutoCAD 的设计中心不仅可以浏览、查找、打开、预览和管理 AutoCAD 图形、块、外部参照和图像文件，还可以通过拖动操作，将用户计算机上、网络位置或网站上的块、图层和外部参照等插入图形文件中。

如果打开了多个图形文件，则可以通过设计中心在图形之间复制和粘贴其他内容，如图层、布局和文字样式等内容，从而可以利用和共享大量现有资源来简化绘图过程，提高绘图效率。

在 AutoCAD 2016 中，使用设计中心可以实现以下操作：

- 浏览用户计算机，网络驱动器和 Web 页上的图形内容。
- 在定义表中查看图形文件中命名对象（如块和图层）的定义，然后将定义插入、附着、复制和粘贴到当前图形中。
- 更新（重定义）块定义。
- 创建指向常用图形、文件夹和【Internet】网址的快捷方式。
- 向图形中添加内容（如外部参照、块和填充）。
- 在新窗口中打开图形文件。
- 将图形、块和填充拖动到工具栏选项板上以便于访问。
- 可以控制调色板的显示方式，可以选择大图标、小图标、列表和详细资料 4 种 Windows 标准方式中的一种，可以控制是否预览图形，是否显示调色板中图形内容相关的说明内容。

执行方法 打开“设计中心”面板的方法如下：

- 菜单栏：选择“工具 | 选项板 | 设计中心”菜单命令。
- 面板：在“视图”选项卡的“选项板”面板中，单击“设计中心”按钮。
- 命令行：输入“ADCENTER”命令或按“Ctrl+2”组合键。

执行上述操作后，将打开“设计中心”面板，该面板主要由 5 部分组成：标题栏、工具栏、选项卡、显示区（树状目录、项目列表、预览窗口、说明窗口）和状态区，如图 9-60 所示。

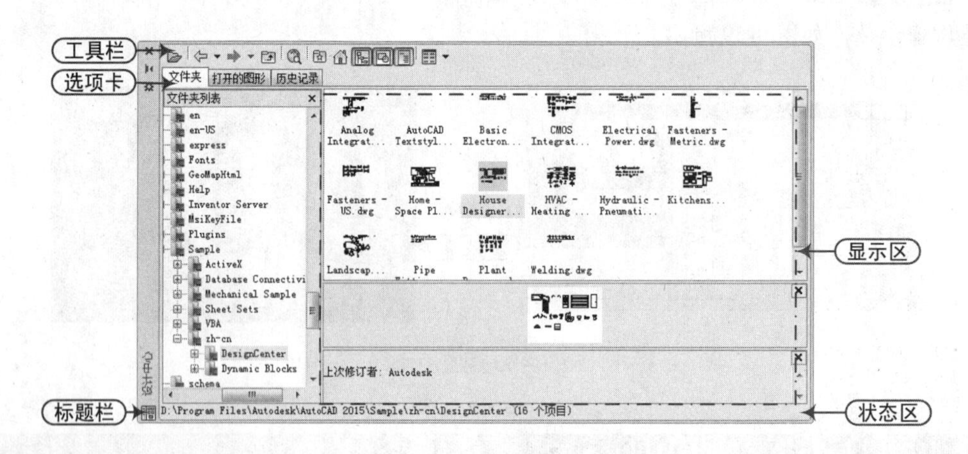

图9-60 “设计中心”面板

- 标题栏：用于控制 AutoCAD 设计中心窗口的尺寸、位置、外观形状和开关状态等。

- 工具栏：用于控制树状图和内容区中信息的浏览和显示。其中，各个按钮的功能如下。
  - “加载”按钮：显示“加载”对话框（标准文件选择对话框）。使用“加载”浏览本地和网络驱动器或 Web 上的文件，然后选择内容加载到内容区域。
  - “最后”按钮：返回历史记录列表中最近一次的位置。
  - “向前”：返回到历史记录列表中下一次的位置。
  - “上级”按钮：显示当前容器的上一级容器的内容。
  - “搜索”按钮：显示“搜索”对话框，。从中可以指定搜索条件以便在图形中查找图形、块和非图形对象。
  - “收藏夹”按钮：在内容区域中显示“收藏夹”文件夹的内容。“收藏夹”文件夹包含经常访问项目的快捷方式。要在“收藏夹”中添加项目，可以在内容区域或树状图中的项目上右击，然后单击“添加到收藏夹”按钮。要删除“收藏夹”中的项目，可以使用快捷菜单中的“组织收藏夹”选项，然后使用快捷菜单中的“刷新”选项。
  - “主页”按钮：将设计中心返回默认文件夹。安装时，默认文件夹被设定为 ...SampleDesignCenter，可以使用树状图中的快捷菜单更改默认文件夹。
  - “树状图切换”按钮：显示和隐藏树状视图。如果绘图区域需要更多的空间，则隐藏树状图。树状图隐藏后，可以使用内容区域浏览容器并加载内容。在树状图中使用“历史记录”列表时，“树状图切换”按钮不可用。
  - “预览”按钮：显示和隐藏内容区域窗格中选定项目的预览。如果选定项目没有保存的预览图像，“预览”区域将为空。
  - “说明”按钮：显示和隐藏内容区域窗格中选定项目的文字说明。如果同时显示预览图像，文字说明将位于预览图像下面。如果选定项目没有保存的说明，“说明”区域将为空。
- 选项卡：“设计中心”窗口的选项卡包括“文件夹”选项卡、“打开的图形”选项卡、“历史记录”选项卡。
  - “文件夹”选项卡：显示设计中心的资源。该资源与 Windows 资源管理器类似。“文件”选项卡显示导航图标的层次结构，包括网络和计算机、Web 地址 (URL)、计算机驱动器、文件夹、图形和相关的支持文件、外部参照、布局、填充样式和命名对象，包括图形中的块、图层、线型、文字样式、标注样式和打印样式。
  - “打开的图形”选项卡：显示在当前环境中打开的所有图形，其中包括最小化的图形，此时选择某个文件，就可以在右侧的显示框中显示该图形的有关设置，如标注样式、布局块、图层外部参照等。
  - “历史记录”选项卡：显示最近在设计中心打开的文件的列表。显示历史记录后，在一个文件上右击，显示此文件信息或从“历史记录”列表中删除此文件。
- 显示区：分为内容显示区、预览显示区和说明显示区。内容显示区显示图形文件的内容；预览显示区显示图形文件的缩略图；说明显示区显示图形文件的文字描述。
- 状态区：显示所有文件的路径。

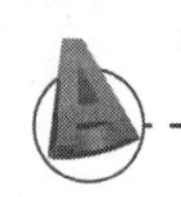

技巧：利用设计中心查找文件

利用设计中心查找文件很方便也很简单，这样就可以在不用退出 AutoCAD 软件的情况下直接打开图形。单击设计中心的“搜索”按钮，将弹出“搜索”对话框，如图 9–61 所示。利用该对话框，就可以进行搜索了。

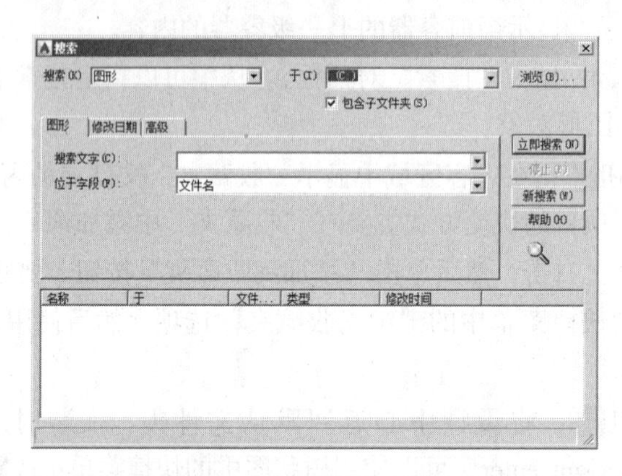

图9–61　“搜索”对话框

9.6　通过设计中心创建样板文件

	案例	机械样板 .dwg
	视频	创建样板文件 .avi

下面建立一个新的图形文件，并将其保存为样板文件，通过设计中心找到“案例 \09\ 机械工程图 .dwg”文件，并将该文件下的文字样式、标注样式、图层添加到新文件中。通过本例学习 AutoCAD 设计中心的使用方法，其操作步骤如下：

实战要点 ①打开“设计中心”的方法；②通过设计中心调用图层的方法。

操作步骤

Step 01 新建文件。正常启动 AutoCAD 2016 软件，在“快速工具栏”中单击“新建”按钮，新建一个图形文件，然后单击“保存”按钮，将其保存为“案例 \09\ 机械样板 .dwg”文件。

Step 02 打开“设计中心”。按“Ctrl+2”组合键，打开“设计中心”面板。

Step 03 找到“案例 \09\ 机械工程图 .dwg”文件。在“设计中心”面板左侧的文件夹列表中找到“案例 \09\ 机械工程图 .dwg”，如图 9-62 所示。

Step 04 展开文件。在树状视图中，单击该项目左侧的加号“+”，然后单击“图层”选项，此时在右侧的显示区将显示该文件的图层信息，如图 9-63 所示。

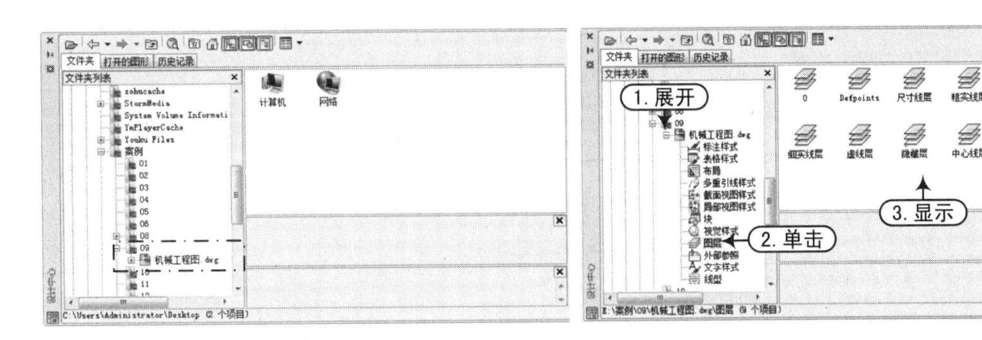

图9-62 查找文件　　　　图9-63 展开文件

Step 05 添加图层。在显示区中选择需要的图层，然后右击，并在弹出的快捷菜单中选择“添加图层”命令，此时被选中的图层便被添加到新文件的图层中，如图9-64所示。

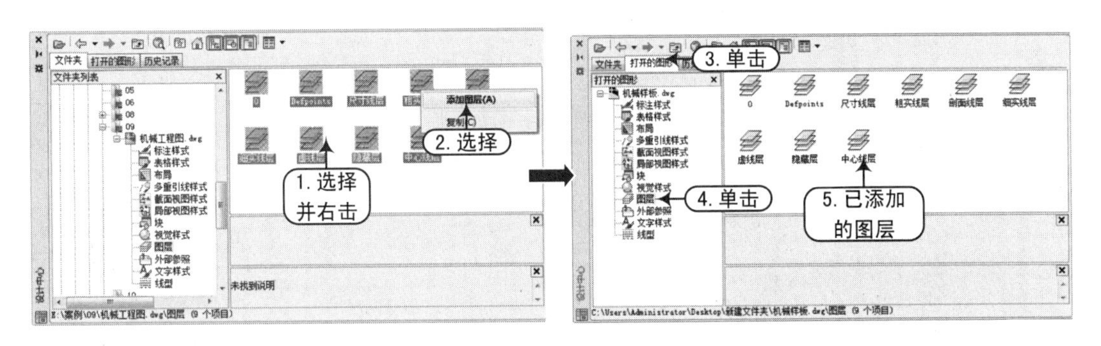

图9-64 添加图层

Step 06 添加文字样式、标注样式。采用同样的方法，单击“机械工程图.dwg”文件中的“标注样式”和“文字样式”选项，添加标注样式和文字样式到新文件中，如图9-65所示。

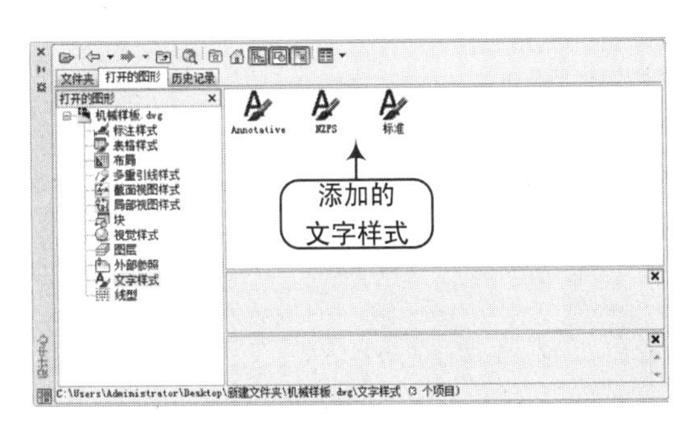

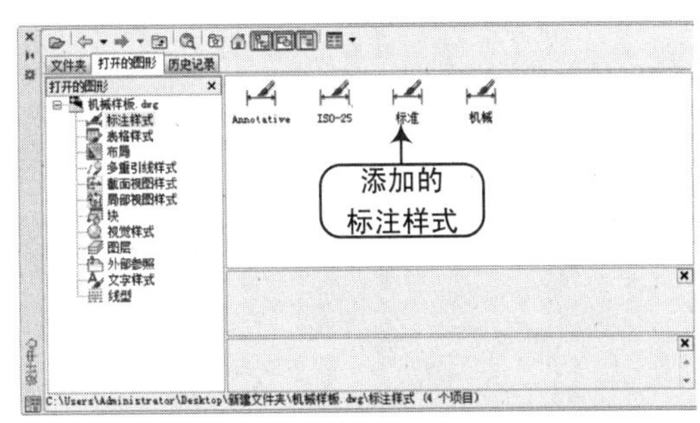

图9-65 添加文字样式和标注样式

Step 07 保存文件。至此，通过设计中心创建的样板文件创建完成，按“Ctrl+S”组合键将文件进行保存。

10

三维绘图基础

本章导读

二维绘图是在平面绘图，而三维绘图是在立体空间绘图，在绘图时需要指定图形的高度，即指定Z坐标的值，因此，二维坐标系统与三维坐标系统有所不同。另外，三维模式下的绘图命令与二维模式下的绘图命令也有所区别，当然一些二维绘图命令仍然可以在三维绘图中使用。本章将对三维绘图中的一些基本命令进行具体讲解。

本章内容

- 三维建模空间
- 视觉样式
- 三维视图
- 在三维空间绘制简单对象
- 综合实战——底座的创建

本章视频集

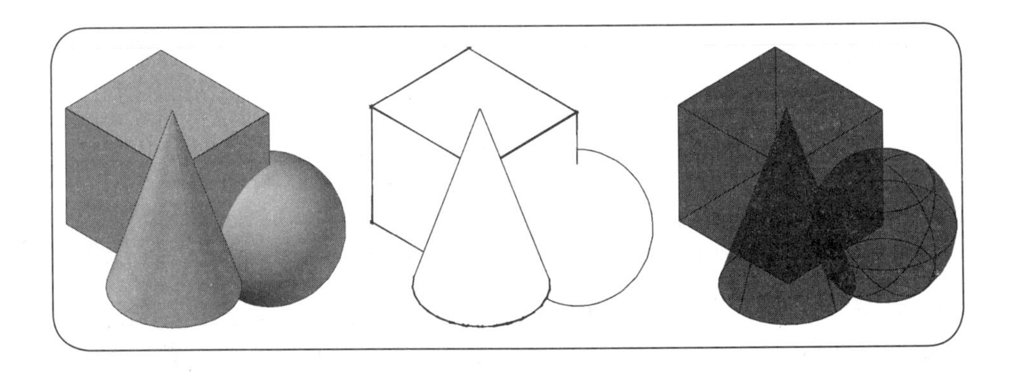

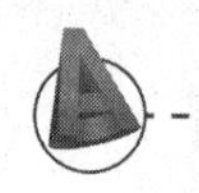

10.1 三维建模空间

知识要点 AutoCAD 带有三维工作空间和样板，能够自动使用户在三维空间轻松地工作。要在三维空间中进行工作，首先必须将当前的工作环境切换至三维工作空间。

执行方法 用户可以通过以下两种方法进行工作空间的切换：

- 工具栏：在“工作空间”下拉列表中选择“三维建模”，如图 10-1 所示。
- 菜单栏：选择“工具 | 工作空间 | 三维建模”菜单命令，如图 10-2 所示。

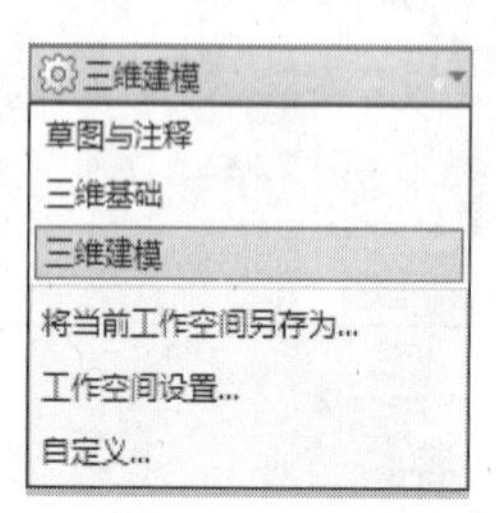

图10–1 “工作空间”下拉列表

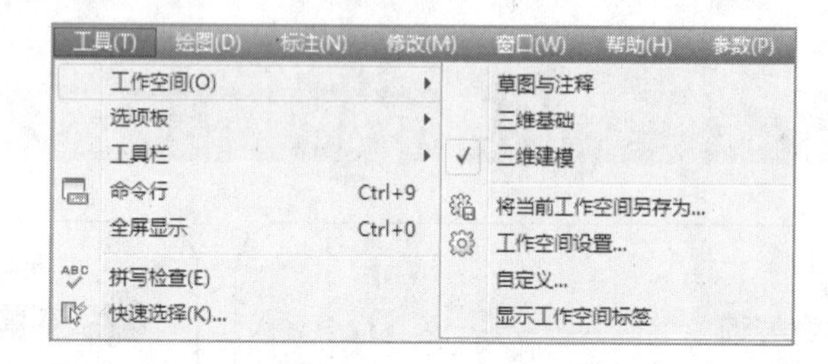

图10–2 工作空间菜单

执行上述操作后，将打开如图 10-3 所示的“三维建模”工作空间。

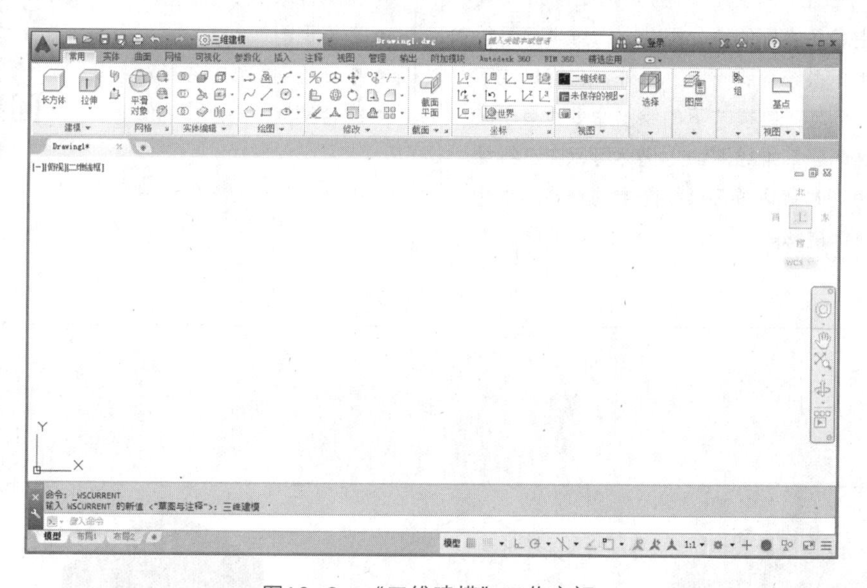

图10–3 “三维建模”工作空间

10.2 视觉样式

知识要点 “视觉样式”用于控制边、光源和着色的显示。可通过更改视觉样式的特性控制图形的显示效果。应用视觉样式或更改其设置时，关联的视口会自动更新显示更改效果。

执行方法 要调整模型的视觉样式，其操作方法如下：

- 菜单栏：选择“视图 | 视觉样式”菜单命令中的相应子命令，如图 10-4 所示。

● 视觉样式控件：单击绘图区域左上角的“视觉样式”控件按钮，如图 10-5 所示。

● 面板：在“视图”选项卡的“视觉样式”面板中进行选择，如图 10-6 所示。

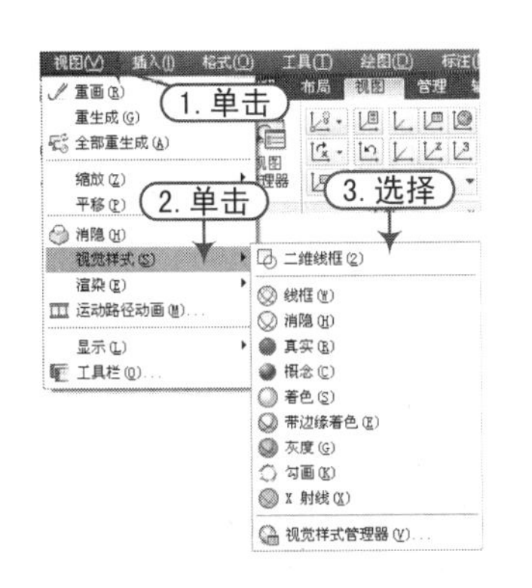

图10-4 “视觉样式”菜单

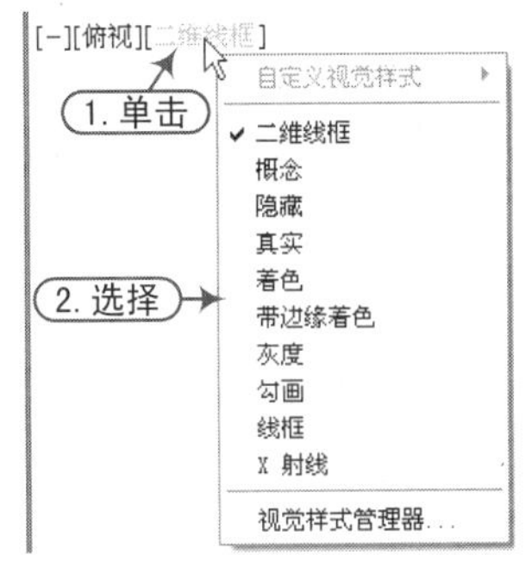

图10-5 “视觉样式”控件

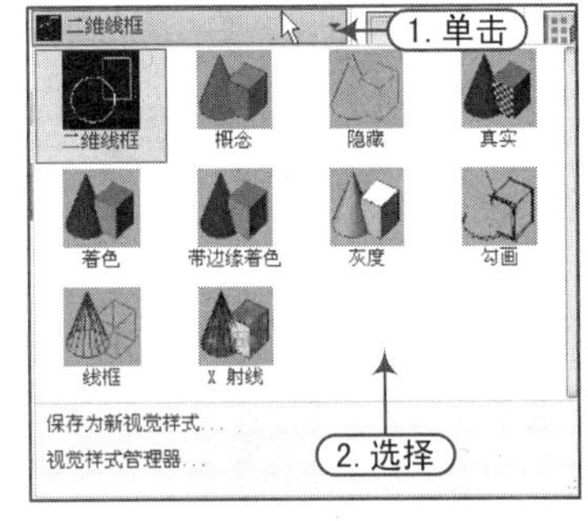

图10-6 “视觉样式”面板

选项含义 AutoCAD 为用户提供了 10 种视觉样式，分别为二维线框、概念、消隐、真实、着色、带边缘着色、灰度、勾画、线框和 X 射线。

● 二维线框：通过使用直线和曲线表示边界的方式显示对象，是默认的视觉样式，如图 10-7 所示。

● 概念：着色多边形平面间的对象，并使对象的边平滑化。着色使用冷色和暖色之间的过渡。效果缺乏真实感，但是可以更方便地查看模型的细节，如图 10-8 所示。

● 消隐：使用线框表示法显示对象，并且隐藏表示背面的线，如图 10-9 所示。

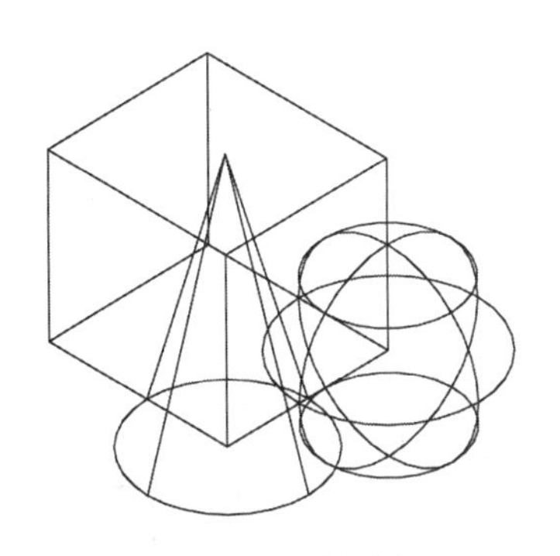

图10-7 二维线框

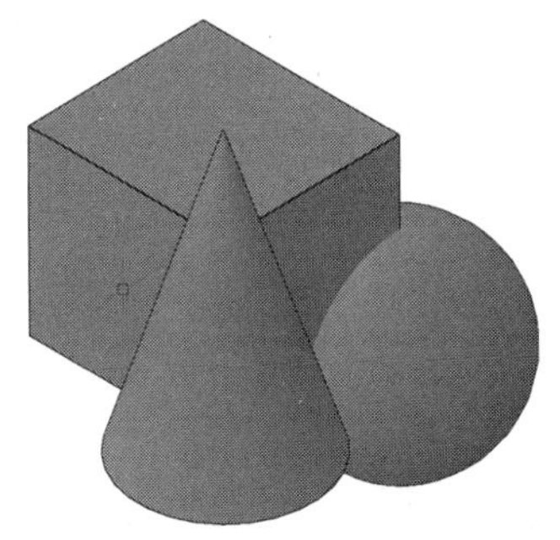

图10-8 概念

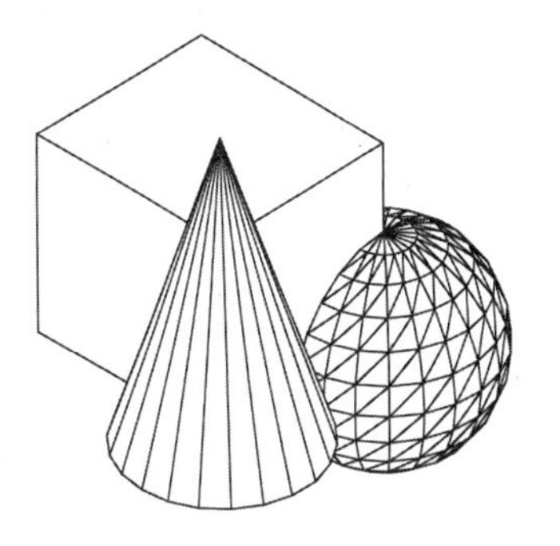

图10-9 消隐

● 真实：着色多边形平面间的对象，并使对象的边平滑化。将显示已附着到对象的材质，如图 10-10 所示。

● 着色：使用平滑着色显示对象，如图 10-11 所示。

● 带边缘着色：使用平滑着色和可见边显示对象，如图 10-12 所示。

● 灰度：使用单色面颜色模式可以产生灰色效果，如图 10-13 所示。

● 勾画：使用线延伸和抖动边修改器显示对象的手绘效果，如图 10-14 所示。

● 线框：通过使用直线和曲线表示编辑的方式显示对象，该样式与二维线框样式类似。

● X 射线：更改面的不透明度使整个场景变成部分透明，如图 10-15 所示。

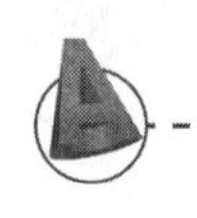

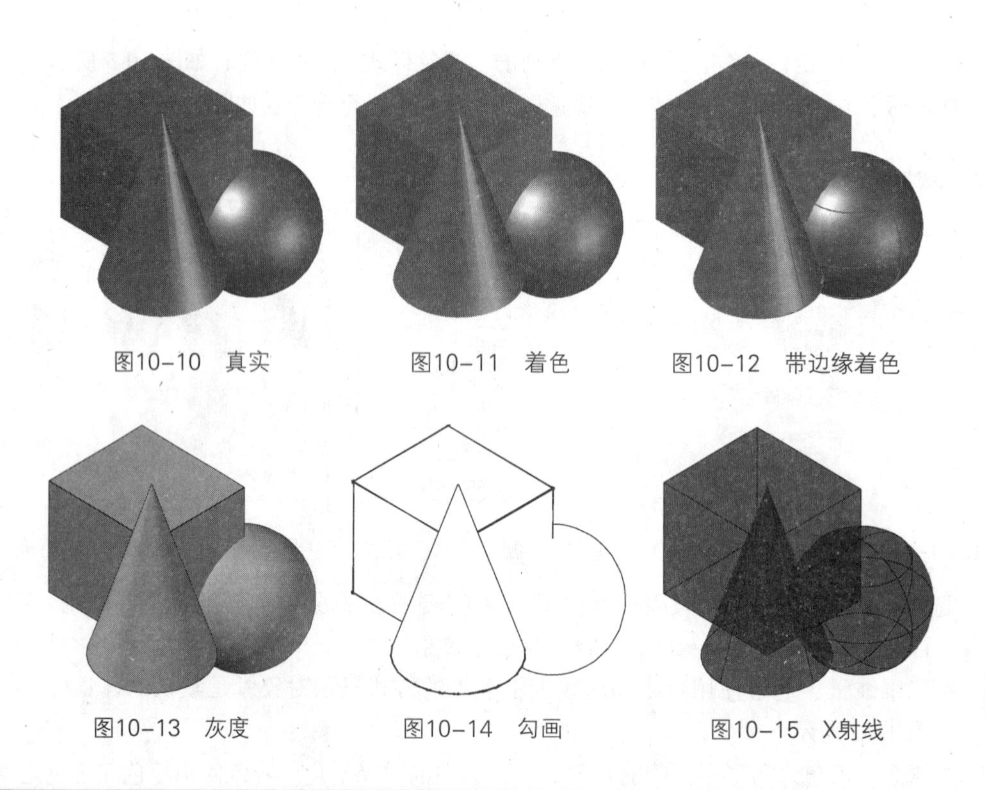

图10-10　真实　　图10-11　着色　　图10-12　带边缘着色

图10-13　灰度　　图10-14　勾画　　图10-15　X射线

技巧："边"的显示控制

概念视觉样式时，需要注意的是，是否显示"边"，可以执行"视图｜视觉样式管理器｜概念"命令，在"边设置｜边模式""边模式"中选择"无"选项即可，如图 10-16 所示。

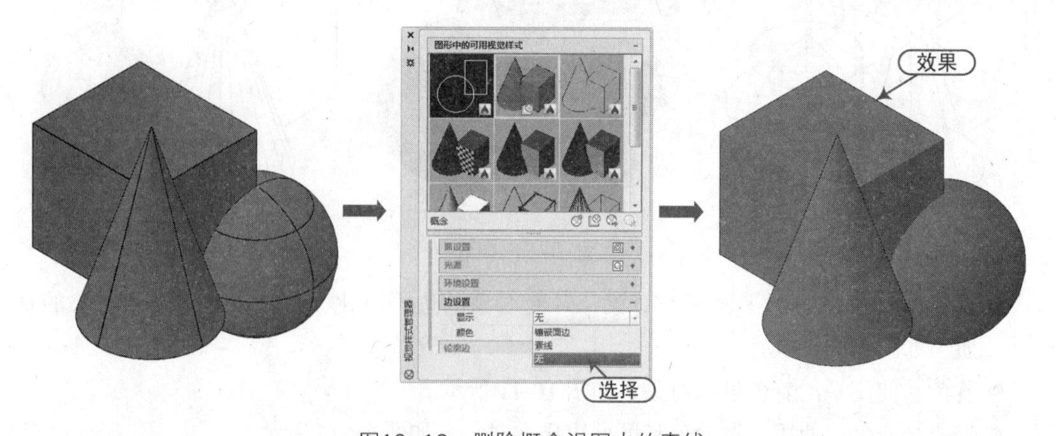

图10-16　删除概念视图中的素线

10.3　三维视图

所有的图形都是基于二维平面进行绘制的，显示的视图也是二维视图。而在创建三维模型的时候，在二维视图中是无法进行创建的，必须在三维视图中进行操作，这样既便于捕捉，也便于查看。

10.3.1　三维视图的分类

在观察三维实体时，虽然从不平行于坐标轴的方向观察，可以得到有立体感的轴测图，但由于它难以正确反映三维实体的形状和尺寸，当需要获得准确的形状和尺寸时，人们经常使用沿坐标轴方向的观察，即经常使用基本三视图，如前视图、俯视图和左视图等，如图 10-17 所示。

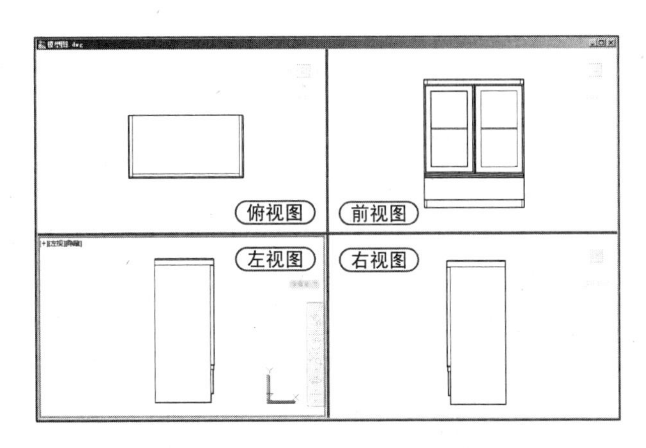

图10–17　二维视图

轴测图是常见的立体图，由于它用一个投影面来表示物体的三维空间（长、宽、高），虽然立体感强，但是难以准确表达图形的尺寸，因而轴测图经常作为辅助视图来使用。

AutoCAD 提供了 4 种常用的轴测图，包括西南等轴测图、东南等轴测图、东北等轴测图和西北等轴测图。图 10-18 所示，为模型在 4 种等轴测图中的显示效果。

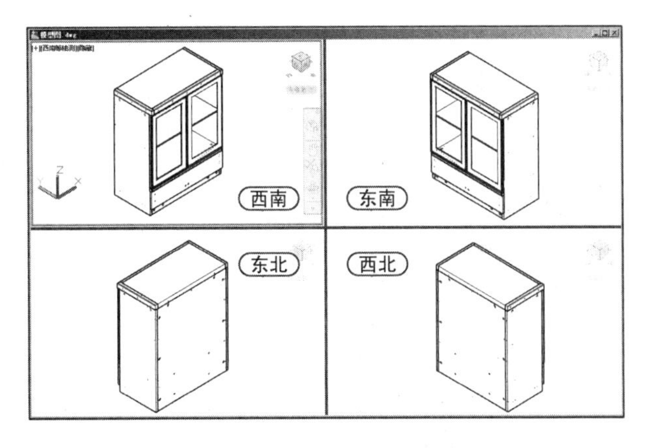

图10–18　三维立体图

AutoCAD 为用户默认设置了 10 种标准视图，除了可以通过前视图、俯视图、左视图、右视图、仰视图和后视图来表达一个物体外，还可以通过西南等轴测、西北等轴测、东南等轴测、东北等轴测视图进行查看物体。

- 前视图：与 X 轴的夹角为 270°，与 XY 平面的夹角为 0°。前视图是另一种立面视图，它是从正面观察模型的视图。
- 后视图：与 X 轴的夹角为 90°，与 XY 平面的夹角为 0°。后视图也是一种立面视图，它是从背面观察模型的视图。
- 俯视图：与 X 轴的夹角为 270°，与 XY 平面的夹角为 90°。俯视图是从顶部往下看的平面图。
- 仰视图：与 X 轴的夹角为 0°，与 XY 平面的夹角为 0°。仰视图是从底部往上看的平面图。
- 左视图：与 X 轴的夹角为 180°，与 XY 平面的夹角为 0°。左视图显示从模型左侧观察的视图。
- 右视图：与 X 轴的夹角为 0°，与 XY 平面的夹角为 0°。右视图显示从模型右侧观察的视图。
- 西南等轴测视图：与 X 轴的夹角为 225°，与 XY 平面的夹角为 35.5°。西南等轴测视图显示的是从全部 3 个轴等角的视点观察模型的视图。
- 西北等轴测视图：与 X 轴的夹角为 135°，与 XY 平面的夹角为 35.33°。西北等轴测视图显示的是从位于左视图和后视图之间的交点观察模型的视图，同样也是半侧半俯视图。
- 东南等轴测视图：与 X 轴的夹角为 315°，与 XY 平面的夹角为 35.3°。东北等轴测视图显示的也是从全部 3 个轴等角的视点观察模型的视图，是从位于右视图和主视图之间，以及侧视图和俯视图半中间的角度来观察图形。
- 东北等轴测视图：与 X 轴的夹角为 45°，与 XY 平面的夹角为 35.3°。东北等轴测视图是从位于右视图和后视图之间的角点观察的视图，同样也是半侧半俯视图。

10.3.2 三维视图的切换

执行方法 为了便于观察和编辑三维模型，在绘图过程中，用户需要经常切换视图来绘制图形，切换视图的常用方法如下：

- 菜单栏：选择“视图 | 三维视图”菜单命令，如图 10-19 所示。
- “视图”控件：单击绘图区域左上角的“视觉样式”控件按钮，如图 10-20 所示。

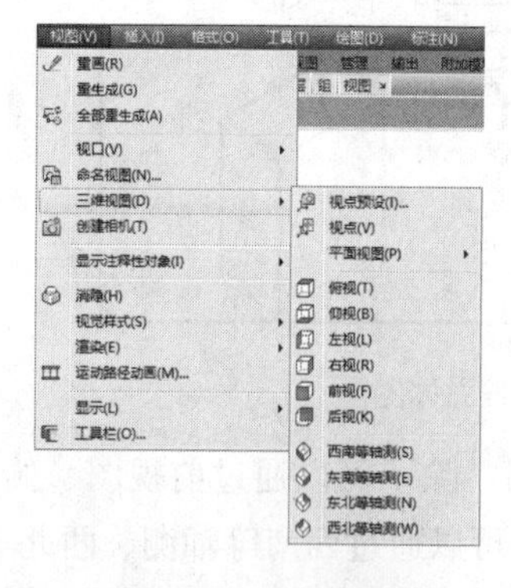

图10-19 三维视图菜单

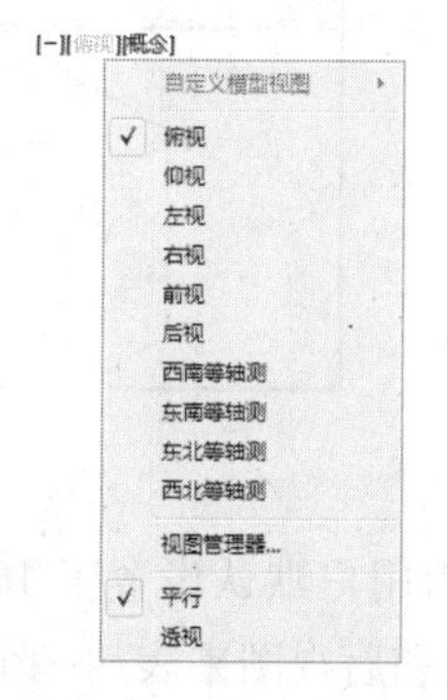

图10-20 视图控件

10.4 在三维空间绘制简单对象

在 AutoCAD 中，可以使用点、线段、射线、构造线、多段线、样条曲线等命令绘制简单的三维图形。

10.4.1 在三维空间绘制三维点、线段、射线、构造线

用户可以在三维空间绘制点、线段、射线、构造线等图形对象。绘制命令与绘制二维图形的命令相同，分别是 POINT、LINE、RAY 和 XLINE，当执行对应的命令后，一般应根据提示输入或捕捉三维空间的点。

由于三维图形对象上的一些特殊点，如交点、中点等不能通过输入坐标的方法来实现，可以采用三维坐标下的目标捕捉来拾取点。

二维方式下的所有目标捕捉方式在三维图形环境中可以继续使用。不同之处在于，在三维环境下只能捕捉三维对象和底面的一些特殊点，而不能捕捉柱体等实体侧面的特殊点，即在柱状体侧面竖线上无法捕捉目标点，因为柱体的侧面上的竖线只是显示模拟曲线。在三维对象的平面视图中也不能捕捉目标点，因为在顶面上的任意一点都对应着底面上的一点，此时系统无法识别所选的点究竟在哪个面上。

10.4.2 在三维空间绘制其他二维图形

当绘制三维图形时，经常需要在三维空间绘制二维图形，如绘制圆、圆弧等。在三维空间绘制二维图形的常用方法是：建立新 UCS，使该 UCS 的 XY 面与绘制二维图形的绘图面重合，然后执行对应的二维绘图命令绘制二维图形。为了方便绘图，还可以建立对应的平面视图，使当前 UCS 的 XY 面与计算机屏幕重合。

10.4.3 在三维空间绘制多段线

知识要点 在二维坐标系下，使用“多段线”命令（PL）绘制多段线，尽管各线条可以设置宽度和厚度，但它们必须共面。三维多段线的绘制过程和二维多段线基本相同，但其使用的命令不同。另外，在三维多段线中只有直线段，没有圆弧线。

执行方法 在三维绘图环境下，绘制多段线的方法如下：

- 菜单栏：选择“绘图 | 三维多段线”菜单命令。
- 功能区：在“常用”选项卡的“绘图”面板中，单击“三维多段线”按钮。
- 命令行：输入“3DPOLY”命令。

操作实例 例如，经过（40,0,0）、（0,0,0）、（0,60,0）、（0,60,30）、绘制三维多段线，如图 10-21 所示。命令行提示如下：

```
命令：_3DPOLY                              \\执行“三维多段线”命令
指定多段线的起点：40,0,0                    \\指定多段线起点
指定直线的端点或 [放弃 (U)]: 0,0,0          \\指定多段线的端点
指定直线的端点或 [放弃 (U)]: 0,60,0         \\指定多段线下一端点
```

```
指定直线的端点或 [ 放弃 (U)]: 0,60,30                    \\指定多段线下一端点
指定直线的端点或 [ 闭合 (C)/ 放弃 (U)]:                  \\按“Enter”键或闭合多段线
```

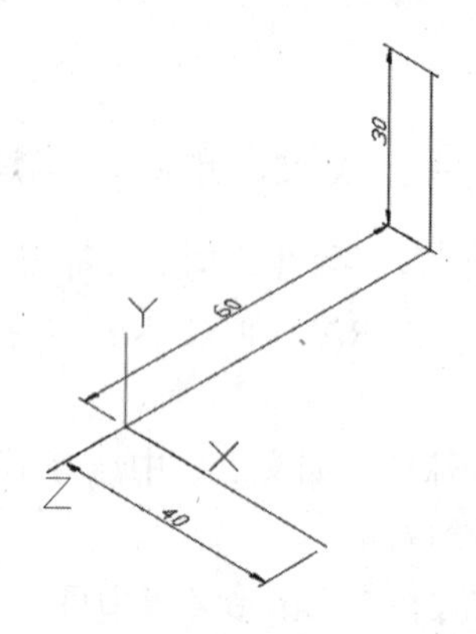

图10–21　绘制三维多段线

绘制三维多段线后，用户可以使用“编辑多段线”命令（PEDIT）编辑三维多段线，执行“多段线编辑”命令（PEDIT）后，命令行提示如下：

```
命令 : PEDIT
选择多段线或 [ 多条 (M)]:
输入选项 [ 闭合 (C)/ 合并 (J)/ 编辑顶点 (E)/ 样条曲线 (S)/ 非曲线化 (D)/ 反转 (R)/ 放弃 (U)]: J
```

其中，各选项含义与二维多段线编辑时给出的各选项含义相同。

10.4.4　绘制三维样条曲线

知识要点 三维样条曲线是在三维空间中的任意位置或通过指定的点来绘制样条曲线，此时绘制的样条曲线的点不是共面的点。

执行方法 在三维坐标系下，可以利用“样条曲线”命令（SPLINE）绘制样条曲线，其执行方法如下：

- 菜单栏：选择“绘图 | 样条曲线”菜单命令。
- 功能区：在“常用”选项卡的“绘图”面板中，单击“样条曲线”按钮~。
- 命令行：输入“SPLINE”命令。

操作实例 例如，经过点（0,0,0）、（10,10,10）、（0,0,0）、（0,0,20）、（-10,-10,30）、（0,0,40）、（10,10,50）和（0,0,60）绘制的样条曲线，如图 10-22 所示。命令行提示如下：

图10–22　绘制三维样条曲线

```
命令 : SPLINE                                            \\执行“样条曲线”命令
当前设置 : 方式 = 拟合　节点 = 弦
指定第一个点或 [ 方式 (M)/ 节点 (K)/ 对象 (O)]: 0,0,0      \\输入坐标点
输入下一个点或 [ 起点切向 (T)/ 公差 (L)]: @10,10,10       \\输入坐标点
```

```
输入下一个点或 [ 端点相切 (T)/ 公差 (L)/ 放弃 (U)]: @0,0,20                          \\ 输入坐标点
输入下一个点或 [ 端点相切 (T)/ 公差 (L)/ 放弃 (U)/ 闭合 (C)]: @-10,-10,30      \\ 输入坐标点
输入下一个点或 [ 端点相切 (T)/ 公差 (L)/ 放弃 (U)/ 闭合 (C)]: @0,0,40           \\ 输入坐标点
输入下一个点或 [ 端点相切 (T)/ 公差 (L)/ 放弃 (U)/ 闭合 (C)]: @10,10,50         \\ 输入坐标点
输入下一个点或 [ 端点相切 (T)/ 公差 (L)/ 放弃 (U)/ 闭合 (C)]: @0,0,60           \\ 输入坐标点
输入下一个点或 [ 端点相切 (T)/ 公差 (L)/ 放弃 (U)/ 闭合 (C)]:                    \\ 按 "Enter" 键
```

技巧：三维曲线和二维曲线的区别

在前面的学习中可以知道样条曲线是拟合曲线，就是按照输入的各点按一定的曲率拟合而成的，控制要素为输入点和角度；二维曲线就是平面曲线，规则的就是圆弧，不规则的就是样条曲线；三维曲线就是通过输入三维坐标连接而成的曲线，如果只有二维坐标，那么就是二维曲线了。

10.5 综合实战——底座的创建

	案例	底座 .dwg
	视频	底座的创建 .avi

本实例通过绘制如图 10-23 所示的底座图形，掌握三维基础命令应用方法。其操作步骤如下：

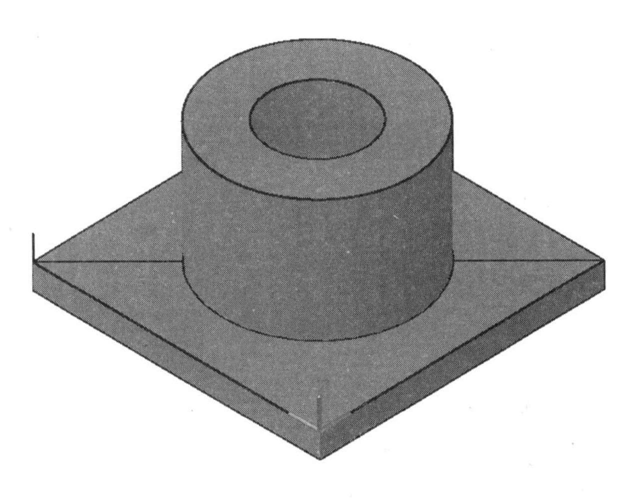

图10-23　底座

实战要点 学习三维建模的方法。

操作步骤

Step 01 新建文件。正常启动 AutoCAD 2016 软件，执行“文件 | 新建”命令，新建一个图形文件，然后执行“文件 | 保存”命令，将其保存为“案例 \10\ 底座 .dwg”文件。

Step 02 新建图层。执行“图层（LA）”命令，打开“图层特性管理器”选项板，单击“新建图层”按钮，新建 4 个图层，并将“底座图层”设置为当前图层，如图 10-24 所示。

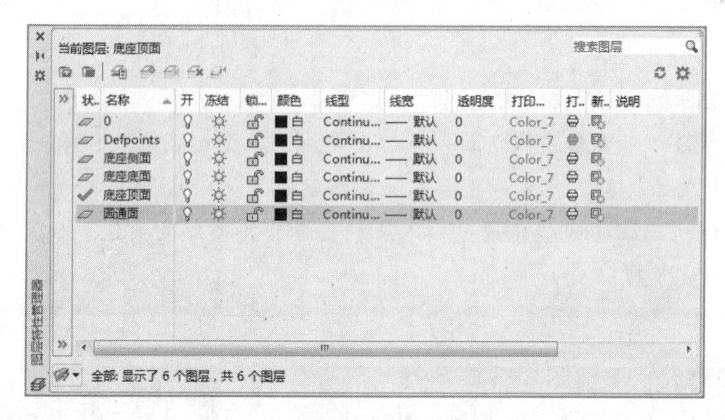

图10-24 “图层特性管理器”选项板

Step 03 绘制矩形。在“视图控件”中将“西南等轴测”视图设置为当前视图。执行“矩形（REC）”命令，绘制 120mm × 120mm 的正四边形，如图 10-25 所示。

Step 04 绘制直线。执行“直线”命令（L），以矩形的一个端点作为起点，绘制长度为 10mm 的线段，如图 10-26 所示。

Step 05 平移矩形。在图层下拉列表中将“底座侧面”设置为当前图层，在“网格”选项卡的“图元”面板中单击“平移曲面”按钮，将矩形作为平移对象，以绘制的垂线段作为方向矢量绘制底座侧面，如图 10-27 所示。

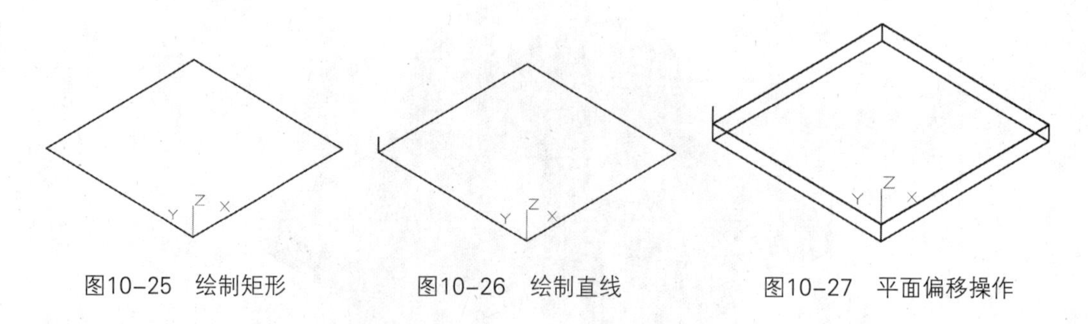

图10-25 绘制矩形　　图10-26 绘制直线　　图10-27 平面偏移操作

技巧：什么是平移曲面

平移曲面是从沿直线路径扫掠的直线或曲线之间创建网格。选择直线、圆弧、圆、椭圆或多段线，用于以直线路径进行扫掠。然后选择直线或多段线，以确定矢量的第一个点和最后一个点，该矢量指示多边形网格的方向和长度。以本实例为例，绘制的矩形即为进行扫掠的对象，直线即为平移中的方向和长度。

Step 06 绘制圆。在“图层”下拉列表中将“底座侧面”图层隐藏，将“底座顶面”图层设置为当前图层。然后执行“直线”命令（L），绘制一条对角线，并以对角线中点为圆心，绘制半径为 20mm 的圆，如图 10-28 所示。

Step 07 修剪图形。执行“修剪”命令（TR），修剪对角线和直线，如图 10-29 所示。

Step 08 合并多段线。执行“分解”命令（X）分解矩形，执行“合并”命令（J），将矩形的两条直线合并为多段线，如图 10-30 所示。

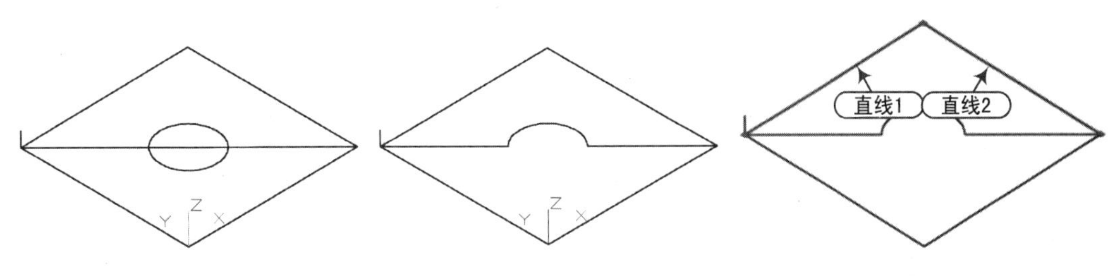

图10-28　绘制直线和圆　　图10-29　修剪操作　　图10-30　合并多段线

Step 09 设置线框密度。在命令行中分别输入“SURFTAB1”和“SURFTAB2”系统参数，设置曲面的网格密度为 30。命令行提示与操作如下：

```
命令：SURFTAB1
输入 SURFTAB1 的新值 <6>: 30
命令：SURFTAB2
输入 SURFTAB2 的新值 <6>: 30
```

Step 10 创建边界曲面。在“网格”选项卡的“图元”面板中单击“边界曲面”按钮，创建如图 10-31 所示的曲面。

Step 11 镜像曲面。执行“镜像（MI）”命令，镜像上一步创建的曲面，如图 10-32 所示。

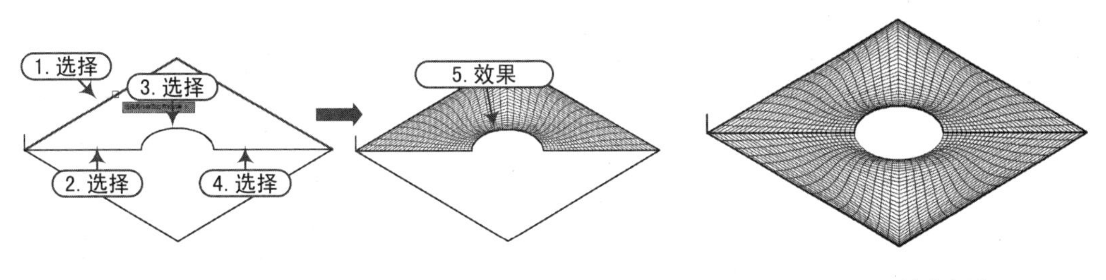

图10-31　边界曲面操作　　图10-32 镜像操作

技巧：什么是边界曲面

边界网格是在四条相邻的边或曲线之间创建网格。选择四条用于定义网格的边。边可以是直线、圆弧、样条曲线或开放的多段线。但是需要注意的是，这些边必须在端点处相交以形成一个闭合路径。

Step 12 移动曲面。执行“移动”命令（M），将创建的边界曲面对象垂直向下移动10mm，如图10-33所示。

Step 13 隐藏图层。将两个曲面移动到底座底面图层，然后隐藏该图层。

Step 14 缩放圆弧。执行“缩放”命令（SC），以圆弧的的圆心为基点，确定比例因子为2，缩放圆弧，如图10-34所示。

Step 15 修剪图形。执行“修剪”命令（TR），修剪多余线段，如图10-35所示。

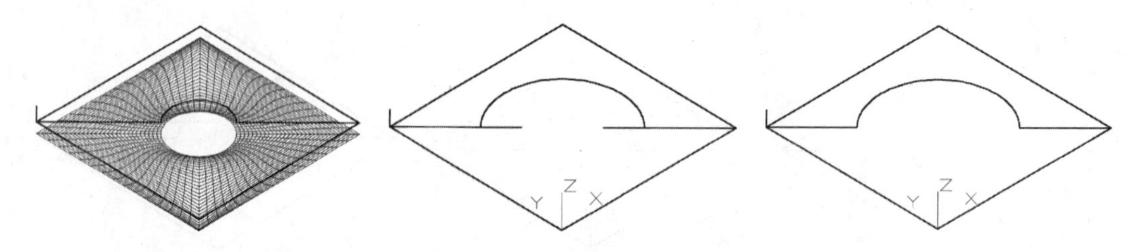

图10-33 移动曲面　　图10-34 缩放圆弧　　图10-35 修剪圆弧对角线

Step 16 创建边界曲面。再次执行“边界曲面”命令，创建曲面，如图10-36所示。

Step 17 镜像曲面。执行“镜像”命令（MI），镜像曲面，如图10-37所示。

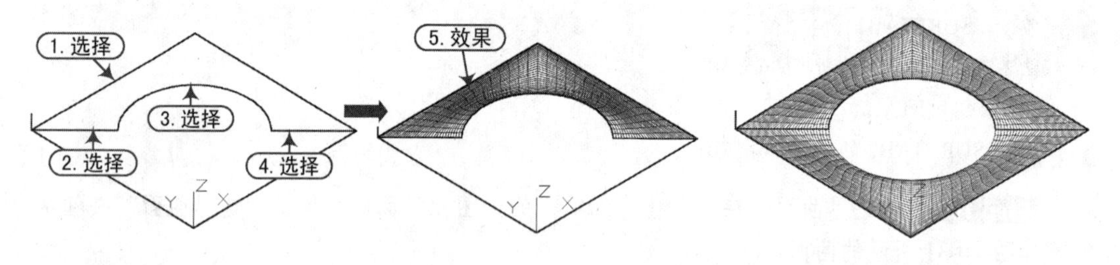

图10-36 创建边界曲面　　图10-37 镜像曲面

Step 18 绘制同心圆。设置“圆筒面”图层切换至当前图层，执行“圆”命令（C），捕捉圆弧圆心，绘制半径分别为20mm和40mm的同心圆，如图10-38所示。

Step 19 复制同心圆。执行“复制”命令（CO），将同心圆向上复制50mm，如图10-39所示。

Step 20 创建直纹网格。执行“直线”命令（L），绘制一条直线，并在“网格”选项卡的“图元”面板中，单击“直纹网格”按钮，选择两个上方同心圆创建曲面，如图10-40所示。

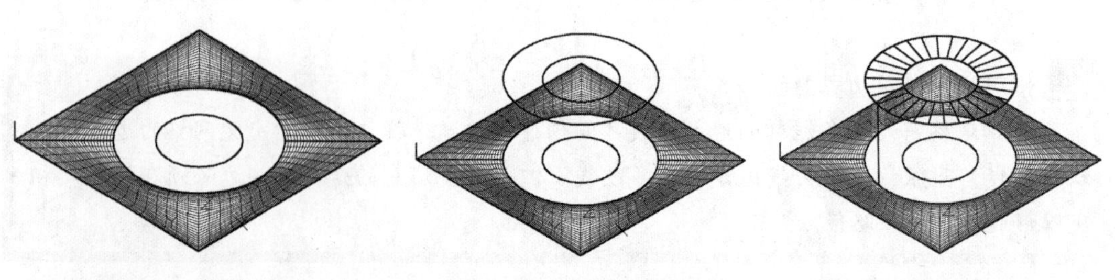

图10-38 绘制同心圆　　图10-39 复制同心圆　　图10-40 创建顶面曲面

Step 21 创建直纹网格。按空格键重复“直纹网格”命令，选择两个大圆创建圆筒侧面曲面，如图 10-41 所示。

Step 22 切换视觉样式。在“图层特性管理器”中，将所有关闭的图层打开，如图 10-42 所示。在“视觉”选项卡的“视觉样式”面板中，选择“概念”视图，其最终效果如图 10-23 所示。

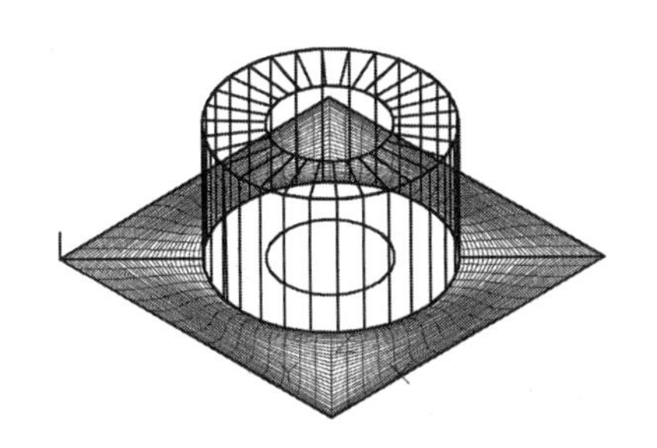

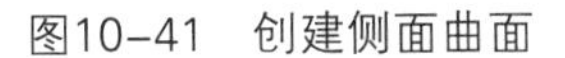

图10-41　创建侧面曲面

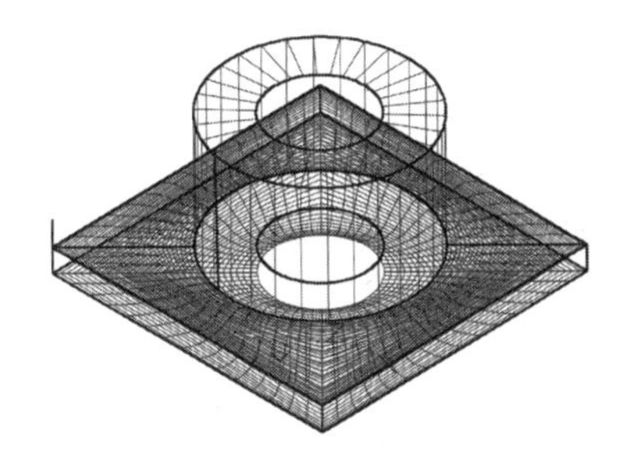

图10-42　显示所有图层

Step 23 保存文件。至此，底座图形绘制完成，按“Ctrl+S”组合键将文件进行保存。

11

绘制、编辑三维图形

本章导读

在 AutoCAD 中，可以通过系统提供的一些绘图命令绘制三维图形，如长方体、圆柱体等；除此之外，我们还可以通过将二维图形进行拉伸、旋转、移动使其成为三维实体。CAD 还提供了一些三维编辑命令，可以对创建好的三维图形进行编辑美化，从而使简单的三维实体变为更复杂的三维实体。

本章内容

- 绘制基本三维网格面
- 绘制三维实体对象
- 通过二维图形生成三维实体
- 布尔运算
- 编辑三维实体
- 标注三维对象尺寸
- 综合实战——轴承座的绘制

本章视频集

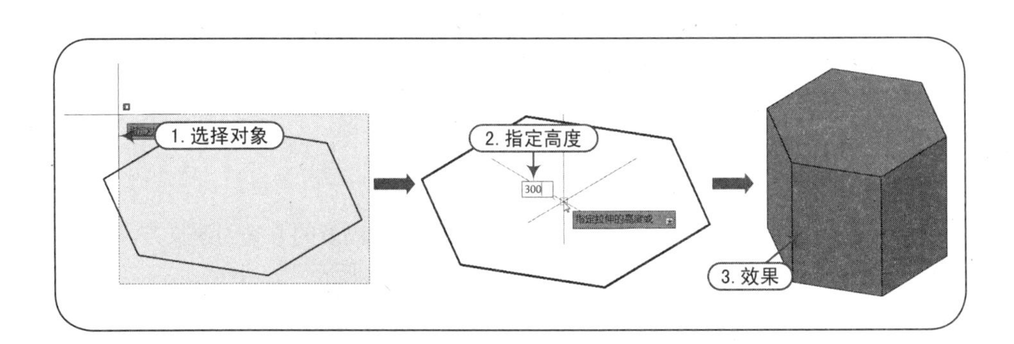

11.1 绘制基本三维网格面

三维网格是 AutoCAD 中比较独特的一种图形，它具有柔性、可弯曲、可拉伸，而且可以形成用户所需要的各种形状。每个三维网格都具有表面方向，其方向与表面阵列的行和列一致，AutoCAD 将其中一个方向标为 M，另一个方向标为 N，绝大部分绘制三维网格的命令都通过系统变量“SURFTAB1”和“SURFTAB2”来确定 M 和 N 方向的曲面密度。

在 AutoCAD 中，用户可利用“MESH”命令创建三维网格图元对象，包括长方体、楔体、棱锥体、球体、圆柱体、圆环体表面。同时还可以创建旋转、平移、直纹及边界曲面。

11.1.1 绘制长方体表面

执行方法利用“MESH”命令可以创建网格长方体或立方体，其执行方法如下：

- 菜单栏：选择“绘图 | 建模 | 网格 | 图元 | 长方体”菜单命令。
- 面板：在“网格”选项卡的“图元”面板中，单击“长方体”按钮。
- 命令行：输入“MESH”命令，在命令提示行中选择“长方体 (B)”选项。

执行上述操作后，命令行提示如下：

```
命令 : _MESH                                            \\ 执行“MESH”命令
当前平滑度设置为 : 0
输入选项 [ 长方体 (B)/ 圆锥体 (C)/ 圆柱体 (CY)/ 棱锥体 (P)/ 球体 (S)/ 楔体 (W)/ 圆环体 (T)/ 设置 (SE)]
< 长方体 >: _BOX                                        \\ 选择“长方体 (B)”选项
指定第一个角点或 [ 中心 (C)]:                           \\ 拾取一点作为长方体的起点
指定角点或 [ 立方体 (C)/ 长度 (L)]:                     \\ 拾取第二点确定底面大小
指定高度或 [ 两点 (ZP)]<0.0001>:                        \\ 拾取第三点高度
```

选项含义其中，各选项含义如下。

- 中心 (C)：设定网格长方体的中心。
- 立方体 (C)：将长方体的所有边设定为长度相等。
- 长度 (L)：设定网格长方体沿 X 轴的长度。
- 宽度：设定网格长方体沿 Y 轴的宽度。
- 高度：设定网格长方体沿 Z 轴的高度。
- 两点 (2P)：基于两点之间的距离设定高度。

操作实例根据命令提示，用户可以通过指定两个点和高度的方法创建长方体，如图 11-1 所示；还可以通过指定中心点和长度值绘制立方体，如图 11-2 所示。

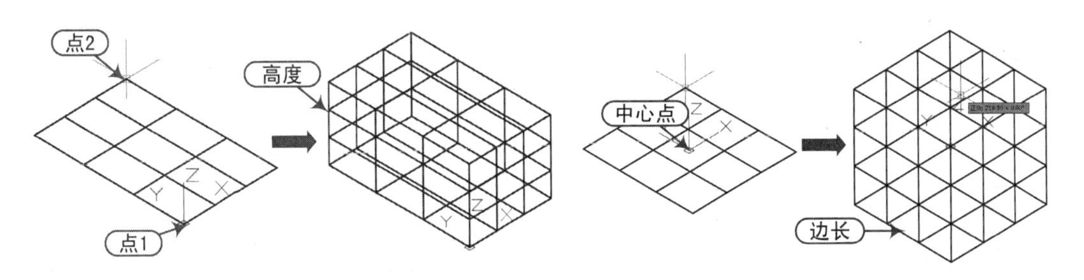

图11-1 指定两点和高度方式绘制长方体 图11-2 指定中心点和边长方式绘制立方体

11.1.2 绘制楔体表面

执行方法 利用“MESH”命令的“楔体”选项可以创建面为矩形正方体的楔形体，其执行方法如下：

- 菜单栏：选择“绘图 | 建模 | 网格 | 图元 | 楔体”菜单命令。
- 面板：在“网格”选项卡的“图元”面板中，单击“楔体”按钮。
- 命令行：输入“MESH”命令，在命令行提示中选择“楔体 (W)”选项。

执行上述操作后，命令行提示如下：

```
命令：_MESH                                                \\执行“MESH”命令
当前平滑度设置为：0
输入选项 [长方体 (B)/ 圆锥体 (C)/ 圆柱体 (CY)/ 棱锥体 (P)/ 球体 (S)/ 楔体 (W)/ 圆环体 (T)/ 设置 (SE)]
<长方体>: w                                                \\选择“楔体 (W)”选项
指定第一个角点或 [中心 (C)]:                                \\任意拾取一点
指定角点或 [立方体 (C)/ 长度 (L)]:                          \\选择“立方体 (C)”选项
指定长度：                                                  \\指定长方体长度
```

操作实例 创建楔体表面的方法与创建长方体表面的方法类似，同样，用户可以通过指定两点和高度的方法创建长方体，如图 11-3 所示；还可以通过指定中心点和边长值绘制立方体，如图 11-4 所示。

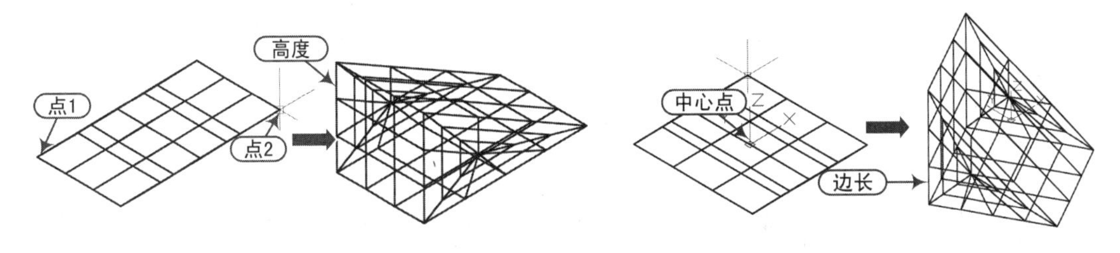

图11-3 指定两点和高度方式绘制楔体表面 图11-4 指定中心点和边长方式绘制楔体

11.1.3 绘制棱锥体表面

执行方法 利用“MESH”命令的“棱锥体”选项可以创建最多具有 32 个侧面的网格

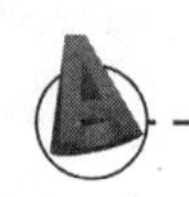

棱锥体，其执行方法如下：

- 菜单栏：选择“绘图 | 建模 | 网格 | 图元 | 棱锥体”菜单命令。
- 面板：在“网格”选项卡的“图元”面板中，单击“棱锥体”按钮。
- 命令行：输入“MESH”命令，在命令行提示中选择“棱锥体 (P)”选项。

操作实例 执行上述操作后，根据命令行提示，即可创建棱锥体，如图 11-5 所示。

```
命令：_MESH                                              \\ 执行“MESH”命令
当前平滑度设置为：0
输入选项 [ 长方体 (B)/ 圆锥体 (C)/ 圆柱体 (CY)/ 棱锥体 (P)/ 球体 (S)/ 楔体 (W)/ 圆环体 (T)/ 设置 (SE)]
< 棱锥体 >: _PYRAMID                                     \\ 选择“棱锥体 (P)”选项
  4 个侧面 外切
指定底面的中心点或 [ 边 (E)/ 侧面 (S)]: 0，0,0              \\ 指定中心点
指定底面半径或 [ 内接 (I)]: 30                             \\ 输入底面半径
指定高度或 [ 两点 (2P)/ 轴端点 (A)/ 顶面半径 (T)]: t          \\ 选择“顶面半径 (T)”选项
指定顶面半径 <0.00>:10                                     \\ 输入顶面半径
指定高度或 [ 两点 (2P)/ 轴端点 (A)]: 40                      \\ 指定棱锥体高度
```

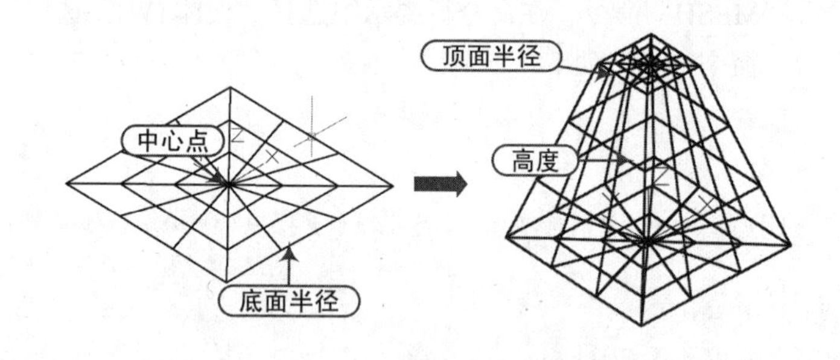

图11-5　指定中心点和边长绘制楔体表面

选项含义 “MESH”命令的“棱锥体”选项提供了多种用于创建棱锥体大小和旋转的方法。

- 边 (E)：设定网格棱锥体底面一条边的长度，如指定的两点所指明的长度一样。
- 侧面 (S)：设定网格棱锥体的侧面数。输入 3 ～ 32 之间的正值。
- 内接 (I)：指定网格棱锥体的底面是内接的，还是绘制在底面半径内。
- 顶面半径 (T)：指定创建棱锥体平截面时网格棱锥体的顶面半径。

11.1.4　绘制圆锥体表面

执行方法 使用“MESH”命令的“圆锥体”选项可以创建底面为圆形或椭圆形的箭头网格圆锥体或网格圆台，其执行方法如下：

- 菜单栏：选择“绘图 | 建模 | 网格 | 图元 | 圆锥体”菜单命令。
- 面板：在“网格”选项卡的“图元”面板中，单击“圆锥体”按钮。
- 命令行：输入“MESH”命令，在命令行提示中选择“圆锥体 (C)”选项。

操作实例 执行上述操作后，根据命令行提示，即可创建圆锥体，如图 11-6 所示。

```
命令：_MESH                                                    \\执行"MESH"命令
当前平滑度设置为：0
输入选项 [长方体(B)/圆锥体(C)/圆柱体(CY)/棱锥体(P)/球体(S)/楔体(W)/圆环体(T)/设置(SE)]
<棱锥体>: _CONE                                                 \\选择"圆锥体(C)"选项
指定底面的中心点或 [三点(3P)/两点(2P)/切点、切点、半径(T)/椭圆(E)]: 0,0,0
指定底面半径或 [直径(D)]: 50                                     \\输入底面直径
指定高度或 [两点(2P)/轴端点(A)/顶面半径(T)]: 100                 \\输入圆锥体高度
```

例如，指定棱锥的顶面半径还可创建圆台，如图 11-7 所示。

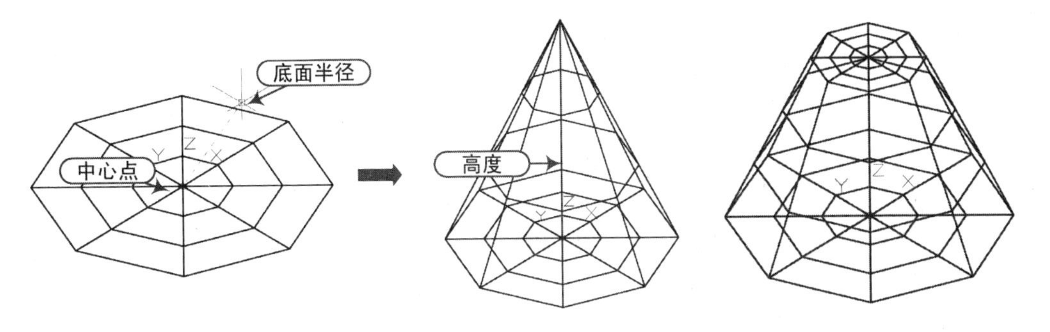

图11-6　创建圆锥体表面

图11-7　创建圆台椎体表面

技巧：圆锥体的圆滑控制

如图 11-6 所示，为什么创建的圆锥体不是圆滑的呢？

默认情况下，我们绘制的圆锥体呈八条棱的形状，类似于棱锥体，这是因为当前系统为默认的系统变量值。如果想让圆锥体变得圆滑，可以通过设置以下变量来设置其特性。

DIVMESHCONEAXIS：设置网格圆锥体底面周长的数目。

DIVMESHCONEBASE：设置网格圆锥体底面周长与圆心之间的细分数目。

DIVMESHCONEHEIGHT：设置网格圆锥体底面与顶点之间的细分数目。

DRAGVS：设置创建三维实体、网格图元及拉伸实体、曲面和网格显示的视觉样式。

如图 11-8 所示，设置"DIVMESHCONEAXIS"、"DIVMESHCONEBASE"、"DIVMESHCONEHEIGHT"系统变量均为 15，视觉样式为二维线框和消隐的效果。

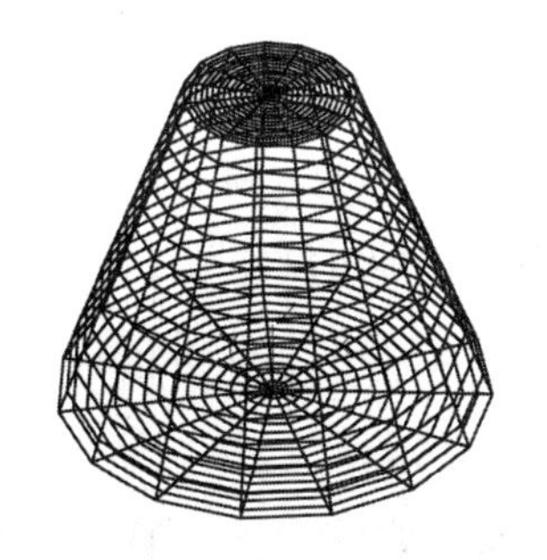

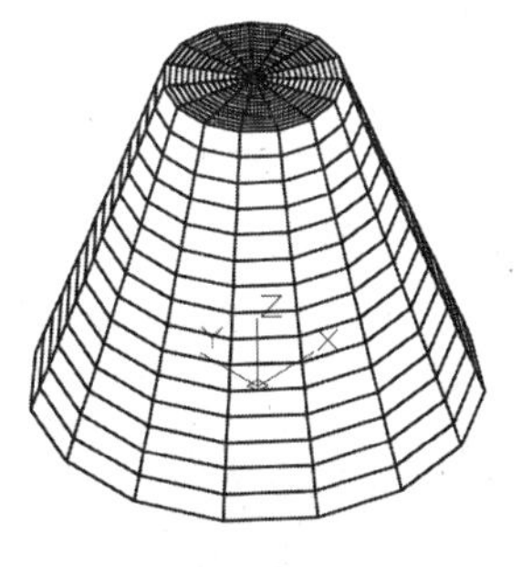

图11-8　设置圆锥体系统变量

11.1.5　绘制球体表面

执行方法 使用“MESH”命令的“球体”选项可以使用该多种方法中的一种来创建网格球体，其执行方法如下：

- 菜单栏：选择“绘图 | 建模 | 网格 | 图元 | 球体”菜单命令。
- 面板：在“网格”选项卡的“图元”面板中，单击“球体”按钮。
- 命令行：输入“MESH”命令，在命令行提示中选择“球体 (S)”选项。

操作实例 执行上述操作后，根据命令行提示，即可创建球体，如图 11-9 所示。

```
    命令：_MESH                                          \\ 执行“MESH”命令
    当前平滑度设置为：0
    输入选项 [ 长方体 (B)/ 圆锥体 (C)/ 圆柱体 (CY)/ 棱锥体 (P)/ 球体 (S)/ 楔体 (W)/ 圆环体 (T)/ 设置 (SE)]
< 球体 >: _SPHERE                                        \\ 选择“球体 (S)”选项
    指定中心点或 [ 三点 (3P)/ 两点 (2P)/ 切点、切点、半径 (T)]: 0,0,0
                                                         \\ 输入中心点
    指定半径或 [ 直径 (D)] <50.00>: 50                  \\ 输入球体半径
```

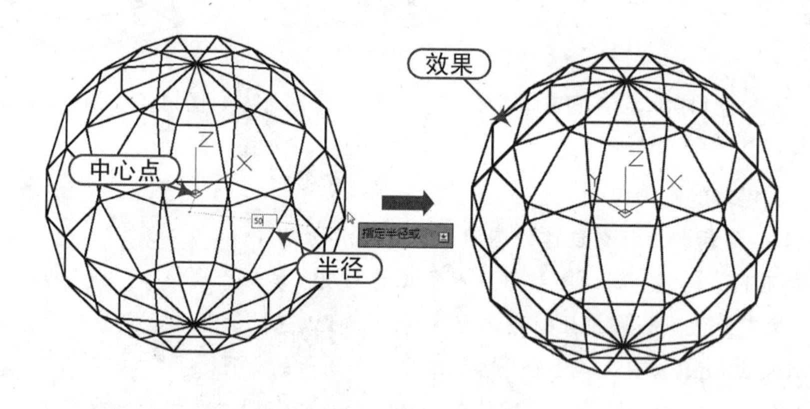

图11-9　绘制球体表面

11.1.6　绘制圆柱体表面

执行方法 使用“MESH”命令的“圆柱体”选项可以创建圆或椭圆为底面的网格圆柱体，其执行方法如下：

- 菜单栏：选择“绘图 | 建模 | 网格 | 图元 | 圆柱体”菜单命令。
- 面板：在“网格”选项卡的“图元”面板中，单击“圆柱体”按钮。
- 命令行：输入“MESH”命令，在命令行提示中选择“圆柱体 (CY)”选项。

操作实例 执行上述操作后，根据命令行提示，即可创建圆柱体，如图 11-10 所示。

```
    命令：MESH                                           \\ 执行“MESH”命令
    当前平滑度设置为：0
    输入选项 [ 长方体 (B)/ 圆锥体 (C)/ 圆柱体 (CY)/ 棱锥体 (P)/ 球体 (S)/ 楔体 (W)/ 圆环体 (T)/ 设置 (SE)]
< 圆柱体 >:                                              \\ 选择“圆柱体 (CY)”选项
    指定底面的中心点或 [ 三点 (3P)/ 两点 (2P)/ 切点、切点、半径 (T)/ 椭圆 (E)]: 0,0,0
```

```
                                                    \\ 输入中心点
指定底面半径或 [ 直径 (D)] <50.00>: 50              \\ 输入底面半径值
指定高度或 [ 两点 (2P)/ 轴端点 (A)] <80.00>: 100    \\ 输入圆柱体高度
```

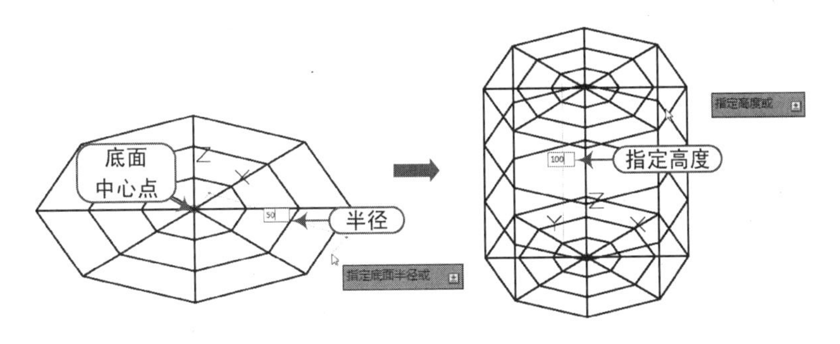

图11-10 绘制圆柱体表面

11.1.7 创建旋转曲面

实战要点 使用“旋转网格”命令（REVSURF）可以将某些类型的线框对象绕指定的旋转轴进行旋转，根据被旋转对象的轮廓和旋转的路径形成一个与旋转曲面近似的网格，网格的密度由系统变量“SURFTAB1”和“SURFTAB2”控制。

执行方法 “旋转网格”命令（REVSURF）的执行方法如下：

- 菜单栏：选择“绘图 | 建模 | 网格 | 旋转网格”菜单命令。
- 面板：在“网格”选项卡的“图元”面板中，单击“旋转网格”按钮 。
- 命令行：输入“REVSURF”命令，其快捷键为“REVS”。

操作实例 利用“旋转网格”命令（REVSURF）创建旋转网格曲面的操作方法如下：

Step 01 调整网格密度，使网格看起来更平滑。命令行提示如下：

```
命令 : SURFTAB1
输入 SURFTAB1 的新值 <6>: 36
```

Step 02 执行“绘图 | 建模 | 网格 | 旋转网格”菜单命令，选择需要的轮廓图形。

Step 03 选择旋转轴对象。

Step 04 按“Enter”键确定起始角度，如图 11-11 所示。

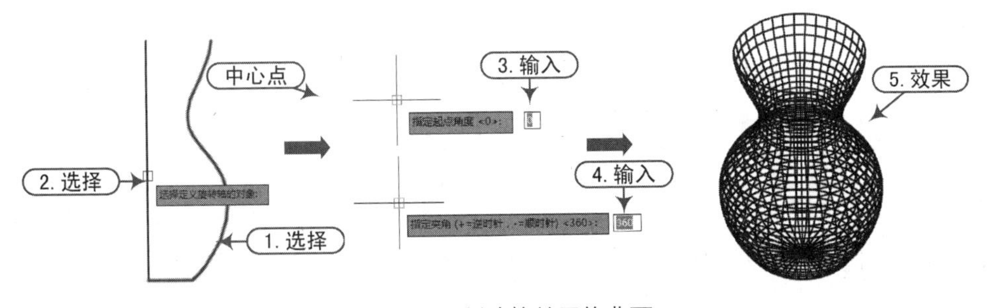

图11-11 创建旋转网格曲面

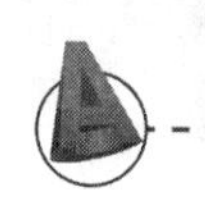


```
命令：_REVSURF                                        \\ 执行“旋转网格”命令
当前线框密度：SURFTAB1=36  SURFTAB2=36
选择要旋转的对象：                                    \\ 选择多段线
选择定义旋转轴的对象：                                \\ 选择直线
指定起点角度 <0>:                                     \\ 按“Enter”键确认起点角度
指定夹角 (+= 逆时针，-= 顺时针) <360>:                 \\ 按“Enter”键确认夹角
```

技巧：“旋转网格”与“旋转”命令的区别

“旋转网格”命令（REVSURF）与“旋转”命令（REVOLVE）的用法大致相同，不同的是，“旋转网格”命令只能生成网格模型，而“旋转”命令还可以生成实体模型。

11.1.8 创建平移曲面

知识要点 使用“平移网格”命令（TABSURF）可以创建表示常规展平曲面的网格。曲面是由直线或曲线的延长线（称为路径曲线）按照指定的方向和距离（称为方向矢量或路径）定义的。

执行方法 “平移网格”命令（REVSURF）的执行方法如下：

- 菜单栏：选择“绘图 | 建模 | 网格 | 平移网格”菜单命令。
- 面板：在“网格”选项卡的“图元”面板中，单击“旋转网格”按钮。
- 命令行：输入“TABSURF”命令，其快捷键为“TABS”。

创建平移曲面之前，需要先创建要进行平移的对象和作为方向矢量的对象。如果选择多段线作为方向矢量，则系统将把多段线的第一个顶点到最后一个顶点的矢量作为方向矢量，而中间的任意顶点将被忽略。

操作实例 利用“平移网格”命令（TABSURF）创建楼梯台阶，其操作方法如下：

Step 01 利用“三维多段线”命令（3DPOLY）和“直线”命令（L）绘制轮廓图形和方向矢量。

Step 02 执行“绘图 | 建模 | 网格 | 平移网格”菜单命令，选择要移动的轮廓图形。

Step 03 选择直线作为矢量方向，如图 11-12 所示。

```
命令：_tabsurf                                        \\ 执行“平移网格”命令
当前线框密度：SURFTAB1=36
选择用作轮廓曲线的对象：                              \\ 选择多段线
选择用作方向矢量的对象：                              \\ 选择直线
```

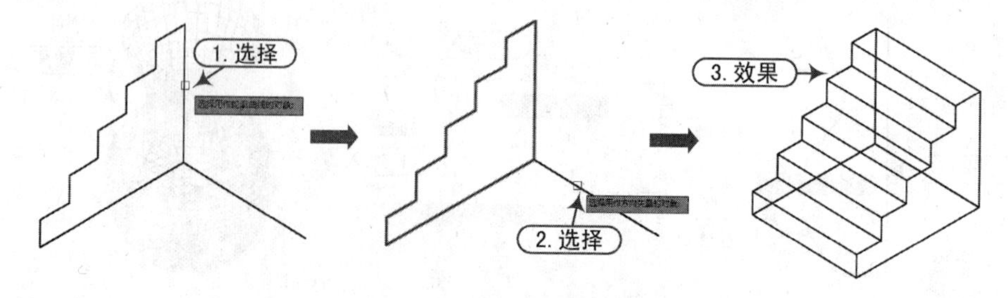

图11-12　创建平移网格曲面

11.1.9 创建直纹曲面

知识要点 使用“直纹网格”命令（RULESURF）可以在两条曲线间创建一个直纹曲面的多边形网格，“直纹网格”命令是最常用的创建三维网格的命令。

执行方法 其执行方法如下：

- 菜单栏：选择“绘图 | 建模 | 网格 | 直纹网格”菜单命令。
- 面板：在“网格”选项卡的“图元”面板中，单击“直纹网格”按钮。
- 命令行：输入“RULESURF”命令，其快捷键为“RU”。

操作实例 直纹网格的定义曲线可以是直线、多段线、样条曲线、圆弧，甚至一个点。例如，将两条直线创建为直纹网格，如图 11-13 所示。命令行提示与操作如下：

```
命令 : RULESURF                        \\ 执行“直纹网格”命令
当前线框密度 : SURFTAB1=36
选择第一条定义曲线 :                   \\ 选择第一条直线
选择第二条定义曲线 :                   \\ 选择第二条直线
```

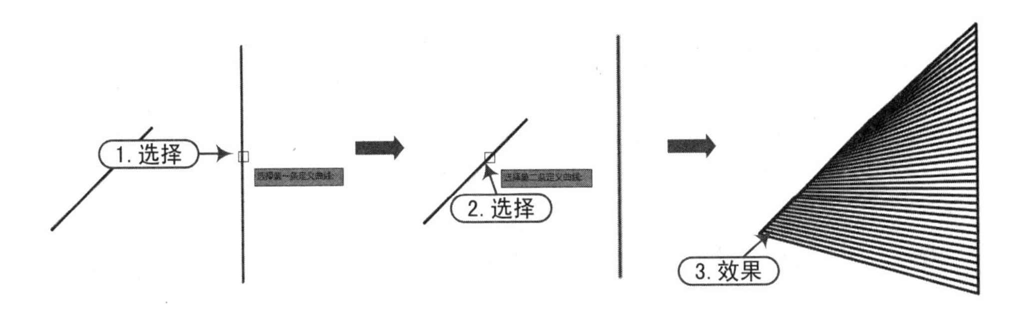

图11–13　创建直纹网格曲面

11.1.10 创建边界曲面

知识要点 使用“边界网格”命令（EDGESURF）可以用 4 条边界曲线构建三维多边形网格，编辑曲面可以是直线、圆弧、开放的二维或三维多段线、样条曲线等。

执行方法 “边界网格”命令（EDGESURF）的执行方法如下：

- 菜单栏：选择“绘图 | 建模 | 网格 | 边界网格”菜单命令。
- 面板：在“网格”选项卡的“图元”面板中，单击“边界网格”按钮。
- 命令行：输入“EDGESURF”命令，其快捷键为“EDG”。

操作实例 在创建边界网格曲面之前，需要创建作为曲面边界的 4 个曲面对象。这 4 个对象必须在端点处依次相连，形成一个封闭的路径，才能创建边界曲面。

例如，利用 4 条直线创建边界网格，如图 11-14 所示。

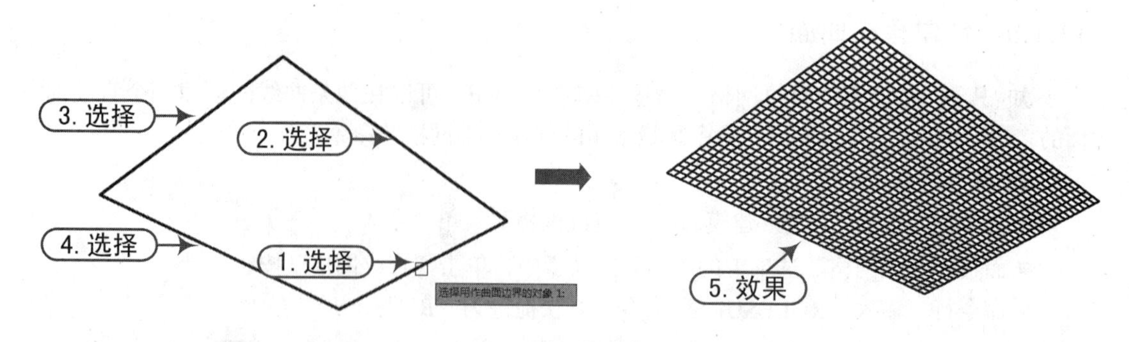

图11-14　创建边界网格曲面

11.2　绘制三维实体对象

实体对象表示整体对象的体积。在各类三维建模中，实体的信息最完整，歧义最少，复杂实体比线框和网格更容易构造和编辑。

11.2.1　切换工作空间

执行方法 “二维草图与注释”工作空间不适用于三维模型的创建，需要将其切换为三维建模工作空间，切换工作空间的方法如下：

- 工具栏：在“工作空间”下拉列表中选择“三维建模”，如图 11-15 所示。
- 菜单栏：选择“工具 | 工作空间 | 三维建模”菜单命令，如图 11-16 所示。
- 状态栏：在状态栏右侧的“工作空间”按钮上右击，在弹出的快捷菜单中选择“三维建模”命令，将工作空间切换为三维建模工作空间，如图 11-17 所示。

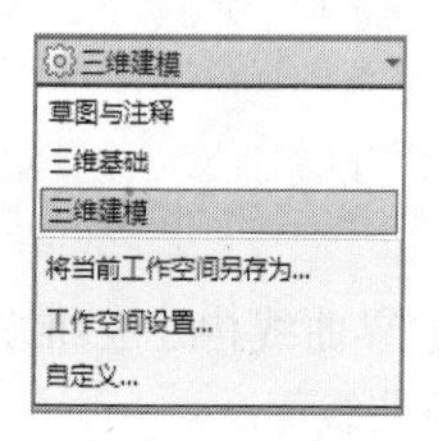

图11-15　工作空间列表

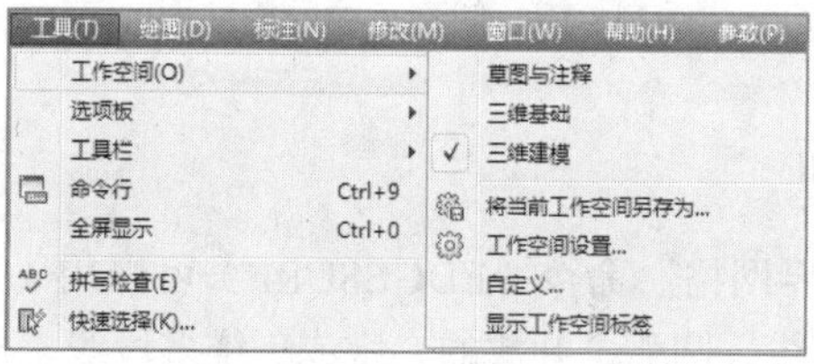

图11-16　工作空间菜单

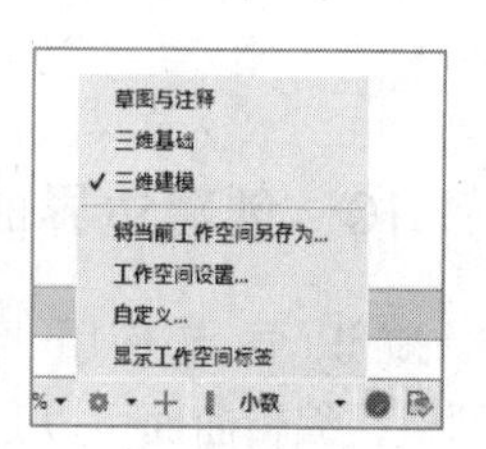

图11-17　快捷菜单

11.2.2　绘制长方体

知识要点 长方体是最基本的实体对象，使用“长方体”命令（BOX）可以创建三维长方体或立方体。

执行方法 执行“长方体”命令（BOX）的方法有如下 3 种：

- 菜单栏：选择“绘图 | 建模 | 长方体”菜单命令。
- 面板：在“常用”选项卡的“绘图”面板中，单击“长方体”按钮。
- 命令行：输入“BOX”命令。

执行“长方体”命令（BOX）后，命令行提示如下：

```
命令：_box                                        \\执行“长方体”命令
指定第一个角点或[中心(C)]: 0,0,0                    \\指定长方体的第一个角点
指定其他角点或[立方体(C)/长度(L)]:                  \\指定另一个角点
指定高度或[两点(2P)]:                               \\指定长方体的高度
```

创建长方体时可以用底面顶点来定位，也可以用长方体中心来定位，同时还可以创建立方体。所生成的长方体底面平行于当前UCS的XY平面，长方体的高沿Z轴方向，如图11-18所示。

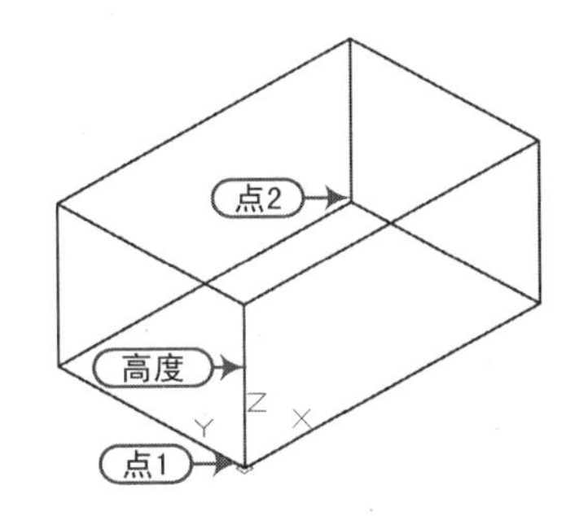

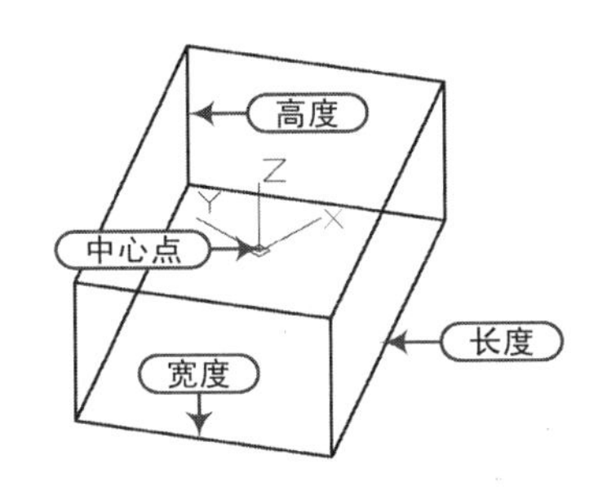

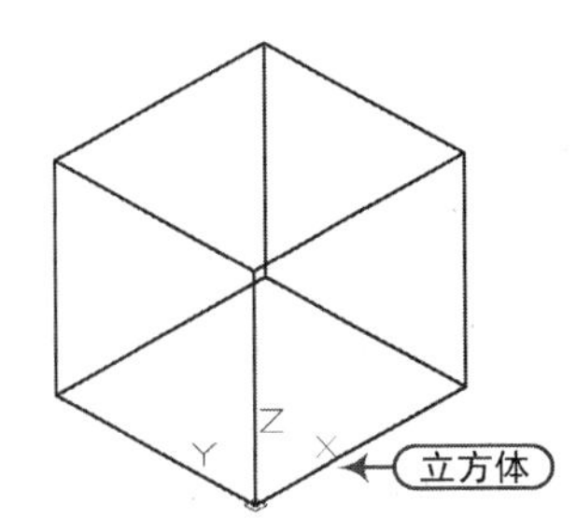

图11-18　绘制长方体

技巧：三维网格与三维实体的区别

虽然三维网格和三维实体的一些绘制方法差不多，表面看上去也差不多，但是还是有本质的区别的。三维网格是以网格的形式来表达一个面，即用网格来组成一个三维物体的形状（只有外皮，是空心的）；而三维实体是实实在在的实体，是实心的（通过各种操作变成空壳的除外）。

11.2.3　绘制楔体

知识要点 使用“楔体”命令（WEDGE）可以创建楔体，楔体是切成两半的长方体，其斜面高度将沿X轴正方向减少，底面平行于XY平面。

执行方法 执行“楔体”命令（WEDGE）的方法有如下3种：

- 菜单栏：选择“绘图 | 建模 | 楔体”菜单命令。
- 面板：在“常用”选项卡的“绘图”面板中，单击“楔体”按钮。
- 命令行：输入“WEDGE”命令。

执行“楔体”命令（WEDGE）后，命令行提示如下：

```
命令：_WEDGE                                      \\执行“楔体”命令
指定第一个角点或[中心(C)]: 0,0,0                    \\指定一点
指定其他角点或[立方体(C)/长度(L)]:20                \\另一个角点
指定高度或[两点(2P)]<5.12>: 10                      \\指定楔体高度
```

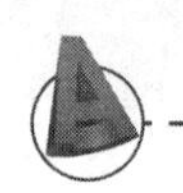

操作实例 楔体的创建方法与长方体类似，一般有两种定位方式，一种是底面顶点定位，另一种是楔体中心定位，如图 11-19 所示。

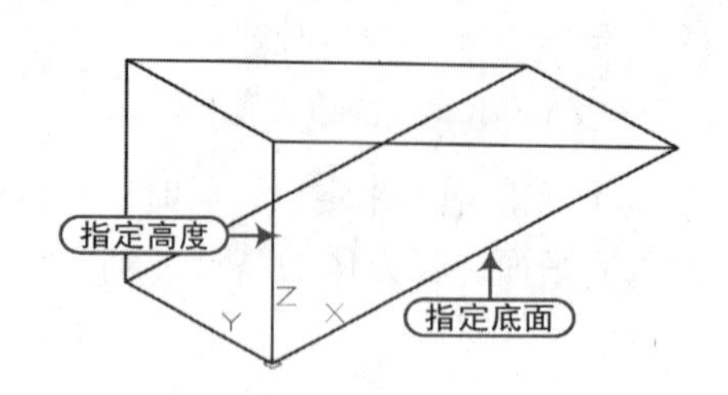

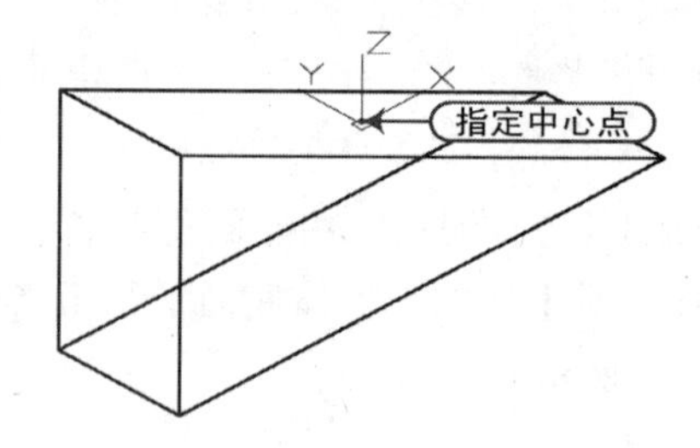

图11-19 绘制楔体

11.2.4 绘制球体

执行方法 使用“球体”命令（SPHERE）可以创建三维实心球体，其执行方法有如下 3 种：

- 菜单栏：选择“绘图 | 建模 | 球体”菜单命令。
- 面板：在“常用”选项卡的“绘图”面板中，单击“球体”按钮。
- 命令行：输入“SPHERE”命令。

操作实例 执行“球体”命令（SPHERE）后，命令行提示如下：

```
命令：_SPHERE                                                \\执行“球体”命令
指定中心点或 [ 三点 (3P)/ 两点 (2P)/ 切点、切点、半径 (T)]: 0,0,0
                                                             \\指定球心
指定半径或 [ 直径 (D)]: 20                                   \\指定球体半径值
```

球体是通过半径或直径及球心来定义的。所创建的球体的纬线与当前的 UCS 的 XY 平面平行，其轴与 Z 轴平行。

在线框模式下，球体用曲线来表示，表示曲线的网格越密集，数量越多，显示效果越好，越接近实际，用户可以使用系统变量“ISLINES”来设置曲面网格数量，如图 11-20 所示。当“ISLINES”的值为 4（系统默认值）、8、16 时，同一个球体的显示效果明显不同。

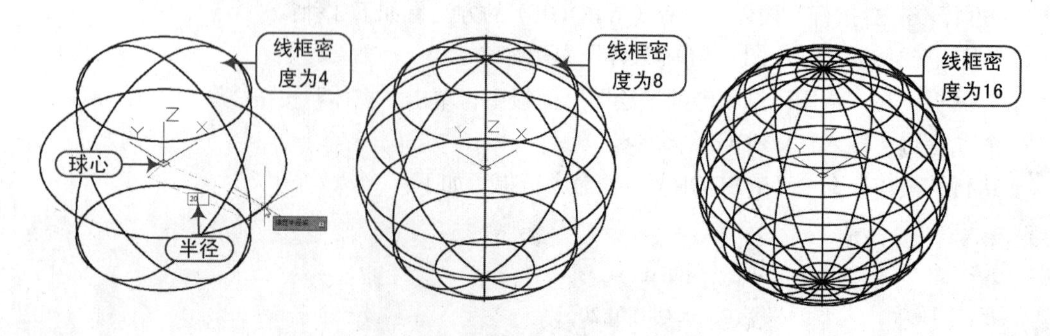

图11-20 绘制球体

11.2.5 绘制圆柱体

知识要点 使用“圆柱体”命令（CYL）可以创建三维实心圆柱体，所生成的圆柱体、椭圆柱体的底面平行于 XY 平面，轴线与 Z 轴相平行。

执行方法 执行“圆柱体”命令（CYL）的方法有如下 3 种：

- 菜单栏：选择“绘图 | 建模 | 圆柱体”菜单命令。
- 面板：在“常用”选项卡的“绘图”面板中，单击“圆柱体”按钮。
- 命令行：输入“CYLINDER”命令，其快捷键为“CYL”。

操作实例 执行“圆柱体”命令（CYL）后，命令行提示如下：

```
命令：_CYLINDER                                            \\ 执行“圆柱体”命令
指定底面的中心点或 [三点 (3P)/ 两点 (2P)/ 切点、切点、半径 (T)/ 椭圆 (E)]: 0,0,0
                                                           \\ 指定底面中心点
指定底面半径或 [直径 (D)] <20.00>:                         \\ 指定底面半径
指定高度或 [两点 (2P)/ 轴端点 (A)] <10.00>:                \\ 指定圆柱体高度
```

创建圆柱体时，用户可以通过指定中心点和半径的方法，绘制圆柱体的底面，再指定圆柱体的高度。用户还可以通过指定两点或三点及切点、切点、半径方式指定圆柱体底面。同时，利用“圆柱体”命令也可以创建椭圆柱体，如图 11-21 所示。

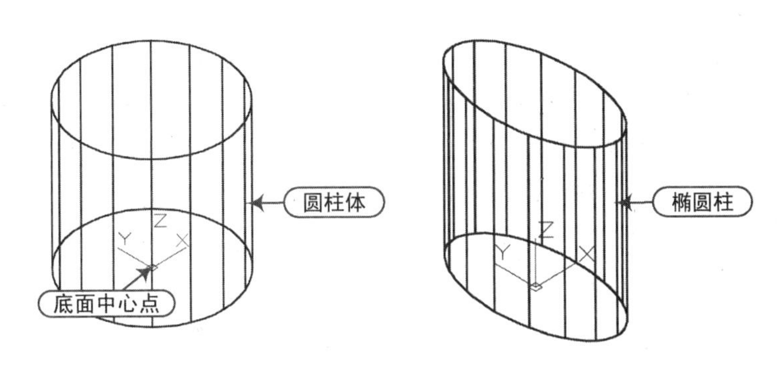

图11-21 绘制椭圆柱体

11.2.6 绘制圆锥体

知识要点 使用“圆锥体”命令（CONE）可以创建圆锥体和椭圆锥体，所生成的圆锥体和椭圆锥体的底面平行于 XY 平面，轴线平行于 Z 轴。

执行方法 执行“圆锥体”命令（CONE）的方法有如下 3 种：

- 菜单栏：选择“绘图 | 建模 | 圆锥体”菜单命令。
- 面板：在“常用”选项卡的“绘图”面板中，单击“圆锥体”按钮◎。
- 命令行：输入“CONE”命令。

操作实例 执行“圆锥体”命令（CONE）后，命令行提示如下：

```
命令：_CONE                                                    \\ 执行“圆锥体”命令
指定底面的中心点或 [ 三点 (3P)/ 两点 (2P)/ 切点、切点、半径 (T)/ 椭圆 (E)]: 0,0,0
                                                               \\ 指定中心点
指定底面半径或 [ 直径 (D)] <20.00>: 30                         \\ 指定底面半径
指定高度或 [ 两点 (2P)/ 轴端点 (A)/ 顶面半径 (T)]: 50           \\ 指定圆锥体高度
```

创建圆锥体与创建圆柱体的方法类似，都是先指定底面，再指定实体的高度。不同的是，圆柱体的顶面半径与底面半径相同，而圆锥体的顶面半径为 0。当圆锥体底面为椭圆时，可绘制椭圆锥体；当其顶面半径小于底面半径时，可绘制圆台体，如图 11-22 所示。

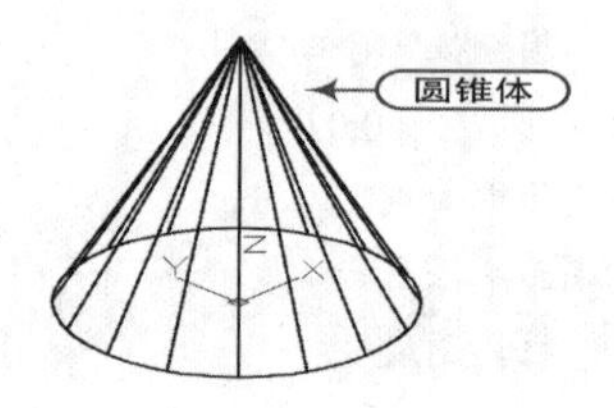

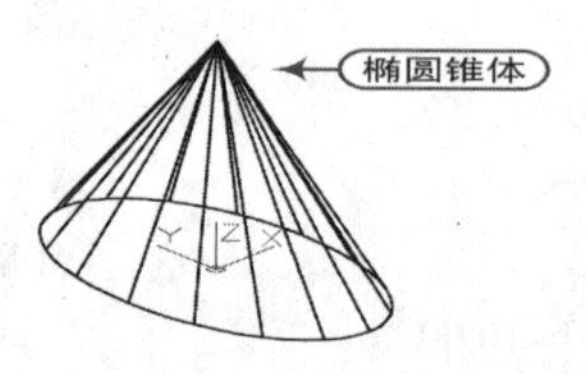

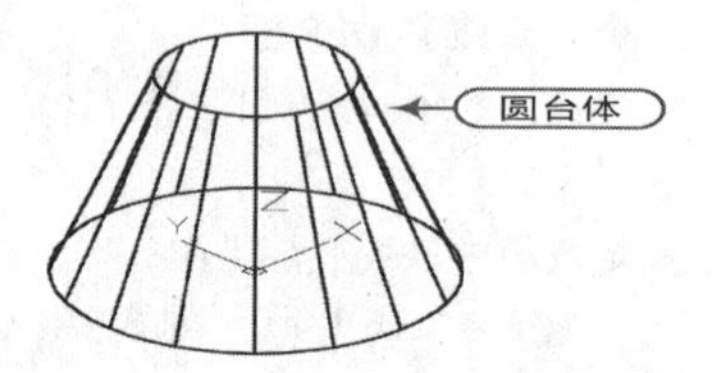

图11-22　绘制圆锥体

11.2.7　绘制圆环体

知识要点 使用“圆环体”命令（TORUS）可以创建圆环体。圆环体有两个半径定义，一个是圆环体中心到管道中心的圆环体半径，另一个是圆管半径。

执行方法 执行“圆环体”命令（TORUS）的方法有如下 3 种：

- 菜单栏：选择“绘图 | 建模 | 圆环体”菜单命令。
- 面板：在“常用”选项卡的“绘图”面板中，单击“圆环体”按钮◎。
- 命令行：输入“TORUS”命令。

操作实例 执行“圆环体”命令（TORUS）后，命令行提示如下：

```
命令：_TORUS                                                   \\ 执行“圆环体”命令
指定中心点或 [ 三点 (3P)/ 两点 (2P)/ 切点、切点、半径 (T)]: 0,0,0
                                                               \\ 指定中心点
指定半径或 [ 直径 (D)] <30.00>: 50                              \\ 指定圆环体半径
指定圆管半径或 [ 两点 (2P)/ 直径 (D)] <10.00>: 10               \\ 指定圆管半径
```

技巧：圆环半径与圆管半径

创建圆环体时，如果圆管半径和圆环体半径都是正值，且圆管半径大于圆环体半径，那么绘制结果就像一个两板凹陷的球体；如果圆环体半径为负值，圆管半径为正值，且大于圆环体半径的绝对值，则绘制结果就像一个两极尖锐突出的球体，如图 11-23 所示。

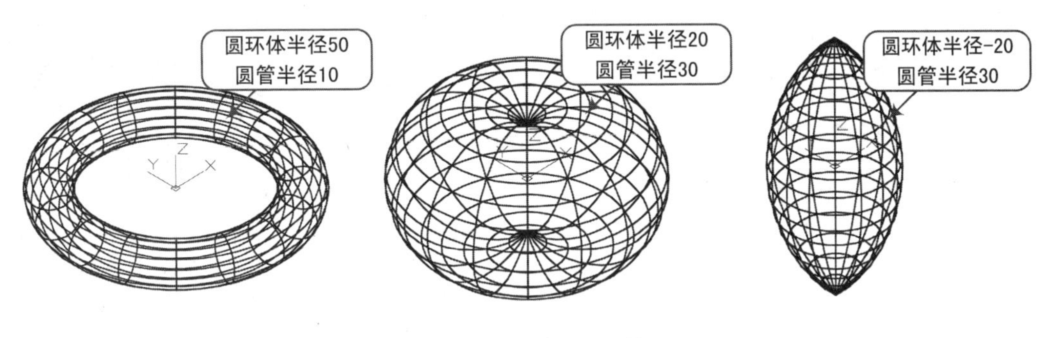

图11-23 绘制圆环体

11.2.8 绘制多段体

知识要点 “多段体”命令（POLYS）对于要创建三维墙壁的建筑设计师很有用，使用“多段体“命令（POLYS）就像绘制有宽度的多段线，可以简单地在平面视图上从点到点绘制。

执行方法 执行“多段体”命令（POLYS）的方法有如下 3 种：

- 菜单栏：选择“绘图 | 建模 | 多段体”菜单命令。
- 面板：在“常用”选项卡的“绘图”面板中，单击“多段体”按钮。
- 命令行：输入“POLYSOLID”命令，其快捷键为“POLYS”。

执行“多段体”命令（POLYS）后，命令行提示如下：

```
命令：_POLYSOLID                                        \\ 执行“多段体”命令
高度 = 4.00, 宽度 = 0.25, 对正 = 居中
指定起点或 [ 对象 (O)/ 高度 (H)/ 宽度 (W)/ 对正 (J)] < 对象 >: 0,0,0
                                                        \\ 指定起点
指定下一个点或 [ 圆弧 (A)/ 放弃 (U)]:                     \\ 指定下一点或绘制圆弧多段体
```

选项含义 在创建多段体时，各选项含义如下。

- 对象 (O)：指定要转换为实体的对象。可以将直线、圆弧、二维多段线、圆等对象转换为多段实体。
- 高度 (H)：指定实体的高度。
- 宽度 (W)：指定实体的宽度。默认宽度设置为当前 PSOLWIDTH 设置。
- 对正 (J)：使用命令定义轮廓时，可以将实体的宽度和高度设定为左对正、右对正或居中。对正方式由轮廓的第一条线段的起始方向决定。
- 圆弧 (A)：将圆弧段添加到实体中。圆弧的默认起始方向与上次绘制的线段相切。

操作实例 利用“多段体”命令（POLYS），可以绘制具有一定宽度和高度的多段体，也可以将直线、圆弧、二维多段线、圆等转换为多段体，如图 11-24 所示。

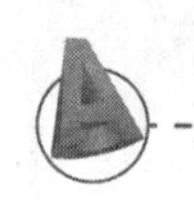

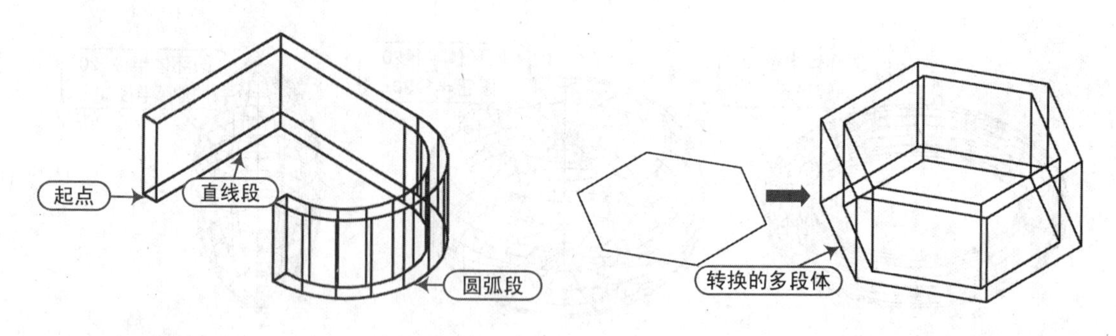

图11-24 绘制多段体

11.3 通过二维图形生成三维实体

在 AutoCAD 中，使用三维拉伸、三维旋转、放样、平移等方法可以将二维图形创建为三维实体。

11.3.1 拉伸生成实体

知识要点 使用“拉伸”命令可以沿指定路径拉伸对象或按指定高度值、倾斜角度拉伸对象，从而将二维图形拉伸为三维实体。使用二维图形拉伸为三维实体的方法可以方便地创建外形不规则的实体。使用该方法，需要先用二维绘图命令绘制不规则的界面，然后将其拉伸，即可创建三维实体。

执行方法 执行“拉伸”命令（EXTRUDE）的方法有如下 3 种：

- 菜单栏：选择“绘图 | 建模 | 拉伸”菜单命令。
- 面板：在“常用”选项卡的“绘图”面板中，单击“拉伸”按钮。
- 命令行：输入“EXTRUDE”命令。

执行“拉伸”命令（EXTRUDE）后，命令行提示如下：

```
命令：_EXTRUDE                                          \\ 执行“拉伸”命令
当前线框密度：ISOLINES=16，闭合轮廓创建模式 = 实体
找到 1 个                                               \\ 选择二维图形
指定拉伸的高度或 [ 方向 (D)/ 路径 (P)/ 倾斜角 (T)/ 表达式 (E)] <50.00>:
                                                        \\ 指定拉伸高度
```

选项含义 在使用“拉伸”命令（EXTRUDE）创建三维实体的过程中，命令提示中各选项含义如下。

- 指定拉伸的高度：沿正或负 Z 轴拉伸选定对象。方向基于创建对象时的 UCS，或（对于多个选择）基于最近创建的对象的原始 UCS。
- 方向 (D)：用两个指定点指定拉伸的长度和方向。
- 路径 (P)：指定基于选定对象的拉伸路径。路径将移动到轮廓的质心，然后沿选定路径拉伸选定对象的轮廓以创建实体或曲面。

- 倾斜角 (T)：指定拉伸的倾斜角。正角度表示从基准对象逐渐变细地拉伸，而负角度则表示从基准对象逐渐变粗地拉伸。默认角度 0 表示在与二维对象所在平面垂直的方向上进行拉伸。所有选定的对象和环都将倾斜到相同的角度。指定一个较大的倾斜角或较长的拉伸高度，将导致对象或对象的一部分在到达拉伸高度之前就已经汇聚到一点。面域的各个环始终拉伸到相同高度。
- 表达式 (E)：输入公式或方程式以指定拉伸高度。

操作实例 利用“拉伸”命令（EXTRUDE）创建三维实体，其操作步骤如下：

Step 01 使用“多边形”命令绘制二维图形。

Step 02 在命令行中输入“ISOLINES”命令，设置线框密度为 24。

Step 03 执行“绘图 | 建模 | 网格 | 拉伸”菜单命令，选择多边形作为拉伸对象。

Step 04 将鼠标向上移动指定拉伸方向，并指定拉伸高度为 300。

Step 05 按“Enter”键，完成拉伸操作，如图 11-25 所示。

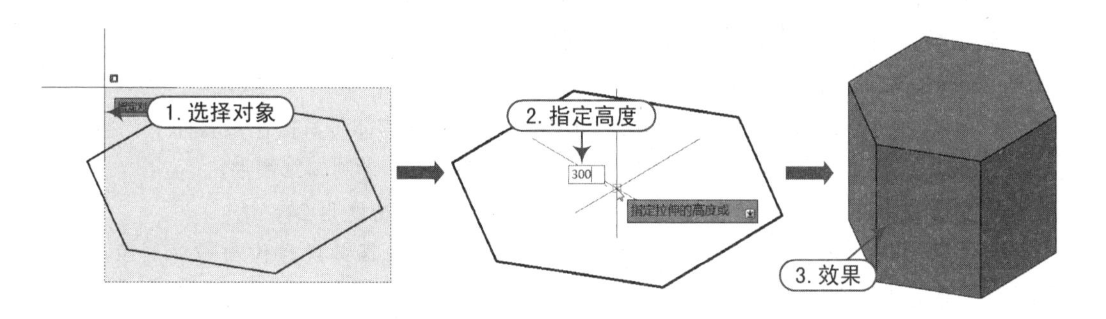

图11-25 拉伸操作

技巧：拉伸属性

在拉伸二维几何图形构建实体时，是否可以保留原来的几何平面呢？

可以保留原来的图形对象，我们可以通过改变其系统变量“DELOBJ”确定是否保留原来的对象，其变量值设置为 0 即可。

11.3.2 旋转生成实体

知识要点 使用“旋转”命令（REVOLVE）可以旋转一个二维图形来生成一个三维实体，该功能常用于生成具有异形断面的实体。

执行方法 执行“旋转”命令（REVOLVE）的方法有如下 3 种：

- 菜单栏：选择“绘图 | 建模 | 旋转”菜单命令。
- 面板：在“常用”选项卡的“绘图”面板中，单击“旋转”按钮。
- 命令行：输入“REVOLVE”命令，其快捷键为“REV”。

执行“旋转”命令（REVOLVE）后，命令行提示如下：

```
命令：REVOLVE                                              \\执行“旋转”命令
当前线框密度：ISOLINES=24，闭合轮廓创建模式 = 实体
选择要旋转的对象或[模式(MO)]: 找到 1 个                      \\选择旋转对象
选择要旋转的对象或[模式(MO)]:                               \\按“Enter”键确认选择
指定轴起点或根据以下选项之一定义轴[对象(O)/X/Y/Z]<对象>:
                                                          \\指定轴的起点
指定轴端点：                                               \\指定轴的端点
指定旋转角度或[起点角度(ST)/反转(R)/表达式(EX)]<360>:       \\指定旋转角度
```

选项含义 在使用“旋转”命令（REVOLVE）创建三维实体的过程中，命令提示中各选项含义如下。

- 对象(O)：使用户可以选择现有的对象，此对象定义了旋转选定对象时所绕的轴。轴的正方向从该对象的最近端点指向最远端点。
- X/Y/Z：将当前 UCS 的正向 X 轴、Y 轴或者 Z 轴作为轴的正方向。
- 起点角度(ST)：旋转对象时将以指定的角度旋转对象，使用正角度将按逆时针方向旋转对象，而使用负角度将按顺时针方向旋转对象。
- 反转(R)：指定旋转对象给所在平面开始的旋转偏移。

操作实例 利用“旋转”命令（REVOLVE）创建三维实体，其操作步骤如下：

Step 01 使用“多段线”命令（PL）、“直线”命令（L）绘制二维图形。

Step 02 在命令行中输入“ISOLINES”命令，设置线框密度为 24。

Step 03 执行“绘图|建模|网格|旋转”菜单命令，选择多段线作为旋转对象，并按“Enter”键确认选择。

Step 04 选择“对象”选项，选择直线作为旋转轴。

Step 05 指定旋转角度为 360°，然后按“Enter”键，完成旋转操作，如图 11-26 所示。

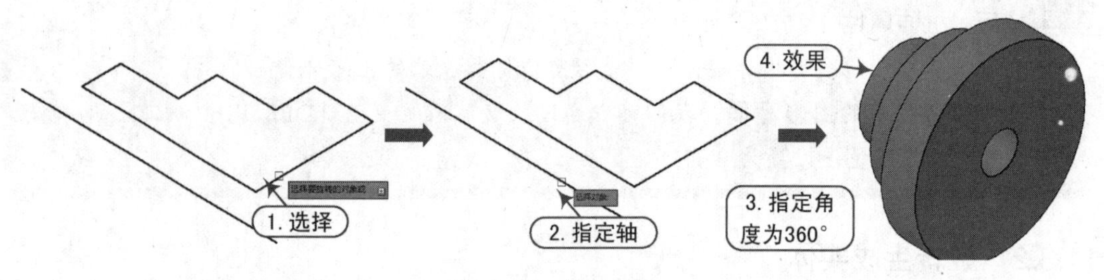

图11-26　旋转操作

11.3.3　放样生成实体

知识要点 使用“放样”命令（LOFT）可以通过指定一系列横截面来创建新的实体或曲面，横截面用于定义结果实体或曲面的截面轮廓（形状），横截面可以是开放的直线或曲线，也可以是封闭的圆等。

执行方法 执行“放样”命令（LOFT）的方法有如下 3 种：

- 菜单栏：选择“绘图|建模|放样”菜单命令。

- 面板：在“常用”选项卡的“绘图”面板中，单击“放样”按钮。
- 命令行：输入“LOFT”命令。

执行“放样”命令（LOFT）后，命令行提示如下：

```
命令：_LOFT                                                    \\执行“放样”命令
按放样次序选择横截面或 [点 (PO)/ 合并多条边 (J)/ 模式 (MO)]: _MO 闭合轮廓创建模式 [ 实体 (SO)/ 曲面 (SU)] < 实体 >: _SO                                  \\依次选择横截面
按放样次序选择横截面或 [ 点 (PO)/ 合并多条边 (J)/ 模式 (MO)]: 找到 1 个，共 5 个。
输入选项 [ 导向 (G)/ 路径 (P)/ 仅横截面 (C)/ 设置 (S)] < 仅横截面 >: \\按“Enter”键结束
```

选项含义 在使用“放样”命令（LOFT）创建三维实体的过程中，命令提示中各选项含义如下。

- 点 (PO)：选择“点”选项必须选择闭合曲线。
- 合并多条边 (J)：将多个端点相交的曲面合并为一个横截面。
- 导向 (G)：指定控制放样实体或曲面形状的导向曲线，可以使用导向曲线来控制点如何匹配相应的横截面，以防止出现不希望看到的效果。
- 仅横截面 (C)：在不适用导向或路径的情况下创建放样对象。
- 设置 (S)：选择此选项将打开“放样设置”对话框。

操作实例 利用“放样”命令（LOFT）可以创建三维实体，其操作步骤如下：

Step 01 使用“圆”命令绘制二维图形。

Step 02 在命令行中输入“ISOLINES”命令，设置线框密度为 24。

Step 03 执行“绘图 | 建模 | 网格 | 放样”菜单命令，一次选择圆对象作为放样横截面，按“Enter”键，确认选择。

Step 04 然后按“Enter”键选择默认的“仅横截面”选项，完成放样操作，如图 11-27 所示。

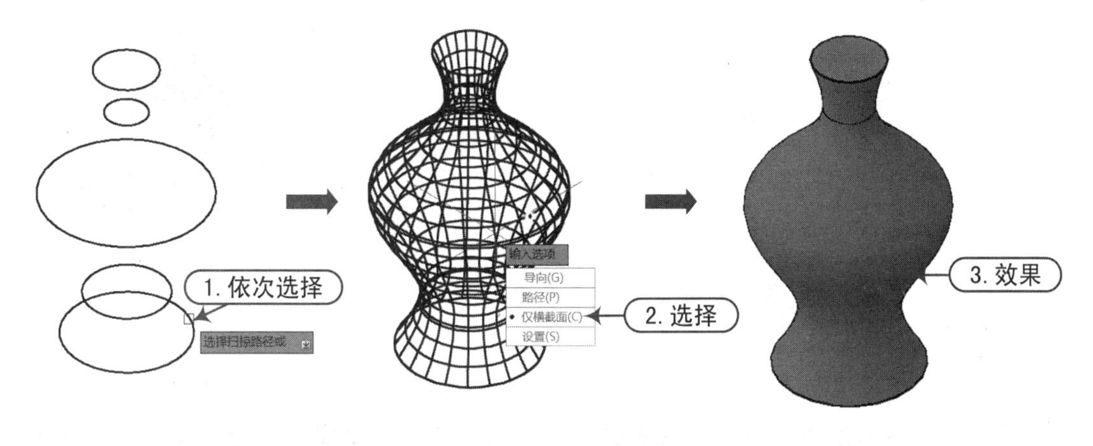

图11–27　放样操作

11.3.4　扫掠生成实体

知识要点 使用“扫掠”命令（SWEEP）可以沿指定路径以指定轮廓的形状绘制实体

或曲线，它可以扫掠多个对象，但是这些对象必须位于同一平面中。

执行方法 执行“扫掠”命令（SWEEP）的方法有如下 3 种：

- 菜单栏：选择“绘图 | 建模 | 扫掠”菜单命令。
- 面板：在“常用”选项卡的“绘图”面板中，单击“扫掠”按钮。
- 命令行：输入“SWEEP”命令，其快捷键为“SW”。

执行“扫掠”命令（SWEEP）后，命令行提示如下：

```
命令：_SWEEP                                      \\ 执行“扫掠”命令
当前线框密度：ISOLINES=24，闭合轮廓创建模式 = 实体
选择要扫掠的对象或 [ 模式 (MO)]: 找到 1 个        \\ 选择要扫掠的对象
选择要扫掠的对象或 [ 模式 (MO)]:                   \\ 按“Enter”键结束选择
选择扫掠路径或 [ 对齐 (A)/ 基点 (B)/ 比例 (S)/ 扭曲 (T)]:   \\ 选择扫掠路径
```

选项含义 在使用“放样”命令（LOFT）创建三维实体的过程中，命令提示中各选项含义如下。

- 对齐 (A)：用于扫掠前是否对齐垂直于路径的扫掠对象。
- 基点 (B)：指定要扫掠的对象的基点，以确定沿路径实际位于该对象上的点。
- 比例 (S)：使用该选项可以设置扫掠的前后比例因子，比例因子不同，扫掠效果不同。
- 扭曲 (T)：该选项用于设置扭曲角度是否允许非平面扫掠路径倾斜。

操作实例 利用“扫掠”命令（SWEEP）可以创建三维实体，其操作步骤如下：

Step 01 使用“圆”、“螺旋”命令绘制图形。

Step 02 执行“绘图 | 建模 | 网格 | 扫掠”菜单命令，选择圆对象作为扫掠对象，按“Enter”键，确认选择。

Step 03 选择螺旋作为扫掠路径，如图 11-28 所示。

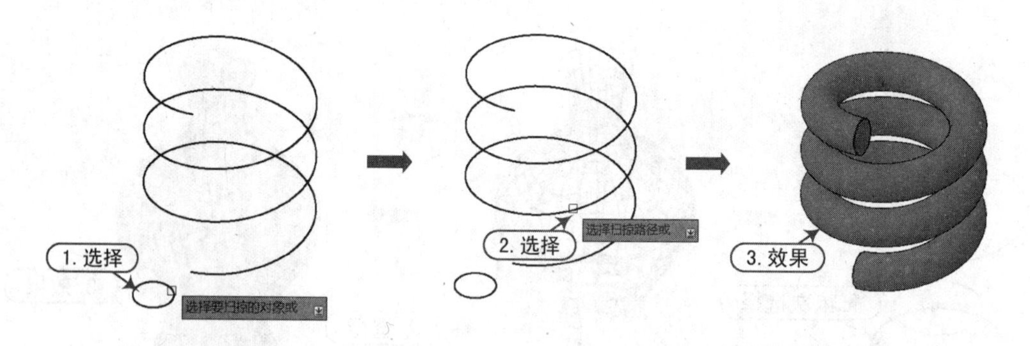

图11-28　扫掠操作

11.4　布尔运算

布尔运算在数学的集合运算中得到了广泛应用，AutoCAD 也将该运算应用到实体的创建过程中，用户可以对三维实体对象进行并集、交集、差集的运算。三维实体的布尔运算与平面图形类似。

11.4.1 并集运算

知识要点 使用“并集”命令（UNION）可以将选定的两个及两个以上的实体或面域对象合并成一个新的整体。并集实体也就是两个或多个现有实体的全部体积合并起来形成的。

“并集”命令与“创建块”命令相似，都是将选定的图形对象定义成为一个整体，但是“并集”命令的实体不能作为图形对象插入其他图形文档中，只能使用复制、粘贴命令粘贴到其他图形文件中。

执行方法 执行“并集”命令（UNION）的方法有如下 3 种：

- 菜单栏：选择“修改 | 实体编辑 | 并集”菜单命令。
- 面板：在“常用”选项卡的“实体编辑”面板中，单击“并集”按钮。
- 命令行：输入“UNION”命令，其快捷键为“UNI”。

执行“并集”命令（UNI）后，命令行提示如下：

```
命令：_UNION                                \\ 执行“并集”命令
选择对象：指定对角点：找到 2 个              \\ 选择要并集的对象
```

操作实例 运用“并集”命令（UNION）编辑实体，其操作步骤如下：

Step 01 执行“修改 | 实体编辑 | 并集”菜单命令，选择要组合的第一个对象。

Step 02 选择要合并的第二个对象。

Step 03 按“Enter”键，确认选择，完成并集操作，如图 11-29 所示。

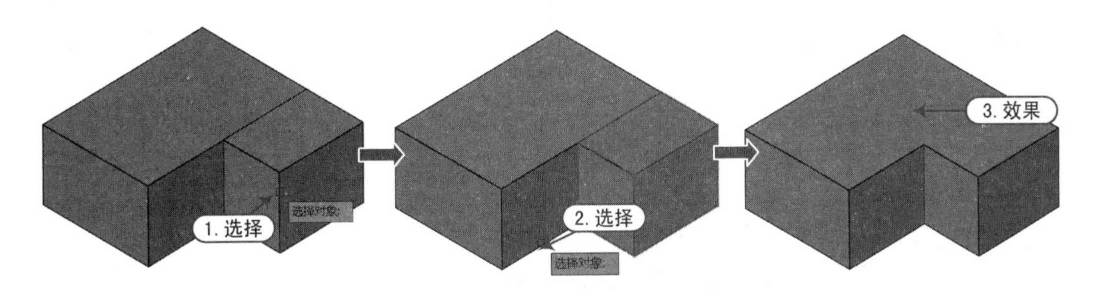

图11-29 并集操作

11.4.2 差集运算

知识要点 使用“差集”命令（SU）可以将选定的组合实体或面域相减得到一个差集实体。在机械绘图中，常用“差集”命令（SU）在实体或面域上进行钻孔、开槽等处理。

执行方法 执行“差集”命令（SU）的方法有如下 3 种：

- 菜单栏：选择“修改 | 实体编辑 | 差集”菜单命令。
- 面板：在“常用”选项卡的“实体编辑”面板中，单击“差集”按钮。
- 命令行：输入“SUBTRACT”命令，其快捷键为“SU”。

执行“差集”命令（SU）后，命令行提示如下：

```
命令：SUBTRACT                                   \\执行“差集”命令
选择要从中减去的实体、曲面和面域...
选择对象：找到1个                                 \\选择被减对象
选择对象：选择要减去的实体、曲面和面域...
选择对象：找到1个                                 \\选择要减去的对象
```

操作实例 运用“差集”命令（SU）编辑实体，其操作步骤如下：

Step 01 执行“修改|实体编辑|差集”菜单命令，选择多边形实体，按“Enter”键确认选择。

Step 02 选择圆柱体作为减去实体。

Step 03 按“Enter”键确定，完成差集操作，如图11-30所示。

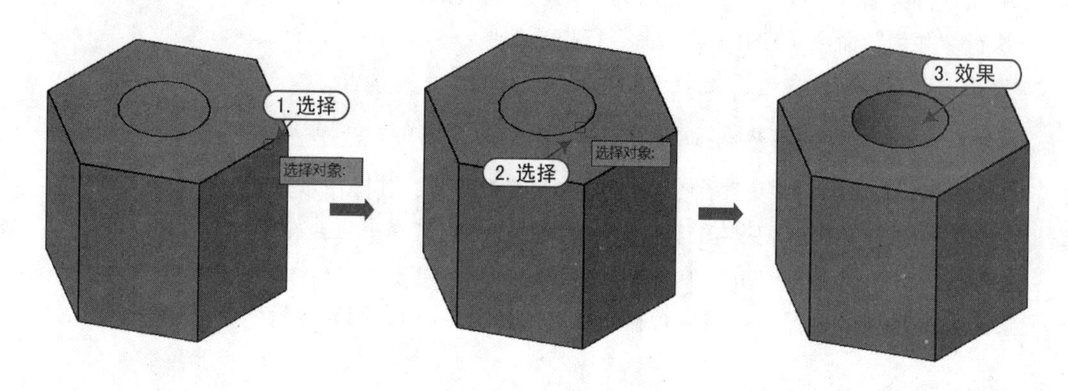

图11-30　差集操作

11.4.3　交集运算

知识要点 使用“交集”命令（INT）可以提取一组实体的公共部分，并将其创建为新的组合实体对象。该命令主要用于使用面偏移。

执行方法 执行“交集”命令（INT）的方法有如下3种：

- 菜单栏：选择“修改|实体编辑|差集”菜单命令。
- 面板：在“常用”选项卡的“实体编辑”面板中，单击“差集”按钮。
- 命令行：输入“INTERSECT”命令，其快捷键为“INT”。

执行“交集”命令（INT）后，命令行提示如下：

```
命令：_INTERSECT                         \\执行“差集”命令
选择对象：指定对角点：找到2个             \\选择实体对象
```

操作实例 运用“交集”命令（INT）编辑实体，其操作步骤如下：

Step 01 执行“修改|实体编辑|交集”菜单命令，单击选择实体对象。

Step 02 单击选择另一个对象。

Step 03 按“Enter”键确定，完成交集操作，如图11-31所示。

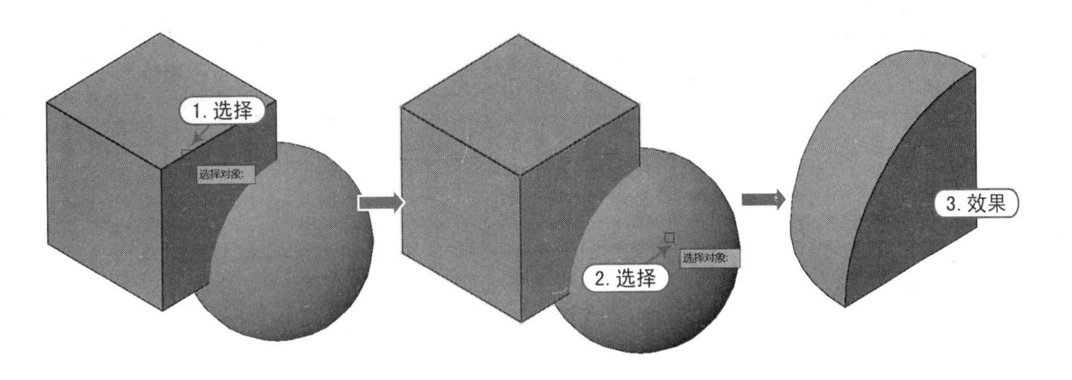

图11-31 交集操作

11.5 编辑三维实体

本节将介绍一些基本的实体三维操作命令，这些命令有的是二维绘图和三维绘图共有的命令。但在具体应用中有所不同，如“倒角”、“圆角”命令；有的命令是高级实体编辑命令，如“剖切”、“截面”命令。

11.5.1 倒角边

知识要点 使用“倒角边”命令（CHA）不仅可以对平面图形进行倒角，还可以对三维实体进行倒角。

执行方法 执行“倒角边”命令（CHA）的方法有如下 3 种：

- 菜单栏：选择“修改 | 实体编辑 | 倒角边”菜单命令。
- 面板：在“常用”选项卡的“实体编辑”面板中，单击“倒角边”按钮。
- 命令行：输入“CHAMFEREDGE”命令，其快捷键为“CHA”。

执行“倒角边”命令（CHA）后，命令行提示如下：

```
命令: _CHAMFEREDGE                                    \\ 执行“倒角边”命令
距离 1 = 10.0，距离 2 = 10.0
选择一条边或 [ 环 (L)/ 距离 (D)]:                      \\ 选择要倒角的边
选择同一个面上的其他边或 [ 环 (L)/ 距离 (D)]:          \\ 选择其他边
```

操作实例 运用“倒角边”命令（CHA）对长方体进行倒角，其操作步骤如下：

Step 01 将当前视图切换至“西南等轴测”视图。

Step 02 执行“长方体（BOX）”命令，创建长、宽、高分别为 200mm、120mm、100mm 的长方体。

Step 03 单击“实体编辑”面板中的“倒角边”按钮，选择“距离”选项，输入倒角距离为 20mm，然后按“Enter”键确定。

Step 04 选择长方体的边，对长方体进行倒角边操作。倒角后将图形切换至“概念”视觉样式，如图 11-32 所示。

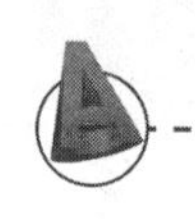

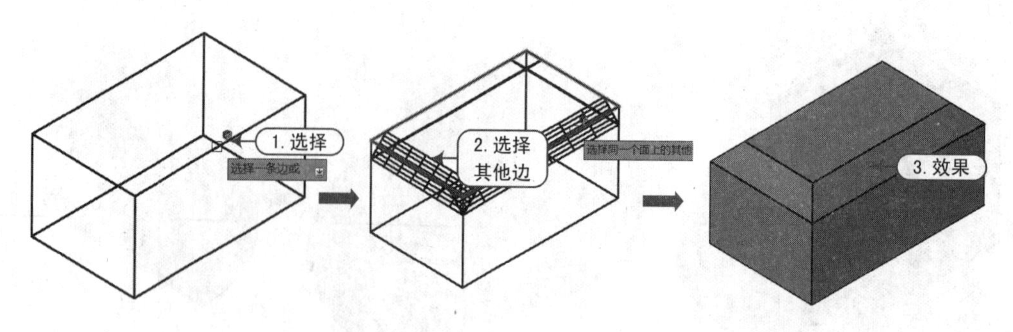

图11-32　倒角边操作

11.5.2　圆角边

知识要点“圆角边”命令（F）与“倒角”命令类似，不仅可以对平面图形进行圆角，还可以对三维实体进行磨合细化。

执行方法执行“圆角边”命令（F）的方法主要有如下 3 种：

- 菜单栏：选择“修改 | 实体编辑 | 圆角边”菜单命令。
- 面板：在“常用”选项卡的“实体编辑”面板中，单击“圆角边”按钮。
- 命令行：输入“FILLET”命令，其快捷键为“F”。

执行“圆角边”命令（F）后，命令行提示如下：

```
命令：_FILLETEDGE                              \\ 执行“圆角边”命令
半径 = 1.00
选择边或 [ 链 (C)/ 环 (L)/ 半径 (R)]: R           \\ 选择“半径”选项
输入圆角半径或 [ 表达式 (E)] <1.00>: 20           \\ 输入圆角半径
选择边或 [ 链 (C)/ 环 (L)/ 半径 (R)]:             \\ 选择要圆角的边
```

操作实例运用“圆角边”命令（F）对长方体进行圆角操作，如图 11-33 所示。

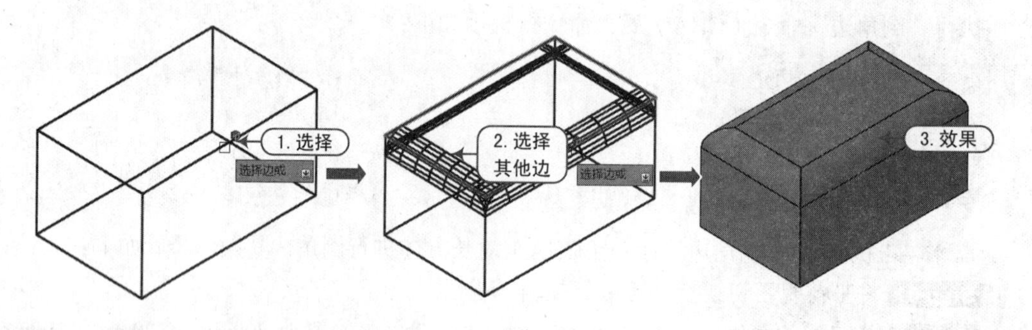

图11-33 圆角边操作

技巧：“链”选项讲解

链是指从单边选择改为连续相切边选择。选中一条边也就选中了一系列相切的边。例如，如果选择某个三维实体长方体顶部的一条边，则执行“圆角边”命令（F）还将选择顶部上其他相切的边。

11.5.3 分解

操作实例 “分解”命令（X）可以应用于平面图形，同样也可以应用于三维实体。利用“分解”命令（X）可将实体分解为面域。其操作步骤如下：

Step 01 执行“分解”命令（X），选择需要分解的实体。

Step 02 按“Enter”键确定选择，此时实体被分解单个面域。

Step 03 选中并移动其中一个面，效果如图 11-34 所示。

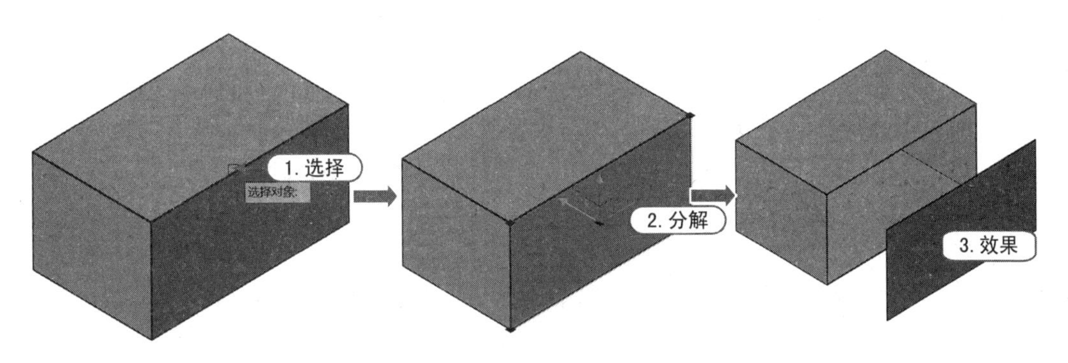

图11-34 分解实体

11.5.4 剖切实体

知识要点 使用“剖切”命令（SL）可以根据指定的剖切平面将一个实体分割为两个独立的实体，并可以继续剖切，将其任意切割为多个独立的实体。

执行方法 执行“剖切”命令（SL）的方法主要有如下 3 种：

- 菜单栏：选择“修改 | 三维编辑 | 剖切”菜单命令。
- 面板：在“常用”选项卡的“实体编辑”面板中，单击“剖切”按钮。
- 命令行：输入“SLICE”命令，其快捷键为“SL”。

执行“剖切”命令（SL）后，命令行提示如下：

```
命令:'_SLICE                                              \\执行“剖切”命令
选择要剖切的对象:找到 1 个                                 \\选择剖切对象
选择要剖切的对象:                                          \\按“Enter”键确定
指定切面的起点或[平面对象(O)/曲面(S)/z 轴(Z)/视图(V)/xy(XY)/yz(YZ)/zx(ZX)/三点(3)]<三点>:
指定平面上的第二点:                                        \\依次指定平面上两点
在所需的侧面上指定点或[保留两个侧面(B)]<保留两个侧面>:     \\指定保留的侧面
```

操作实例 执行“剖切”命令（SL）后，可以通过两点或三点指定剖切平面，也可以使用某个对象或曲面进行剖切。一个实体只能切成位于切平面两侧的两部分，被切成的两部分可全部保留，也可只保留其中一部分。其操作步骤如下：

Step 01 执行“修改 | 三维编辑 | 剖切”菜单命令，单击选择对象并按回车键。

Step 02 单击指定平面上的第 2 个点。

Step 03 单击要保留的侧面，完成剖切操作，如图 11-35 所示。

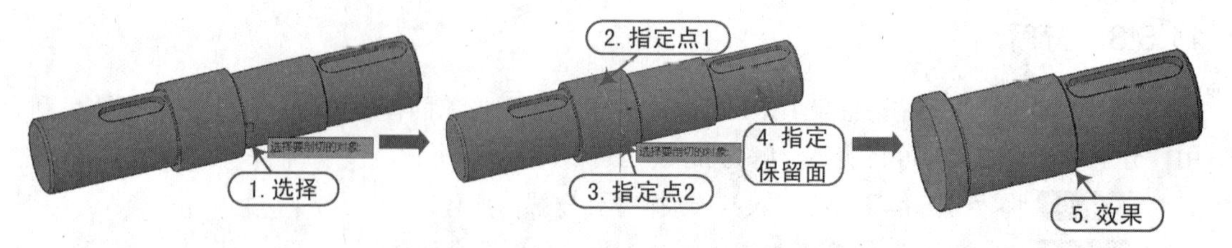

图11-35 剖切实体

11.5.5 创建截面

知识要点 使用“截面”命令（SEC）可以创建穿过三维实体的剖面，得到表示三维实体剖面形状的二维图形。一般而言，AutoCAD会在当前层生成剖面，并放在平面与实体的相交处。当选择多个实体时，系统可以为每个实体生成各自独立的剖面。

执行方法 执行“截面”命令（SEC）的方法主要有如下3种：

- 菜单栏：选择“修改 | 三维编辑 | 截面”菜单命令。
- 面板：在“常用”选项卡的“截面”面板中，单击“截面”按钮。
- 命令行：输入“SECTION”命令，其快捷键为“SEC”。

执行“截面”命令（SEC）后，命令行提示如下：

```
命令 : SECTION                                          \\ 执行“截面”命令
选择对象 : 找到 1 个                                    \\ 选择截面对象
选择对象 :                                              \\ 按“Enter”键确定
指定截面上的第一个点，依照 [ 对象 (O)/Z 轴 (Z)/ 视图 (V)/XY(XY)/YZ(YZ)/ZX(ZX)/ 三点 (3)] < 三点 >:
指定平面上的第二个点 :
指定平面上的第三个点 :                                  \\ 依次指定平面上三点
```

操作实例 其操作步骤如下：

Step 01 执行“修改 | 三维编辑 | 截面”菜单命令，单击选择对象并按“Enter”键。

Step 02 单击指定平面上的第1个点。

Step 03 单击指定平面上的第2个点。

Step 04 单击指定平面上的第3个点。

Step 05 移动实体，即可看到所创建的截面，如图11-36所示。

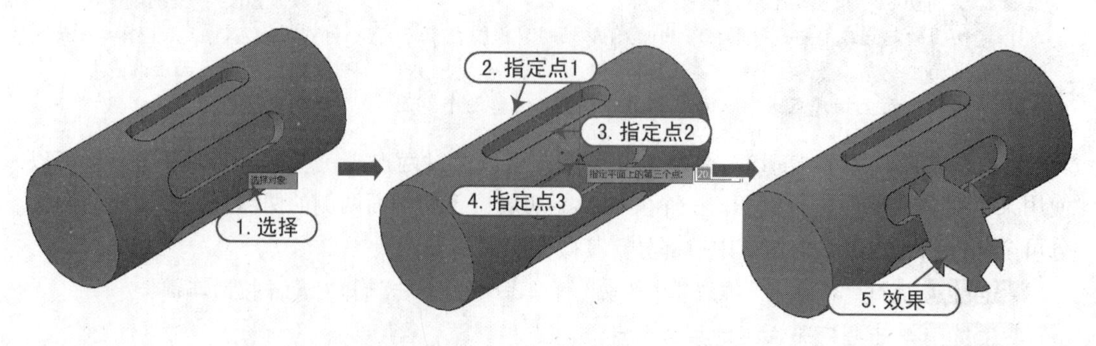

图11-36 创建截面

11.6 标注三维对象尺寸

在机械制图或建筑制图中，为了能得到一个真实形状和构造的认识，尤其为了使那些不熟悉平面图、剖面图、侧视图的人们能对所设计的对象有个整体了解，常常使用三维制图。利用 AutoCAD 进行三维制图的设计后，又可利用它来产生二维图形，如此作图比标准的二维作图更节省时间。AutoCAD 中的尺寸标注都是针对二维图形来设计的，它并没有提供三维图形的尺寸标注，那么如何对三维图形及在非正投影下由三维转换为二维的图形进行尺寸标注呢？

知识要点 由于尺寸标注是针对二维图形设计的，因此对三维图形进行尺寸标注时需要不断地改变用户坐标系 UCS，使被标注的实体相应的尺寸线在 UCS 的坐标平面内。

操作实例 标注长方体的长宽高，其操作步骤如下：

Step 01 标注长方体长度。执行“线性标注”命令（DLI），标注长方体的底面长度。

Step 02 标注长方体宽度。重复执行“线性标注”命令（DLI），标注长方体的宽度。

Step 03 转换 UCS 坐标系。执行“UCS”命令，定义长方体的侧平面为 XY 平面。

Step 04 标注长方体高度。再次执行“线性标注”命令（DLI），标注长方体的宽度，长方体标注完成，如图 11-37 所示。

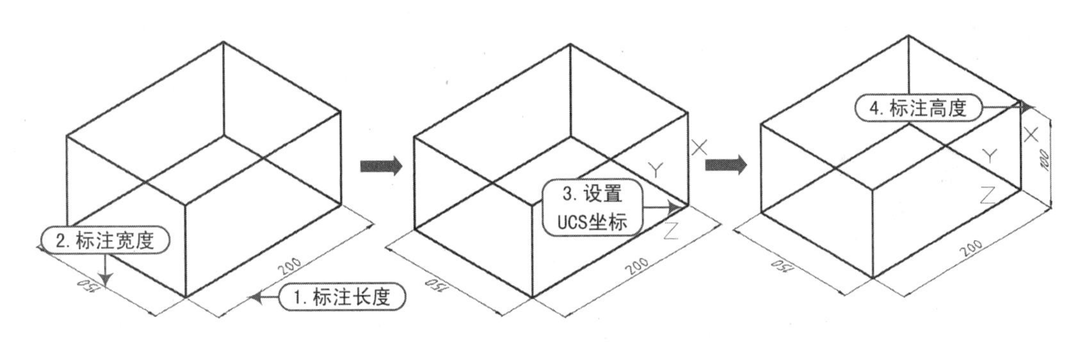

图11-37 标注长方体

11.7 综合实战——轴承座的绘制

	案例	轴承座 .dwg
	视频	轴承座的绘制 .avi

本实例利用本章所学“长方体”、“圆柱体”、“差集”等命令来绘制如图 11-38 所示的轴承座图形。首先利用构造线绘制辅助线，然后利用“多段线”命令绘制主体结构轮廓，最后再利用“圆弧”命令绘制螺纹图形。其具体操作步骤如下：

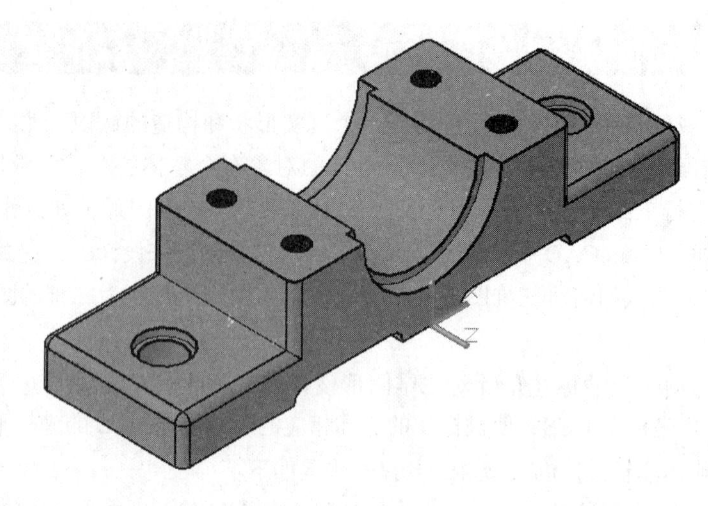

图11-38　轴承座

实战要点①三维图形的绘制；②三维图形的编辑。

操作步骤

Step 01 新建文件。正常启动 AutoCAD 2016 软件，执行“文件 | 新建”命令，新建一个图形文件；然后执行“文件 | 保存”命令，将文件保存为“案例 \11\ 轴承座 .dwg”文件。

Step 02 设置图层。在“常用”选项卡的“图层”面板中，单击“图层特性管理器”按钮，打开“图层特性管理器”对话框，新建“中心线”、“实线”图层，并将“中心线”图层设置为当前图层，如图 11-39 所示。

Step 03 绘制辅助线。执行“构造线”命令（XL），绘制一组相互垂直的十字中心线，如图 11-40 所示。

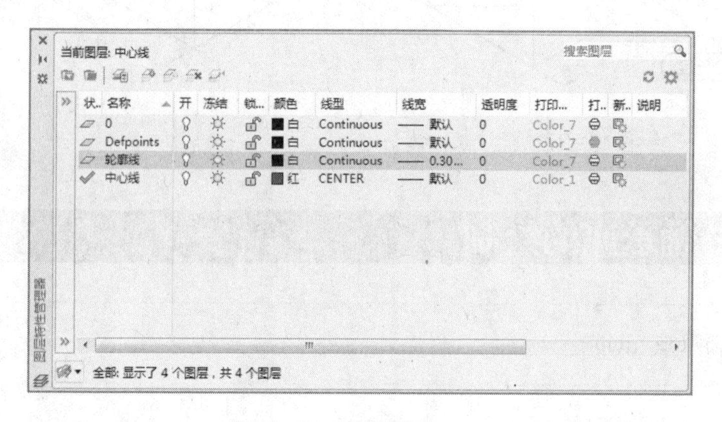

图11-39　创建图层

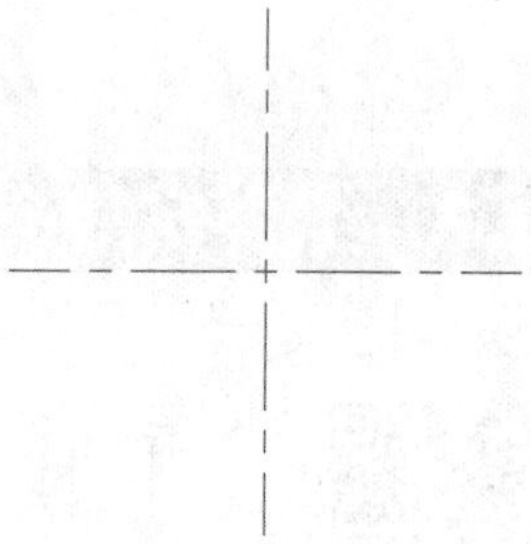

图11-40　绘制十字中心线

Step 04 执行“偏移”命令（O），将水平构造线分别向上、下方向依次偏移 16mm、14mm；将垂直构造线分别向左、右方向依次偏移 43mm、40mm、22mm，如图 11-41 所示。

Step 05 单击“绘图”区域左上角的“视图”控件按钮，将当前视图切换至“西南等轴测视图”，并执行“UCS”命令，重新定位坐标原点如图 11-42 所示。命令行提示如下：

```
命令 : UCS                                                    \\ 执行 “UCS” 命令
当前 UCS 名称 : * 没有名称 *
指定 UCS 的原点或 [ 面 (F)/ 命名 (NA)/ 对象 (OB)/ 上一个 (P)/ 视图 (V)/ 世界 (W)/X/Y/Z/Z 轴 (ZA)]
< 世界 >:                                                     \\ 按 “Enter” 键
指定 X 轴上的点或 < 接受 >:                                   \\ 指定 X 轴上的点
指定 XY 平面上的点或 < 接受 >:                                \\ 指定 Y 轴上的点
```

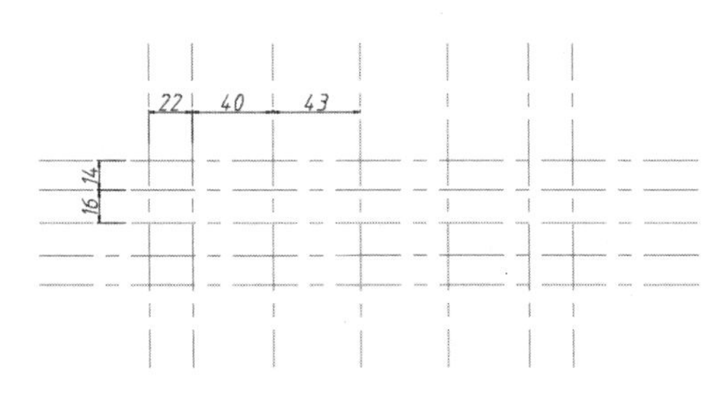

图11-41　偏移中心线

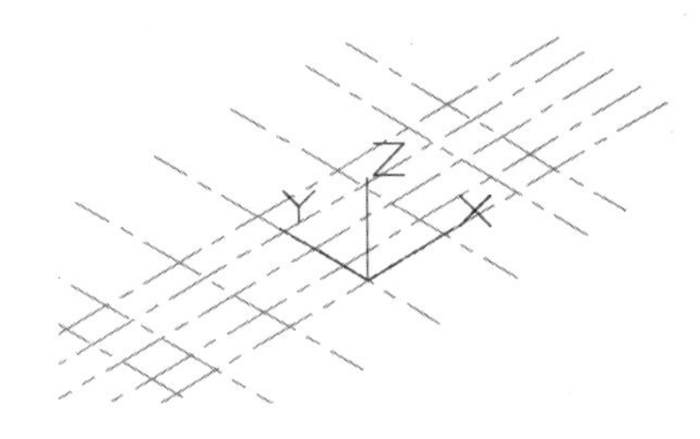

图11-42　设置UCS

Step 06 重复执行“UCS”命令，选择“X”选项，将坐标沿X轴旋转90°，如图11-43所示。

Step 07 绘制轴承座。在“图层”面板的“图层”下拉列表中，将“轮廓线”图层设置为当前图层，执行“多段线”命令（PL）绘制的多段线如图11-44所示。命令行提示如下：

```
命令: PLINE                                                   \\ 执行 “多段线” 命令
指定起点 : 当前线宽为 0.0000                                  \\ 指定起点
指定下一个点或 [ 圆弧 (A)/ 半宽 (H)/ 长度 (L)/ 放弃 (U)/ 宽度 (W)]: @47,0
指定下一点或 [ 圆弧 (A)/ 闭合 (C)/ 半宽 (H)/ 长度 (L)/ 放弃 (U)/ 宽度 (W)]: @0,5
指定下一点或 [ 圆弧 (A)/ 闭合 (C)/ 半宽 (H)/ 长度 (L)/ 放弃 (U)/ 宽度 (W)]: @46,0
指定下一点或 [ 圆弧 (A)/ 闭合 (C)/ 半宽 (H)/ 长度 (L)/ 放弃 (U)/ 宽度 (W)]: @0,-5
指定下一点或 [ 圆弧 (A)/ 闭合 (C)/ 半宽 (H)/ 长度 (L)/ 放弃 (U)/ 宽度 (W)]: @24,0
指定下一点或 [ 圆弧 (A)/ 闭合 (C)/ 半宽 (H)/ 长度 (L)/ 放弃 (U)/ 宽度 (W)]: @0,5
指定下一点或 [ 圆弧 (A)/ 闭合 (C)/ 半宽 (H)/ 长度 (L)/ 放弃 (U)/ 宽度 (W)]: @46,0
指定下一点或 [ 圆弧 (A)/ 闭合 (C)/ 半宽 (H)/ 长度 (L)/ 放弃 (U)/ 宽度 (W)]: @47,0
指定下一点或 [ 圆弧 (A)/ 闭合 (C)/ 半宽 (H)/ 长度 (L)/ 放弃 (U)/ 宽度 (W)]: @0,-5
指定下一点或 [ 圆弧 (A)/ 闭合 (C)/ 半宽 (H)/ 长度 (L)/ 放弃 (U)/ 宽度 (W)]: @47,0
指定下一点或 [ 圆弧 (A)/ 闭合 (C)/ 半宽 (H)/ 长度 (L)/ 放弃 (U)/ 宽度 (W)]: @0,18
指定下一点或 [ 圆弧 (A)/ 闭合 (C)/ 半宽 (H)/ 长度 (L)/ 放弃 (U)/ 宽度 (W)]: @-210,0
指定下一点或 [ 圆弧 (A)/ 闭合 (C)/ 半宽 (H)/ 长度 (L)/ 放弃 (U)/ 宽度 (W)]: c
```

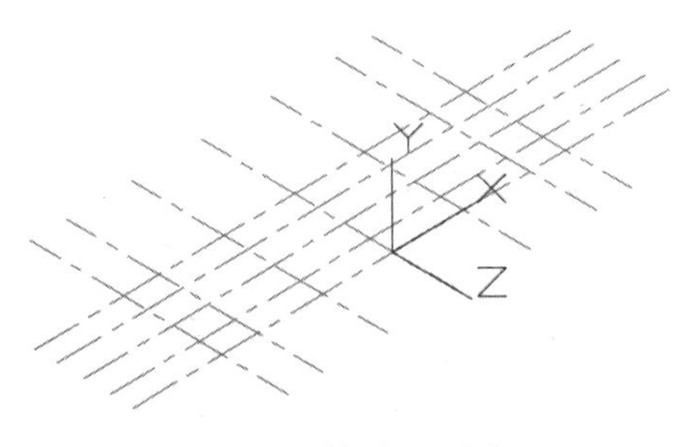

图11-43　旋转X轴坐标

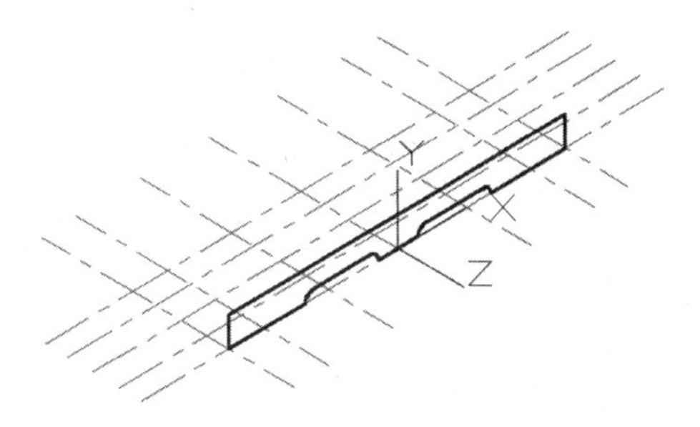

图11-44　设置UCS

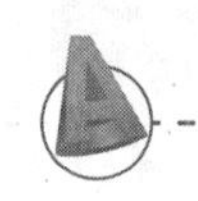

Step 08 在“图层”面板的“图层”下拉列表中，将“中心线”图层隐藏，执行“圆角”命令（F），对图形进行倒圆角，如图 11-45 所示。

Step 09 执行“拉伸”命令（EXTRUDE），将闭合的多段线沿 Z 轴方向拉伸 -60mm，如图 11-46 所示。

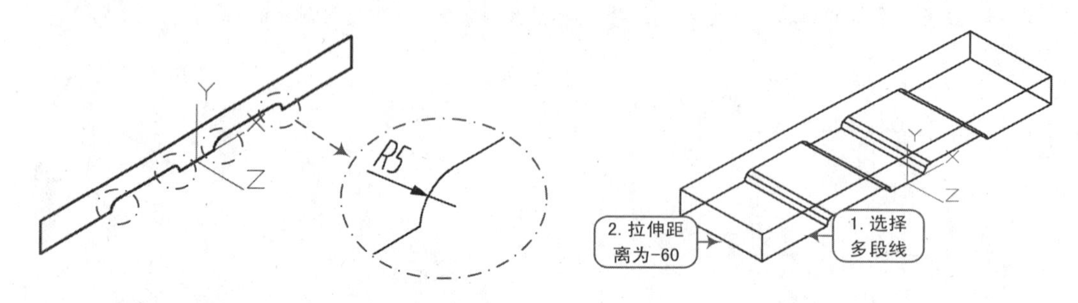

图11-45　倒圆角　　　　图11-46　拉伸图形

Step 10 执行“UCS”命令，重新定义坐标轴，如图 11-47 所示。

Step 11 在“图层”面板的“图层”下拉列表中，取消隐藏“中心线”，如图 11-48 所示。

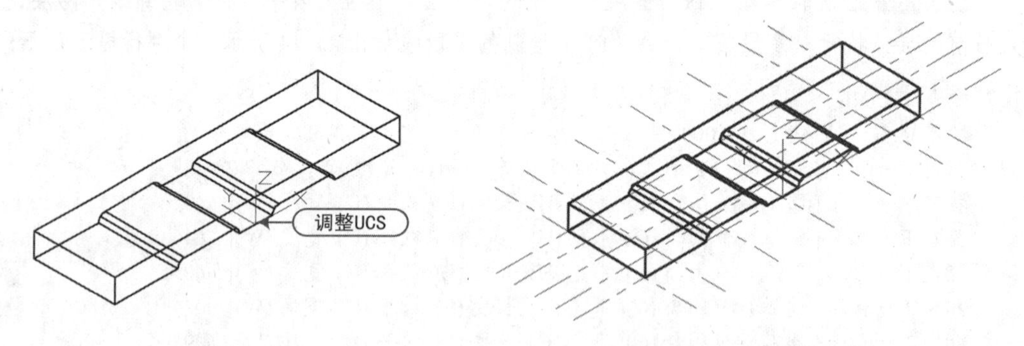

图11-47　调整UCS坐标　　　　图11-48　显示中心线

Step 12 执行“圆柱体”命令（CYL），捕捉辅助线交点绘制底面半径为 8mm，高度为 15mm 的圆柱体；然后捕捉圆柱体上表面圆心，绘制底面半径为 10mm，高度为 3mm 的圆柱体，如图 11-49 所示。

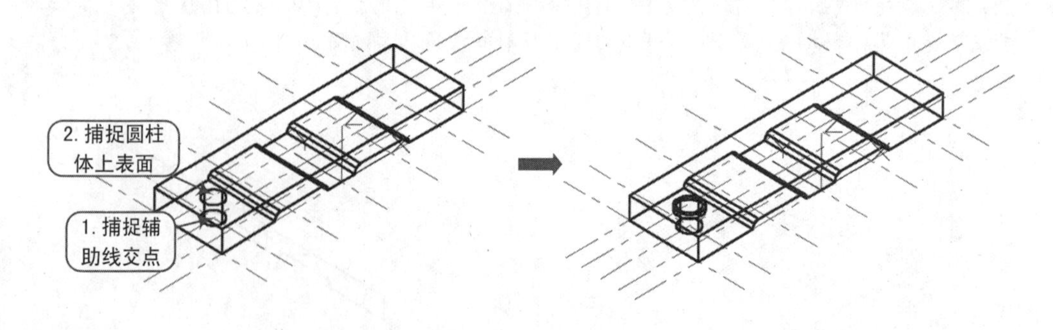

图11-49　绘制圆柱体

Step 13 执行“三维镜像”命令（MIRROR3D），以YZ平面为镜像面，将上一步绘制的圆柱体进行镜像操作，如图11-50所示。

Step 14 关闭“中心线”图层，捕捉如图11-51所示的点绘制长为116mm、宽为60mm、高为25mm的长方体。

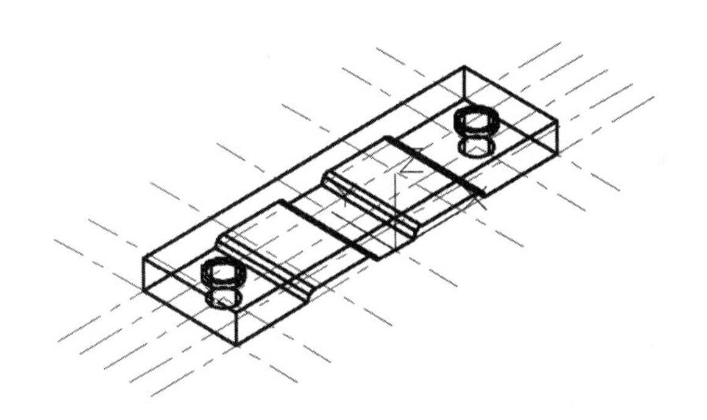

图11-50　镜像圆柱体

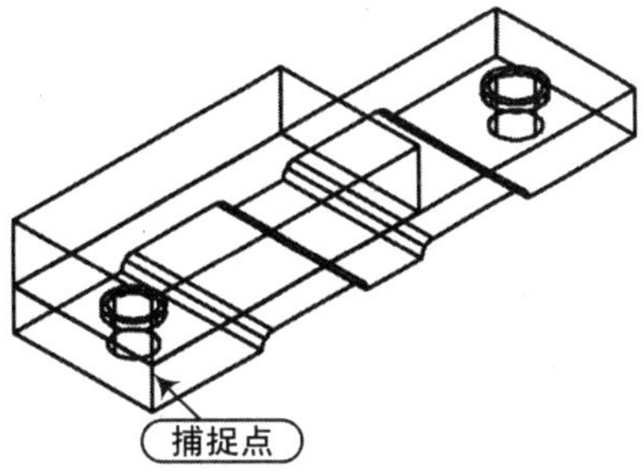

图11-51　绘制长方体

Step 15 执行“移动”命令（M），将长方体沿X轴正方向移动47mm，然后执行“并集”命令（UNI）将两个长方体进行并集操作，如图11-52所示。

Step 16 关闭“中心线”图层，分别捕捉相应点绘制两个底面半径为4.5mm、高度为17mm的圆柱体，如图11-53所示。

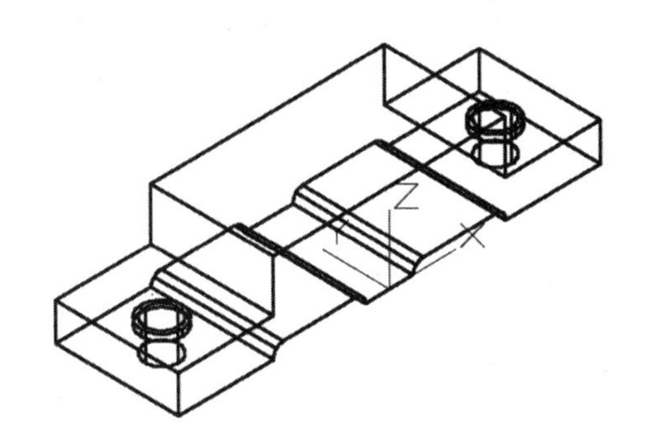

图11-52　移动和并集实体

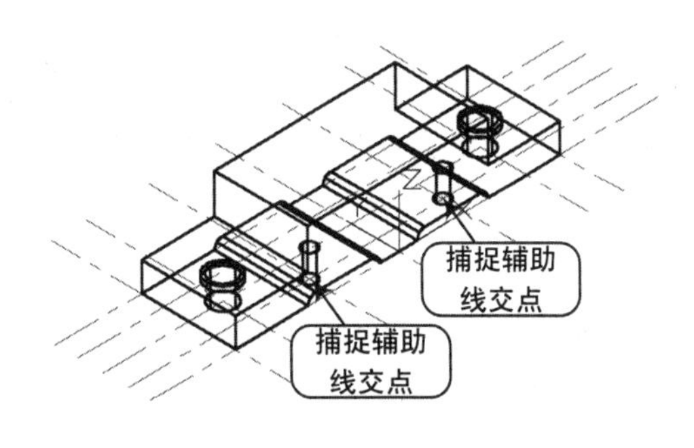

图11-53　绘制圆柱体

Step 17 执行“UCS”命令（M），将X轴旋转90°。

Step 18 执行“移动”命令（M），将上一步绘制的两个圆柱体沿Y轴正方向移动26mm，如图11-54所示。

Step 19 执行“UCS”命令（M），将X轴旋转-90°。

Step 20 再执行“复制”命令（CO），将两个圆柱体沿Y轴正方向复制32mm，如图11-55所示。

Step 21 执行“差集”命令（SU），将大实体与6个小圆柱体进行差集操作，效果如图11-56所示。

Step 22 执行“UCS”命令（M），将X轴旋转90°。

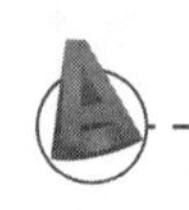

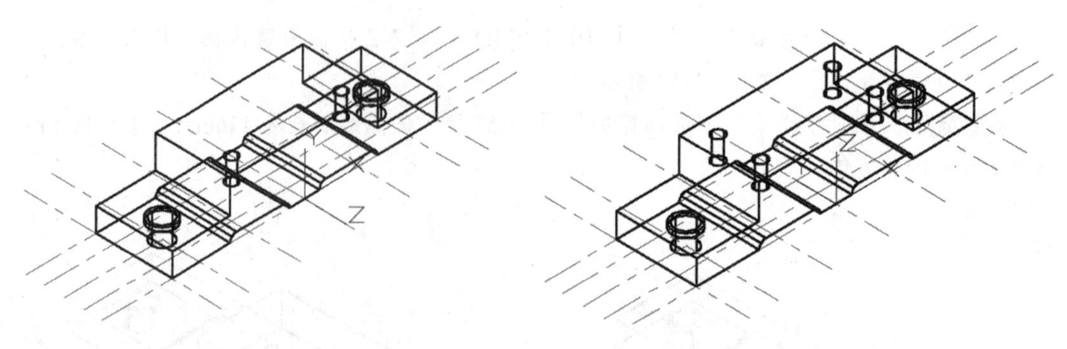

图11-54 移动圆柱体　　　　图11-55 复制圆柱体

Step 23 执行“圆柱体”命令（CYL），绘制如图 11-57 所示的圆柱体。命令行提示如下:

```
命令: _CYLINDER
指定底面的中心点或 [ 三点 (3P)/ 两点 (2P)/ 切点、切点、半径 (T)/ 椭圆 (E)]: 0,43,0
指定底面半径或 [ 直径 (D)] <4.5000>: 29
指定高度或 [ 两点 (2P)/ 轴端点 (A)] <17.0000>: -7
```

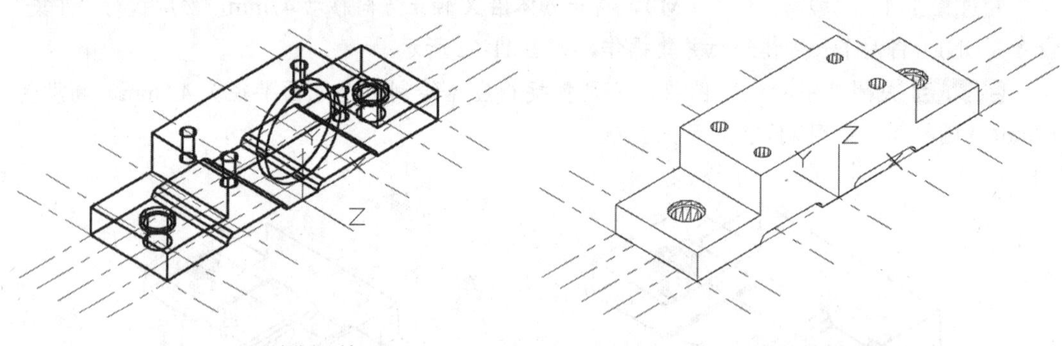

图11-56 差集运算　　　　图11-57 绘制圆柱体

Step 24 重复执行“圆柱体”命令（CYL），绘制两个圆柱体，如图 11-58 所示。命令行提示如下:

```
命令: _CYLINDER
指定底面的中心点或 [ 三点 (3P)/ 两点 (2P)/ 切点、切点、半径 (T)/ 椭圆 (E)]: 0,43,-60
指定底面半径或 [ 直径 (D)] <29.0000>: 29
指定高度或 [ 两点 (2P)/ 轴端点 (A)] <-7.0000>: 7
命令: CYLINDER
指定底面的中心点或 [ 三点 (3P)/ 两点 (2P)/ 切点、切点、半径 (T)/ 椭圆 (E)]: 0,43,-7
指定底面半径或 [ 直径 (D)] <29.0000>: 26
指定高度或 [ 两点 (2P)/ 轴端点 (A)] <7.0000>: -46
```

Step 25 执行“差集”命令（SU），将实体与三个圆柱体进行差集操作，效果如图 11-59 所示。

Step 26 绘制螺纹。在“绘图”区域左上角单击“视图”控件按钮，将当前视图切换至前视图，执行“矩形”命令（REC），绘制一个 4.5mm × 17mm 的矩形。

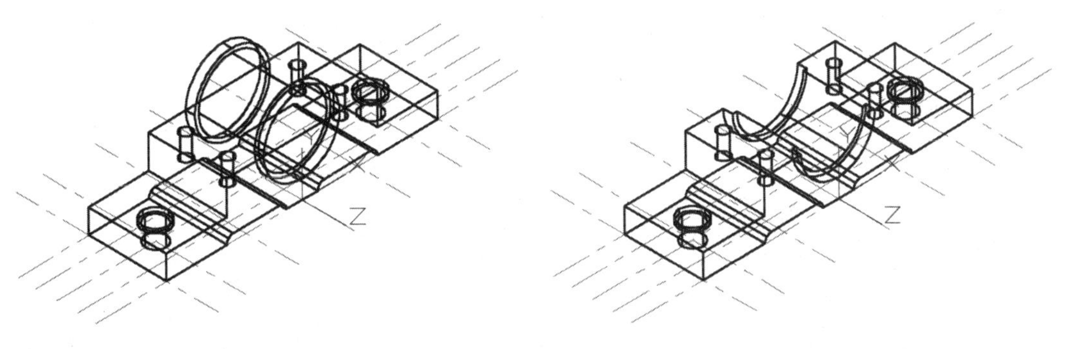

图11-58 绘制圆柱体　　　　图11-59 差集运算

Step 27 执行“直线”命令（L）绘制螺纹，命令行提示如下：

```
命令: LINE
指定第一个点 :
指定下一点或 [ 放弃 (U)]: @1,-0.5
指定下一点或 [ 放弃 (U)]: @-1,-0.5
```

Step 28 执行“矩形阵列”命令（ARRAYRECT），将螺纹图形进行阵列，并对其进行修剪，如图 11-60 所示。

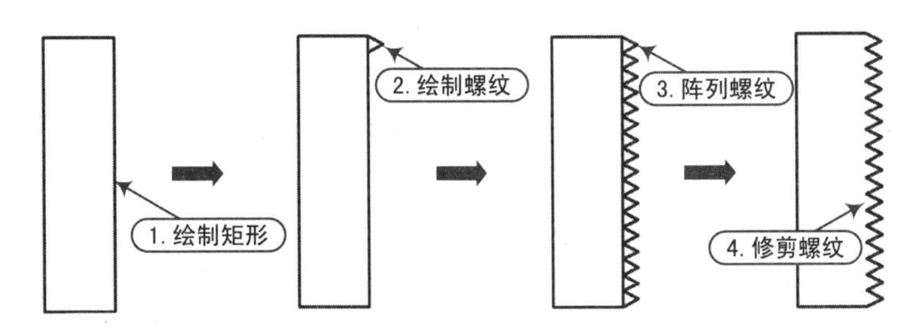

图11-60 绘制螺纹

Step 29 执行“编辑多段线”命令，将螺纹轮廓转换为封闭多段线。然后执行“旋转”命令（RO），将多段线旋转为螺纹实体，如图 11-61 所示。

Step 30 将视图切换至“西南等轴测”视图，将生成的螺纹分别复制到 4 个螺孔处，执行“差集”命令（SU），对螺纹进行差集运算。差集消隐效果如图 11-62 所示。

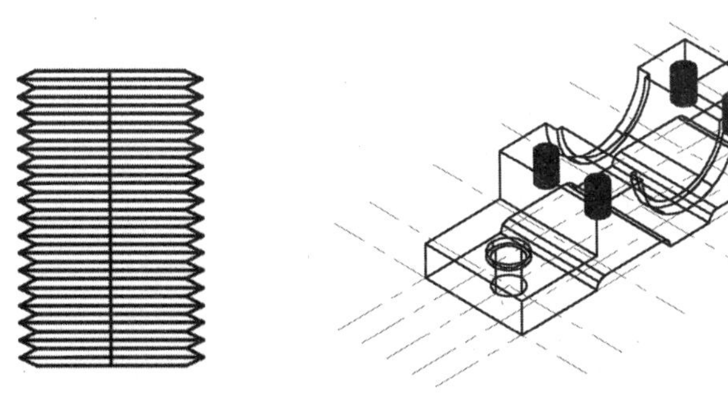

图11-61 旋转螺纹　　　　图11-62 差集消隐效果

Step 31 关闭“辅助线”图层，执行“圆角”命令（F），对轴承座的各边进行圆角，圆角半径为 3mm，如图 11-63 所示。

Step 32 执行“视图 | 三维视图 | 视点”菜单命令，设置图形观察角度，如图 11-64 所示。

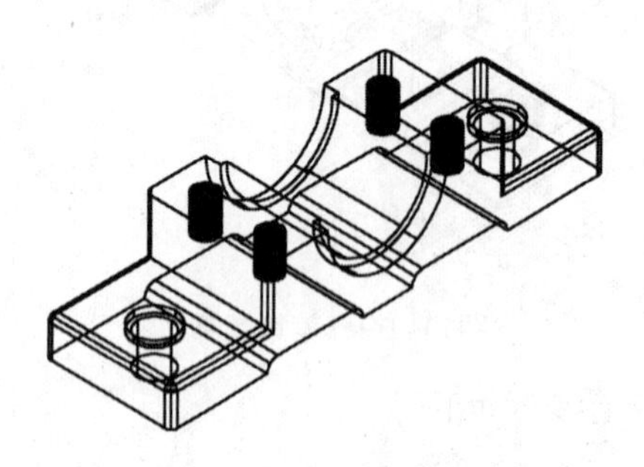

图11-63　圆角操作

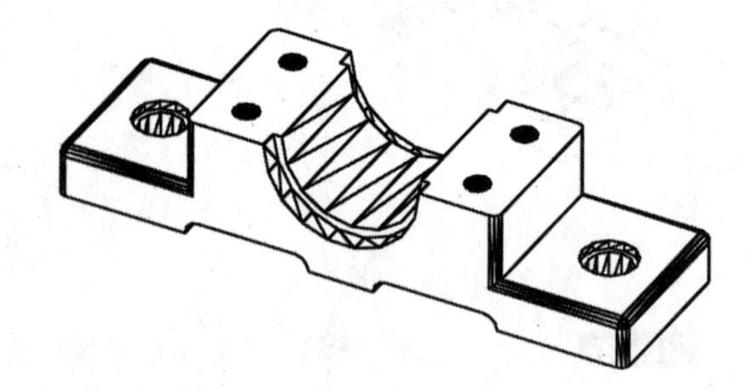

图11-64　设置视点

12 工程图生成及打印

本章导读

工程图是一种用二维图形来描述的建筑图、结构图、机械制图、电气图纸和管路图纸。一张完整的工程图，除了具有图形信息外，还应有标准图框、技术要求说明，以及图名、图号设计人员签名等信息。而将绘制的某个图形输出到图纸上，则需要添加打印机及相应设备并设置打印的相关参数。

本章内容

- 创建布局
- 创建二维工程图
- 创建剖面图
- 创建局部放大视图
- 打印页面设置
- 打印图形
- 输出为可印刷的光栅图形
- 三维打印

本章视频集

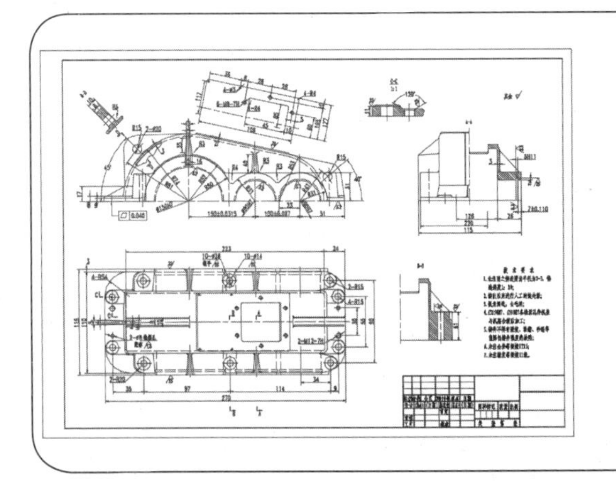

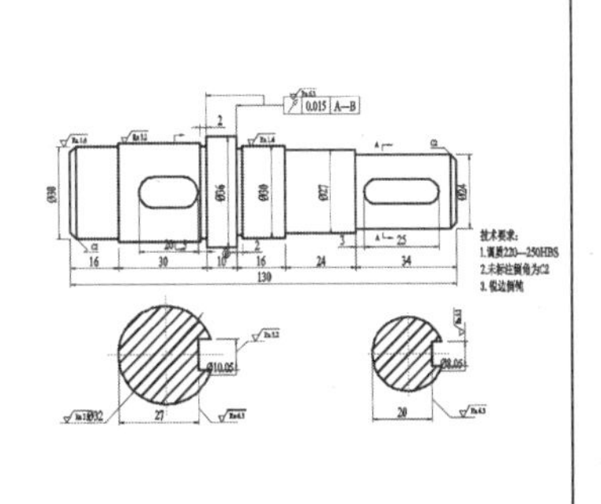

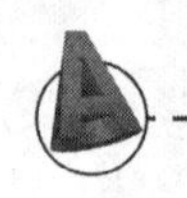

12.1 创建布局

知识要点 布局是一种图纸空间的环境，它模拟图纸空间，直观地反映打印设置。用户可指定每个布局的页面设置，页面设置实际是保存在相应布局中的打印设置。

系统默认了两个布局选项“布局 1”和“布局 2”。用户可创建更多的布局，以显示不同的视图，其中每个布局选项代表一张单独的打印输出图纸。

执行方法 创建布局的方法如下：

- 菜单栏：选择“插入 | 布局”菜单命令，在弹出的的子菜单中选择相应的子命令，如图 12-1 所示。
- 快捷菜单：在“布局 1”选项卡上右击，在弹出的快捷菜单中选择“新建布局”或“从样板 ...”菜单命令，如图 12-2 所示。
- 命令行：输入“LAYOUTWIZARD”命令。

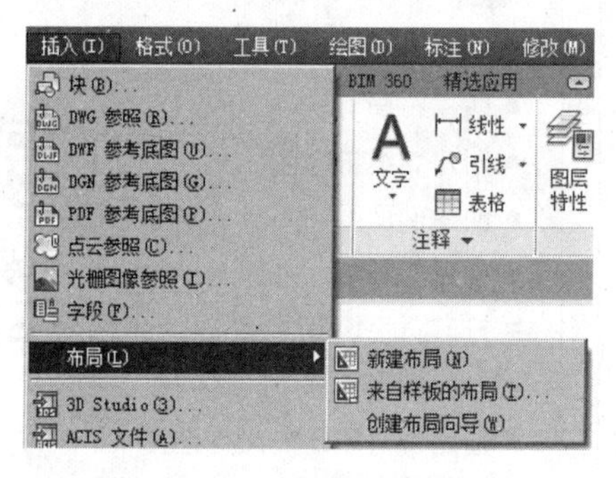

图12-1 “布局”子菜单

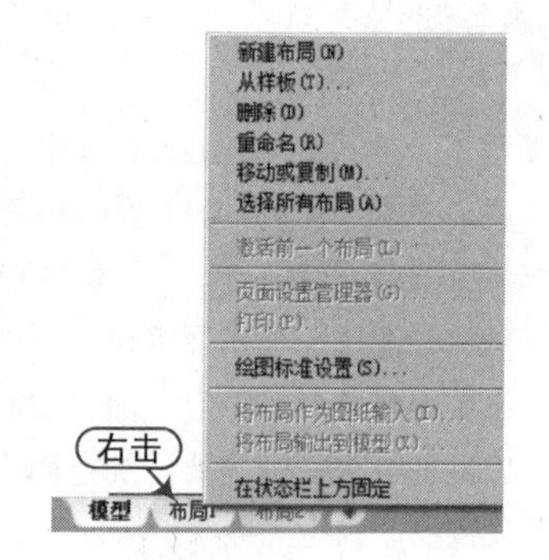

图12-2 “布局选项卡”快捷菜单

操作实例 从“布局”命令子菜单中可以看到，创建布局有三种方式：一是新建布局，这种方式按默认设置创建图纸空间；二是使用样板文件（.dwt）来创建图纸空间，这时，系统会弹出如图 12-3 所示的“从文件选择样板”对话框，供用户选择样板文件。除了以上两种方式外，系统还提供利用布局向导方式创建布局，通过“创建布局向导”命令，用户可打开如图 12-4 所示的对话框。按照该向导流程，依次设置相关参数来完成一个新的图纸空间的创建。

图12-3 选择布局样板

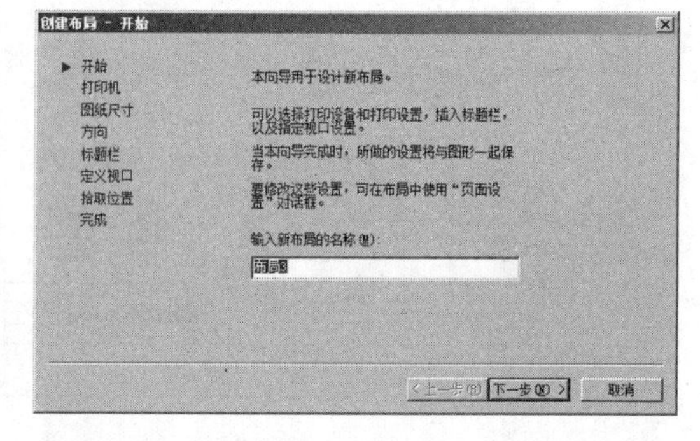

图12-4 通过“创建布局向导”命令创建布局

实例——机械模型图的布局

案例	支架模型 .dwg
视频	机械模型图的布局 .avi

下面以创建如图 12-5 所示的机械模型图的布局为例，巩固和练习本章所讲内容。其操作步骤如下：

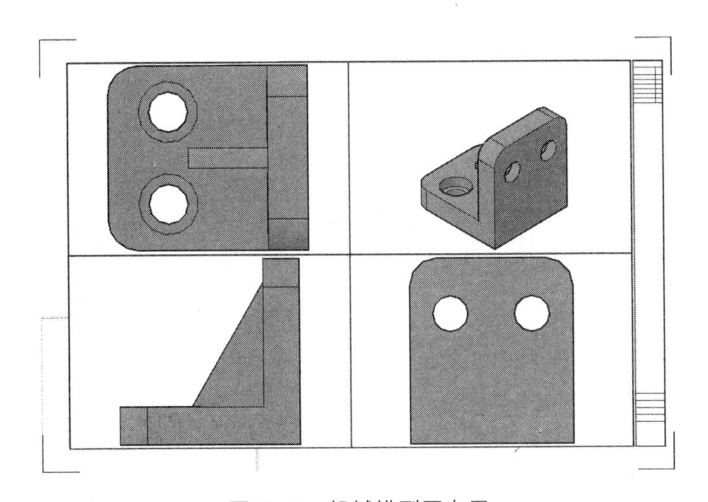

图12-5　机械模型图布局

实战要点 创建机械模型图布局的方法。

操作步骤

Step 01 打开文件。正常启动 AutoCAD 2016 软件，执行“文件 | 打开”命令，打开“案例 \12\ 支架模型 .dwg”，如图 12-6 所示。

Step 02 创建布局向导。执行“插入 | 布局 | 创建布局向导”菜单命令，将弹出如图 12-7 所示的对话框，输入名称后单击“下一步”按钮。

图12-6　支架模型

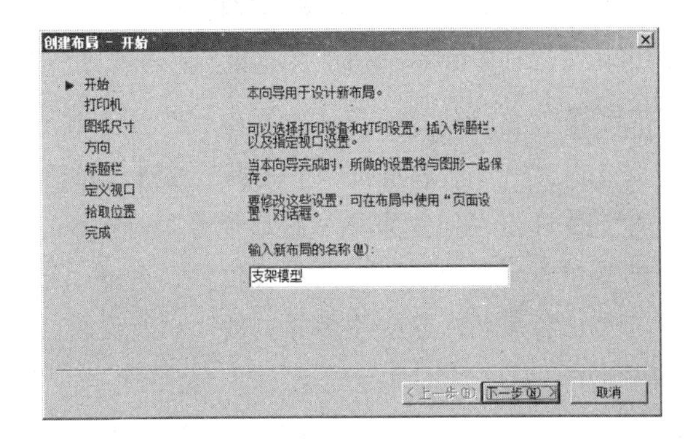

图12-7　“创建布局—开始”对话框

Step 03 此时，弹出“创建布局—打印机”对话框，在该对话框的“为新布局选择配置的绘图仪”列表中选择当前配置的打印机，再单击“下一步”按钮，如图 12-8 所示。

Step 04 弹出“创建布局—图纸尺寸”对话框，在该对话框的“图纸尺寸”选项中设置图纸的尺寸及图形单位，然后单击“下一步”按钮，如图 12-9 所示。

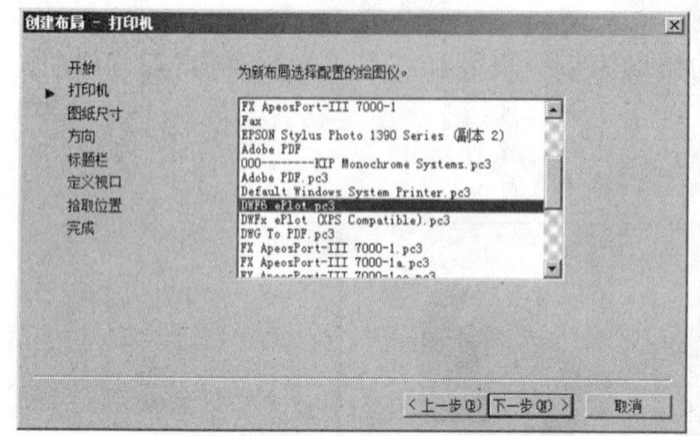

图12–8　“创建布局—打印机”对话框

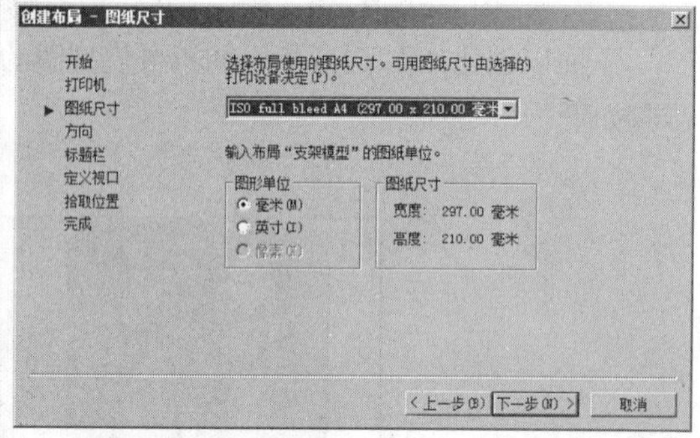

图12–9　“创建布局—图纸尺寸”对话框

Step 05 弹出“创建布局—方向”对话框，在该对话框中可以设置图纸的摆放方向，然后单击“下一步”按钮，如图 12-10 所示。

Step 06 弹出“创建布局—标题栏”对话框，在该对话框中，可以设置图纸的图框和标题栏的样式。设置完成后，单击“下一步”按钮，如图 12-11 所示。

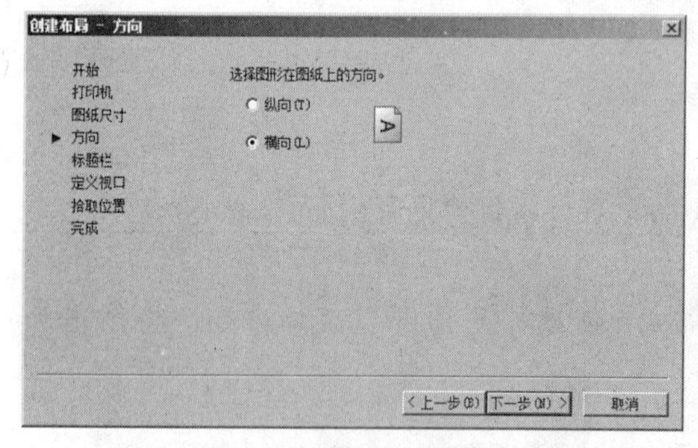

图12–10　“创建布局—方向”对话框

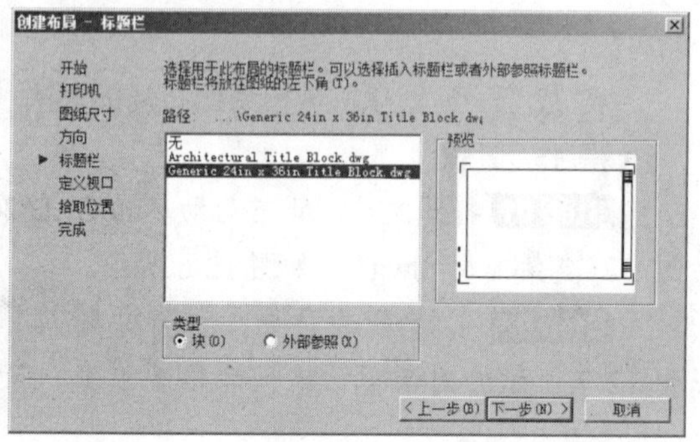

图12–11　“创建布局—标题栏”对话框

Step 07 弹出“创建布局—定义视口”对话框，在该对话框中，在“视口比例”下拉列表中选择比例大小，然后单击“下一步”按钮，如图 12-12 所示。

Step 08 弹出“创建布局—拾取位置”对话框，如图 12-13 所示。在该对话框中，用户可以在布局中指定图形视口的大小及位置。单击“选择位置”按钮，返回布局，用户可以用鼠标在布局上指定两点确定图形视口的大小及位置，返回对话框后单击“下一步”按钮，如图 12-14 所示。

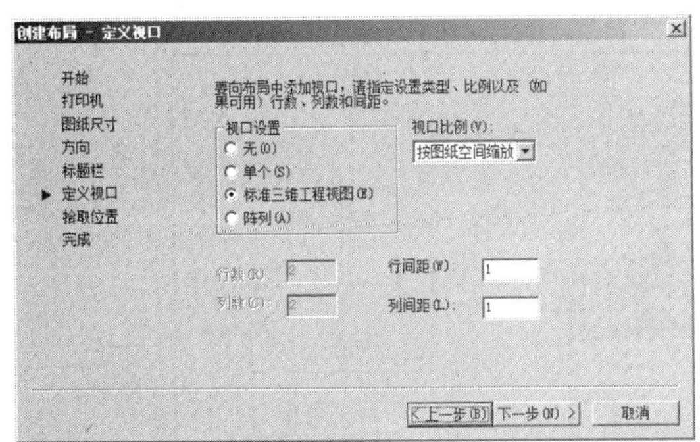

图12-12 “创建布局—定义视口”对话框

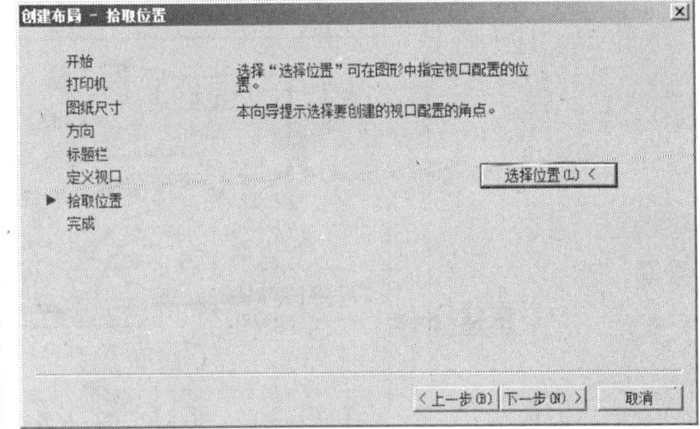

图12-13 “创建布局—拾取位置”对话框

Step 09 弹出“创建布局—完成”对话框，在该对话框中，单击“完成”按钮，新布局创建完成，如图 12-15 所示。

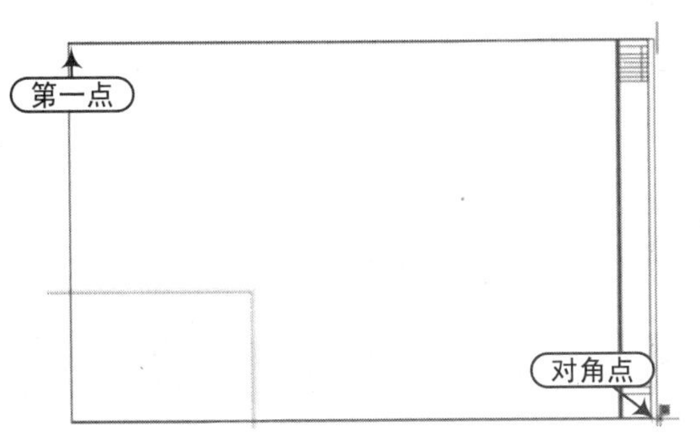

图12-14 选择图形位置

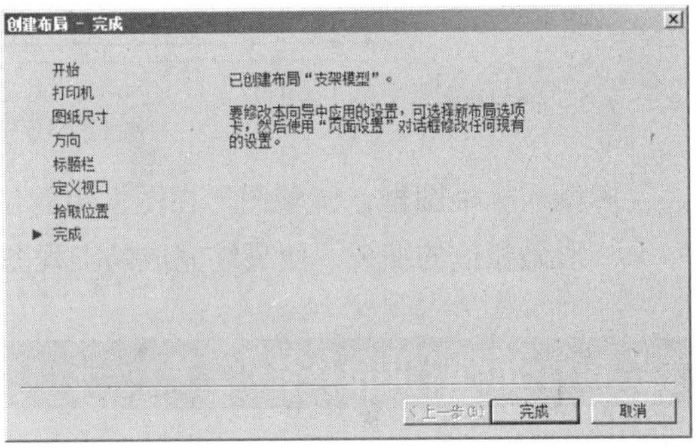

图12-15 “创建布局—完成”对话框

Step 10 保存文件。支架模型图创建完成，按“Ctrl+S”组合键将图形进行保存。

12.2 创建二维工程图

在实际工作中要完成一张完整的工程图，除使用前面所讲的各种绘图工具与编辑工具进行图形绘制外，还应有标准图框、技术要求说明，以及视图布局等内容。如图 12-16 所示为一张完整的机械工程图。

在 AutoCAD 中要完成一张完整的工程图，一般遵循如下步骤：

- 建立和调用标准图框。图框一般应根据国标或企标确定其大小及其格式，将建立好的图框保存为外部块，以备使用。
- 建立新的图形文件，并根据需要建立若干图层。一般应包括主要轮廓线层、辅助线层、尺寸标注层、文字说明层、图案填充（剖面线）层，并对各层的相关特性进行设定。
- 根据设计要求，规划与布局图形，然后选择相应的绘图工具或编辑工具，在相应图层完成图形绘制、文字标注等内容。

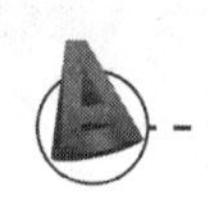

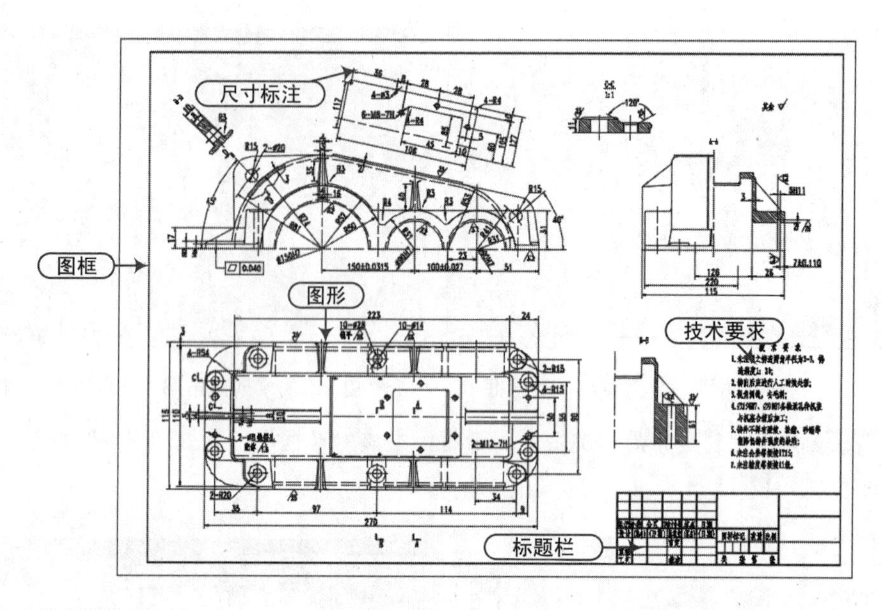

图12-16　机械工程图

- 调入标准图框，调整图形在图框中的位置，如果图形相对于图框过大或过小，应对图形做相应的缩放，使最终完成的工程图的图形、文字、图纸边框等看起来很协调。

12.3　创建剖面图

剖面图主要用来表达机件某部分断面的结构形状。假想用剖切面剖开一物体，将处在观察者和剖切面之间的部分移去，而将其余部分向投影面投射所得的图形称为剖面图。图 12-17 所示为楼梯台阶的剖面图效果。

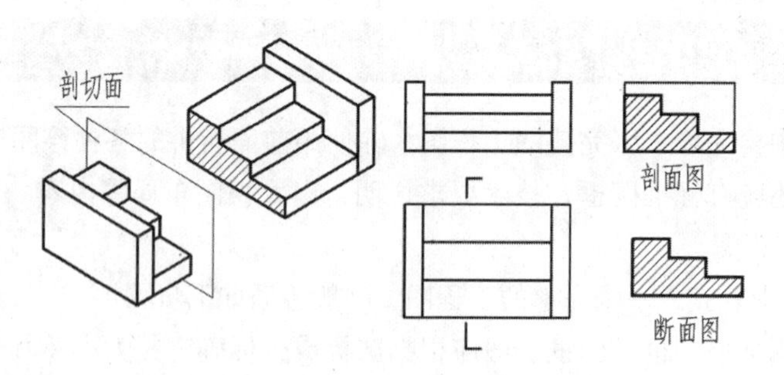

图12-17　剖面图

剖面图具有以下特点：

- 以假想平面将形体剖开，从而让内部构造显示出来。
- 假想平面只对该剖面图有效。
- 假想平面与形体的截交线所围的平面图形称为断面，断面上应绘出材料符号。
- 剖面图除应画出剖切面剖切到部分的图形外，还应画出投射方向看到的部分。
- 被剖切到部分的轮廓线用粗实线绘制，剖切面没有切到，但沿投射方向可以看到的部分，用中实线绘制。

- 作图时，剖切面平行于基本投影面，使断面投影反映实形。
- 选择时，尽量使剖切平面通过形体上的孔、洞、槽等隐蔽形体的中心线。
- 正立剖面图可代替带有虚线的正立面；侧立剖面图可代替带有虚线的侧立面。

技巧：剖面图和断面图有什么区别

通俗地说，剖视图是把剖切的部分拿掉后看到的样子，断面图是把剖切的部分拿掉后盖章的样子。

剖视图除了可以看到断面，还可以看到其他能看到的结构，断面图只能看到断面。可以这样理解，断面图就是剖视图上打剖面线的部分。

12.4 创建局部放大视图

针对机件中一些细小的结构相对于整个视图较小，无法在视图中清晰地表达出来，或无法标注尺寸、添加技术要求的情况，将机件的部分结构用大于原图形比例画出称为局部放大图，如图 12-18 所示。

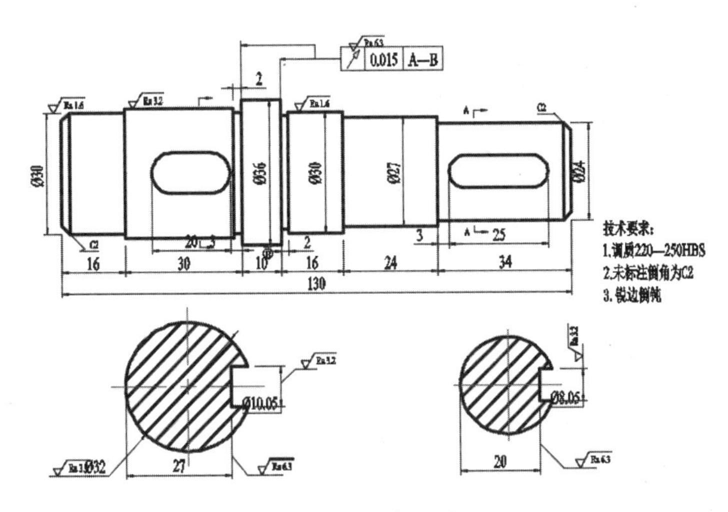

图12–18　局部放大图

局部放大图必须标注，标注方法是：在视图上画一细实线圆，标明放大部位，在放大图的上方注明所用的比例，即图形大小与原图形大小之比，如果放大图不止一个时，还可用罗马数字编号以示区别。

技巧：如何标注局部放大图

在标注局部放大视图时，可以在“替代当前样式：机械”对话框的“主单位”选项卡中设置测量的比例，如放大比例为 2，那么就在“测量单位比例”文本框中输入 2，如图 12–19 所示。

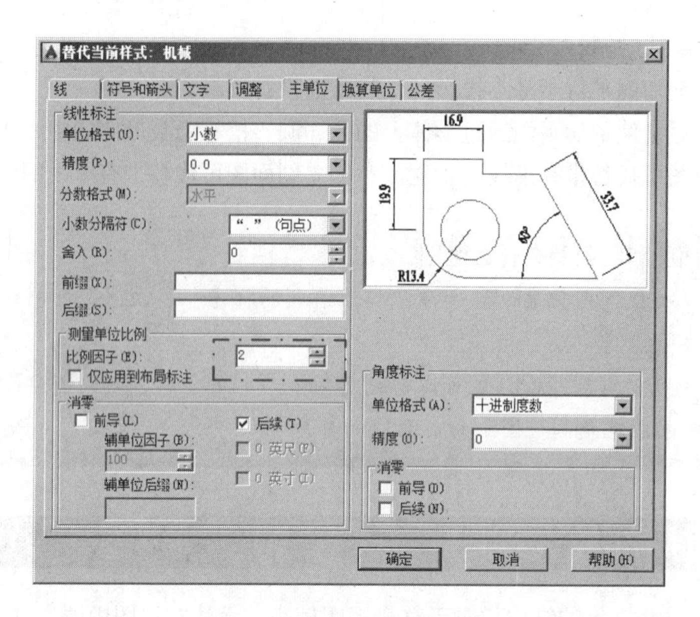

图12–19　设置测量比例

12.5　打印页面设置

图纸绘制完成之后，通常要打印到图纸上，从而用来指导施工。进行打印前，需要对打印的页面进行设置。

12.5.1　页面的设置

知识要点 利用“页面设置”对话框可对布局的打印设备和打印布局进行详细设置；还可以保存页面设置，使该设置不但可以在当前布局中使用，还可以应用到其他布局中。

执行方法 页面的设置方法如下：

- 菜单栏：选择“文件 | 页面设置管理器”菜单命令。
- “模型空间”或“布局空间”选项卡：在“模型空间”或“布局空间”选项卡上右击，在弹出的快捷菜单中选择“页面设置管理器”命令。
- 命令行：输入“PAGESETUP”命令。

操作实例 执行上述操作后，将弹出“页面设置管理器”对话框，在该对话框中，列出了用户所有的布局和页面设置。也可以新建页面设置，对已有设置进行修改或者将某一设置设为当前值以激活布局。单击“输入”按钮，可以从其他图形中导入页面设置。

要创建新的页面设置，单击“新建”按钮，然后在“新建页面设置”对话框中为页面设置输入一个名字，如图 12-20 所示。单击“确定”按钮后，将弹出“页面设置”对话框。在“页面设置”对话框中，可根据需要设置图纸尺寸、打印区域、打印比例等。

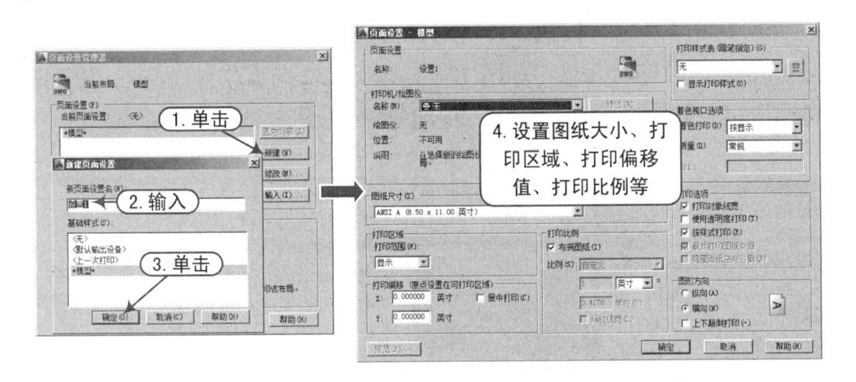

图12-20 新建页面设置样式

选项含义 其中，各选项的含义如下。

- “页面设置”选项组：显示当前页面设置的名称及显示 DWG 图标。
- “打印机 / 绘图仪”选项组：指定打印或发布布局或图纸时使用的已配置的打印设备。
- “图纸尺寸”选项组：显示所选打印设备可用的标准图纸尺寸。
- “打印区域”选项组：指定要打印的图形区域。默认情况下打印布局，但是也可以设置当前显示、显示范围、一个命名的视图或者一个指定的窗口。
- “打印偏移”选项组：可相对于图纸的左下角偏移打印。通过指定“X 偏移”和“Y 偏移”可以偏移图纸上的几何图形。也可以勾选“居中打印”复选框，使其处于图纸的中间。
- “打印比例”选项组：控制图形单位与打印单位之间的相对尺寸。用户可以在文本框中输入一个比例，也可以勾选“布满图纸”或“缩放线宽”复选框，设置合适的打印比例。
- “打印样式表”：设定、编辑打印样式表，或者创建新的打印样式表。
- “着色视口选项”：指定着色或渲染视口的打印方式，并确定它们的分辨率级别和每英寸点数 (DPI)。
- “打印选项”：指定线宽、透明度、打印样式、着色打印和对象的打印次序等选项。
- “图形方向”选项组：为支持纵向或横向的绘图仪指定图形在图纸上的打印方向。
- 预览框：按执行 PREVIEW 命令时在图纸上打印的方式显示图形。

12.5.2 从模型空间输出图形

知识要点 从“模型”空间输出图形时，需要指定图纸尺寸，即在“打印”对话框中选择图纸的大小，并设置打印的比例。

执行方法 从“模型”空间输出图形的方法如下：

- 菜单栏：选择“文件 | 打印”菜单命令。
- 快速工具栏：单击“打印”按钮。
- 快捷菜单：在“模型空间”选项卡上右击，在弹出的快捷菜单中选择“打印”命令。
- 命令行：输入“PLOT”命令或按“Ctrl+P”组合键。

操作实例 执行上述操作后，将打开“打印”对话框，在该对话框的“页面设置”选项组中，为打印作业指定预定义的打印设置，也可以单击右侧的“添加”按钮，添加新的设

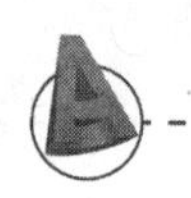

置。设置完成后，单击“确定”按钮，即可对图形进行打印。在打印之前单击左下角的“预览”按钮，还可预览图形打印效果，如图 12-21 所示。单击预览界面左上角的相应按钮，可以对当前预览图形进行打印、平移、缩放、关闭等操作。

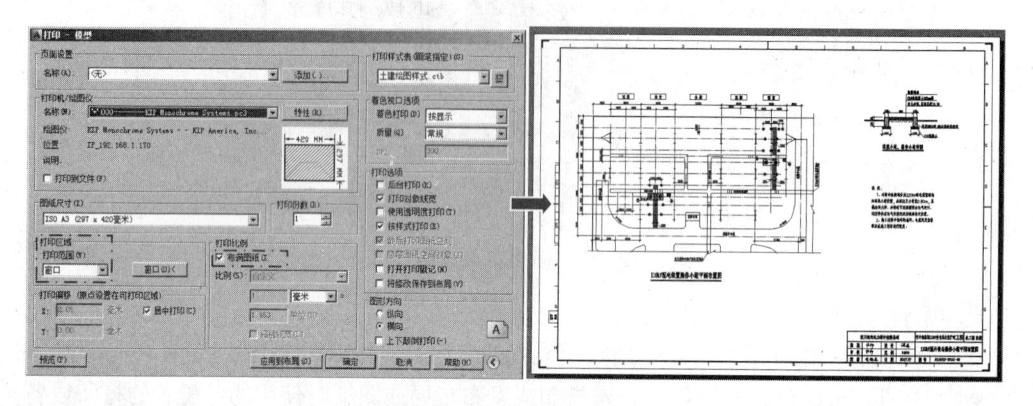

图12–21　模型空间打印

12.5.3　从图纸空间输出图形

知识要点 虽然可以直接在模型空间选择“打印”命令打印图形，但是在很多情况下，我们可能希望对图形进行适当处理后再输出。例如，在一张图纸中输出图形的多个视图、添加标题块等，此时就要用到图纸空间输出图形。

操作实例 在图纸空间打印输出图形的第一步是进行页面设置，其与模型空间的页面设置类似。不同的是，在“打印—布局”对话框中，需要将“打印比例”设置为 1∶1，如图 12-22 所示。做好所有的设置后，单击“确定”按钮，按 1∶1 的比例打印输出图形即可。

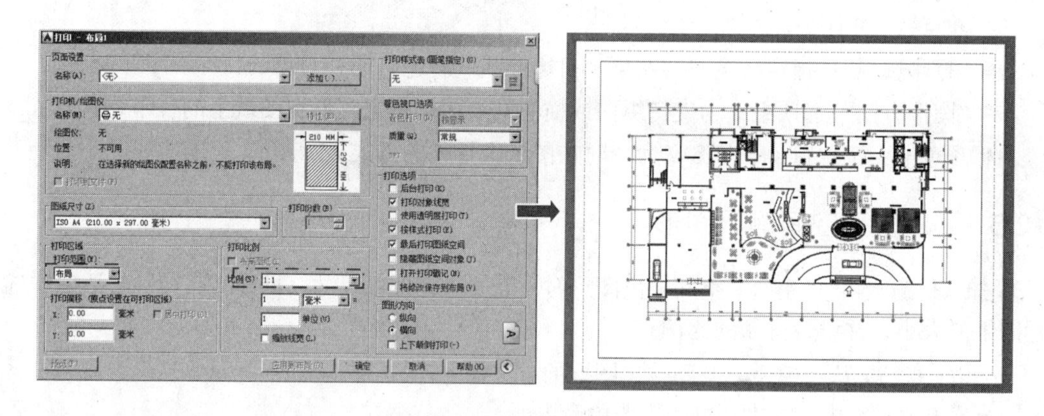

图12–22　图纸空间输出

技巧：打印比例设置

如果是用布局打印图纸，其只能用固定的比例 1∶1 进行打印；如果想要调整打印比例，则可以在模型空间中进行打印。

12.6 打印图形

执行方法 打印参数设置是在“打印”对话框中进行的，使用“打印”命令（PLOT）可以打开“打印”对话框，执行“打印”命令（PLOT）的方法有以下几种：

- 菜单栏：选择“文件 | 打印”菜单命令。
- 快速工具栏：单击“打印”按钮。
- 命令行：输入“PLOT”命令。
- 快捷键：按“Ctrl+P”组合键。

12.6.1 选择打印机

操作实例 要打印图形，首先，需要在“打印—模型”对话框的“打印机 / 绘图仪”的“名称”下拉列表中选择一个打印机设备，如图 12-23 所示。

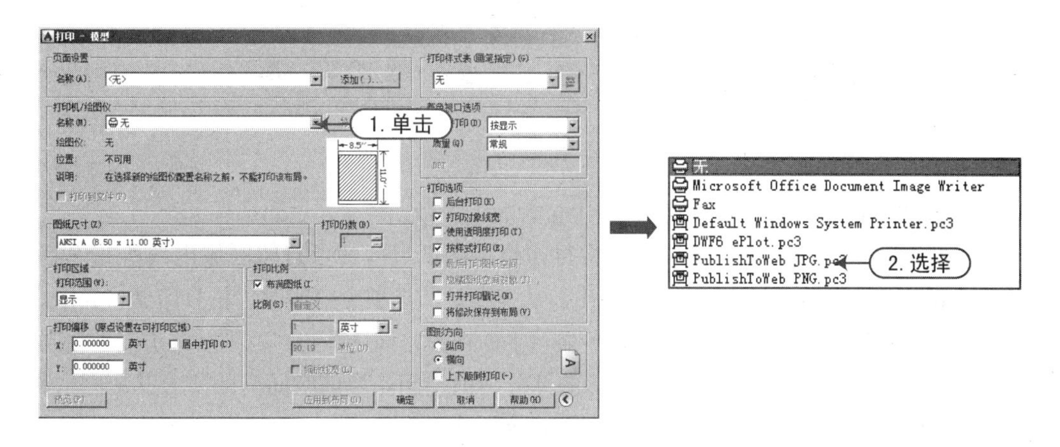

图12-23 选择打印机设备

知识要点 除了可以选择列表打印机设备，还可以执行“文件 | 绘图仪管理器”命令，在打开的“POTTERS”文件夹中双击“添加绘图仪向导”文件，打开“添加绘图仪—简介”对话框，根据对话框提示依次设置相应参数，完成打印机设备的添加，如图 12-24 所示。

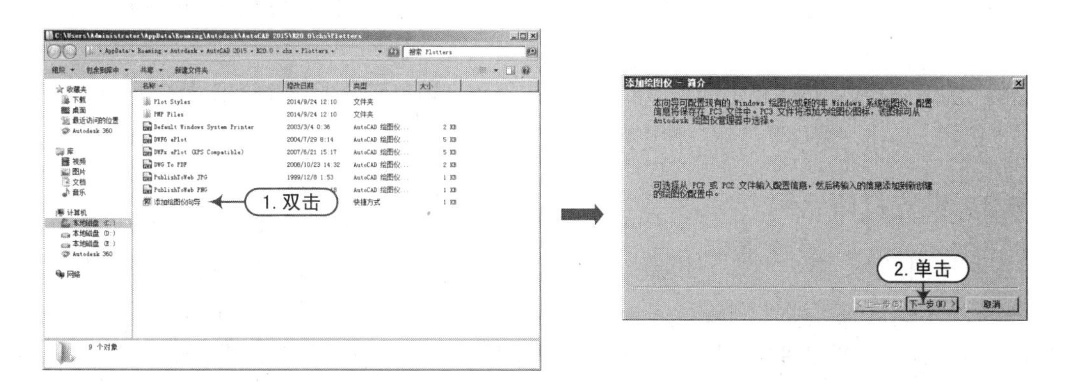

图12-24 添加打印机设备

12.6.2 设置打印区域

执行方法 指定打印区域就是指定打印的图形部分。在“打印—模型”对话框的“打印范围”下拉列表中选择要打印的图形区域，如图 12-25 所示。

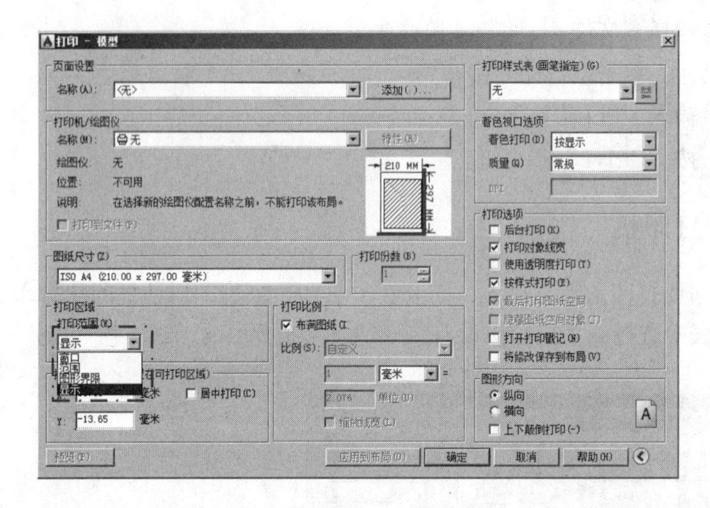

图12-25 设置打印区域

选项含义 在“打印范围”下拉列表中包含如下选项。

- “图形界限”选项：打印布局时，将打印指定图纸尺寸的可打印区域内的所有内容，其原点从布局中的（0,0）点计算得出。从“模型”选项卡打印时，将打印栅格界限定义的整个绘图区域。如果当前视口不显示平面视图，该选项与“范围”选项效果相同。
- “范围”选项：打印包含对象的图形的部分当前空间。当前空间内的所有几何图形都将被打印。打印之前，可能会生成图形以重新计算范围。
- “显示”选项：打印选定的“模型”选项卡当前视口中的视图或布局中的当前图纸空间视图。
- “视图”选项：打印以前使用 VIEW 命令保存的视图。可以从列表中选择命名视图。如果图形中没有已保存的视图，此选项不可用。选中“视图”选项后，将显示“视图”列表，列出当前图形中保存的命名视图。可以从此列表中选择视图进行打印。
- “窗口”选项：打印指定的图形部分。如果选择“窗口”选项，“窗口”按钮将成为可用按钮。单击“窗口”按钮以使用定点设备指定要打印区域的两个角点，或输入坐标值。

12.6.3 设置打印比例

在打印图形时，在“打印—模型”对话框的“打印比例”选项组中设置打印比例，如图 12-26 所示。设置打印比例的目的是为了控制图形单位与打印单位之间的相对尺寸。打印布局时，默认缩放比例设置为 1∶1。在“模型”选项卡中打印时，默认设置为“布满图纸”。

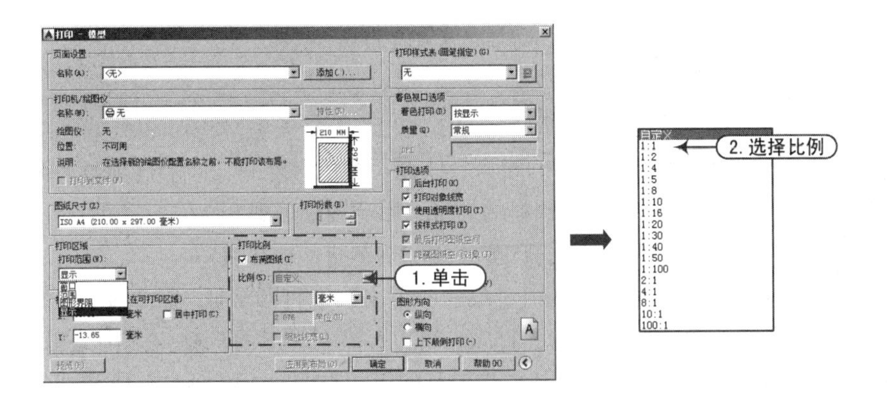

图12-26　设置打印比例

选项含义 在“打印比例”选项组中包含如下选项。

- “布满图纸”复选框：缩放打印图形以布满所选图纸尺寸，并在“比例”、“英寸 =”和“单位”框中显示自定义的缩放比例因子。
- “比例”下拉列表：定义打印的精确比例。“自定义”可定义用户定义的比例。可以通过输入与图形单位数等价的英寸（或毫米）数来创建自定义比例。
- “单位”文本框：指定与指定的英寸数、毫米数或像素数等价的单位数。
- “缩放线宽”复选框：与打印比例成正比缩放线宽。线宽通常指定打印对象的线的宽度并按线宽尺寸打印，而不考虑打印比例。

12.6.4　更改图形方向

在“打印”对话框的“图纸方向”选项组中为支持纵向或横向的绘图仪指定图形在图纸上的打印方向。图纸图标代表所选图纸的介质方向。字母图标代表图形在图纸上的方向，如图 12-27 所示。

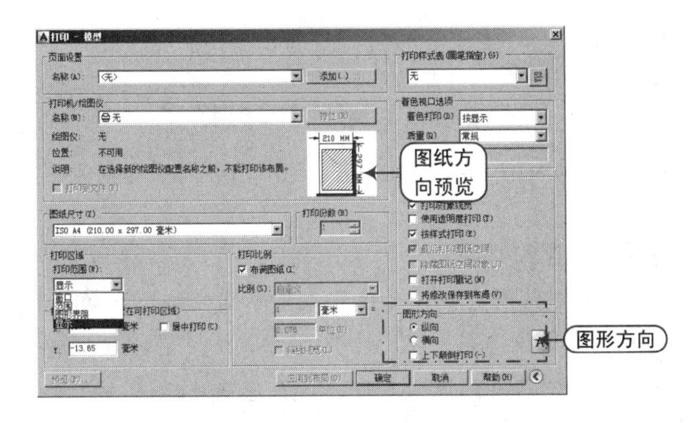

图12-27　设置图纸方向

选项含义 在“图纸方向”选项组中包含如下选项。

- “纵向”单选按钮：放置并打印图形，使图纸的短边位于图形页面的顶部。
- “横向”单选按钮：放置并打印图形，使图纸的长边位于图形页面的顶部。

● “上下颠倒打印”复选框：上下颠倒地放置并打印图形。

12.6.5 切换打印样式列表

打印样式用于控制图形打印输出的线型、线宽、颜色等外观。如果打印时为调用打印样式，则有可能在打印输出时出现不可预料的结果，影响图纸美观。

打印样式有两种类型：颜色相关打印样式表和命名打印样式表。

● 颜色相关打印样式表 (CTB)：用对象的颜色来确定打印特征（如线宽）。例如，图形中所有红色的对象均以相同方式打印。可以在颜色相关打印样式表中编辑打印样式，但不能添加或删除打印样式。颜色相关打印样式表中有 256 种打印样式，每种样式对应一种颜色。

● 命名打印样式表 (STB)：包括用户定义的打印样式。使用命名打印样式表时，具有相同颜色的对象可能会以不同方式打印，这取决于指定给对象的打印样式。命名打印样式表的数量取决于用户的需要量。可以将命名打印样式像所有其他特性一样指定给对象或布局。

系统默认的打印样式为“使用颜色相关打印样式”。在“打印”对话框中单击“打印样式表”下拉按钮，在弹出的下拉列表中选择相应的打印样式用于当前图形，如图 12-28 所示。

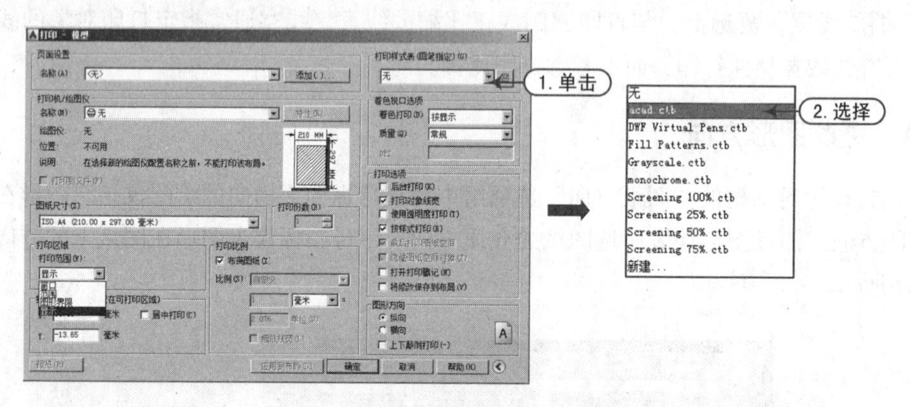

图12-28　切换打印样式列表

在“打印样式表”下拉列表中，选择“新建”选项，可以添加颜色相关打印样式表。

技巧：怎样将彩色线型黑白打印？

在使用 AutoCAD 绘制图形时，我们会使用大量不同的线型和颜色，在打印时如果没有采用彩色打印，而是直接打印将会出现打印失真的情况。在实际工作中，我们也很少使用彩色打印出图，一般情况下只采用黑白打印，那么怎么才能使打印出来的图形以黑白色清晰显示呢？这时，可以通过设置打印样式来实现，在“打印样式表”下拉列表中有一个名为“monochrome.ctb”的打印样式，使用该样式打印出来的图纸即为黑白色。当然也可以选择“新建”选项，新建黑白色的打印样式。

实例——建筑工程图的打印

案例	1-5 立面图 .dwg
视频	建筑工程图的打印 .avi

在 AutoCAD 2016 中，可以在两种不同的环境中工作，即模型空间和图纸空间，既可以从模型空间输出图形，也可以从图纸空间输出图形。

实战要点 ①由模型空间打印图形；②由图纸空间打印图形。

操作步骤

1. 在模型空间中打印

Step 01 启动 AutoCAD 2016 软件，并打开本案例素材“1-5 立面图 .dwg”文件，如图 12-29 所示。

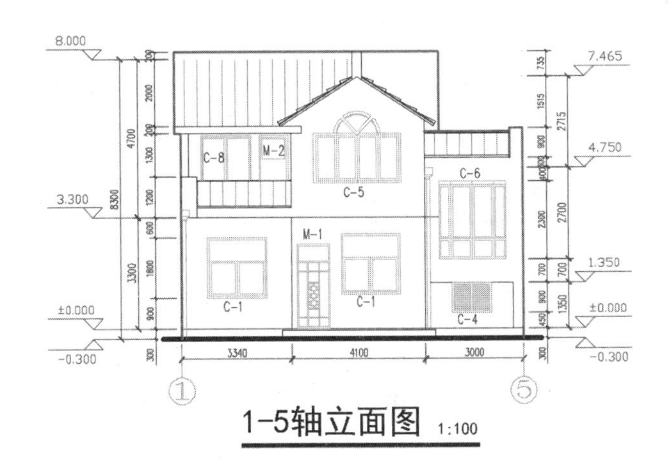

图12-29 打开的图形

Step 02 执行“插入”命令（I），将本案例下的“A4 横向图框 .dwg”以 100 的比例插入图形中，并框住图形，如图 12-30 所示。

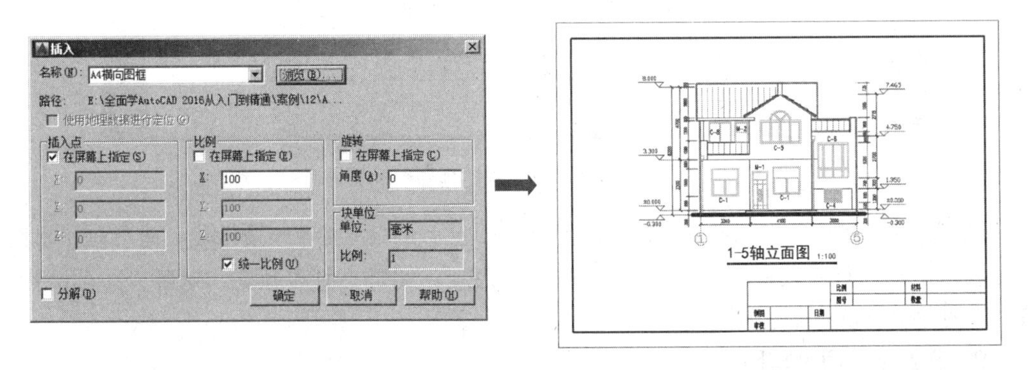

图12-30 插入图框

Step 03 执行“文件 | 打印”命令，弹出“打印一模型”对话框，设置打印机、图纸尺寸、比例等信息，然后选择打印范围为“窗口”，则来到绘图区指定图框的两个对角点作为打印的窗口，如图 12-31 所示。

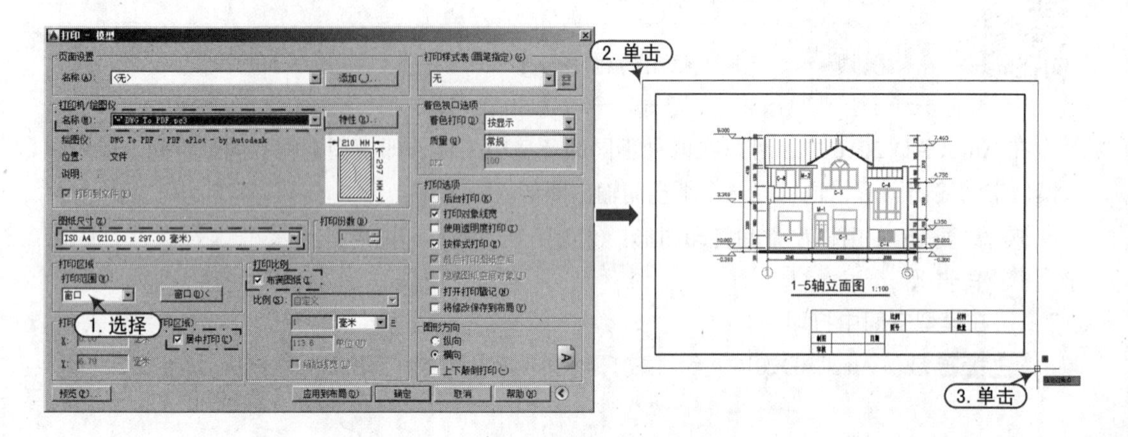

图12-31 打印窗口的设置

Step 04 返回“打印一模型”对话框后，单击“预览”按钮，预览效果如图 12-32 所示。

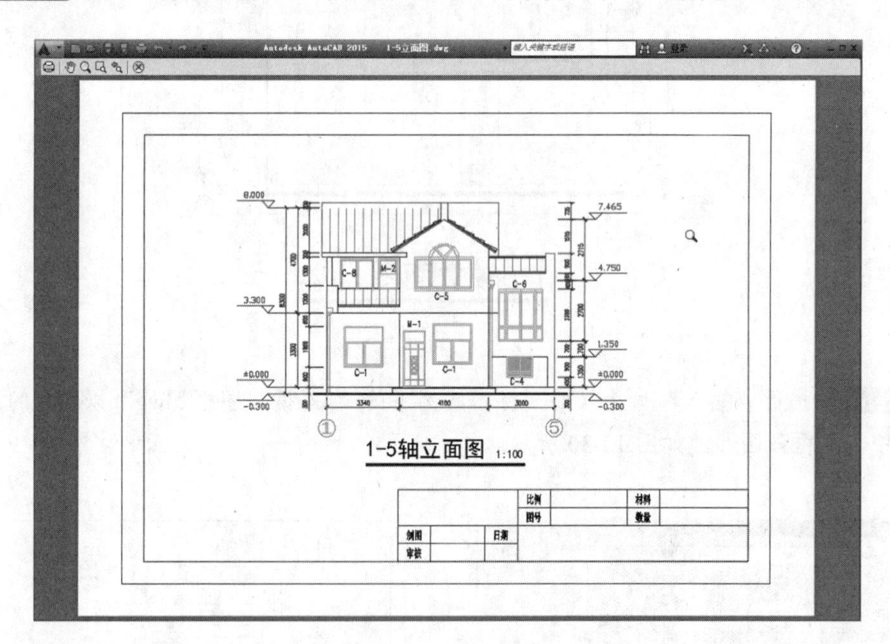

图12-32 打印预览

Step 05 若对此效果比较满意的话，直接单击左上角的“打印”按钮，进行打印出图；若还要对图纸进行修改，可按“退出”键或“Esc”键退出打印预览，返回“页面设置一模型”对话框修改打印设置。

2. 在图纸空间中打印

Step 01 同样打开“1-5 立面图 .dwg”文件，并切换到“布局 1”选项卡，如图 12-33 所示。

Step 02 将布局 1 中的视口删除，如图 12-34 所示。

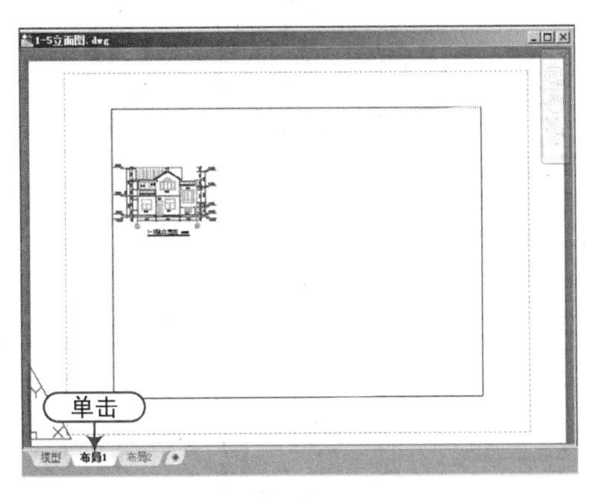

图12-33 切换到布局1

图12-34 删除布局1中的视口

Step 03 执行“插入”命令（I），将本案例下的“A4 横向图框 .dwg”文件，以 0.85 的比例插入布局虚线框范围内，如图 12-35 所示。

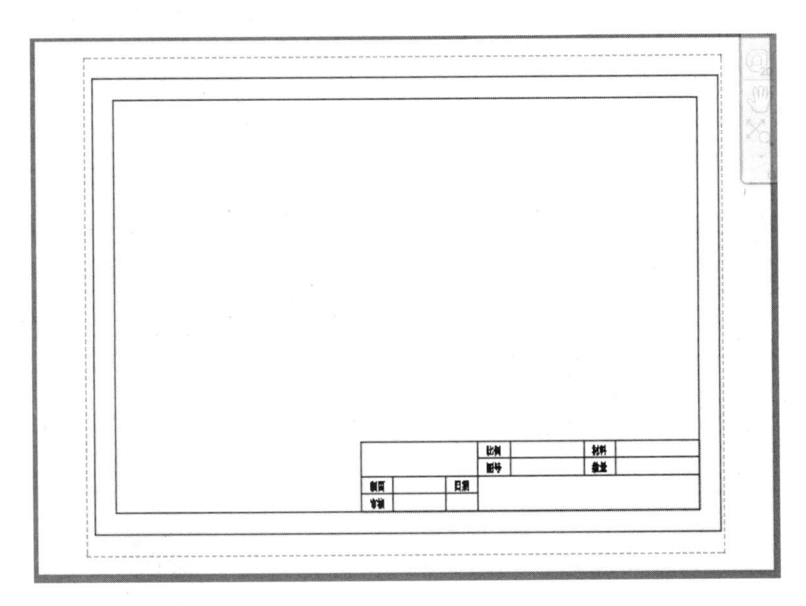

图12-35 插入图框

注意：视口的有效显示

要使图框能够打印到图纸上，必须使其在虚边框的范围内，在虚边框范围内的图形才能被打印输出。

Step 04 在“布局”选项卡中，单击“布局视口”面板中的“多边形”按钮，捕捉图框内边线创建一个多边形视口，并进入视口将图纸最大化显示，如图 12-36 所示。

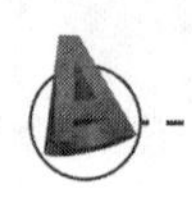

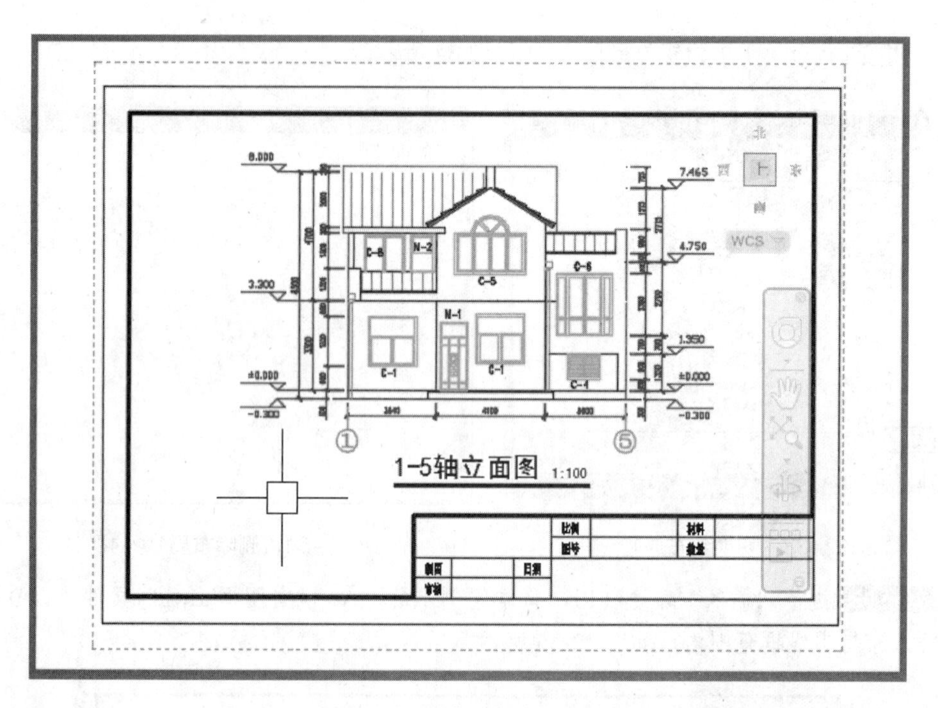

图12-36　绘制多边形视口

Step 05 执行“文件 | 打印”命令，弹出“打印—布局 1”对话框，设置打印机、图纸尺寸、比例等信息，然后选择打印范围为“布局”，如图 12-37 所示。

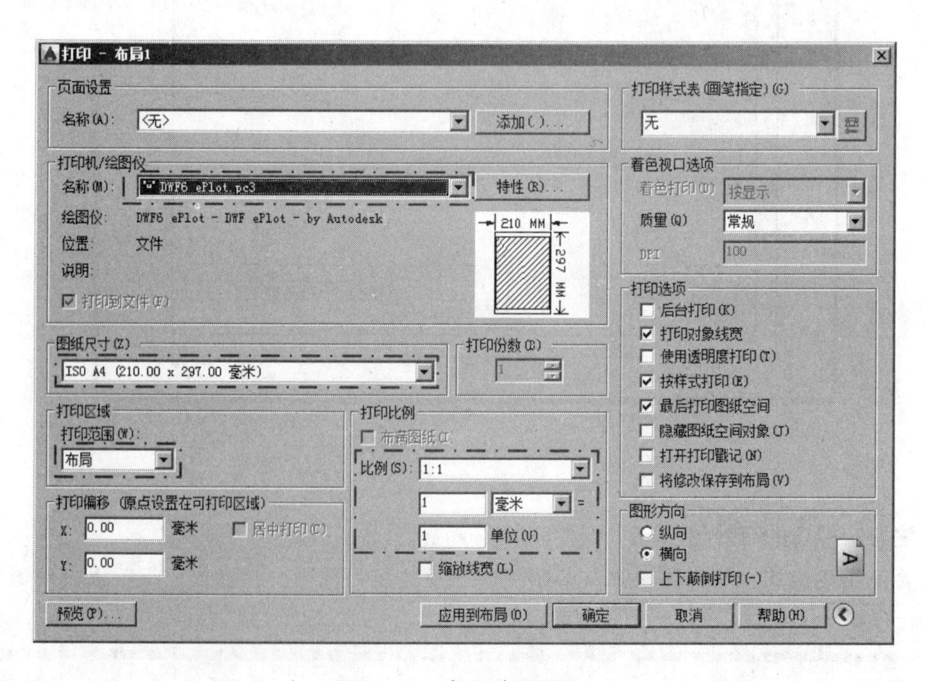

图12-37　打印布局设置

Step 06 单击“预览”按钮，预览效果如图 12-38 所示。

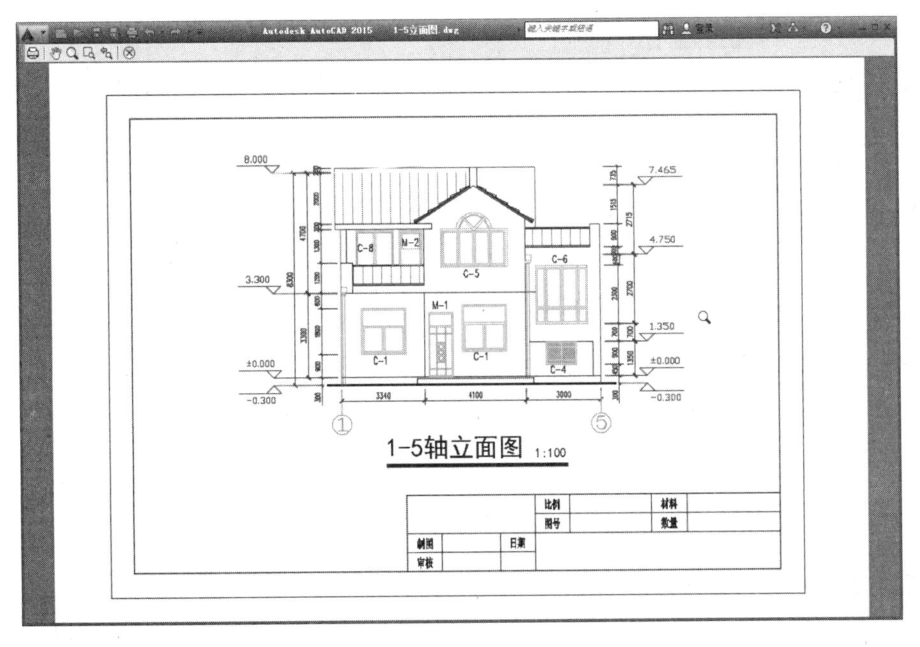

图12-38 打印预览

Step 07 若效果比较满意，可以进行打印操作。

12.7 输出为可印刷的光栅图形

知识要点 AutoCAD 可以为图形中的对象创建与设备无关的光栅图像。可以使用若干命令将对象输出到与设备无关的光栅图像中，光栅图像的格式可以是位图、“JPEG”、“TIFF”和“PNG”。

某些文件格式在创建时即为压缩形式，例如 JPEG 格式。压缩文件占用较少的磁盘空间，但有些应用程序可能无法读取这些文件。

执行方法 执行“输出”命令，可以将图形输出为通用的图像文件。其执行方法如下：

- 菜单栏：选择“文件 | 输出”菜单命令。
- 命令行：输入“EXPORT”命令。

操作实例 执行上述操作后，将打开“输出数据”对话框，在“文件名”下拉列表中选择相应的文件格式，如位图格式“.bmp”。再单击“保存”按钮，然后用鼠标一次选中或框选要输出的图形后，按“Enter”键，则被选图形被输出为“.bmp”格式的图形文件印刷工具，如图 12-39 所示。

除了利用“输出”命令外，还可以在命令提示下，输入文件格式加扩展名“OUT”，如“JPGOUT”，此时将打开“创建光栅文件”对话框，在该对话框中选择一个文件夹并输入文件名，单击“保存”按钮。然后选择要保存的对象即可，如图 12-40 所示。

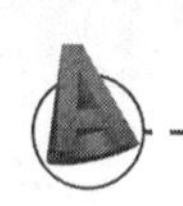

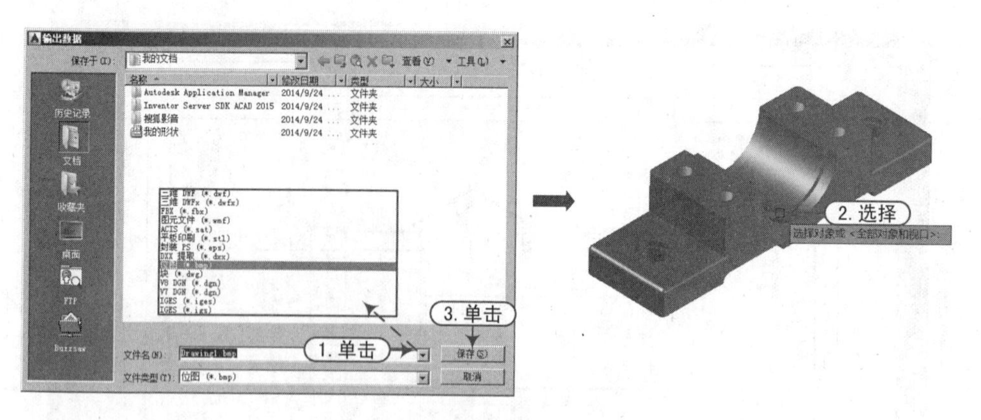

图12-39 创建光栅图像

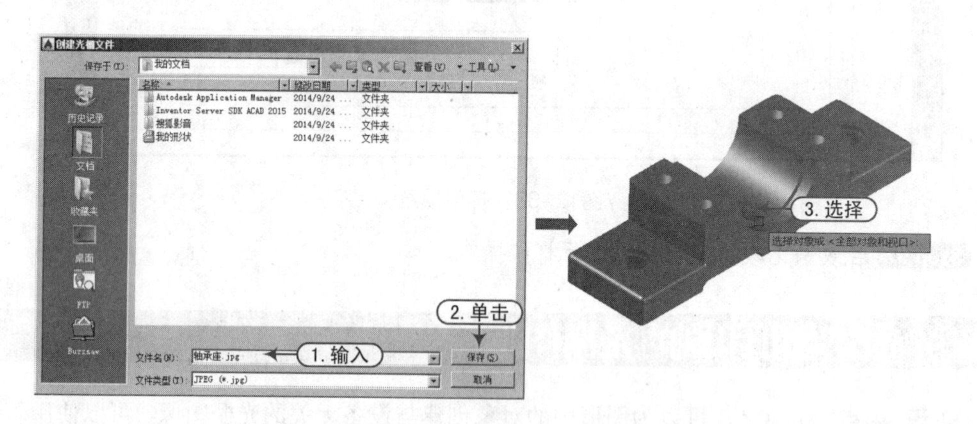

图12-40 创建光栅图像

12.8 三维打印

操作实例 "3DPRINT"命令可以将三维模型发送到三维打印服务。其操作步骤如下：

Step 01 执行"3DPRINT"命令，弹出"三维打印—准备打印模型"提示框，如图12-41所示。

Step 02 单击"继续"按钮，此时系统提示"选择要打印的对象"，单击或框选需要打印的对象，如图12-42所示。

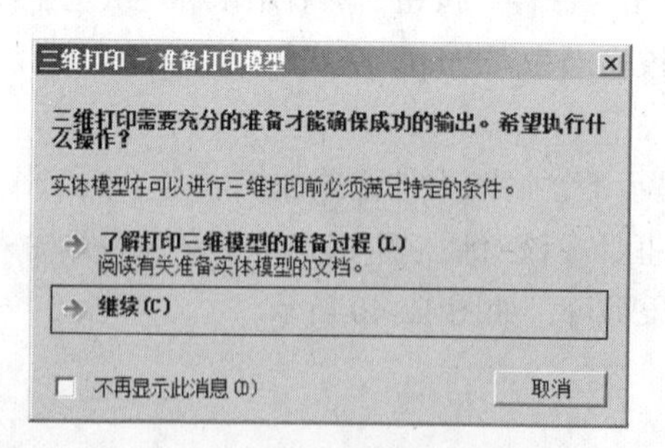

图12-41 "三维打印—准备打印模型"提示框

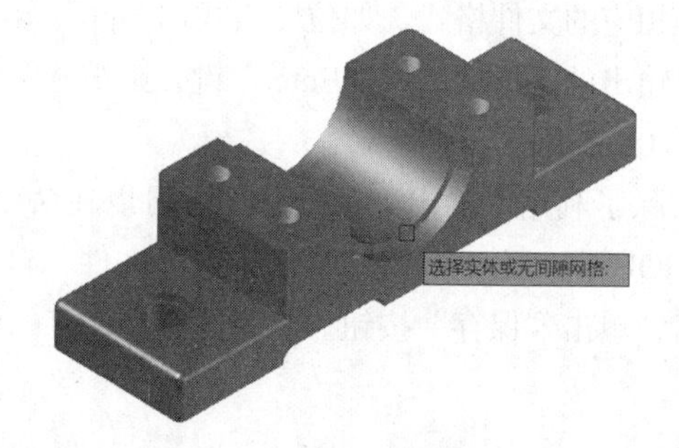

图12-42 选择要打印的实体

Step 03 按“Enter”键确认选择对象，此时将打开“发送到三维打印服务”对话框，在该对话框中设置相应参数后，单击“确定”按钮，如图 12-43 所示。

Step 04 弹出“创建 STL 文件”对话框，单击“保存”按钮，系统将自动连接至 Autodesk 三维打印网站，可以在其中选择打印供应商接受打印服务，如图 12-44 所示。

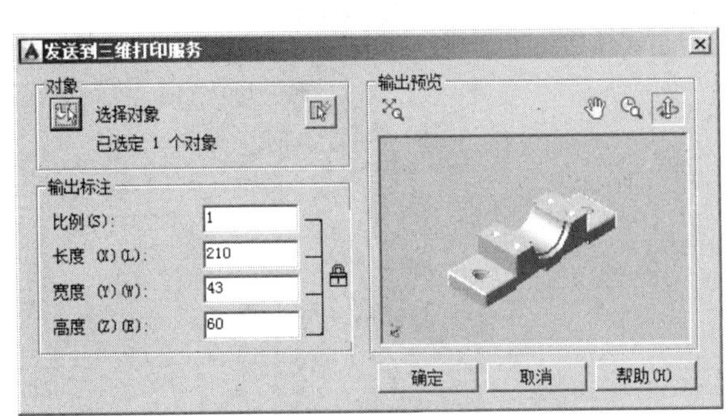

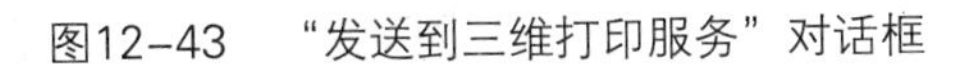
图12-43 “发送到三维打印服务”对话框

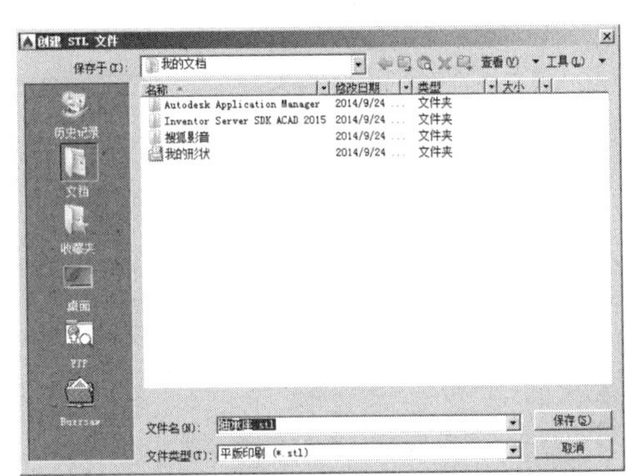

图12-44 “选择STL文件”对话框

13 机械工程图的绘制案例

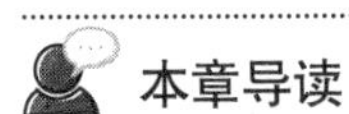

本章导读

绘制机械工程图之前，首先需要创建一个机械样板文件，设置机械样板的图形界限、图形单位、文字样式、标注样式、图层等。然后利用二维绘图命令和编辑命令绘制图形的各个视图，绘制完成后对图形进行尺寸标注、文字注释等。最后调用图框，修改标题信息。本章将重点对以上内容进行讲解。

本章内容

- 创建机械样板文件
- 绘制机械图框
- 绘制壳体
- 标注尺寸和公差

本章视频集

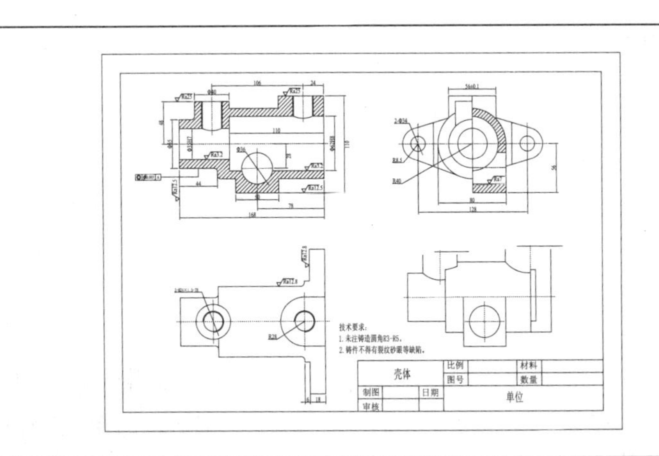

13.1 创建机械样板文件

AutoCAD 在机械设计领域应用非常广泛，它可以绘制机械零件工程图、轴测图及模型图等，本章主要讲解 AutoCAD 在机械制图中的应用。

下面以绘制如图 13-1 所示的壳体零件图为例，讲解机械工程图的绘制方法和技巧。在绘制之前，首先需要新建一个图形文件，并设置好机械制图的绘图环境（包括设置图形界限、绘图单位、设置图层、设置文字样式、设置标注样式等），即需要创建一个机械样板文件。

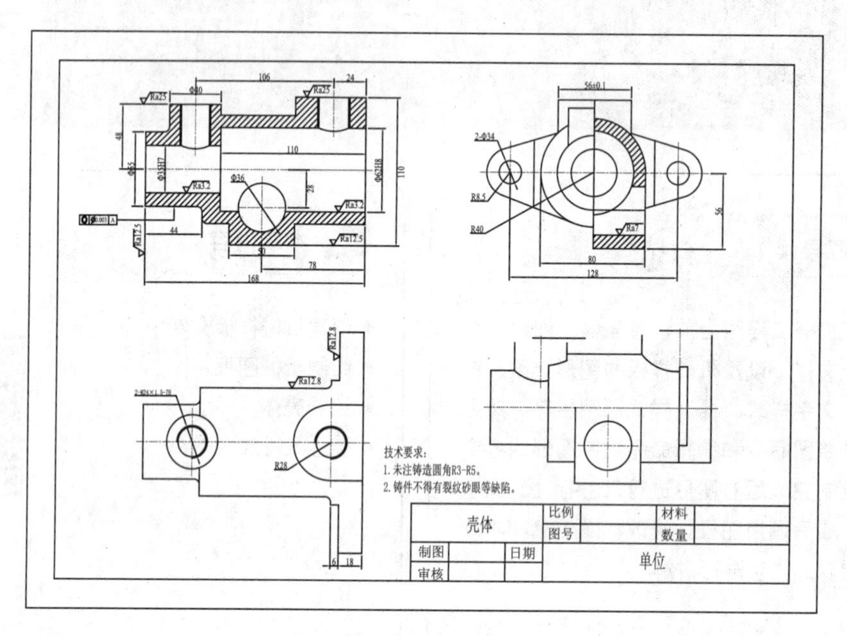

图13–1　壳体零件图

13.1.1 设置图形界限和单位

	案例	机械样板 .dwt
	视频	设置图形界限和单位 .avi

在绘制机械图形的过程中，需要考虑到绘制的机械零件的大小和精度，这就需要设置图形的界限和单位。

实战要点 ①设置图形单位；②设置图形界限的方法。

操作步骤

Step 01 新建文件。正常启动 AutoCAD 2016 软件，执行“文件 | 新建”命令，在打开的“选择样板”对话框中单击“打开”按钮右侧的“倒三角”按钮▾，选择“无样板打开—公制”选项，新建图形文件，如图 13-2 所示；然后执行“文件 | 保存”命令，将文件保存为“案例\13\ 机械样板 .dwt”，如图 13-3 所示。

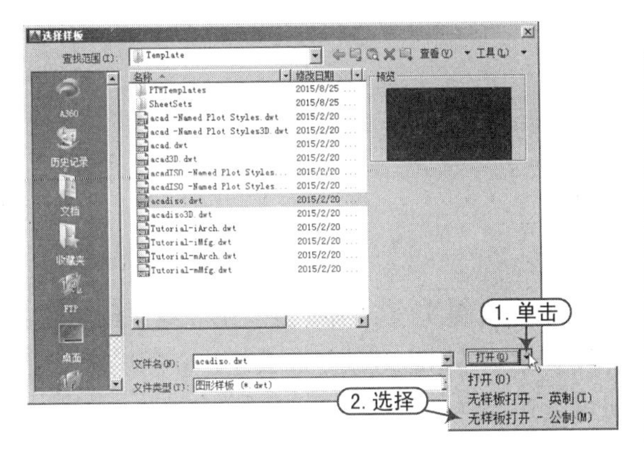

图13-2 新建文件

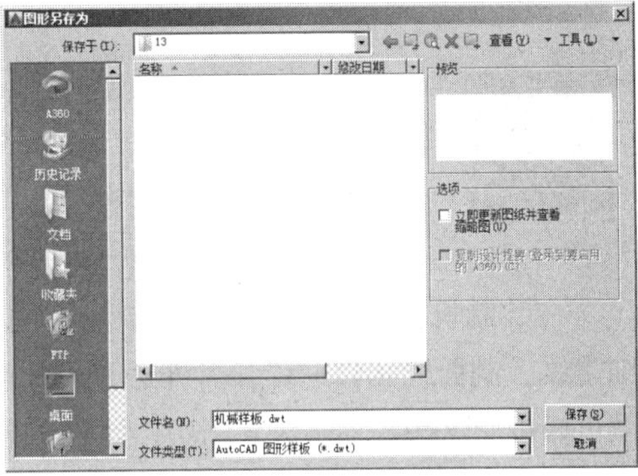

图13-3 保存为样板

Step 02 设置绘图单位。执行“图形单位”命令（UN），打开“图形单位”对话框；设置“长度”类型为“小数”，精度为“0.000”；“角度”类型为“十进制度数”,“精度”为“0.00”；设置缩放单位为“毫米”；然后单击“确定”按钮，如图 13-4 所示。

Step 03 设置图形界限。执行“图形界限”命令（Limits），设置图形界限的左下角为 (0,0)，右上角为 (420,297)。命令行提示如下：

```
命令 : LIMITS                                           \\ 执行“图形界限”命令
重新设置模型空间界限 :
指定左下角点或 [ 开 (ON)/ 关 (OFF)] <0.0000,0.0000>:      \\ 按 <Enter> 键
指定右上角点 <420.0000,297.0000>: ( 420.000,297.000 )    \\ 输入图形界限值
```

Step 04 显示图形界限区域。在命令行中输入“缩放”命令（Z），按空格键，根据命令行提示，选择“全部（A）”选项，从而将所设置的图形界限区域全部显示在当前窗口中，如图 13-5 所示。

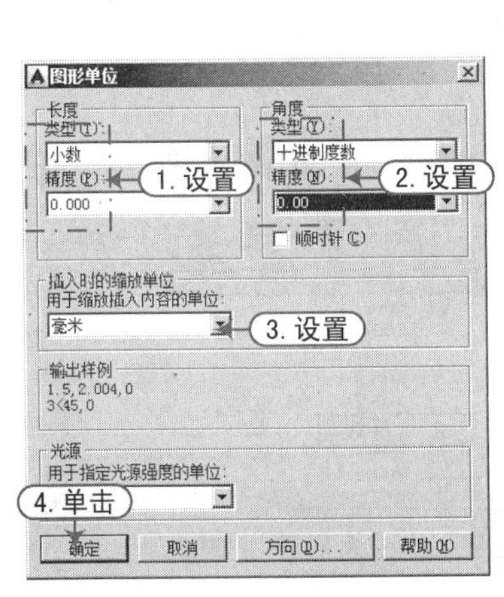

图13-4 设置图形单位

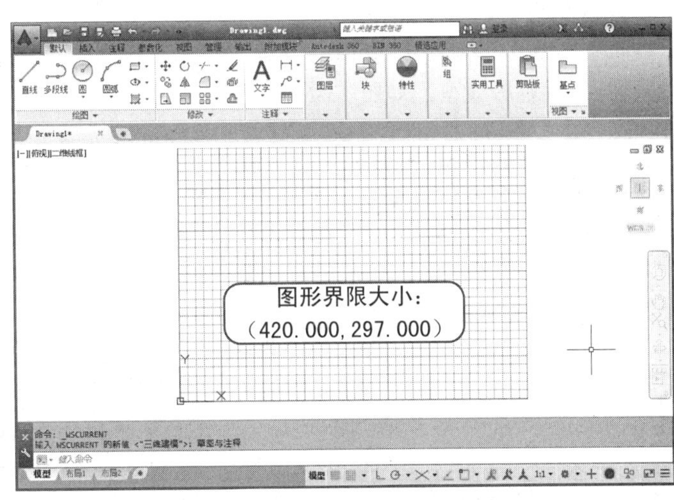

图13-5 设置图形单位

13.1.2 设置图层

	案例	机械样板 .dwt
	视频	设置图层 .avi

在绘制机械图形时，根据绘制图形的线型要求，有粗实线、细虚线、中心线、细实线、细虚线、剖面线和辅助线，另外还有尺寸与公差、文本等标注对象，那么在建立图层对象时就可以按照这些要求来建立图层，如表 13-1 所示。

表13-1 图层设置

序号	图层名	线宽	线型	颜色	打印属性
1	粗实线	0.30mm	实线 (CONTINUOUS)	白色	打印
2	粗虚线	0.30mm	虚线 (DASHED)	绿色	打印
3	中心线	默认	虚线 (CENTER)	红色	打印
4	细虚线	默认	虚线 (DASHED)	绿色	打印
5	尺寸与公差	默认	实线 (CONTINUOUS)	蓝色	打印
6	细实线	默认	实线 (CONTINUOUS)	白色	打印
7	文本	默认	实线 (CONTINUOUS)	白色	打印
8	剖面线	默认	实线 (CONTINUOUS)	白色	打印
9	辅助线	默认	实线 (CONTINUOUS)	洋红	打印

实战要点 新建图层并设置图层属性的方法。

操作步骤

Step 01 加载线型。在“特性”面板中单击“线型”下拉列表中的“其他”命令，在打开的“线型管理器”对话框中单击“加载”按钮，在“加载或重载线型”对话框中加载如表 13-1 所示的线型，如图 13-6 所示。

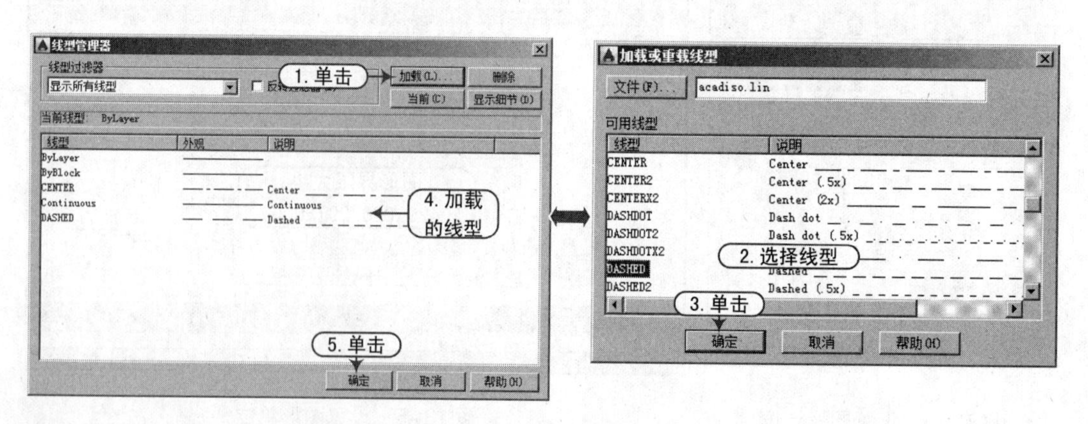

图13–6 加载线型

Step 02 新建图层。执行“图层特性管理”命令（LA），打开“图层特性管理器”对话框，单击“新建图层”按钮，根据表 13-1 所示新建图层，并设置图层的名称、线宽、线型和颜色等，效果如图 13-7 所示。

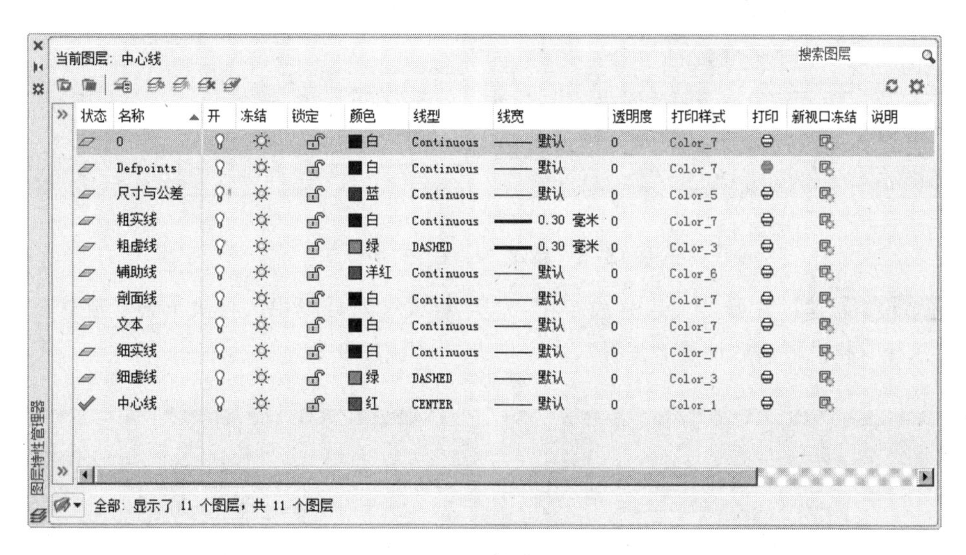

图13-7 新建图层

技巧：设置图层的打印属性

设置图层的打印属性很简单，在“图层”面板的“打印”列中单击“打印”按钮，如果显示时属性为该图层不打印，显示为时属性为打印。

13.1.3 设置文字样式

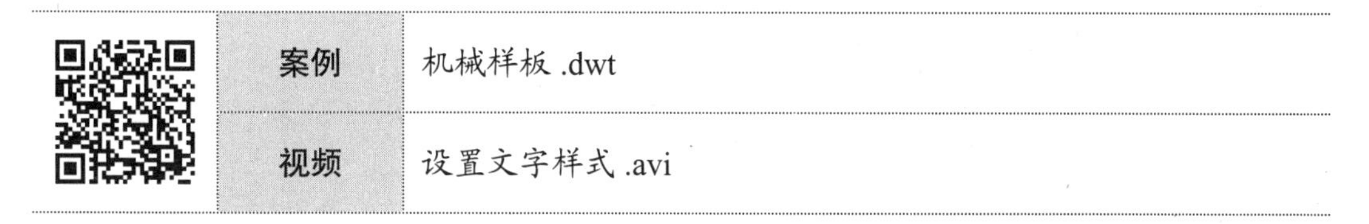

案例	机械样板 .dwt
视频	设置文字样式 .avi

根据机械制图的要求，可以采用两种文字，即“标注”文字和“注释”文字。“标注”文字对象是直接进行尺寸标注时所采用的字体，可以采用标准的“Times News Roman”字体，其高度值可以通过标注样式中的字高来进行设置；“注释”文字对象是对图形中的注释说明和技术要求进行标注的，其字高以 3.5 为基准，宽度为 0.75。

实战要点 新建文字样式并设置文字属性的方法。

操作步骤

Step 01 新建“标注”文字样式。在“注释”选项卡中单击“文字”面板右下角的按钮，在打开的“文字样式”对话框中，单击“新建”按钮，新建“标注”样式，然后设置“标注”文字样式，如图 13-8 所示。

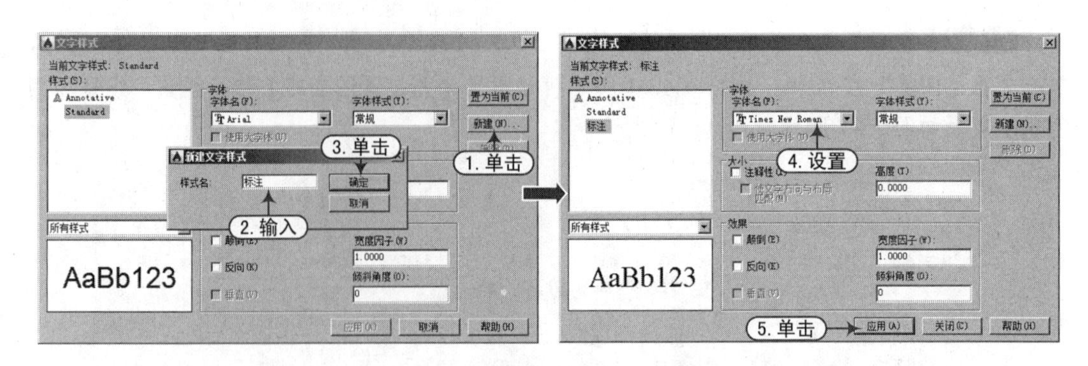

图13–8　新建“标注”文字样式

Step 02 新建“注释”文字样式。在“文字样式”对话框中，再次单击“新建”按钮，新建“注释”样式，然后设置“注释”文字样式，如图 13-9 所示。

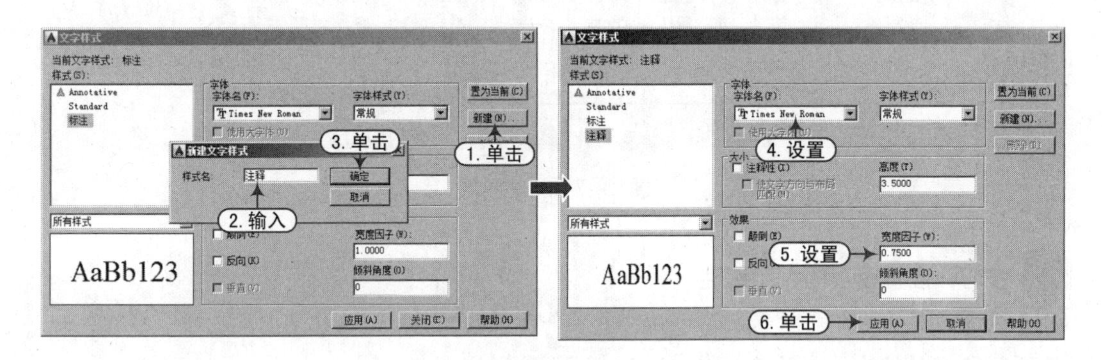

图13–9　新建“注释”文字样式

13.1.4　设置标注样式

	案例	机械样板 .dwt
	视频	设置标注样式 .avi

在机械制图中，尺寸标注样式的设置要求尺寸界线一般应超出尺寸线 2 ～ 5mm，尺寸线在相同方向的间隔应大于 5mm，尺寸中段常采用箭头符号等。下面来建立“机械”标注样式。

实战要点 ①新建机械标注样式；②设置公差标注样式的方法。

操作步骤

Step 01 创建“机械”标注样式。在“注释”选项卡中单击“标注”面板右下角的按钮，在打开的“标注样式管理器”对话框中，单击“新建”按钮，新建“机械”标注样式，然后单击“继续”按钮，如图 13-10 所示。

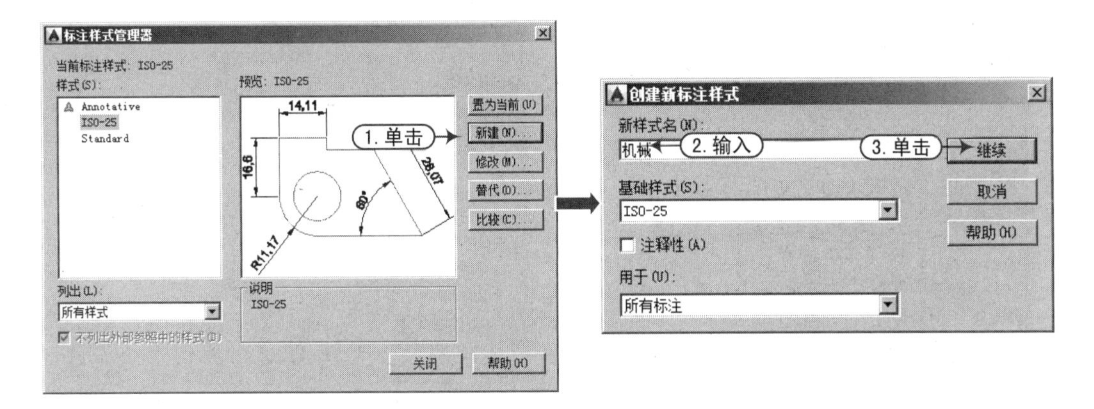

图13-10　创建“机械”标注样式

Step 02 设置“线”选项卡参数。单击“继续”按钮后，打开“新建标注样式：机械”对话框，在该对话框中，设置尺寸线及尺寸界线的参数，如图13-11所示。

Step 03 设置“符号和箭头”选项卡参数。单击“符号和箭头”选项卡，在选项卡中设置箭头和符号的参数，如图13-12所示。

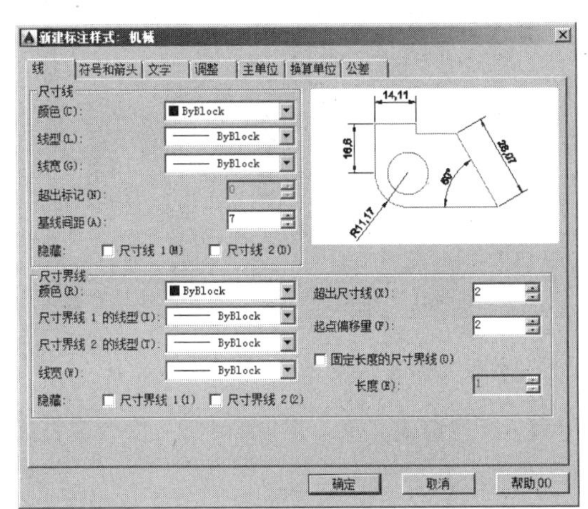

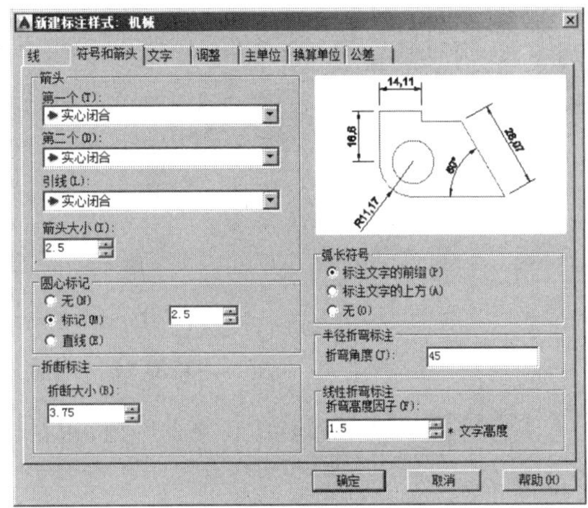

图13-11　设置“线”选项卡参数　　　　图13-12　设置“符号和箭头”选项卡参数

Step 04 设置“文字”选项卡参数。单击“文字”选项卡，在选项卡中设置图形的文字参数，如图13-13所示。

Step 05 设置“主单位”选项卡参数。单击“主单位”选项卡，在选项卡中设置图形的相应参数，单击“确定”按钮关闭对话框，如图13-14所示。然后单击“标注样式管理器”对话框中的“关闭”按钮，完成对尺寸标注样式的设置。

Step 06 设置“公差”标注。对于含有公差标注的图形，还需要在“机械”标注样式的基础上建立“机械—公差”标注样式，并在“公差”选项卡中设置公差的样式和偏差值，如图13-15所示。

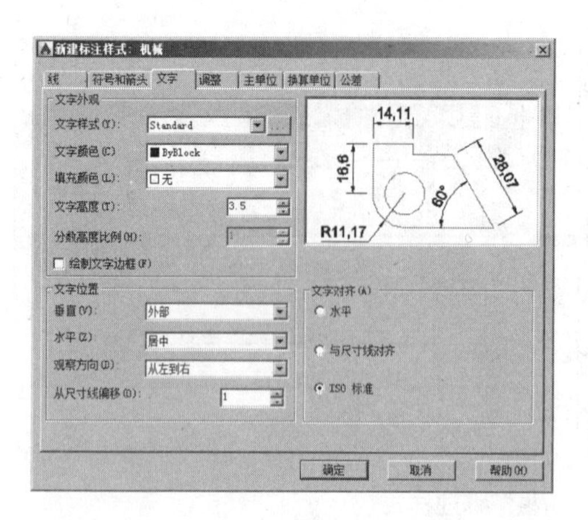

图13-13　设置“文字”选项卡参数

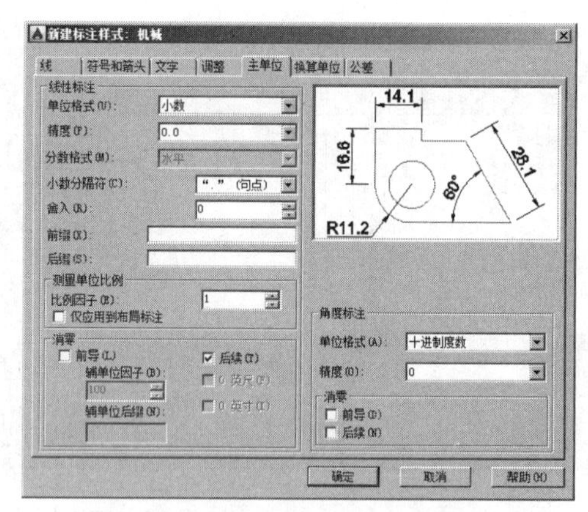

图13-14　设置“主单位”选项卡参数

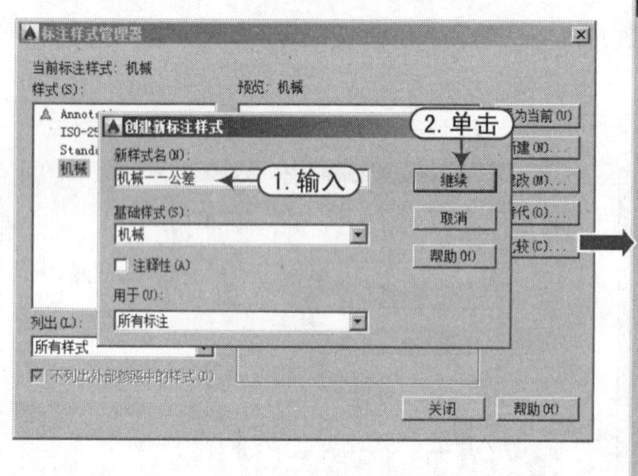

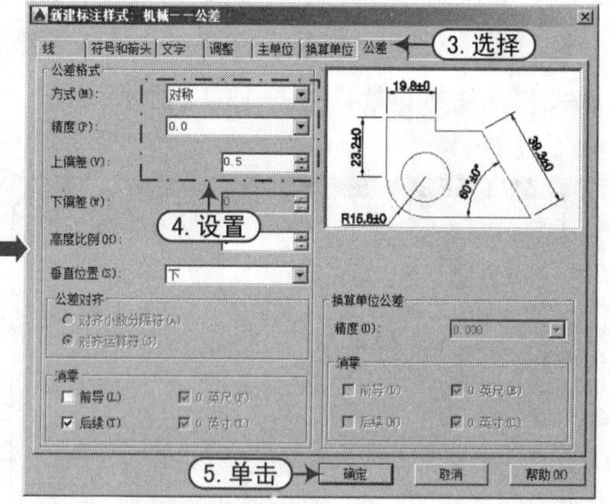

图13-15　创建并设置“公差”标注

Step 07 保存图形样板。至此，“机械样板 .dwt”文件创建完成，按“Ctrl+S”组合键将文件保存。

13.2　绘制机械图框

	案例	机械图框 .dwg
	视频	绘制机械图框 .avi

在绘制图形前首先绘制机械图的图框，其操作步骤如下：

实战要点 机械图图框的绘制方法。

操作步骤

Step 01 新建文件。正常启动 AutoCAD 2016 软件，在“快速工具栏中”单击“打开”

按钮，打开“案例\13\机械样板.dwt”；在“快速工具栏中”单击“保存”按钮，将文件保存为“案例\13\机械图框.dwg”。

Step 02 绘制图框。执行“矩形”命令（REC），绘制 420mm × 297mm 的图框，执行“偏移”命令（O），将图框向内偏移 15mm，如图 13-16 所示。

Step 03 绘制标题栏。执行“矩形”命令（REC）, 在绘图区域空白处绘制 200mm × 40mm 的矩形，执行“分解”命令（X），将矩形进行分解，将相应的线段进行偏移，如图 13-17 所示。

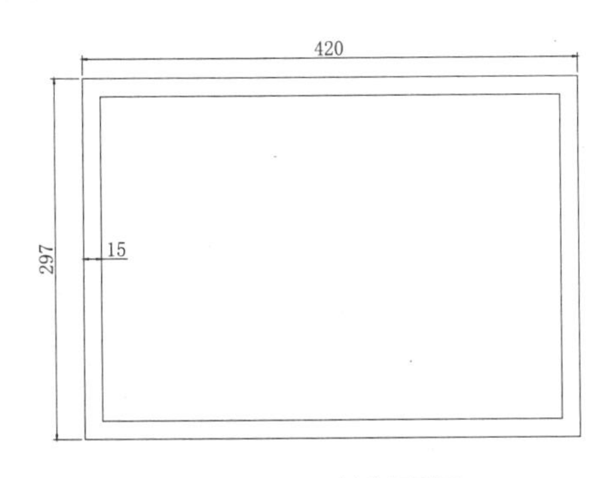

420
297
15

图13-16 绘制图框

20
30
20
20
40
20
40
10
10
10
200

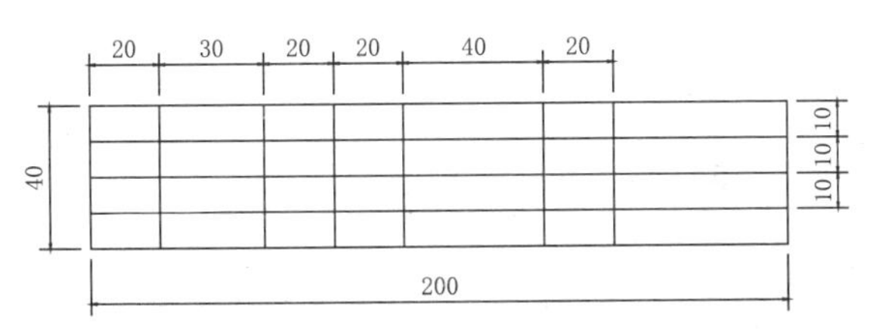

图13-17 绘制标题栏

Step 04 修剪标题栏。执行“修剪”命令（TR），对标题栏进行修剪，效果如图 13-18 所示。

Step 05 添加标题栏内容。执行“多行文字”命令（MT）, 在标题栏中输入相应文字，如图 13-19 所示。

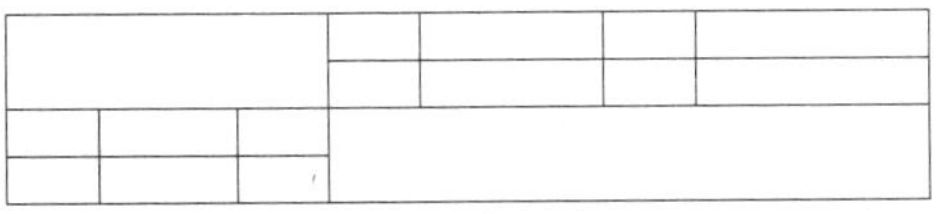

图13-18 修剪标题栏

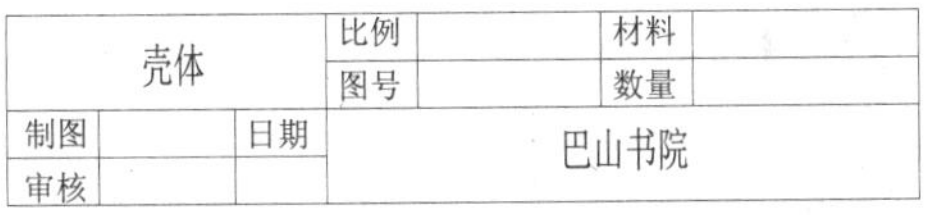

壳体
比例
材料
图号
数量
制图
日期
审核
巴山书院

图13-19 修剪标题栏

Step 06 移动标题栏至图框。执行“移动”命令（M）, 将标题栏与图框右下角对齐，如图 13-20 所示。

壳体
比例
材料
图号
数量
制图
日期
审核
巴山书院

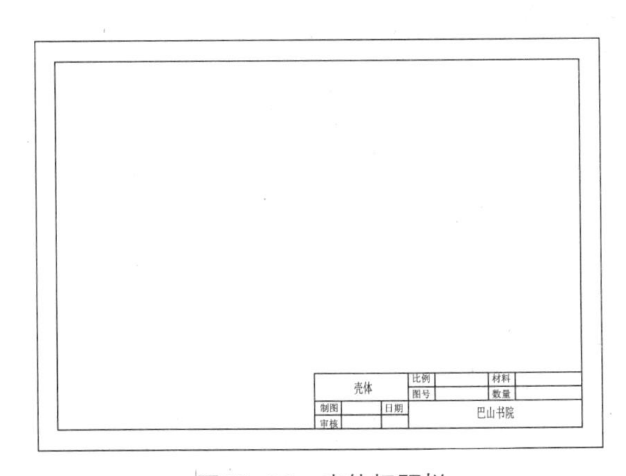

图13-20 壳体标题栏

Step 07 保存图形。至此，机械图标题栏的绘制完成。

技巧：机械图中标题栏的内容

标题栏可以给看图纸的人提供很多信息，比如，图纸的设计人姓名、设计时间、设计实物的材质、重量，以及图号等，便于与其他图纸识别。

13.3 绘制壳体

机械制造中，壳体属于箱体零件，虽然壳体需要加工的地方不多，但是其加工的要求比较高，应用也比较广泛，例如汽车中变速箱的壳体。

13.3.1 绘制主视图

	案例	壳体 .dwg
	视频	绘制壳体主视图 .avi

由于壳体的加工工序比较复杂，所有在绘制时需要用三视图进行绘制，首先来绘制其主视图。绘制步骤如下：

实战要点 掌握机械零件主视图的绘制方法。

操作步骤

Step 01 新建文件。正常启动 AutoCAD 2016 软件，执行“文件 | 打开”命令，打开前面创建的机械样板文件；然后执行“文件 | 保存”命令，将文件保存为“案例 \13\ 壳体 .dwg”。

Step 02 设置图层。在“图层”面板的“图层”下拉列表中，选择“中心线”图层，切换至当前图层。

Step 03 绘制和偏移水平线段。执行“直线”命令（L），绘制一条长度为 168mm 的水平中心线，执行“偏移”命令（O），将水平线段向上依次偏移 17.5mm、10mm、3.5mm、9mm、8mm、6mm；并将偏移后的线段设置为粗实线，如图 13-21 所示。

Step 04 绘制和偏移垂直线段。执行“直线”命令（L），捕捉最上端和最下端的水平线段左端点绘制垂直线段，执行“偏移”命令（O），将垂直线段向右依次偏移 18mm、8mm、12mm、12mm、8mm、57mm、17mm、12mm、12mm、12mm，并将相应的垂直线段设置为粗实线，如图 13-22 所示。

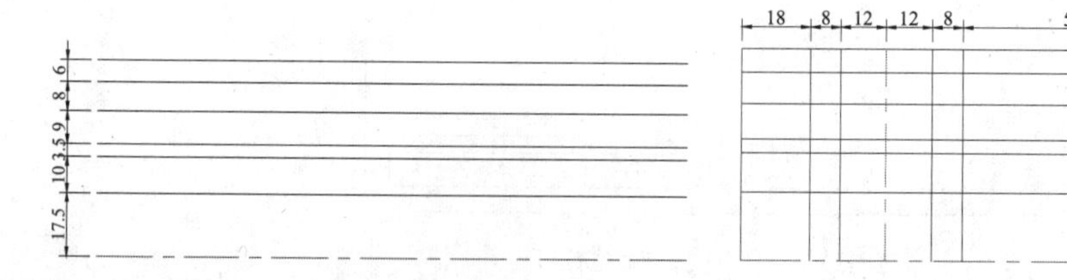

图13-21　绘制和偏移水平线段

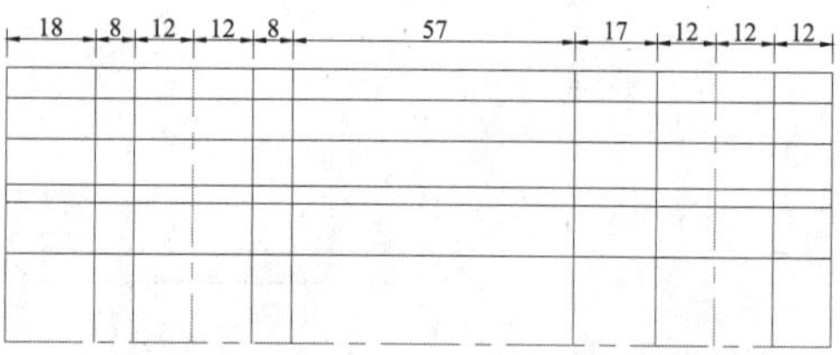

图13-22　绘制和偏移垂直线段

Step 05 修剪图形。执行“修剪”命令（TR），对图形进行修剪，修剪效果如图 13-23 所示。

Step 06 偏移垂直线段。执行“偏移”命令（O），将如图 13-24 所示的垂直线段进行偏移，偏移距离为 1mm。

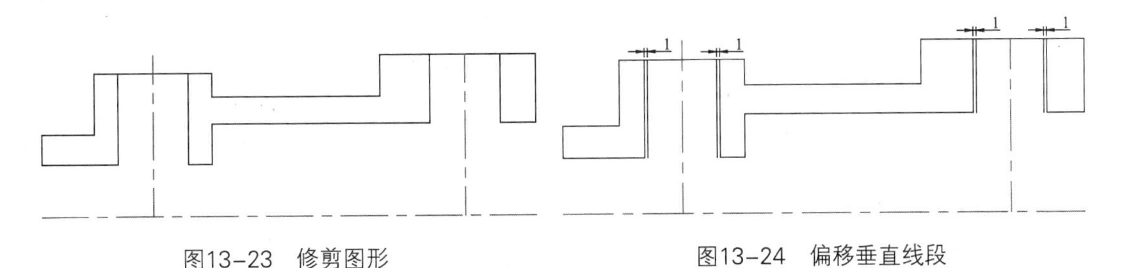

图13-23 修剪图形　　图13-24 偏移垂直线段

Step 07 连接直线。利用夹点编辑功能，将偏移后得到的 4 条线段与原来相对应的直线连接起来，如图 13-25 所示。

Step 08 偏移水平中心线。执行“偏移”命令（O），将水平线段向下依次偏移 17.5mm、10mm、3.5mm、9mm、16mm，并将相应的线段设置为粗实线，如图 13-26 所示。

Step 09 绘制并偏移垂直线段。执行“直线”命令（L），捕捉水平中心线左端点垂直线段，然后执行“偏移”命令（O），将垂直线段向右依次偏移 44mm、14mm、7mm、25mm、25mm、53mm，并将相应的线段设置为粗实线，如图 13-27 所示。

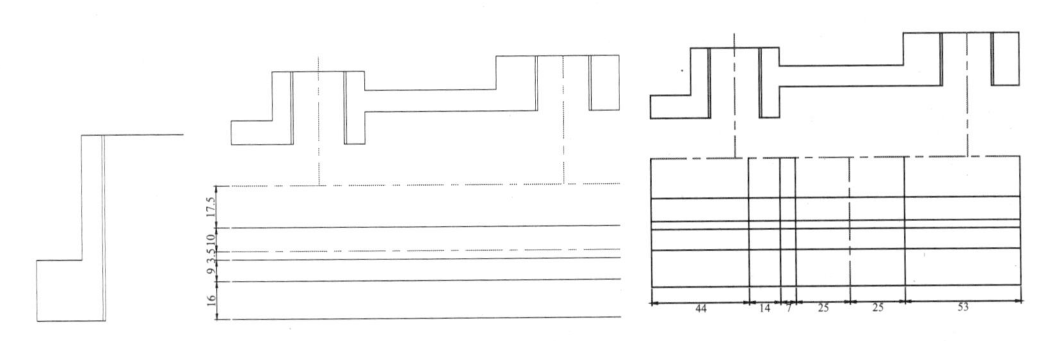

图13-25 连接直线　　图13-26 偏移中心线　　图13-27 绘制并偏移垂直线段

Step 10 修剪图形。执行“修剪”命令（TR），将水平中心线以下的直线进行修剪，效果如图 13-28 所示。

Step 11 绘制圆。再次执行“偏移”命令（O），将水平中心线向下偏移 28mm，然后将当前图层切换至“粗实线”图层，执行“圆”命令（C），以偏移后的水平中心线与垂直中心线的交点为圆心绘制半径为 18mm 的圆，如图 13-29 所示。

Step 12 修剪图形。执行“修剪”命令（TR），修剪掉多余的线段，效果如图 13-30 所示。

Step 13 绘制直线。执行“直线”命令（L），绘制图形左右闭合的直线，如图 13-31 所示。

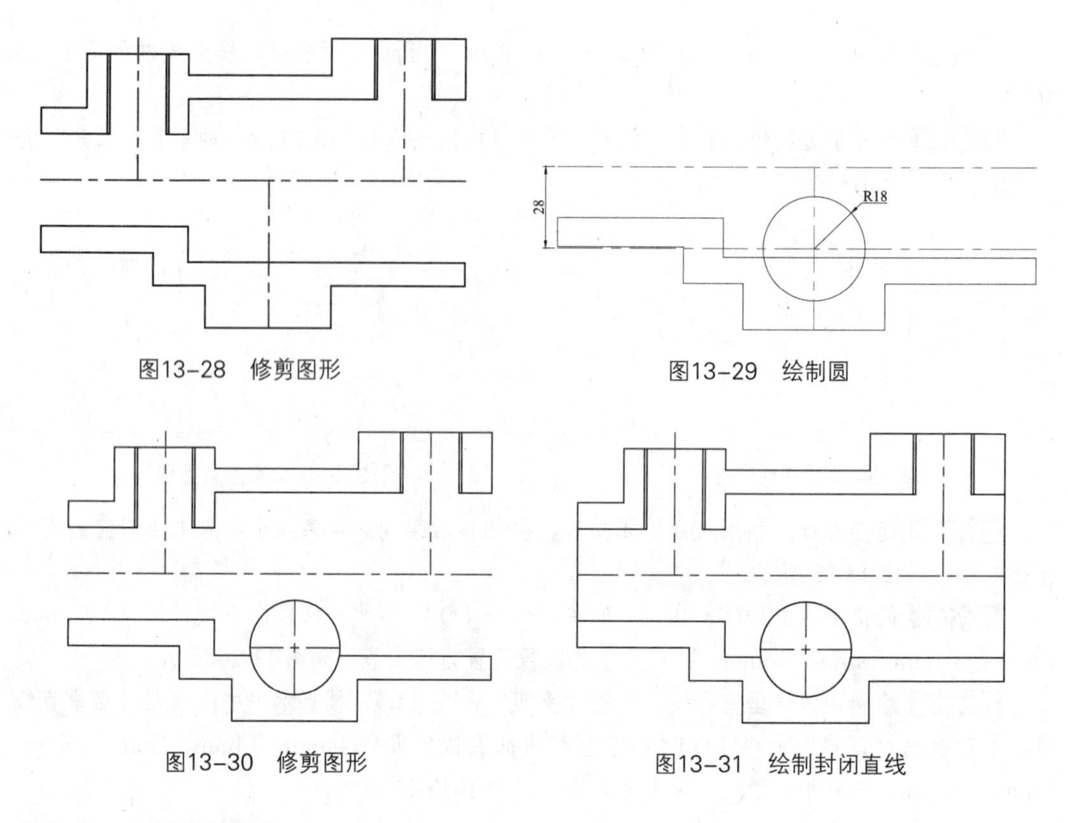

图13-28　修剪图形　　图13-29　绘制圆

图13-30　修剪图形　　图13-31　绘制封闭直线

13.3.2　绘制俯视图

	案例	壳体 .dwg
	视频	绘制壳体俯视图 .avi

为了在使用图纸或生产过程中，能正确地读图，在图纸上要绘制出壳体的俯视图，其绘制步骤如下：

实战要点 掌握机械零件俯视图的绘制方法。

操作步骤

Step 01 复制中心线。执行“复制”命令（CO），将主视图中的水平中心线垂直向下复制 160mm。

Step 02 偏移中心线。执行“偏移”命令（O），将上一步复制的中心线分别向上、下依次偏移 27.5mm、12.5mm、6mm、36mm，并将相应的线段设置为粗实线，如图 13-32 所示。

Step 03 绘制并偏移垂直线段。执行“直线”命令（L），连接俯视图中所有水平直线的左端点绘制垂直线段；然后执行“偏移”命令（O），将垂直线段向右依次偏移 38mm、6mm、100mm、6mm、18mm，并将相应的线段设置为中心线，如图 13-33 所示。

Step 04 修剪图形。执行“修剪”命令（TR），修剪俯视图中的直线，效果如图 13-34 所示。

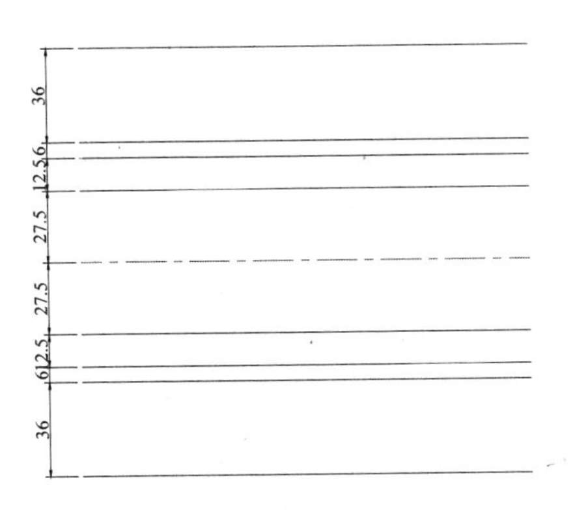

图13-32 偏移中心线

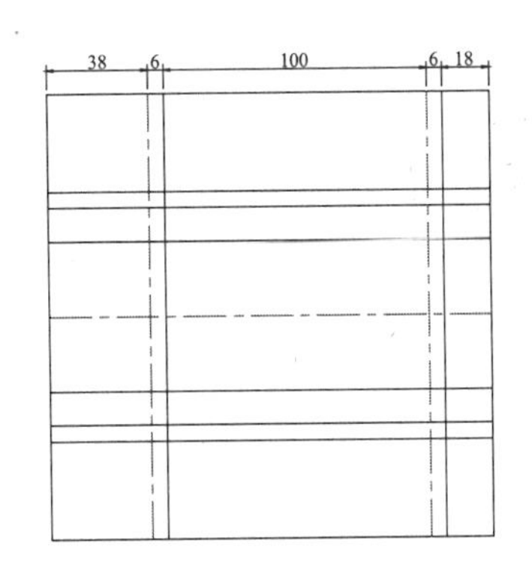

图13-33 绘制并偏移垂直线段

Step 05 绘制同心圆。执行“圆”命令（C），绘制如图 13-35 所示的两组同心圆。

Step 06 打断直线。执行“打断于点”命令（BR），将右侧的垂直中心线进行打断，并将打断后的相应线段转换为粗实线，如图 13-36 所示。

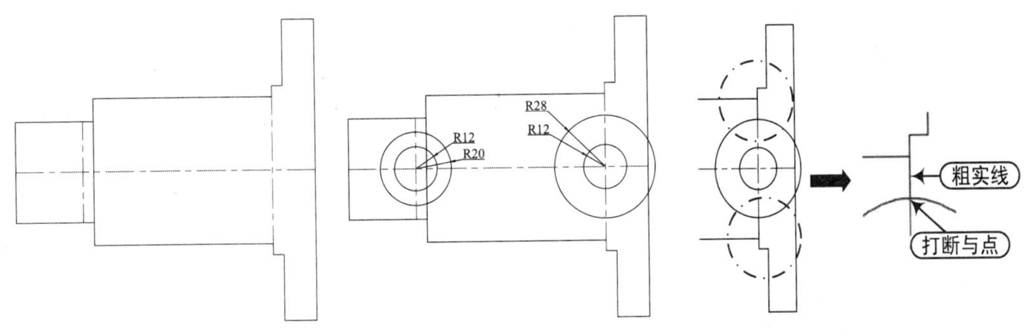

图13-34 修剪图形　　图13-35 绘制同心圆　　图13-36 打断直线

Step 07 修剪图形。执行“修剪”命令（TR），修剪并删除多余的线段，效果如图 13-37 所示。

Step 08 绘制直线。执行“直线”命令（L），绘制连接右边的半圆与垂直线段的水平直线，如图 13-38 所示。

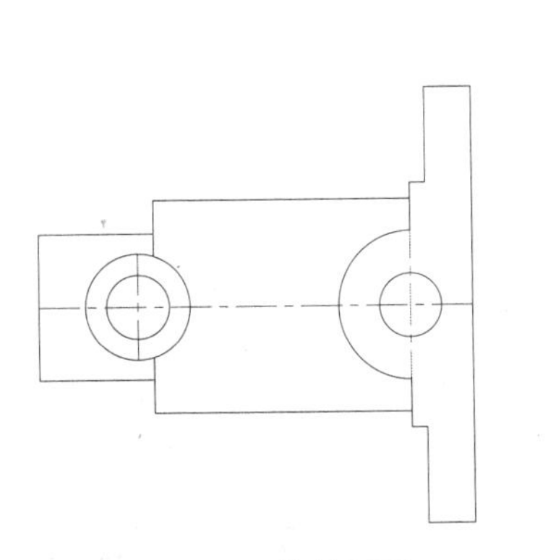

图13-37 修剪图形

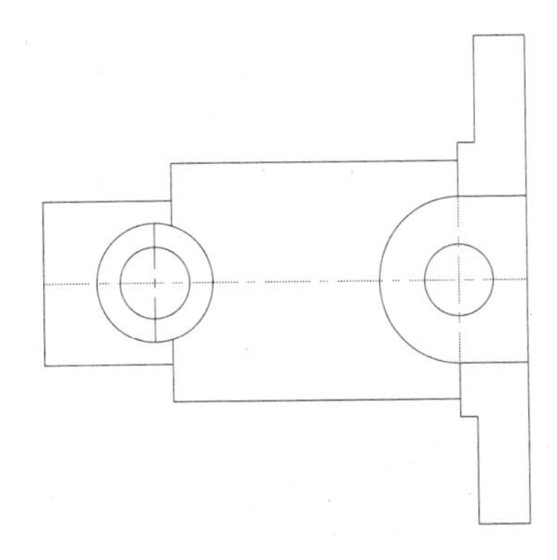

图13-38 绘制直线

13.3.3 绘制左视图

	案例	壳体 .dwg
	视频	绘制壳体左视图 .avi

为了在使用图纸或生产过程中，能正确地读图，在图纸上要绘制出壳体的左视图，其绘制步骤如下：

实战要点 掌握机械零件左视图的绘制方法。

操作步骤

Step 01 绘制水平投影构造线。执行“构造线”命令（XL），捕捉主视图的相关点引出左视图的水平辅助线，并转换相应线型，如图 13-39 所示。

Step 02 绘制并偏移垂直线段。将绘图区域移至图形的右侧，执行“直线”命令（L），过水平构造线的适当位置绘制一条垂直直线；然后执行“偏移”命令（O），将垂直线段向两侧依次偏移 20mm、8mm、36mm，并将相应的线段设置为中心线，如图 13-40 所示。

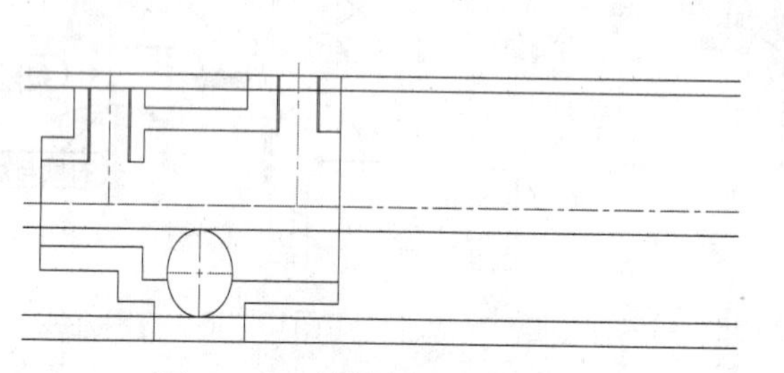

图13-39　绘制水平投影构造线

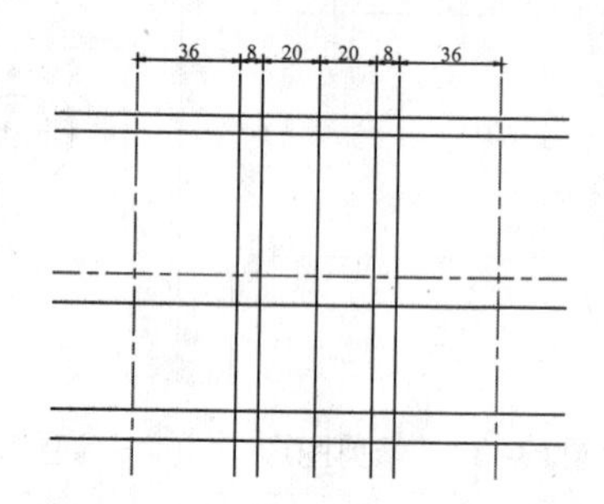

图13-40　绘制并偏移垂直线段

Step 03 绘制同心圆。执行“圆”命令（C），以左数第四条垂直线段与水平中心线交为圆心绘制半径分别为 17.5mm、27.5mm、31mm、40mm 的同心圆；然后以左侧十字中心线交点为圆心分别绘制半径为 8.5mm 和 18mm 的同心圆，如图 13-41 所示。

Step 04 修剪图形。执行“修剪”命令（TR），对图形进行修剪，效果如图 13-42 所示。

Step 05 绘制切线。执行“直线”命令（L），过最右侧圆弧的下端点向下绘制一条垂直直线，再绘制半径为 18mm 的圆与 40mm 的两条切线，如图 13-43 所示。

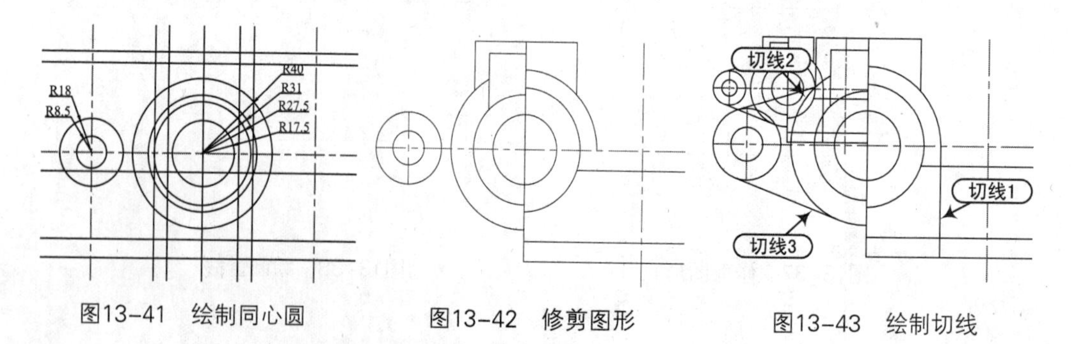

图13-41　绘制同心圆　　图13-42　修剪图形　　图13-43　绘制切线

Step 06 镜像图形。执行“镜像”命令（MI），选择左侧的两个同心圆及切线为镜像对象，选择图形中间的垂直线段为镜像线，对图形进行镜像操作，效果如图 13-44 所示。

Step 07 修剪图形。执行“修剪”命令（TR），修剪掉多余的线段，效果如图 13-45 所示。

Step 08 偏移直线。执行“偏移”命令（O），将中间的垂直线段向两侧偏移 46mm，执行“修剪”命令（TR），修剪掉多余的直线部分，效果如图 13-46 所示。

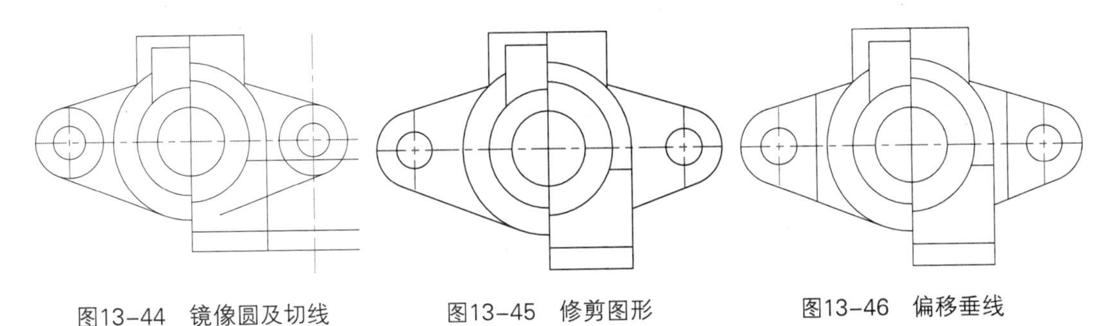

图13-44 镜像圆及切线　　图13-45 修剪图形　　图13-46 偏移垂线

13.3.4 绘制辅助视图

	案例	壳体 .dwg
	视频	绘制壳体辅助视图 .avi

这里绘制的壳体的主视图是一个剖视图，是为了让用户或生产者能更好地了解零件的内部情况。但是人们无法从主视图中了解到壳体的正面外形。若要了解壳体正面外形的样子，就要在图纸上用辅助视图来体现，其绘制步骤如下：

实战要点 掌握机械零件辅助视图的绘制方法。

操作步骤

Step 01 复制主视图。执行“复制”命令（CO），将图形的主视图复制到左视图的右侧；执行“删除”命令（E），删除图中多余的线段，效果如图 13-47 所示。

Step 02 编辑图形。利用夹点编辑功能将相应的线段进行拉长，效果如图 13-48 所示。

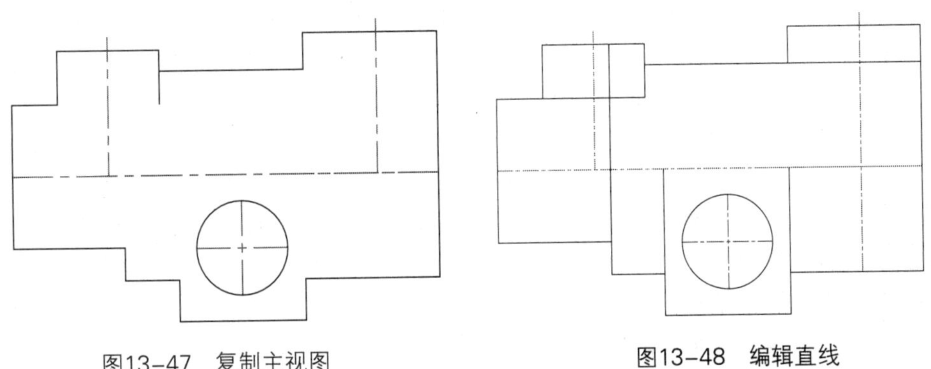

图13-47 复制主视图　　图13-48 编辑直线

Step 03 绘制投影构造线。执行“构造线”命令（XL），捕捉左视图中的相应点绘制投影构造线，效果如图13-49所示。

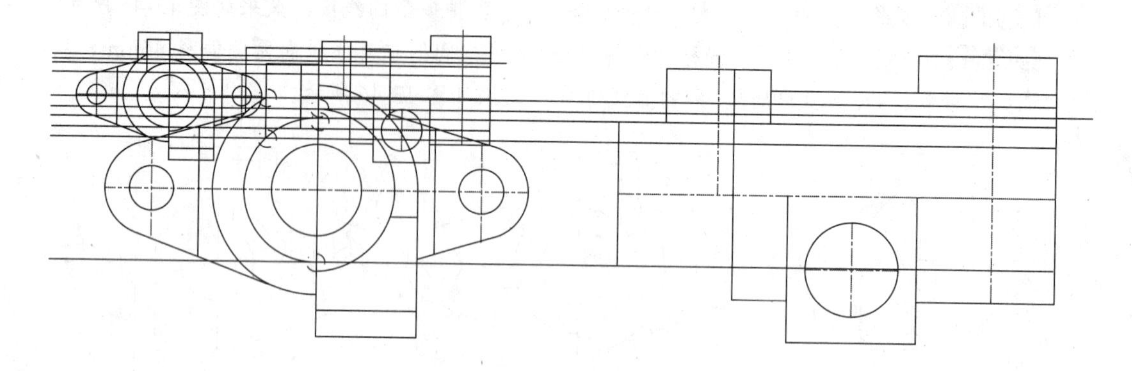

图13-49　绘制投影构造线

Step 04 绘制相贯线。执行“圆弧”命令（A），捕捉相应点绘制圆弧，效果如图13-50所示。

Step 05 偏移中心线。执行“偏移”命令（O），将右侧中心线向右偏移6mm，并将偏移后的线转换成粗实线，效果如图13-51所示。

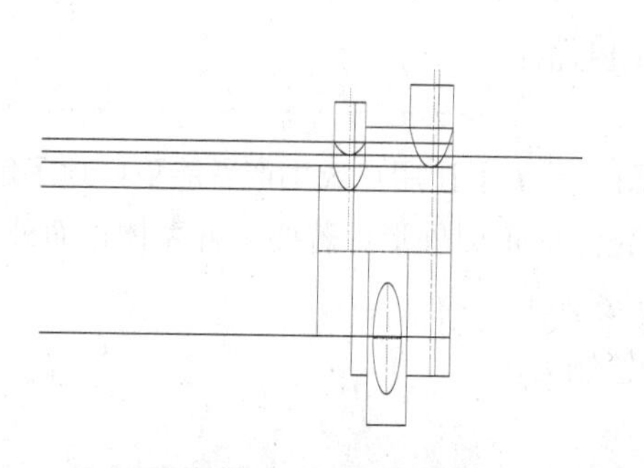

图13-50　绘制相贯线

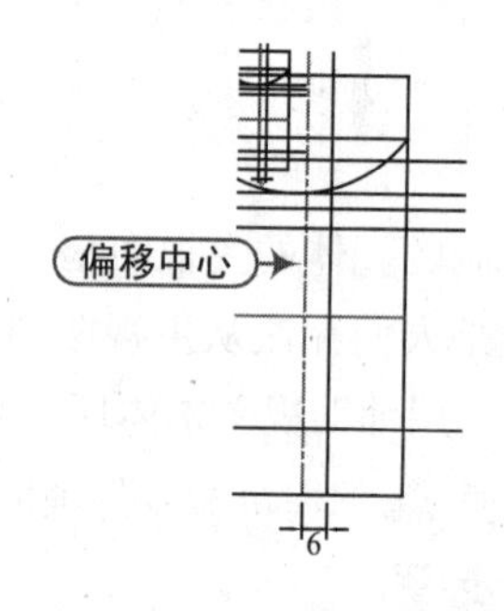

图13-51　偏移中心线

技巧：什么是相贯线？

在机械形体中常常会遇到由两个或两个以上的基本形体相交（或称相贯）而成的组合形体，它们的表面交线称为相贯线。相贯线是两相交立体表面的共有线，相贯线上的点是两相交立体表面的共有点。由于基本形体有平面立体与曲面立体之分，所以相交的情况有以下三种：①两平面立体相交；②平面立体与曲面立体相交；③两曲面立体相交。

Step 06 修剪图形。执行“修剪”命令（TR），对图形进行修剪，效果如图13-52所示。

Step 07 打断直线。执行“打断于点”命令（BR），选择如图13-53所示的点进行打断，并将打断后的相应线段转换为粗实线。

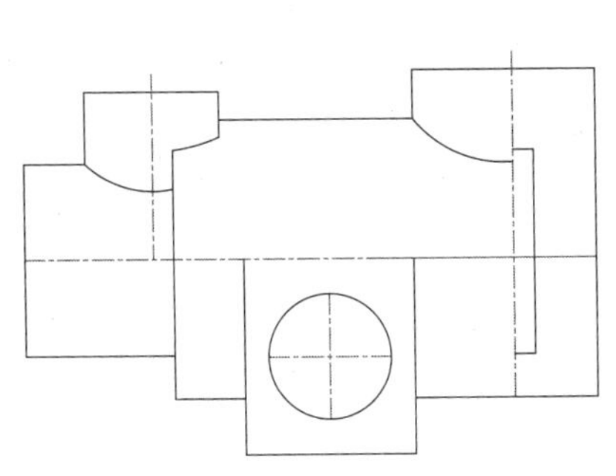

图13-52　修剪图形

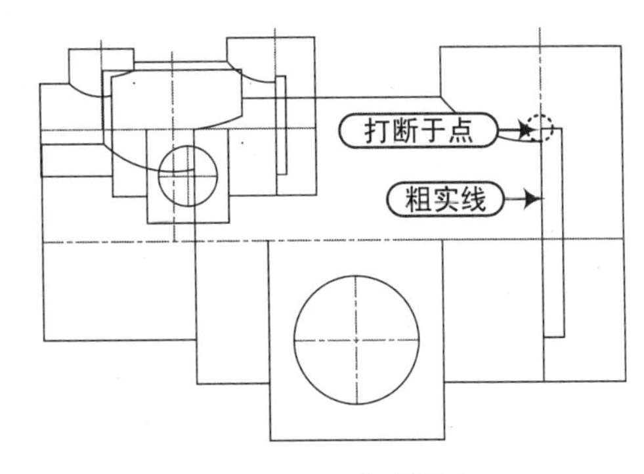

图13-53　打断于点

Step 08 移动辅助视图。至此，辅助视图绘制完成，执行“移动”命令（M），将辅助视图移动至视图的右下角位置，与俯视图及左视图对齐。

技巧：什么是辅助视图？

辅助视图有别于基本视图的视图表达方法，主要用于表达基本视图无法表达或不便于表达的形体结构，比如局部视图、旋转视图、镜像视图……

13.3.5　对图形进行整理

案例	壳体 .dwg
视频	整体图形 .avi

辅助视图绘制完成后，下面对前面已经绘制好的几个视图的外形进行整体编辑和整理，其绘制步骤如下：

实战要点 对绘制的各个视图进行细微调整。

操作步骤

Step 01 对图形进行圆角。绘制主视图和俯视图中进行过渡圆角，圆角半径为 4mm，如图 13-54 所示。

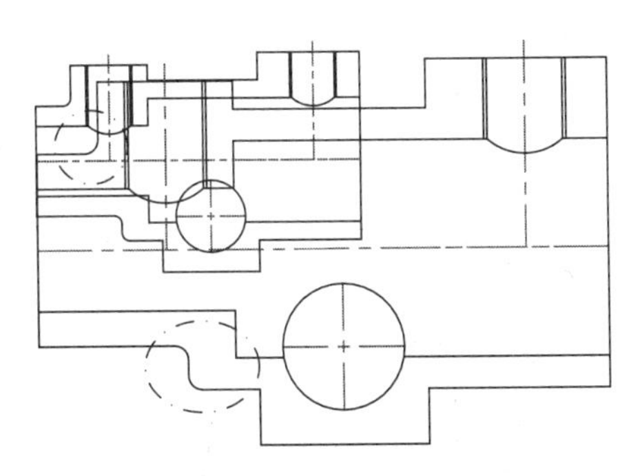

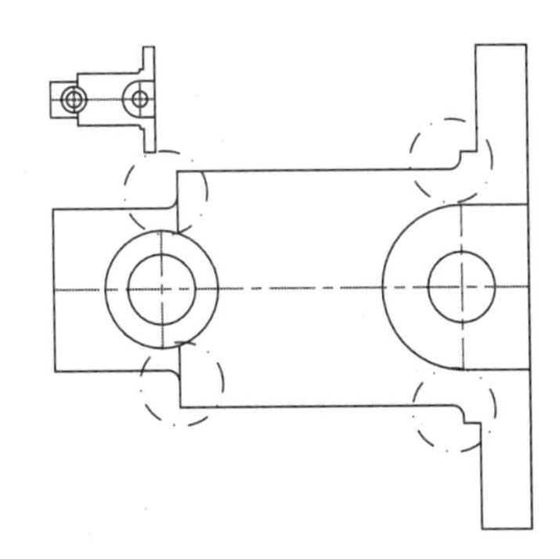

图13-54　圆角操作

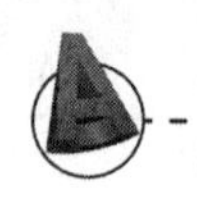

Step 02 绘制相贯线。执行“构造线”命令（XL），在左视图中捕捉A点绘制水平投影构造线，然后将绘图区域移至主视图，执行“圆弧”命令(A)，捕捉右侧圆孔底部的两个点及中心线与构造线的交点绘制圆弧，并将其复制到左侧的圆孔底部，如图13-55所示。

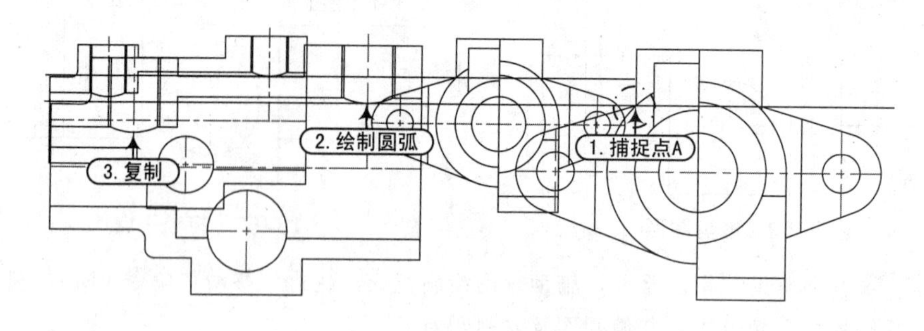

图13-55　绘制主视图相贯线

Step 03 绘制螺纹。执行“偏移”命令（O），将俯视图中两个半径为12mm的圆分别向内偏移1mm，然后将原来的圆修剪掉左下角的1/4，并将绘制的螺纹转换为“细实线”图层，如图13-56所示。

Step 04 绘制直线。执行“直线”命令（L），在主视图中捕捉点B和点C绘制直线，如图13-57所示。

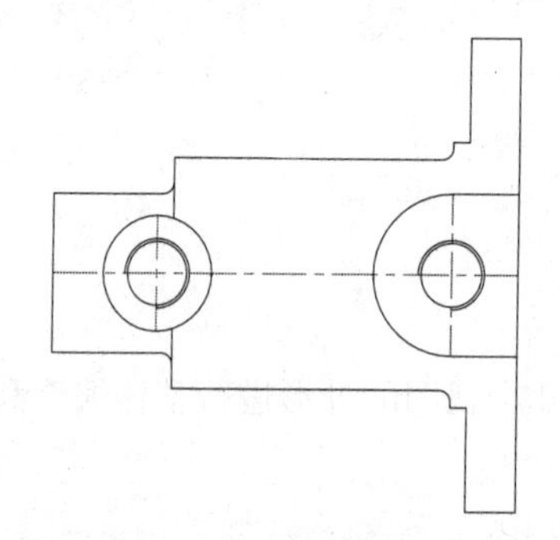

图13-56　绘制螺纹

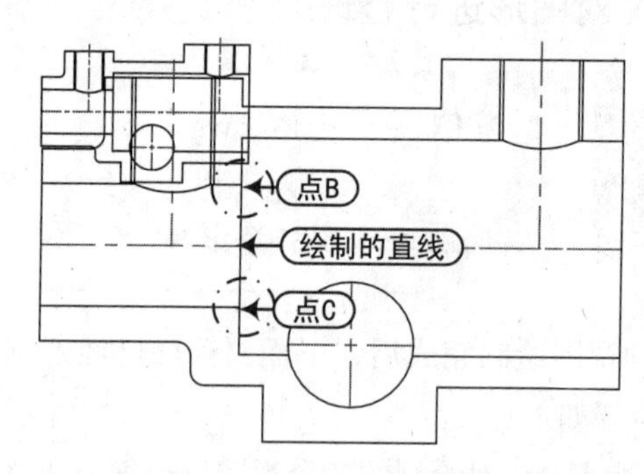

图13-57　绘制直线

Step 05 调整中心线。利用夹点编辑功能，将视图中的中心线向两侧拉长5mm，如图13-58所示。

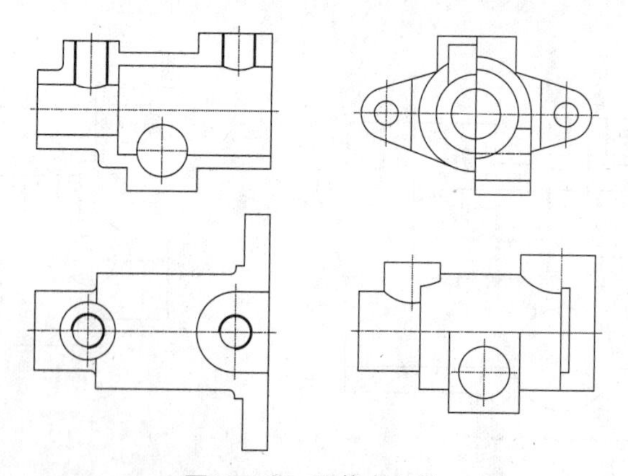

图13-58　调整中心线

Step 06 图案填充。执行“图案填充”命令（H），打开“图案填充和渐变色”对话框，在该对话框中选择样例“ANSI31”作为填充图案，设置填充角度为0，填充比例为1.5，对图形的主视图及左视图进行图案填充，如图13-59所示。

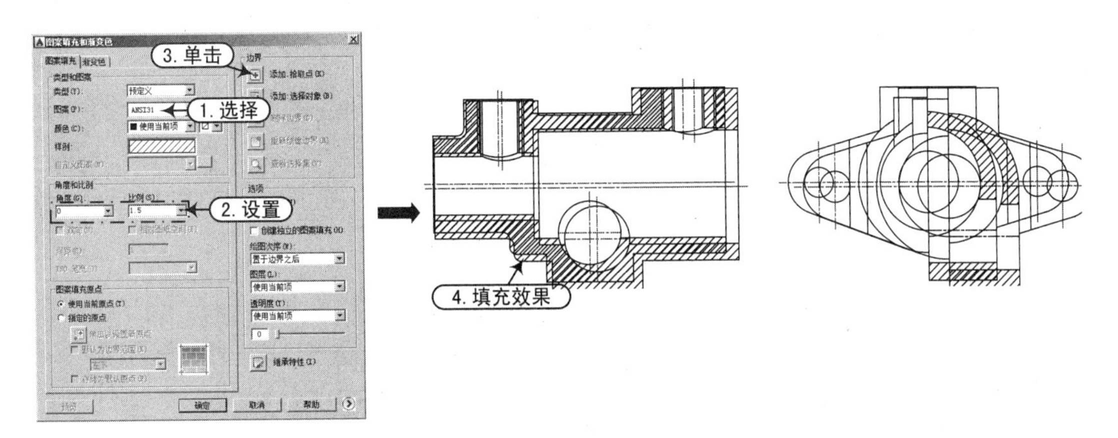

图13-59　图案填充

13.4　标注尺寸和公差

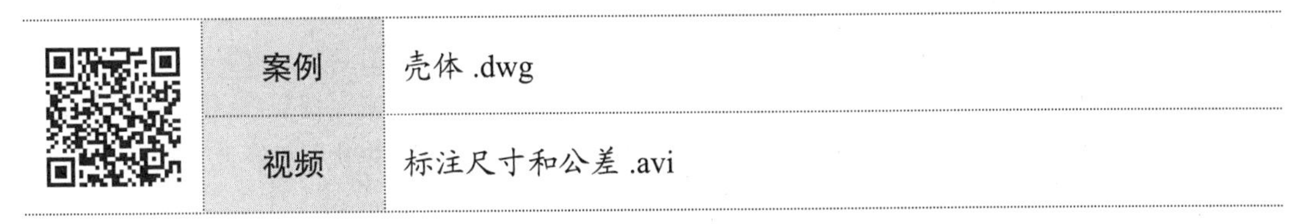

	案例	壳体 .dwg
	视频	标注尺寸和公差 .avi

将壳体的所有视图绘制完成后，需要对壳体中的外形、螺孔等尺寸进行标注，其绘制步骤如下：

实战要点 ①尺寸的标注与编辑；②文字的标注；③符号及图框的插入。

操作步骤

Step 01 标注主视图线性尺寸。单击“注释”面板中的“线性标注”按钮，对当前主视图中的线性尺寸进行标注，如图13-60所示。

Step 02 标注左视图线性尺寸。单击“注释”面板中的“线性标注”按钮，对当前左视图中的线性尺寸进行标注，如图13-61所示。

Step 03 标注俯视图线性尺寸。单击“注释”面板中的“线性标注”按钮，对当前俯视图中的线性尺寸进行标注，如图13-62所示。

Step 04 标注主视图直径尺寸。单击“注释”面板中的“线性标注”按钮，对主视图中的孔位进行直径标注，并执行“修改”命令（ED），对已标注好的数字添加相关符号和参数，如图13-63所示。

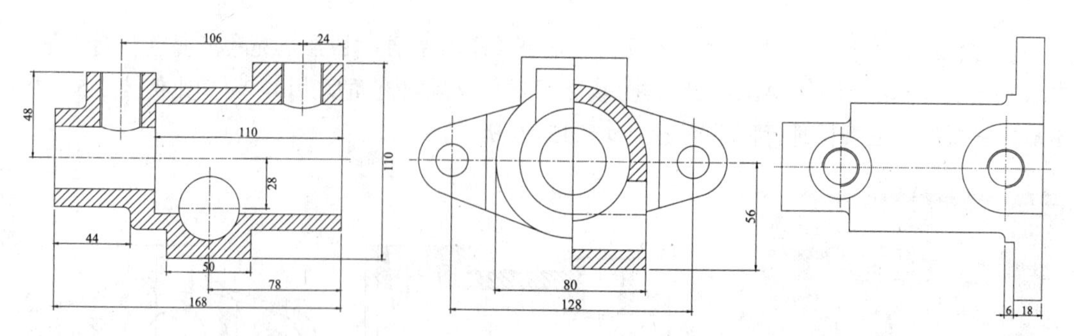

图13-60　标注主视图线性尺寸　　图13-61　标注左视图线性尺寸　图13-62　标注俯视图线性尺寸

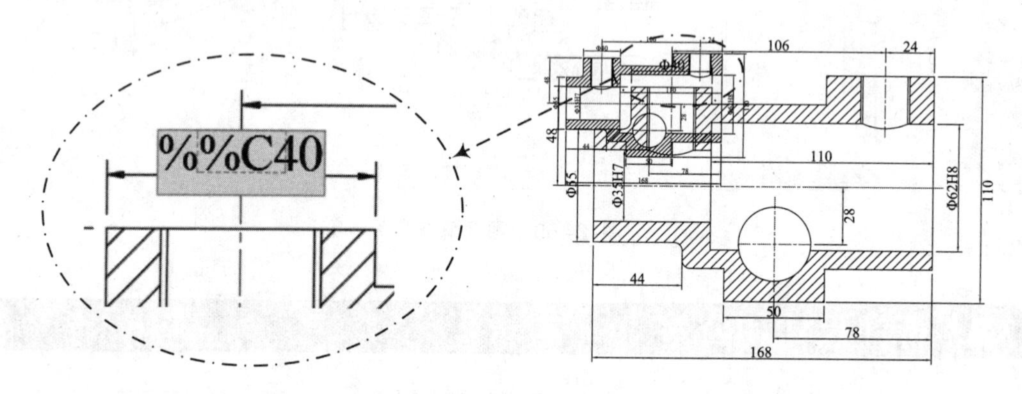

图13-63　用线性标注直径尺寸

Step 05 标注圆的直径尺寸。单击“注释”面板中的“直径标注”按钮和“半径标注”按钮，对主视图、俯视图及左视图中的圆进行直径和半径标注，并执行“修改”命令（ED），对已标注好的数字添加相关符号和参数，如图 13-64 所示。

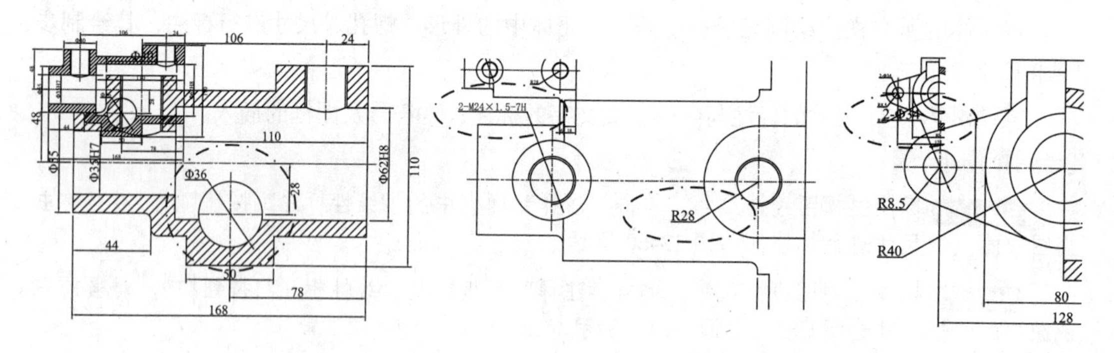

图13-64　标注直径和半径尺寸

Step 06 标注公差尺寸。在“默认”选项卡的“注释”面板中将当前的标注样式切换至“标注—公差”标注样式，执行“线性标注”命令（DLI），对俯视图的相关尺寸进行公差标注，如图 13-65 所示。

Step 07 设置引线标注类型。在命令行中输入“快速引线”命令（QLE），并选择“设置”选项，在弹出的“引线设置”对话框中单击“注释”选项卡，在“注释类型”中选中“公差”单选按钮，并单击“确定”按钮，如图 13-66 所示。

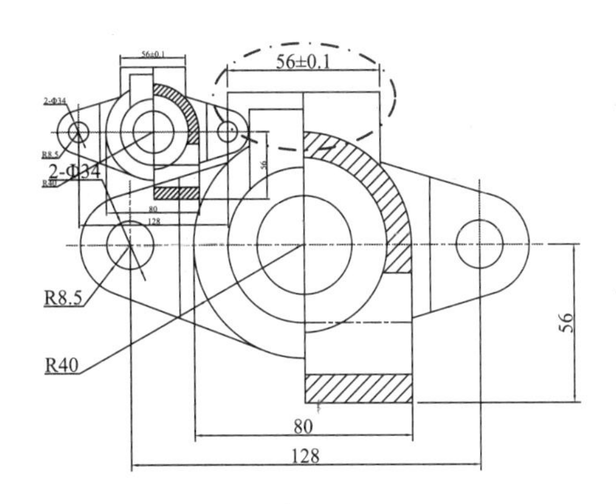

图13-65 标注公差尺寸

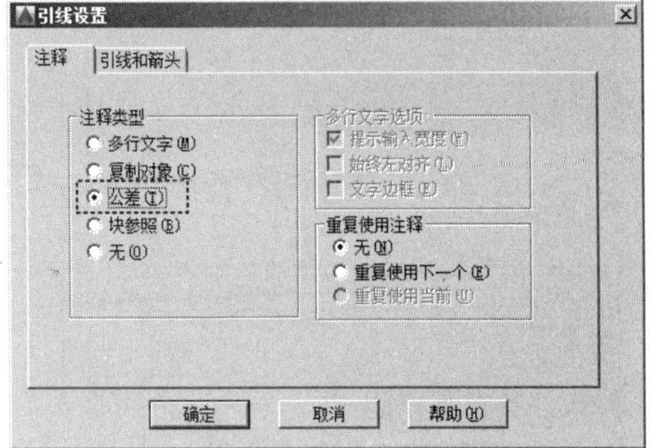

图13-66 设置引线标注类型

Step 08 标注形位公差。在图形中的相应位置单击指定引线起点、节点和终点，然后单击“确定”按钮，如图13-67所示。

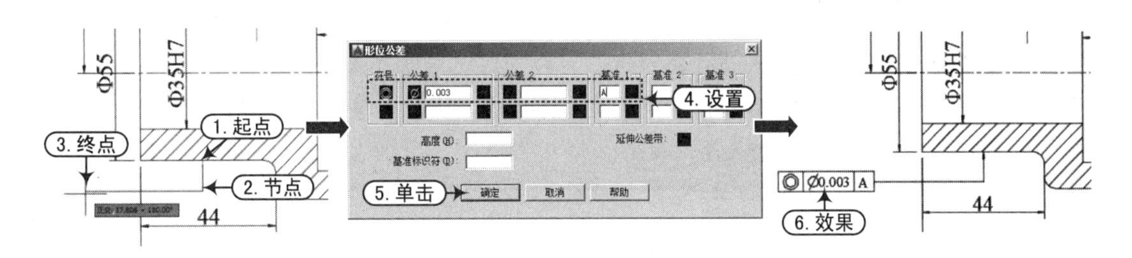

图13-67 形位公差标注

Step 09 插入粗糙度符号。执行“插入”命令（I），在图形的相应位置插入粗糙度符号，如图13-68所示。

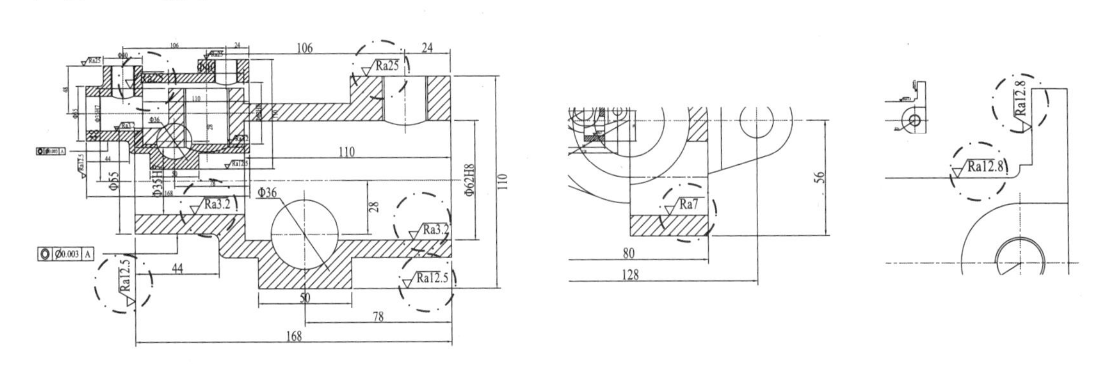

图13-68 插入粗糙度符号

Step 10 添加文字注释。在“默认”选项卡的“注释”面板中将当前的文字样式切换至“注释”文字样式，执行“多行文字”命令（MT），对图形进行技术要求文字注释，如图13-69所示。

Step 11 添加图框。执行“插入”命令（I），将“案例\13\A3图框.dwt”插入图形中，并调整图框比例，使图框框住图形区域，如图13-70所示。

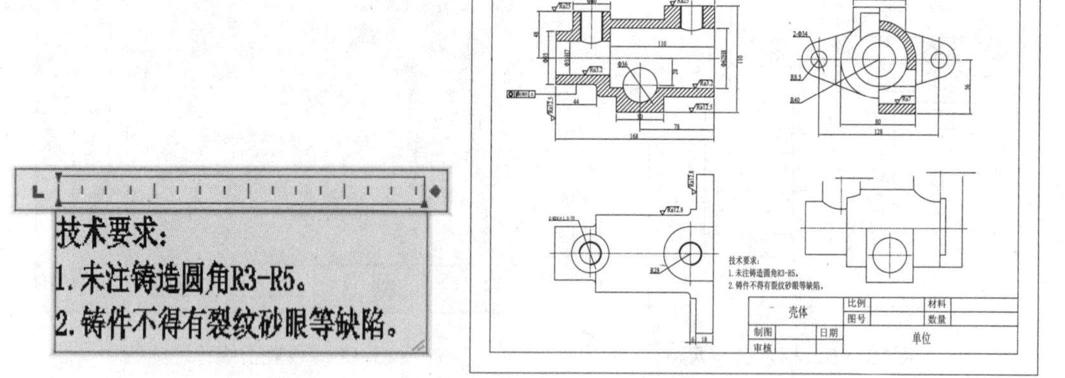

图13-69　添加技术要求　　　　图13-70　插入图框

技巧：缩放图框对象

在调用图框时，如果图框过小或过大，可以通过“缩放”命令（SC）对其进行缩放，缩放到合适比例后，利用“移动”命令（M）将其框盖住图形即可。缩放时由于图框是作为块插入的，其各线条是不会发生改变的。

14 建筑工程图的绘制案例

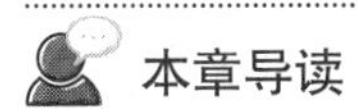

本章导读

本章以创建一个建筑平面图样板文件为例，讲解建筑平面图绘图环境、图层、文字样式、标注样式的设置；最后以教学楼建筑平面图为实例，讲解在 AutoCAD 环境中绘制建筑平面图的方法，包括绘制轴线与墙体、绘制门窗与楼梯，进行尺寸与文字的标注、轴号及图名的标注等，从而让读者掌握建筑平面图的绘制方法与技巧。

本章内容

- 设置绘图环境
- 绘制建筑平面图
- 绘制门窗
- 绘制楼梯及布置卫生间设施
- 文字及尺寸标注

本章视频集

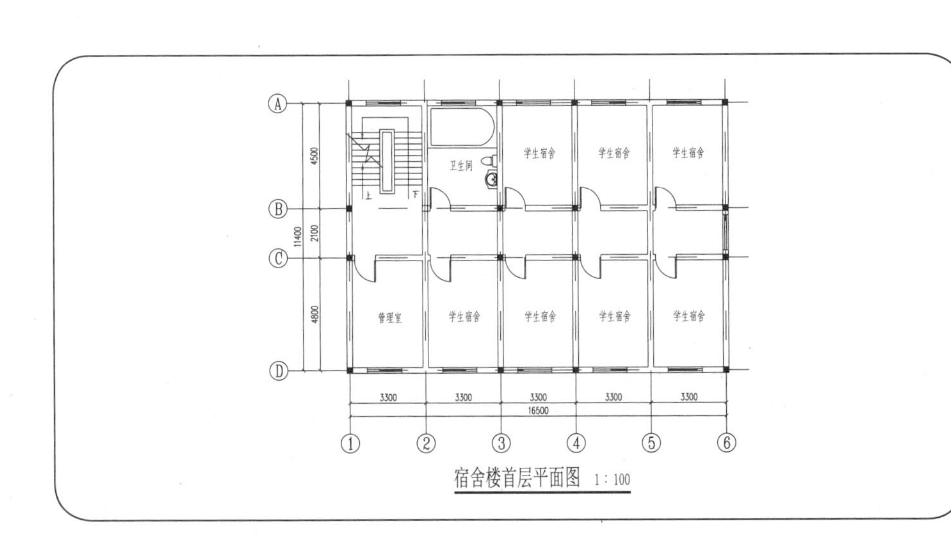

宿舍楼首层平面图 1:100

14.1 设置绘图环境

在绘制建筑工程图时，首先需要设置绘图环境，然后绘制轴线、墙体、门窗、楼梯及其他建筑设施的布置等。最后对图形进行文字标注、尺寸标注、标高标注、轴号标注、图名标注。下面以绘制如图 14-1 所示的宿舍楼首层平面图为例，学习和掌握 AutoCAD 2016 在建筑制图中的应用。

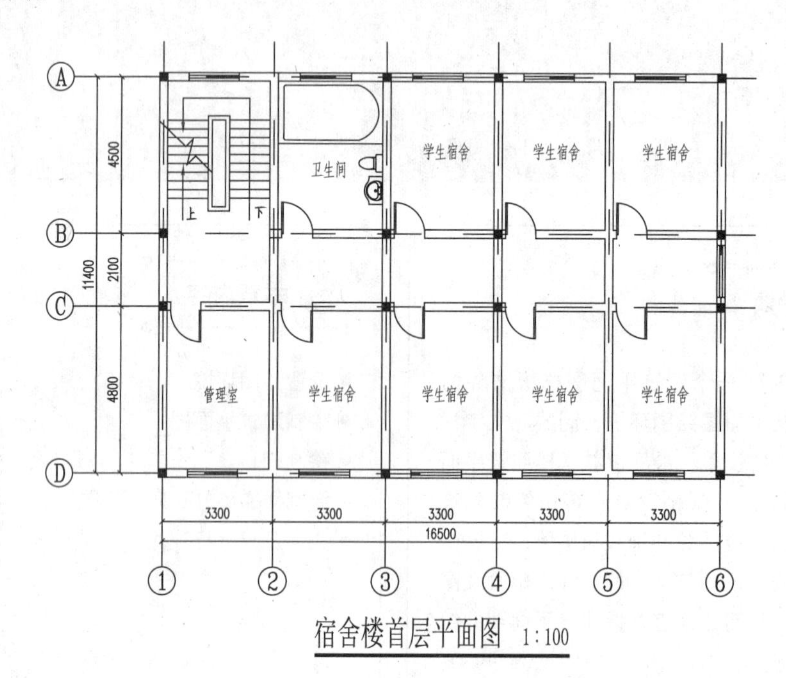

图14-1 宿舍楼首层平面图

14.1.1 设置绘图单位和界限

	案例	建筑平面图 .dwg
	视频	设置图形界限和单位 .avi

在绘制图形过程中，要考虑建筑所占面积区域的大小，而对应到计算机屏幕或施工图纸上，也就涉及图形界限的大小。

实战要点 ①建筑图绘图单位的设置；②建筑图图形界限的设置。

操作步骤

Step 01 新建图形文件。正常启动 AutoCAD 2016 软件，执行“文件 | 新建”命令，在打开的“选择样板”对话框中单击“打开”按钮右侧的“倒三角”按钮，选择“无样板打开一公制”选项，新建图形文件，如图 14-2 所示；然后执行“文件 | 保存”命令，在打开的“图形另存为”对话框中将文件保存为“案例 \14\ 建筑平面图 .dwg”，如图 14-3 所示。

图14-2 新建图形文件

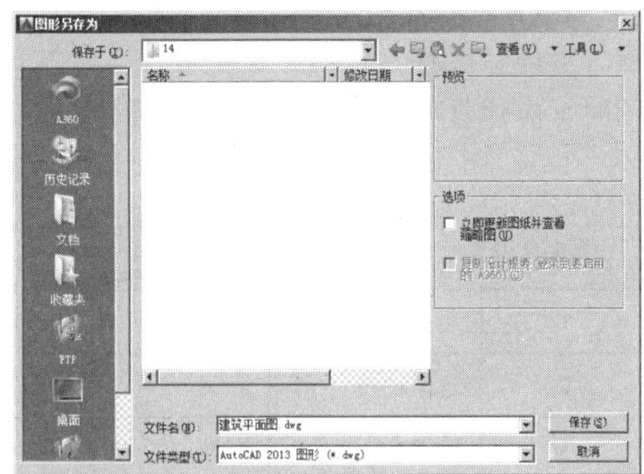

图14-3 保存图形文件

Step 02 设置图形界限。在命令行中输入“图形界限”命令（Limits），依照命令行提示，设置图形界限的左下角为 (0,0)，右上角为 (42000,29700)。命令行提示如下：

```
命令 : LIMITS                                              \\ 执行“图形界限”命令
重新设置模型空间界限 :
指定左下角点或 [ 开 (ON)/ 关 (OFF)] <0.0000,0.0000>:       \\ 按“Enter”键
指定右上角点 <420.0000,297.0000>: 42000,29700              \\ 输入图形界限值
```

Step 03 显示图形界限区域。在命令行中输入“缩放”命令（Z），再按空格键，根据命令行提示，选择“全部（A）”选项，将设置好的图形界限区域全部显示在当前窗口中，如图 14-4 所示。

Step 04 设置绘图单位。在命令行中输入“图形单位”命令（UN），打开“图形单位”对话框；设置“长度”类型为“小数”，精度为“0.000”；“角度”类型为“十进制度数”，“精度”为“0.00”；设置缩放单位为“毫米”；然后单击“确定”按钮，如图 14-5 所示。

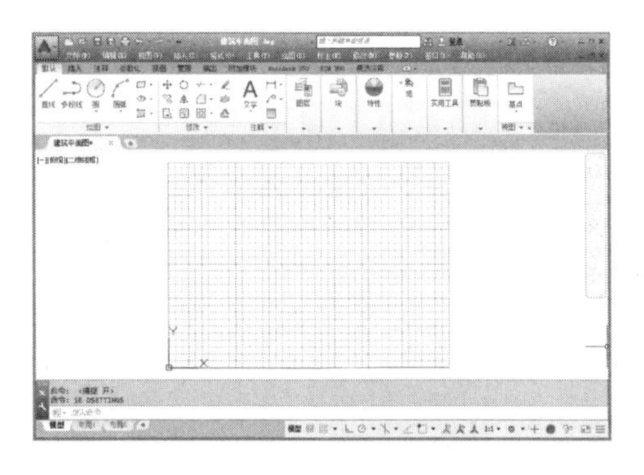

图14-4 显示图形界限效果

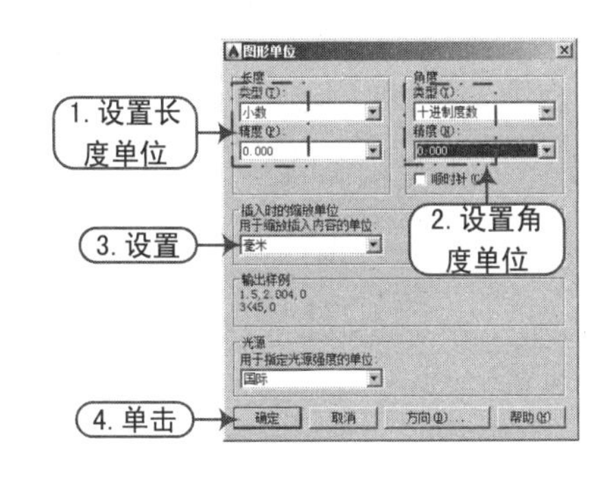

图14-5 设置图形单位

14.1.2 设置图层

案例	建筑平面图 .dwg
视频	设置图层 .avi

图层规划主要考虑图形元素的组成及各图形元素的特征。建筑平面图形主要由轴线、门窗、墙体、楼梯、设施、文字标注、尺寸标注、轴号和柱子等元素组成，因此绘制建筑平面图时，应建立如表 14-1 所示的图层。

表14-1 图层设置

序号	图层名	线宽	线型	颜色	打印属性
1	尺寸标注	默认	实线 (CONTINUOUS)	蓝色	打印
2	定位轴线	默认	实线 (DASHDOT)	红色	打印
3	楼梯	默认	实线 (CONTINUOUS)	蓝色	打印
4	门窗	默认	实线 (CONTINUOUS)	洋红	打印
5	墙体	0.3mm	实线 (CONTINUOUS)	黑色	打印
6	设施	默认	实线 (CONTINUOUS)	白色	打印
7	文字标注	默认	实线 (CONTINUOUS)	黑色	打印
8	轴号	默认	实线 (CONTINUOUS)	绿色	打印
9	柱子	默认	实线 (CONTINUOUS)	黑色	打印

实战要点 建筑图图层的设置方法。

操作步骤

Step 01 新建图层。执行“图层特性管理”命令（LA），打开“图层特性管理器”面板，单击“新建图层”按钮，根据表 14- 1 所示设置图层的名称、线宽、线型和颜色等，如图 14-6 所示。

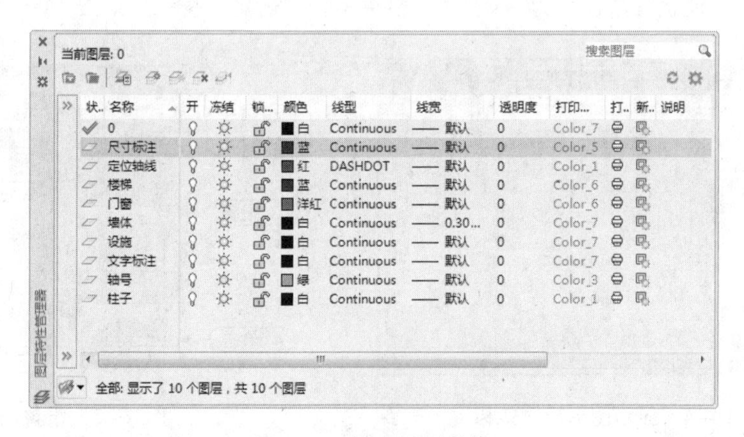

图14-6 设置图形单位

Step 02 设置线型比例因子。执行“线型”命令（LT），将打开“线型管理器”对话框，单击“显示细节”按钮，此时按钮显示为“隐藏细节”，打开“细节”选项组，输入“全局比例因子”为 100，然后单击“确定”按钮，如图 14-7 所示。

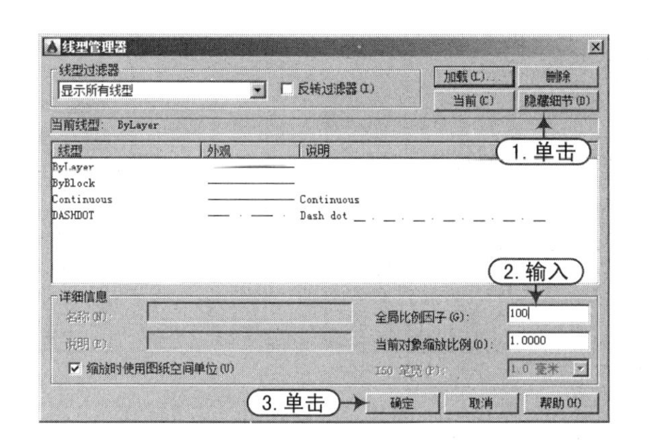

图14-7　设置线型比例

14.1.3　设置文字样式

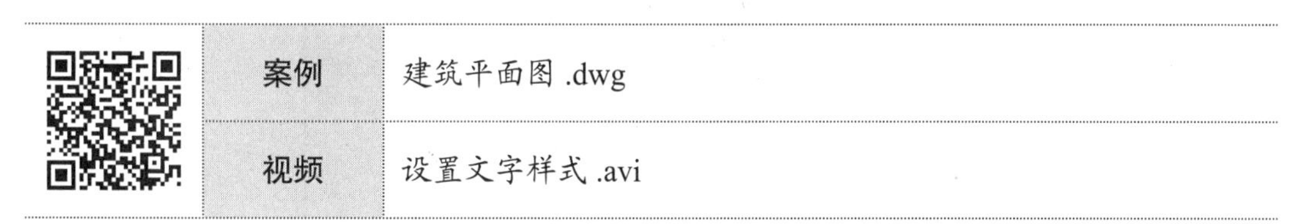

案例	建筑平面图 .dwg
视频	设置文字样式 .avi

建筑平面图上的文字有尺寸文字、图内文字说明、图名文字及轴号文字，打印比例为1：100，文字样式中的高度为打印到图纸上的文字高度与打印比例倒数的乘积。根据建筑制图标准，设置文字样式如表14-2所示。

表14-2　文字样式

文字样式名	打印到图纸上的文字高度	图形文字高度（文字样式高度）	字体丨大字体	宽度因子
标注文字	3.5	0	Tssdeng/Tssdchn	0.7
图内说明	3.5	350	Tssdeng/Tssdchn	
图 名	7	700	宋体	
轴 号	5	500	complex	

实战要点 建筑工程图文字样式的设置方法。

操作步骤

Step 01 定义文字样式名称。执行“文字样式”命令（ST），打开“文字样式”对话框，单击“新建”按钮，打开“新建文字样式”对话框，定义样式名为“图内说明”，然后单击“确定”按钮。

Step 02 设置文字样式参数。在“字体”下拉列表框中选择字体“tssdeng”，勾选“使用大字体”复选框，并在“大字体”下拉列表框中选择字体“tssdchn”，在“高度”文本框中输入“350”，“宽度因子”文本框中输入“0.7”，然后单击“应用”按钮，从而完成“图内说明”文字样式的设置，如图14-8所示。

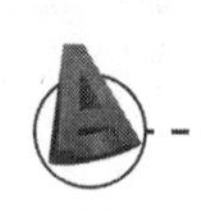

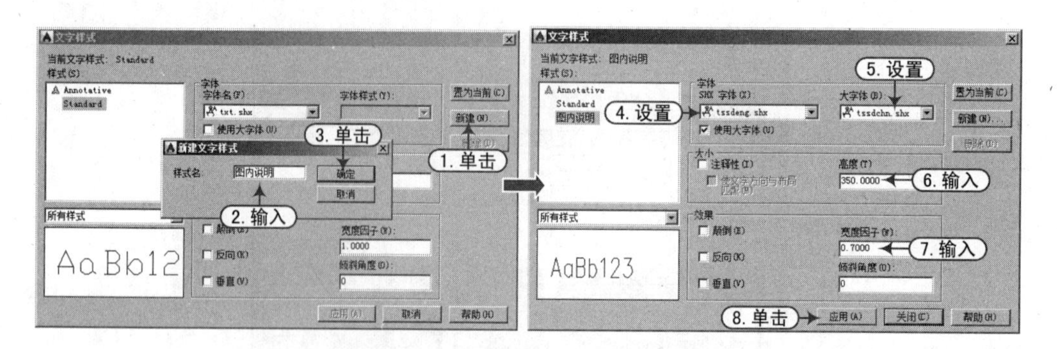

图14-8　新建“图内说明”文字样式

Step 03 设置其他文字样式。采用与前面同样的方法，根据表 14-2 所示的参数设置其他文字样式。设置好的文字样式，如图 14-9 所示。

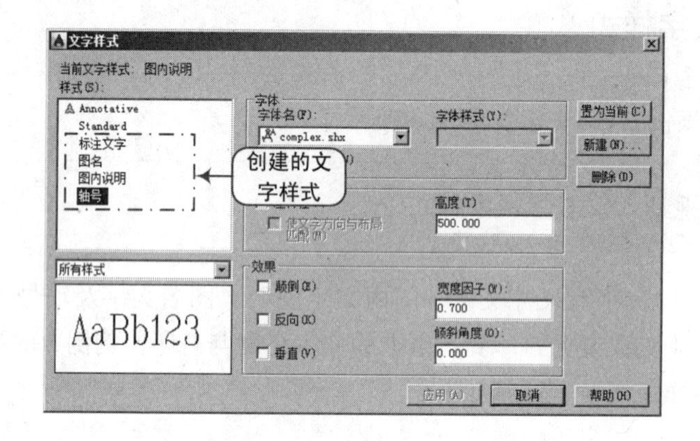

图14-9　新建的文字样式

技巧：解决 AutoCAD 字体不全问题

在设置文字样式的参数时，找不到所需要的字体，怎么办呢？

在“字体名（F）”下拉列表框中，列出了 AutoCAD 系统在“Fonts”文件夹中所有注册的 Truetype 字体和所有的形（SHX）字体的字体名称。用户可以在互联网上下载字体压缩包，然后进行解压，再将其解压后的字体文件复制到“\Program Files\Autodesk\AutoCAD 2016\Fonts”文件夹中，重新启动 AutoCAD 软件后，即可在“文字样式”对话框的“字体名”和“字体样式”中找到所该字体。

14.1.4　设置标注样式

	案例	建筑平面图 .dwg
	视频	设置标注样式 .avi

为了更好地对建筑平面图进行尺寸标注，应设置相应的标注样式，以便后期更好地管理操作。

实战要点 建筑工程图标注样式的设置方法。

操作步骤

Step 01 新建标注样式。执行“标注样式”命令（D），打开“标注样式管理器”对话框。然后单击“新建”按钮，打开“创建新标注样式”对话框，在“新样式名”文本框中输入“建筑平面标注 -100”，单击“继续”按钮，如图 14-10 所示。

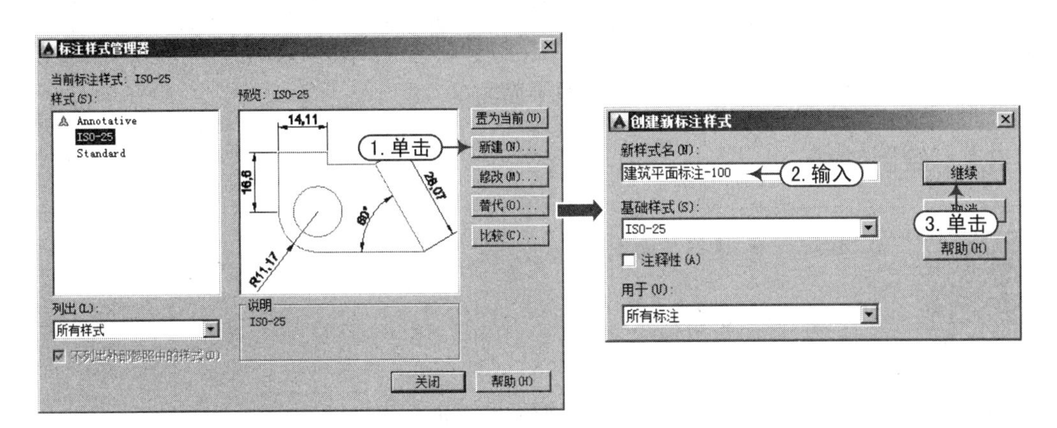

图14–10　新建标注样式

Step 02 设置标注样式参数。在打开的“新建标注样式：建筑平面标注 -100”对话框中，分别设置各选项卡中的相应参数，如表 14-3 所示。

表14-3　“建筑平面标注-100”标注样式的设置

“线”选项卡	“符号和箭头”选项卡	“文字”选项卡	“调整”选项卡
尺寸线 颜色(C)：ByBlock 线型(L)：ByBlock 线宽(G)：ByBlock 超出标记(N)：0 基线间距(A)：3.75 隐藏：□尺寸线 1(M) □尺寸线 2(D) 超出尺寸线(X)：2.5 起点偏移量(F)：3 ☑固定长度的尺寸界线(O) 长度(E)：10	箭头 第一个(T)：建筑标记 第二个(D)：建筑标记 引线(L)：实心闭合 箭头大小(I)：2	文字外观 文字样式(Y)：尺寸文字 文字颜色(C)：ByBlock 填充颜色(L)：□无 文字高度(T)：3.5 分数高度比例(H)：1 □绘制文字边框(F) 文字位置 垂直(V)：上 水平(Z)：居中 观察方向(D)：从左到右 从尺寸线偏移(O)：1 文字对齐(A) ○水平 ◉与尺寸线对齐 ○ISO 标准	标注特征比例 □注释性(A) ○将标注缩放到布局 ◉使用全局比例(S)：100

技巧：尺寸标注参数规定

根据建筑平面图的尺寸标注要求，应设置其延伸线的起点偏移量为 3mm，超出尺寸线 2.5mm，尺寸起止符号用“建筑标注”，其长度为 2mm，文字样式选择“尺寸文字”样式，文字大小为 3.5，如果绘图比例为 100，那么全局比例也应设置为 100。

14.2 绘制建筑平面图

设置好绘图环境后，下面开始绘制建筑平面图。

14.2.1 绘制轴线

案例	建筑平面图 .dwg
视频	绘制轴线 .avi

根据建筑平面图的绘制方法，首先应绘制建筑平面图的轴网线。

实战要点 ①使用构造线绘制轴网；②修剪轴网的方法。

操作步骤

Step 01 设置当前图层。在“默认”选项卡的“图层”面板中，选择“图层”下拉列表中的“定位轴线”图层作为当前图层。

Step 02 绘制和偏移构造线。执行“构造线”命令（XL），在图形区域绘制互相垂直的构造线；再执行“偏移”命令（O），将垂直构造线依次向右偏移 3300mm × 5；将水平构造线依次向下偏移 4500mm、2100mm、4800mm，如图 14-11 所示。

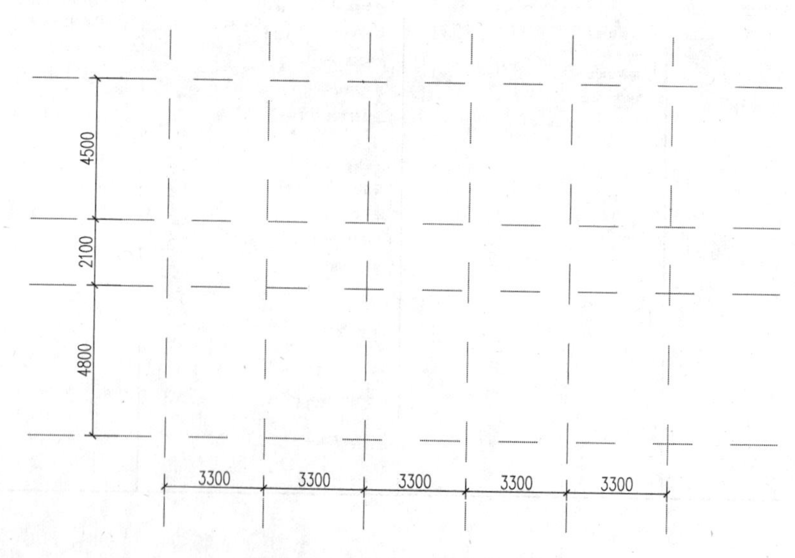

图14-11　绘制和偏移构造线

技巧：为什么要使用"构造线"命令（XL）来绘制轴网呢？

针对建筑平面图来讲，你所绘制的定位轴线具体是多长呢？所以大家最开始还无法确定，那么使用“构造线”命令（XL）来绘制水平和垂直构造线，这样子就可以不管它有多长，偏移并修剪其他定位轴线过后，在外围绘制一个矩形，然后将矩形以外的构造线进行修剪，以及删除矩形对象，从而就可以更加快捷地完成定位轴线的绘制。

Step 03 修剪构造线。执行“矩形”命令（REC），捕捉左上轴线交点和右下轴线交点绘制一个辅助矩形；再执行“偏移”命令（O），将矩形偏移出1000mm；然后执行“修剪”命令（TR），修剪掉矩形以外的的构造线，如图14-12所示。然后将辅助线矩形删除掉。

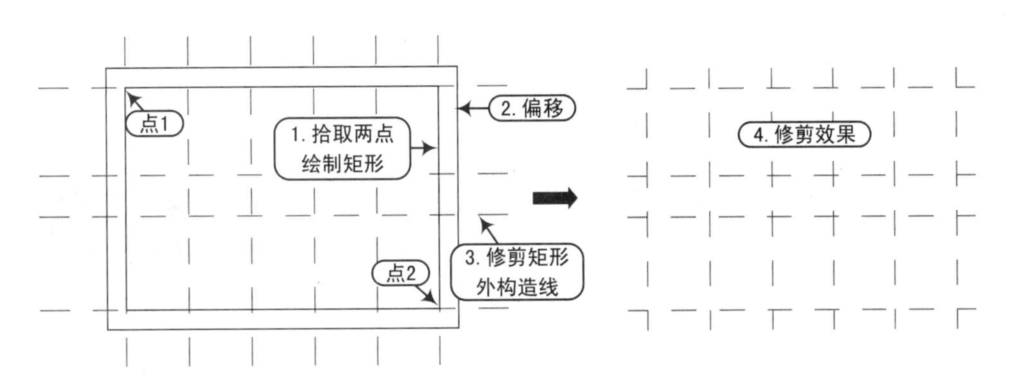

图14-12 修剪构造线

14.2.2 绘制柱子

	案例	建筑平面图.dwg
	视频	绘制柱子.avi

首先执行“矩形”命令（REC），绘制柱子，再执行“填充”命令（H）对柱子进行图案填充，然后将绘制好的柱子创建为内部图块，以插入“图块”的方式插入图形中。

实战要点 ①将柱子创建为块；②插入柱子的方法。

操作步骤

Step 01 设置当前图层。在“默认”选项卡的“图层”面板中，选择“图层”下拉列表中的“柱子”图层作为当前图层。

Step 02 绘制柱子。执行“矩形”命令（REC），绘制240mm×240mm的矩形；再执行“图案填充”命令（H），选择“SOLTD”图案，对矩形进行填充。

Step 03 绘制辅助线。执行“直线”命令（L），过两垂直边中点绘制一条水平辅助中线，如图14-13所示。

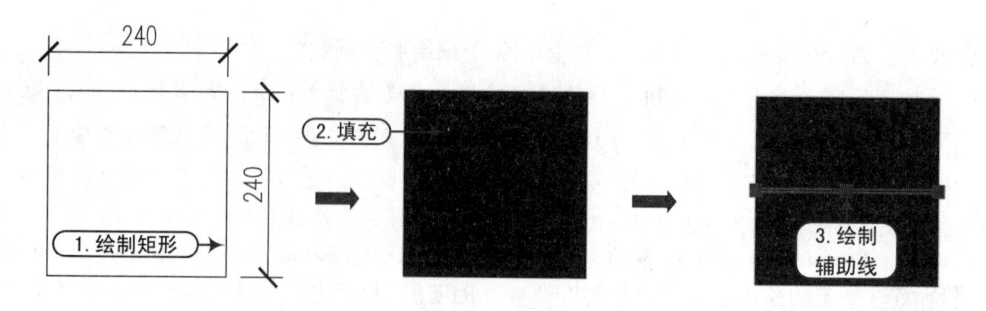

图14-13　绘制400柱子及辅助线

Step 04 将柱子创建图块。执行“创建块”命令（B），弹出“块定义”对话框，在“名称”下拉列表中输入图块名称“柱子”，然后选择对象、指定基点，创建柱子图块，如图14-14所示。

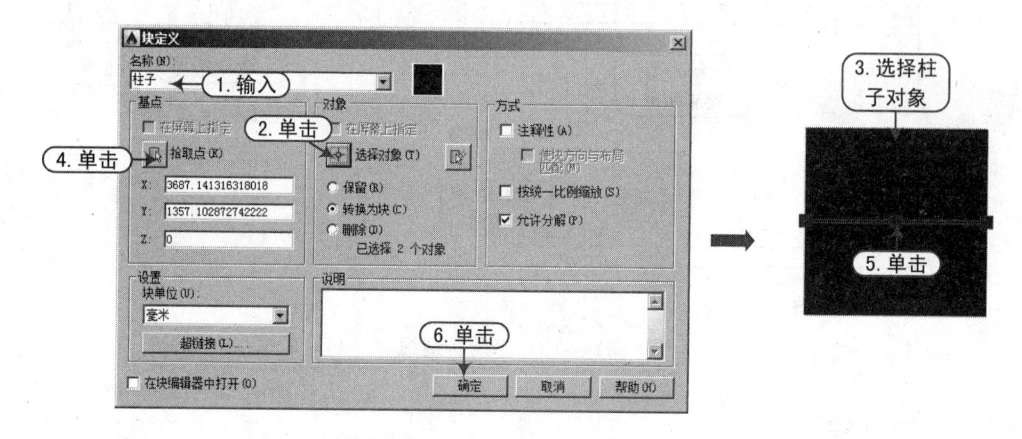

图14-14　创建柱子图块

Step 05 删除辅助线。执行“删除”命令（E），将柱子中间的水平辅助线删除。

Step 06 插入柱子。执行“插入块”命令（I），弹出“插入”对话框，在“名称”下拉列表中选择“柱子”图块，然后单击“确定”按钮，此时鼠标上的相应位置则附着柱子图形的基点，捕捉相应的轴线交点并单击，以插入柱子图块，如图14-15所示。

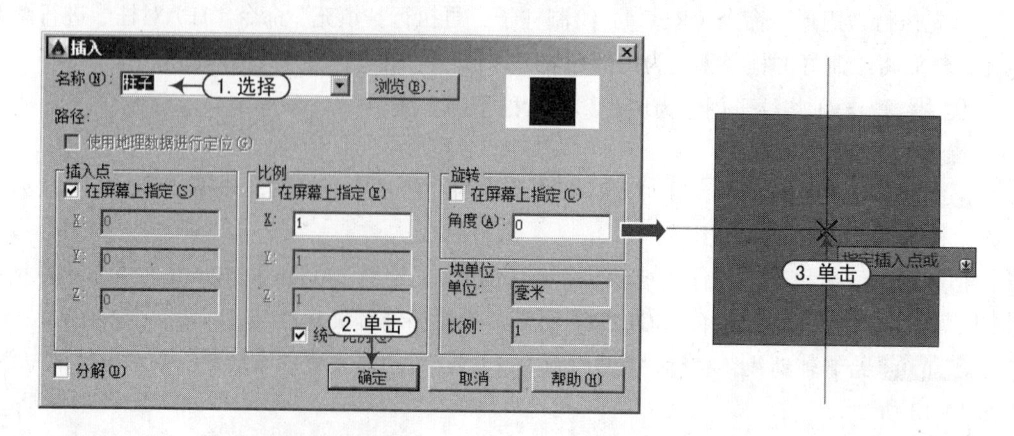

图14-15　插入图块操作

Step 07 布置其他柱子。采用同样的方法，将柱子插入其他的轴线交点，效果如图 14-16 所示。

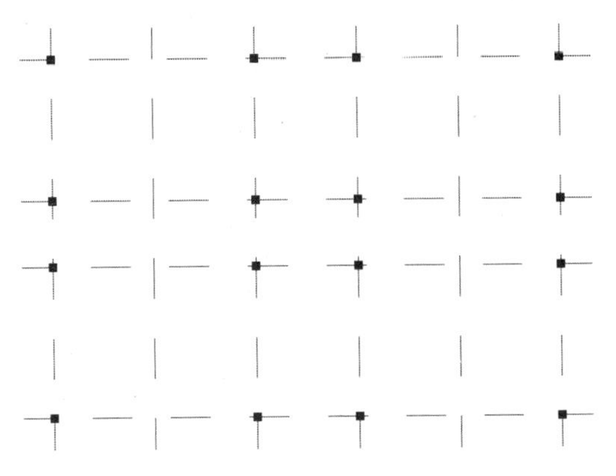

图14-16 插入柱子图块到轴交点

14.2.3 绘制墙体

案例	建筑平面图 .dwg
视频	绘制墙体 .avi

本案例中墙体均采用混凝土结构，墙体的厚度均为 240mm，为了能够快速地绘制墙体结构，应建立“多线”的方式绘制墙体，在绘制之前，首先需要设置多线样式。

实战要点① 240mm 多线墙体的绘制方法；②多线墙体的编辑方法。

操作步骤

Step 01 设置图层。在“默认”选项卡的“图层”面板中，选择“图层”下拉列表中的“墙体”图层作为当前图层，并关闭“柱子”图层。

Step 02 新建“Q240”多线样式。执行“多线样式”命令（MLSTYLE），打开“多线样式”对话框。然后单击“新建”按钮，打开“创建新的多线样式”对话框，在“新样式名”文本框中输入多线名称“Q240”，单击“继续”按钮。

Step 03 设置“Q240”多线样式参数。在打开的“新建多线样式: Q240”对话框中，勾选“直线封口”中的“起点”和“端点”，然后设置图元的偏移量分别为 120 和 -120，单击“确定”按钮，完成多线样式的设置。如图 14-17 所示。

Step 04 将多线样式置为当前。返回“多线样式”对话框中，选择新建的“Q240”样式，则新样式会出现在预览框中，再单击“置为当前”按钮，将“Q240”多线样式置为当前，如图 14-18 所示。

Step 05 绘制墙体。执行“多线”命令（ML），分别捕捉相应轴线的交点，绘制出墙体对象，如图 14-19 所示。命令行提示信息如下:

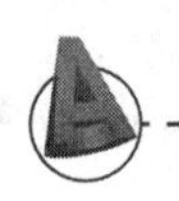

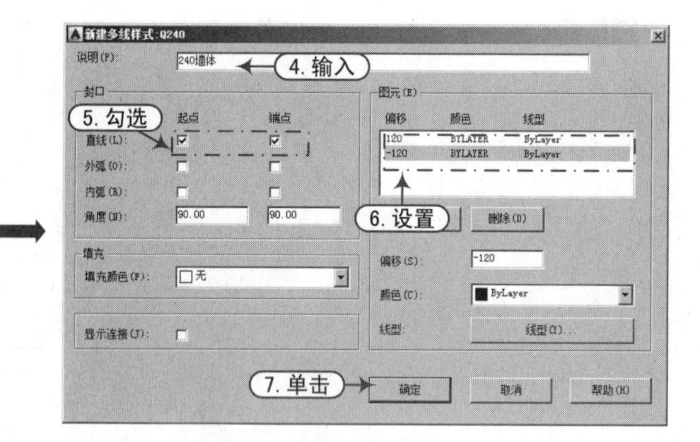

图14-17 新建多线样式

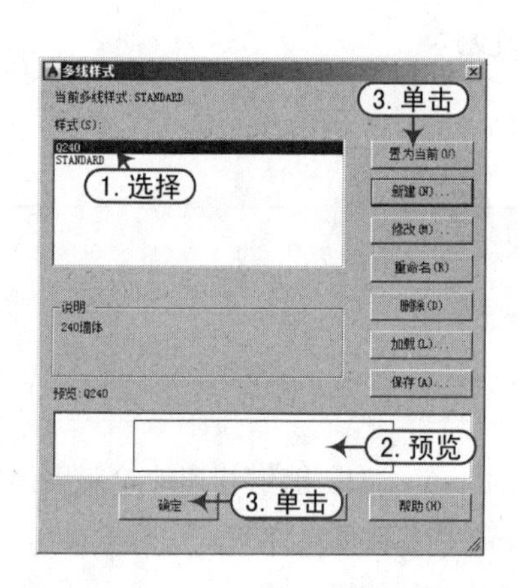

图14-18 设置当前多线样式

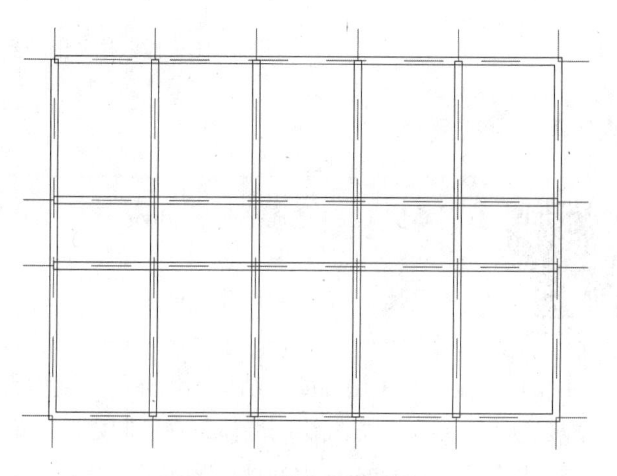

图14-19 绘制多线墙体

命令 : MLINE	\\ 执行“多线”命令
当前设置 : 对正 = 上，比例 = 20.00，样式 = Q240	\\ 当前多线模式
指定起点或 [对正 (J)/ 比例 (S)/ 样式 (ST)]: s	\\ 选择“比例”项
输入多线比例 <20.00>: 1	\\ 设置比例为 1
当前设置 : 对正 = 上，比例 = 1.00，样式 = Q240	
指定起点或 [对正 (J)/ 比例 (S)/ 样式 (ST)]: j	\\ 选择“对正”项
输入对正类型 [上 (T)/ 无 (Z)/ 下 (B)] < 上 >: z	\\ 选择“无”项
当前设置 : 对正 = 无，比例 = 1.00，样式 = Q240	\\ 设置好的多线模式
指定起点或 [对正 (J)/ 比例 (S)/ 样式 (ST)]:	\\ 捕捉轴线交点以确定起点
指定下一点 :	\\ 继续捕捉下一点
指定下一点或 [放弃 (U)]:	

Step 06 编辑墙体。双击绘制的墙体，打开“多线编辑工具”对话框，单击“角点结合”按钮，选择第一条多线、再选择第二条多线，是指成为直角，如图 14-20 所示。

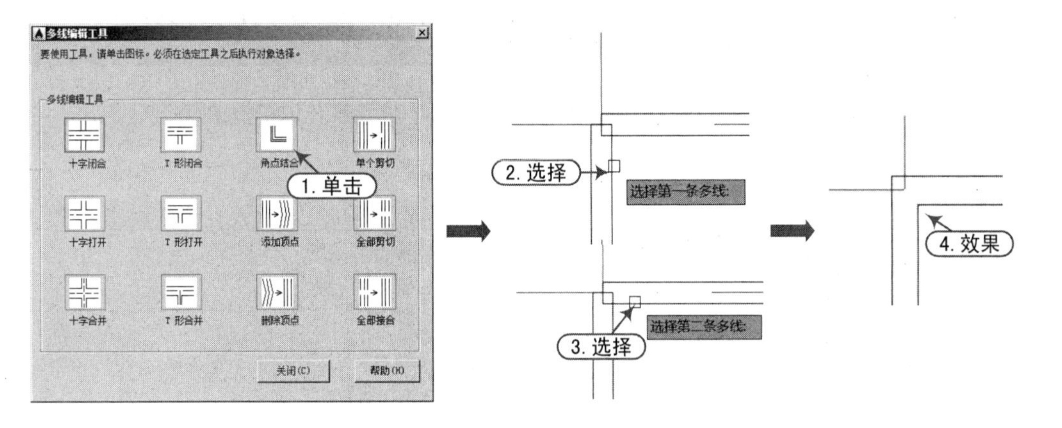

图14-20 对多线进行“角点结合”编辑

Step 07 编辑其他墙体。采用上一步的方法，对墙体进行“T 形合并”和“十字合并”操作，如图 14-21 所示。

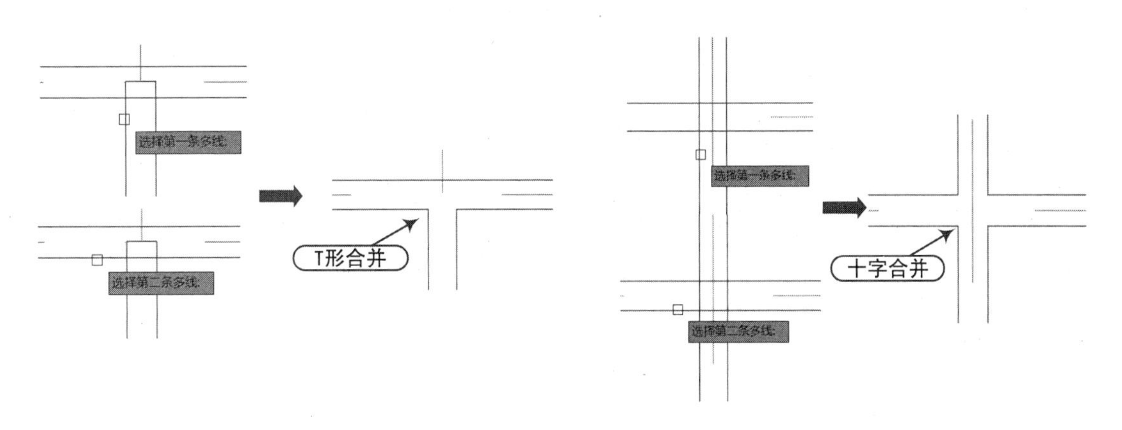

图14-21 “T形合并”和“十字合并”操作

Step 08 显示墙体效果。在选择“图层”下拉列表中关闭“定位轴线”图层，打开“柱子”图层。显示墙体绘制效果如图 14-22 所示。

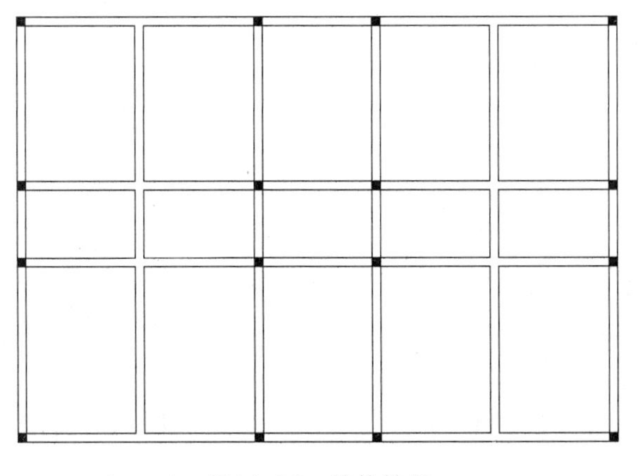

图14-22 墙体效果

14.3 绘制门窗

下面来绘制建筑平面图的门窗，在绘制门窗之前，首先需要开启门洞和窗洞。

14.3.1 开启门洞和窗洞

案例	建筑平面图 .dwg
视频	开启门洞和窗洞 .avi

首先执行“偏移”命令（O）偏移轴线，然后执行“修剪”命令（TR）剪掉多余的墙体，从而形成门窗洞口。

实战要点 建筑门窗洞口的开启方法。

操作步骤

Step 01 显示轴线。在“图层”下拉列表中，单击“定位轴线”图层前面的按钮，将定位轴线显示出来。

Step 02 偏移轴线。执行“偏移”命令（O），将竖直的第1、2、3、4、5根轴线分别向右依次偏移225mm和900mm，如图14-23所示。

Step 03 修剪墙线，绘制门洞。执行“修剪”命令（TR），修剪墙线，完成门洞的绘制，如图14-24所示。

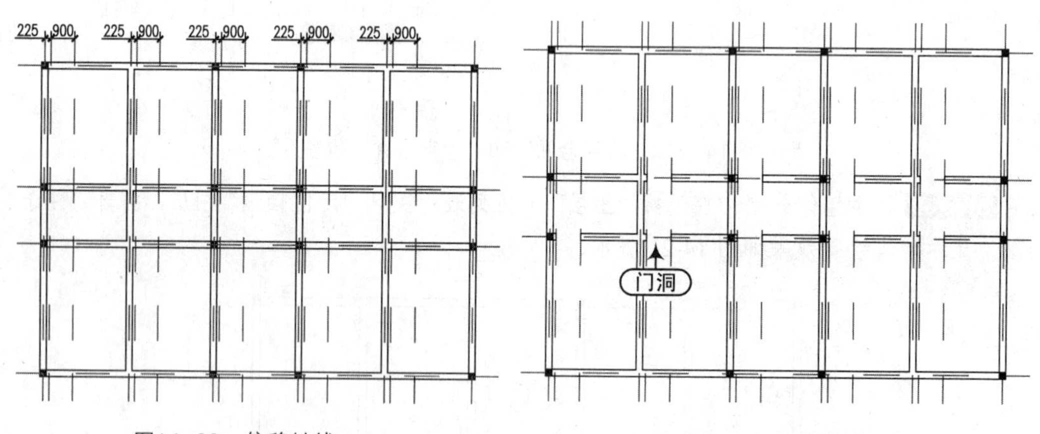

图14-23 偏移轴线

图14-24 修剪成门洞

Step 04 删除偏移轴线。执行“删除”命令（E），删除偏移的轴线。

Step 05 再次偏移轴线。执行“偏移”命令（O），将竖直的第1、2、3、4、5根轴线分别向右依次偏移750mm和1500mm；再将水平的第2条轴线向下依次偏移300mm，第3条轴线向上偏移300mm，如图14-25所示。

Step 06 修剪墙线，绘制窗洞。执行“修剪”命令（TR），修剪墙线，完成窗洞的绘制，如图14-26所示。

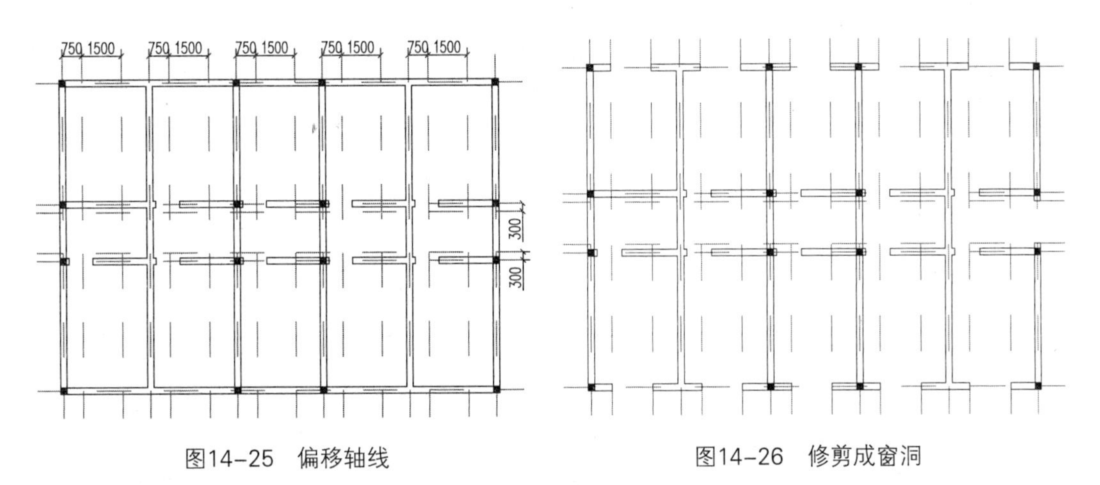

图14-25 偏移轴线　　　图14-26 修剪成窗洞

Step 07 删除偏移轴线。执行“删除”命令（E），删除偏移的轴线。

Step 08 “关闭”轴线图层显示墙体效果。在选择“图层”下拉列表中单击“关闭”💡，关闭“定位轴线”图层。显示墙体绘制效果如图 14-27 所示。

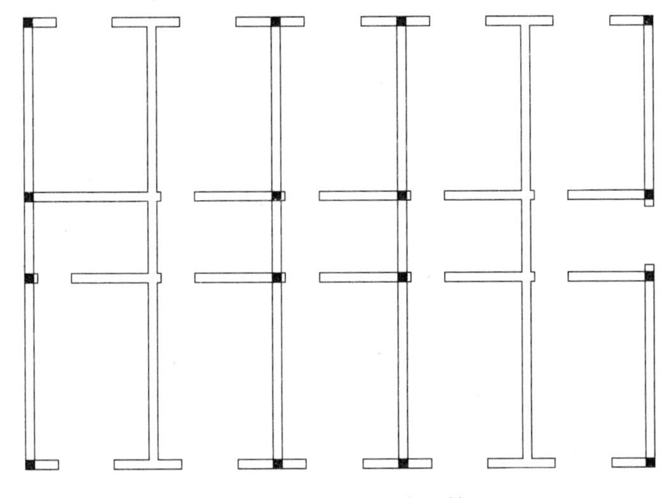

图14-27 开启门洞窗洞效果

14.3.2 绘制门窗

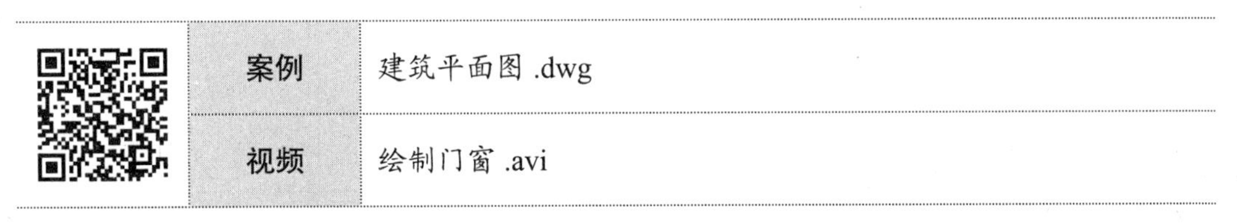

	案例	建筑平面图 .dwg
	视频	绘制门窗 .avi

开启好门窗洞口后，接下来就是绘制门和窗，在建筑绘图中一般以四线表示平面图中的窗，可以用多段线的方法来绘制四线窗；再通过绘制平面门作为图块插入门洞口即可。

实战要点①绘制四线窗；②绘制单开门的方法。

操作步骤

Step 01 设置当前图层。在“默认”选项卡的“图层”面板中，选择“图层”下拉列表中的“门窗”图层作为当前图层。

Step 02 设置“窗”多线样式。执行“多线样式”命令（MLST），新建“窗”多线样式，并设置参数，如图 14-28 所示。

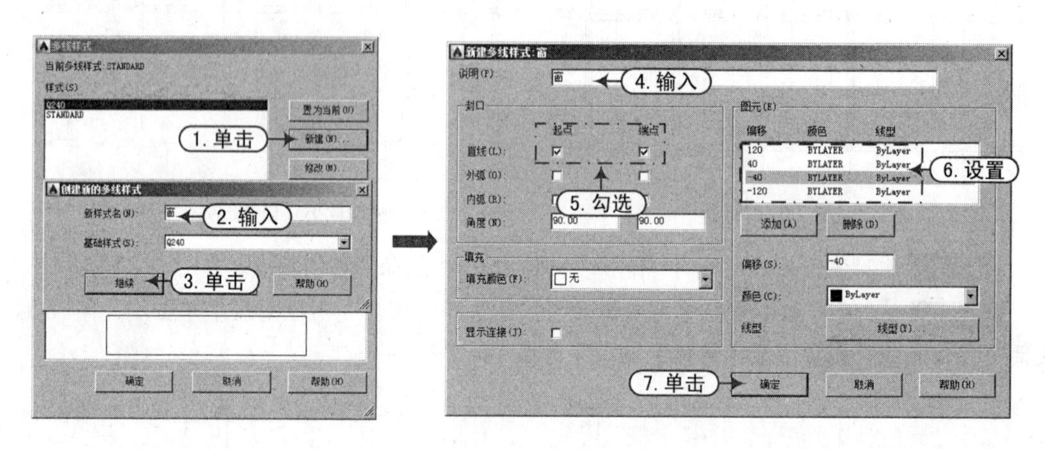

图14–28 设置“窗”多线样式

Step 03 将多线样式置为当前。返回“多线样式”对话框中，选择新建的“窗”样式，则新样式会出现在预览框中，再单击“置为当前”按钮，将“窗”多线样式置为当前，单击“确定”按钮，关闭“多线样式”对话框，如图 14-29 所示。

Step 04 绘制窗。执行“多线”命令（ML），捕捉窗洞的左右端点，绘制平面窗，效果如图 14-30 所示。

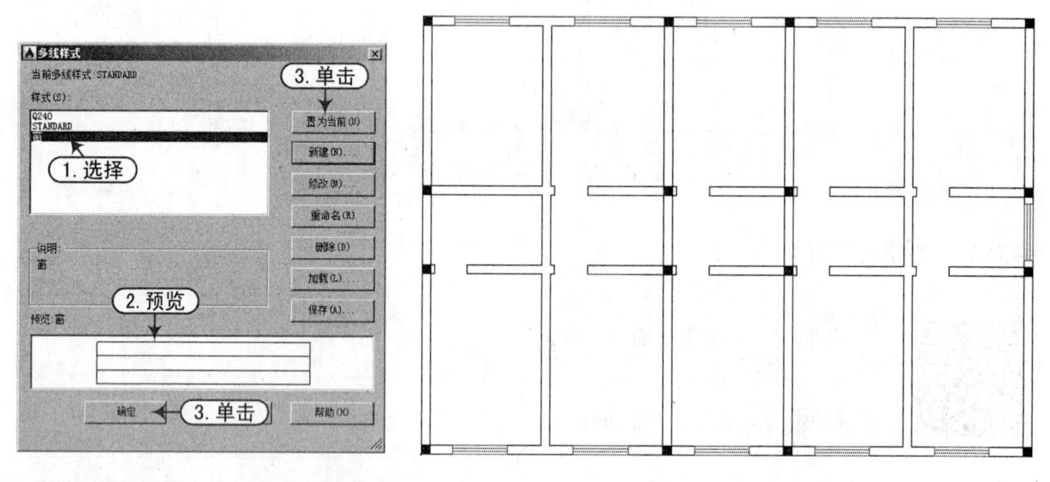

图14–29 将“窗”多线样式置为当前

图14–30 绘制窗

Step 05 绘制门。执行“矩形”命令（REC），在空白绘图区域绘制 45mm × 900mm 的矩形，然后在执行“圆弧”命令（ARC），选择“圆心、起点、端点”模式，绘制 1/4 圆弧，如图 14-31 所示。绘制圆弧的过程中，命令行提示与操作如下：

```
命令：ARC                                                    \\ 执行“圆弧”命令
指定圆弧的起点或 [ 圆心 (C)]: c                               \\ 选择“圆心（C）”选项
指定圆弧的圆心：                                              \\ 捕捉矩形左下角点
指定圆弧的起点：@900,0                                        \\ 输入起点坐标
指定圆弧的端点 ( 按住 Ctrl 键以切换方向 ) 或 [ 角度 (A)/ 弦长 (L)]:   \\ 捕捉矩形左上角点
```

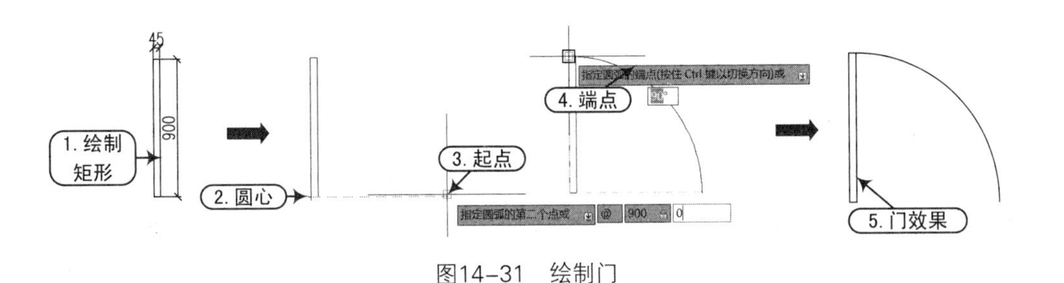

图14–31　绘制门

Step 06 创建门图块。执行“创建块”命令（B），打开“块定义”对话框，将上一步绘制的门定义为图块，如图 14-32 所示。

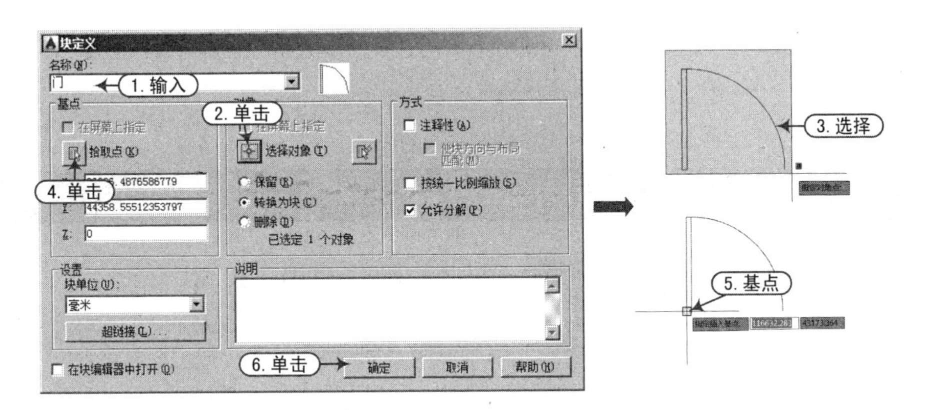

图14–32　创建门图块

Step 07 插入门图块。执行“插入”命令（I），打开“插入”对话框，设置比例为 1，将“门”图块插入图形中相应位置，如图 14-33 所示。

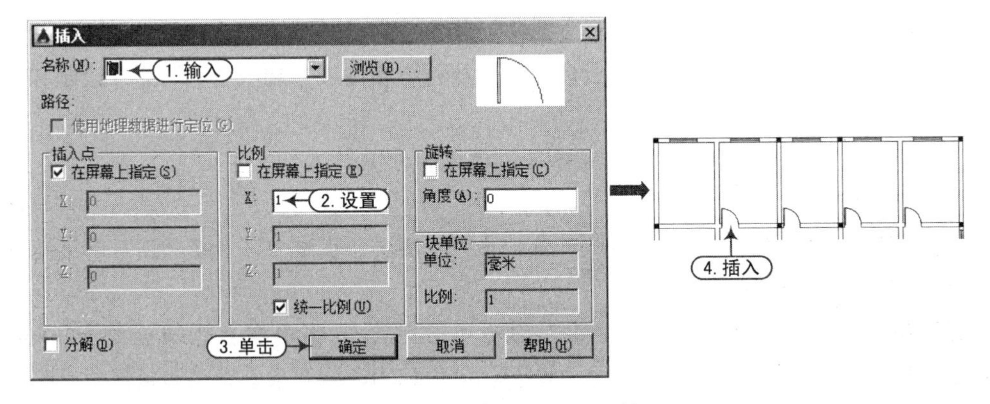

图14–33　插入“门”图块

Step 08 继续插入“门”图块。执行“插入”命令（I），打开“插入”对话框，设置比例为 1，旋转角度为 180°，将“门”图块插入图形中相应位置，效果如图 14-34 所示。

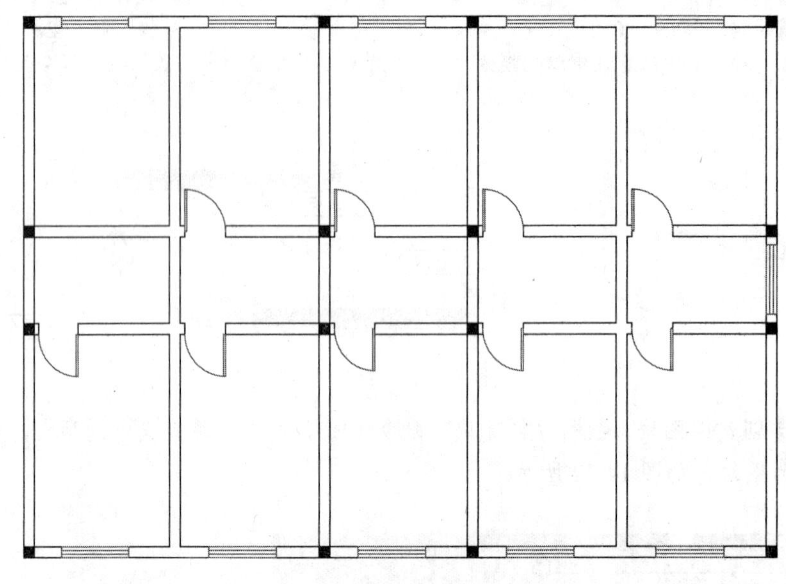

图14–34　绘制门窗效果

14.4　绘制楼梯及布置卫生间设施

门、窗绘制完成后，接下来绘制楼梯，以及卫生间的设施。

14.4.1　绘制楼梯

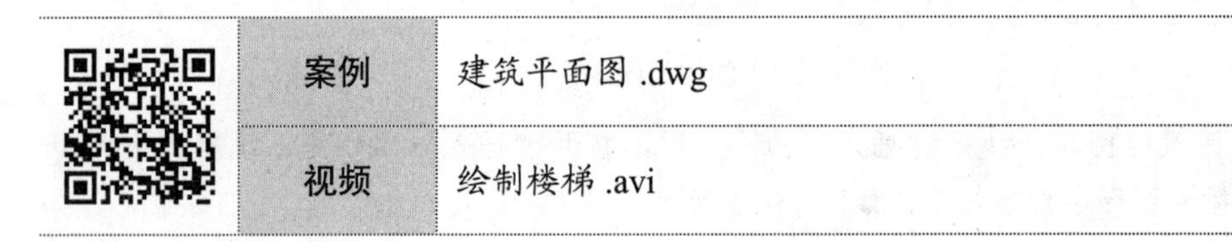

案例	建筑平面图 .dwg
视频	绘制楼梯 .avi

首先执行“矩形”命令（REC）和“偏移”命令（O），绘制其轮廓和扶手形状，然后执行“直线”和“阵列”命令绘制楼梯台阶，最后执行“多段线”和“文字”命令绘制和标注楼梯走向。

实战要点 使用二维绘图与编辑命令绘制楼梯的方法。

操作步骤

Step 01 设置当前图层。在“默认”选项卡的“图层”面板中，选择“图层”下拉列表中的“楼梯”图层作为当前图层。

Step 02 绘制楼梯间。执行“矩形”命令（REC），在图形空白区域绘制 3540mm × 4740mm 的矩形，然后将其分解。执行“偏移”命令（O），将两条垂直边和顶部的水平直线分别向内偏移 240mm。执行“修剪”命令（TR），修剪掉多余的线段，如图 14-35 所示。

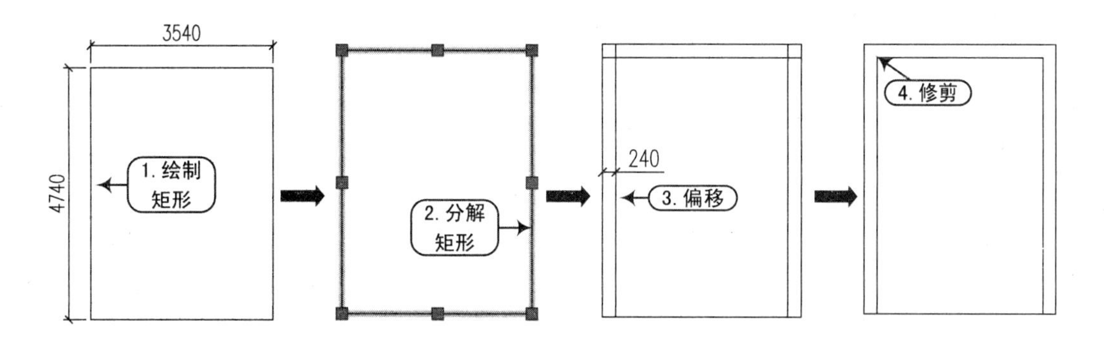

图14–35　绘制楼梯间轮廓

Step 03 绘制扶手。执行“偏移”命令（O），将直线 1 向下依次偏移 1000mm、120mm、2500mm、120mm；将直线 2 向右依次偏移 1210mm、120mm、400mm、120mm。然后执行“修剪”命令（TR），修剪和删除掉多余的线段，如图 14-36 所示。

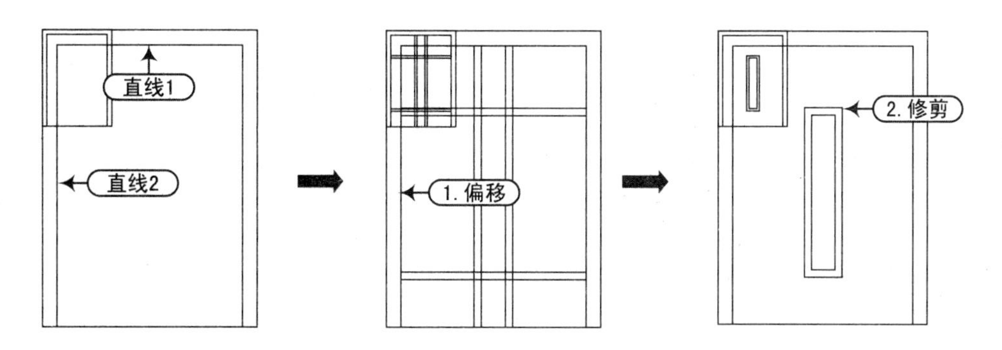

图14–36　绘制楼梯扶手

Step 04 绘制楼梯台阶。执行“直线”命令（L），打开“对象捕捉追踪”功能，捕捉 C 点和 D 点绘制两条水平直线，如图 14-37 所示。执行“阵列”命令（AR），选择两条直线进行矩形阵列，如图 14-38 所示。

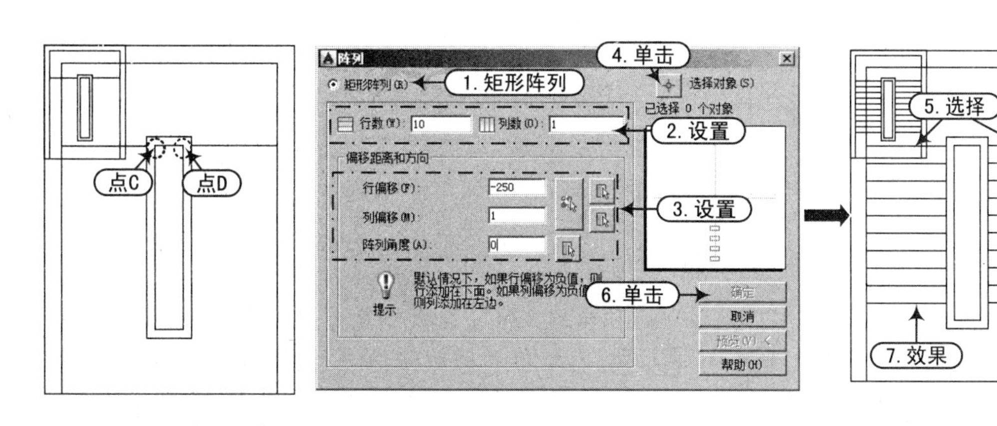

图14–37　绘制直线　　　　图14–38　矩形阵列

Step 05 绘制折断标记。执行“直线”命令（L），绘制如图 14-39 所示的折断标记。

Step 06 绘制楼梯走向箭头。执行“多段线”命令（PL），指定箭头起点宽度为 100mm，端点宽度为 0，绘制如图 14-40 所示的箭头。

Step 07 标注楼梯走向。执行“多行文字”命令（MT），标注楼梯的上下方向，如图 14-41 所示。

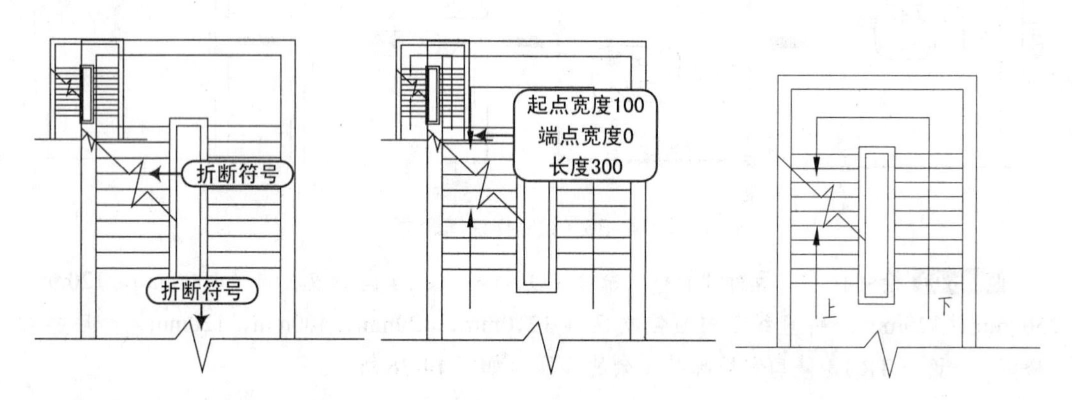

图14-39　绘制折断符号　　图14-40　绘制楼梯走向　　图14-41　标注楼梯走向

Step 08 编组。执行“组”命令（G），将楼梯对象编组成一个整体。

技巧：“编组”命令的应用

编组命令是将选择的图形对象组合成一个组，并可以像修改单个对象那样移动、复制、旋转和修改编组。编组命令对于绘制较复杂的图形非常实用。

Step 09 将楼梯移动到图形中。执行“移动”命令（M），将楼梯移动到图形的相应位置，如图 14-42 所示。

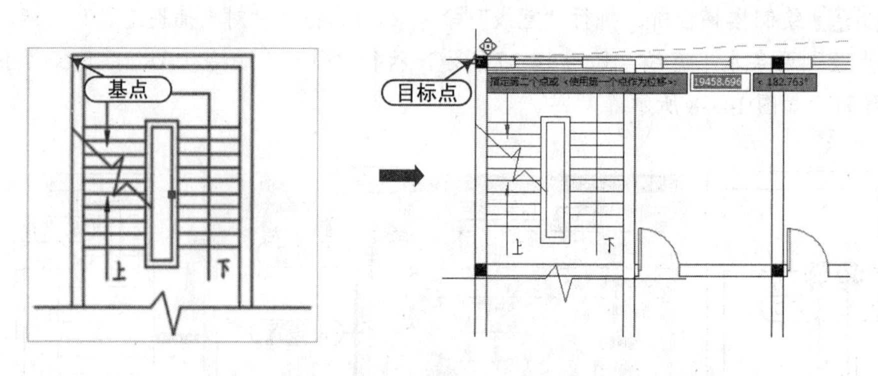

图14-42　移动楼梯到图形中

Step 10 修剪图形。在“默认”选项卡的“组”面板中单击“解除组”按钮，将电梯解组。执行“修剪”命令（TR），对走道楼梯间的墙线进行修剪，效果如图 14-43 所示。

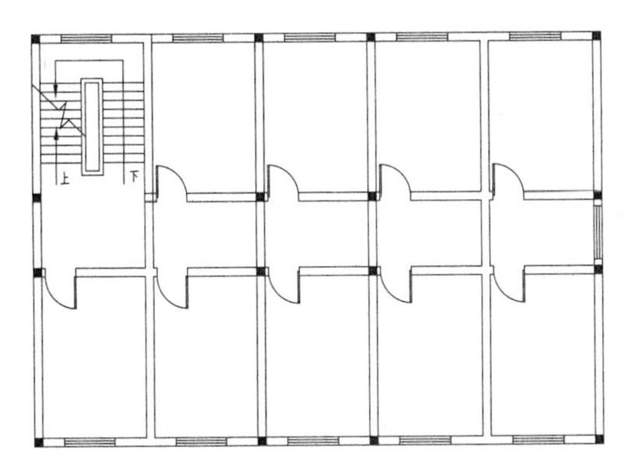

图14-43 修剪楼梯效果

14.4.2 布置卫生间设施

[QR]	案例	建筑平面图 .dwg
	视频	布置卫生间设施 .avi

接下来布置卫生间设施，执行“插入”命令（I）将“马桶”、“洗手盆”、“洗浴盆”图块插入图形中。

实战要点 卫生间洁具图块的插入方法。

操作步骤

Step 01 设置当前图层。在“默认”选项卡的“图层”面板中，选择“图层”下拉列表中的“设施”图层作为当前图层。

Step 02 插入洗手盆图例。执行“插入”命令（I），单击“浏览”按钮，选择“案例\14\洗手盆.dwg”文件，然后单击“打开”按钮，返回“插入”对话框，再单击“确定”按钮，如图 14-44 所示。

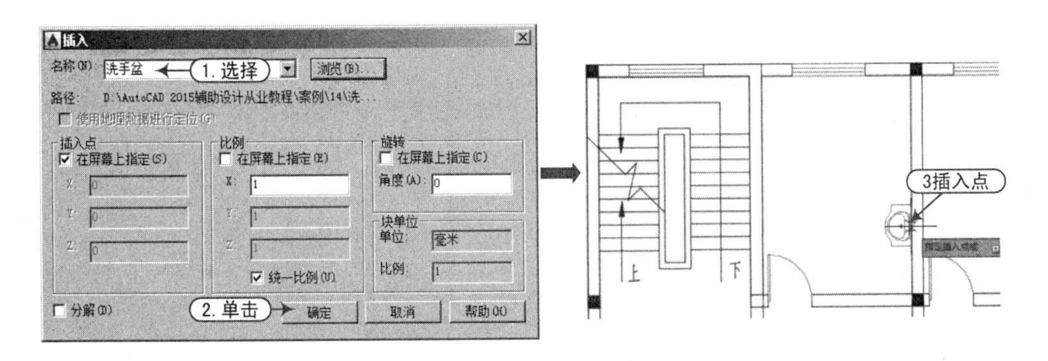

图14-44 插入洗手盆图例

Step 03 插入其他图例。采用同样的方法将“马桶”、“洗浴盆”图例插入图形中，并利用“旋转”命令（RO）、“移动”命令（M）将其放置在图形的相应位置，如图 14-45 所示。

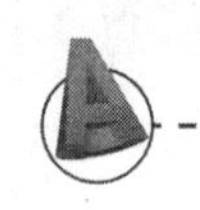

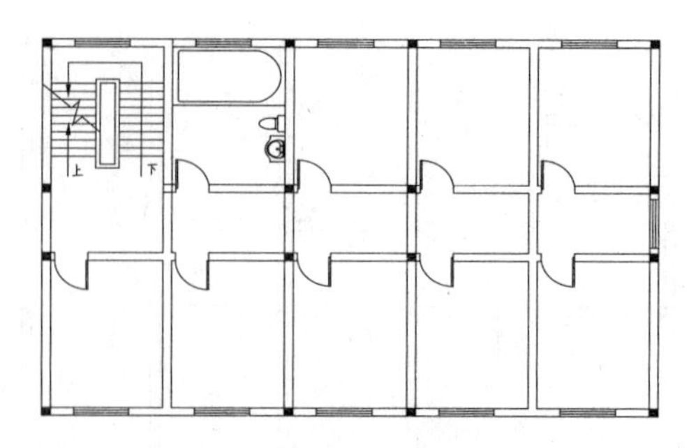

图14–45　插入洗浴间和马桶图例

14.5　文字及尺寸标注

	案例	建筑平面图 .dwg
	视频	文字及尺寸标注 .avi

前面已经完成了平面图的绘制，接下来进行平面图内文字说明及外侧尺寸标注、轴线编号、图名的标注。

实战要点 ①文字及尺寸标注；②轴号的标注方法。

操作步骤

Step 01 设置当前图层。在“默认”选项卡的“图层”面板中，选择“图层”下拉列表中的“文字标注”图层作为当前图层。

Step 02 标注图内说明。单击“注释”选项板中的“文字”面板，选择“图内说明”文字样式。执行“单行文字”命令（DT），对图形进行文字标注，如图 14-46 所示。

Step 03 标注外侧尺寸。在“默认”选项卡的“图层”面板中，选择“图层”下拉列表中的“尺寸标注”图层作为当前图层，并打开“定位轴线”图层。执行“线性标注”和“连续标注”命令标注平面图横向和纵向尺寸，如图 14-47 所示。

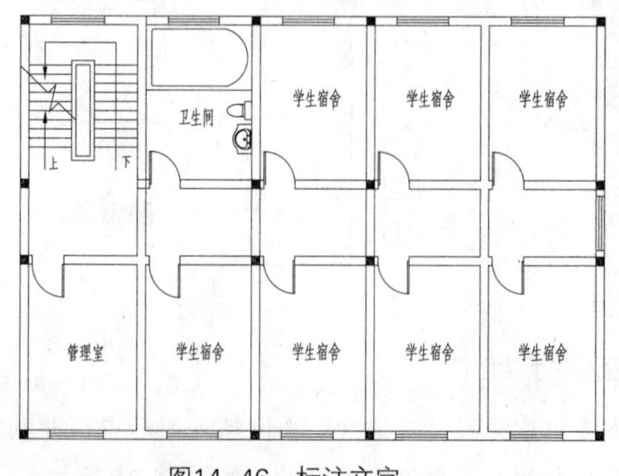

图14–46　标注文字

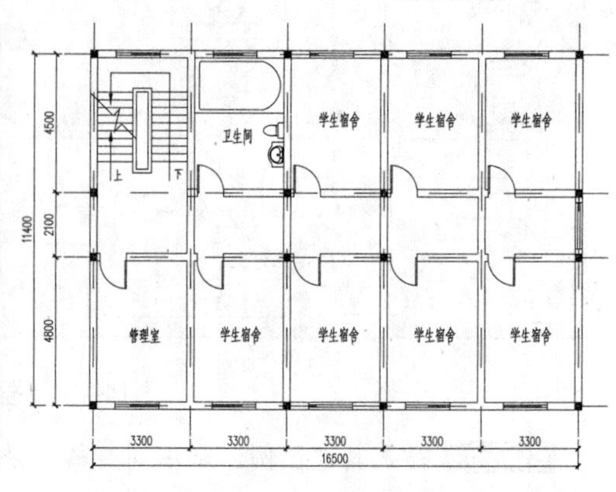

图14–47　标注图形尺寸

Step 04 绘制轴号。在“默认”选项卡的“图层”面板中，选择“图层”下拉列表中的“轴号”图层作为当前图层。执行“圆”命令（C）和“直线”命令（L），绘制直径为800mm的圆，在圆的上侧象限点绘制高1700mm的垂直线段，如图14-48所示。然后执行“定义属性”命令（ATT），定义相应的属性，如图14-49所示。

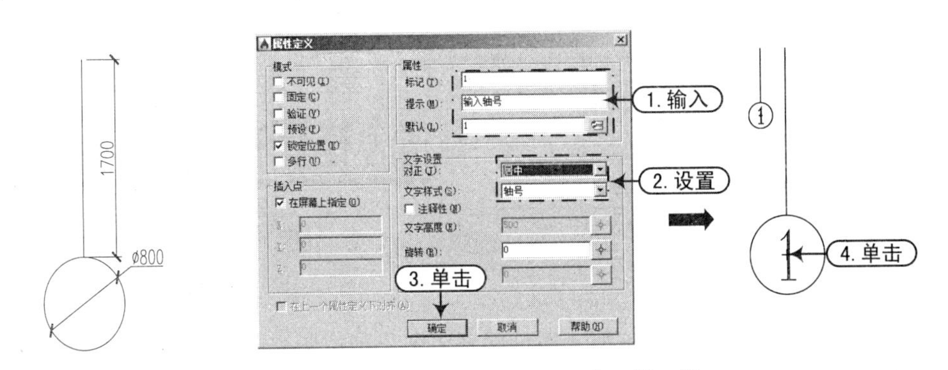

图14-48　绘制圆

图14-49　定义轴属性

Step 05 创建“轴号”图块。执行“定义块”命令（B），定义“轴号”图块，如图14-50所示。

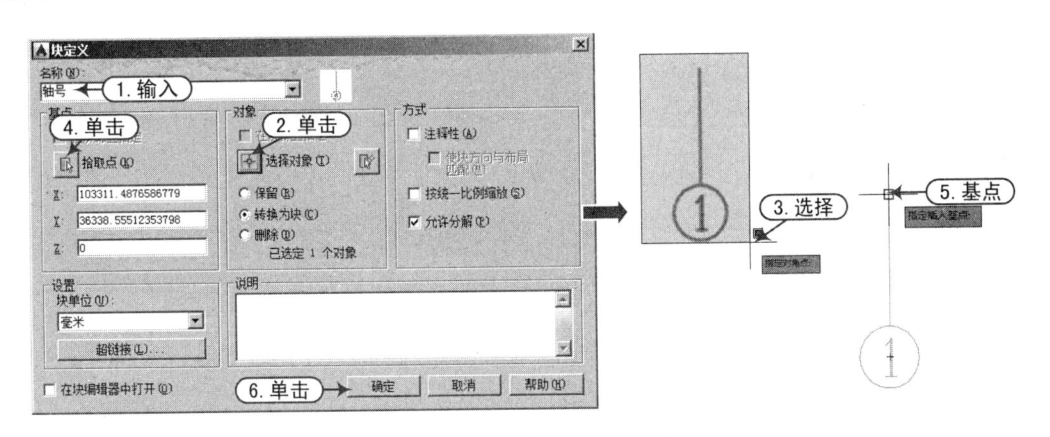

图14-50　创建“轴号”图块

Step 06 插入“轴号”属性图块。执行“插入”命令（I），插入“轴号”属性图块到图形相应位置，并分别修改编号值，如图14-51所示。

Step 07 标注图名。在“默认”选项卡的“图层”面板中，选择“图层”下拉列表中的“文字标注”图层作为当前图层。执行“多行文字”命令（MT），在相应位置输入“宿舍楼首层平面图”和比例“1：100”，然后将“宿舍楼首层平面图”文字高度设置为700mm。

Step 08 绘制多段线。执行“多段线”命令（PL），在文字下方绘制一条宽度为100mm，与文字标注等长的水平线段，如图14-52所示。

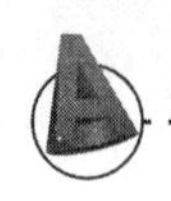

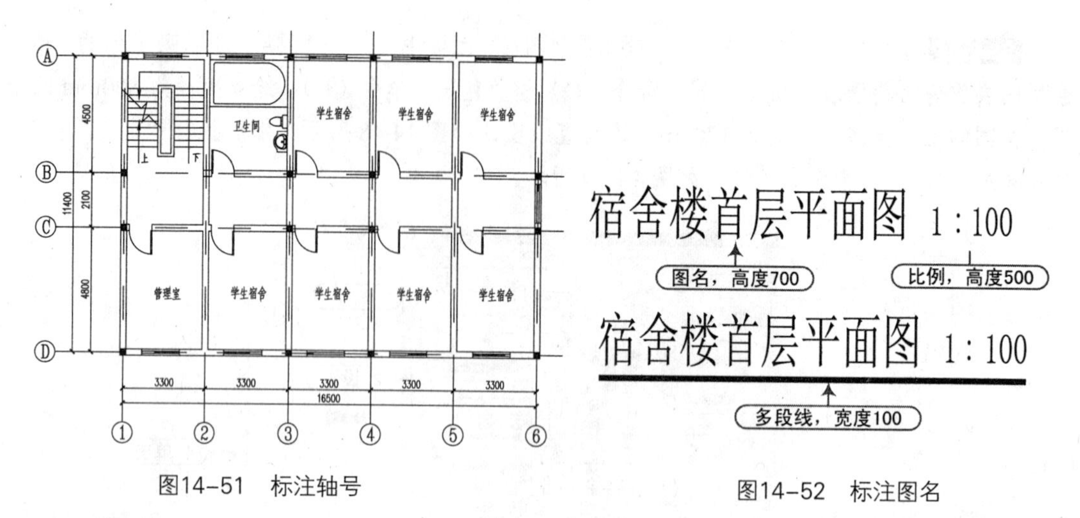

图14-51　标注轴号

图14-52　标注图名

Step 09 保存图形。至此，该宿舍楼首层平面图绘制完毕，按“Ctrl+S”组合键将文件进行保存。

15

电气工程图的绘制案例

本章导读

AutoCAD 不仅可以绘制机械工程图和建筑平面图、立面图，还可以绘制水暖电工程图等。其绘制方法也很简单，以电气线路图为例，首先需要绘制电气线路结构和各电气元件，然后利用“插入”命令将电气元件根据电气原理分别布置到线路结构中，最后对图形进行整理并对电气元件进行文字注释说明，这样，一幅完整的电气线路图就绘制完成了。

本章内容

- C616 车床电气图的绘制
- 绘制主连接线及各回路

本章视频集

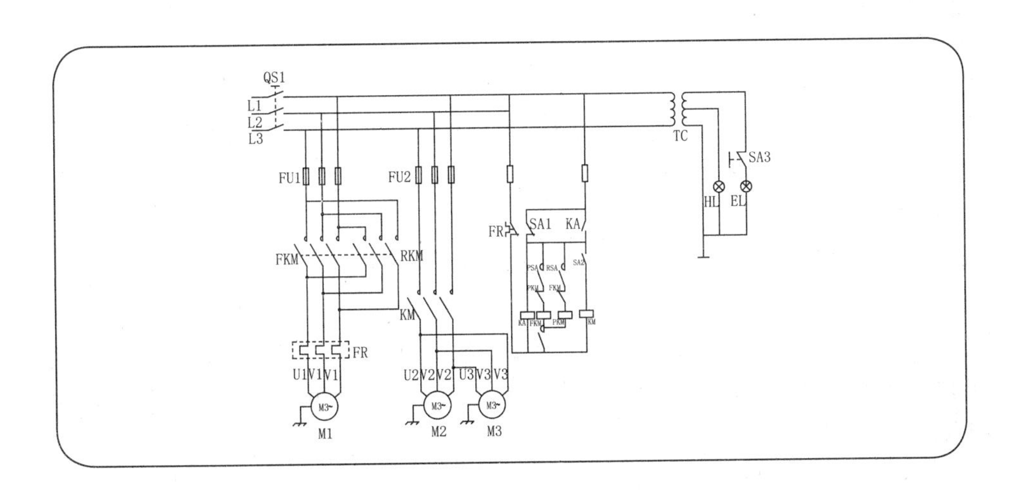

15.1　C616 车床电气图的绘制

如图 15-1 所示为 C616 车床电气原理图，该电路图是主回路、控制回路、照明及指示回路 3 部分构成。其中主回路由 3 台电动机的电路组成；控制回路由继电器、接触器等组成；而照明及指示回路则由指示灯和照明灯组成。在绘制该线路图时，首先需要设置图形的绘图环境，然后绘制主连接线和分支线路结构，最后将线路进行组合并进行文字注释。

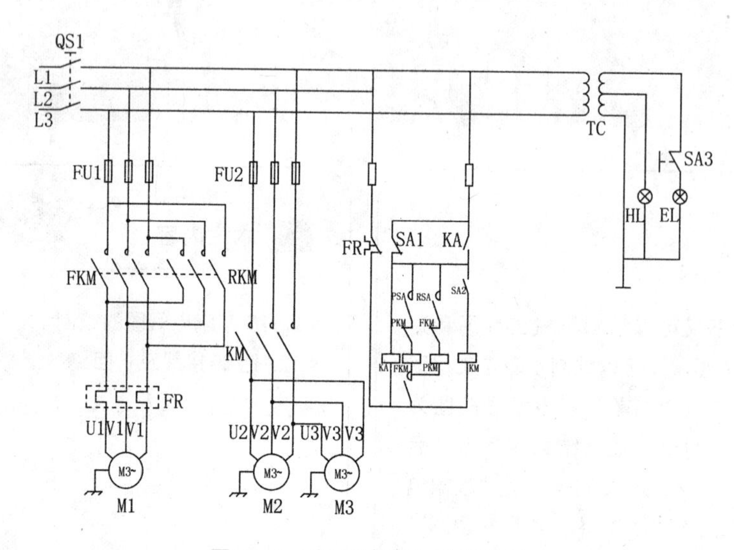

图15-1　C616车床电器图绘制

15.1.1　设置绘图环境

	案例	C616 车床电气原理图 .dwg
	视频	设置绘图环境 .avi

在绘制电气线路图之前，首先需要设置其绘图环境，电气线路图的绘图环境。

实战要点①新建并保存图形文件；②电气工程图图层的设置方法。

操作步骤

Step 01 新建图形文件。正常启动 AutoCAD 2016 软件，执行“文件 | 新建”命令，在打开的“选择样板”对话框中单击“打开”按钮右侧的“倒三角”按钮，选择“无样板打开—公制”选项，新建图形文件，如图 15-2 所示；然后执行“文件 | 保存”命令，在打开的“图形另存为”对话框中将文件保存为“案例 \15\C616 车床电气原理图 .dwg”，如图 15-3 所示。

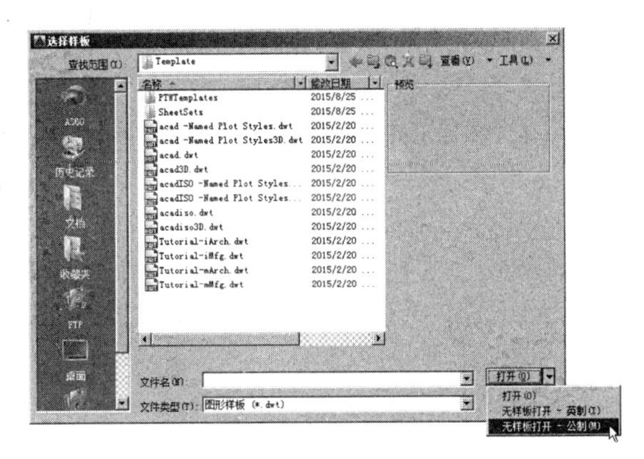

图15-2　新建文件

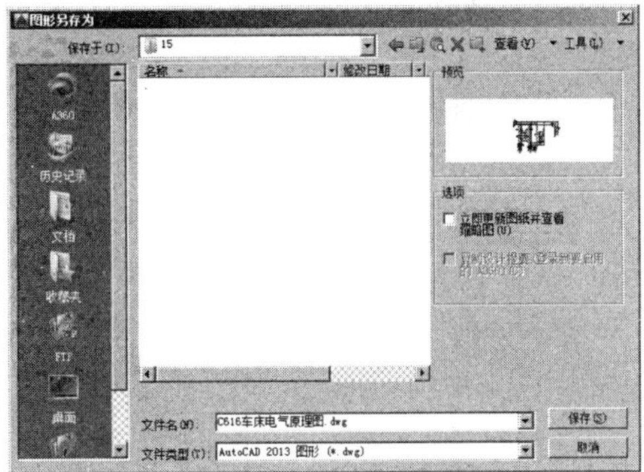

图15-3　保存文件

Step 02 新建图层。执行“图层特性管理”命令（LA），打开“图层特性管理器”面板，单击“新建图层”按钮，新建“电气元件”、“文字”、“连接线”图层，如图 15-4 所示。

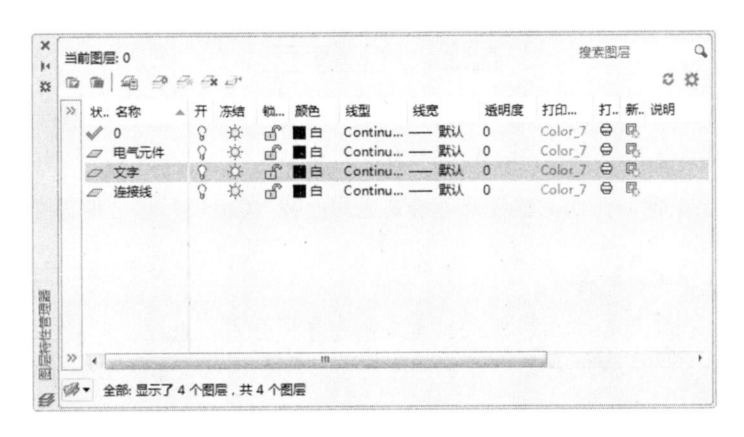

图15-4　设置图层

15.1.2　单极开关的绘制

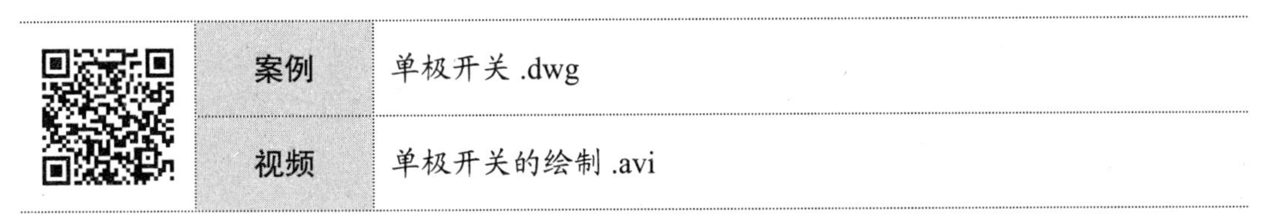

案例	单极开关 .dwg
视频	单极开关的绘制 .avi

从电路图可以看出，组成 C616 车床电气原理图的电气元件有单极开关、电动机、热继电器、电阻、限流保护开关、接触器、电流接触器等，下面首先来讲解如何绘制这些电气元件。

单极开关是由直线组成的，其绘制步骤如下：

实战要点 单极开关的绘制方法。

操作步骤

Step 01 新建并保存文件。正常启动 AutoCAD 2016 软件，执行“文件 | 新建”命令，新建一个图形文件；然后按“Ctrl+S”组合键保存该文件为“案例 \15\ 单极开关 .dwg”。

Step 02 绘制连续直线。执行“直线”命令（L），在绘图区域绘制 3 条首尾相连的长度均为 10mm 的垂直线段，如图 15-5 所示。

Step 03 旋转直线。执行“旋转”命令（RO），将中间的垂直线段以逆时针方向旋转 20°，如图 15-6 所示。

Step 04 设置基点。执行“基点”命令（BASE），捕捉如图 15-7 所示的点作为图形的插入基点。

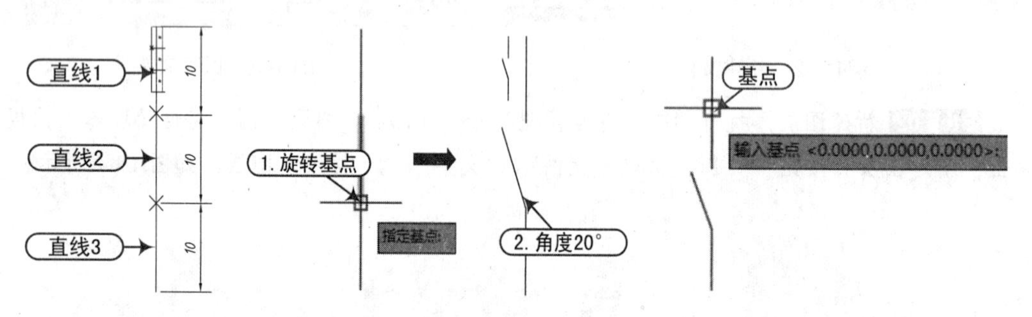

图15-5　绘制连续直线　　图15-6　旋转线段　　图15-7　指定基点

Step 05 保存文件。至此，单极开关绘制完成，按“Ctrl+S”组合键保存图形。

> **技巧：什么是电气元件?**
>
> 电子元件，组成电子产品的基础，常用的电子元件有：电阻、电容、电感、电位器、变压器、三极管、二极管、IC 等，在电气线路图中通常利用一些简单的符号表示这些电气符号。

15.1.3　电动机

	案例	电动机 .dwg
	视频	电动机的绘制 .avi

电动机由圆形和直线段组成，其绘制步骤如下：

实战要点 电动机的绘制方法。

操作步骤

Step 01 新建并保存文件。正常启动 AutoCAD 2016 软件，执行“文件 | 新建”命令，新建一个图形文件；然后按“Ctrl+S”组合键保存该文件为“案例 \15\ 电动机 .dwg”。

Step 02 绘制圆和直线。执行“圆”命令 (C)，在绘图区域绘制半径为 15mm 的圆；然后执行“直线”命令（L），以圆心作为起点，向上绘制长度为 30mm 的垂直线段，如图 15-8 所示。

Step 03 偏移垂线。执行“偏移”命令（O），将上一步绘制的垂线分别向左、右各偏移18mm，如图15-9所示。

Step 04 绘制斜线。执行“直线”命令（L），以圆心为起点，以偏移后的两条垂直线段中点为端点绘制如图15-10所示的斜线。

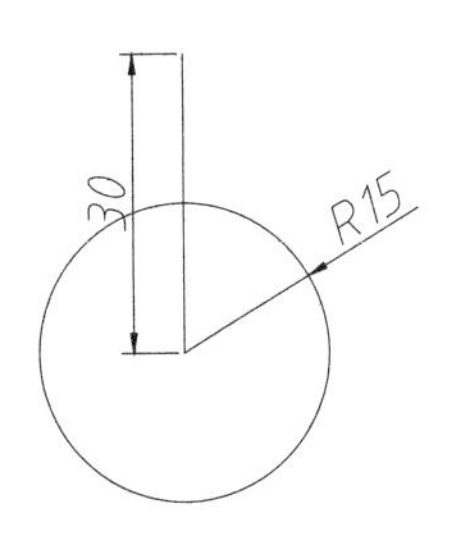

图15-8　绘制圆和直线

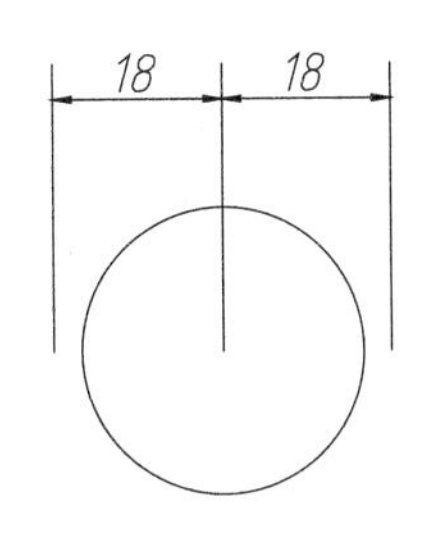

图15-9　偏移垂线

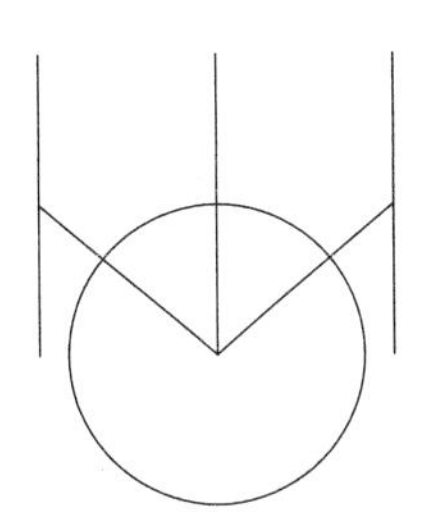

图15-10　绘制斜线

Step 05 修剪线段。执行“修剪”命令（TR），修剪掉多余的线段，如图15-11所示。

Step 06 文字标注。执行“多行文字”命令（MT），将文字指定在圆内，设置文字格式为“Standard”，字体为“宋体”，文字高度为4mm；然后输入“M3～”，如图15-12所示。

Step 07 设置基点。执行“基点”命令（BASE），捕捉如图15-13所示的点作为图形的插入基点。

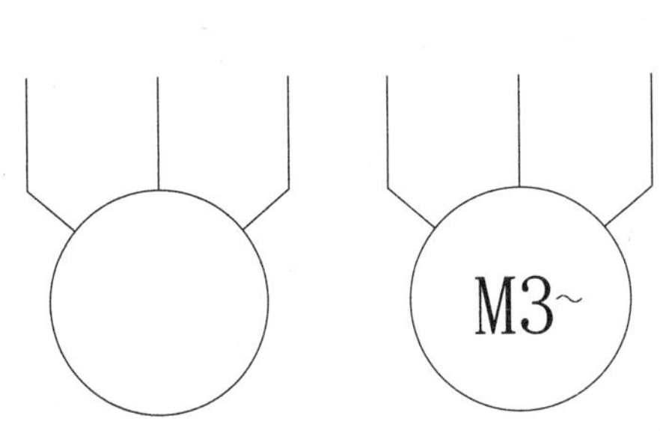

图15-11　修剪线段　图15-12　文字标注

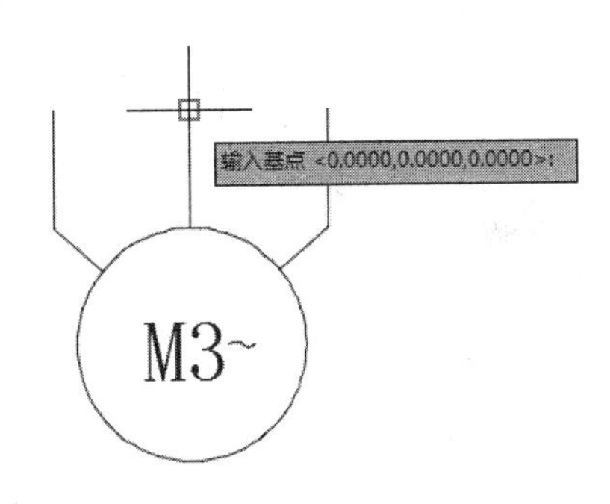

图15-13　指定基点

Step 08 保存文件。至此，电动机绘制完成，按“Ctrl+S”组合键保存图形。

15.1.4　热继电器

	案例	热继电器 .dwg
	视频	热继电器的绘制 .avi

热继电器是由矩形、直线、复制和分解等命令绘制而成的，其绘制步骤如下：

实战要点 热继电器的绘制方法。

操作步骤

Step 01 新建并保存文件。正常启动AutoCAD 2016软件，执行“文件|新建”命令，新

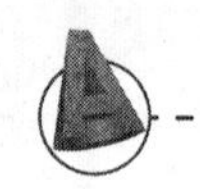

建一个图形文件；然后按“Ctrl+S”组合键保存该文件为“案例\15\热继电器.dwg”。

Step 02 绘制矩形。执行“矩形”命令（REC），在绘图区域绘制5mm×5mm的矩形，如图15-14所示。

Step 03 分解矩形。执行“分解”命令（X），将矩形进行分解。

Step 04 删除直线。执行“删除”命令（E），删除矩形右侧垂直线段，如图15-15所示。

Step 05 绘制直线。执行“直线”命令（L），分别捕捉矩形上下侧水平线段的右端点，向上及向下绘制长度为15mm的垂直线段，如图15-16所示。

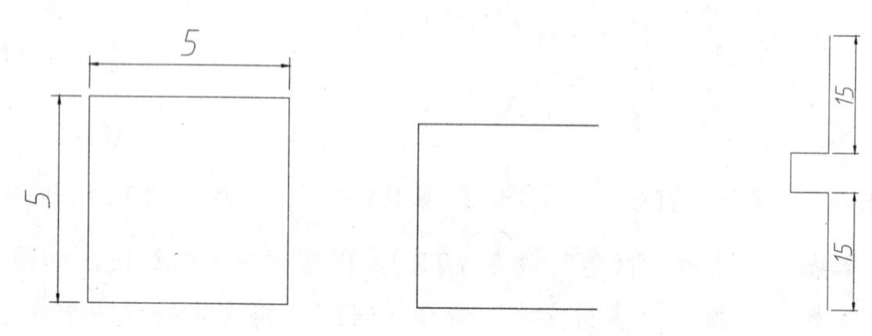

图15-14 绘制矩形　　图15-15 删除直线　　图15-16 绘制垂线

Step 06 复制图形。执行“复制”命令（CO），捕捉左侧垂直中点为基点，依次向右复制图形，复制距离为10mm，如图15-17所示。

Step 07 绘制虚线矩形框。在“默认”选项卡的“特性”面板中，设置线型为“ACAD-ISOO3W100”，执行“矩形”命令（REC），在中间相应位置绘制35mm×10mm的矩形，如图15-18所示。

Step 08 设置基点。执行“基点”命令（BASE），捕捉如图15-19所示的点作为图形的插入基点。

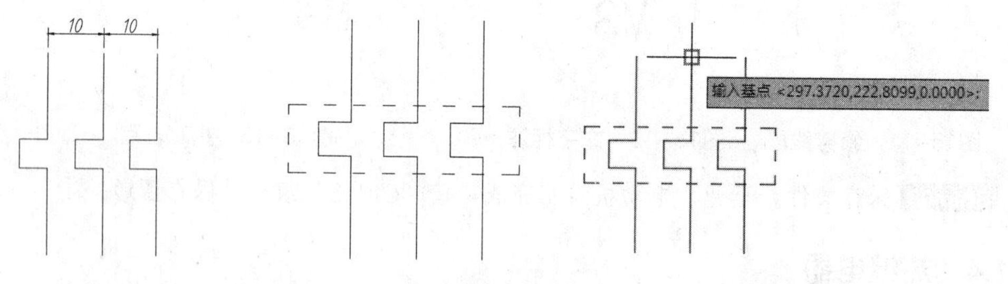

图15-17 复制图形　　图15-18 绘制虚线矩形框　　图15-19 指定基点

Step 09 保存文件。至此，热继电器绘制完成，按“Ctrl+S”组合键保存图形。

15.1.5 电阻

	案例	电阻.dwg
	视频	电阻的绘制.avi

电阻是由矩形和直线绘制而成，其绘制步骤如下：

实战要点 电阻的绘制方法。

操作步骤

Step 01 新建并保存文件。正常启动 AutoCAD 2016 软件，执行“文件 | 新建”命令，新建一个图形文件；然后按“Ctrl+S”组合键保存该文件为“案例 \15\ 电阻 .dwg”。

Step 02 绘制矩形。执行“矩形”命令（REC），在绘图区域绘制一个 30mm × 10mm 的矩形，如图 15-20 所示。

Step 03 绘制直线。执行“直线”命令（L），分别捕捉矩形左右两侧边中点绘制水平直线直线长度为 10mm，如图 15-21 所示。

Step 04 设置基点。执行“基点”命令（BASE），捕捉如图 15-22 所示的点作为图形的插入基点。

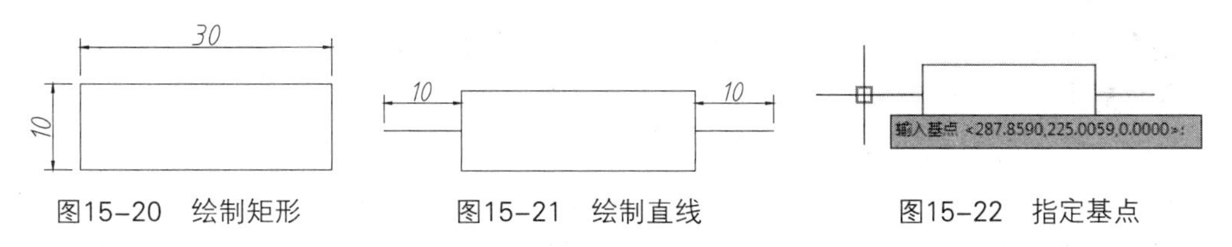

图15-20 绘制矩形　　图15-21 绘制直线　　图15-22 指定基点

Step 05 保存文件。至此，电阻绘制完成，按“Ctrl+S”组合键保存图形。

> **技巧：“BASE”命令讲解**
>
> “BASE”命令为“基点”命令，可以为当前图形设置插入基点。基点是用当前 UCS 中的坐标来表示的。向其他图形插入当前图形或将当前图形作为其他图形的外部参照时，此基点将被用作插入基点。

15.1.6 限流保护开关

案例	限流保护开关 .dwg
视频	限流保护开关的绘制 .avi

限流开关是由多段线、直线、分解、移动等命令绘制而成的，其绘制步骤如下：

实战要点 限流保护开关的绘制方法。

操作步骤

Step 01 新建并保存文件。正常启动 AutoCAD 2016 软件，执行“文件 | 新建”命令，新建一个图形文件；然后按“Ctrl+S”组合键，保存该文件为“案例 \15\ 限流保护开关 .dwg”。

Step 02 绘制直线。执行“直线”命令（L），绘制如图 15-23 所示的直线。

Step 03 移动直线。执行“移动”命令（M），将长度为 9mm 的直线向下移动 15mm，如图 15-24 所示。

Step 04 绘制斜线段。执行“直线”命令（L），以垂直线段下侧端点为起点，绘制长度为16.5mm，与垂直线段夹角为30°的斜线段，如图15-25所示。

Step 05 移动斜线段。执行“移动”命令（M），将上一步绘制的斜线段，向上移动15mm，如图15-26所示。

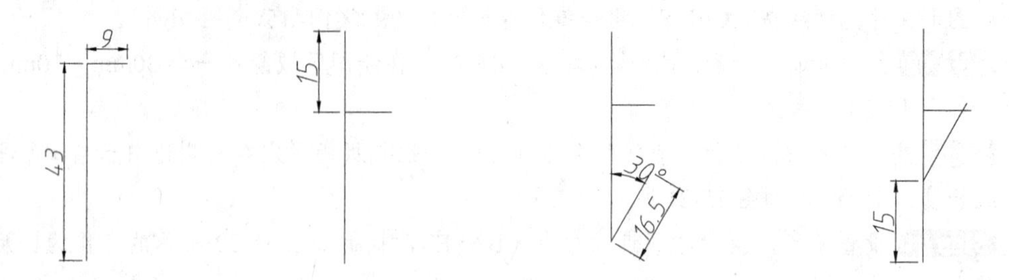

图15-23　绘制线段　　图15-24　移动线段　　图15-25　绘制斜线段　　图15-26　移动斜线段

Step 06 修剪线段。执行“修剪”命令（TR），修剪掉多余的直线，如图15-27所示。

Step 07 绘制多段线。执行“多段线”命令（PL），以上一步绘制的斜线段中点为起点，向上绘制长度为5.5mm，向上绘制长度为3.5mm，向左绘制长度为4.5mm，再向上绘制长度为4.5mm的多段线，如图15-28所示。

Step 08 镜像多段线。执行“镜像”命令（MI），将上一步绘制的多段线，以长度为5.5mm的线段进行镜像，如图15-29所示。

Step 09 修改线型。执行“分解”命令（X）分解多段线，然后选中如图15-30所示的水平线段，在“特性”面板中将其线型设置为“ACAD-ISOO3W100”。

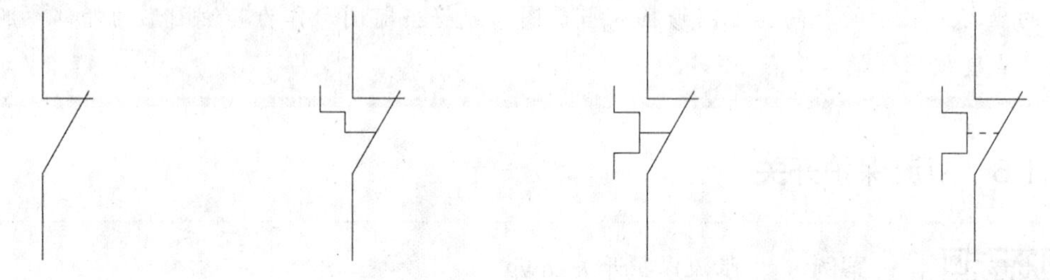

图15-27　修剪线段　　图15-28　绘制多段线　　图15-29　镜像多段线　　图15-30　设置线型

Step 10 设置基点。执行“基点”命令（BASE），捕捉图形左侧垂线上侧端点作为图形的插入基点。

Step 11 保存文件。至此，限流开关绘制完成，按“Ctrl+S”组合键保存图形。

15.1.7　接触器

	案例	接触器.dwg
	视频	接触器的绘制.avi

普通接触器与单极开关的绘制方法相似，在绘制时可以在单极开关的基础上绘制，其绘制步骤如下：

实战要点 接触器的绘制方法。

操作步骤

Step 01 打开并保存文件。正常启动 AutoCAD 2016 软件，执行“文件 | 打开”命令，打开“案例 \15\ 单极开关 .dwg”文件；然后按“Shift+Ctrl+S”组合键另存该文件为“案例 \15\ 接触器 .dwg”。

Step 02 绘制圆。执行“圆”命令（C），捕捉单极开关上方垂直线下端点，绘制半径为 2mm 的圆，如图 15-31 所示。

Step 03 移动圆。执行“移动”命令（M），将上一步绘制的圆向上移动 2mm，如图 15-32 所示。

Step 04 修剪图形。执行“修剪”命令（TR），修剪图形，效果如图 15-33 所示。

Step 05 设置基点。执行“基点”命令（BASE），捕捉如图 15-34 所示的点作为图形的插入基点。

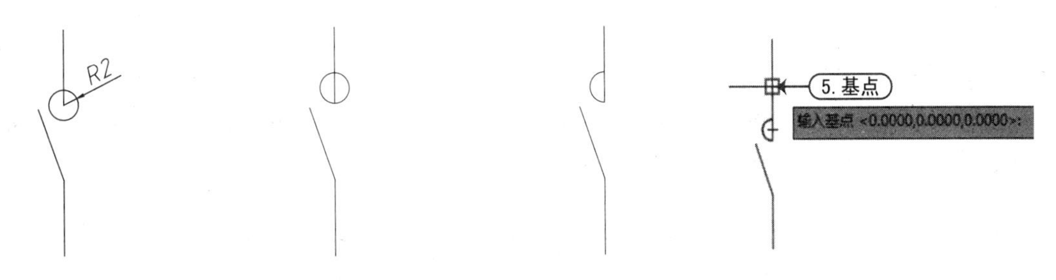

图15-31　绘制圆　　图15-32　移动圆　　图15-33　修剪圆　　图15-34　设置基点

Step 06 保存文件。至此，接触器绘制完成，按“Ctrl+S”组合键保存图形。

15.2 绘制主连接线及各回路

该电气图主要是由主回路、控制回路和控制照明回路组成，下面首先绘制线路图的主连接线，然后绘制各回路。

15.2.1 绘制主连接线

案例	C616 车床电气原理图 .dwg
视频	主连接线的绘制 .avi

主回路是由直线组成，下面利用“直线”、“插入块”、“移动”、“修剪”、“删除”等命令来绘制电气图的主连接线。

实战要点 主连接线的绘制方法。

操作步骤

Step 01 绘制矩形。在“C616 车床电气原理图 .dwg”图形文件下，执行“矩形”命令（REC），绘制一个 350mm × 60mm 的矩形，如图 15-35 所示。

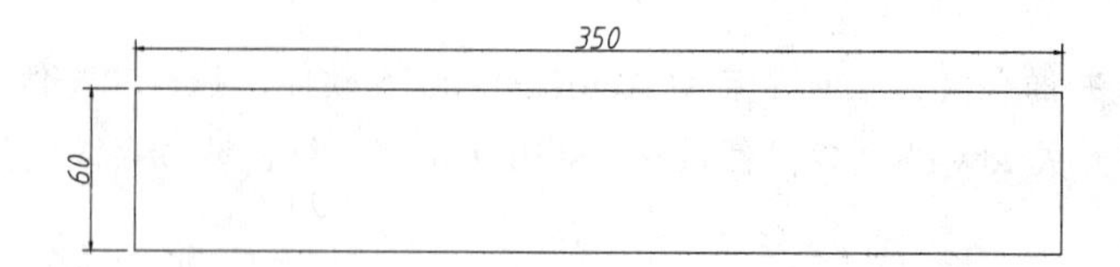

图15-35　绘制矩形

Step 02 分解矩形。执行“分解”命令（X），将上一步绘制的矩形进行分解。

Step 03 删除直线。执行“删除”命令（E），删除矩形下方的水平线段，如图 15-36 所示。

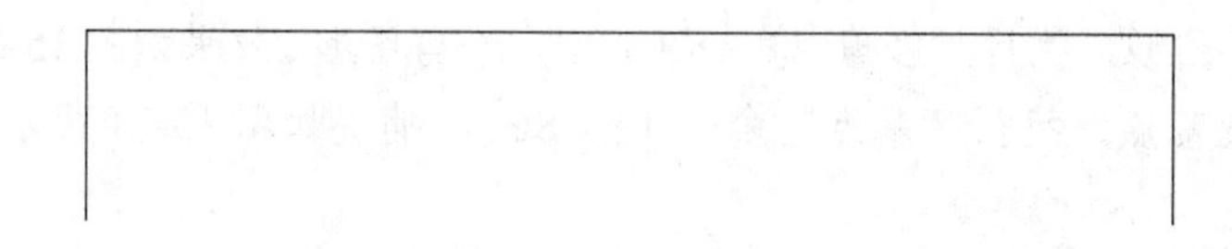

图15-36　删除直线

Step 04 偏移直线。执行“偏移”命令（O），将水平线段向下依次偏移 15mm、15mm。将左侧的垂直线段向右依次偏移 5mm、15mm、15mm、75mm、15mm、15mm、55mm、70mm、40mm、15mm、30mm，如图 15-37 所示。

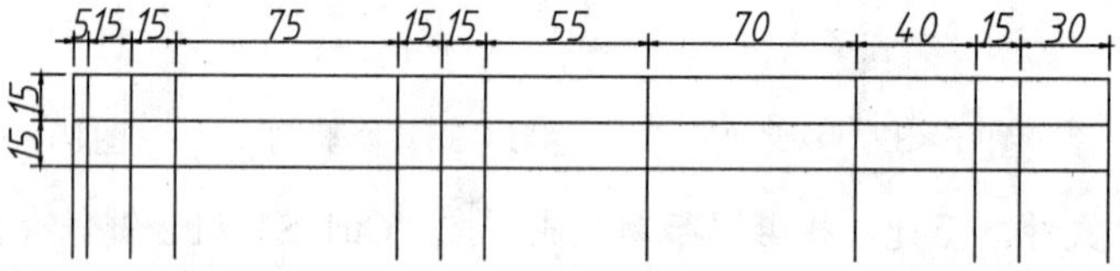

图15-37　偏移直线

Step 05 修剪直线。执行“修剪”命令（O），将图形进行修剪，效果如图 15-38 所示。

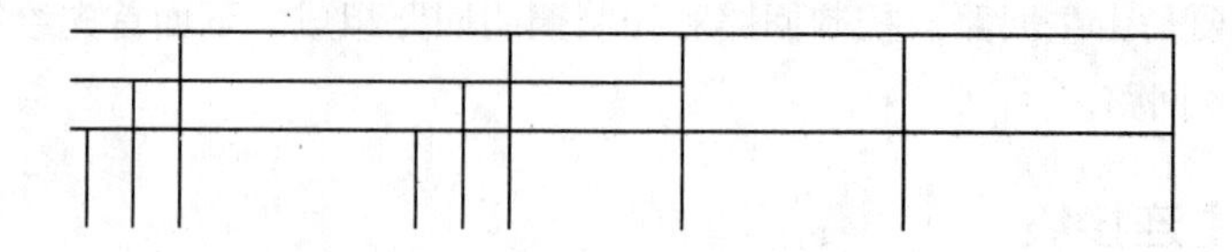

图15-38　修剪直线

15.2.2　绘制主回路结构

案例	C616 车床电气原理图 .dwg
视频	主回路结构的绘制 .avi

前面已经绘制了主连接线，接下来利用“直线”、“移动”、“修剪”、“删除”和“复制”等命令绘制电气线路图的主回路。首先绘制主回路的线路结构，然后绘制其连接点，最后插入电气元件，完成主回路的绘制。其绘制步骤如下：

实战要点 主回路结构的绘制方法。

操作步骤

1. 绘制主回路结构

Step 01 绘制矩形。执行“矩形”命令（REC），绘制一个 85mm × 99mm 的矩形，如图 15-39 所示。

Step 02 分解矩形。执行“分解”命令（X），将上一步绘制的矩形进行分解。

Step 03 偏移直线。执行“偏移”命令（O），将矩形上侧边向下依次偏移 12mm、12mm、10mm、25mm、10mm、15mm，将左侧边向右偏移 15mm、15mm、25mm、15mm，如图 15-40 所示。

Step 04 修剪图形。执行“修剪”命令（TR），修剪掉多余的线段，效果如图 15-41 所示。

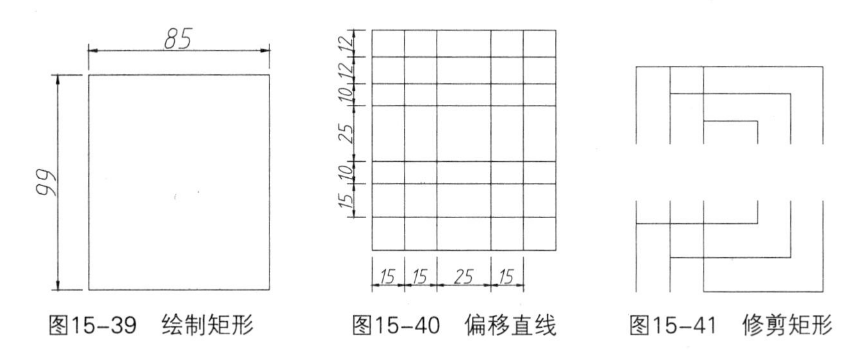

图15-39　绘制矩形　　图15-40　偏移直线　　图15-41　修剪矩形

Step 05 拉长直线。使用夹点编辑的方法，分别捕捉图中左上侧 3 条垂线的上端点将其向上拉伸，拉伸长度为 10mm，采用同样的方法将下侧的 3 条垂线的下端点向下拉长 10mm，如图 15-42 所示。

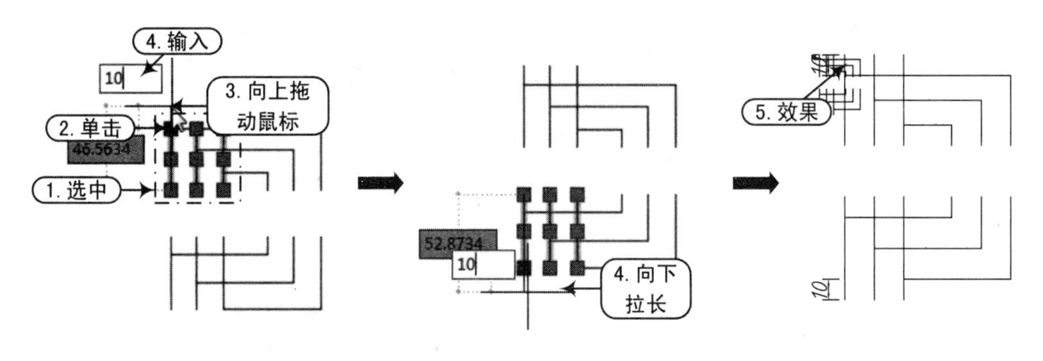

图15-42　夹点编辑

2. 绘制主回路连接点

Step 01 绘制圆。执行“圆”命令（C），在图中相应交点位置绘制半径为 1mm 的圆，如图 15-43 所示。

Step 02 填充圆。执行“填充”命令（H），将上一步绘制的圆进行填充，填充样例为“SOLID”，如图 15-44 所示。

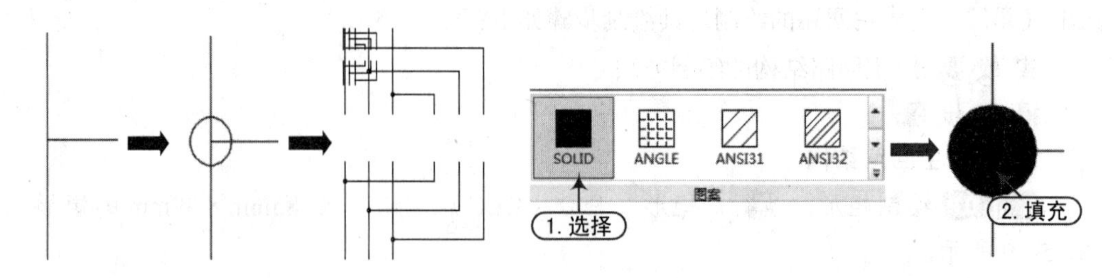

图15-43　绘制圆　　图15-44　图案填充

Step 03 绘制圆。再次执行“圆”命令（C），捕捉图形上部分垂直线段的下端点，分别绘制半径为 2mm 的圆，如图 15-45 所示。

Step 04 绘制直线。执行“直线”命令（L），捕捉图形下部分垂直线段的上端点，向上绘制垂线，如图 15-46 所示。

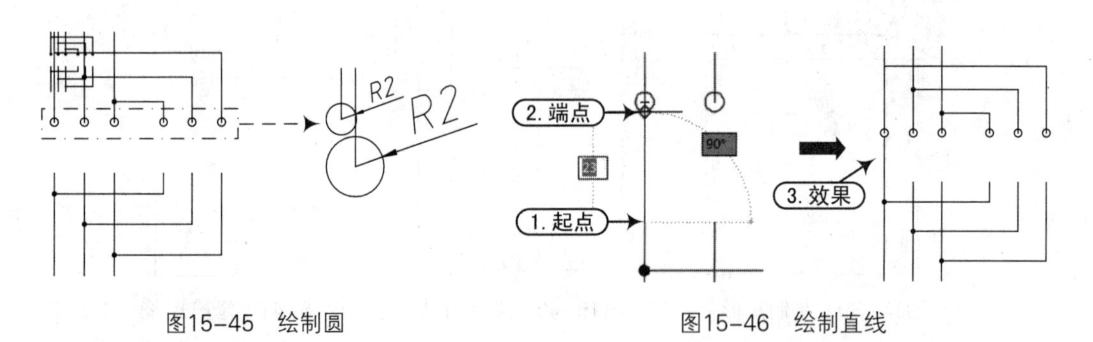

图15-45　绘制圆　　图15-46　绘制直线

Step 05 旋转直线。执行“旋转”命令（RO），捕捉上一步绘制的垂直线段，以下端点为基点旋转 30°，如图 15-47 所示。

Step 06 复制斜线。执行“复制”命令（CO），将上一部旋转后的斜线向右复制 5 份，如图 15-48 所示。

Step 07 绘制虚线。执行“直线”命令（L），捕捉斜线端点绘制水平线段，并选中绘制的直线将其线型设置为“ACAD-ISOO3W100”，如图 15-49 所示。

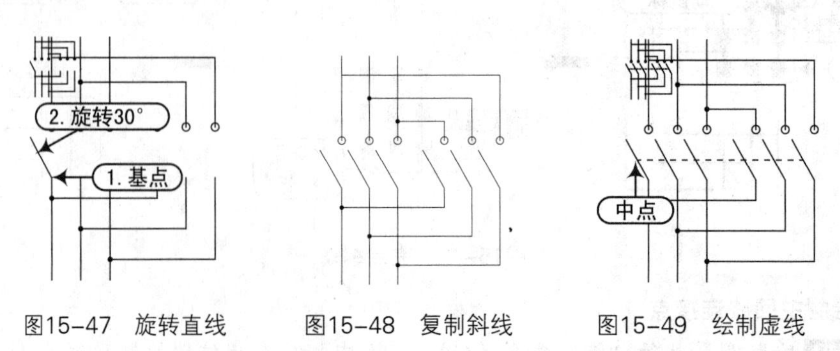

图15-47　旋转直线　　图15-48　复制斜线　　图15-49　绘制虚线

3. 插入并组合图形

Step 01 插入电动机、热继电器、电阻图块。执行“插入”命令（I），将“案例\15\电动机、热继电器.dwg”，图块插入视图中，如图 15-50 所示。

Step 02 组合电动机、热继电器。执行“移动”命令（M），将电动机、热继电器符号组合，如图 15-51 所示。

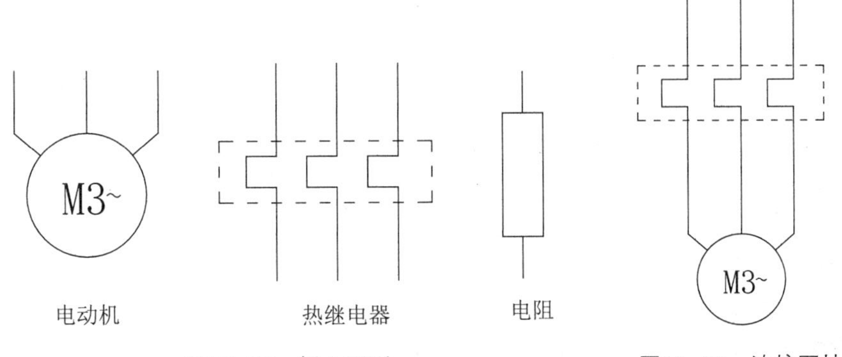

图15-50　插入图形　　　　图15-51　连接图块

> **技巧：图形组合技巧**
>
> 电动机符号和热继电器符号的连接线的间距不同，该怎么进行连接呢？
>
> 因为在绘制电气符号时的连接线间距不同，这就需要连接时，我们要对相应电气符号的比例进行调整，利用“SC”命令可以将电气符号进行参照缩放，使其连接线间距相等。如图 15-52 所示。

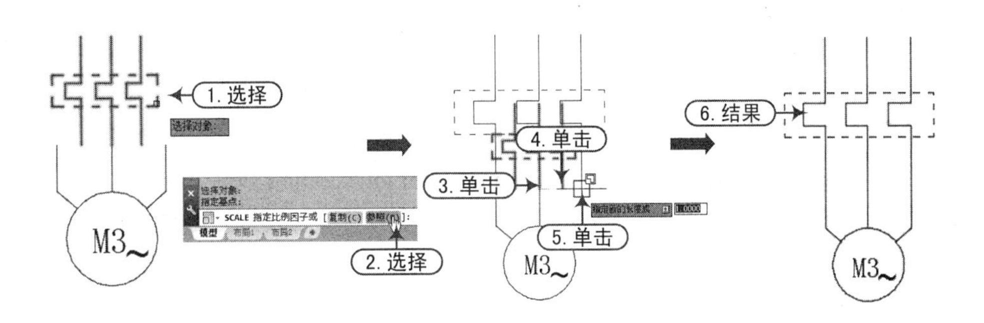

图15-52　缩放电气元件

Step 03 组合图形。执行“移动”命令（M），将电动机、热继电器符号组合的图形移动连接至主回路，如图 15-53 所示。

Step 04 插入电阻。执行“插入”命令（I），将“案例\15\电阻.dwg”图形插入图形中，完成主回路的绘制，如图 15-54 所示。

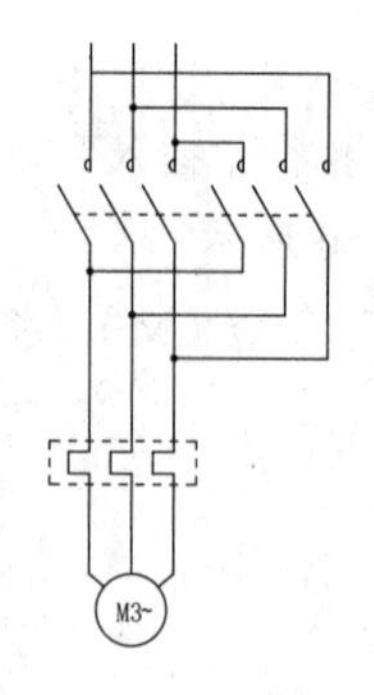

图15-53 组合图形

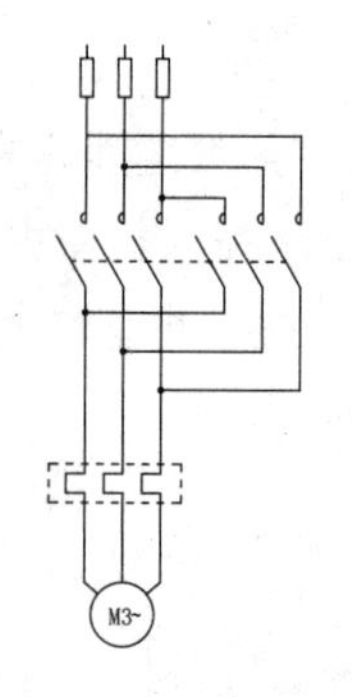

图15-54 插入图形

15.2.3 绘制控制回路

案例	C616 车床电气原理图 .dwg
视频	控制回路的绘制 .avi

前面已经绘制了主回线，接下来利用“直线”、“移动”、“修剪”、“删除”和“复制”等命令绘制电气线路图的控制回路。同样，首先绘制其线路结构，然后插入图块并使之与线路结构组合。其绘制步骤如下：

实战要点 控制回路的绘制方法。

操作步骤

1. 绘制控制回路结构

Step 01 绘制矩形。执行“矩形”命令（REC），绘制一个 70mm × 150mm 的矩形，如图 15-55 所示。

Step 02 分解矩形。执行“分解”命令（X），将上一步绘制的矩形进行分解。

Step 03 偏移直线。执行“偏移”命令（O），将矩形上侧边向下依次偏移 20mm、30mm、10mm、80mm，将左侧边向右偏移 15mm、15mm、20mm，如图 15-56 所示。

Step 04 修剪图形。执行“修剪”命令（TR），修剪掉多余的线段，效果如图 15-57 所示。

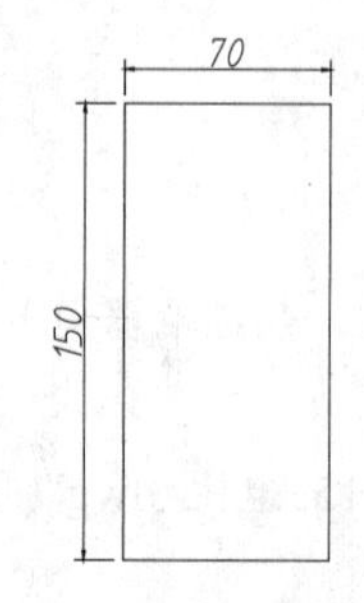

图15-55 绘制矩形

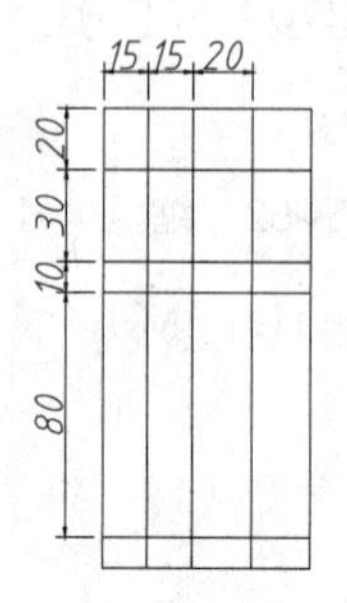

图15-56 偏移直线

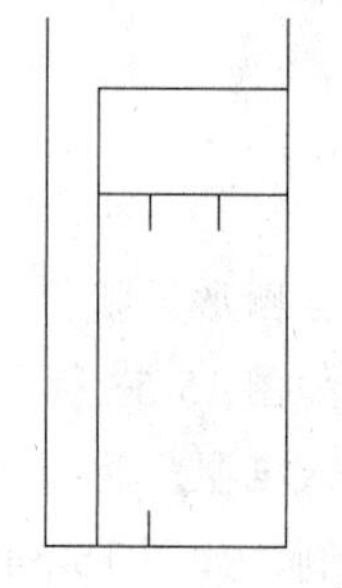
图15-57 修剪矩形

2. 插入组合图形

Step 01 插入图形。执行“插入”命令（I），将“案例\15\电阻、限流保护开关、电流接触器、单极开关、普通接触器、继电器.dwg”电气符号插入视图中，如图15-58所示。

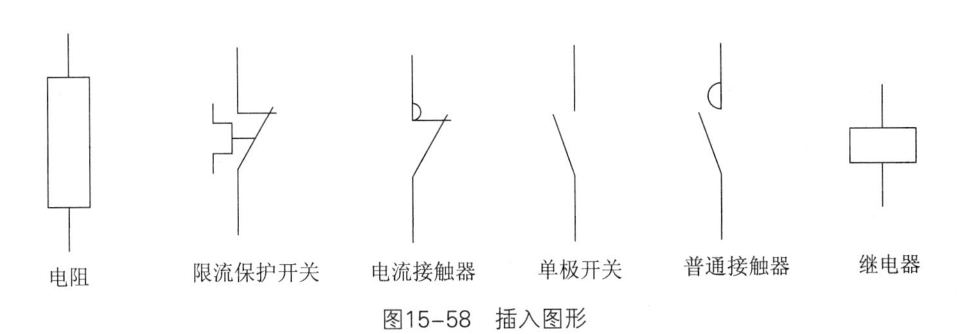

图15-58　插入图形

Step 02 布置普通接触器。执行“移动”命令（M）和“复制”命令（CO），将“普通接触器”符号以上端点为基点放置到图形中的相应位置，如图15-59所示。

Step 03 布置单极开关。执行“移动”命令（M）、“复制”命令（CO）和“旋转”命令（RO），将“单极开关”符号放置到图形中的相应位置，如图15-60所示。

Step 04 布置其他电气元件符号。执行“移动”命令（M）、“复制”命令（CO）和“旋转”命令（RO），将“电阻”、“限流保护开关”、“电流接触器”、“继电器”符号放置到图形中的相应位置，并对图形进行适当的修剪，完成控制回路的绘制，如图15-61所示。

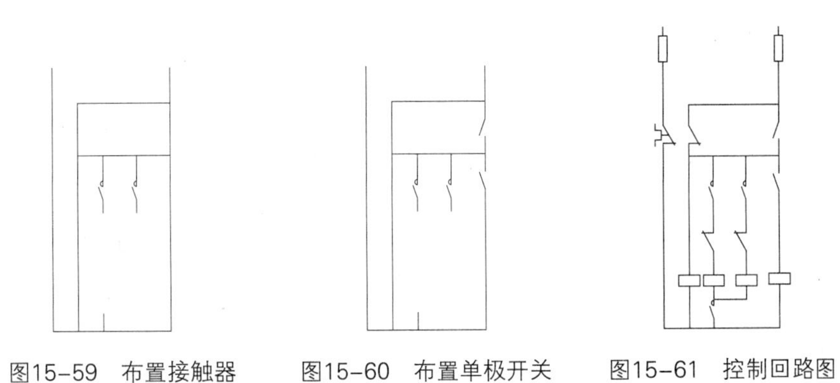

图15-59　布置接触器　　图15-60　布置单极开关　　图15-61　控制回路图

15.2.4　绘制控制照明指示回路

	案例	C616车床电气原理图.dwg
	视频	照明指示回路的绘制.avi

前面绘制了主回线、控制回路，接下来利用“直线”、“移动”、“修剪”、“删除”和“复制”等命令绘制电气线路图的控制回路。同样，首先绘制其线路结构，然后插入图块并与线路结构组合。其绘制步骤如下：

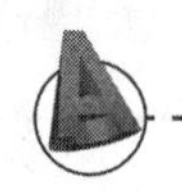

实战要点 控制照明指示回路的绘制方法。

操作步骤

1. 绘制控制回路结构

Step 01 绘制矩形。执行“矩形”命令（REC），绘制一个40mm × 130mm的矩形，如图15-62所示。

Step 02 分解矩形。执行“分解”命令（X），将上一步绘制的矩形进行分解。

Step 03 偏移直线。执行“偏移”命令（O），将矩形上侧边向下依次偏移15mm、15mm，将左侧边向右偏移15mm，如图15-63所示。

Step 04 修剪图形。执行“修剪”命令（TR），修剪掉多余的线段，效果如图15-64所示。

Step 05 绘制线段。执行“直线”命令（L），在相应位置绘制直线，效果如图15-65所示。

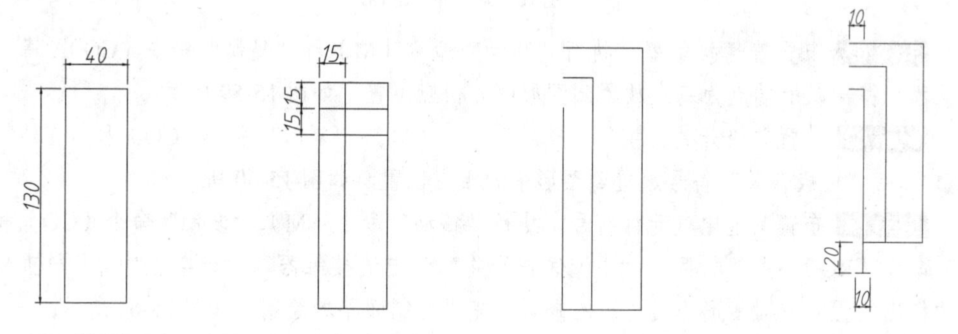

图15-62　绘制矩形　　图15-63　偏移直线　　图15-64　修剪图形　　图15-65　绘制直线

2. 插入组合图形

Step 01 插入图形。执行“插入”命令（I），将“案例\15\电阻、限流保护开关、电流接触器、单极开关、普通接触器、继电器.dwg”电气符号插入视图中，如图15-66所示。

Step 02 组合图形。执行“移动”命令（M）、“复制”命令（CO）和“旋转”命令（RO），将“熔断器”、“按钮开关”、“信号灯”放置到照明指示回路的相应位置，如图15-67所示。

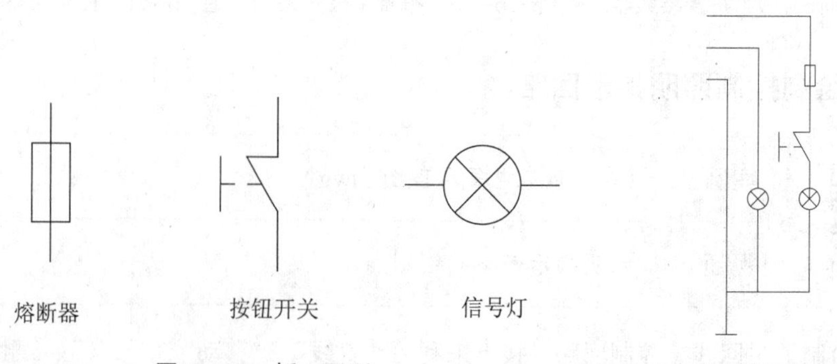

图15-66　插入图形　　图15-67　控制照明指示回路

15.2.5 组合图形

案例	C616 车床电气原理图 .dwg
视频	将各线路进行组合 .avi

将主回路、控制回路和照明指示回路组合起来，即以各回路的接线头为平移的起点，以主连接线的各接线头为目标点，将各回路平移到主连接线的相应位置。

实战要点 组合线路的方法。

操作步骤

Step 01 组合各回路。执行“移动”命令（M），将主回路、控制回路和照明指示回路与线路连接，如图 15-68 所示。

Step 02 插入电气符号。执行“插入”命令（I），将“案例 \15\ 电感、多极开关、接地符号 .dwg”电气符号插入视图中，如图 15-69 所示。

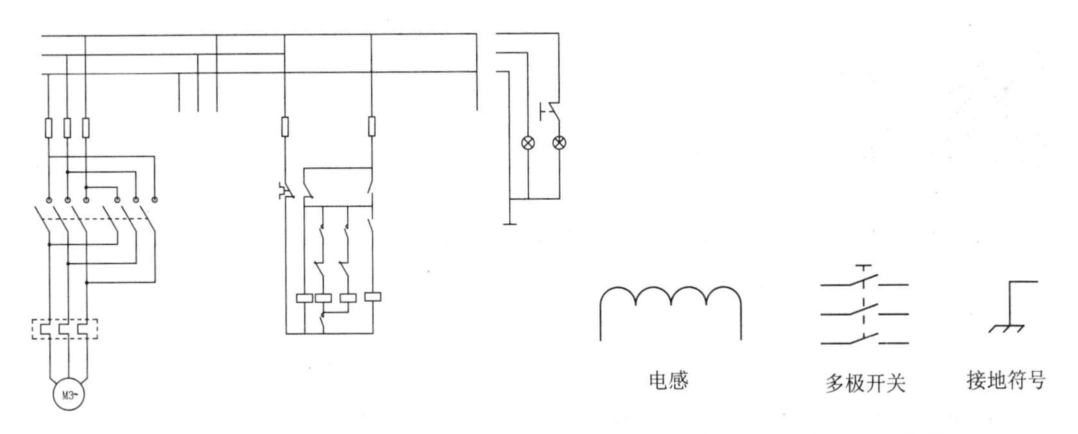

图15-68 组合图形

图15-69 插入电气符号

Step 03 组合电气符号。执行“移动”命令（M）、“复制”命令（CO）和“旋转”命令（RO），将上一步插入图形中的电气符号，组合到线路图中，如图 15-70 所示。

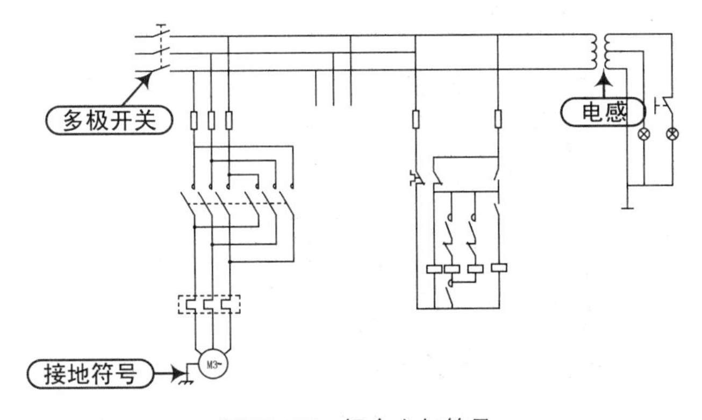

图15-70 组合电气符号

Step 04 复制并修改主回路。执行“复制”命令（CO），将主回路向右复制一份并对其进行修改，已完成电气线路图的绘制，如图 15-71 所示。

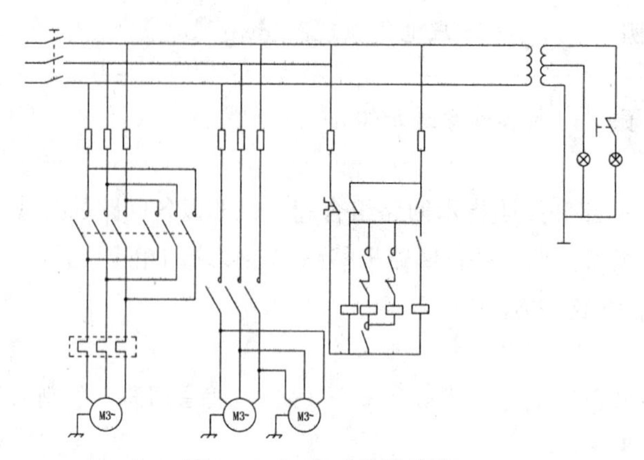

图15-71　完成的线路图

15.2.6 添加注释文字

	案例	C616 车床电气原理图 .dwg
	视频	添加注释文字 .avi

将所有的控制回路绘制完成后，最后是添加文字注释，其操作步骤如下：

实战要点线路图编号的注释方法。

操作步骤

Step 01 设置图层。在“图层”面板的“图层”下拉列表中将“文字层”设置为当前图层。

Step 02 添加注释文字。执行“多行文字”命令（MT），在弹出的“文字格式”对话框中选择文字的样式为默认的“Standard”样式，设置字体为“宋体”，文字高度为“10”，设置完成后，对图中的相应内容进行文字标注说明，如图 15-72 所示。

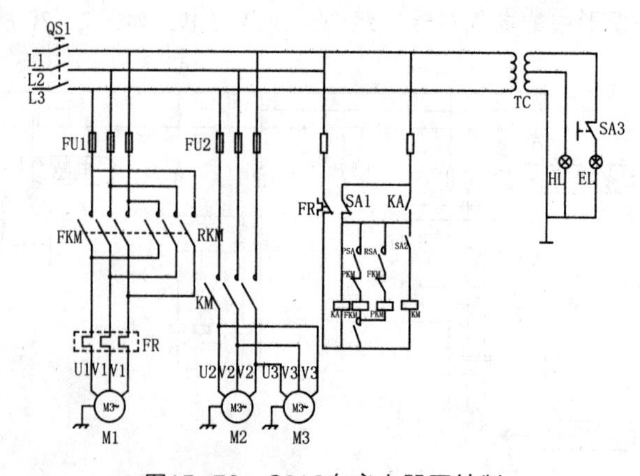

图15-72　C616车床电器图绘制

Step 03 保存文件。至此，C616 车床电器图绘制完成，按“Ctrl+S”组合键进行保存。

技巧：标注文字的含义

这些符号是电气符号的代码，其中 L1、L2、L3 表示三相三线制供电的三条电源火（相）线；FU 表示熔断器（俗称保险）；KM 表示交流接触器，FR 表示热继电器；M 代表电动机，SA- 代表扭子开关。

16

园林工程图的绘制案例

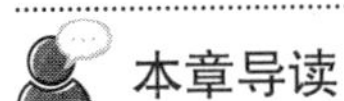

本章导读

绘制园林工程图之前，首先需要创建一个园林样板文件，设置园林样板的图形界限、图形单位、文字样式、标注样式、图层、常用工程符号等。然后利用二维绘图命令和编辑命令分别绘制园林景观亭的平面图、立面图、剖面图、详图等。

本章内容

- 园林景观亭的概况及工程预览
- 创建园林样板文件
- 绘制景观亭平面图
- 绘制景观亭立面图
- 绘制景观亭剖面图
- 绘制景观亭详图

本章视频集

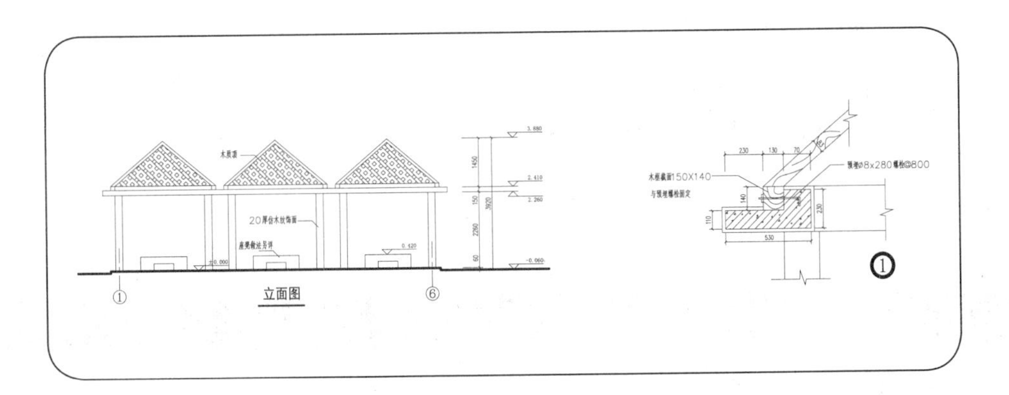

16.1 园林景观亭的概况及工程预览

AutoCAD 在园林设计领域应用非常广泛，它可以绘制园林建筑、小品、水景、道路、铺装、种植设施等，本章主要讲解 AutoCAD 在园林制图中的应用。

下面以绘制如图 16-1 所示的景观亭为例，讲解园林工程图的绘制方法和技巧。在绘制之前，首先需要创建一个园林样板文件，然后分别绘制景观亭的底平面图、屋顶平面图、1-1 剖面图、2-2 剖面图、立面图、1 号详图等。

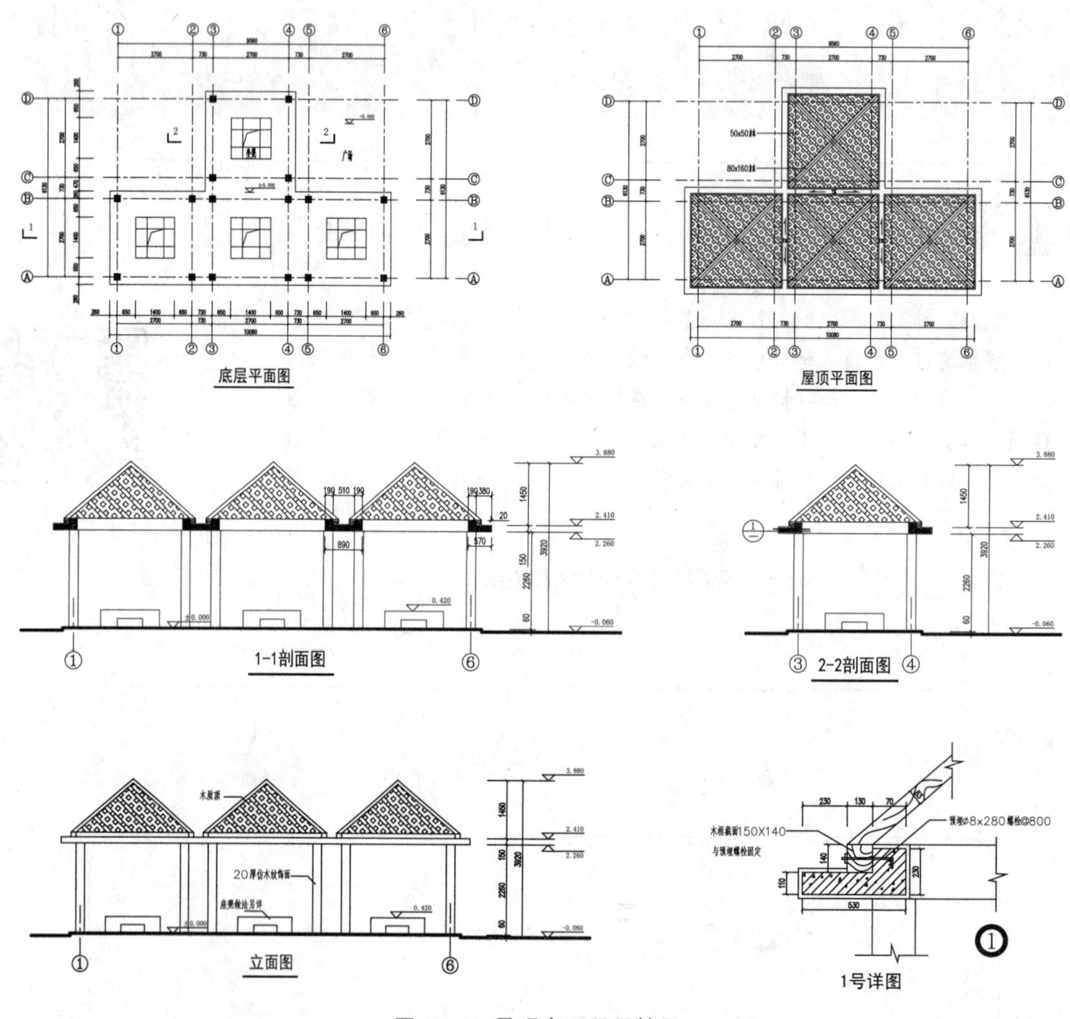

图16-1 景观亭工程图效果

16.2 创建园林样板文件

图形样板文件的扩展名为 .dwt，用户可以通过以下方式创建标准的园林样板文件。

16.2.1 设置图形界限和单位

	案例	园林样板 .dwt
	视频	设置图形界限和单位 .avi

通过图形界限的设置，可以设置好样板文件的可用幅面大小，本样板文件是以 A3 幅面来创建的（420 × 297）；而通过图形单位的设置，可以确定当前绘制图形及插入图形时所使用的单位，如是否“公制”或“英制”。

实战要点①设置图形单位；②设置图形界限的方法。

操作步骤

Step 01 正常启动 AutoCAD 2016 软件，执行“文件 | 新建”命令，在打开的“选择样板”对话框中单击“打开”按钮右侧的“倒三角”按钮▾，选择“无样板打开—公制”选项，新建图形文件，如图 16-2 所示；然后执行“文件 | 保存”命令将文件保存为“案例 \16\ 园林样板 .dwt”，如图 16-3 所示。

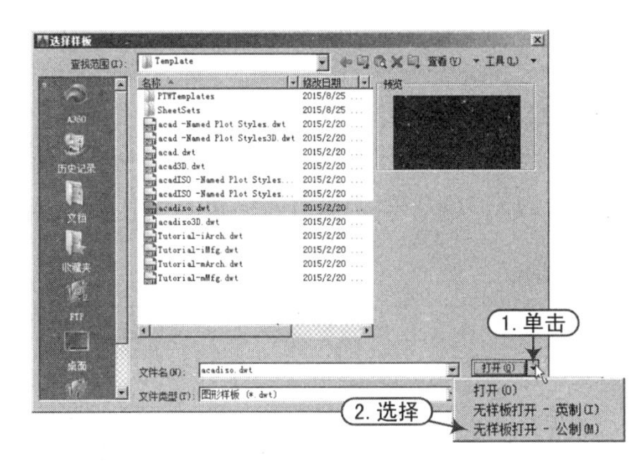

图16–2　新建文件

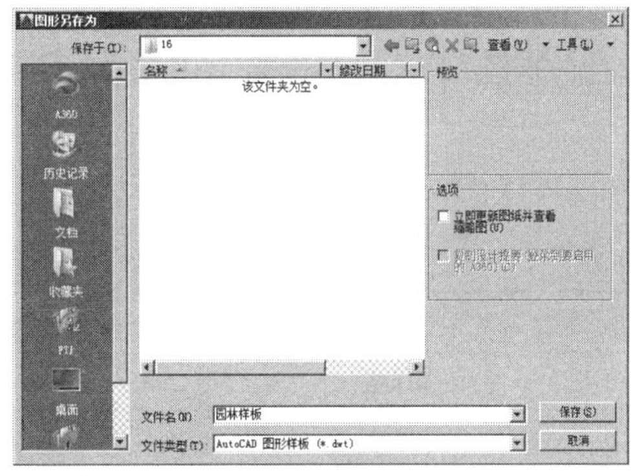

图16–3　保存为样板

Step 02 执行“图形单位”命令（UN），打开“图形单位”对话框；设置“长度”类型为“小数”，精度为“0.000”；“角度”类型为“十进制度数”，“精度”为“0.00”；设置缩放单位为“毫米”；然后单击“确定”按钮，如图 16-4 所示。

Step 03 执行“格式 | 图形界限”菜单命令，依照提示，设定图形界限的左下角为 (0,0)，右上角为 (42000,29700)。

```
命令 : '_limits                                   \\ 执行“图形界限”命令
重新设置模型空间界限 :
指定左下角点或 [ 开 (ON)/ 关 (OFF)] <0.000,0.000>:  \\ 按空格键确认原点为左下角点
指定右上角点 : 42000,29700                         \\ 输入该值
```

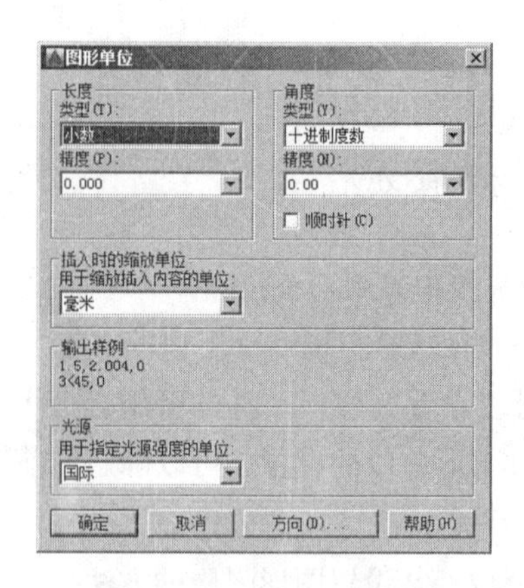

图16–4　设置图形单位

Step 04 在命令行中输入“缩放”命令（Z），再按空格键，根据命令行提示，选择“全部（A）”选项，从而将所设置的图形界限区域全部显示在当前窗口中。

16.2.2　设置图层

案例	园林样板 .dwt
视频	设置图层 .avi

进行园林施工图中，其图层的规范用户可以参照如表 16-1 所示来进行设置。

表16-1　图层设置

序号	名称	颜色	线型	线宽	打印属性
1	标高标注	250	Continuous	——默认	打印
2	尺寸标注	蓝	Continuous	——默认	打印
3	地坪线	白	Continuous	0.70mm	打印
4	剖面线	洋红	Continuous	——默认	打印
5	填充线	8	Continuous	——默认	打印
6	文字标注	白	Continuous	——默认	打印
7	小品轮廓线	青	Continuous	——默认	打印
8	轴线	红	CENTER	——默认	不打印

实战要点 新建图层并设置图层属性的方法。

操作步骤

Step 01 执行“图层”命令（LA），将打开“图层特性管理器”面板，新建“轴线”图层，并设置其颜色为“红”，加载并指定其线型为“CENTER”，打印属性为“不打印”，如图 16-5 所示。

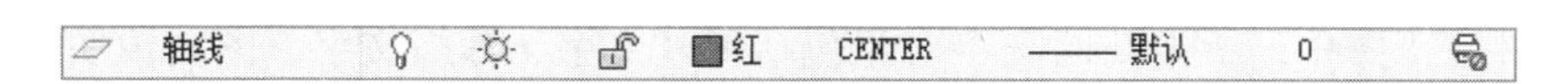

图16-5　加载线型

Step 02 根据同样的方法，建立其他的图层效果如图 16-6 所示。

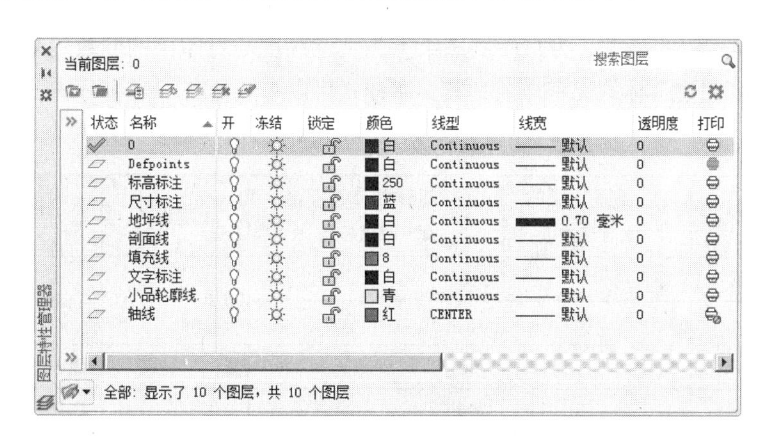

图16-6　新建图层

Step 03 执行“格式 | 线型”菜单命令，打开“线型管理器”对话框，单击“显示细节”按钮，则此时该按钮会变成“隐藏细节”，在“全局比例因子”文本框中输入 100，然后单击“确定”按钮，如图 16-7 所示是以 1∶100 的比例来显示线型。

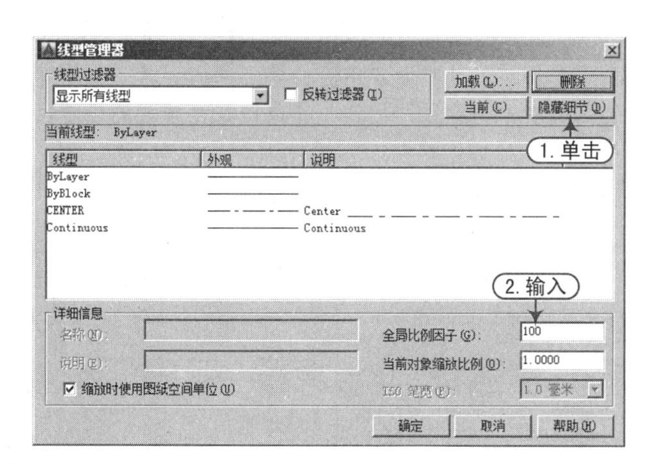

图16-7　设置线型比例

16.2.3　设置文字样式

案例	园林样板 .dwt
视频	设置文字样式 .avi

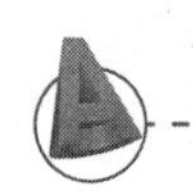

在园林施工图中，所涉及的文字对象包括尺寸文字、标高文字、图内说明、剖切号、轴标号、图名等，从而可以针对不同的对象选择不同的文字来进行标注，增强工程图的阅读。

用户可以根据不同的要求来设置不同的文字样式，即设置不同的字体、字高、倾斜、宽度等。在文字样式中的高度，为打印到图纸上的文字高度与打印比例倒数的乘积。在这里以1∶100的比例来创建园林的文字样式，其文字样式可以参照如表16-2所示来进行设置。

表16-2　文字样式

文字样式名	打印到图纸上的文字高度	图形文字高度（文字样式高度）	宽度因子	字体 / 大字体
图内说明	3.5	350	0.7	Tssdeng / gbcib.shx
尺寸文字	3.5	0		
轴号文字	5	500	1	Complex.shx
图名	7	700	0.9	黑体

实战要点 新建文字样式并设置文字属性的方法。

操作步骤

Step 01 执行“文字样式”命令（ST），打开“文字样式”对话框，单击“新建”按钮打开“新建文字样式对话框”，样式名定义为“图内说明”，然后单击“确定”按钮。

Step 02 然后在“字体”下拉列表框中选择字体“tssdeng”，勾选“使用大字体”复选框，并在“大字体”下拉列表框中选择字体“gbcig”，在“高度”文本框中输入“350”，“宽度因子”文本框中输入“0.7”，单击“应用”按钮，完成该文字样式的设置，如图16-8所示。

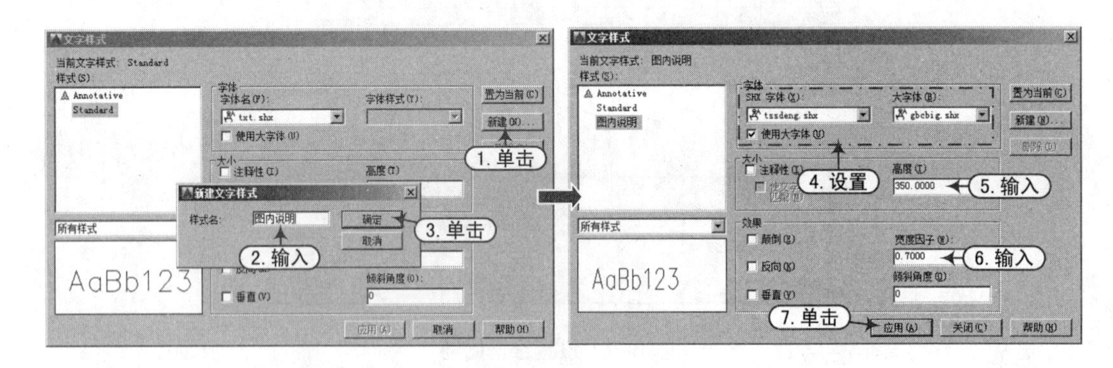

图16–8　新建“图内说明”文字样式

Step 03 重复前面的步骤，建立如表16-2所示中其他各种文字样式，效果如图16-9所示。

技巧：“尺寸文字”高度设置

其中“尺寸文字”文字样式的高度必须设置为0，因为它的文字高度是受“标注样式”的比例来控制的。

图16-9　新建“注释”文字样式

16.2.4　设置标注样式

	案例	园林样板 .dwt
	视频	设置标注样式 .avi

根据图纸规范要求：其延伸线的起点偏移量为 2 ～ 3mm，超出尺寸线 2 ～ 3mm，尺寸起止符号用“建筑标注”，其长度为 2 ～ 3mm，平行排列的尺寸线的间距，宜为 7 ～ 10mm，尺寸标注的数字应距尺寸线 1 ～ 1.5mm，文字样式选择“尺寸文字”样式，文字大小为 3.5，其全局比例为 100。下面根据该尺寸标注规范来创建 1：100 的尺寸标注。

实战要点 新建园林标注样式。

操作步骤

Step 01 执行“标注样式”命令（DST），打开“标注样式管理器”对话框，单击“新建”按钮，打开“创建新标注样式”对话框，新建样式名定义为“园林 -100”，并单击“继续”按钮。

Step 02 进入“新建标注样式：园林 -100”对话框，然后分别在各选项卡中设置相应的参数，如图 16-10 所示。

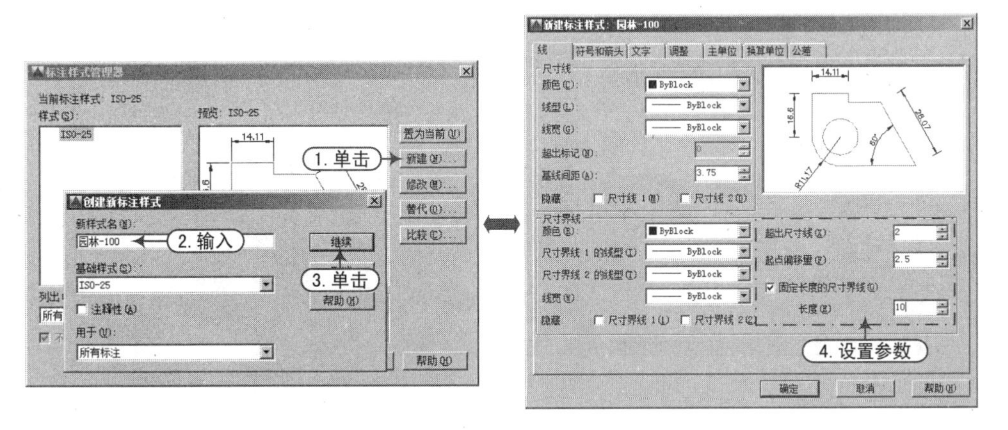

图16-10　创建“园林-100”标注样式

技巧：标注样式命名原则

对标注样式进行命名时，最好能直接反映出一些特性，如“园林 -100”表示园林工程图的全局比例为 100。

Step 03 用户可以按照如表 16-3 所示内容对每个选项卡进行参数设置。

表16-3　“园林-100”标注样式的参数设置

“线”选项卡	“符号和箭头”选项卡	“文字”选项卡	“调整”选项卡 / “主单位”选项卡

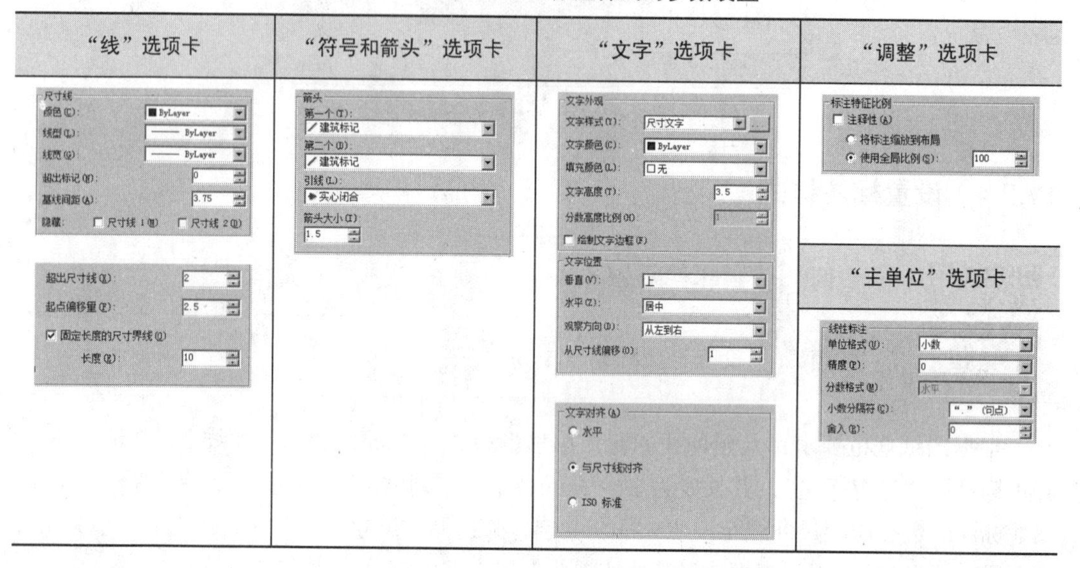

技巧：全局比例设置

在设置全局比例时，用户可根据图形的实际大小设定其具体值。全局比例“100”，即是以 1：100 的比例显示尺寸标注。

Step 04 同样，再建立一个适用于半径和直径标注的样式，其名称为“园林 -100- 半径”，并选择“基础样式”为“园林 -100”，进入“新建标注样式：园林 -100- 半径”对话框，其他参数不需要修改，只需将箭头样式修改为“实心闭合”即可，如图 16-11 所示。

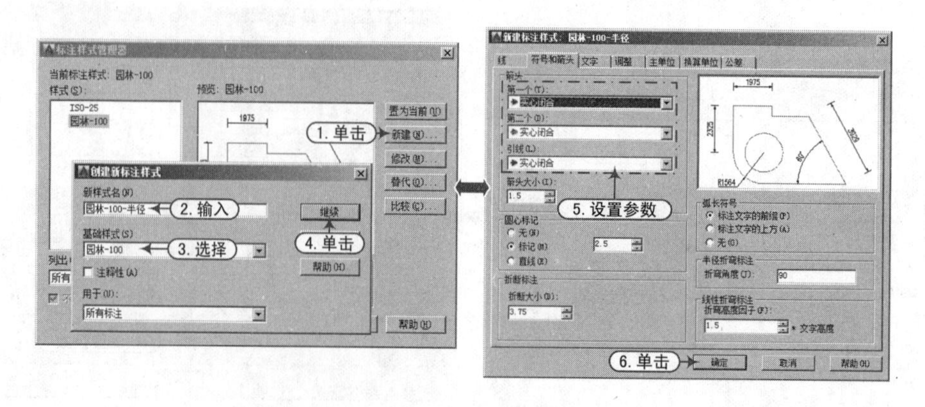

图16-11　新建“园林-100-半径”标注

技巧：半径、直径标注规范

根据《房屋建筑制图统一标准》中对特殊部位的尺寸标注做了详细的规定，再分述如下。

半径的尺寸线应一端从圆心开始，另一端画箭头（实心闭合）指向圆弧。半径数字应加注半径符号“R”，如图 16-12 所示。

较小圆弧半径，可按如图 16-13 所示形式标注。较大圆弧的半径，可按如图 16-14 所示形式标注。

标注圆的直径尺寸时，直径数字前应加直径符号“Φ”。在圆内标注的尺寸线应通过圆心，两端画箭头指至圆弧，如图 16-15 所示。较小圆的直径尺寸，可标注在圆外，如图 16-16 所示。

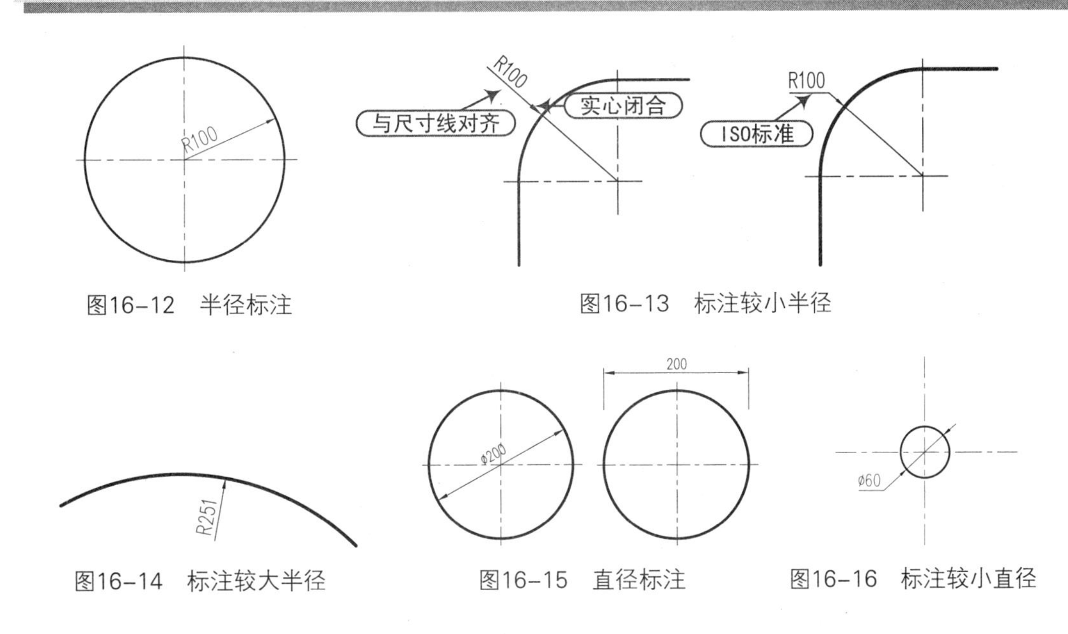

图16-12 半径标注

图16-13 标注较小半径

图16-14 标注较大半径

图16-15 直径标注

图16-16 标注较小直径

16.2.5 常用工程符号的绘制

案例	园林样板 .dwt
视频	常用工程符号的绘制 .avi

园林景观设计施工图中，除了设置相应的绘图环境外，还需要绘制一些常用的工程符号，接下来继续在“园林样板 .dwt”文件中创建一些常用的工程符号。

实战要点 ①剖切符号的绘制；②剖切索引符号的绘制；③详图符号的绘制；④标高符号的绘制；⑤轴号的绘制。

操作步骤

1. 绘制剖切符号

剖面图的剖切位置需查看平面图中的剖切符号。剖面图的剖切符号宜注在 ±0.000 标高的平面图上，下面通过实例来讲解其绘制方法。

Step 01 接着前面实例，执行“图层管理”命令（LA），在弹出的“图层特性管理器”面板中，新建“符号”图层，设置颜色为“洋红”，并设置为当前图层，如图 16-17 所示。

图16-17　新建图层

Step 02 执行“多段线”命令（PL），在图形区任意单击一点作为起点，再根据命令提示，选择“宽度（W）”选项，设置起点和端点宽度均为 1mm，然后向上绘制长 10mm 的线；再转向右绘制长 6mm 的线，然后空格键结束多段线的绘制，图形效果如图 16-18 所示。

Step 03 执行“镜像”命令（MI），将绘制的多段线向下水平镜像一份，如图 16-19 所示。

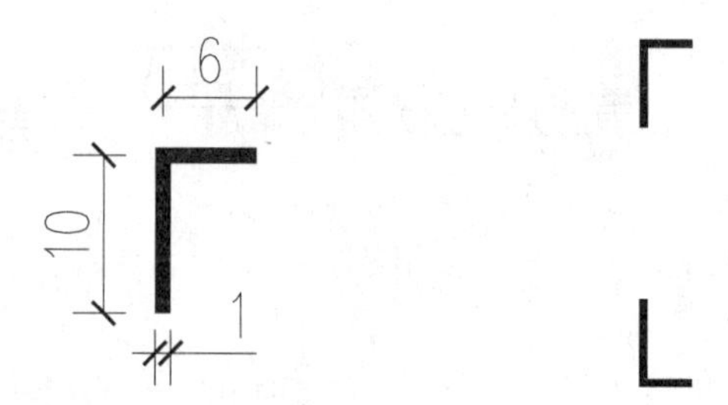

图16-18　绘制多段线　　　　图16-19　镜像多段线

Step 04 在“插入”选项卡中的“块”面板中，单击“定义属性”按钮，弹出“属性定义”对话框，按照如图 16-20 所示提示来设置属性值，然后在图形相应位置单击以插入一个属性值。

Step 05 执行“复制”命令（CO），将属性值向下复制一份，如图 16-21 所示。

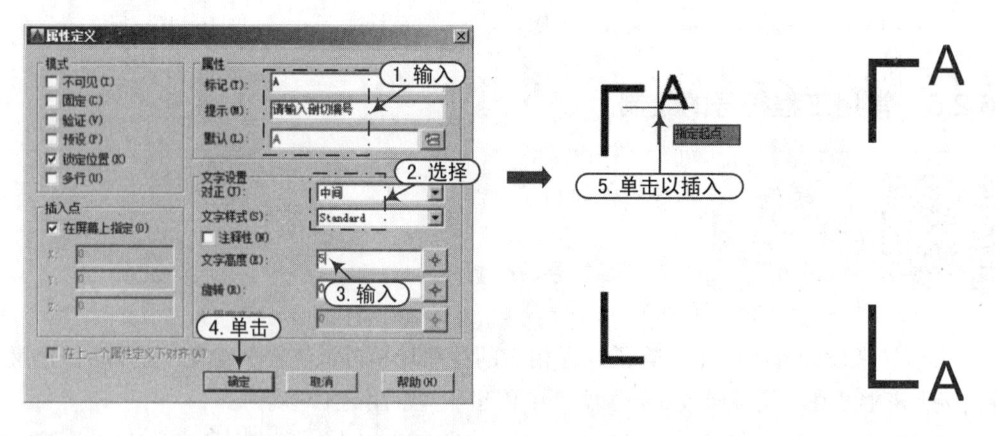

图16-20　定义属性　　　　图16-21　复制属性值

Step 06 执行“创建块”命令（B），弹出“块定义”对话框，按照如图 16-22 所示的步骤将绘制的剖切符号保存为“样板文件”的内部图块。

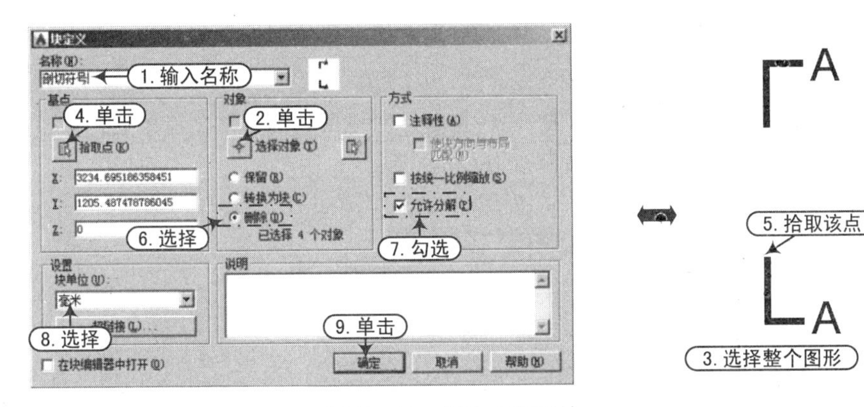

图16-22 保存内部图块

2. 绘制剖切索引符号

剖切位置线、剖视方向线和索引符号，共同构成了剖切索引符号，下面通过实例来讲解其绘制方法。

Step 01 接上例，执行“圆”命令（C），在空白位置指定一点作为圆心，然后根据命令提示选择“直径（D）”选项，再输入直径值 10，以绘制一个直径 10mm 圆，如图 16-23 所示。

Step 02 执行“直线”命令（L），过“象限点”绘制水平线，如图 16-24 所示。

Step 03 执行“多段线”命令（PL），选择“宽度（W）”选项，设置全局宽度为“0.5”，在水平线上侧绘制一条长为 5mm 的水平多段线，如图 16-25 所示。

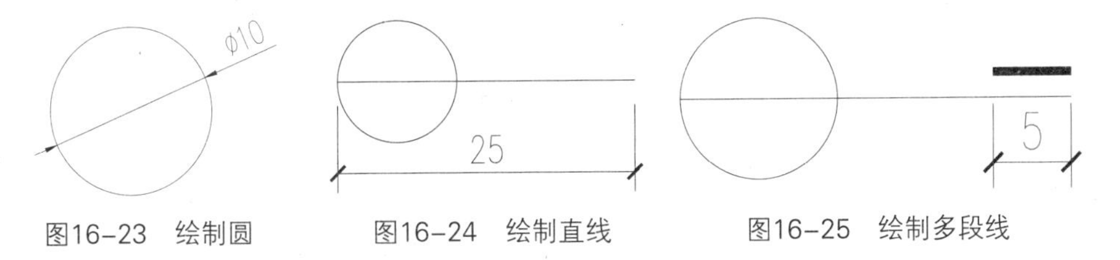

图16-23 绘制圆　　图16-24 绘制直线　　图16-25 绘制多段线

Step 04 执行“绘图 | 块 | 定义属性”菜单命令，打开“属性定义”对话框，按照如图 16-26 所示来设置属性值。

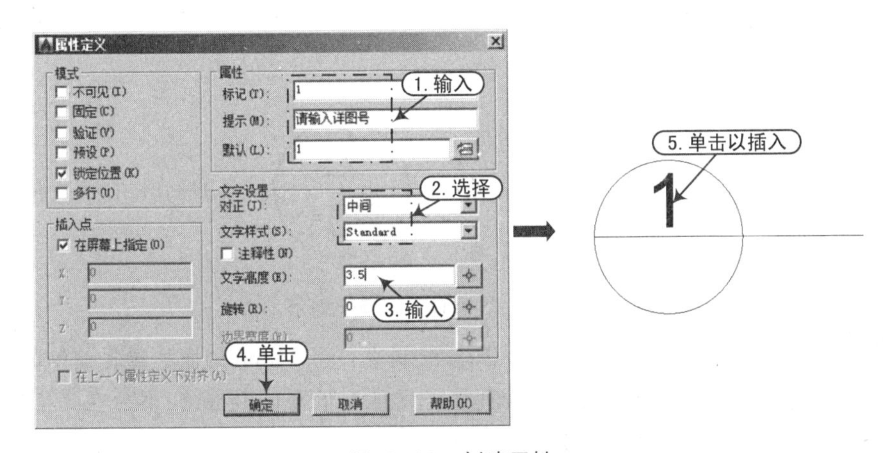

图16-26 创建属性

Step 05 执行“直线”命令（L），在下半圆中间位置绘制一条短横线，从而表示索引的详图在本张图纸上。

Step 06 执行“创建块”命令（B），根据前面创建图块的方法，将绘制好的“剖切索引符号”保存为内部图块，保存的基点如图 16-27 所示。

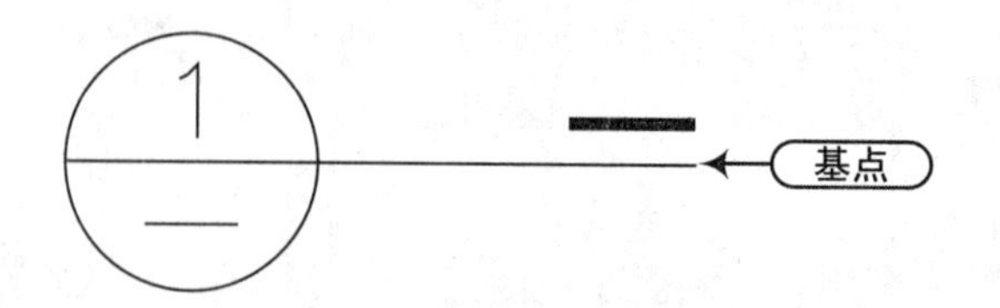

图16–27　绘制短横线并保存块

技巧：关于剖切符号方向问题

如图 16–28 所示，1 图、2 图上面圈圈里面的横线代表在本页，也有是数字的，数字就代表在多少页。例如 $\frac{A}{2}$，代表 A 号详图在第 2 页，A 代表详图号，方向就看短线在长线的什么方向就好；如 1 图，方向就是从左向右看；2 图，从下向上看。像 3 图、4 图的这种符号，看它的开口方向即可，如 3 图，从左向右看；4 图，从下向上看。。

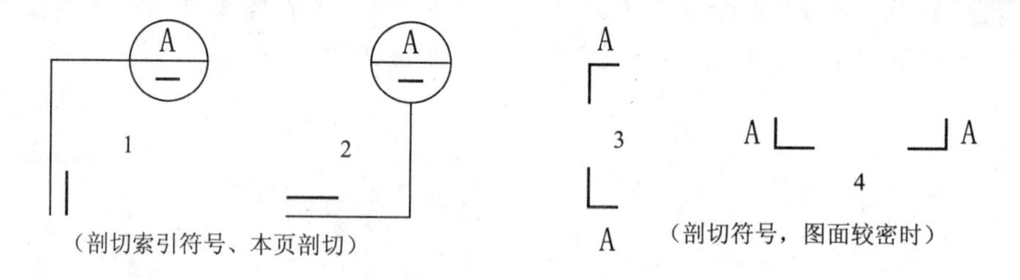

图16–28　剖切符号

3. 绘制详图符号

索引出的详图应画出详图符号来表示详图的位置和编号，详图符号以粗实线绘制，直径为 14mm 的圆，详图符号的两种形式如图 16-29 所示。下面通过实例来绘制本张详图符号。

图16–29　详图符号的两种形式

Step 01 接上例，执行“圆”命令（C），绘制直径为 14mm 的圆。选择绘制的圆对象，然后在“特性”面板中单击“线宽”下拉列表，设置线宽为 0.50mm；然后在“状态栏”中单击“线宽”按钮，以显示线宽效果如图 16-30 所示。

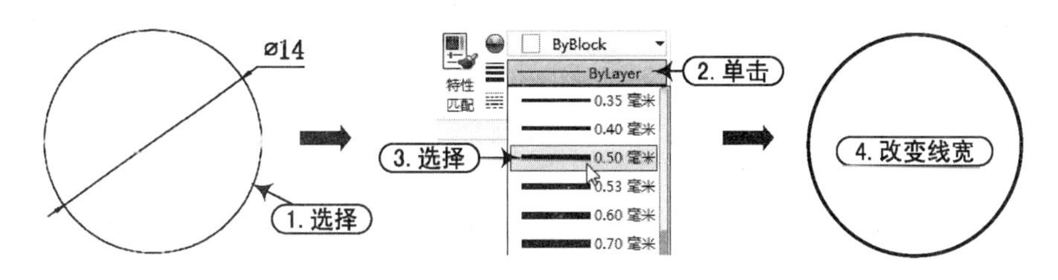

图16–30 改变线宽

Step 02 在“插入”选项卡的“块”面板中，单击“定义属性”按钮，弹出“属性定义”对话框，按照如图 16-31 提示来设置属性值，然后在圆心处单击以插入一个属性值。

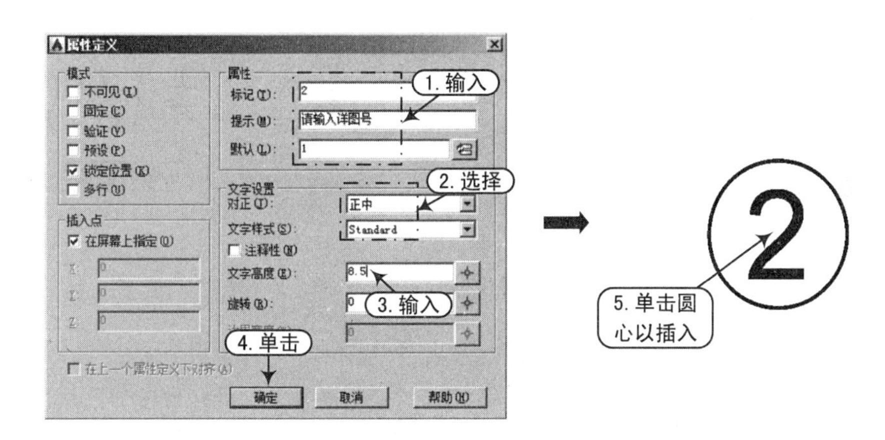

图16–31 定义属性

Step 03 执行“创建块”命令（B），将图形保存为“样板文件”的内部图块，其名称为“本张详图符号”，并以圆心为保存的基点。

4. 绘制标高符号

标高符号是用以标注建筑物某一点高度位置的，下面通过实例来讲解其绘制方法：

Step 01 接上例，执行“直线”命令（L），绘制一条长为 6mm 的水平线段，如图 16-32 所示。

Step 02 执行“构造线”命令（XL），根据提示选择“角度（A）”选项，分别设置角度为 45° 和 -45，并单击水平线中点为通过点，来绘制两条构造线；然后通过“偏移（O）”命令，将水平线向上偏移 3mm，如图 16-33 所示。

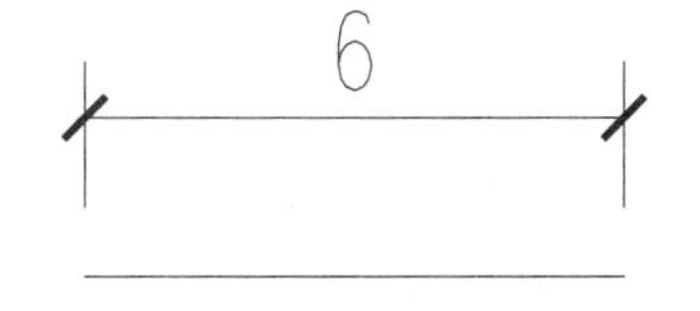

图16–32 绘制直线

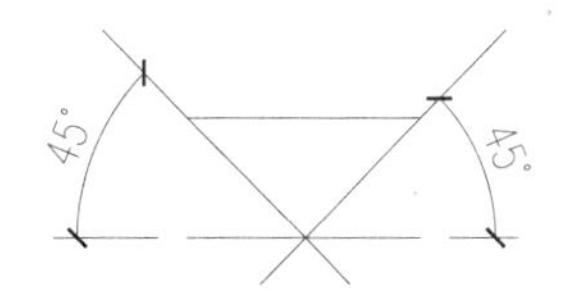

图16–33 绘制构造线

Step 03 执行“修剪”命令（TR），修剪多余线条，效果如图 16-34 所示。

Step 04 执行“直线”命令（L），在水平线右侧绘制长 15mm 的水平线段，如图 16-35 所示。

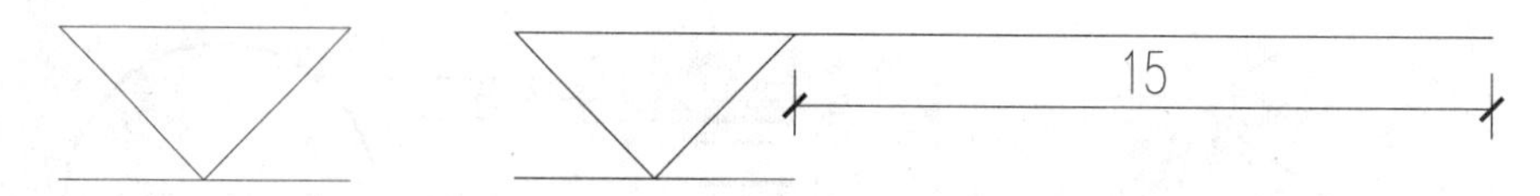

图16-34 修剪效果　　　　图16-35 绘制水平线

Step 05 选择“绘图 | 块 | 定义属性”菜单命令，打开“属性定义”对话框，按照如图 16-36 所示创建属性值。

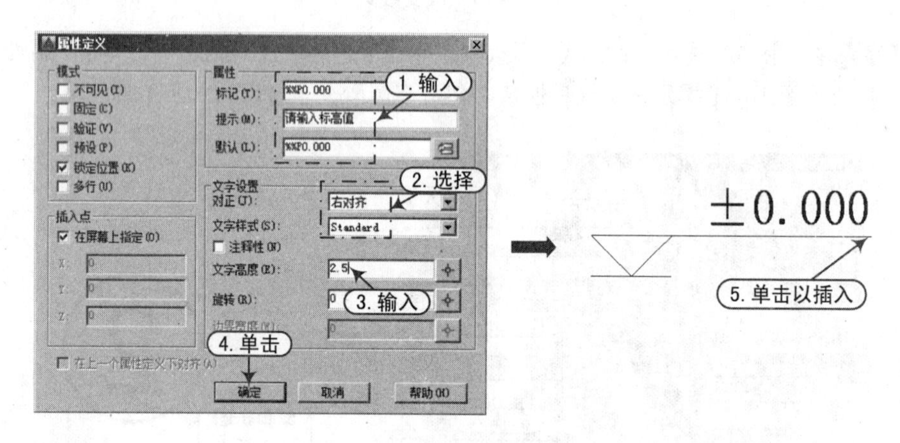

图16-36 创建属性

Step 06 执行“创建块”命令（B），将绘制的“标高符号”保存为内部图块，基点为三角形直角顶点。

5. 绘制轴号

轴号是由细实线圆和轴线编号组成，圆的直径为 8mm，下面通过实例来创建一个比例为 100 的轴号，讲解其绘制方法：

Step 01 接上例，执行“圆”命令（C），绘制直径为 800mm 的圆，如图 16-37 所示。

Step 02 选择“绘图 | 块 | 定义属性”菜单命令，打开“属性定义”对话框，按照如图 16-38 所示创建属性值。

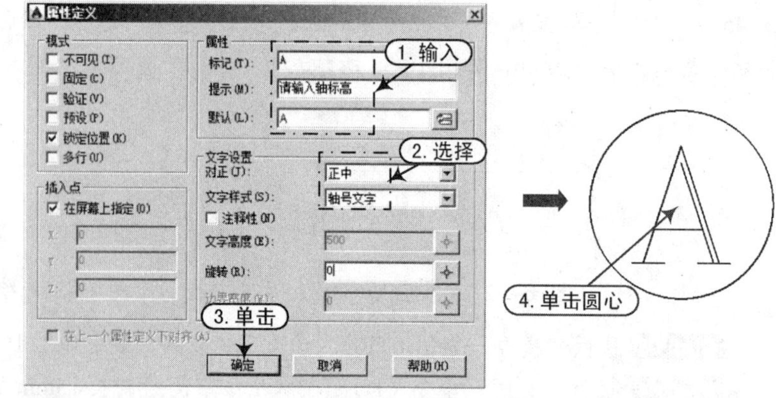

图16-37 绘制圆　　　　图16-38 创建属性

技巧：轴号比例设置

由于在前面创建“轴号文字”文字样式时是以100的比例来设置的，“轴号”文字的文字字高为500，这里选择该样式时，其文字高度已经确定了，是不可以更改的，因此绘制圆时不能按1∶1的比例了，而是其1∶100（直径8mm×100）。

Step 03 执行“创建块”命令（B），将绘制的图形保存为样板文件的内部图块，名称为“轴号”，保存基点为圆心。

Step 04 在“快速访问”工具栏单击“保存”按钮，将设置好的“园林样板 .dwg”文件进行保存。

16.3 绘制景观亭平面图

屋顶平面图即是反映鸟瞰凉亭的情况，底面图是从凉亭柱子处水平剖开，移去剖开后的上部分，得到的凉亭俯视平面。下面来讲解底平面和顶平面图的绘制方法。

16.3.1 底层平面图的绘制

案例	景观亭 .dwg
视频	绘制景观亭底层平面图 .avi

首先绘制轴网和柱子，然后绘制出景观亭底层轮廓，最后对其进行文字、尺寸及符号的标注，绘制步骤如下：

实战要点 掌握景观亭底层平面图的绘制方法。

操作步骤

Step 01 正常启动 AutoCAD 2016 应用程序，单击“打开”按钮，将前面创建的“案例\16\园林样板 .dwt”文件打开；再单击“另存为”按钮，将该样板文件另存为“案例\16\景观亭 .dwg”文件。

Step 02 在“图层”面板的“图层控制”下拉列表中，选择“轴线”图层为当前图层。

Step 03 执行“构造线”命令（XL），首先绘制水平和垂直的构造线；然后执行“偏移”命令（O），将构造线按照如图16-39所示尺寸进行偏移。

Step 04 在“图层”面板的“图层控制”下拉列表中，选择“小品轮廓线”图层为当前图层。

Step 05 执行“矩形”命令（REC）和“偏移”命令（O），绘制220mm×220mm的矩形，然后将其向内偏移20mm；再执行“图案填充”命令（H），选择图案为“SOLTD”，对内矩形进行填充，如图16-40所示形成柱子效果。

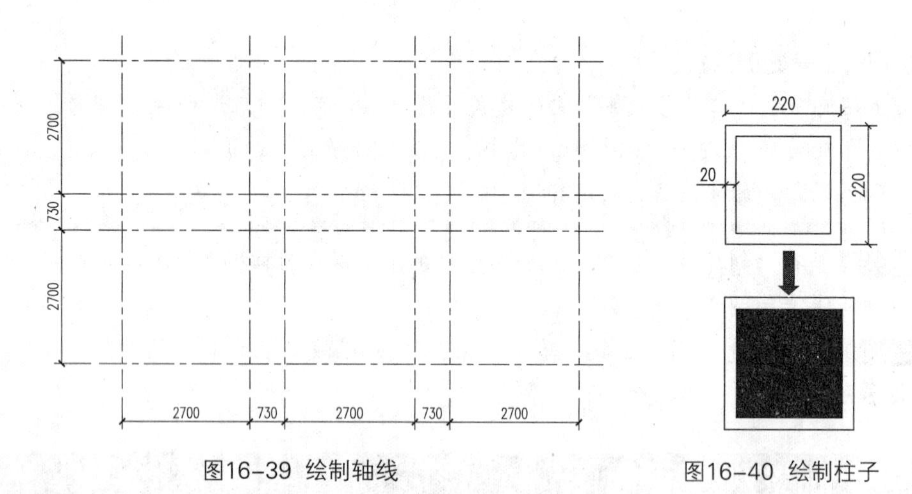

图16-39 绘制轴线　　图16-40 绘制柱子

Step 06 执行“复制”命令（CO），将柱子以中心点分别复制到相应轴线的交点，如图 16-41 所示。

Step 07 执行“多段线”命令（PL），捕捉柱子轮廓绘制一条多段线；然后执行“偏移”命令（O），将多段线向外偏移 150mm，如图 16-42 所示。

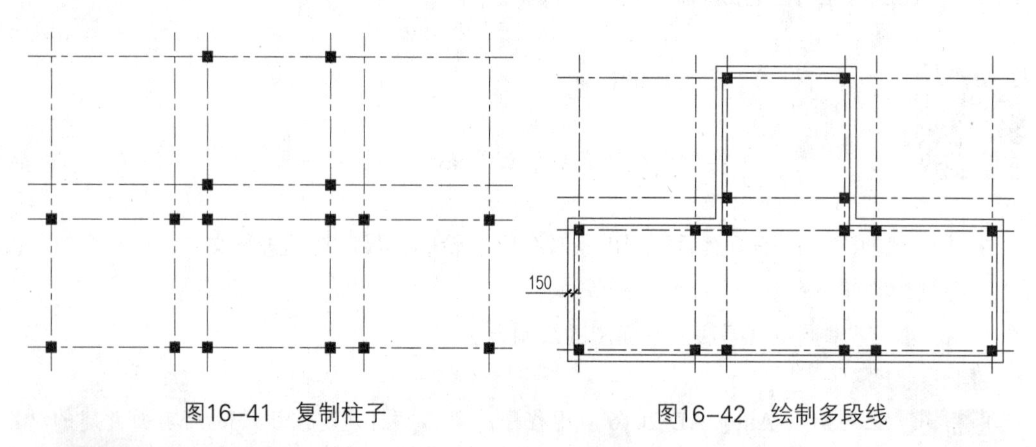

图16-41　复制柱子　　图16-42　绘制多段线

Step 08 执行“偏移”命令（O）和“修剪”命令（TR），在其中一个正方形轴线之间绘制如图 16-43 所示的正方形。

Step 09 执行“偏移”命令（O），将正方形四条边各向内偏移 400mm；再执行“直线”命令（L），在中间绘制斜线以表示镂空效果，如图 16-44 所示形成中间的坐凳效果。

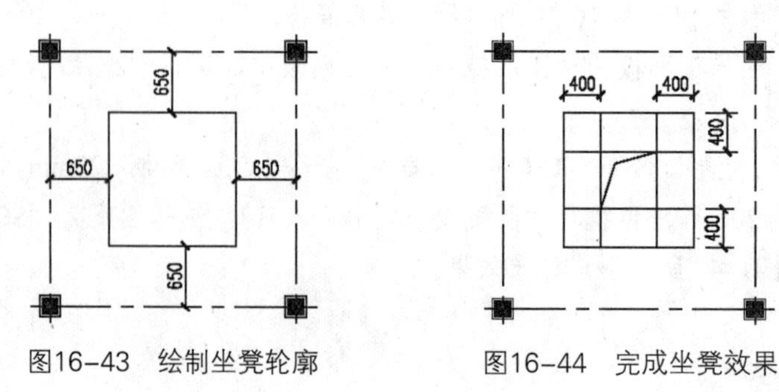

图16-43　绘制坐凳轮廓　　图16-44　完成坐凳效果

Step 10 执行“复制”命令（CO），将绘制的坐凳图形分别复制到相应的位置，如图 16-45 所示。

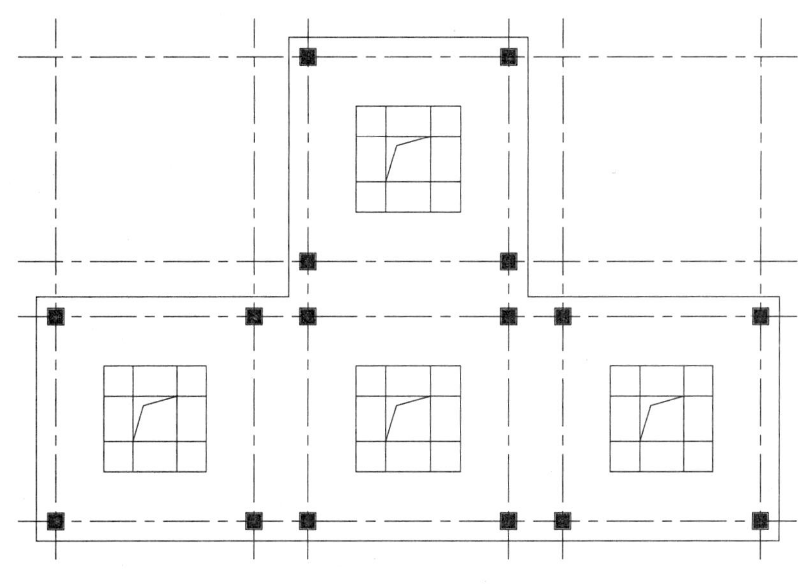

图16-45 复制坐凳

Step 11 执行“插入块”命令（I），将“标高符号”内部图块按照 1∶50 的比例插入图形中，然后通过移动命令（M）和“复制”命令（CO），复制多个符号并修改相应标高值，效果如图 16-46 所示。

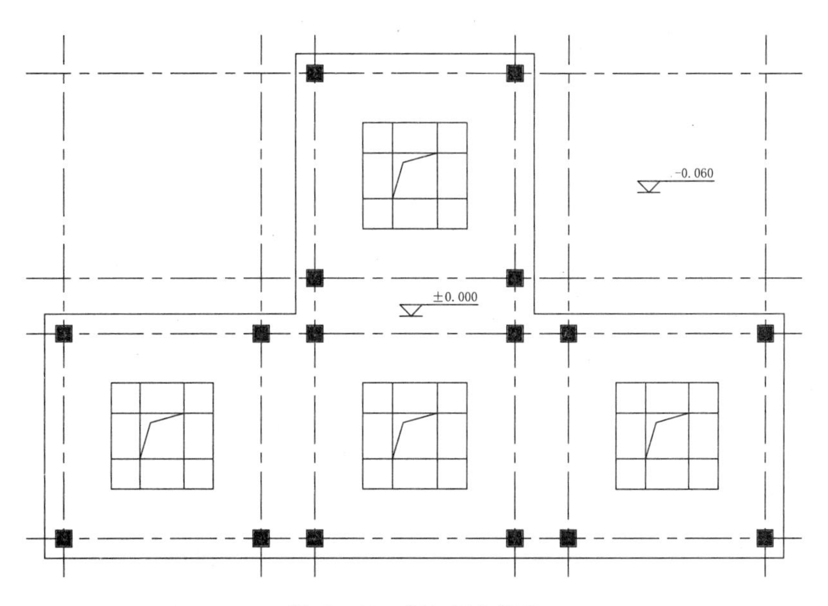

图16-46 插入标高符号

Step 12 选择“尺寸标注”图层为当前图层，执行“标注样式”命令（D），选择“园林 -100”标注样式为当前，且调整标注比例为 50，如图 16-47 所示。

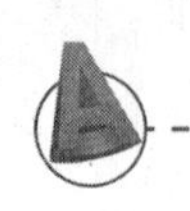

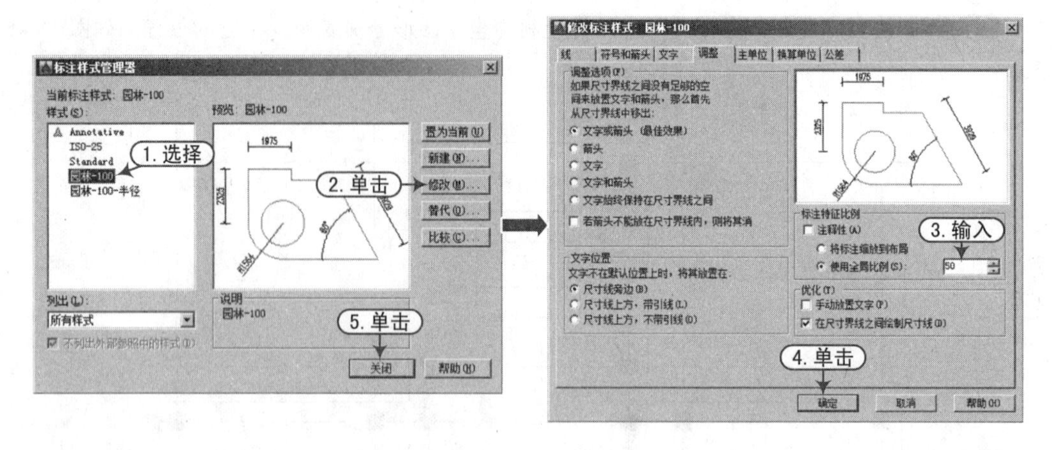

图16-47　修改标注比例

Step 13 执行“线性标注”命令（DLI）和“连续标注”命令（DCO），对图形进行相应的尺寸标注；再执行“插入块”命令（I），将“轴号”内部图块以“0.5”的比例插入图形轴线延长线上，并通过“复制”命令（CO）和“直线”命令（L），完成轴号标注效果，如图16-48所示。

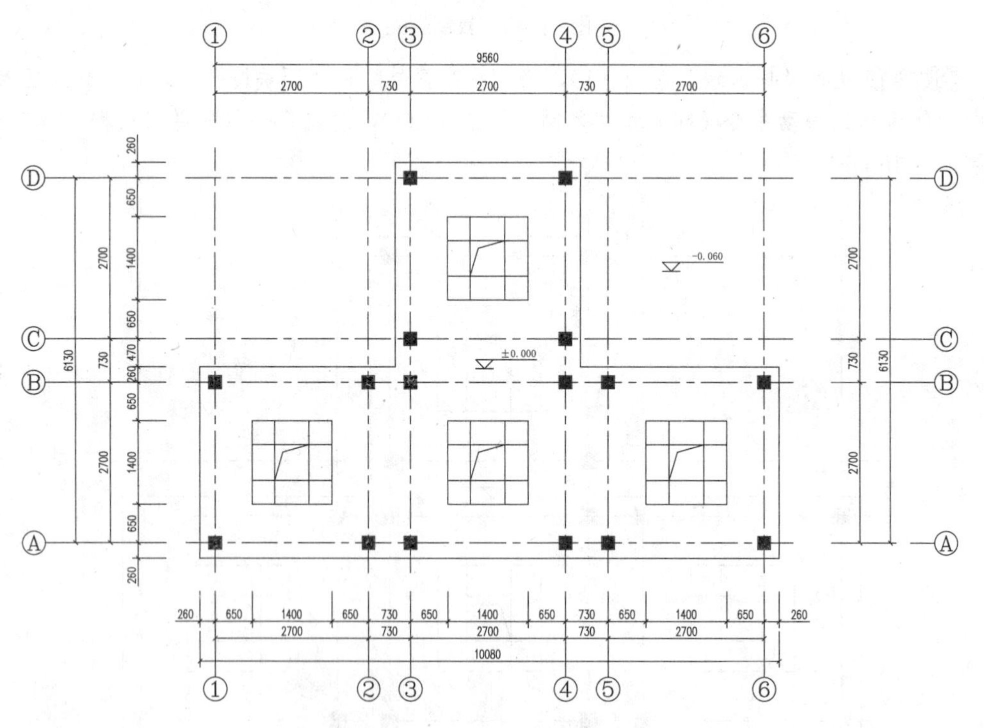

图16-48　尺寸及轴号标注

Step 14 执行“插入块”命令（I），在“插入”对话框中，选择内部图块“剖切符号”，设置插入比例为50，并勾选“分解”复选框，然后插入图形中；再通过“复制”命令（CO）和“旋转”命令（RO），完成如图16-49所示位置的两个剖切符号。

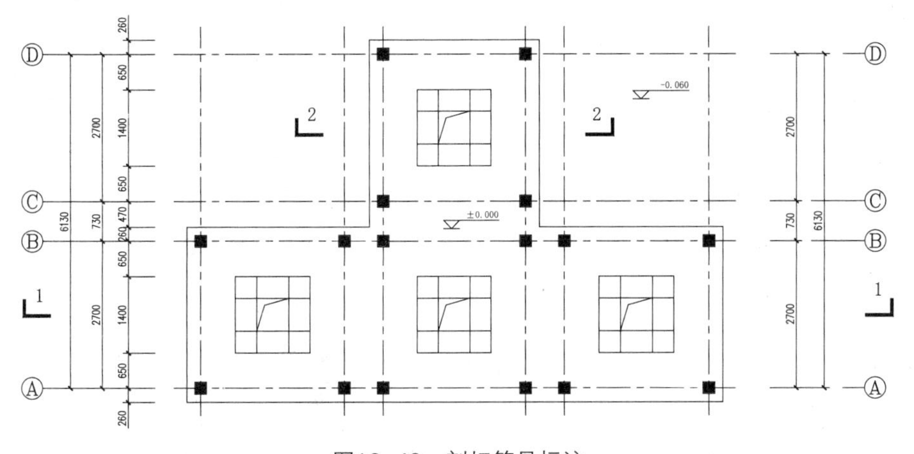

图16-49 剖切符号标注

技巧：图块插入的比例

由于前面绘制的内部图块，除“轴号”以外，都是以 1：1 的比例来绘制的，当在绘制工程图时若要使用到某个图块，则需要按相应的比例大小来插入该图块，因此插入“剖切符号”等符号时输入插入的比例为 50。

Step 15 选择“文字标注”图层为当前图层，执行“多行文字”命令（MT），选择“图内文字”样式，在图内注写区域名称；然后选择“图名”文字样式，设置字高为 400，在图形下方注写图名；然后执行“多段线”命令（PL），在图名下方绘制适当长度和宽度的水平多段线，如图 16-50 所示。

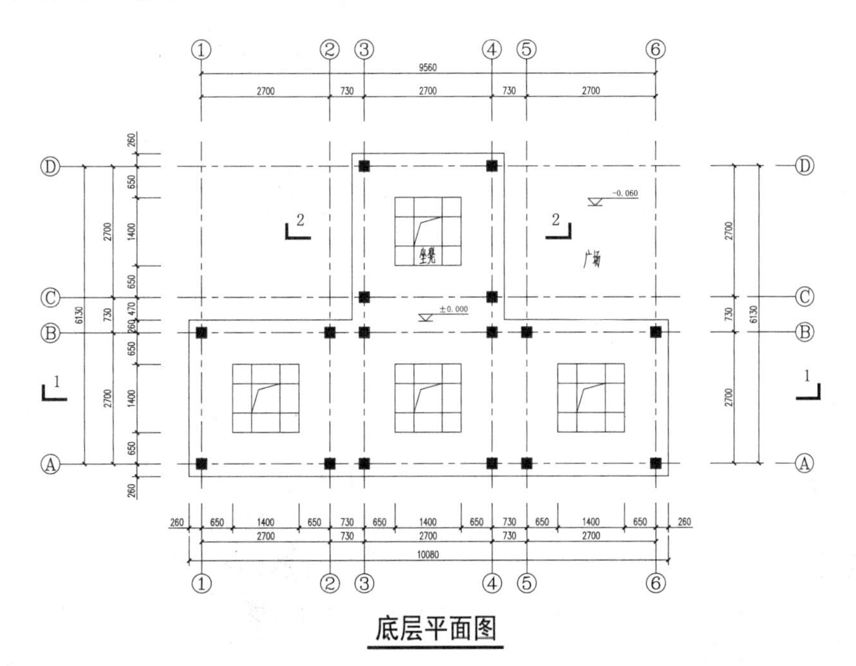

图16-50 文字标注

16.3.2 屋顶平面图的绘制

	案例	景观亭 .dwg
	视频	绘制景观亭屋顶平面图 .avi

屋顶平面图是在底层平面图的基础上进行的，首先可将画好的底层平面图复制一份，并做相应地修改，然后在此基础上绘制屋顶平面图。

实战要点 掌握景观亭屋顶平面图的绘制方法。

操作步骤

Step 01 执行“复制”命令（CO），将底层平面图复制一份；然后根据需要，执行“删除”命令（E），将内部不需要的图形删除，只保留轴线、轴号及相应尺寸标注，然后修改图名为“屋顶平面图”，如图 16-51 所示。

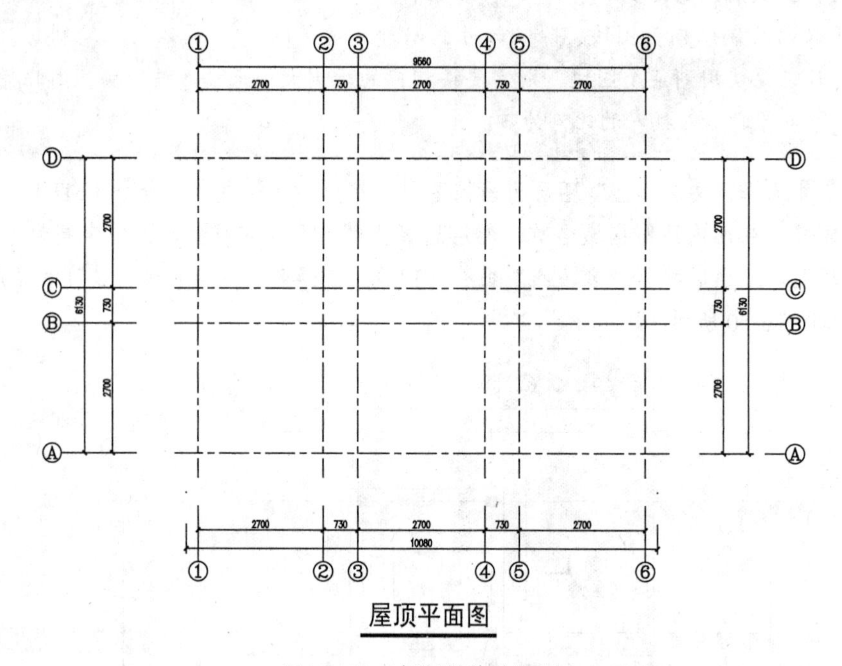

图16–51 复制并修改图形

Step 02 在“图层”面板的“图层控制”下拉列表中，选择“小品轮廓线”图层为当前图层。

Step 03 执行“矩形”命令（REC），捕捉左下轴线对角交点绘制一个正方形；再执行“偏移”命令（O），将正方形向外依次偏移 235mm 和 43mm，如图 16-52 所示。

Step 04 执行“删除”命令（E），将与轴线重合的正方形删除；再执行“直线”命令（L），过内正方形绘制对角线；再执行“偏移”命令（O），将对角线各向两边偏移 80mm，且修剪掉多余的边，效果如图 16-53 所示。

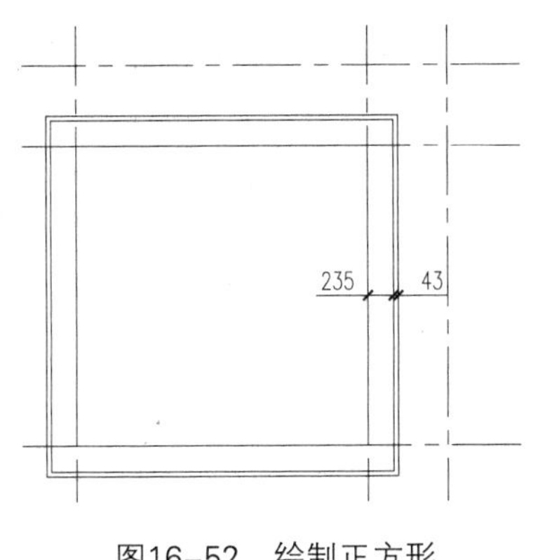

图16-52 绘制正方形

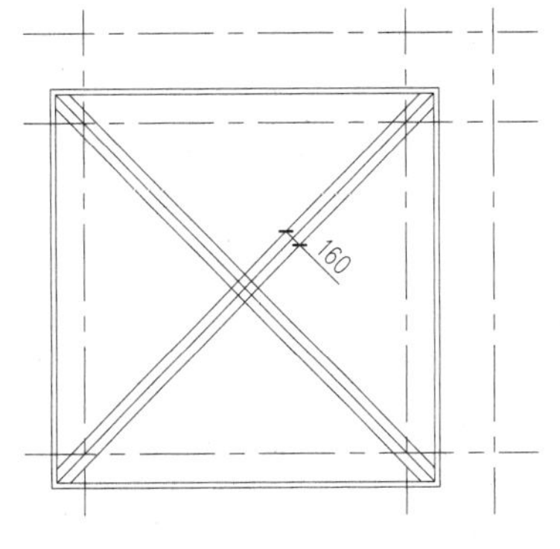

图16-53 绘制线段

Step 05 执行“图案填充”命令（H），选择图案为“BOX”，设置比例为15，角度为45°，对内三角进行填充，且将填充的图案转换为“填充线”图层，如图16-54所示。

步骤提示：

在填充图案时，由于轴线与填充的三角区域相交，使填充起来比较困难。可先将“轴线”图层关闭，等填充完成后，再将“轴线”图层显示。

Step 06 执行“复制”命令（CO），将绘制的屋顶面复制到其他相应位置，如图16-55所示。

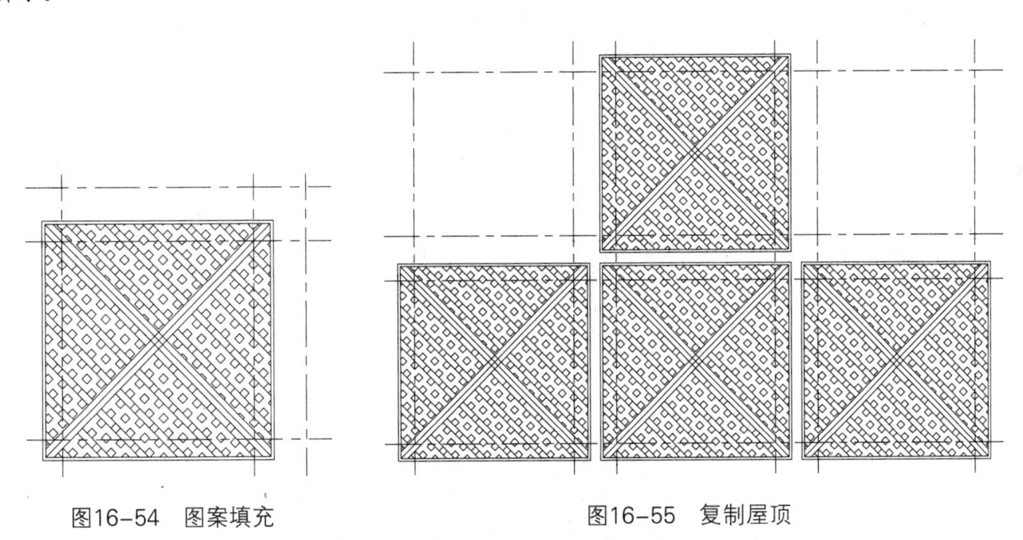

图16-54 图案填充

图16-55 复制屋顶

Step 07 执行“多段线”命令（PL）、“偏移”命令（O）和“删除”命令（E），围绕图形外轮廓绘制多段线；然后将其向外偏移208mm，并删除多段线，如图16-56所示。

Step 08 执行“多段线”命令（PL），绘制箭头表示坡度指引符号；然后通过“镜像”命令（MI）、“旋转”命令（RO）、“复制”命令（CO）在相应位置绘制出坡度指引；执行“多行文字”命令（MT），选择“图内文字”样式，设置字高为150，在坡度指引号中间注写坡度“1%”，如图16-57所示。

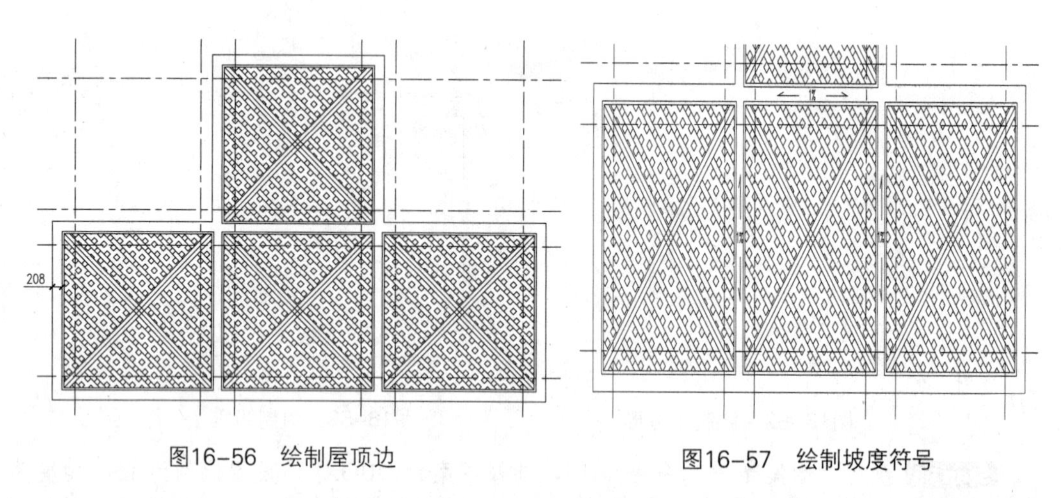

图16-56　绘制屋顶边　　　　图16-57　绘制坡度符号

技巧：单行文字与多行文字的区别

标注好单行文字后，只能对文字内容进行修改，而不能修改其“文字样式”、“字高”、“字体”等等格式。

而标注的多行文字，不仅可以修改文字内容，还能对文字样式、字高、字体、宽度等等格式进行修改。

因此在这里使用多行文字输入，更为方便。

Step 09 选择“文字标注”图层为当前，执行“引线注释”命令（LE），在相应位置进行文字注释，如图16-58所示。

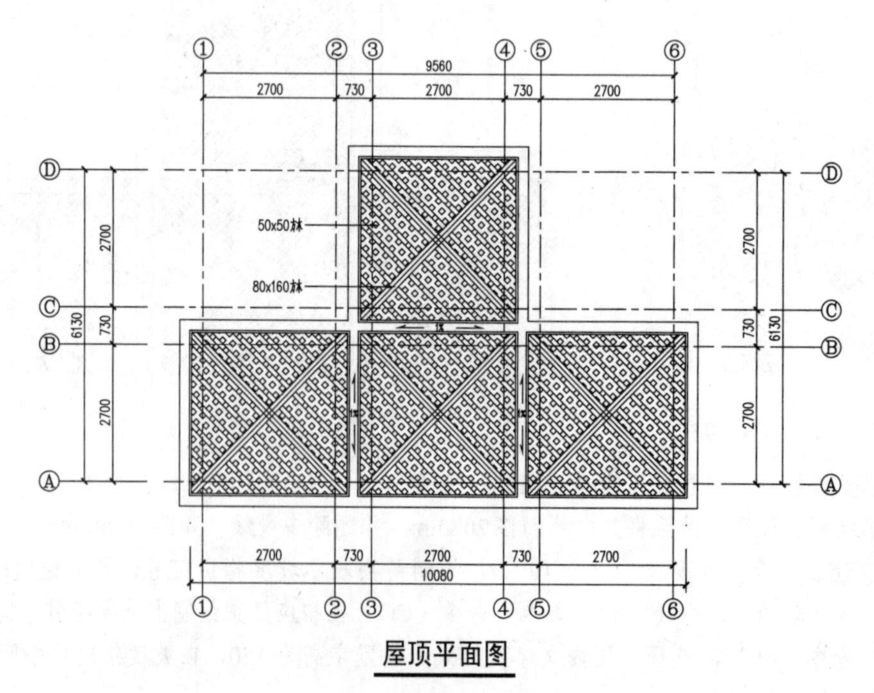

图16-58　屋顶平面图效果

16.4 绘制景观亭立面图

案例	景观亭 .dwg
视频	绘制景观亭立面图 .avi

在绘制景观亭立面图时，首先根据底平面图的柱子和边缘轮廓绘制投影线，然后通过直线、偏移、修剪等命令绘制出立面图基本轮廓，再绘制出一些细节，从而完成立面图的绘制。

实战要点 掌握景观亭立面图的绘制方法。

操作步骤

Step 01 在“图层控制”下拉列表中，将“尺寸标注”和“文字标注”图层隐藏；将“小品轮廓线”图层为当前图层。

Step 02 执行“直线”命令（L），由底平面图下方的柱子和边缘轮廓端点向下绘制垂直投影线，如图 16-59 所示。

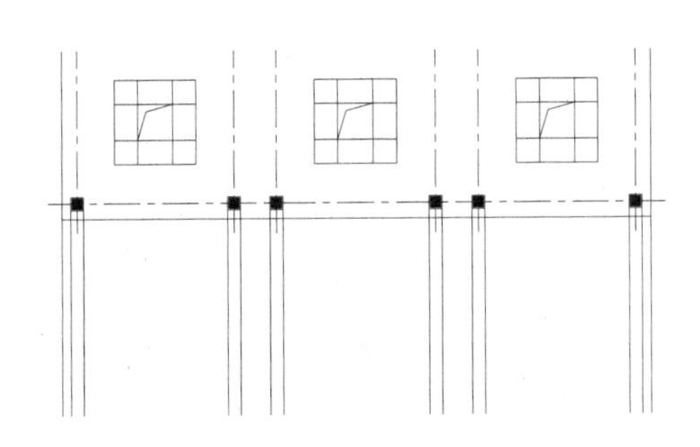

图16-59 绘制投影线

Step 03 再执行“直线”命令（L）和“偏移”命令（O），在投影线上绘制一条水平线，且按照如图 16-60 所示进行偏移。

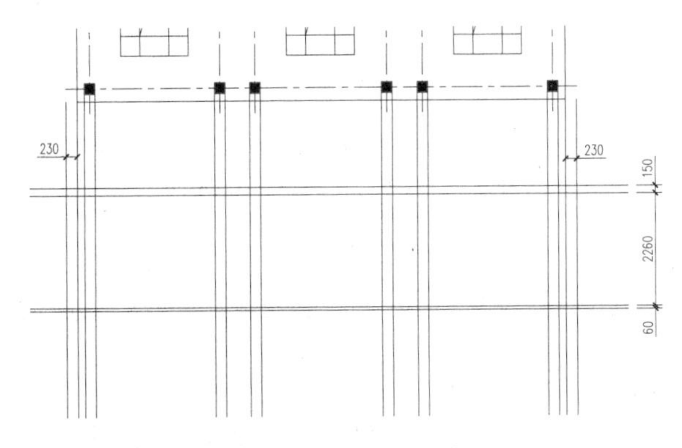

图16-60 绘制偏移线段

Step 04 执行“修剪”命令（TR），修剪掉多余的线条，然后将最下面的线条转换为“地坪线”图层，如图 16-61 所示。

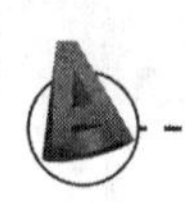

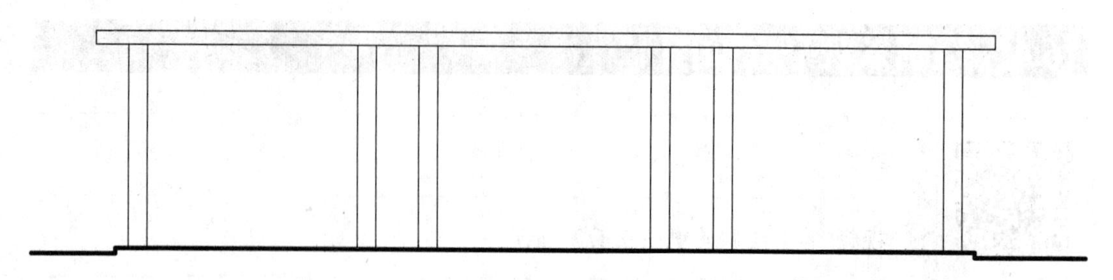

图16-61　修剪效果

技巧：线宽的显示

由于地坪线图层设置了粗线线宽，为了显示线宽效果，可在状态栏下单击按钮☰，以启用“线宽”功能。

Step 05 执行“偏移”命令（O）和“修剪”命令（TR），在中间绘制一个坐凳；然后执行“复制”命令（CO），将坐凳复制到其他的亭子里，如图16-62所示。

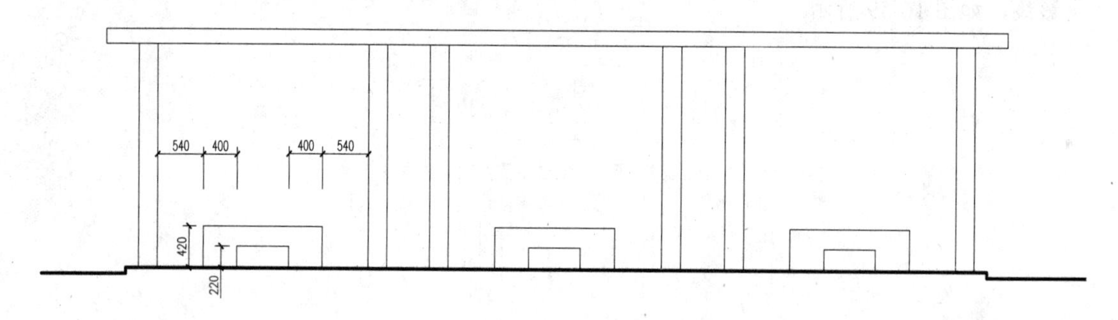

图16-62　绘制坐凳

Step 06 执行“直线”命令（L）和“偏移”命令（O），在图形上方绘制如图16-63所示的线段。

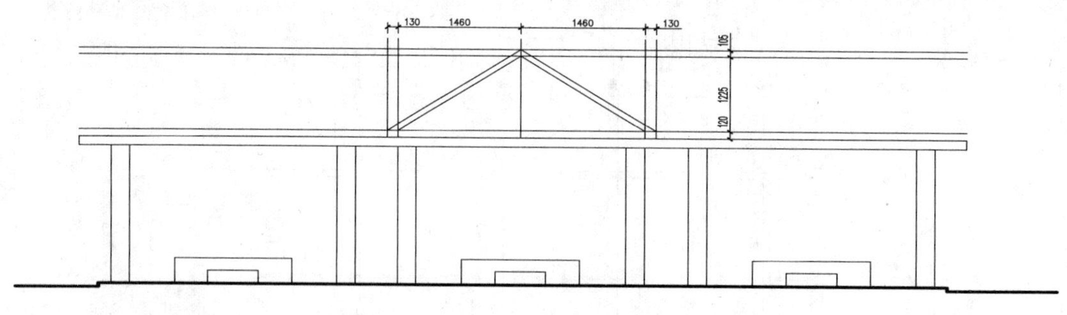

图16-63　绘制线段

Step 07 执行“修剪”命令（TR）和“删除”命令（E），修剪删除多余的线条；然后执行“图案填充”命令（H），系统自动继承前面“屋顶平面图”设置的图案与参数，对内三角形进行填充，且转换填充的图案为“填充线”图层，效果如图16-64所示。

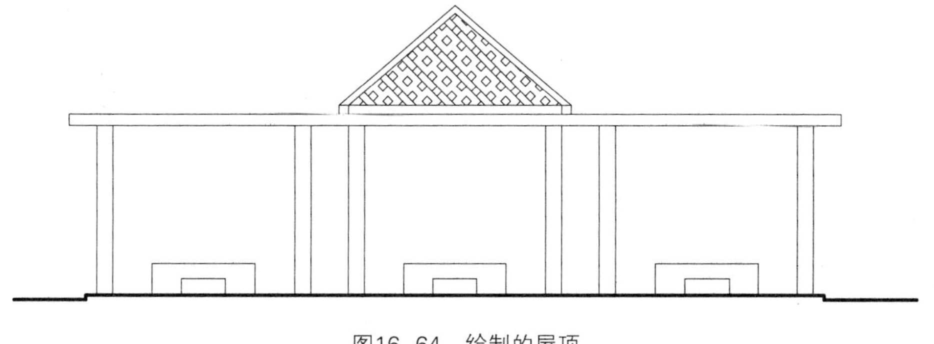

图16-64　绘制的屋顶

Step 08 执行“复制”命令（CO），将中间的屋顶各向两边复制3430mm，形成中间250mm的间距，如图16-65所示。

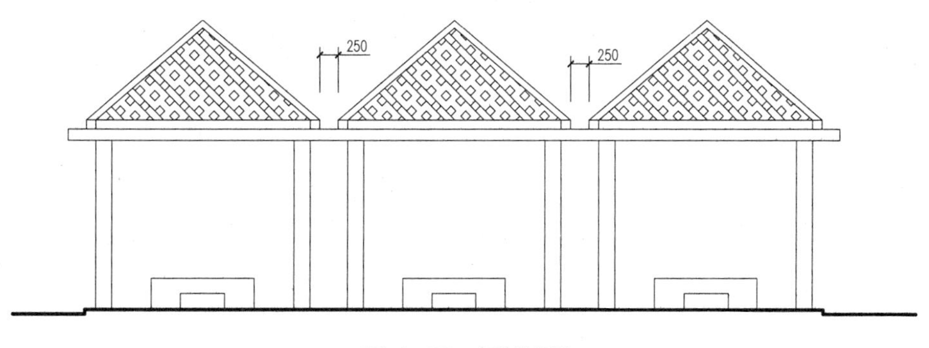

图16-65　复制屋顶

Step 09 在“图层控制”下拉列表，将隐藏的“尺寸标注”和“文字标注”图层显示出来，然后选择“尺寸标注”图层为当前。

Step 10 执行“线性标注”命令（DLI）和“连续标注”命令（DCO），在右侧标注出高度方向的尺寸；再执行“复制”命令（CO），将前面图形的标高符号复制过来并修改相应的标高值，效果如图16-66所示。

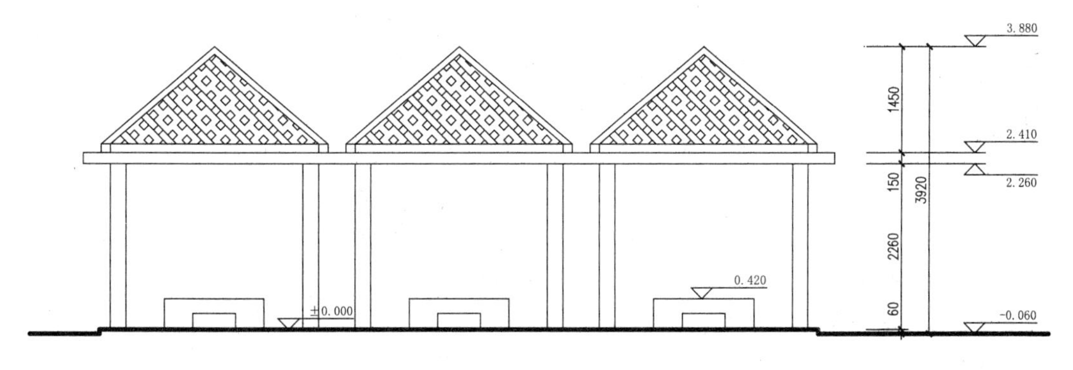

图16-66　尺寸、标高标注

Step 11 执行“复制”命令（CO），将轴号1和轴号6复制到立面图的相应柱子下方，如图16-67所示。

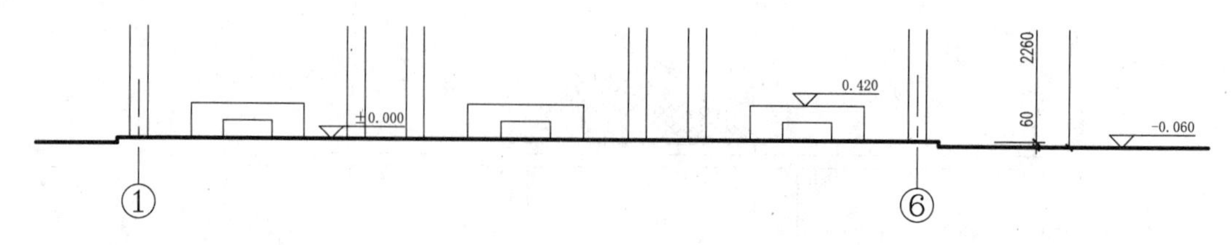

图16–67　轴号标注

Step 12 选择“文字标注”图层为当前图层，执行“引线注释”命令（LE），选择“图内文字”样式，在相应位置进行文字的注释；再执行“多行文字”命令（MT），选择“图名”样式，设置字高为 300，在下方标注图名，且绘制一条水平多段线，效果如图 16-68 所示。

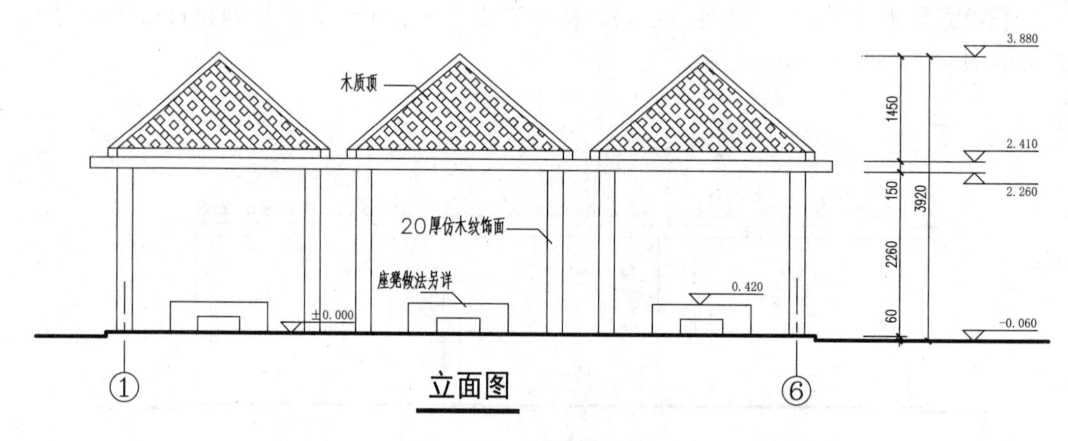

图16–68　文字注释效果

16.5　绘制景观亭剖面图

接下来以前面绘制的立面图为基础来绘制出 1-1 剖面图和 2-2 剖面图。

16.5.1　1–1 剖面图的绘制

	案例	景观亭 .dwg
	视频	绘制景观亭 1-1 剖面图 .avi

在绘制景观亭 1-1 剖面图时，首先将前面的立面图复制一份并做相应调整，然后在此基础上绘制剖切到的细节，从而完成 1-1 剖面图的绘制。

实战要点 掌握景观亭 1-1 剖面图的绘制方法。

操作步骤

Step 01 执行“复制”命令（CO），将前面的立面图复制一份，然后将里面的文字注释对象删除，并修改图名为“1-1 剖面图”，效果如图 16-69 所示。

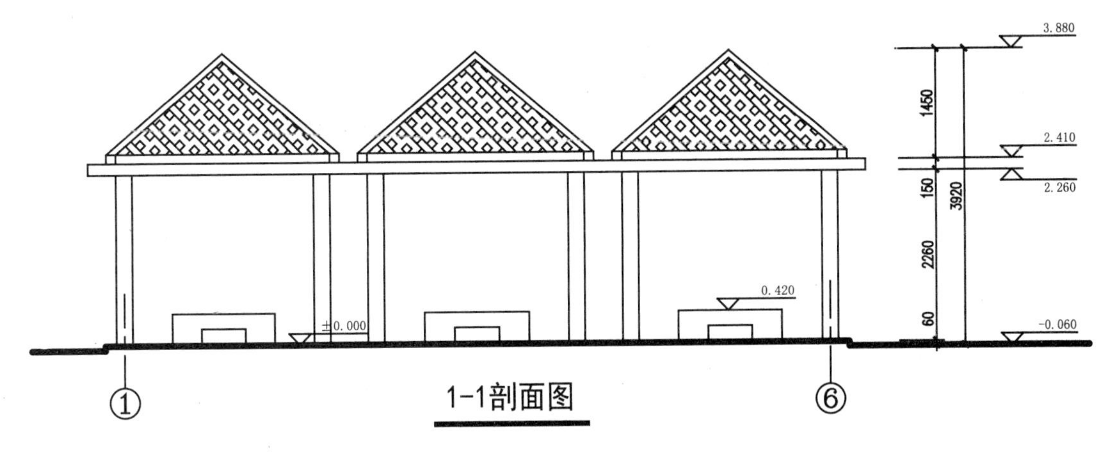

图16-69 复制修剪图形

Step 02 执行“偏移”命令（O）和“修剪”命令（TR），分别在左、右横梁处，将外轮廓线分别向内进行偏移，且修剪出如图 16-70 所示剖面轮廓。

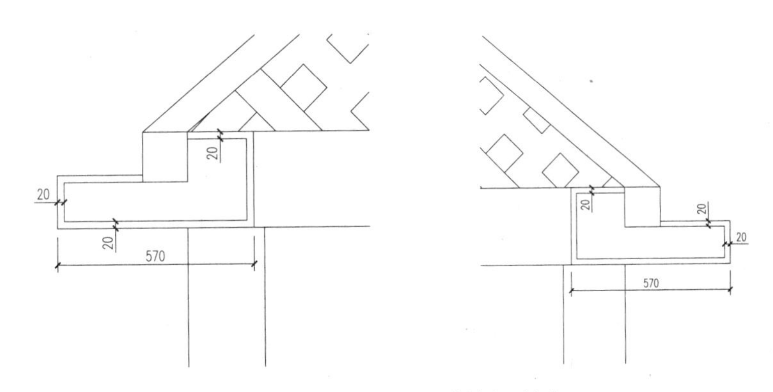

图16-70 绘制屋顶外侧剖面轮廓

Step 03 执行“样条曲线”命令（SPL），在相应格子内绘制样条曲线以表示木纹；然后执行“图案填充”命令（H），对转折“7 字”位填充“SOLTD”图案，如图 16-71 所示

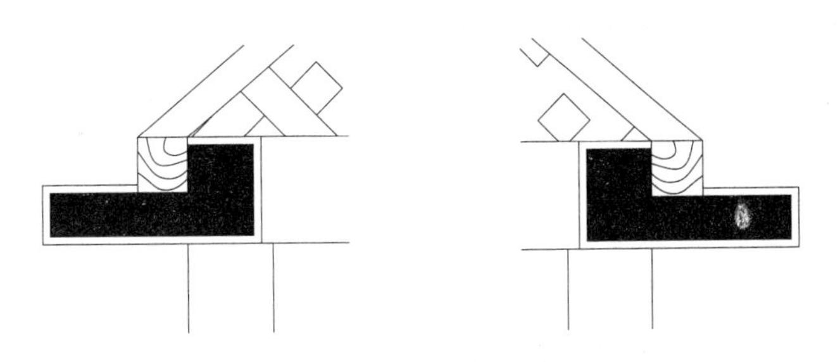

图16-71 填充图案

Step 04 根据同样的方法，执行直线、偏移、修剪、样条曲线等命令，在两亭之间横梁处绘制如图 16-72 所示的截面。

Step 05 同样执行“图案填充”命令（H），对凹面填充“SOLTD”的图例，如图 16-73 所示。

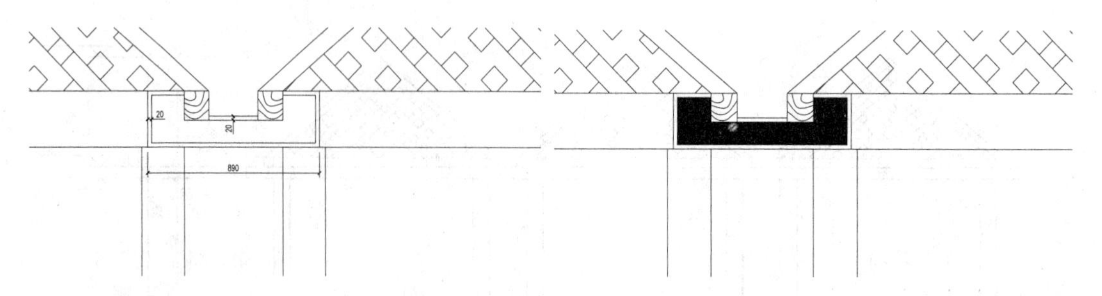

图16–72　绘制两屋顶中间剖切面　　图16–73　填充图案

Step 06 这样完成的总体效果如图 16-74 所示。

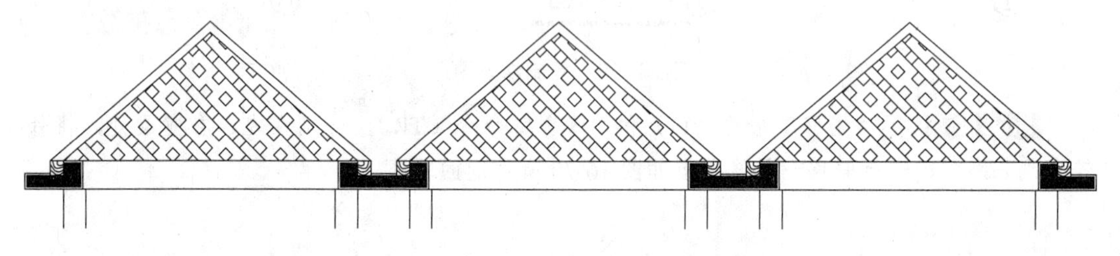

图16–74　完成的剖面效果

Step 07 选择“尺寸标注”图层为当前，执行“线性标注”命令（DLI），对相应位置进行尺寸的补充，完成的效果如图 16-75 所示。

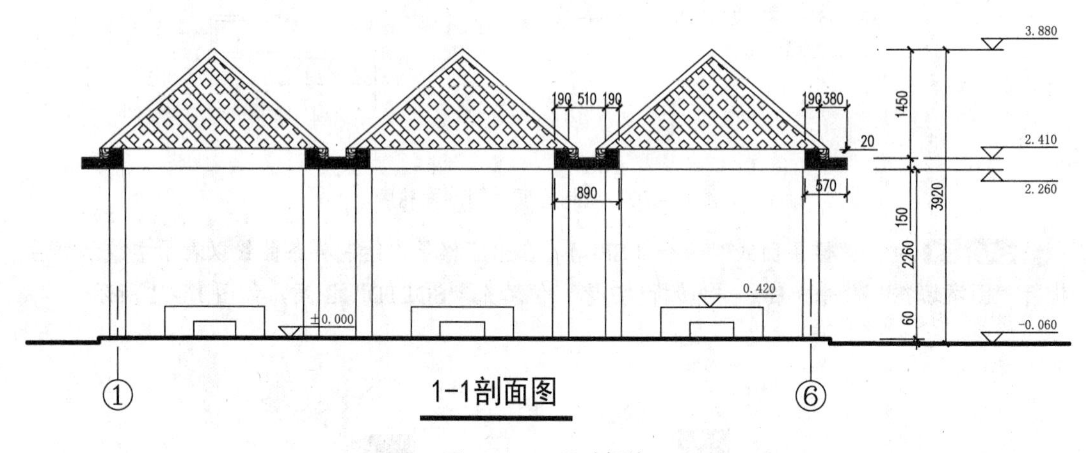

图16–75　尺寸标注

16.5.2　2–2 剖面图的绘制

案例	景观亭 .dwg
视频	绘制景观亭 2-2 剖面图 .avi

根据“底层平面图”中的“2-2”剖切符号可知，该处只剖切到一个亭子，因此在绘制 2-2

剖面图时，先将前面绘制的“1-1 剖面图”复制一份，并删除多余的亭子，只留下一个亭子，然后进行相应的编辑，从而完成 2-2 剖面图的绘制。

实战要点 掌握景观亭 2-2 剖面图的绘制方法。

操作步骤

Step 01 执行“复制”命令（CO），将上一实例绘制的“1-1 剖面图”图形复制一份；通过修剪、删除、移动、拉伸等命令，将左侧的两个亭子删除掉，保留右侧亭子，且修改轴号为 3、4，并修改图名为“2-2 剖面图”，如图 16-76 所示。

Step 02 执行“镜像”命令（MI），将右侧剖切轮廓向左侧进行镜像，完成效果如图 16-77 所示。

Step 03 执行“插入块”命令（I），将内部图块“剖切索引符号”以 50 的比例插入到图形中；并通过分解、移动、复制等命令，完成如图 16-78 所示的本页剖切符号。

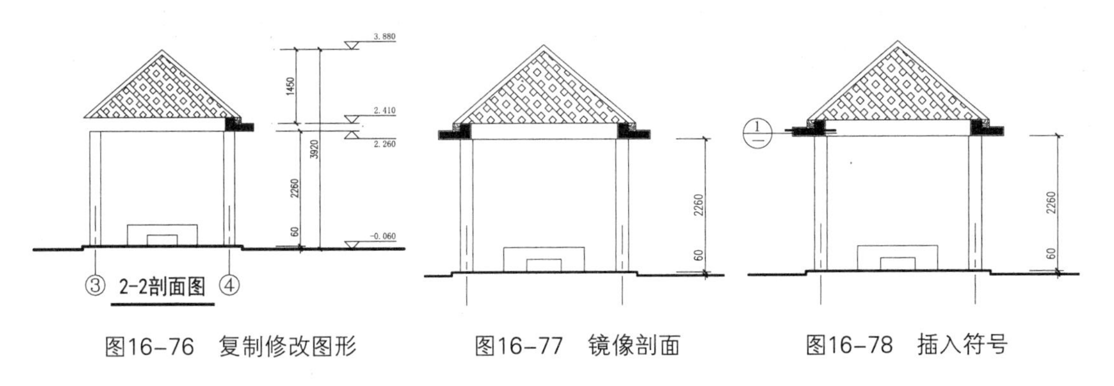

图16-76 复制修改图形　　图16-77 镜像剖面　　图16-78 插入符号

16.6 绘制景观亭详图

	案例	景观亭 .dwg
	视频	绘制景观亭详图 .avi

由于剖切索引符号标注在绘制好的“2-2 剖面图”中，因此首先将“2-2 剖面图”复制一份，并将多余的部分删除，然后在此基础上绘制剖切到的内部细节，从而完成放大详图的绘制。

实战要点 掌握景观亭详图的绘制方法。

操作步骤

Step 01 执行“复制”命令（CO），将“2-2 剖面图”中被索引剖切的位置复制一份；然后执行“多段线”命令（PL），在相应位置绘制折断线，如图 16-79 所示。

Step 02 执行“修剪”命令（TR），修剪掉折断线以外的部分，如图 16-80 所示。

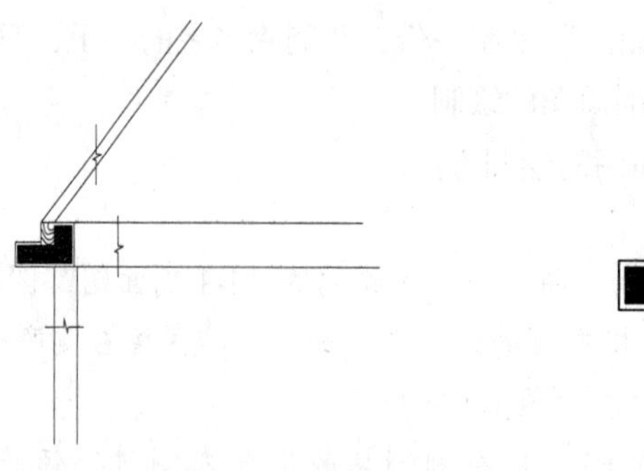

图16-79　复制图形、绘制折断线

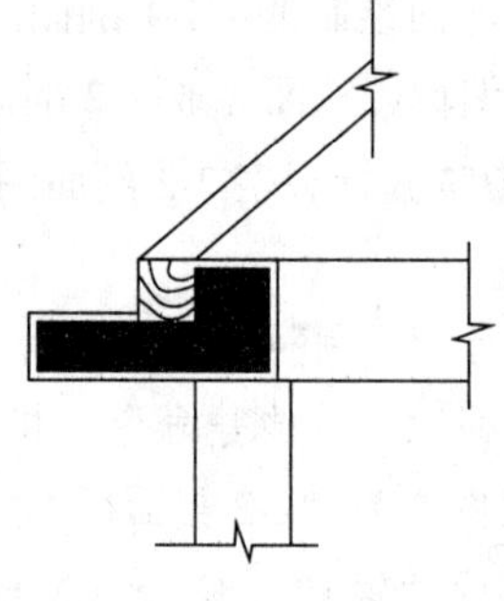

图16-80　修剪效果

Step 03 执行“删除”命令（E），将填充的图案删除，如图16-81所示。

Step 04 执行“图案填充”命令（H），选择图案分别为“ANSI31”，比例为10，和图案“AR-CONC”，比例为0.5，对7字位进行填充；然后执行“样条曲线”命令（SPL），在斜木方上绘制出木纹，如图16-82所示。

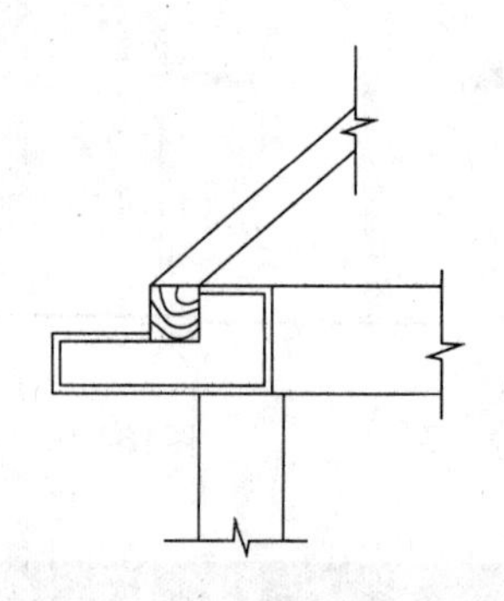

图16-81　删除图案

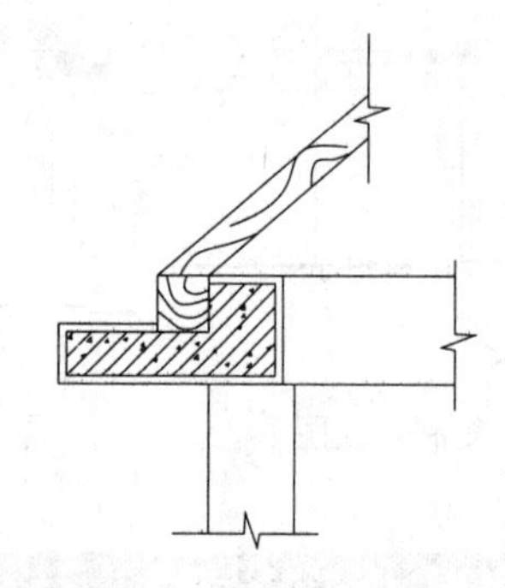

图16-82　填充新图案

Step 05 通过执行“直线”命令（L）、“偏移”命令（O）和“修剪”命令（TR），绘制如图16-83所示的图形表示“预埋螺栓”。

Step 06 执行“移动”命令（M），将螺栓移动到剖面图相应位置，如图16-84所示。

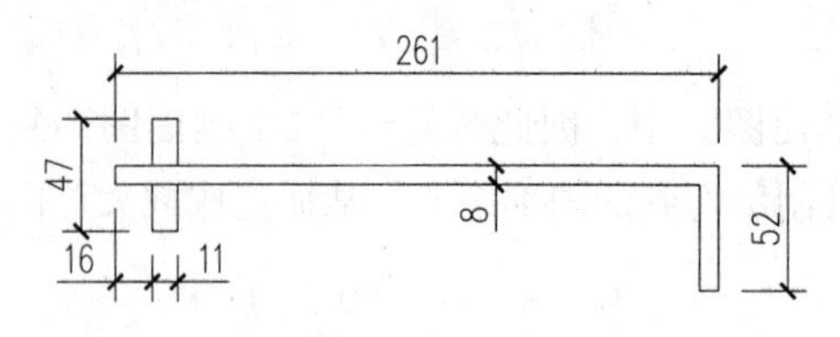

图16-83　绘制螺栓

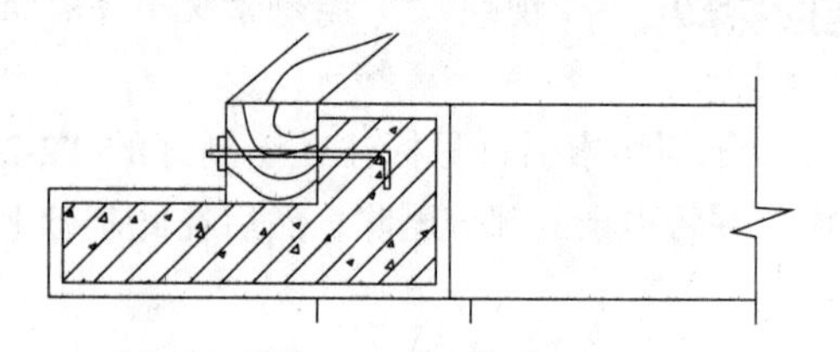

图16-84　移动螺栓

Step 07 为了使图形更容易观看，执行“缩放”命令（SC），将图形放大5倍。

Step 08 切换至“尺寸标注”图层，执行“线性标注”命令（DLI）和“对齐标注”命令（DAL），对相应位置进行尺寸的标注，如图16-85所示。

Step 09 执行“编辑标注”命令“ED”，依次选择标注出的尺寸数字，在弹出的“文本框”中修改数字（以原数字 ÷5），效果如图16-86所示。

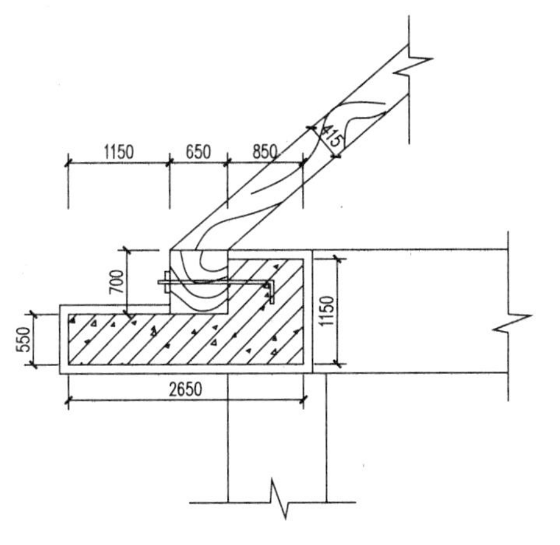

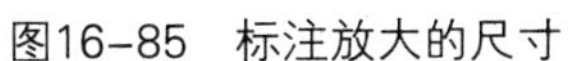
图16-85 标注放大的尺寸

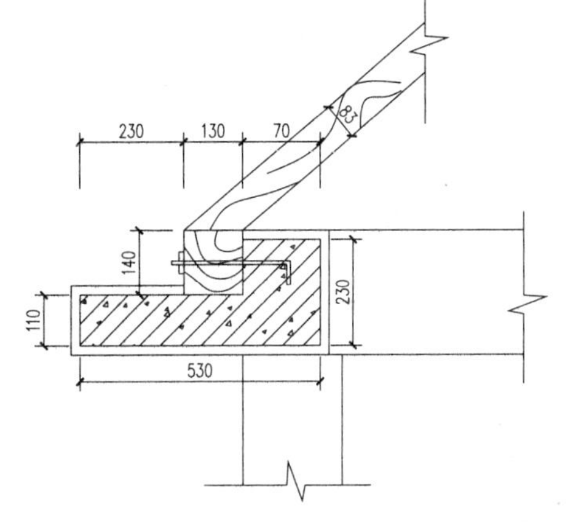

图16-86 修改回原尺寸

技巧：大样图尺寸的标注

大样图放大的目的在于能使观图者清楚地看到内部的细节与做法，作为施工的依据，大样图的尺寸非常重要，它放大的是某个图形的某个区域，因此它的尺寸应遵循原始未放大位置的尺寸。

此步骤大样图被放大了5倍，则标注出的尺寸也是放大了的，因此需要将尺寸数字进行编辑（除以5）。

Step 10 切换至“文字标注”图层，执行“引线注释”命令（LE），对相应位置进行文字的注释。

Step 11 执行“插入块”命令（I），将内部图块“本张详图符号”按照50的比例插入图形的右下方，效果如图16-87所示。

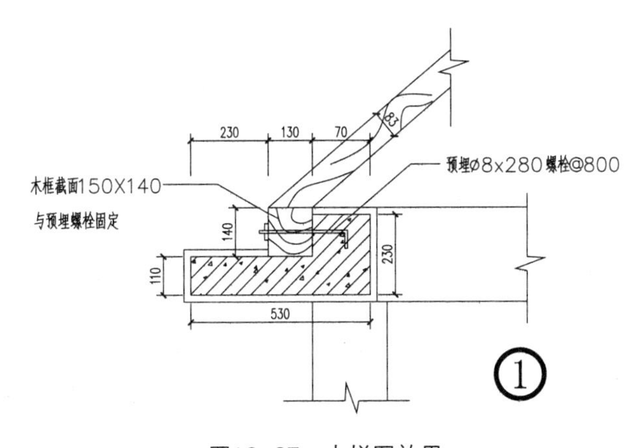

图16-87 大样图效果